DEUTSCHE DEMOKRATISCHE REPUBLIK
DEUTSCHE AKADEMIE DER LANDWIRTSCHAFTSWISSENSCHAFTEN ZU BERLIN
INSTITUT FÜR LANDWIRTSCHAFTLICHE INFORMATION UND DOKUMENTATION

Landwirtschaftliches Zentralblatt

ABTEILUNG II

PFLANZLICHE PRODUKTION

9. JAHRGANG
1964

AKADEMIE-VERLAG · BERLIN

LZ. II PFLANZLICHE PRODUKTION · JG. 1964 · NR. 4 · SEITE 865—1136 · BERLIN · APRIL 1964

INHALTSVERZEICHNIS

Bibliographische Angaben von Büchern und Dissertationen am Schluß eines jeden Kapitels

LZ. II/4/64

NAMENVERZEICHNIS

2–64/04–0001 bis 1135

Ab Jahrgang 1964 beziehen sich die hinter dem Autorennamen angegebenen Zahlen auf die Signatur des Dokumentationsmaterials

Signatur in [Klammern] bedeutet Bibliographie, mit Stern * bedeutet Buchbesprechung

LANDWIRTSCHAFTLICHES ZENTRALBLATT
ABTEILUNG PFLANZLICHE PRODUKTION

1964 **NR. 4** **MAI**

I. ALLGEMEINES

2-64/04-0001 Roy, N. K. Can India produce enough to feed her people? **(Kann Indien genug Nahrungsmittel für seine Bevölkerung produzieren?)** Sci. and Cult. [Calcutta] **29** (1963) Nr. 8. S. 373–378. 1.

A. Geschichte der Pflanzlichen Produktion und der Kulturpflanzen einschließlich Palaeobotanik

2-64/04-0002 Kranz, Albert R. **Die Abstammung und Entwicklung des Roggens. Ein Beispiel für die Arbeitsmethoden der Evolutionsforschung an den Kulturpflanzen.** Umschau Wiss. Techn. **63** (1963) Nr. 16. S. 499–503. – 6 Abb.

Die ältesten Funde von Roggenkörnern stammen aus der Hallstattzeit (1000 bis 500 v. u. Z.), als Fossil früherer Zeiten wurde Roggen wegen seiner geringen Versteinerungsfähigkeit niemals gefunden. Er muß jedoch in Europa nördlich der Alpen frühzeitig die häufigste Getreideart gewesen sein. Wild kommt der Roggen heute noch in Asien vor (Türkei, Kaukasus, Iran, Turkestan, Afghanistan). Typisch für die Wildformen sind Ährenbrüchigkeit, lange Lebensdauer (vegetative Vermehrung viele Jahre hindurch möglich) und Selbstbefruchtung (bei *Secale silvestre* Host. und *S. vavilovii* Großh.). Um die Entstehung des Kulturroggens zu erforschen, war es notwendig, Kreuzungsversuche zwischen Kulturroggen und Wildformen durchzuführen. Zytologische Untersuchungen führten dabei zu der Annahme, daß der wilde perennierende Bergroggen (*S. montanum*) die Stammart der wilden Species und unseres Kulturroggens ist. Genetische Beobachtungen dagegen sprechen mehr für die Entstehung von *Secale* aus mehreren Stammarten. Weitere Versuche müssen durchgeführt werden, um zu beweisen, welche der beiden Hypothesen über die Abstammung des Roggens zutreffen.

E. M. Ardelt. 10.

2-64/04-0003 Anonym. Nicotiana. **(Nicotiana.)** Econ. Bot. **17** (1963) Nr. 2. S. 83–85. – 1 Abb.

Dieser Abschnitt wurde dem Werk „Joyfull Newes Out of the New-found Worlde“ von Nicholas Monardes (1596 in London erschienen) entnommen. Der Name „*Nicotiana*“ für Tabak wird hergeleitet von John Nicot, der 1559–1561 Gesandter des Königs von England in Portugal war, durch Gefangene aus Amerika die Pflanze kennenlernte und sie selbst in seinem Garten anpflanzte. Der damalige Stand über Anbau und Verwendung der Pflanze wird dargestellt. E. M. Ardelt. 10.

2-64/04-0004 Jeffreys, M. D. W.; Johannesburg, Univ. of the Witwatersrand. The banana in the Americas. **(Die Banane in Amerika.)** J. Agric. trop. Bot. appl. **10** (1963) Nr. 5/7. S. 189–203. – 1 Tab., 26 Lit.

1944 fand Vf. in Britisch Kamerun eine wilde Banane, die im Grasland, von menschlichen Siedlungen entfernt wuchs. Wilde Bananen kommen in Asien und Afrika vor, während die Kulturbananen sich von Südostasien aus über die gesamten Tropen verbreitet haben. Kulturbananen kamen bereits vor

der Entdeckung Amerikas durch Columbus in Amerika vor. Vf. erklärt diese Tatsache an Hand umfangreicher Literaturstudien. Danach brachten die Polynesier bei ihren Wanderungen die Bananen über den Pazifik, während sie durch Araber über den Atlantik nach Amerika kamen, so daß *Musaceae* dort bereits angebaut wurden, als Columbus in Amerika landete.
E. M. Ardelt. 10.

B. Biographien, Persönliches und Nachrufe

2-64/04-0005 Gleisberg, W. **Prof. Dr. Erwin Spyra †.** Gartenbauwissenschaft 28 **(10)** (1963) Nr. 2. S. 137–138. — 1 Abb. 50.

C. Ausstellungen, Tagungen, Mitteilungen aus den Instituten

2-64/04-0006 Ludwig, O. **10. Biometrisches Colloquium der Deutschen Region der Internationalen Biometrischen Gesellschaft in Bad Nauheim vom 24. bis 26. Januar 1963.** Biometr. Z. 5 (1963) Nr. 3. S. 206–209.
Vf. gibt einen kurzen Überblick über die anläßlich des 10. Biometrischen Colloquiums gehaltenen Vorträge. Von den Themengruppen seien die wichtigsten erwähnt: linguistische Statistik, automatische Klassifikation, multivariable Analysis, Stichprobenverfahren, biometrischer Unterricht. Die praktischen Beispiele stammten aus der Anthropologie, Psychologie, Landwirtschaft, Medizin und Toxikologie. G. Reißig. 100.

2-64/04-0007 Sachs, Erhardt. **Zum 60jährigen Bestehen der Bayerischen Landessaatzuchtanstalt Weihenstephan. Ein Überblick über die Entwicklung ihrer Arbeiten in den letzten zehn Jahren.** Bayer. landwirtsch. Jb., Sonderh. **40** (1963) Nr. 1. S. **3 – 342.**
Die im Jan. und Juni 1953 herausgegebenen Sonderhefte des „Bayerischen Landwirtschaftlichen Jahrbuches" brachten umfangreiche Berichte über die Tätigkeit der Bayerischen Landessaatzuchtanstalt Weihenstephan von 1902 bis 1952, so daß im vorliegenden Heft nur über die vergangenen 10 Jahre berichtet wird. Die einzelnen Abteilungen (Kartoffelabt., Weizenabt., Gerstenabt., Hafer-Roggen-Abt., Klee- und Gräserabt., Maisabt., Hülsenfruchtabt., Ölfruchtabt., Botanische Abt., Abt. für Versuchswesen) legen ihre Zehnjahresberichte vor, desgl. die Außenstellen der Bayerischen Landeszuchtanstalt. 14 wiss. Arbeiten und eine Bibliographie der Veröffentlichungen der Mitarbeiter seit 1952 schließen den Bericht ab. E. M. Ardelt. 100.

2-64/04-0008 Anonym. Agricultural Experiment Station. Biennial Report 1960–1962. **(Landwirtschaftliche Versuchsstation. Zweijahresbericht 1960 bis 1962.)** Agric. Exp. Stat., Utah State Univ., Logan, Bull. Nr. **438.** S. 1–47. — 6 Tab.
Die Landwirtschaftliche Versuchsstation Utah, die ihren statistischen Bericht für die Zeit vom 1. 7. 1960–30. 6. 1962 vorlegt, gehört zur Staatlichen Univ. Utah. Die Forschungsaufträge der 18 Abteilungen der Versuchsstation mit den dafür bewilligten Geldsummen werden bekanntgegeben. Die Resultate der Arbeiten wurden von den Mitarbeitern innerhalb der Berichtszeit in 14 Bulletins, 2 Circulars, 2 Spezialberichten, 6 Flugblättern und 91 Zeitschriftenaufsätzen publiziert. E. M. Ardelt. 100.

4-64/04-0009 Soós, G. A mezögazdasági tudományos kutatás helyzete és feladatai. **(Lage und Aufgaben der wissenschaftlichen Forschung auf dem Gebiete der Landwirtschaft.)** Társadalmi Szemle [Soz. Rdsch.] **1963** Nr. 7. — Aus: Ung. Agrar-Rdsch. **1963** Nr. 4. 100.

2-64/04-0010 Wagner, R. **Planung und Aufbau des Instituts für Biologie und Landwirtschaft des Reaktorzentrums Seibersdorf.** Atompraxis **9** (1963) Nr. 7. S. 285–289. — 6 Abb., 1 Lit. 100.

2-64/04-0011 Stevenson, F. J., Akeley, R. V. und Campbell, J. C.; Beltsville, U. S. Dep. of Agric., A. R. S.; New Brunswick, N. J., State Univ. History of the Potato Association of America. **(Geschichte der Potato Association of America.)** Amer. Potato J. **40** (1963) Nr. 7. S. 211–217. – 2 Lit. Anläßlich ihres 50jährigen Bestehens wird ein Überblick über Entwicklung, Aufgaben und Erfolge der „Potato Association of America" (P. A.) gegeben. In der P. A. sind alle an der Kartoffelproduktion interessierten Personen vereinigt; Anbauer, Pflanzguterzeuger, Züchter, Phytopathologen, Genetiker, Cytologen, Physiologen, Entomologen und Kaufleute. Die Hauptaufgaben der P.A. liegen und lagen in der Verbesserung der Qualität der Speisekartoffeln, Schaffung gesunden Pflanzgutes durch Anerkennung der Vermehrungsbestände, Züchtung von Sorten mit verbesserten Eigenschaften sowie Propagieren wertvoller Erkenntnisse, um mit geringstem Aufwand Höchsterträge zu erzielen. Während das „Seed Certifikation Program" bereits 1913 im Gründungsjahr der P. A. aufgestellt und mit der Realisierung desselben begonnen wurde, nahm man eine Koordinierung und intensive Arbeit auf dem Gebiet der Züchtung erst im Jahr 1929 nach Aufstellung des „National Potato Breeding Program" auf. Inzwischen konnten durch das USDA etwa 80 neue Sorten zugelassen werden. Eine weitere Einrichtung der P. A. ist die „Inter-Regional Potato Introduction and Preservation (IR-I)." Das wichtigste Publikationsorgan ist das bekannte „American Potato Journal" und außerdem seit 1956 das „Annual Potato Handbook". A. Hopfe/Groß-Lüsewitz. 100.

2-64/04-0012 Agricultural Research Centre. Activity in the years 1959-61. Helsinki: Kirjapaino Oy Versal. 1963. (82 S.) 17 × 25,5 cm = Annales Agriculturale Fenniae, Maatalouden tutkimuskeskuksen aikakauskirja, Vol. 2. Suppl. 2. Das Landwirtschaftliche Forschungszentrum (gegr. 1908) ist eine Einrichtung der finnischen Regierung und untersteht dem Ministerium für Landwirtschaft. Neben 9 Abt. (Bodenkunde, landwirtsch. Chemie und Physik, Pflanzenbau, Pflanzenzüchtung, Gartenbau, Pflanzenschutz, Tierische Schädlinge, Tierhaltung, Tierzucht) bestehen 14 landwirtsch. Versuchsstationen. Sämtliche Abt. und Versuchsstationen legen ihre Tätigkeitsberichte für die Jahre 1959-61 vor und geben Aufschluß über die angestellten Versuche und ihre Resultate. E. M. Ardelt.

2-64/04-0013 *Loosjes, Th. P.* **Dokumentation wissenschaftlicher Literatur.** München; Basel; Wien: BLV Verlagsges. 1962. (XI, 143 S.) 8°. (1963 A 773)

2-64/04-0014 Literatur über Lochkartenverfahren in der Dokumentation. Hrsg. Instn.: Inst. für Energetik, Leipzig. (Lit.-Nr.: 37/63. Titelanzahl: 51. Ber.-Zeit: 1953-1963.)

2-64/04-0015 Ergebnisse der landwirtschaftlichen Statistik im Jahre 1961. Bearb.: im Österr. Statist. Zentralamt. Wien: Österr. Statist. Zentralamt. 1962. (XXVIII, 120 S.) 8° = Beiträge zur österreichischen Statistik. H. 74. (SR 264,74)

2-64/04-0016 *Winzer, K.*, Bearb. **Die Landwirtschaft der Bundesrepublik Deutschland.** Bad Godesberg: Land- u. Hauswirtschaftl. Auswertungs- u. Informationsdienst. 1960. (53 S.) 4°. (1963 B 157)

2-64/04-0017 Institut für Grünland- und Moorforschung Paulinenaue 1962/63. Berlin: Dt. Akad. d. Landwirtschaftswissenschaften. 1963. (92 S. m. Anh.) 8°. (DA 1631, a, b)

II. NATURWISSENSCHAFTLICHE GRUNDLAGEN

4-64/04-0018 Dancewicz, A. M. Zastosowanie izotopów promieniotwórczych w rolnictwie. **(Die Anwendung strahlenbildender Isotope in der Landwirtschaft.)** Postępy Techn. jądrowej **7** (1963) Nr. 4/5. S. 273–276. Die Isotopenmethode findet immer größere Anwendung in Wissenschaft und Praxis der Landwirtschaft. Mit Hilfe der Isotopenmethode wurde u. a. der schnelle Übergang des mineral. P, der von der Pflanze aufgenommen wird, in org. Verbindungen festgestellt. Auf Grund der Ergebnisse zahlreicher Versuche wurde auch die wichtige Rolle des Wurzelsystems im Stoffwechsel der Pflanzen ermittelt. Unter Anwendung der Isotopen ^{14}C und ^{18}O untersuchte man die Abhängigkeit der Eiweißsynthese von der Photosynthese. Die Isotopenmethode wird auch in Selektion und Agrochemie angewandt. Die Ausarbeitung zahlreicher einfacher Bestimmungsmethoden der aufnehmbaren mineral. Bestandteile im Boden und die Feststellung des großen Nutzeffektes der Kopfdüngung können sehr große praktische Bedeutung haben. Beim Pflanzenschutz konnte man die richtige Dosierung der Insekticide feststellen und auch die Verbreitungswege der Schädlinge bestimmen. Die Isotopenmethode wird auch in der Zootechnik angewandt.

PRL/CBR, übersetzt v. O. Kasperl. 200.

2-64/04-0019 Dancewicz, A. M. Zastosowanie isotopów i promieniowania jądrowego w biologii, medycynie i rolnictwie. **(Die Anwendung der Isotope und der Kernstrahlung in Biologie, Medizin und Landwirtschaft.)** Postępy Techn. jądrowej **1963** Nr. 1. S. 25–30.

Gegenstand des Artikels ist die in Prag 1962 abgehaltene Tagung. U. a. werden die Referate über Anwendung markierter Verbindungen in der landwirtsch. Forschung besprochen. In den Ländern des RGW werden Isotope im Pflanzenbau, in der Tierzucht, Bodenkunde sowie im Pflanzenschutz bereits angewendet. Es wird gefordert, daß die markierten org. Verbindungen stärker als bisher angewendet und die diesbezüglichen Forschungen in der Landwirtschaft intensiviert werden. Ein Verzeichnis der Präparate liegt vor, die Isotope enthalten und für den landwirtsch. Bedarf erzeugt werden müßten.

PRL/CBR, übersetzt v. R. Hüffer. 200.

A. Systematik der Pflanzen

2-64/04-0020 Kliphuis, E.; Utrecht, Bot. Museum and Herbarium. Cytological observations in relation to the taxonomy of the orchids of the Netherlands. **(Zytologische Beobachtungen in ihrem Verhältnis zur Taxonomie der Orchideen der Niederlande.)** Acta bot. neerl. **12** (1963) Nr. 2. S. 172–194. – 13 Abb., 45 Lit.

Pflanzen von wildwachsenden Orchideen der Niederlande wurden ausgegraben und mit genügender Bodenmenge (in Töpfen) in Gewächshäuser oder ins Freiland gebracht. Die Chromosomenzahlen wurden ermittelt. Bei *Listera ovata* (L.) R. Br. beträgt der diploide Chromosomensatz 34. Abwandlungen von $2\,n = 35$ und $2\,n = 36$ wurden bei einigen Individuen festgestellt. Da diese Abwandlungen keine morphol. Unterschiede bedingen, scheinen sie unwichtig zu sein. Die Teilung der Gattung *Orchis* (L.) Klinge in 2 neue Gattungen *Orchis* (L.) Vermln. und *Dactylorchis* (Kl.) Vermln. (Vermeulen 1947) konnte auf Grund der eigenen Untersuchungen bestätigt werden. *Dactylorchis fuchsii* (Druce) Vermln. als eine von *Dactylorchis maculata* (L.) Vrmln. gesonderte Art zu betrachten, ist nach Meinung des Vf. nicht korrekt. Er ist der Ansicht, daß *D. fuchsii* und *D. maculata* 2 Typen der gleichen Art darstellen.

E. M. Ardelt. 201.

2-64/04-0021 Bell, E. A. und Tirimanna, A. S. L.; London, King's Coll. Free amino acids and related compounds in seeds of vicia and their possible taxonomic signifinance. **(Freie Aminosäuren und verwandte Verbindungen in Samen von Vicia und ihre mögliche taxonomische Signifikanz.)** Biochem. J. 88 (1963) Nr. 2. S. 29 P. – 10 Lit.

Je 200 mg Samen von 64 *Vicia*species wurden mit 1 ml Äthanol und 1 ml 0,1 n HCl homogenisiert, 17 Std. bei Zimmertemperatur stehen gelassen und dann zentrifugiert. Die Extrakte wurden mit Hilfe der Papierchromatographie und der Hochspannungsionophorese getrennt. – In allen Spezies konnten Arginin, Glutamin- und Asparaginsäure nachgewiesen werden. In einigen Fällen betrug der Argininingehalt etwa 1%. Mehrere Species enthielten viel Canavanin, Hydroxyarginin und 4 nichtidentifizierte ninhydrinpositive Substanzen. β-Cyanoalanin und Pipecolinsäure kamen nur vereinzelt vor. Die Ergebnisse gestatten eine Einteilung der Species in verschiedene Gruppen.

W. Franzke. 201.

2-64/04-0022 Sorsa, Veikko; Helsinki, Univ., Genet. Inst. **Chromosomenzahlen finnischer Kormophyten. II.** Suomalaisen Tiedeakatemian Toimituksia [Ann. Acad., Sci. fennicae], Sarja A. IV. **1963** Nr. 68. S. 1–14. – 14 Abb., 37 Lit. 1. Mitt. vgl. LZ. Abt. II 7 (1962) Nr. 11. S. 3059.
Vf. hat von 97 in Finnland vorkommenden Cormophyten die Chromosomenzahlen bestimmt. Er bestätigt die bisher in der Literatur mitgeteilten Chromosomenzahlen bei diesen Arten bis auf eine Ausnahme. K. Bellmann. 201.

2-64/04-0023 Osborne, D. V.; Univ. of Brit. Columbia. A numerical representation for taxonomic keys. **(Eine zahlenmäßige Festlegung für taxonomische Schlüssel.)** New Phytologist **62** (1963) Nr. 1. S. 35–43. – 7 Tab., 3 Lit.
Der Gebrauch der üblichen dichotomen taxonomischen Schlüssel ist für Laien und Fachleute oft recht problematisch und führt häufig bei der Pflanzenbestimmung nicht zum gewünschten Erfolg. Vf. schlägt zur Erleichterung der Identifikation vor, die charakteristischen Eigenschaften einer Art in Zahlenform festzulegen. Sollen z. B. mehrere Arbeiten an Hand von 4 Charaktereigenschaften (A, B, C, D) unterschieden werden, so werden die Ausprägungen der einzelnen Eigenschaften als Zahlen ausgedrückt (z. B. Eigenschaft A = Blütenfarbe; weiß = 1, gelb = 2 etc.) Meist läßt sich der Schlüssel durch Zusammenlegen mehrerer Zahlen (z. B. 1 und 2 = I) vereinfachen, ohne an Genauigkeit zu verlieren. Ein derartig aufgebauter Schlüssel muß auf die Unterscheidbarkeit der Arten geprüft werden, bevor eine eindeutige Bestimmung von Pflanzen nach dem Schlüssel möglich ist. Das Verfahren soll die Bestimmung wesentlich erleichtern und ist als Feldmethode gedacht; eine Verrechnung der Zahlenwerte ist nicht erforderlich.
K. Naumann. 201.

2-64/04-0024 Beaudry, Jean R. Studies on Solidago l. VI. Additional chromosome numbers of taxa of the genus solidago. **(Untersuchungen an Solidago l. 6. Mitt. Weitere Chromosomenzahlen von Arten der Gattung Solidago.)** Canad. J. Genetics Cytol. **5** (1963) Nr. 2. S. 150–174. 201.

2-64/04-0025 Roy, Kum Kum. Epidermal studies on some of the genus Eragrostis p. Beauv. **(Epidermale Untersuchungen an einigen Spezies der Art Eragrostis p. Beauv.)** Current Sci. [Bangalore] **32** (1963) Nr. 6. S. 269 bis 271. – 14 Abb., 6 Lit. 201.

B. Morphologie der Pflanzen

2-64/04-0026 Tilney-Bassett, R. A. E.; Oxford, Bot. School. The structure of periclinal chimeras. **(Die Struktur von Periklinalchimären.)** Heredity **18** (1963) Nr. 3. S. 265–285. – 4 Abb., 4 Tab., 19. Lit.
Die Strukturanalyse von Chimären begann im 19. Jh. mit Beobachtungen der Variabilität von Zweigen verschiedener Bäume. Diese Variabilität wurde fälschlich mit der Pfropfhybridhypothese erklärt, die dann (1909) durch die Chimärenhypothese verdrängt wurde. Diese Chimären werden in Sektorial- und Periklinalchimären eingeteilt, bei letzteren gibt es 6 verschiedene Strukturen: GGW, GWG, WGG, WWG, WGW und GWW. Nach Beobachtungen des Vf. sind die GWG-Typen (Mesochimären) sehr häufig, aber die reziproke Form (WGW) ist in der Kultur unbekannt. Vf. nimmt an, daß grüne Knospenvariationen von Mesochimären normalerweise von L I und nicht, wie i. allg. angenommen wird, von L III herkommen. Wurzelschosser bilden eine Ausnahme. – Die Klassifikation der Periklinalchimären kann nach Ursprung, Struktur oder Verhalten geschehen. Vf. schlägt eine Klassifikation vor, die eine Einordnung nach ihrem Verhalten in 4 genetisch verschiedene Gruppen zuläßt: 1. Artchimären oder „Pfropfchimären", 2. chromosomale Chimären, 3. durch Gendifferenzen unterscheidbare Chimären und

4. durch Plastidendifferenzen unterscheidbare Chimären. Die Chlorophyllchimären lassen sich weder durch Gen- noch durch Plastidendifferenzen unterscheiden. Sie entstehen durch spontane oder induzierte Mutationen von Genen oder Plastiden im Vegetationskegel und nachfolgender Differenzierung. K. Bellmann. 211.

2-64/04-0027 Philipson, W. R. und Balfour, Ena E. Vascular patterns in dicotyledons. **(Gefäßmodelle bei Dikotyledonen.)** Bot. Rev. **29** (1963) Nr. **3.** S. 382–404. 211.

2-64/04-0028 Chandra, Naresh. Some ovule characters in the systematics of gramineae. **(Einige Merkmale des Ovariums in der Systematik der Gramineen.)** Current Sci. [Bangalore] **32** (1963) Nr. 6. S. 277–278. – 2 Abb., 19 Lit. 211.

C. Physiologie der Pflanzen

2-64/04-0029 Grundbacher, F. J.; Davis, Univ. of California. The physiological function of the cereal awn. **(Die physiologische Funktion der Getreidegranne.)** Bot. Rev. **29** (1963) Nr. 3. S. 366–381. – **43** Lit.
Die Anatomie der Grannen läßt auf transpiratorische und assimilatorische Funktionen schließen. Begrannte Getreidesorten bringen in warmen, trokkenen Gebieten einen höheren Kornertrag als unbegrannte. In humiden Klimaten kann dagegen der Ertrag u. U. sogar geringer sein. Von einigen Autoren werden die Grannen als reduzierte Blätter (Chlorenchym, Stomata) mit xeromorpher Struktur aufgefaßt. Unter semi-ariden Bedingungen könnten sie daher zusätzlich zu den Blättern eine Assimilatproduktionsstätte darzustellen, wobei der kurze Transportweg zu den Körnern vorteilhaft ist. Der negative Einfluß der Grannen unter humiden Verhältnissen beruht vor allem darauf, daß die begrannten Sorten eher lagern und mit Pilzen infiziert werden. Der Zusammenhang zwischen Transpiration der Grannen und Ertrag ist noch unklar; wenig ist auch über die Bedeutung der Transpiration überhaupt bekannt. Der Kühleffekt ist nur gering. I. Frommhold. 221.

2-64/04-0030 Rall', Ju. S. Fiziologičeskie i biochimičeskie osobennosti semjan kukuruzy raznych faz spelosti. **(Physiologische und chemische Besonderheiten von Maiskörnern verschiedener Reifestadien.)** Izvestija Timirjazevskoj sel'skochozjajstvennoj akademii, Moskva **1962** Nr. 4. S. 64–68. – 5 Tab., 5 Lit. Zus. in Engl.
Die Keimfähigkeit der Maiszüchtungen 'WIR 42', 'Sterling' und 'Krasnodarskaja 1/49' wurde bei Körnern, die zur Ernte 35–39%, 45–49% und 72 bis 76% Feuchtigkeit besaßen, im Standard- und Coldtest (auf Podsol und Schwarzerde) ermittelt. Die Körner wurden einmal sofort nach der Ernte gedroschen und getrocknet, zum anderen erfolgte der Drusch nach dem Trocknen der Kolben. Die Keimfähigkeit erwies sich besonders stark im Coldtest und auf Podsol als umgekehrt proportional dem Feuchtigkeitsgehalt der Körner bei der Ernte. Unter den gleichen Versuchsbedingungen zeigten auch die Körner, welche sofort nach der Ernte gedroschen wurden, eine besonders niedrige Keimfähigkeit bei den Feuchtigkeitswerten 72–76% (5–12%) und 45–49% (2–6%). In den Versuchen mit der Hybride 'WIR 42' und der Sorte 'Woroneschskaja 76' wurde festgestellt, daß als Anzeichen der physiol. Reife der Körner ein niedriges Niveau der Atmungsenergie und der Dehydraseaktivität, eine hohe Aktivität der wasserlöslichen Katalase und eine geringe Menge von reduzierenden Zuckern zu gelten haben. Diese biochem. Daten korrelieren auch im Coldtest mit einer hohen Keimfähigkeit. I. Schilowa. 221.

2-64/04-0031 Ketellapper, H. J.; Pasadena, Calif., Inst. of Technol. Stomatal physiology. **(Physiologie der Stomata.)** Annu. Rev. Plant Physiol. **14** (1963) S. 249–270. – 132 Lit.

Vf. gibt einen umfassenden Überblick über den gegenwärtigen Stand der Kenntnisse. Struktur und Cytologie der Spaltöffnungen werden behandelt. Der größte Teil der Arbeit ist jedoch physiol. Fragen gewidmet. Hierbei geht es vor allem um die Regulation der Spaltweite und die Ursachen für die Turgoränderungen in den Schließzellen. Die Einwirkung der Umweltfaktoren wie Temperatur, Licht, Wasserversorgung und CO_2-Gehalt der Luft wird diskutiert. Eine zentrale Stellung nimmt die CO_2-Konz. ein. So beeinflußt z. B. das Licht die Stomataapertur über die Verminderung des CO_2-Gehaltes in den Interzellularen infolge der Photosynthese. In diesem Zusammenhang ist die Reaktion der Spalten von panaschierten Teilen einer Pflanze oder von Albinos interessant. Erschwert werden die Schlußfolgerungen allerdings insofern, als der durch Licht hervorgerufene Öffnungsstimulus transloziert werden kann. – Neben dem Licht ist die Wasserversorgung wichtig für die Regulation der Stomata. Die Beziehungen zwischen Wasserdefizit, Photosynthese und Stomatabewegungen sind komplex. Die Ursachen des Bewegungsmechanismus sind wenig bekannt. Man kann z. Z. noch nicht entscheiden, ob das Öffnen („klassische" Theorie) oder das Schließen (Williams 1954) aktiv erfolgt. Beide Theorien werden ausführlich diskutiert. I. Frommhold. 221.

2-64/04-0032 Langridge, J.; Canberra, Australia, C. S. I. R. O. Biochemical aspects of temperature response. **(Biochemische Aspekte der Temperatur-Reaktion.)** Annu. Rev. Plant Physiol. **14** (1963) S. 441–462. – 2 Tab., 182 Lit.
Vf. bespricht anhand einschlägiger Untersuchungen, bes. an Mikroorganismen, die Wirkungen extremer Temperaturen auf das Wachstum. Die Temperaturansprüche schwanken bei den einzelnen Organismen in weiten Grenzen. Applikation bestimmter Stoffe (z. B. Glutaminsäure, Thiamin, Biotin, Zn, Mn, Cu) ermöglicht ein Wachstum bei überoptimaler Temperatur. Als Gründe für die Schädigungen nach thermischer Inaktivierung werden genannt: verminderter Gasaustausch, Beschleunigung und unkoordinierter Ablauf der Stoffwechselreaktionen, Ausfall adaptiver Enzyme sowie Inaktivierung von Enzymen. Verschiedene Befunde deuten an, daß die Lebensfähigkeit von Organismen bei hohen Temperaturen von der Bildung stabilerer Enzyme abhängt. Schädigungen durch niedere Temperaturen werden auf Änderungen des Enzymverhaltens zurückgeführt. Die Verträglichkeit niedriger Temperaturen hängt mit von der metabolischen Aktivität ab. G. Ballin. 221.

2-64/04-0033 Mohr, Hans und Nes, Erika van; Freiburg/Br., Univ., Bot. Inst. **Der Einfluß sichtbarer Strahlung auf die Flavonoid-Synthese und Morphogenese der Buchweizen-Keimlinge (Fagopyrum esculentum Moench.)** Z. Bot. **51** (1963) Nr. 1. S. 1–16. – 11 Abb., 1 Tab., Lit.
Die Anthocyan-Synthese in den Buchweizenkeimlingen wird über das Phytochromsystem und die Hochenergiereaktion (HER) der Photomorphogenese gesteuert. Die beiden Photoreaktionssysteme arbeiten zwar unabhängig, aber synergistisch; sie können im physiol. Experiment getrennt werden. Das Anthocyan wird in der Epidermis und Subepidermis des Hypokotyls gebildet. Zu Beginn des 6. Tages nach der Aussaat wurde mit dem jeweiligen Bestrahlungsprogramm begonnen. 24 Std. nach Beginn der Bestrahlung erfolgte die Auswertung mittels Extraktion der Hypokotyle. Der Nachweis des Phytochromsystems erfolgt dadurch, daß die Induktionswirkung von 12 Std. Hellrot durch eine anschließende Bestrahlung mit Dunkelrot stark reduziert wird, weil das aktive Phytochrom 730 dabei in das inaktive Phytochrom 660 zurückverwandelt wird. Die HER kann nur dann nachgewiesen werden, wenn über einen längeren Zeitraum mit einer rel. hohen Quantenstromdichte bestrahlt wird. Die Keimlinge wurden 12 Std. von der Seite mit Hellrot und gleichzeitig mit monochromatischem Licht von oben bestrahlt. Durch diese simultane Bestrahlung wird erreicht, daß weitgehend Phytochrom 730 vorliegt. Blaue und dunkelrote Strahlen üben einen starken Effekt aus, Blau-

licht ist am stärksten wirksam. Die Wirkung von Hellrot und Gelb ist gering. Auf der Basis dieser Dosiseffektkurven wird ein Wirkungsspektrum angegeben, das belegt, daß die HER neben dem Phytochromsystem die Anthocyanbildung der *Fagopyrum*-Keimlinge kontrolliert. G. Büttner. 221.

2-64/04-0034 Schildknecht, H. und Benoni, H.; Erlangen, Univ., Inst. für Org. Chem. **Versuche zur Aufklärung des Pollenschlauch-Chemotropismus von Narcissen.** Z. Naturforsch. **18b** (1963) Nr. 8. S. 656–661. – 9 Abb., 2 Tab., 5 Lit.

Im normal erstarrten wäßrigen Extrakt zerquetschter Samenanlagen von *Narcissus pseudonarcissus* konnten papierchromatographisch 7 Aminosäuren (Arginin, Asparaginsäure, Prolin, Tyrosin, Valin, Phenylalanin, Leucin), 4 Peptide, 2 Amine und 11 Zucker (Lactose, Maltose, Saccharose, Galaktose, Mannose, Laevulose, eine Aldopentose, 4 nicht identifiziert) nachgewiesen werden. Nach den biol. Testen ist die chemotropische Wirksamkeit wie bei den Oenotheren (vgl. LZ. Abt. II 8 [1963] Nr. 11. S. 3069.) auf Gemische ninhydrinpositiver Subst. mit Zuckern zurückzuführen. Von den Einzelkomponenten waren besonders chemotropisch wirksam: Laevulose, Asparaginsäure, Leucin und Phenylalanin. W. Franzke. 221.

2-64/04-0035 Skripčinskij, Vl. V. Opredelenie pronicaemosti plazmy, kak metod ocenki morozoustojčivosti kartofelja. **(Die Bestimmung der Leitfähigkeit des Protoplasmas als Kriterium der Frostresistenz der Kartoffel.)** Botaničeskij žurnal, Moskva-Leningrad **48** (1963) Nr. 8. S. 1168–1172. – 4 Tab., 14 Lit.

Zur Bestimmung der Frostresistenz wurden 23 Kartoffelarten und -formen untersucht. Die Ergebnisse zeigten, daß die Bestimmung der spez. Elektroleitfähigkeit wäßriger Blattextrakte nach Dexter u. a. auch für die Kartoffel anwendbar ist und eine indirekte Methode der Frostresistenzermittlung darstellt. Die höchste Korrelation zwischen Leitfähigkeit und Frostresistenz trat bei Senkung der Temperaturen auf wenige Grade unter 0 ein. Allerdings störte dabei der Kältetod einiger Zellgruppen. Deshalb wird die Extraktion bei 4–6 °C empfohlen. A. Hopfe/Groß-Lüsewitz. 221.

2-64/04-0036 Murata, Shigezo; Kyoto, Univ., Meteorol. Res. Inst. Studies on the stomatal transpiration from the leaf surface. II. Theoretical consideration. **(Untersuchungen über die stomatäre Transpiration der Blattfläche. 2. Mitt. Theoretische Betrachtung.)** Bot. Mag., Tokyo **75** (1962) Nr. 894. S. 473–482. – 8 Abb., 2 Tab., 13 Lit. Orig.: jap., Ausz.: engl. 1. Mitt. vgl. LZ. Abt. II 8 (1963) Nr. 12. S. 3177.

Die Ergebnisse der Transpiration von Blattflächen und der Evaporation von feuchtem Papier (vgl. l. c.) werden unter folgender Voraussetzung diskutiert: a) Die Transpiration wird hauptsächlich durch künstliche und natürliche Konvektion auf Grund der niedrigeren Temperatur des Blattes gegenüber der Luft reguliert, b) die Blattfläche ist im Gegensatz zum feuchten Papier mit Wasserdampf gesättigt. Weiterhin wird angenommen, daß Transpiration und Evaporation proportional der Konvektion zwischen Oberfläche und umgebender Luft sind. Die Anwendung der für die Evaporation aufgestellten Formel für die Transpiration sei erlaubt und somit eine Berechnung der rel. Feuchtigkeit der Blattfläche möglich. Es werden Gleichungen für die Transpiration in ruhiger Luft und bei Wind aufgestellt. I. Frommhold. 221.

2-64/04-0037 Wiskich, Joseph T. und Bonner jun., Walter D. Preparation and properties of sweet potato mitochondria. **(Aufbereitung und Eigenheiten der Mitochondrien von Süßkartoffeln.)** Plant Physiol. **38** (1963) Nr. 5. S. 594–604. – 10 Abb., 3 Tab., 38 Lit. 221.

2-64/04-0038 Thomas, E. W., Loughamn, B. C. und Powell, R. G. Hydroxylation of phenoxyacetic acid by stem tissue of Avena sativa. **(Hydroxylation der Phenoxyessigsäure in Stengelgewebe von Avena sativa.)** Nature [London] **199** (1963) Nr. 4888. S. 73–74. 221.

2-64/04-0039 Bünning, E. und Baltes, J. **Zur Wirkung von schwerem Wasser auf die endogene Tagesrhythmik.** Naturwissenschaften **50** (1963) Nr. 19. S. 622. – 1 Abb. 221.

2-64/04-0040 Ordin, Lawrence und Skoe, Betty P.; Riverside, Univ. of California. Inhibition of metabolism in avena coleoptile tissue by fluoride. **(Stoffwechselhemmung im Gewebe der Avenakoleoptile durch Fluorid.)** Plant Physiol. **38** (1963) Nr. 4. S. 416–421. – 2 Abb., 2 Tab., 20 Lit.
Eine Vorbehandlung apikaler Schnitte von *Avena*koleoptilen in 0,01 mol. Natriumfluoridlösung ergab bei anschließendem Wachstum in Nährlösung (0,05 mol. Glucose, 10^{-5} mol. Indolylessigsäure, 0,0025 mol. Kaliumphosphat, pH 6,0) eine der Dauer der Vorbehandlung entspr. Wachstumshemmung. – Nach 6std. Vorbehandlung mit Fluoridlösung nahmen die Schnitte aus dem Nährmedium (0,05 mol. Glucose, uniform markiert, 0,0025 mol. Kaliumphosphat, pH 6,0) fast genau so viel Glucose auf wie die Kontrolle (in 0,01 mol. Natriumsulfatlösung vorbehandelt), aber es war der Einbau von ^{14}C in Cellulose sowie in die wasser- und säurelöslichen glucosehaltigen Zellwandfraktionen gehemmt. Wurde spez. markierte Glucose eingesetzt, so ließ sich eine Beeinflussung des Respirationsmechanismus feststellen. Die möglichen Gründe dafür werden diskutiert. Bei geringen Wachstumshemmungen bleibt der Katabolismus unbeeinflußt, während sich noch gewisse Wirkungen auf die Inhaltsstoffe der Zellwände nachweisen lassen. Als ein Faktor der Wachstumshemmung durch Fluorid ist die Wirkung auf die Inhaltsstoffe der Zellwand anzusehen. W. Franzke. 222.

2-64/04-0041 Lipsett, J.; Canberra, C. S. I. R. O. Factors affecting the occurrence of mottling in wheat. **(Faktoren, die das Auftreten der Fleckigkeit bei Weizenkörnern beeinflussen.)** Austral. J. agric. Res. **14** (1963) Nr. 3. S. 303–314. – 8 Tab., 10 Lit.
Der Einfluß verschiedener Faktoren (N, P, S und Wasser) auf die Anteile rein glasiger und teilweise undurchsichtiger (fleckiger) Weizenkörner an der Gesamtzahl wurde in Gefäßversuchen ermittelt. Die Fleckigkeitsanteile werden durch hohe N-Gaben sowie durch Wasserentzug herabgesetzt, umgekehrt bewirken P und S eine Verringerung der Anzahl der rein glasigen Körner. Der N-Gehalt glasiger Körner ist allg. höher als der der fleckigen. In der Reaktionsweise auf die genannten Faktoren bestehen Sortenunterschiede. Es wird als wahrscheinlich angenommen, daß bei Absinken des N-Gehaltes der jeweiligen Sorte unter eine gewisse Grenze, verstärkt fleckige bzw. undurchsichtige Körner auftreten. K. Arlt. 222.

2-64/04-0042 Cherry, Joe H.; New Orleans, U. S. Dep. of Agric., A. R. S. Nucleic acid, mitochondria, & enzyme changes in cotyledons of pleanur seeds during germination. **(Nucleinsäure, Mitochondrien und Enzymveränderungen in Kotyledonen von Erdnußsamen während der Keimung.)** Plant Physiol. **38** (1963) Nr. 4. S. 440–446. – 8 Abb., 22 Lit.
Während der Keimung werden mehr als 60% des Kotyledonen-Trockengewichtes verbraucht. Der Ribonucleinsäuregehalt verdreifacht sich in den ersten 8 Tagen, später nimmt er rapide ab, während die Ribonuclease um das Mehrfache ansteigt. Auch die Desoxyribonucleinsäure-Quantität verdoppelt sich zunächst und fällt nach dem 10. Tag stark ab. Die Oxydations- und Phosphorylierungs-Aktivität erreicht ungefähr 8 Tage nach Keimungsbeginn den Höhepunkt. Elektronenaufnahmen zeigen in ruhenden Samen wenige typische Mitochondrienformen; während der Keimung treten höher diffe-

renzierte Formen gehäufter auf. Stärkere Aktivität weisen auch einige Enzyme, wie z. B. Glucose-6-Phosphodehydrogenase, Isocitrase und Cytochromreduktasen auf. Oxydasen werden weniger beeinflußt. H.-L. Pätzold. 222.

26-4/04-0043 Wilkinson, B. G.; Larkfield, Maidstone, A. R. C. Effect of time of picking on the ethylene production of apples. **(Der Einfluß der Pflückzeit auf die Äthylenbildung beim Apfel.)** Nature [London] **199** (1963) Nr. 4894. S. 715–716. – 1 Abb., 5 Lit.
In wöchentlichen Abständen wurden vom 2. Sept.–21. Nov. Apfelproben der Sorte 'Cox's Orange Pippin' für Lagerungsuntersuchungen geerntet. Bestimmt wurden in Abhängigkeit von der Erntezeit O_2-Aufnahme (a) und Äthylenbildung (b). Bei frühen Pflückterminen beginnt b mit dem a-Anstieg. Bei späteren Ernteterminen ist bereits ein b-Anstieg bei noch abfallender a festzustellen, während bei den letzten Ernten eine merkliche b bereits am Baum erfolgt sein muß (Nachweis durch Extrapolation der b-Kurven). H. Ackermann. 222.

2-64/04-0044 Ranjan, Shri und Pandey, R. M.; Allahabad, India, Univ. A preliminary report on nucleic acid levels in mineral deficient plants. **(Ein vorläufiger Bericht über den Nukleinsäuregehalt in Mineralstoffmangelpflanzen.)** Current Sci. [Bangalore] **32** (1963) Nr. 2. S. 83–84. – 1 Tab., 2 Lit.
Die Untersuchungen wurden an *Linum usitatissimum* var. NP (RR) 5 durchgeführt. Bestimmt wurde der Gehalt an Ribonukleinsäure (RNS) und Desoxyribonukleinsäure (DNS) der Wurzel, der Stengel sowie der Blätter normal ernährter Pflanzen (Kontrolle) und von P- und K-Mangelpflanzen. Mineralstoffmangel übt einen wesentlichen Einfluß auf den Stoffwechsel der Pflanzen über eine Veränderung des Nukleinsäuregehaltes aus. Besonders stark wurde der Gehalt an RNS und DNS bei P-Mangelpflanzen beeinflußt. Bei jüngeren Pflanzen war eine bedeutende Abnahme des RNS-Gehaltes der Wurzel, des Stengels und der Blätter unter P-Mangel zu verzeichnen. Auch die Werte für DNS lagen bei gleichen Bedingungen unter denen normaler Pflanzen. Bei älteren Pflanzen war der Nukleinsäuregehalt der einzelnen Organe vermindert bis auf den RNS-Gehalt der Blätter, der den Kontrollwert erreichte. K-Mangelpflanzen zeigten i. allg. einen höheren Nukleinsäuregehalt als die Kontrollpflanzen. Eine Ausnahme bildete der RNS-Gehalt bei älteren Pflanzen, der bei der Wurzel und dem Stengel erniedrigt und beim Blatt unbeeinflußt war. Über die Rolle des K bei der Beeinflussung des Nukleinsäurestoffwechsels lassen sich aus den Ergebnissen noch keine eindeutigen Schlüsse ziehen. G. Zahn. 222.

2-64/04-0045 Gewitz, H. S. und Völker, W.; Berlin-Dahlem, Max-Planck-Inst. für Zellphysiol. **Hemmung der Photosynthese durch Kohlenoxyd und Aufhebung der Kohlenoxydhemmung durch Licht.** Z. Naturforsch. **18b** (1963) Nr. 8. S. 649–653. – 3 Tab., 5 Lit.
Atmung und Photosynthese werden bei *Chlorella pyrenoidosa* durch CO nur dann gehemmt, wenn die Zellen bei hohen Lichtintensitäten schnell gewachsen sind. Die Hemmung ist völlig reversibel und vom CO- und O_2-Druck abhängig. Die CO-Hemmung nimmt bei Belichtung ab. Vff. folgern, daß an der Photosynthese ein Ferment beteiligt ist, dessen Wirkungsgruppe Fe ist und dessen Funktion darin besteht, O zu übertragen. (Nur die CO-Bindung des Fe wird durch Licht gespalten.) Bei der Photosynthesehemmung durch CO wird die Aktivierung des CO_2 gehemmt. W. Hiller. 222.

2-64/04-0046 Sen, S. P.; Kalyani, Bangalore, Kalyani Univ. The role of carbon dioxide fixation in photoperiodism — The effect of dark interruption treatments. **(Die Rolle der Kohlendioxyd-Fixation beim Photoperiodismus — Die Wirkung von Unterbrechungen der Dunkelperiode.)** Indian J. Plant Physiol. **5** (1963) Nr. 1/2. S. 202–217. – 1 Abb., 12 Tab., 17 Lit.

An 3 Kurztagpflanzen (KTP *Xanthium commune, Glycine max, Oryza sativa*) und einer Langtagpflanze (LTP; *Hordeum vulgare*) wurde der Einfluß von Rotlicht (HR) oder Dunkelrot (DR), das in der Mitte einer Dunkelperiode geboten wurde, auf den $^{14}CO_2$-Einbau untersucht. Analysiert wurde die alkohollösliche Fraktion. – Ein Teil des fixierten CO_2 wird bei Unterbrechung der Dunkelperiode durch HR wieder freigesetzt. Anschließend gebotenes DR steigert den Effekt noch. Neben Decarboxylierungen wird auch die Hydrolyse der äthanol-unlöslichen Fraktion beeinflußt. Der Stoffwechsel einiger CO_2-Fixationsprodukte (z. B. Zucker, -phosphate, Äpfelsäure) wird durch HR oder DR bei LTP bzw. KTP unterschiedlich verändert. In der LTP *Hordeum* verschwindet durch 30min. HR-Einwirkung die Äpfelsäure und erscheint bei DR-Bestrahlung wieder. Gerade umgekehrt verhalten sich die KTP *Xanthium* und *Glycine*. Bei *Glycine* kann Auxin die HR-Wirkung in bezug auf das Verhalten von Äpfelsäure ersetzen, bei *Hordeum* scheinen Auxin und Licht entgegengesetzte Effekte auszulösen. In photoperiodisch induzierten Pflanzen ist die HR-Wirkung ausgeprägter; verändert ist ebenfalls die CO_2-Fixation in rotem und blauem Licht. HR und DR beeinflussen außerdem die Zusammensetzung der alkohollöslichen Fraktion der Blätter am Ende der Dunkelperiode, die der HR- oder DR-Bestrahlung folgt.
G. Ballin. 222.

2-64/04-0047 Meinl, G. und Rothacker, D.; Groß-Lüsewitz, Inst. für Pflanzenzücht. der Dtsch. Akad. der Landwirtsch.-Wiss. zu Berlin. **Untersuchungen über den CO_2-Gaswechsel bei Kartoffelklonen verschiedener Valenzstufen.** Ber. dtsch. bot. Ges. **76** (1963) Nr. 5. S. 179–185. – 3 Abb., 14 Lit.

Bei Untersuchungen über den CO_2-Gaswechsel an Kartoffelformen mit $2n = 24, 36, 48$ und 72 Chromosomen zeigte sich die 36chromosomige Form den anderen überlegen. Diese Überlegenheit kam auch in Feldversuchen bei Ertragsermittlungen an Fr.- und Tr.-Subst. der ober- und unterirdischen Organe zum Ausdruck. Das höhere Leistungspotential der 36chromosomigen Formen kann aber nur unter günstigen Strahlungsbedingungen voll ausgeschöpft werden. A. Hopfe/Groß-Lüsewitz. 222.

2-64/04-0048 Goffeau, André und Bové, Joseph-Marie. Réactions photosynthétiques de chloroplastes isolés de Brassica chinensis. Conditions améliorées. **(Photosynthesische Reaktionen isolierter Chloroplasten von Brassica chinensis. Verbesserte Bedingungen.)** C. R. hebd. Séances Acad. Sci. **257** (1963) Nr. 13. S. 1961–1963. – 4 Tab., 2 Lit. 222.

2-64/04-0049 Wickremasinghe, R. L., Swain, T. und Goldstein, J. L. Accumulation of amino-acids in plant cell tissue cultures. **(Anhäufung von Aminosäuren in Pflanzenzellgewebekulturen.)** Nature [London] **199** (1963) Nr. 4900. S. 1302–1303. – 2 Tab., 2 Lit. 222.

2-64/04-0050 Das, Nirmal K. Chromosomal and nucleolar RNA synthesis in root tips during mitosis. **(Chromosomale und nukleare RNS-Synthese in Wurzelspitzen während der Mitose.)** Science [Washington] **140** (1963) Nr. 3574. S. 1231–1233. – 6 Abb., 2 Tab., 13 Lit. 222.

2-64/04-0051 Humphries, E. C. und Wheeler, A. W.; Harpenden, Herts., England, Rothamsted Exp. Stat. The physiology of leaf growth. **(Die Physiologie des Blattwachstums.)** Annu. Rev. Plant Physiol. **14** (1963) S. 385–410. – 306 Lit.

Anhand der Literatur der letzten 30 Jahre behandeln Vff. erstmalig die Gesamtheit der Physiologie der Blattentwicklung und des -wachstums mit besonderer Berücksichtigung der dafür wichtigsten Wachstumsregulatoren. Im einzelnen werden folgende Phänomene besprochen: Blattprimordien und Blattstellung, Geschwindigkeit der Blattbildung, Blattentwicklung, Blattform, Einfluß von Umweltfaktoren auf die Blattform, Blattgröße, Blattwachstum in einem Bestand, korrelative Erscheinungen bei Blättern, Blattalterung, Bestrahlung, Lichtqualität und Blattwachstum sowie Blatt-Wachstumsregulatoren. G. Ballin. 230.

2-64/04-0052 Jarvis, P. G. und Jarvis, Margaret S.; Uppsala, Inst. of Physiol. Bot. Effects of several osmotic substrates on the growth of Lupinus albus seedlings. **(Der Einfluß verschiedener osmotischer Substanzen auf das Wachstum von Lupinus albus Keimlingen.)** Physiol. Plantarum [Copenhagen] **16** (1963) Nr. 3. S. 485–500. – 8 Abb., 8 Tab., 36 Lit.
Die Anzucht erfolgte unter konstanten Bedingungen in steriler Nährlösung ohne oder mit Zusatz verschiedener osmotischer Substanzen (Polyäthylenglycol, NaCl, Mannitol, Dextran) bestimmter Konzentration. Nach 18 Tagen wurden Tr.-Gew., Blattfläche u. a. ermittelt. Die Kontrollpflanzen zeigten das beste Wachstum. Das Tr.-Gew. war höher als bei den Versuchspflanzen. Alle Pflanzen hatten 4 entfaltete Blätter, bei den Versuchspflanzen waren aber die Blattflächen wesentlich reduziert. Weiterhin wurde bei den Versuchspflanzen eine verminderte Transpirationsintensität festgestellt, dagegen jedoch keine Veränderung der Netto-Assimilationsrate. Das geringere Wachstum wird nicht indirekt durch das Schließen der Stomata verursacht, sondern beruht auf einem direkten Effekt auf das innere Wasserpotential, und zwar wahrscheinlich die Translokation der Nährstoffe von den Kotyledonen zu den Blättern betreffend. I. Frommhold. 230.

2-64/04-0053 Grobbelaar, W. P.; Wageningen, Netherlands, Agric. Univ. Responses of young maize plants to root temperatures. **(Reaktionen junger Maispflanzen auf Wurzeltemperaturen.)** Meded. Landbouwhogeschool Wageningen **63** (1963) Nr. 5. S. 1–71. – 26 Abb., 11 Tab., 90 Lit.
Die Wirkung der Wurzeltemperatur (5–40 °C) auf Wachstum, Wasser- und Ionenaufnahme während der Jugendentwicklung wird an Maispflanzen bei konstanter Lufttemperatur (20 °C) untersucht. Für das Wurzelwachstum waren Wurzeltemperaturen von 20–30 °C, für das Sproßwachstum solche von 25–35 °C optimal. Im Sproß werden bei Temperaturen im unteroptimalen Bereich der Tr.-Subst.-Gehalt und der Gehalt an wasserlöslichen Kohlenhydraten erhöht. Offenbar werden infolge verminderten Wachstums Photosyntheseprodukte akkumuliert. Beeinflußt wird auch das Verhältnis Sproß: Wurzel. Wurzeltemperaturen von 5–15 °C und 40 °C vermindern die Aufnahme von N, P und K. Diese Hemmung ist jedoch nicht die Ursache des verminderten Wachstums bei diesen Temperaturen. Bei Wurzeltemperaturen unter 20 °C und bei 40 °C wird eine verringerte Transpiration beobachtet, die zu einer Erhöhung des Diffusionsdruckdefizits führt. Dieser Effekt soll für das Nachlassen des Wachstums des Sprosses bei diesen Temperaturen verantwortlich sein. G. Ballin. 230.

2-64/04-0054 Manuel, F. C. und Velasco, J. R. The effect of photoperiod on the growth and bulb development of onion. **(Wirkung der Tageslänge auf Wachstum und Zwiebelentwicklung der Küchenzwiebel.)** Philippine Agriculturist **46** (1962) Nr. 6. S. 477–480. – 1 Abb., 1 Tab., 1 Lit.
Zwiebelpflanzen wurden unter natürlichen Umweltbedingungen sowie im 9std. Kurz- oder 15std. Langtag kultiviert. Dmr. und Gew. der Zwiebeln nahmen mit steigender Tageslänge erheblich zu. Im Kurztag entwickelten die Pflanzen mehr Blätter. Bei keiner Behandlung wurde Blütenbildung beobachtet. G. Ballin. 230.

2-64/04-0055 Wienk, J. F.; Wageningen, Netherlands, Agric. Univ. Photoperiodic effects in Vigna unguiculata (L.) Walp. **(Wirkungen der Tageslänge bei Vigna unguiculata [L.] Walp.)** Meded. Landbouwhogeschool Wageningen **63** (1963) Nr. 3. S. 1–82. – 16 Abb., 27 Tab., 108 Lit.

An mehreren Sorten wird der Einfluß der Tageslänge auf das vegetative Wachstum und die Blütenbildung untersucht. Der Kurztag (KT)-Reiz wird von den Blättern perzipiert, wobei die Empfindlichkeit mit zunehmender Blattzahl steigt. Wird vorher Langtag (LT) geboten, dann nimmt die Empfindlichkeit für den nachfolgenden KT-Reiz ab. Demnach üben die Blätter im KT eine hemmende, im LT eine fördernde Wirkung auf die Stengelstreckung aus, da das Wachstum im KT gehemmt wird. Optimal für die Blütenbildung ist ein 8–11std. KT. Die Aufnahme des blühinduzierenden Reizes erfolgt durch höher inserierte Blätter. Die Infloreszenzen werden erst über dem 3. Internodium angelegt. Suboptimale induktive Bedingungen führen zu Unterbrechungen der Aufeinanderfolge der Blütenprimordien. Die Anthese tritt etwa 12 Std. nach Einsetzen der Dunkelperiode ein. Um einen optimalen Samenertrag zu erreichen, muß die Aussaat so erfolgen, daß eine ausreichend lange Vegetationsperiode mit rel. langen Tagen gewährleistet ist.
G. Ballin. 230.

2-64/04-0056 Martynova, M. F. Vlijanie kačestva sveta na razvitie počatkov kukuruzy. **(Einfluß der Qualität des Lichtes auf die Entwicklung der Maiskolben.)** Zap. Leningr. s.-ch. in-ta **84** (1962) S. 49–55. – Aus: Referativnyj žurnal Moskva. Rastenievodstvo **1963** Nr. 7.55.96. S. 13.

Pflanzen der frühreifen Maissorte 'Belojaroje pscheno' wurden während der gesamten Vegetationsperiode und der 4 ersten Entwicklungsstadien unter Kurztag (9 Std.) gehalten. Der Kurztag, der mit Kurzwellen (Tageslichtbeleuchtung) angereichert war, beschleunigte im Vergleich zur natürlichen Beleuchtung das Durchlaufen des 1. und 2. Entwicklungsstadiums und die Entwicklung der generativen Organe, besonders der Kolben. Ein Kurztag der gleichen Dauer, der mit Langwellen angereichert war (Morgen- und Abendbeleuchtung), rief eine Verzögerung des Durchlaufens des 1. und 2. Entwicklungsstadiums der Kolben hervor. Nach dem Durchlaufen des 3. Entwicklungsstadiums nahm die Reaktion der Pflanzen auf die Qualität des Lichtes stark ab. Die Pflanzen verringerten beim Kurztage den Ertrag der vegetativen Masse. übersetzt v. Th. C. Boetticher. 230.

2-64/04-0057 Thompson, P. A.; Mylnefield, Invergowrie, Dundee, Scott. Horticult. Res. Stat. Reversal of photoperiodic induction of strawberries with maleic hydrazide. **(Umkehr der photoperiodischen Induktion von Erdbeeren mit Maleinhydrazid.)** Nature [London] **200** (1963) Nr. 4902. S. 146–148. – 3 Abb., 1 Tab., 4 Lit.

Vf. besprüht Erdbeeren mit Maleinhydrazid (MH) in Konz. von 100–3000 μg pro Pflanze. Die Zahl der Blütensprosse sinkt bei den besprühten Pflanzen auf die Hälfte, wobei die Konz. des MH wenig Einfluß hat. Bei höheren Konz. als 1000 μg pro Pflanze tritt mit steigender Konz. eine zunehmende Verlaubung der Blüten ein, wobei sich die Blütenblätter zu Laubblättern umbilden. Werden Pflanzen in einer Klimakammer 2 × wöchentlich für 6 Wochen von Juli bis Sept. mit 125 oder 62,5 ppm MH besprüht, so sind hauptsächlich 2 Typen von Pflanzen zu unterscheiden: a) Pflanzen, bei denen die Entwicklung der ♀ Blütenteile gehemmt ist, b) Pflanzen, bei denen eine Verlaubung der Blüten eingetreten ist. Der Typ b tritt dann auf, wenn während des ersten Sprühens die Entwicklung der Blüte noch nicht weit fortgeschritten ist. Auch unter Kurztagsbedingungen wirkt MH in gleicher Weise, wie Sprühversuche im Okt./Nov. mit *Fragaria elatior* ergaben. W. Hiller. 230.

2-64/04-0058 Behrendt, S.; Gießen, Justus-Liebig-Univ., Inst. für Grünlandwirtsch. und Futterbau. **Über den Einfluß der Gibberellinsäure auf Keimung, Wachstum und Entwicklung perennierender Gräserarten.** Z. Acker- u. Pflanzenbau **117** (1963) Nr. 3. S. 289–312. – 6 Abb., 2 Tab., 46 Lit. Zus. in Engl.

An 13 Arten mehrjähriger Futtergräser wurde im Keimapparat nach Jacobsen die Wirkung von Gibberellinsäurelösungen (GS) in verschiedenen Konz. auf Keimung und Wachstum untersucht. Bei fast allen Gräsern außer *Phalaris arundinacea* wurde die Keimung in einem ziemlich weiten Konzentrationsbereich (50 bis 300 ppm) angeregt. Die Wirkung war bei den langsam keimenden Arten besser als bei den schnell keimenden. Der Aufgang der Saat im Gewächshaus und die Messung der Länge des 2. Blattes bestätigten den durch die Keimung erzielten Vorsprung der GS-Varianten. Bei *Lolium perenne* hatte GS keinen Einfluß auf die Blattlänge. Im Freiland waren diese Ergebnisse nicht reproduzierbar. In einer weiteren Untersuchungsreihe wurden Karyopsen einiger früh- und spätblühender Sorten von *Lolium perenne* verschieden lange vernalisiert. Zwischen Keimverlauf und Entwicklungstyp sowie Keimschnelligkeit und Vernalisationsverhalten konnten keine Beziehungen gefunden werden. Durch Behandlung mit GS konnte die Vernalisierung weder ersetzt noch verstärkt werden. Th. Hoffmann. 230.

2-64/04-0059 Stefan, V., Balinschi, I. und Boti, D. Acţiunea filtratului de Gibberella fujikuroi Saw. asupra plantelor de cînepă si porumb. **(Die Wirkung des Gibberella fujikoroi Saw. Filtrates auf Hanf- und Maispflanzen.)** Centr. exp. îngrăşăminte bacteriene, Lucrări ştiinţ. 2 (1959, hrsg. 1960) S. 249–260. – 8 Abb., 3 Tab., 4 Lit. Zus. in Russ., Engl., Franz.

Der stimulierende Einfluß des Extraktes einer Kultur von *Giberbella fujikuroi* auf Hanf- und Maispflanzen in Vegetationsgefäßen wurde untersucht. Die Technik zur Erzielung des Filtrates wird angegeben. Das Filtrat wurde in verschiedenen Zeitabschnitten nach dem Aufgang, allein oder mit verschiedenen Düngemitteln verabreicht. Ermittelt wurden Wachstum der Pflanzen, Grünmasse sowie N- und P-Gehalt. Das Filtrat übte einen stimulierenden Einfluß auf die Pflanzen aus. Die periodische Anwendung des Filtrates ergab gegenüber der einmaligen Anwendung keine bedeutende Erhöhung der Stimulation des vegetativen Wachstums. Wurde das Filtrat direkt auf den Vegetationspunkt des Hanfes gegeben, war der Stimulus stärker. Wo das Filtrat gleichzeitig mit Mineraldünger (NPK) und Azotobakterin angewandt wurde, erreichten die Maispflanzen das höchste Wachstum. V. Severin. 230.

2-64/04-0060 Fellenberg, Günter; Erlangen, Univ., Bot. Inst. **Über die Organbildung an in vitro kultiviertem Knollengewebe von Solanum tuberosum.** Z. Bot. **51** (1963) Nr. 2, S. 113–141. – 10 Abb., 41 Lit.

Vf. untersucht den Einfluß von Wachstumsregulatoren, Vitaminen und Purinen auf die Bildung von Sprossen, Wurzeln und „Knöllchen" (bulböse Anschwellungen) bei Knollengewebe der Kartoffelsorte 'Eva'. – Die untersuchten Prozesse unterliegen jahreszeitlichen Schwankungen; eine Wurzelbildung läßt sich durch Naphthylessigsäure (NES) bes. im Nov. und Dez., eine Sproßbildung nur im März und Mai auslösen. NES, Indolessigsäure, 2.4-Dichlorphenoxyessigsäure und Indolacetonitril rufen Kallusbildung hervor; Tryptophan ist wirkungslos. Eine Wurzelbildung läßt sich nur durch NES und IES in höheren Konz. oder durch deren Kombination mit Indolacetonnitril erzielen. Zuckerloses Medium hemmt die Kallus- und fördert die Wurzelbildung. Letztere wird durch niedrige Temperatur unterbunden. Rindite hat keinen Einfluß auf die Wurzelbildung, verstärkt aber das Kalluswachstum. Die untersuchten Vitamine und Purine waren allg. wenig wirksam. Kombinationen von NES mit Kinetin förderten die Wurzelbildung, die ebenfalls bei Kultur von Gewebe auf Extrakten anderer Sorten bzw. von Meerrettich gesteigert wurde. Das Ausmaß der Organbildung war sortenabhängig. G. Ballin. 230.

2-64/04-0061 Hildebrandt, A. C., Wilmar, J. C., Johns, H. und Riker, A. J.; Madison, Univ. of Wisconsin. Growth of edible chlorophyllous plant

tissues in vitro. **(In vitro-Wachstum eßbarer chlorophyllhaltiger Pflanzengewebe.)** Amer. J. Bot. **50** (1963) Nr. 3. S. 248–254. – 3 Abb., 5 Tab., 13 Lit.
Vff. führten Vergleichsuntersuchungen zwischen Chlorophyll(**I**)-haltigen (Stengel, Blätter) und **I**-freien Pflanzengeweben (Wurzeln, Keimlinge) auf verschiedenen Nährböden durch. Sie bestimmten das rel. Wachstum isolierter Pflanzengewebe und die **I**-Bildung in Kallusgeweben in Abhängigkeit von der Zuckerkonz. und -art, vom Kokosnußmilchanteil im Nährmedium sowie den Einfluß von α-Naphthylessigsäure und 2.4-Dichlorphenoxyessigsäure.
H. Ackermann. 230.

2-64/04-0062 Oshima, Nagayoshi und Livingston, Clark H.; Fort Collins, Colorado State Univ. In-vitro culture of potato tissues. **(In-vitro Kultur von Kartoffelgewebe.)** Amer. Potato J. **40** (1963) Nr. 1. S. 9–16. – 8 Abb., 1 Tab., 14 Lit.
Auf Grund früherer Untersuchungen wurde als Grundsubstrat ein modifiziertes Medium nach White verwendet. Augengewebe bzw. Stengelnodiensegmente der Sorten 'Red McClure' und 'Russet Burbank' wurden nach äußerlicher Sterilisation in Test-Röhrchen mit festem Nährboden übertragen und unter kontinuierlicher Fluorescenzbeleuchtung bei 25 °C bebrütet. Durch 50 ppm Gibberellin (**I**) wurde die Stengelneubildung (durchschnittl. 4–5) beträchtlich gefördert, während sie durch 0,1 ppm 1-Naphthylessigsäure (**II**) und **II** + 1 ppm Kinetin (**III**) unbeeinflußt blieb. Die gleiche Wirkung war bezüglich des Stengelwachstums zu beobachten. Im Gegensatz dazu wirkten alle **3** Verbindungen hemmend auf das Wurzelwachstum. Die optimale Konz. von **I** betrug 50 ppm. Das Wachstum von Stengelnodiensegmenten wurde in Gegenwart von **I** durch **II** und Kokosmilch gehemmt und von 2.4-Dichlorphenoxyessigsäure (0,1 ppm) gefördert, während die Wurzelentwicklung nur in Gegenwart von **II** erfolgte. Kokosmilch (10%) sowie **II** stimulierten unter gleichen Bedingungen am stärksten die Kallusbildung, 2.4-Dichlorphenoxyessigsäure nur leicht. H. Henniger/Groß-Lüsewitz. 230.

2-64/04-0063 Wagner, Rotraut; Tübingen, Univ., Bot. Inst. **Der Einfluß niedriger Temperatur auf die Phasenlage der endogen-tagesperiodischen Blattbewegungen von Phaseolus multiflorus.** Z. Bot. **51** (1963) Nr. 2. S. 179–204. – 12 Abb., 1 Tab., 27 Lit.
Vf. untersucht die Wirkung einer Kältebehandlung (+4,5 °C) unterschiedlicher Länge (2–56 Std.) auf die Rhythmik der Blattbewegungen. Bei kurzdauernder Kühlung (2–5 Std.) wird die Phasenverschiebung durch den Zeitpunkt der Einwirkung niederer Temperatur im Zyklus bestimmt. Die Kühlung wirkt während der Hebungsphase meist verfrühend, während der Senkungsphase verzögernd auf die Blattbewegung, am stärksten verzögernd kurz vor dem Umschlag von Senkung zur Hebung. Bei 5–19std. Dauer ist das Ende der Kälteeinwirkung bestimmend für den Bewegungsablauf, der stets verzögert wird. Bei langdauernder Kühlung (ab 24 Std.) nimmt die Phasenverschiebung um die Kühlungszeit zu. Verantwortlich für die danach einsetzende Rhythmik ist der Anstieg der Temperatur. Der Zeitpunkt der Übertragung der Pflanzen in Dauerlicht bestimmt die Phasenlage der Kontrollen. Die induzierte Phasenverschiebung tritt noch nach dem **3.** Zyklus auf. G. Ballin. 235.

2-64/04-0064 Marcellin, P. Mesure de la diffusion des gaz dans les organes végétaux. **(Messung der Gasdiffusion in pflanzlichen Organen.)** Bull. Soc. franç. Physiol. végétale **9** (1963) Nr. 1. S. 29–45. – 11 Abb., 23 Lit.
4 Versuchsanordnungen werden beschrieben, die im Prinzip auf Devaux (1898) zurückgehen. Als Versuchsobjekte werden Äpfel verwendet. Die phys. Gesetzmäßigkeiten der Gasdiffusion in porösen Körpern werden besprochen und abgeleitet. Vf. weist auf die Schwierigkeiten und Schwächen der Untersuchungsmethodik hin und stellt fest, daß ihm keine experimentellen

Arbeiten aus der Physik bekannt sind, deren Ergebnisse sich direkt für das Studium des Gasaustausches pflanzlicher Organe nutzen lassen.
K. Arlt. 239.

2-64/04-0065 Voisey, Peter W. und Jackson, Ross. Note on a qualitative method of examining the uniformity of high intensity illumination. **(Bemerkung über eine qualitative Methode zur Untersuchung der Einheitlichkeit hoher Belichtungsintensitäten.)** Canad. J. agric. Sci. **43** (1963) Nr. 3. S. 436 bis 437. – 3 Abb., 3 Lit. 239.

2-64/04-0066 Tagawa, Kunio, Tsujimoto, Harry Y. und Arnon, Daniel I. Analysis of photosynthetic reactions by the use of monochromatic light. **(Analyse von Reaktionen der Photosynthese durch den Einsatz monochromatischen Lichtes.)** Nature [London] **199** (1963) Nr. 4900. S. 1247–1252. – 7 Abb., 46 Lit. 239.

2-64/04-0067 Opel, H. und Wolffgang, H. **Der Magensaft der Weinbergschnecke Helix pomatia L. — eine einfache Quelle kohlenhydratspaltender Enzyme zur Mazeration pflanzlicher Gewebe und zur Spaltung von Oligosacchariden und Glycosiden.** Mber. dtsch. Akad. Wiss. Berlin **5** (1963) Nr. 8/9. S. 533–534. – 1 Tab., 4 Lit. 239.

D. Chemie der Pflanzen

2-64/04-0068 Jennings, A. C. und Morton, R. K.; Adelaide, Univ.; Waite Agric. Res. Inst. Changes in carbohydrate, protein, and non-protein nitrogenous compounds of developing wheat grain. **(Veränderungen der Kohlenhydrate, Proteine und nichteiweißartigen Stickstoffverbindungen im Weizenkorn während der Entwicklung.)** Austral. J. biol. Sci. **16** (1963) Nr. 2. S. 318–331. – 7 Abb., 2 Tab., 31 Lit.
Triticum vulgare cv. Gabo (gute Backqualität), *Triticum vulgare* cv. Insignia (schlechte Backqualität) und *Triticum durum* cv. Dural wurden 1958–1960 im Feldversuch geprüft. Untersucht wurde 5, 8, 12, 19, 26, 33 und 40 Tage nach der Blüte. Getrennt wurde in Embryo, Endosperm einschl. Aleuronschicht und in die Testa-Pericarp-Fraktion. Gegeben werden die Untersuchungsergebnisse der Konvarietät Gabo von 1959. Die analytischen Daten der anderen Konvarietäten weichen davon ab, lassen aber die gleichen Schlußfolgerungen zu. Auf das Gesamtkorn bezogen nahmen die niedermol. Inhaltsstoffe (nichteiweißartige N-Verbindungen, Saccharose, reduzierende Zucker, α-Ketosäuren) prozentual ab, aber ihr abs. Gehalt blieb annähernd konstant. Die makromol. Bestandteile (Stärke, Pentosane, Eiweiß) nahmen dagegen prozentual und auch mengenmäßig zu. Der Metabolismus des Endosperms wird an Hand der Ergebnisse diskutiert. W. Franzke. 240.

2-64/04-0069 Jennings, A. C. und Morton, R. K.; Adelaide, Univ.; Waite Agric. Res. Inst. Changes in nucleic acids and other phosphorus-containing compounds of developing wheat grain. **(Veränderungen der Nukleinsäuren und anderer phosphorhaltiger Verbindungen im Weizenkorn während der Entwicklung.)** Austral. J. biol. Sci. **16** (1963) Nr. 2. S. 332–341. – 5. Abb., 1 Tab., 20 Lit.
Im Endosperm (**I**) und in der Testa-Pericarp-Fraktion (**II**) bestand während der Entwicklung eine Beziehung zwischen dem Gehalt an anorg. P, säurelöslichem P, säurelöslichem org. P und dem Wassergehalt. Mit der Abnahme des Wassergehaltes in diesen Fraktionen begann eine intensive Synthese von Phytinsäure und entspr. nahm der Gehalt an anorg. P und phosphorylierenden Verbindungen rasch ab. Die Veränderungen des Gehaltes an Desoxyribonukleinsäure (DNS) in **I** wies auf eine intensive Zellteilung in den ersten 14 Tagen nach der Blüte hin, und die weitere Zunahme stand mit der Vergrößerung der Zellen in Übereinstimmung. In **II** blieb DNS während des Untersuchungs-

zeitraumes konstant. Der Gehalt an Ribonukleinsäure (RNS) stieg in I während der Zellteilung stark an und blieb dann konstant bzw. nahm geringfügig ab. In II änderte sich RNS entspr. der geringen Proteinsynthese nur wenig. Die Veränderungen an Lipiden und Lipid-P entsprachen der erwarteten Zunahme an intracellulären Membranen. – Gegeben werden einjährige Ergebnisse der Konvarietät Gabo (s. vorst. Referat). W. Franzke. 240.

2-64/04-0070 Bruno, A. und Goldberg, P. H.; Samaru, Northern Nigeria, Regional Res. Stat. The morphology and chemical composition of some Nigerian mangoes (Mangifera indica L.). **(Morphologie und chemische Zusammensetzung einiger nigerischer Mangosorten [Mangifera indica L.].)** Trop. Agric. **40** (1963) Nr. 2. S. 143–152. – 1 Abb., 3 Tab., 6 Lit.

In Nigeria ist die Mango die wertvollste Frucht, die für den Frischverzehr in Frage kommt. Um die Bevölkerung ausreichend zu versorgen, muß der Anbau ausgeweitet und die Erntezeit durch geeignete Sorten ausgedehnt werden. 1960 wurden daher in einem Versuch einheimische und ausländische Typen auf Reifezeit und Fruchtqualität untersucht. Es konnten 4 Reifegruppen, frühe (April), mittelfrühe, späte einheimische (Juli) und sehr späte ausländische Sorten, unterschieden werden. Eigene Herkünfte sind zwar rel. kleinfrüchtig weisen aber einen weit höheren Gehalt an Carotin (5000–9000 gegenüber 2300 mg/100 g) und Rohprotein (0,6–0,8 gegen 0,4%) als ausländische Sorten auf. Da auch für die Zukunft nicht an einen Export gedacht ist, ist eine vegetative sortenechte Vermehrung nicht erforderlich, es scheint wichtiger, aus jeder Reifegruppe polyembryonale, langlebige, robuste und kernechte Typen auszulesen und zu vermehren, wobei faserarme und süße Formen zu bevorzugen sind. V. Ehrenpfordt. 240.

2-64/04-0071 Torssell, Bengt und Aamisepp, Margarethe; Uppsala, Roy. Agric. Coll., Inst. of Plant Husbandry. Investigations on soil turnips and oil rape. IX. Chemical composition on different organs of the wintering stage of the plants. **(Untersuchungen über Rübsen und Raps. 9. Mitt. Chemische Zusammensetzung in verschiedenen Organen der im Winterzustand sich befindlichen Pflanzen.)** Acta Agric. scand. **12** (1962) Nr. 3. S. 210–214. – 2 Abb., 1 Tab., 6 Lit. 8. Mitt. vgl. LZ. Abt. II **8** (1963) Nr. 5. S. 1186.

Zur Klärung der Beziehungen zwischen Winterhärte bzw. Anatomie einzelner Pflanzenorgane und ihrer chem. Zusammensetzung wurden Blätter, Epikotyl, Hypokotyl und Wurzeln der Rapssorte 'Tenus' und der Rübsensorte 'Rapido II' einer getrennten Analyse unterzogen. Bestimmt wurden der Gehalt an red. und Gesamtzucker, Stärke, Zellwandbestandteile, Gesamtprotein vor und nach Alkohol-Wasser-Extraktion sowie Asche. Die mengenmäßige Verteilung (in % Tr.-Subst.) der einzelnen Substanzen in den unterschiedlichen Organen der Pflanze wurde als Funktion der Wuchshöhe in bezug zur Erdoberfläche ausgedrückt. Beiden Sorten gemeinsam ist die Zunahme an red. Zuckern bei gleichzeitiger Abnahme von Stärke und Gesamtzucker mit der Höhe. Ebenfalls mit der Höhe nahm der Gehalt der unlöslichen Fraktion des Gesamtproteins zu, während sich die lösliche Fraktion gleichmäßig über die gesamte Pflanze verteilte. Der Raps erwies sich gegenüber Rübsen chem. weitaus differenzierter. Der auffälligste Unterschied in der chem. Zusammensetzung ist der hohe Gehalt an Zellwandbestandteilen im Hypokotyl des Rapses. Beim Vergleich zweier Aussaattermine (10. 7. und 4. 8.) zeigte sich bei beiden Arten eine Abnahme des Gesamtproteins bei gleichzeitigem Ansteigen der Kohlenhydratmenge mit früherem Termin. Die Analysenergebnisse sollen nur als Beobachtungen gewertet werden, da sie noch keine umfassenden Schlußfolgerungen erlauben. H. Nürnberger. 240.

2-64/04-0072 Mitra, S. N., Mathew, Z. V., Dhar, A. K. und Bose, P. K. Acid-insoluble ash as a criterion for judging the purity of crushed paddy.

(Säureunlösliche Asche als ein Kriterium für die Beurteilung der Reinheit des Bruchreises.) Sci. and Cult. [Calcutta] **29** (1963) Nr. 6. S. 307–308. – 1 Tab., 1 Lit. 240.

2-64/04-0073 Kružilin, A. S.; Moskau, Pflanzenphysiol. Timirjasew-Inst. der Akad. der Wiss der UdSSR. Nakoplenie sacharov u ozimych „dvuruček" i jarovych pšenic pri ponižennych temperaturach. **(Zuckeranreicherung bei Wechsel- und Sommerweizen unter niedrigen Temperaturen.)** Fiziologija rastenij, Moskva **10** (1963) Nr. 3. S. 374–376. – 2 Abb., 2 Tab., 10 Lit.

Wechselweizen besitzt die Eigenschaft kälteresistent zu sein. Bei niedrigen Temperaturen reichert er Zucker in den Karyopsen und den Pflanzen fast genau so schnell und bedeutend wie Wi-Weizen an, wodurch er in der Lage ist zu überwintern. So-Weizen besitzt diese Fähigkeit nicht und ist deshalb nicht kälteresistent. Der Gehalt an Zucker in keimenden Karyopsen kann als Frühtest zur Bestimmung der Winterfestigkeit von Selektionsmaterial benutzt werden. J. Birke. 242.

2-64/04-0074 Magne, C. und Bilquez, A. F.; Bondy/Seine, Centre Sci. et Techn. Une méthode simple et rapide d'apprécier la richesse en huile des graines d'arachide utilisable en sélection végétale. **(Eine einfache und schnelle Methode zur Schätzung des Ölgehaltes von Erdnüssen in der Pflanzenzüchtung.)** Oléagineux **18** (1963) Nr. 8/9. S. 571–575. – 5 Abb., 4 Tab.

Die Methode nutzt die enge Beziehung zwischen Schwimmfähigkeit und Ölgehalt der Erdnußsamen. Die getrennten Kotyledonen werden Schwimmtests in 9 abgestuften Salzlösungen (0–175 g NaCl/l; Dichte 1–1,111) unterworfen, dabei ist eine Vakuumbehandlung nicht erforderlich. Der Ölgehalt wurde durch Extraktion mit Hexan zur Kontrolle bestimmt. Die Genauigkeit ist für die züchterische Praxis genügend hoch. K. Arlt. 243.

2-64/04-0075 Mondy, Nell I., Mattick, L. R. und Owens, Emily; Ithaca, N. Y., Coll. of Home Econo., Graduate School of Nutrit.; Geneva, N. Y., Agric. Exp. Stat. The effect of storage on the total lipides and the fatty acid composition of potatoes. **(Der Einfluß der Lagerung auf den Lipoid-Gehalt und die Fettsäure-Zusammensetzung von Kartoffeln.)** J. agric. Food Chem. **11** (1963) Nr. 4. S. 328–329. – 2 Tab., 10 Lit.

Die Veränderungen des Lipoidgehaltes, bestimmt durch Extraktion mit $CHCl_3/CH_3OH$ (2:1) und der Fettzusammensetzung, bestimmt durch Gaschromatographie nach Hydrolyse der Lipoid-Fraktion mit konz. HCl und Veresterung mit Dimethoxypropan, von Kartoffeln der Sorte 'Pontiac' (**I**) und 'Ontario' (**II**) während der Lagerung wurden untersucht. Während unabhängig von der Sorte der Lipoid-Gehalt durch Lagerung praktisch nicht beeinflußt wurde, ergaben sich bei beiden Sorten während der Lagerung große Veränderungen in der Fettsäurezusammensetzung. Kurz nach der Ernte war der Palmitinsäure- und Linolsäuregehalt von **I** höher und der Stearinsäure-, Oleinsäure-, Linolensäure- und Arachidinsäure-Gehalt niedriger als der von **II**. Während der Lagerung erhöhte sich bei **I** der Palmitinsäure- und Linolensäure-Gehalt, der Linolsäure-Gehalt dagegen nahm ab. Bei **II** wurde eine Abnahme des Palmitinsäure- und Linolensäuregehaltes gefunden. Der Gehalt der bei **I** und **II** gefundenen Fettsäuren $> C_{18}$ erhöhte sich im Verlaufe der Lagerung. P. Stoß. 243.

2-64/04-0076 Nelson, J. H., Glass, R. L. und Geddes, W. F.; St. Paul, Univ. of Minnesota. The triglycerides and fatty acids of wheat. **(Die Triglyceride und Fettsäuren des Weizens.)** Cereal Chem. **40** (1963) Nr. 4. S. 343 bis 351. – 3 Abb., 3 Tab., 12 Lit.

Aus dem Weizenkorn, der Kleie, dem Embryo und dem Endosperm wurden die Lipide bei Zimmertemperatur mit wassergesättigtem n-Butanol extrahiert

und die Triglyceride an Silicagel chromatographisch abgetrennt. Ihre Fraktionierung durch Gegenstromverteilung mit dem Lösungsmittelgemisch Nitroäthan-Furfurol-Skellysolve F 4:4:10 (v/v/v) ergab 3 Hauptklassen von Triglyceriden (A, B, C). Sie wurden verseift und die Fettsäuren als Methylester gaschromatographisch identifiziert und bestimmt. Die Fettsäuren der Triglyceride des Weizenkorns bestanden aus 59% Linol- (**I**), 16,7% Palmitin- (**II**) und 16,5% Ölsäure (**III**) sowie aus Linolen-, Arachidon-, Palmitol- und Stearinsäure. A setzte sich zusammen aus 32,4% **I**, 34,6% **II** und 28,9% **III**, B aus 59,8% **I**, 20,6% **II** und 10,9% **III** sowie C aus 84,8% **I**, 3,5% **II** und 3,5% **III**. In den Fraktionen A–C nahm die Kettenlänge der Fettsäuren und die Anzahl der Doppelbindungen zu. Für die Gesamtlipide und die Triglyceride des Embryos, des Endosperms und der Kleie wurden ähnliche Ergebnisse ermittelt. Zur vollständigen Klärung sind noch weitere analytische Arbeiten erforderlich.
W. Franzke. 243.

2-64/04-0077 Pyriki, Constantin und Hofmann, Frank. **Die Paraffinkohlenwasserstoffe des Tabaks.** Ber. Inst. Tabakforsch. Dresden **10** (1963) Nr. 1. S. 69–106. – 8 Abb., 9 Tab., 46 Lit. Zus. in Russ., Engl. – nach Zus.
Analytische Untersuchungen an den „Wachsen“ und reinen Paraffinen der Inlandtabaksorten 'Ergo', Havana IIc' und an dem spanischen Tabak 'Criolo missionero' wurden unter Berücksichtigung von Pflanzen verschiedener Altersstufen, unterschiedlicher Blattreifegrade, Trocknungs- und Fermentationsarten durchgeführt. – Mit Hilfe der Ultrarot-Absorptions-Spektren und Paraffinbestimmungen durch Säulenchromatographie wurde nachgewiesen, daß die „Tabakwachse“ zu durchschnittl. 89% aus Paraffinen bestehen. Die restlichen Teile bestehen wahrscheinlich aus Estern höherer Fettsäuren, die als Verunreinigung aus der Gruppe der Harze stammen. Sogen. „polymere Fettsäuren“, wie von anderer Seite vermutet wurde und die im chem. Sinne Ketone darstellen, konnten nicht gefunden werden. – Die Untersuchungen an reinen Tabakparaffinen ergaben, daß diese zu weit über 90% aus n-Paraffinen der Kettenlängen C_{26}–C_{32} bestehen. Im Laufe der Trocknung und Fermentation nahm die Menge an langkettigen Paraffinen etwas ab und die Menge an kürzerkettigen Paraffinen entspr. zu, so daß möglicherweise nur ein kleiner Abbau höherer Paraffine zugunsten niederer Paraffine eintritt. Sonst erwies sich der Paraffingehalt am grünen Blatt nach der Trocknung und nach der Fermentation als konstant. Es findet demnach praktisch bei der Bearbeitung des Tabaks kein Abbau der Paraffine zu anderen Stoffen statt. Die Unterschiede im Paraffingehalt des Tabaks der verschiedenen Erntestufen und Blattreifegrade waren nur gering. – Die klassische Methode von Kissling ist nicht geeignet, um genaue Angaben über den Paraffingehalt des Tabaks zu machen. Es wird eine spez. Arbeitsweise zur Bestimmung der Paraffine im Tabak beschrieben. 243.

2-64/04-0078 Graham, Janet S. D., Morton, R. K. und Simmonds, D. H.; Adelaide, Univ., Waite Agric. Res. Inst. Studies of proteins of developing wheat endosperm: Fractionation by ion-exchange chromatography. **(Untersuchung der Proteine in sich entwickelndem Weizenendosperm: Fraktionierung durch Ionenaustauschchromatographie.)** Austral. J. biol. Sci. **16** (1963) Nr. 2. S. 350–356. – 2 Abb., 2 Tab., 11 Lit.
Durch Extraktion von Endosperm bei 3 Weizensorten mit 0,01 mol. $Na_4P_2O_7$, 0,05 n Essigsäure und 0,1 n NaOH wurde festgestellt, daß der rasche Anstieg des Gesamt-N-Gehaltes im Endosperm während der Entwicklung zum großen Teil auf die Zunahme der essigsäurelöslichen Proteine zurückzuführen war. Bei Chromatographie auf Diäthylaminoäthyl- bzw. auf Carboxymethyl-Cellulose der pyrophosphat- und essigsäurelöslichen Proteine des Endosperms 19, 33 und 42 Tage nach der Blüte wurden in allen 3 Entwicklungs-

stadien im Pyrophosphatextrakt die gleichen 8 und im Essigsäureextrakt die gleichen 10 Fraktionen nachgewiesen, die mengenmäßig zunahmen.
K. Koepke. 244.

2-64/04-0079 Graham, Janet S. D. und Morton, R. K.; Adelaide, Univ.' Waite Agric. Res. Inst. Studies of proteins of developing wheat endosperm: Separation by starch-gel electrophoresis and incorporation of [^{35}S] sulphate. **(Untersuchungen der Proteine in sich entwickelndem Weizenendosperm: Trennung durch Stärkegel-Elektrophorese und Einbau von [^{35}S] Sulfat.)** Austral. J. biol. Sci. **16** (1963) Nr. 2. S. 357–365. – 6 Abb., 3 Tab., 9 Lit.
Durch Stärkegel-Elektrophorese wurde festgestellt, daß sich die pyrophosphat- und essigsäurelöslichen Endospermproteine bei 3 Weizensorten vom 18. Tag nach der Blüte bis zur Reife aus den gleichen Komponenten zusammensetzen. 13 Tage nach der Blüte enthielten die pyrophosphatlöslichen Proteine keine langsam wandernden und die essigsäurelöslichen Proteine mehr schnell wandernde Komponenten. – ^{35}S und ^{14}C wurden von 20 Tage nach der Blüte abgeschnittenen Weizenähren aus Sulfat- bzw. Glycinlösungen sehr schnell aufgenommen und in alle bei der Stärkegel-Elektrophorese aufgetrennten Komponenten des Endosperms eingebaut. Die Ergebnisse des Einbaues der Isotopen in der Zeit von 1,5 bis 48 Std. nach Beginn der Aufnahme in die verschiedenen Proteinfraktionen werden im Hinblick auf die Proteinsynthese diskutiert.
K. Koepke. 244.

2-64/04-0080 Graham, Janet S. D., Morton, R. K. und Raison, J. K.; Adelaide, Univ., Waite Agric. Res. Inst. Isolation and characterization of protein bodies from developing wheat endosperm. **(Isolierung und Charakterisierung von Proteinkörpern aus sich entwickelndem Weizenendosperm.)** Austral. J. biol. Sci. **16** (1963) Nr. 2. S. 375–383. – 3 Abb., 2 Tab., 10 Lit.
Aus dem Endosperm der Samen von 2 Weizensorten 18 Tage nach der Blüte wurden die Proteinkörper durch differenziertes Zentrifugieren isoliert. Die Fraktion bestand zu 72% aus Protein. Stärkegel-Elektrophorese ergab, daß die Proteinkörper vorwiegend langsam wandernde Komponenten enthielten, die auch die Hauptkomponenten der 18 Tage nach der Blüte extrahierten essigsäurelöslichen Fraktion bildeten. Die schnell wandernden Komponenten der Proteinkörper entsprechen denen der löslichen Proteine in der nach Zentrifugieren bei 105000 g überstehenden Lösung und den im Pyrophosphatextrakt gefundenen. – Durch Verfolgen des Einbaues von (^{35}S) Sulfat und (^{14}C) Glycin in das Endosperm wurde festgestellt, daß in den Proteinkörpern die essigsäurelöslichen, elektrophoretisch langsam wandernden Proteine akkumuliert werden und das Speicherprotein des Endosperms enthalten ist. Im Verlauf der spez. Aktivität der Proteinkörper und der überstehenden Proteine bis 48 Std. nach Beginn der Isotopenaufnahme zeigten sich gewisse Unterschiede zwischen 3 Weizensorten.
K. Koepke. 244.

2-64/04-0081 Mossé, J. und Baudet, J. (unter techn. Mitarb. von Demarteau, Cl., Guyon, P. und Sallantin, M.) Extraction des protéines des graines. II. Influence des facteurs intervenant dans l'extraction des protéines de la farine solubles dans l'eau. **(Abbau der Proteine in Getreidekörnern. 2. Mitt. Einfluß sich einschaltender Faktoren auf den Abbau wasserlöslicher Proteine des Mehls.)** Ann. Physiol. végétale **5** (1963) Nr. 2. S. 151 bis 166.
244.

2-64/04-0082 Jennings, A. C., Morton, R. K. und Palk, B. A.; Adelaide, Univ., Waite Agric. Res. Inst. Cytological studies of protein bodies of developing wheat endosperm. **(Zytologische Untersuchungen von Proteinkörpern in sich entwickelndem Weizenendosperm.)** Austral. J. biol. Sci. **16** (1963) Nr. 2. S. 366–374. – 8 Abb., 21 Lit.

Bei Beobachtung der Zellenentwicklung des Endosperms an 3 Weizensorten in 2 Vegetationsperioden unter dem Fluoreszenzmikroskop konnte nur die Bildung der Stärke, nicht aber die Lokalisierung des Proteins festgestellt werden. Erst mit Hilfe des Elektronenmikroskops gelang es, in Schnitten, die mit OsO_4, $KMnO_4$ bzw. HCHO und $KMnO_4$ fixiert und gefärbt wurden, neben den Stärkekörnern zahlreiche Proteinkörper festzustellen. Die Proteinkörper erschienen in Vakuolarstrukturen von Lipoproteinen umgeben.

K. Koepke. 244.

2-64/04-0083 Jennings, A. C. und Morton, R. K.; Adelaide, Univ., Waite Agric. Res. Inst. Amino acids and protein synthesis in developing wheat endosperm. **(Aminosäuren und Proteinsynthese in sich entwickelndem Weizenendosperm.)** Austral. J. biol. Sci. **16** (1963) Nr. 2. S. 384–394. – 6 Tab., 15 Lit.

Weizenendosperm wurde nacheinander mit 0,01 mol. $Na_4P_2O_7$, 0,05 n CH_3COOH und 0,1 n NaOH extrahiert, und die Aminosäurezusammensetzung der Extrakte sowie die Zusammensetzung der durch Dialyse aus dem Pyrophosphatextrakt gewonnenen Nichtproteinaminosäurefraktion wurde durch Ionenaustauschchromatographie bestimmt. Während der Endospermentwicklung zeigten sich Veränderungen in der AS-Zusammensetzung der pyrophosphat- und NaOH-löslichen Proteine, während die Zusammensetzung der Essigsäurefraktion rel. konstant blieb. Die AS-Zusammensetzung der durch Zentrifugieren des Homogenisats bei 10000 g gewonnenen Gesamt-Proteinkörperfraktion änderte sich vom 18. zum 46. Tag nach der Blüte kaum. Eine daraus abgetrennte Fraktion kleiner Proteinkörper zeigte eine davon stark abweichende AS-Zusammensetzung. Daraus folgt, daß die Proteinkörper während der Entwicklung ihre AS-Zusammensetzung verändern. Das Ansteigen der Anzahl der Proteinkörper und der AS-Bausteine in ihnen während der Endospermentwicklung bestätigt die Funktion der Proteinkörper als Ort der Anreicherung der Speicherproteine des Endosperms.

K. Koepke. 244.

2-64/04-0084 Savickajte, E. M. und Pleškov, B. P. Metodika količestvennogo opredelenija svobodnych aminokislot v zerne pšenicy. **(Die Methodik der qualitativen Bestimmung freier Aminosäuren im Weizenkorn.)** Izvestija Timirjazevskoj sel'skochozjajstvennoj akademii, Moskva **1962** Nr. 4. S. 96–104. – 4 Abb., 2 Tab., 29 Lit. Zus. in Engl.

Bei der Extraktion freier Aminosäuren aus dem Mehl der Sorte 'Moskowskaja 48' wurden 2 Versuchsserien mit 8 Varianten erprobt. Dabei gab die Extraktion mit 75%igem Alkohol weniger sichere Werte, als die mit Wasser durchgeführte, da im ersteren Falle eine bedeutende Anzahl von Eiweißstoffen gelöst wurde, die sich später schwierig entfernen ließen. Die Ausfällung der Eiweiße erfolgte mit 5%iger Dreichloressigsäure, Alkohol, Chloroform und durch warme Denaturation, von denen sich die mit Chloroform durchgeführte Ausfällung als beste erwies. Die Auswertung der Papierchromatogramme erfolgte kolorimetrisch. Insgesamt wurden 21 Aminosäuren und 2 Amide ermittelt. Die Summe aller Aminosäuren (in mg % der Trockenmasse) schwankte bei den 8 untersuchten Varianten zwischen 105,4 und 163,9.

L. Schilowa. 244.

2-64/04-0085 Graham, Janet S. D.; Adelaide, Univ., Waite Agric. Res. Inst. Starch-gel electrophoresis of wheat flour proteins. **(Stärkegel-Elektrophorese von Weizenmehlproteinen.)** Austral. J. biol. Sci. **16** (1963) Nr. 2. S. 342–349. – 8 Abb., 1 Tab., 12 Lit.

Weizenmehlproben wurden nacheinander mit verschiedenen Kombinationen von wassergesättigtem n-Butanol, Wasser, 0,01 mol. $Na_4P_2O_7$, 70%igem Äthanol und 0,05 n Essigsäure extrahiert und die Extrakte der Elektrophorese auf Stärkegel in einer verbesserten Apparatur sowie nach verbessertem Verfahren, das gut reproduzierbare Ergebnisse lieferte, unterworfen.

In den untersuchten Extrakten traten die gleichen Proteinkomponenten in unterschiedlichen Mengenverhältnissen auf. Nach dem gleichen Verfahren wurden durch Ionenaustauschchromatographie auf Diäthylaminoäthyl- bzw. Carboxymethyl-Cellulose gewonnene Fraktionen aus Pyrophosphat- bzw. Essigsäureextrakten untersucht. Die Fraktionen waren nicht homogen. In mehreren Fraktionen wurden die gleichen elektrophoretischen Komponenten gefunden. Bei der Stärkegel-Elektrophorese der pyrophosphat- und essigsäurelöslichen Proteine aus den Mehlen verschiedener Weizensorten wurden in den Sorten vom gleichen Genotyp gleiche Komponenten gefunden; die Sorten verschiedener Genotypen unterschieden sich hauptsächlich in den langsam wandernden Komponenten. K. Koepke. 244.

2-64/04-0086 Jones, R. W., Babcock, G. E., Taylor, N. W. und Dimler, R. J.; Peoria, Ill., Northern Regional Res. Lab. Fractionation of wheat gluten by gel filtration. **(Fraktionierung von Weizenkleber durch Gel-Filtration.)** Cereal Chem. **40** (1963) Nr. 4. S. 409–414. – 3 Abb., 2 Tab., 12 Lit.
Eine Fraktionierung von Weizenkleber aus rotem Hartweizen in Glutenin und Gliadin wurde auf Sephadex-Säulen unter verschiedenen Bedingungen hinsichtlich Lösungsmittel, Kleberkonz. und Sephadex-Teilchengröße durchgeführt. Bei allen Versuchsbedingungen wurden die gleichen Resultate erzielt, nämlich die Abtrennung von elektrophoretisch fast reinem Glutenin und von Gliadin, das Beimengungen von Glutenin enthielt. Die 4 Gliadinkomponenten wiesen zwar verschiedene Durchlaufgeschwindigkeiten auf, konnten aber nicht rein erhalten werden. K. Koepke. 244.

2-64/04-0087 Eldridge, A. C., Wolf, W. J., Nash, A. M. und Smith, A. K.; Peoria, Ill., Northern Regional Res. Lab. Alcohol washing of soybean protein. **(Alkoholwaschung von Sojabohnenprotein.)** J. agric. Food Chem. **11** (1963) Nr. 4. S. 323–328. – 5 Abb., 4 Tab., 30 Lit.
Aus hexan-entfettetem Sojabohnenmehl durch Wasserextraktion und Säurefällung gewonnenes Protein enthielt 2–4% Verbindungen mit Phospholipoideigenschaften. Diese konnten mit wäßrigen Alkoholen ausgewaschen werden, wobei der Auswaschungsgrad in erster Linie von der Art und Konz. des Alkohols abhängig war. Mit Methanol von 95–97 Vol. %, Äthanol von 84–88 Vol. % bzw. Isopropanol von 78–88 Vol. % konnten die größten Mengen an Verunreinigungen entfernt und Proteine mit dem höchsten N-Gehalt erhalten werden. Durch andere Verfahren, wie Fällung am isoelektrischen Punkt, Auswaschung mit Wasser, Dialyse oder Fällung mit $(NH_4)_2SO_4$, konnten keine Proteinpräparate ohne Lipoidverunreinigungen gewonnen werden. Durch die Alkoholwaschung erhielt man Proteine von ansprechenderer Farbe und angenehmerem Geruch, die beim Schlagen der 5%igen 80 bis 85 °C heißen Lösungen einen sehr stabilen Schaum ergaben.
K. Koepke. 244.

2-64/04-0088 Brown, E. G. Purine and pyrimidine derivatives in mature pea seeds. **(Purine und Pyrimidinderivate in reifen Erbsensamen.)** Biochem. J. **88** (1963) Nr. 3. S. 498–504. – 3 Abb., 1 Tab., 31 Lit. 244.

2-64/04-0089 Čajlachjan, M. Ch., Megrabjan, A. A., Karapetjan, N. A. und Kaladžjan, N. L.; Inst. für Mikrobiol. der Akad. der Wiss. der Armen. SSR. O dejstvii rostovych aktivatorov na obrazovanie klubeńkov i rost rastenij ljucerny. **(Über die Wirkung von Wachstumsstimulatoren auf Knöllchenbildung und Luzernewachstum.)** Doklady Akademii nauk Armjanskoj SSR, Erevan **36** (1963) Nr. 3. S. 189–192. – 2 Tab., 6 Lit. Orig.: russ., Ausz.: armen.
Bei Luzerne wurde die Wirksamkeit von Heteroauxin 0,01%ig (**I**), Gibberellin 0,01 %ig (**II**), Heteroauxin 0,005 %ig + Gibberellin 0,005 %ig (**III**) im Vergleich zu reinem Wasser (**IV**) auf 14,5 m² großen Parzellen bei 4 Wieder-

holungen auf Grünmasseproduktion, Wurzelentwicklung und Knöllchenbildung geprüft. Vor der Aussaat wurden die Samen desinfiziert und mit Knöllchenbakterien geimpft. Im Aussaatjahr hatte auf die Grünmasseproduktion I den positivsten Einfluß, **II** und **III** waren zu **IV** nur wenig wirksam. Das Wurzelsystem wies keine Veränderung auf. Die Anzahl und das Gew. der Wurzelknöllchen war bei **I** deutlich erhöht. Im folgenden Nutzungsjahr war eine ähnliche Relation vorhanden. W. Roder. 245.

2-64/04-0090 Thimann, Kenneth V.; Cambridge, Mass., Havard Univ. Plant growth substances; past, present and future. **(Pflanzliche Wachstumsregulatoren; Vergangenheit, Gegenwart und Zukunft.)** Annu. Rev. Plant Physiol. **14** (1963) S. 1–18. – 1 Abb., 2 Tab., 101 Lit.

Man kennt heute nach etwa 30jähriger Forschung 3 Gruppen nativer Wachstumsregulatoren: Auxine, Gibberelline, Kinine. Unbekannt sind die Primärwirkungen dieser Substanzen und wenig bekannt die Zusammenhänge zwischen Struktur und biol. Aktivität. Eine Neuverteilung von Auxin nach geo- oder phototropischer Reizung wird in jüngster Zeit wieder stärker diskutiert. – Identifizierung und Nachweis der in vivo-Wirksamkeit von Wachstumshemmstoffen sind nicht befriedigend; häufig wird nur eine Fraktion untersucht und unterlassen, die Hemmstoffe am gleichen Objekt zu testen. Die Wirkungsweise von Wachstumsregulatoren, ihre Biogenese, die hormonale Kontrolle des Wurzelwachstums sind Schwerpunkte künftiger Untersuchungen neben der Isolierung postulierter Hormone wie Blühhormon und Abscisin. G. Ballin. 245.

2-64/04-0091 Srivastava, B. I. Sahai; Winnipeg, Grain Res. Lab. Ether-soluble and ether-insoluble auxins from immature corn kernels. **(Ätherlösliche und ätherunlösliche Auxine in unreifen Maiskörnern.)** Plant Physiol. **38** (1963) Nr. 4. S. 473–478. – 2 Tab., 25 Lit.

Freies und gebundenes Auxin werden mit kaltem Äthanol (–10 °C) und Äther-Äthanol (Äther 48 Std. bei 25 °C, der Rückstand anschließend mit 90% kaltem Alkohol) extrahiert. Die saure und neutrale Ätherphase und die wässerige Phase wurden chromatographisch geprüft. Durch beide Extraktionsverfahren konnten im *Avena*-Zuwachstest und durch Chromatogramm-Reagenzien die gleichen Substanzen ausgemacht werden; auch bei den wässerigen Rückständen ergaben sich keine Unterschiede. Eindeutig wurde in der sauren Ätherphase IES identifiziert. Zahlreiche im *Avena*test aktive und farbpositive Substanzen in der sauren und neutralen Ätherphase konnten nicht genau bestimmt werden. In der wässerigen Fraktion waren 6 Komponenten Ehrlich- und Salkowsky-positiv, auch aktiv im *Avena*test. Sie ließen sich durch Hydrolyse in IES überführen. Es wird vermutet, daß es sich um IES-Zuckerverbindungen handelt. H.-L. Pätzold. 245.

2-64/04-0092 Bruyn, J. W. de und Hall, J. G. van; Wageningen, Inst voor Veredelingen van Tuinbouwgewassen. Enige ervaringen met de digoxinebepaling in het blad van Digitalis lanata Ehrh. **(Einige Erfahrungen mit der Digoxinbestimmung in Blättern von Digitalis lanata Ehrh.)** Pharmac. Weekbl. **97** (1963) Nr. 19. S. 657–663. – 1 Abb., 2 Tab., 13 Lit. Zus. in Engl.

Der Einfluß der Fermentation wurde besonders untersucht. Lanatosid C wird hierbei rel. schnell in Acetyldigoxin umgewandelt; der Abbau des letzteren zu Digoxin erfolgt hingegen langsamer. Die höchsten Digoxinwerte wurden nach 24std. Fermentation bei 26 °C festgestellt. Während Lanatosid C dann nicht mehr nachzuweisen war, fanden sich neben Digoxin geringe, jedoch wechselnde Mengen Acetyldigoxin. Die Trennung der Glykoside erfolgt papierchromatographisch nach G. Ligati (vgl. Pharmazie **12** [1957] Nr. 7. S. 433.), ihre quantitative Bestimmung spektrophotometrisch mit Hilfe der Xanthydrolmethode. K. Schreiber. 245.

2-64/04-0093 Brush, M. G. Oestrogens in pasture plants. **(Oestrogene in Futterpflanzen.)** Biochem. J. 88 (1963) Nr. 3. S. 55P-56P. – 4 Lit. 245.

2-64/04-0094 Palmer, James K. Banana polyphenoloxidase. Preparation and properties. **(Polyphenoloxidasen der Banane. Aufbereitung und Eigenheiten.)** Plant Physiol. 38 (1963) Nr. 5. S. 508–513. – 4 Abb., 3 Tab., 25 Lit. 245.

2-64/04-0095 Blaim, K. Substancje gorzkie i olejki eteryczne chmielu. **(Bittere Substanzen und ätherische Öle des Hopfens.)** Postępy Nauk rolniczych **1963** Nr. 1. S. 81–88. – 25 Lit.

Der technologische Wert des Hopfens hängt vor allem von dem Wert und der qualitativen Zusammensetzung der in den Hopfendolden auftretenden Substanzen ab. Das sind terpenartige Verbindungen, die in ihren Mol. isoprene Strukturen aufweisen. Die Hopfendolden enthalten eine Reihe bitterer Substanzen, die jedoch die 3 hauptsächlichen Verbindungen darstellen: Lupulon, Humulon und Humulinon. Der Gehalt von Humulon und Lupulon beträgt in den Dolden 4–10%. Der Gesamtgehalt an bitteren Substanzen des Hopfens erreicht sein Maximum während der Periode der sogenannten technischen Reife der Dolden und verringert sich dann langsam. Große Differenzen werden auch während der Vegetationsperiode bei den einzelnen Säuren festgestellt. Bei den untersuchten angebauten Sorten wird während der ganzen Reifeperiode der Dolden ein höherer Gehalt an β-Säuren als α-Säuren festgestellt. Im Bier wurde bis jetzt die Anwesenheit von α- und β-Säuren nicht ermittelt. Während des Bierbrauens gehen diese Substanzen in weiche Harze oder sogenannte „Isosubstanzen" über. Die wichtigsten Inhaltsstoffe der ätherischen Öle des Hopfens bilden dagegen Mircen und Humulen. Der Gehalt an Mircen variiert in ätherischen Ölen des Hopfens in Grenzen von 22 bis 50%. Im weiteren Teil dieser Arbeit werden die Ergebnisse der in Puławy durchgeführten Untersuchungen über die in den Hopfendolden während der Reifeperiode stattfindenden qualitativen Veränderungen dargestellt. PRL/CBR. 246.

2-64/04-0096 Stuczyńska, J. und Skałecki, S. Zmodyfikowany sposób kiełkowania nasion na szalkach Petri'ego oraz jakościowego oznaczenia kumaryny w nostrzyku – Melilotus. **(Modifizierte Methode der Samenkeimung in Petrischalen sowie qualitative Kumarinbestimmung im Steinklee – Melilotus.)** Roczniki Nauk rolniczych, Ser. A 87 (1963) Nr. 3. S. 559–564. – 4 Abb., 2 Lit.

Eine modifizierte Methode der Samenkeimung in Petrischalen, in denen die Samen gleiche Keimungsbedingungen und gleichmäßigen Wassergehalt finden, wird dargestellt. Eine genaue Beobachtung der Keime und Feststellung der Differenzen der Samen ist möglich. – Außerdem wird eine schnelle und praktische qualitative Kumarinbestimmung im Steinklee angegeben. Nach dieser Methode wird der Pflanzensaft auf Papier ausgedrückt, und die Flecke werden mit 10%iger Natronlauge behandelt. Nach dem Austrocknen der Flecke werden sie mit einer Hagephot-Lampe bei Wellenlänge von 2600 A bestrahlt. Steinklee mit hohem Kumaringehalt weist auf der fast ganzen von Natronlauge eingenommenen Fläche eine starke gelbgrüne Fluoreszenz auf. Steinklee mit niedrigem Kumaringehalt weist eine bedeutend schwächere Fluoreszenz auf, die als schmaler Ring rund um den Fleck mit ausgepreßtem Saft sichtbar ist. Bei dieser Methode ist ein Vergleich mit Flecken von Standardpflanzen, deren Kumaringehalt bekannt ist, nötig. Bei dieser Methode (vom Vff. modifizierte Methode nach Rudorf und Schwarz) können 2 Personen während eines Tages ungefähr 200 Proben bestimmen. Die Durchführung derartiger Bestimmungen, 2–3mal während der Vegetation, ermöglicht die Entfernung ungeeigneter Pflanzen vor dem Blühen.
PRL/CBR. 246.

2-64/04-0097 Sárkány, S., Michels-Nyomárkay, K. und Andrásfalvy-Vicenty, M. **Versuche über die Verteilung der Nebenalkaloide während der Vegetationsperiode der Mohnsorten 'SB' und 'SD'.** Ann. Univ. Sci. Budapestinensis Rolando Eötoös nominatae, Sect. biol. **5** (1962) S. 225–242. — Aus: Ung. Agrar-Rdsch **1963** Nr. 3.

Vff. haben Versuche in bezug auf die qualitativen und quantitativen Verhältnisse einiger Nebenalkaloide durchgeführt, die während der Vegetationsperiode der gezüchteten Mohnsorten 'SB' und 'SD' in verhältnismäßig großen Mengen vorkommen (Kodein, Thebain, Kotarnolin, Narkotin und Papaverin). Das Pfeifersche Extraktionsverfahren wurde mit kleineren Modifizierungen angewandt, die Papierchromatogramme mit aufsteigender Methode hergestellt. Der Kodeingehalt der Sorte 'SB' liegt meistens etwas höher als der der Sorte 'SD'. Von einigen Ausnahmen abgesehen, ist Kodein während der Vegetationsperiode bei beiden Sorten in sämtlichen Organen zu finden, eine Verschiebung der Proportionen konnte jedoch beobachtet werden. Thebain konnte ebenfalls in beiden Sorten nachgewiesen werden, doch trat es in weit geringeren Mengen in Erscheinung und war nicht in jedem Stadium und in sämtlichen Organen zu finden. In bezug auf Thebain zeigten sich zwischen den beiden Sorten größere Abweichungen als bei Kodein. Abgesehen von geringfügigen Unterschieden, erscheinen die übrigen untersuchten Nebenalkaloide in beiden Sorten in ziemlich gleicher Verteilung. In den ersten Abschnitten der Entwicklung (bis zur Blütezeit) stellt das Wurzelsystem den Hauptlokalisationsort der untersuchten Nebenalkaloide dar, während nach der Blütezeit diese Rolle dem reproduktiven System, vor allem der in Entwicklung begriffenen und der reifen Kapsel zukommt. Vff. halten es für eine interessante Erscheinung, die weitere Untersuchungen erfordert, daß nach der Blütezeit in sämtlichen Organen eine bedeutende abnehmbare Tendenz zu beobachten ist, die möglicherweise mit der zunehmenden Morphinsynthese in Zusammenhang gebracht werden kann. 246.

2-64/04-0098 Maggio, August E. de, Lott, John A. und Gerraughty, Robert J. Isolation of alkaloids using ultrasonic energy. **(Isolierung von Alkaloiden durch die Anwendung des Ultraschalls.)** Nature [London] **199** (1963) Nr. 4900. S. 1292–1293. — 2 Tab., 10 Lit. 246.

2-64/04-0099 Merker, Josef. **Über die Bildung von Nikotin und Nornikotin während der Keimung von Tabaksamen.** Ber. Inst. Tabakforsch. Dresden **10** (1963) Nr. 1. S. 7–26. — 5 Abb., 3 Tab., 31 Lit. Zus. in Russ., Engl. — nach Zus.

Nach Besprechung der in der Literatur angeführten Ergebnisse über die primäre Bildung von Nikotin oder Nornikotin in der Wurzel von Konversionstypen sowie über den Beginn der Alkaloidbildung bei der Keimung von Tabaksamen wird über eigene Keimungsversuche auf Filtrierpapier in großen Petrischalen berichtet. Dabei werden folgende Ergebnisse erzielt: Die Alkaloidbildung beginnt bei den geprüften Zigarrengutsorten 'Remo' und 'Topas' bzw. dem Stamm E 25 nicht in den ersten Stadien der Keimung, sondern erst nach Ausbildung der sekundären Faserwürzelchen. Unter günstigen Keimungsbedingungen ist die Alkaloidbildung bereits 96 Std. nach der Aussaat möglich. — Als Primäralkaloid wird Nikotin festgestellt, jedoch ist bereits 24 Stunden später ein geringer Prozentsatz an Nornikotin nachzuweisen. — Bei der Trocknung der Sämlinge nimmt im Vergleich zu frisch untersuchten Sämlingen die Nornikotinbildung deutlich zu. — In den ersten 12 bis 15 Tagen der Keimung besteht zwischen nikotin- und nornikotindominanten Sorten kein gesicherter Unterschied im prozentualen Nornikotinanteil, bezogen auf den Gesamtalkaloidgehalt. 246.

2-64/04-0100 Grahle, Anneliese und Höltzel, Christoph; Tübingen, Univ., Bot. Inst. **Photoperiodische Abhängigkeit der Bildung des ätherischen Öls bei Mentha piperita L.** Naturwissenschaften **50** (1963) Nr. 16. S. 552. – 1 Abb., 1 Tab., 5 Lit.

Vff. untersuchten die photoperiodische Beeinflußbarkeit der Ölzusammensetzung von *Mentha piperita* L. Während die dem Hauptsproß entnommenen Blätter im Langtag gehaltener Pflanzen die bekannte Ölzusammensetzung, also u. a. wenig Menthofuran, aufwiesen, enthielten alle Blätter im Kurztag aufgezogener Pflanzen überwiegend Menthofuran. Pflanzen, die in 12:12std. Lichtdunkelwechsel aufwuchsen, wurden mit Pflanzen verglichen, die bei gleicher Belichtungsdauer in der Mitte der Dunkelperiode 1 Std. Störlicht erhielten. Die ersten zeigten die für Kurztag, die zweiten die für Langtag charakteristischen Monoterpene. G. Loßner. 246.

2-64/04-0101 Rouse, A. H., Atkins, C. D. und Moore, E. L. The occurrence and evaluation of pectin in component parts of Valencia oranges during maturation. **(Vorkommen und Berechnung des Pektins in Bestandteilen der Valencia Orangen während der Reife.)** Proc. Florida State horticult. Soc. **75** (1962, hrsg. 1963) S. 307–311. – 3 Tab. 246.

E. Pflanzenökologie

2-64/04-0102 Misra, R.; Varanasi, Benares Hindu Univ. Problems of adaptation among herbaceous plants of the tropics. **(Probleme der Anpassung bei krautigen Pflanzen der Tropen.)** Proc. nat. Acad. Sci., India, Sect. B **33** (1963) Nr. 1. S. 14–15.

Die Notwendigkeit eines gründlichen Studiums des Verhaltens der Pflanzen gegenüber ihrer Umwelt (Beobachtungen im Gelände und in der Kultur, experimentelle und analytische Arbeiten im Labor) für das richtige Erkennen der spez. Adaptionen wird an den Beispielen *Peristrophe bicalyculata* Nees., *Euphorbia hirta* L., *E. thymifolia* L., *Echinochloa colonum* Link. und *Lindenbergia polyantha* Royle erläutert. K. Arlt. 249.

2-64/04-0103 Stehlé, H. Les stades précurseurs, les associations végétales des bananeraies et leur valeur indicatrice culturale aux Antilles françaises. **(Die Vorstadien, die Pflanzengesellschaften der Bananenpflanzungen und ihr Wert als Indikatoren auf den französischen Antillen.)** J. agric. trop. Bot. appl. **10** (1963) Nr. 1/4. S. 168–176.

Seit 1934 wurden die Pflanzengesellschaften auf den französischen Antillen bes. der Bananenpflanzungen untersucht. Die Kenntnis der Pflanzengesellschaften gibt nicht allein über die Wahl der anzubauenden Kulturpflanzen Aufschluß, sondern vermittelt auch wertvolle Hinweise für die Praxis des Anbaues wie Intensität der Düngung, Zusammensetzung der Düngung, Bodenbearbeitung, Notwendigkeit der Zufuhr org. Stoffe etc.
E. M. Ardelt. 249.

2-64/04-0104 Ahuja, B. S. und Singh, K. P. Ecological studies on the humid tropics of the Western Ghats, India. **(Ökologische Studien in der feuchten Tropenzone des westlichen Ghat, Indien.)** Proc. nat. Acad. Sci., India, Sect. B **33** (1963) Nr. 1. S. 77–84. – 2 Tab., 39 Lit. 249.

2-64/04-0105 Anonym. **Probleme der Waldökologie unter besonderer Berücksichtigung der Fichtenwirtschaft im Mittelgebirge. Vorträge anläßlich eines Symposiums vom 1. bis 7. Oktober 1961 im Institut für Forstwissenschaft Tharandt der Deutschen Akademie der Landwirtschaftswissenschaften zu Berlin.** Dtsch. Akad. Landwirtsch.-Wiss. Berlin, Tagungsber. **1961** (hrsg. 1962) Nr. 53. S. 1–198. 249.

F. Pflanzensoziologie

2-64/04-0106 Doing, H.; Wageningen, Landbouwhogeschool. **Übersicht der floristischen Zusammensetzung, der Struktur und der dynamischen Beziehungen Niederländischer Wald- und Gebüschgesellschaften.** Meded. Landbouwhogeschool Wageningen **63** (1963) Nr. 2. S. 1–60. – 4 Tab., 58 Lit. Zus. in Engl.
Neben der alphabetischen Artenliste enthält die Arbeit Übersichtstab. über die höheren Vegetationseinheiten, ihre Strukturelemente sowie eine Gesamtübersicht der Gruppenwerte. Ferner werden Schemata der Entwicklungsmöglichkeiten der Waldgesellschaften sowie der Kontakt- und Ersatzgesellschaften gegeben. Vf. nimmt kritisch zum Problem der Charakterarten Stellung und baut sein System auf soziologischen Artengruppen auf, deren Bildungsprinzipien in einer früheren Arbeit des Vf. erläutert wurden (vgl. Doing, H., Ecology 8 [1962]). K. Arlt. 258.

I. Spezielle Agrargeographie

2-64/04-0107 Lendl, Egon. **Agrargeographisches Schrifttum: Österreich und Südtirol.** Bodenkultur [Wien], Ausg. B **3** (1963) Nr. 1./2. S. 1–8. – 79 Lit. 282.

K. Agrarmeteorologie

2-64/04-0108 Anonym. **Versuchsstellen der Bundesanstalt für Pflanzenbau und Samenprüfung.** Bodenkultur [Wien], Sonderh. Nr. **14**. Jb. 1962 (hrsg. 1963) S. 130–142. – 8 Tab.
Eine kurze Beschreibung der 8 Versuchsstationen der Österreichischen Bundesanstalt für Pflanzenbau und Samenprüfung wird gegeben. Aufgeführt sind Fläche, Seehöhe, Klima und Boden. Bei der Beschreibung der Wetterbeobachtungsergebnisse von 1962 wird die zusammenfassende Wettercharakteristik des dem Berichtsjahr vorangegangenen Herbstes 1961 wiederholt, um einen Überblick über das ganze Vegetationsjahr zu ermöglichen.
T. v. Wilamowitz-Moellendorf. 293.

2-64/04-0109 Baker, Donald G. und Strub jun., Joseph H. Climate of Minnesota. Part I. Probability of occurrence in the spring and fall of selected low temperatures. **(Klima in Minnesota. 1. Mitt. Wahrscheinlichkeit des Verlaufs im Frühjahr und Herbst bei ausgewählt niedrigen Temperaturen.)** Univ. Minnesota, agric. Exp. Stat., techn. Bull. **1963** Nr. 243. S. 1–40. – 4 Abb., 19 Tab., 8 Lit. 293.

2-64/04-0110 Robinson, R. R.; Beltsville, Md., Soil and Water Conserv. Res. Div. Rainfall distribution in relation to sod seeding for winter grazing. **(Regenverteilung in Beziehung zu Einsaaten in Gras für Winterweide.)** Agronomy J. **55** (1963) Nr. 3. S. 307–308. – 1 Abb., 1 Tab.
Im Südosten der USA ist man bemüht, durch Einsaat von Raygrasarten u. a. in Grasflächen die Winterweide zu verbessern. Vf. untersucht in einer agrarmeteorologischen Studie die Niederschlags- und Luftfeuchtebedingungen dieser Gebiete. Am besten gelingen die Einsaaten entlang der Atlantikküste. Dort sind die Regenfälle im Aug. und Sept. bes. groß und führen dann bereits zu stärkerer Zunahme der Bodenfeuchte, dagegen regnet es in den Folgemonaten weniger. Im Mississippital, wo mit den Einsaaten sehr unterschiedliche Erfahrungen gemacht wurden, setzen höhere Regenmengen erst im Nov. ein, so daß es für die Einsaaten im Spätsommer und Frühherbst meist zu trokken ist. In einer Tab. sind die Gebiete des Südostens der USA nach Niederschlagsverteilung und der sich daraus ergebenden Eignung für die Graseinsaat geordnet. T. v. Wilamowitz-Moellendorff. 296.

2-64/04-0111 Torikata, H., Toyoda, I., Chujo, A. und Amano, M. Potential and actual evapotranspiration of Satsuma orange orchard in Aichi Prefecture. **(Potentielle und aktuelle Evapotranspiration von Satsuma-Orangen-Gärten in der Präfektur Aichi.)** J. Jap. Soc. horticult. Sci. **32** (1963) Nr. 1. S. 1–12. – 8 Abb., 6 Tab. Orig.: jap., Ausz.: engl.
Die potentielle Evaporation von dichtbelaubten Satsuma-Orangen beträgt während der Zeit großen Wasserbedarfes 7 mm/Tag. Die aktuelle Evaporation beträgt bei feuchten Bedingungen 5–6 mm pro Tag und bei rel. trokkenen Verhältnissen 3–4 mm pro Tag. 1961–62 wurde die potentielle Evaporation in Lysimetern nach der Methode Anjo gemessen. Die erhaltenen Werte stellte man denen nach der Formel von Thornthwaite berechneten gegenüber. Nach der Thornthwaite'schen Formel ergaben sich pro Jahr 100 mm mehr. T. v. Wilamowitz-Moellendorff. 296.

2-64/04-0112 Cordukes, W. E. und Robertson, G. W.; Ottawa, Ontario, Plant Res. Inst. Note on the temperature distribution within an oat crop. **(Anmerkung über die Temperaturverteilung in einem Haferbestand.)** Canad. J. Plant Sci. **43** (1963) Nr. 2. S. 235–239. – 2 Abb., 1 Tab., 7 Lit.
Bei ausgesuchten Wetterlagen wurden Temperaturmessungen in Haferbeständen unternommen. Die Temperaturverteilung in verschiedenen Höhen und im Boden der Untersuchungsparzellen war bei bewölktem, windigem Wetter völlig anders, als bei windstillem Strahlungswetter. Die größte Wärmeabsorbtion erfolgte bei windstillem Strahlungswetter dicht über der Erdoberfläche zwischen 14 und 18 h. Bei bedecktem, windigem Wetter war die Temperatur in den einzelenen Höhen und Saatstärken wenig unterschiedlich. Die Meßergebnisse sind statistisch bearbeitet.
T. v. Wilamowitz-Moellendorff. 296.

2-64/04-0113 Bolay, A. L'hiver 1962–1963 ses répercussions sur les cultures arboricoles de la vallée du Rhône. **(Die Auswirkungen des Winters 1962/1963 auf die Baumschulen des Rhônetales.)** Agric. romande [Lausanne] **11** (1963) Nr. 9. S. 77–79. – 3 Abb. 296.

2-64/04-0114 Hutorowicz, H. Metody pomiaru rosy. **(Verfahren des Taumessens.)** Ekol. polska, Ser. B **9** (1963) Nr. 1. S. 53–63. – 28 Lit.
Vf. beschreibt die in der Tauforschung angewendeten Verfahren in ihrer historischen Entwicklung. Die wichtigsten sind auf Volumen, Gew. und Optik ausgerichtet. Die breiteste Anwendung hat das Meßverfahren mittels Leickplättchen gefunden, die aus einer Mischung von Kieselstaub, Alabastergips und Wasser hergestellt werden. Die neuen Verfahren gehen in Richtung einer kalorimetrischen Berechnung der Taumenge unter Berücksichtigung der Energiebilanz. Daneben werden Registrierapparate verwendet, welche die Taumenge messen und andere Elemente des Mikroklimas untersuchen. Im Auslande werden auch Taumeßgeräte, die mit einem photographischen Apparat und elektrischen Kontaktuhren ausgerüstet sind sowie solche, die sich auf das Messen der Blattemperaturen stützen (je mehr Tau desto niedriger die Temperatur) usw., angewendet. Der Vf. gibt eine genaue Beschreibung des Taumeßschreibers von Hutorowicz, der eine analytische Waage zur Grundlage hat, auf deren Schenkel sich Rasen in einem Blechkästchen auf Erdbodenhöhe angebracht als Taufänger befindet. Die Eintragung erfolgt mittels einer kleinen, elektromagnetisch bewegten Feder. Die Ergebnisse dieses Taumeßschreibers zeigen, daß die Menge des Taus im Laufe des Jahres 15% der jährlichen Niederschläge und die maximale Taumenge einer Nacht bis 2,0 mm erreichen kann. Die Bedeutung des Taus als Feuchtigkeitsfaktor für die Pflanzen weist auf die Zweckmäßigkeit einer genauen Kenntnis dieser Erscheinung und auf die Durchführung von Messungen an verschiedenen Orten des ganzen Landes hin. PRL/CBR, übersetzt v. R. Hüffer. 299.

2-64/04-0115 Botha, J. F. und Viljon, G. K. Simpler meteorological instruments. **(Einfachere meteorologische Instrumente.)** Deciduous Fruit Grower [Cape Town] **13** (1963) Nr. 8. S. 262–269. – 12 Abb., 1 Lit. 299.

2-64/04-0116 **Voprosy mikrobiologii.** (Probleme der Mikrobiologie.) Erevan: Izdatel'stvo Akademii nauk Armjanskoj SSR. 1961. (292 S. m. zahlr. Abb., Tab. u. Lit.) 8° = Mikrobiologičeskij sbornik. Akademija nauk Armjanskoj SSR. Sektor mikrobiologii, Erevan 1961 Nr. 1. Von den 20 in diesem Band enthaltenen Arbeiten beschäftigen sich 2 mit Phytonziden von Tomaten, 4 mit Untersuchungen von Rüben-, Pfirsich- und Baumwollkrankheiten, und die 7. gibt einen Überblick über den Einfluß von Mikroorganismen auf den Fettstoffwechsel der Seidenraupe. Mit Problemen der Züchtung von Hefen beschäftigen sich 4 Veröffentlichungen. In 2 weiteren werden Antibiotikabildner beschrieben. Die restlichen 7 Arbeiten sind bodenmikrobiol. Inhalts, von denen sich der größte Teil mit der N-Bindung und Azotobacter befaßt. – Alle Veröffentlichungen haben russiche, armenische und englische Zusammenfassungen.

K. Bernhard.

2-64/04-0117 *Kálmán, E., Sztanyik, L.* u. a. **Sugárbiológia.** (Strahlungsbiologie.) Budapest: Medicina. 1963. (497 S.) – Aus: Ung. Agrar-Rdsch. **1963** Nr. 4. In zunehmendem Maße wird es notwendig, die Arbeiten der Strahlungen, ihre Entstehung und Wirkungsmechanismen auf die Lebewesen – bes. auf den Menschen – sowie die Möglichkeiten des Schutzes gegen ihre schädlichen Auswirkungen kennen zu lernen. Vff. werteten die umfangreiche internationale Fachliteratur aus diesem Gebiet aus. Das Buch gliedert sich in folgende Kapitel: 1. strahlungsphys. und dosimetrische Grundbegriffe, 2. Theorien zur Erklärung der primären Vorgänge der Strahlenwirkung, 3. Strahlungsbiochemie, 4. morphol. Bild der biol. Einwirkungen der ionisierenden Strahlungen, 5. Strahlenempfindlichkeit und Strahlungsresistenz, 6. die Strahlenempfindlichkeit modifizierende Faktoren, 7. Pathophysiologie der Strahlenwirkung, 8. Symptomatologie und Therapie der Strahlenerkrankungen, 9. Strahlenschädigungen im Embryo und Foetus, 10. Strahlengenetik, 11. carcinogene und leukämogene Wirkung der ionisierenden Strahlungen, 12. Radiotoxikologie, 13. chem. Strahlenschutz. – Das in leichtverständlicher Sprache verfaßte, mit guten Abb. reichlich ausgestattete Handbuch kann nicht nur den Fachleuten auf dem Gebiete der Strahlungsbiologie, sondern allen, die sich für den äußerst zeitgemäßen Gegenstand interessieren, empfohlen werden.

2-64/04-0118 *Carter, Horace S.* **Precipitation in Georgia.** Athens: Univ. of Georgia. 1963. (26 S.) 8° = Georgia agricultural experiment stations, Bulletin N.S. 102 (SR 2734, 102)

2-64/04-0119 *Cook, A. H.*, Ed. **Barley and malt. Biology, biochemistry, technology.** New York; London: Academic press. 1962. (XIV, 740 S.) 8°. (1963 A 766)

2-64/04-0120 *Grumm-Gržimajlo, Aleksej Grigoŕevič.* **V poiskach rastitel'nych resursov mira.** (Auf der Suche nach den Pflanzenreserven der Welt.) Moskva: Izd. Akad. nauk SSSR. 1962. (147 S.) 8°. (1963 A 734)

2-64/04-0121 *Kittlitz, Ernst von.* **Ein Beitrag zum Problem des photoperiodischen Verhaltens einiger Frühkartoffelsorten.** Diss. Landwirtsch. Fak. Hohenheim 1962. (139 S.) 8°. (Diss. 9258)

2-64/04-0122 *Knobloch, Eduard.* **Physikalisch-chemische Vitaminbestimmungen.** Vom Autor wesentl. erg. u. neubearb. Ausg. Berlin: Akademie-Verl. 1963. (XXIV, 618 S. m. 114 Abb., 97 Tab. u. 9 Taf.) 8°. (1963 A 1073)

2-64/04-0123 *Link, Hermann.* **Zur Kenntnis der Blütenbiologie des Walnußbaumes.** Diss. Landwirtsch. Fak. Hohenheim. 1961. (78 S.) 8°. (Diss. 9256)

2-64/04-0124 *Lütge-Entrup, Ernst.* **Ein Beitrag zur Klärung der Beziehungen zwischen Witterungsverlauf und Erträgen im Grassamenbau.** Diss. Landwirtsch. Fak. Hohenheim. 1962. (96 S. m. 17 Übers.) 8°. (Diss. 9260)

2-64/04-0125 *Matthes, Franz.* **Atome, Elemente, Isotope.** Eine verständliche Erklärung der Begriffe. 2. erw. Aufl. Leipzig; Jena; Berlin: Urania. 1961. (188 S. m. 71 Abb.) 8°. (1963 A 1032)

2-64/04-0126 *Rjabčikov, Dmitrij Ivanovič* und *Citovič, Igoŕ Konstantinovič.* **Ionoobmennye smoly i ich primenenie.** (Ionenaustauscherharze und deren Eigenschaften.) Moskva: Izd. Akad. nauk SSSR. 1962. (185 S.) 8°. (1963 A 469)

2-64/04-0127 *Michajlovskaja, Vera Arseńevna* und *Kozlovskaja, Natalija Vital'evna.* Hrsg.: Akad. nauk Belorusskoj SSR, Inst. biol. **Jadovitye i vrednye rastenija.** (Giftige und schädliche Pflanzen.) Minsk: Izd. Akad. nauk BSSR. 1962. (116 S.) 8°. (1962 A 1502)

2-64/04-0128 *Roubaix, Jean de* et *Lazar, O.* **Atmungsstoffwechsel der Zuckerrübe.** Aus: Sucr. belge **75** (1956) Nr. 7. S. 261-270. (Übers. au d Franz., Maschinenschr. vervielfält.) 4° – TO 727.

2-64/04-0129 *Schaede, Reinhold.* **Die pflanzlichen Symbiosen.** 3. Aufl. neu bearb. von Franz H. Meyer. Stuttgart: Fischer. 1962. (VIII, 238 S. m. 165 Abb.) 8°. (1963 A 757)

2-64/04-0130 *Schneider, Maximilian.* **Agrarmeteorologische Bibliographie 1963.** Offenbach/M.: Selbstverl. d. Dtsch. Wetterdienstes. 1963. (XIII, 253 S.) 4° = Bibliographien des deutschen Wetterdienstes Nr. 13.

2-64/04-0131 *Schreiber, Karl-Friedrich.* **Über die standortbedingte und geographische Variabilität der Glatthaferwiesen in Südwestdeutschland.** Diss. Landwirtsch. Fak. Hohenheim. 1961. (63 S.) 8°. = Berichte der geobot. Inst. ETH, Stiftung Rübel, Bd. 36 1962. (Diss. 9254)

2-64/04-0132 *Strogonov, Boris Petrovič.* Hrsg.: Akad. nauk SSSR, Inst. fiziologii rastenij im. K.A. Timirjazeva. **Fiziologičeskie osnovy soleustojčivosti rastenij (pri raznokačestvennom zasolenii počvy.).** (Die physiologischen Grundlagen der Salzresistenz der Pflanzen bei unterschiedlicher Versalzung des Bodens.) Moskva: Izd. Akad. nauk SSSR. 1962. (363 S.) 8°. (1962 A 1323)

2-64/04-0133 *Tureckaja, Rachil' Chaimovna.* Hrsg.: Akad. nauk SSSR, Inst. fiziologii rastenij im. K.A. Timirjazeva. **Instrukcija po primeneniju stiljatorov rosta pri vegetativnom razmnoženii rastenij.** (Instruktion zur Anwendung von Wuchsstoffen bei der vegetativen Vermehrung der Pflanzen.) Moskva: Izd. Akad. nauk SSSR. 1962. (69 S.) 8°. (1963 A 833)

2-64/04-0134 *Vojtek, Zdeněk* und *Příhoda, Miroslav.* **Podnikové útvary vědeckotechnických informací na zemědělských závodechtechniké knihovny.** (Betriebliche Einrichtungen für wissenschaftlich-technische Informationen der Landwirtschaftsbetriebe – technische Bibliotheken.) Praha: Ústav vědeckotechn. informací MZLVH. 1962. (44 S.) 8° = Metodiky pro zavádění výsledku výskumu do praxe Nr. 28. (SR 2716, 1962, 28)

2-64/04-0135 *Simchen, H.* **Übersicht zur Chemisierung der Landwirtschaft.** Merseburg: Gesellsch. z. Verbr. wiss. Kenntnisse. 1963. (127 S.) 8°. (1963 A 1081)

2-64/04-0136 **Arbeitsgemeinschaft Getreideforschung e. V. Neue Forschungen bei Getreideeiweiß, Getreidestärke und Getreideenzymen.** Berichte a. d. Getreidechemiker-Tagung v. 10. bis 12. Juni 1958 in Detmold. Detmold: Granum. 1959. (208 S.) 4°. (1963 B 111)

2-64/04-0137 **Biologičeskij kontrol' v sel'skom chozjajstve. Metodika opredelenija tablici i kratkoe opisanie étapov organogeneza 50 vidov rastenij.** (Biologische Kontrolle der Landwirtschaft.) Moskva: Izd. Moskovskogo univ. 1962. (273 S.) 4°. (1962 B 322)

2-64/04-0138 **Agriculture in Britain.** 2nd ed. London: H.M.S.O. 1962. (42 S.) 8° = Central office of information reference pamphlet. 43. (1963 A 882)

2-64/04-0139 **Proceedings plant science symposium, Camden, New Yersey 1962. Cambell Soup Comp., Camden, 1962.** Budapest: Országos mezögazdasági könyvtár és dokumentációs köpont. 1963. (70 S.) 8°. (1963 A 502)

III. BODENKUNDE

B. Grundlagen zur Bodenkunde

2-64/04-0140 DeMumbrum, L. E. Mineralogy of a soil formed from Eocene sandstone. **(Mineralogie eines Bodens aus eozänem Sandstein.)** Soil Sci. **95** (1963) Nr. 6. S. 423–425. – 2 Abb., 4 Tab., 4 Lit.

Lauderdale Böden sind im Verbreitungsgebiet der eozänen Talahatta-Formation der südlichen USA ausgebildet. Die Schluffe, Tone und Sandsteine enthalten kieselartige Körper niedriger Dichte (1,8–2,2 g/cm³), die durch die Röntgenanalyse als Tridymit, Cristobalit und Quarz identifiziert wurden. In den Tonen sind Montmorillonit und Glimmer vorhanden. Ferner wurden opaline Kieselsäure und etwas Talk festgestellt. Bei einem durch pH 4 und darunter angezeigten sauren Milieu sowie hoher Temperatur und hohen Niederschlägen sind das Vorhandensein von Montmorillonit und das Fehlen von Kaolinit in diesem durchlässigen Material sehr interessant. Die Gegenwart von α-Tridymit (870 °C) und α-Cristobalit (1470 °C) deutet auf hohe Temperaturen bei der Entstehung des Muttergesteines hin.

D. Werner. 322.

C. Bodenchemie

2-64/04-0141 Tjurjukanov, A. N. und Vasil'evskaja, V. D. Osnovye zakonomernosti raspredelenija chimičeskich èlementov v počvach doliny r. Žizdry. **(Die hauptsächlichen Gesetzmäßigkeiten der Verteilung der chemischen Elemente in den Talböden des Flusses Shisdra.)** V sb..: Mikroèlementy i estestv. radioaktivnost' počv, Rostov-na-Donu **1962** S. 48–52. – Aus: Referativnyj žurnal Moskva. Počvovedenie **1963** Nr. 7.57.59. S. 10.

Die Konz. einer Mehrzahl von Elementen in den Sumpfböden des Gebietes Kaluga ist bedeutend. Unter Bedingungen der Terrassenmarsch erfolgt die hydrogene Akkumulation von Elementen im Boden auf Kosten des horizontalen Abflusses der Lösungen von der Wasserscheide. In der zentralen Niederung verläuft die Akkumulation der Elemente auf Kosten der vertikalen Migration der Lösungen aus dem Grundwasser. In den Flußtälern des europ. Teils der UdSSR unterscheidet man Überschwemmungs-, bodenhorizontale und bodenvertikale Typen hydrogener Akkumulation chem. Elemente. Die biogene Anhäufung chem. Elemente in den Böden spielt eine geringere Rolle als die mechanische Sedimentation und hydrogene Akkumulation.

übersetzt v. E. Fröhmcke. 330.

2-64/04-0142 Efimov, V. N. O nekotorych formach akkumuljacii i migracii veščestv v bolotnych počvach. **(Über einige Formen der Nährstoffakkumu-**

lation und -migration in Sumpfböden.) Zap. Leningr. s.-ch. in-ta **84** (1962) S. 33–38. – Aus: Referativnyj žurnal Moskva. Počvovedenie **1963** Nr. 7.57.57. S. 9–10.
Die Versuche erfolgten auf nichtkultivierten Riedgras-Strauch-Torfmoor-Übergangsböden der Umgebung Leningrads. – Die Mächtigkeit des Torfhorizontes beträgt 50–80 cm, der pH-Wert 2,4–3,4. Torf der oberen und unteren Teile der Torfschicht zeichnet sich durch seinen bedeutenden Aschegehalt (14–17%) aus und besitzt einen hohen Gehalt an SiO_2. Im mittleren Teil der Torfschicht beträgt der Aschegehalt 4–8%, hier wurde eine Anhäufung von Fe-, S- und Ca-Verbindungen festgestellt. Träger von Fe^{2+} sind Lehmschleier und Grundwasser. In derselben Torfmasse erfolgt unter Bedingungen einer Anaerobiose die Reduktion der S-Verbindungen. Träger von Ca können mineralisierte org. Subst. und Grundwasser sein. übersetzt v. E. Fröhmcke. 330.

2-64/04-0143 Tamimi, Yusuf N., Kanehiro, Yoshinori und Sherman, Donald; Univ. of Hawaii, Agric. Exp. Stat. Ammonium fixation in amorphous Hawaiian soils. **(Festlegung von Ammonium in amorphen Böden von Hawaii.)** Soil Sci. **95** (1963) Nr. 6. S. 426–430. – 2 Abb., 2 Tab., 13 Lit.
Die Fixierung von NH_4^+ kann auf diesen nassen Böden nur durch Bildung unlösl. Reaktionsprodukte erfolgen. Proben der 3 auf Hawaii am stärksten landwirtsch. genutzten Bodentypen wurden mit NH_4Cl, $NH_4Cl + H_3PO_4$ und $(NH_4)_2HPO_4 + H_3PO_4$ behandelt. Es zeigte sich, daß durch den Zusatz von NH_4Cl keine kristallinen Reaktionsprodukte gebildet wurden, während in den beiden anderen Fällen jedoch Taranakit nachgewiesen werden konnte.
G. Loßner. 330.

2-64/04-0144 Moore, A. W. und Jaiyebo, E. O.; Ibadan, Nigeria, Univ. Coll., Fac. of Agric. The influence of cover on nitrate and nitrifiable nitrogen content of the soil in a tropical rain forest environment. **(Der Einfluß von Bedeckung auf den Gehalt an Nitrat und nitrifizierbarem Stickstoff des Bodens an einem tropischen Regenwald-Standort.)** Empire J. exp. Agric. **31** (1963) Nr. 123. S. 189–198. – 2 Abb., 1 Tab., 23 Lit.
Der Gehalt des Bodens an nitrifizierbarem N (bei 14täg. Bebrütung) wies bei 14täg. Probenahme im Mittel des Jahres eine deutliche Beziehung zum C- und Gesamt-N-Gehalt auf. Dagegen war der mittlere NO_3-Gehalt im Freiland abhängig von der Bebauung bzw. Bedeckung des Bodens. Er lag im 6. Versuchsjahr am niedrigsten auf den mit Gras (*Cynodon plectostachyus*) und am höchsten auf den mit Leguminosen (*Pueraria phaseoloides*) bebauten Parzellen. Dazwischen lagen die Werte der mit Gras bedeckten Parzellen, der Brache-parzellen und der Parzellen mit natürlicher Vegetation. Im Frühjahr und im Herbst traten im bebauten Boden Maxima der NO_3-Bildung auf, die bei Bedeckung bzw. Brache nicht feststellbar waren. Sie werden auf das Absterben der Pflanzen und den Laubfall in diesen Zeiträumen zurückgeführt.
V. Koepke. 330.

2-64/04-0145 Spurgeon, W. I. und Grissom, P. H.; Stoneville, Mississippi Agric. Exp. Stat. More nitrogen lost when clay is water-logged. **(Mehr Stickstoff geht verloren, wenn Ton staunaß ist.)** Mississippi Farm Res. **26** (1963) Nr. 6. S. 1. 6–7. – 3 Abb., 4 Tab.
In Gefäßversuchen mit Tonboden ging beim Überstauen des Bodens mit Wasser der gesamte, in Form von KNO_3 zugesetzte N (150 ppm N) innerhalb von 16 Tagen verloren, während in der bei 45% Feuchtigkeit gehaltenen Vergleichsvariante kein N-Verlust auftrat. Im Feldversuch waren die N-Verluste von der Höhe der Niederschläge (durchschnittl. 1280 mm Jahresniederschlag) und der durchschnittl. Temperatur während 20täg. Untersuchungsperioden abhängig. Im 4jährigen Mittel gingen nach Verabreichung von 135 kg/ha N als $NaNO_3$ oder $(NH_4)_2SO_4$ innerhalb von 20 August- bzw. Septembertagen 50 kg verloren. Unter natürlichen Verhältnissen waren die N-Verluste nach

$(NH_4)_2SO_4$-Düngung größer als bei $NaNO_3$-Düngung, wurde dagegen zusätzlich mit Wasser überstaut, dann waren die Verluste bei NO_3-Anwendung größer. Durch 10 cm tiefe Einbringung der N-Dünger in den Boden konnten die N-Verluste gesenkt werden. V. Koepke. 330.

2-64/04-0146 Süß, A. und Schweighart, O.; München, Bayer. Landesanst. für Bodenkultur, Pflanzenbau und Pflanzenschutz. **Über die Wanderung, Löslichkeit und Aufnahme der Phosphorsäure im Grünlandboden.** Bayer. landwirtsch. Jb. **40** (1963) Nr. 3. S. 306–313. — 5 Tab., 9 Lit.
Einige Parzellen eines Grünlanddüngungsversuches auf alluvialem, rendzinaartigem Aueboden (Lehm) waren im 6. Versuchsjahr mit ^{32}P-markiertem Superphosphat gedüngt worden. Das Eindringen des ^{32}P in den Boden verlief auf allen Parzellen ziemlich gleichförmig. Nach 4 Mon. befand sich erst ein Viertel dieses P in den Schichten tiefer als 5 cm. J. Garz. 330.

2-64/04-0147 Ivčenko, A. S. und Kudelina, A. G. O vlijanii marganca na podvižnye formy fosfora v priazovskom černozeme pod zernovymi kul'turami. **(Einfluß von Manjan auf die löslichen Phosphorformen in asowscher Schwarzerde unter Getreidekulturen.)** V sb.: Mikroėlementy i estestv. radioaktivnost' počv, Rostov-na-Donu **1962** S. 79–81. — Aus: Referativnyj žurnal Moskva. Počvovedenie **1963** Nr. 7 57.65. S. 11.
Die Behandlung von Hafer- und Weizensamen mit einer Mn-Lösung förderte bei vollwertiger mineral. Düngung die P- und Mn-Aufnahme und verbesserte Wachstum und Entwicklung der Pflanzen. Die Untersuchungsergebnisse hinsichtlich der Dynamik der Nitrate, der Phosphorsäure und der löslichen Mn-Formen in asowscher Schwarzerde sowie Analysenergebnisse hinsichtlich P- und Mn-Gehalt der vegetativen Masse von Hafer werden diskutiert. Vff. empfehlen, für den Anbau auf asowschen Schwarzerden das Saatgut von Getreidekulturen mit $MnSO_4$ zu behandeln.
übersetzt v. E. Fröhmcke. 330.

2-64/04-0148 Rudenskaja, K. V. Soderžanie marganca i medi v organičeskom veščestve nekotorych počv Rostovskoj oblasti. **(Der Gehalt an Mangan und Kupfer in der organischen Substanz einiger Böden des Gebietes Rostow.)** V sb.: Mikroėlementy i estestv. radioaktivnost' počv, Rostov-na-Donu **1962** S. 77–78. — Aus Referativnyj žurnal Moskva. Počvovedenie **1963** Nr. 7.57.74. S. 12.
Der Gehalt an Mn und Cu in der org. Subst. gewöhnlicher, nordasowscher, transkaukasischer und südlicher Schwarzerden, dunkelkastenienfarbiger und kastanienfarbiger Böden wurde bestimmt. Die Extraktion der org. Subst. erfolgte nach der Methode von J. W. Tjurin. — Mn ist in diesen Böden hauptsächlich in mineral. Verbindungen enthalten, die in verdünnten Säuren löslich sind. Die größte Menge Mn ging in einen sauren Extrakt von kastanienfarbigen Böden über (916–1375 mg/kg), die geringste Menge in einen solchen von gewöhnlichen und nordasowschen Schwarzerden (504–597 mg/kg). In alkalischen Extrakten wurde Mn nicht festgestellt. Aus Schwarzerden isolierte man mit HCl-Lösungen 2,7–9,1 mg/kg Cu, aus kastanienfarbigen Böden 12,0–14,7 mg/kg Cu. Cu, gebunden an org. Stoffe, war in Schwarzerden in Mengen von 17,5–26,9 mg/kg enthalten, in kastanienfarbigen Böden $^2/_3$–$^3/_4$ weniger. übersetzt v. E. Fröhmcke. 330.

2-64/04-0149 Bergmann, W., Büchel, L., Ebeling, R. und Witter, B. **Die Magnesium- und Mikronährstoffversorgung der Böden Thüringens.** Dtsch. Akad. Landwirtsch.-Wiss. Berlin, Tagungsber. **1962** Nr. 56. S. 35–54. — 1 Abb., 10 Tab., 60 Lit. Zus. in Russ., Engl. — nach Zus.
Unter Angabe der Untersuchungsmethoden und Auswertungstabellen werden von einigen hundert Böden Thüringens die Untersuchungsergebnisse für die Mg-, B-, Cu-, Mn- und Mo-Versorgung mitgeteilt. Es zeigte sich, daß die

geologische Formation bzw. Abteilung hinsichtlich der Mg- und Mikronährstoffversorgung der Böden von Einfluß ist, daß sie aber nicht allein als ausreichendes Kriterium zur Beurteilung herangezogen werden kann und daß auch noch andere standortbedingte bzw. durch den Menschen zu beeinflussende Faktoren eine Rolle spielen. Wenngleich Böden der verschiedenen geol. Formationen oder Abteilungen auf Grund der Gesteinszusammensetzung und der standörtlich bedingten Bodenentwicklung auch eine durchschnittlich charakteristische Mg- oder Mikronährstoffversorgung aufweisen, so muß doch stets vor einer Verallgemeinerung gewarnt werden. Bes. auffallend ist der hohe %-Anteil der schlecht mit Mn (21,4%) und mäßig mit Mo (50,2%) versorgten Böden Thüringens. Dagegen kann die Cu-Versorgung mit Nährstoffnote 87 und die B-Versorgung mit Nährstoffnote 86 als durchaus gut bis sehr gut angesehen werden. Bei der Mg-Versorgung mit 5,4% schlecht versorgten Böden fällt der hohe Anteil der mäßig versorgten Böden mit 32,2% auf und zeigt, daß mit einer Intensivierung der pflanzlichen Produktion und mit erhöhter Anwendung von Makronährstoffen, insbes. K- und NH_4-Düngemitteln, auch der Düngung mit Mg bzw. Mg-haltigen Düngemitteln verstärkte Aufmerksamkeit geschenkt werden muß. 330.

2-64/04-0150 Trobisch, S. **Die Molybdänversorgung der Thüringer Böden.** Dtsch. Akad. Landwirtsch.-Wiss. Berlin, Tagungsber. **1962** Nr. 56. S. 55–64. — 3 Abb., 4 Tab., 10 Lit. Zus. in Russ., Engl. — nach Zus.
Mo-Mangel in Beständen landwirtsch. Kulturpflanzen Thüringens ließ es notwendig erscheinen, die Mo-Versorgung wichtiger Ackerböden zu untersuchen. Zunächst wurde angestrebt, den Bildungszustand des Mo im Boden zu charakterisieren, um eine chem. Extraktionsmethode für das pflanzenverfügbare Mo begründen zu können. Durch fraktionierte Extraktion sowie durch Gesamtbestimmungen ergab sich, daß das Verhalten des Mo im Boden eng an das Schicksal der Fe-Verbindung geknüpft ist. Es erschien daher sinnvoll, die pflanzenverfügbare Mo-Fraktion in Extrakten zu suchen, die den leichtlöslichen Anteil der Fe-Oxyde enthalten. Entspr. Versuche zeigten, daß die bereits von Grigg verwendete Lösung von Ammoniumoxalat/Oxalsäure als Extraktionsmittel geeignet ist. — Unter Anwendung dieser Ergebnisse wurden etwa 100 Thüringer Böden auf ihren Gehalt an pflanzenverfügbarem Mo untersucht und ihr Versorgungsgrad mit Hilfe der gewonnenen Grenzzahlen beurteilt. Dabei ergab sich, daß 45% der untersuchten Böden Mo-mangelgefährdet sind und daß eine Abhängigkeit des Mo-Versorgungsgrades von der geol. Herkunft besteht. Während die Urgesteinsböden immer ausreichende Mo-Gehalte aufwiesen, zeigten beispielsweise die Böden, die auf Keuper, Muschelkalk oder Buntsandstein entstanden sind, wie auch ein Teil der Lößböden eine ungenügende Mo-Versorgung. 330.

2-64/04-0151 Staikoff, Z. und Dontscheff, I. **Gehalt der Böden Bulgariens an Mikronährstoffen.** Dtsch. Akad. Landwirtsch.-Wiss. Berlin, Tagungsber. **1962** Nr. 56. S. 65–85. — 8 Tab., 60 Lit. Zus. in Russ., Engl. — nach Zus.
Die in den letzten Jahren durchgeführten Untersuchungen über den Gesamtgehalt der Hauptbodentypen Bulgariens an B, Cu, Mn, Mo, Zn, Co und J sowie über ihren verfügbaren Anteil ergaben wertvolle Hinweise über die bodenbildenden Prozesse des Muttergesteins sowie über die Versorgung der Pflanzen, Tiere und Menschen mit den als lebensnotwendig erkannten Elementen. Im allg. kann die Mikronährstoffversorgung der Böden Bulgariens als gut bezeichnet werden. Eine Ausnahme macht auf verschiedenen Böden die Mo-Versorgung, so daß bereits begonnen wurde, den Leguminosen auf größeren Flächen Mo zu verabfolgen. In gewissen Gegenden ist auch der J-Gehalt des Bodens und damit auch des Trinkwassers und der Nahrungsmittel sehr niedrig, so daß gegen die in diesen Gebieten auftretende endemische Kropfkrankheit jodiertes Kochsalz verabreicht werden muß. 330.

2-64/04-0152 Beckmann, H., Gewehr, H. und Scharpenseel, H. W.; Bonn, Univ., Inst. für Bodenkunde. **Über eine Synthese radioaktiver Tonminerale.** Landwirtsch. Forsch., Sonderh. Nr. **17** (1963) S. 161–171. — 6 Abb., 3 Tab., 10 Lit.

Die Herstellung von radioaktiv markiertem Montmorillonit und Kaolinit durch Zusatz von ^{55}Fe bei der Synthese nach Noll wird eingehend beschrieben. ^{55}Fe vertritt in den gebildeten Mineralen einen Teil des Al in der Oktaederschicht. Die Reinheit der Tonminerale wurde röntgenographisch nachgewiesen. Unverbrauchtes $^{55}Fe(OH)_3$ läßt sich durch heiße verd. HCl leicht herauslösen (Na-Dithionit genügt nicht). Bemerkenswert ist die Stabilität des gebildeten Montmorillonits gegenüber HCl und die Beobachtung, daß sich dieses Tonmineral auch in Abwesenheit von Alkalien und Erdalkalien aus einem SiO_2/Al_2O_3-Gemisch mit dem Molverhältnis 2 : 1 zu bilden vermag, wenn die Synthese in stark verd. HCl erfolgt. In reinem Wasser entsteht unter sonst gleichen Bedingungen Kaolinit. J. Garz. 332.

2-64/04-0153 Marel, H. W. van der; Wageningen, Inst. for Soil Survey. Quantitative determination of kaolinite by x-ray diffraction, a reply to G. W. Brindley and S. S. Kurtossy Am. mineral. **(Quantitative Bestimmung von Kaolinit durch Röntgenstrahlenbeugung, eine Entgegnung auf G. W. Brindley und S. S. Kurtossy Amer. Mineralogist.)** Amer. Mineralogist **47** (1962) S. 1209–1213. Sep. — 1 Tab., 11 Lit.

Vf. legt dar, daß die von ihm festgestellten erheblichen Unterschiede in der Intensität der 001-Reflexe von Kaoliniten verschiedener Herkunft nicht auf einer bevorzugten Orientierung der Teilchen in den Proben beruhen — wie der Einwand lautet —, sondern daß sie tatsächlich in dem Material selbst (in der unterschiedlichen Teilchengröße, dem Ordnungsgrad der Kristalle, den amorphen Oberflächenschichten) liegen. Die Streuung der Intensitäten verhindert es, bei der quantitativen Bestimmung eine Genauigkeit von 5% zu erreichen. Das gilt aus den gleichen Gründen auch für andere Bestandteile der Tonfraktion. J. Garz. 332.

2-64/04-0154 Altschuler, Z. S., Dwornik, E. J. und Kramer, Henry; Washington, U. S. Geol. Survey; Upton, N. Y., Brookhaven Nat. Lab. Transformation of montmorillonite to kaolinite during weathering. **(Umwandlung von Montmorillonit in Koalinit im Laufe der Verwitterung.)** Science [Washington] **141** (1963) Nr. 3576. S. 148–152. — 7 Abb., 2 Tab., 16 Lit.

Es ließ sich stratigraphisch einwandfrei nachweisen, daß mindestens 2 der Kaolinitvorkommen Floridas unmittelbar aus marin abgelagertem nontronitartigem Montmorillonit hervorgegangen sind, und zwar durch Verwitterung bei niederen Temperaturen unter Luftabschluß. Sowohl röntgenographisch als auch chemisch-analytisch (Abnahme des Gehaltes an Si, Fe, Mg, Ca, Na und K) ließ sich die Umwandlung in dem Übergangsbereich verfolgen. Elektronenmikroskopisch festgestellte hexagonale seitliche Auswüchse der Montmorillonitblättchen und im Übergangsbereich röntgenographisch nachgewiesene Kaolinit-Montmorillonit-Wechsellagerungen (25-Å-Reflexe, glyceringesättigt) lassen Vff. vermuten, daß die Umwandlung nicht ausnahmslos über eine völlige Destruktion des Montmorillonits verlief, sondern z. T. durch Herauslösen der austauschbaren Kationen und einer der beiden Si-O-Schichten eines jeden Schichtpaketes erfolgte. Allophan als Zwischenprodukt fehlte. Das pH im Umwandlungsbereich lag zwischen 6,5 und 5,0. Die herausgelöste Kieselsäure hat in tieferen Schichten zu Verkieselungen geführt. Fossilien, die in den oberen Schichten restlos durch die Verwitterung verloren gingen, sind dadurch erhalten geblieben und bezeugen den marinen Ursprung der sandigen Montmorillonitablagerung, über den bisher Unklarheit herrschte. Das freigewordene Fe hat im Kaolin zur Bildung orangefarbiger Goethit-Konkretionen geführt. J. Garz. 332.

2-64/04-0155 Emerson, W. W.; Adelaide, C. S. I. R. O. The effect of polymers on the swelling of montmorillonite. **(Die Wirkung von Polymeren auf die Quellung von Montmorillonit.)** J. Soil Sci. **14** (1963) Nr. 1. S. 52–63. – 1 Abb., 3 Tab., 29 Lit.

Auf der Grundlage von Versuchen und unter Berücksichtigung der Ergebnisse anderer Autoren stellt Vf. eine umfassende Theorie über die Wechselwirkungen zwischen Polymeren und Montmorillonit auf: Ein wesentlicher Punkt darin ist, daß bereits von den Nebenvalenzen eine wesentliche Wirkung ausgehen kann. Vf. entnimmt das der quellungshemmenden und auch entquellenden Wirkung von Polyvinylalkohol und Dextran, die vom pH und Ionenbelag (Na bzw. Ca) unabhängig ist. – Bei kationischen Polymeren (Gelatine) kommen die bekannten Ionenbindungen hinzu. Daß aber auch hier Nebenvalenzen eine Rolle spielen, geht daraus hervor, daß Ton-Arginin-Komplexe gegen ein höheres pH wesentlich empfindlicher sind als die Ton-Gelatine-Komplexe. – Die anionischen (carboxylierten) Polymere setzen die Quellung ebenfalls herab, wenn der Ton mit koppelnd wirkenden Ca-Ionen belegt ist. Gegenüber der Na-Ton bleiben sie fast unwirksam. Wenn die anionischen Polymere bei Na-Ton überhaupt etwas wirksam werden, so hängt das nach Ansicht des Vf. mit positiven Ladungen an den seitlichen Kanten des Kristalls und mit einigen stets vorhandenen Al-Ionen an den Basisflächen zusammen. Gestützt wird diese Ansicht durch die in diesem Fall festgestellte Abhängigkeit der Wechselwirkungen vom pH. – Kompliziert werden die Verhältnisse, wenn neben den Carboxylgruppen auch zur Bildung von H-Bindungen befähigte Gruppen vorhanden sind, wie das bei verschiedenen Mischpolymerisaten der Fall ist. – Zusatz von Na-Pyrophosphat hebt die Wirkung der anionischen Polymeren auf. Da Pyrophosphat mit Ca und Al stabile Komplexe bildet, bestätigt dieser Befund die Vorstellung über die Wirkungsweise der anionischen Polymeren. Gleichfalls eine Bestätigung der Ansichten des Vf. ist darin zu sehen, daß von dem nichtionischen Polyvinylalkohol zur Erzielung gleicher Effekte wesentlich höhere Mengen angewendet werden müssen als von der Polyacrylsäure etwa; denn die Festigkeit einer H-Bindung beträgt nur etwa $^1/_{20}$ der einer kovalenten Bindung. – Die bes. Eignung von kombinierten Typen (z. B. Mischpolymerisate von Acrylnitril und Methacrylsäure) für die praktische Bodenbehandlung dürfte darin liegen, daß einige zur Bildung von H-Bindungen befähigte Gruppen die Wirksamkeit bei Na-Sättigung garantieren, daß andererseits eine Anzahl von COOH-Gruppen das unnötige Eindringen in die Zwischenschichträume verhindert. J. Garz. 332.

2-64/04-0156 Aomine, Shigenori und Kawasaki, Hiroshi; Fukuoka, Kyushu-Univ., Fac. of Agric. Vermiculite in some Japanese soils. **(Vermiculit in einigen japanischen Böden.)** Soil Sci. Plant Nutrit. [Tokyo] **9** (1963) Nr. 1. S. 18–27. – 3 Abb., 3 Tab., 28 Lit.

Proben von 5 Böden – teils auf glimmerhaltigem, teils auf glimmerfreiem Gestein entstanden – enthielten durchweg beträchtliche Mengen eines Tonminerals vom 2:1-Typ mit 14-Å-Basisreflex (Mg, Glycerin), das bei K-Sättigung – offenbar infolge hoher Ladungsdichte – zur Kontraktion neigt (10,4-Å-Reflex). Bes. stark war die Neigung dieser Minerale zur Kontraktion bei den Böden auf glimmerführendem Gestein (Granit), weniger bei den auf glimmerfreiem Material entstandenen. Im A-Horizont dieser Böden zeigten die Tonminerale sogar überwiegend 18 Å-Reflexe (Mg, Glycerin). Die Kontraktion der 14-Å-Minerale bei K-Sättigung erfolgte in einigen Fällen erst nach vorangegangener Na-Citrat-Behandlung. Vff. betrachten dieses 14-Å-Mineral als einen Vermiculit, der teilweise Al-Hydroxyd in den Zwischenschichten trägt. Es kann unmittelbar aus Glimmer hervorgegangen sein und dann noch eine rel. hohe Ladungsdichte aufweisen; es kann aber auch über Chlorit aus anderen Silicaten entstanden sein. J. Garz. 332.

2-64/04-0157 Rotini, O. T., Lotti, G. und Baldacci, P. V.; Pisa, Univ., Inst. of Agric. Chem. Studies on the changes occurring in soils and clays heated at 50 °C and 100 °C. **(Untersuchungen über Veränderungen, die in Böden und Tonen auftreten, welche auf 50 °C und 100 °C erhitzt worden sind.)** Agrochimica [Pisa] **7** (1963) Nr. 4. S. 289–295. – 1 Abb., 2 Tab., 22 Lit. Zus. in Franz., Ital., Span., Dtsch.

Lufttrockene Proben von 6 verschiedenen Böden wurden 6 Mon. bei Zimmertemperatur sowie bei 50 °C und 60 °C aufbewahrt. Die Umtauschkapazität der Bodenkolloide für Kationen und Anionen verringerte sich durch die Hitzebehandlung teilweise beträchtlich (bis zu 50%). Röntgen- und Differentialthermoanalysen lassen vermuten, daß die Veränderungen neben den Tonmineralen vor allem die amorphen Bestandteile der Tonfraktion betreffen. J. Garz. 332.

2-64/04-0158 Eschena, T.; Perugia, Univ., Inst. Chim. Agraria. Alcune proprietáchimico-fisiche del complessi argillo-humici. **(Einige chemisch-physikalische Eigenschaften des Ton-Humus-Komplexes.)** Agrochimica [Pisa] **7** (1963) Nr. 4. S. 369–383. – 4 Abb., 2 Tab., 25 Lit. Zus. in Engl., Franz., Span., Dtsch.

Suspensionen von 3 Tonen unterschiedlichen Sättigungsgrades wurden mit Huminsäure (3%) versetzt. Während der folgenden 38 Tage war ein langsam abklingender Rückgang in der H^+-Konz. und Titrationsacidität festzustellen, der auf der Bildung von Ton-Humus-Komplexen beruhen soll. Zur Flockung dieser Komplexe genügte eine wesentlich geringere KCl-Konz. (0,06 mol.) als zur Flockung reiner Huminsäure (0,6 mol.). J. Garz. 332.

2-64/04-0159 Heinsdorf, D. **Vorräte an organischer Substanz und Stickstoff von einigen unterschiedlich stark degradierten Sandstandorten in Mittelbrandenburg.** Arch. Forstwes. **12** (1963) Nr. 8. S. 868–886. – 6 Abb., 3 Tab., 25 Lit. Zus. in Russ., Engl. – nach Zus.

In der vorliegenden Arbeit werden Angaben über die Menge an org. Subst. und den N-Gehalt einiger verschieden stark degradierter Sandstandorte Mittelbrandenburgs veröffentlicht. Degradierte Sandstandorte enthalten in der Regel nicht nur weniger org. Subst., sondern vor allem N-ärmere. Sie verfügen dadurch über bedeutend weniger Gesamt-N. Die geringe Ertragsleistung von Kiefern, die auf diesen degradierten Sandstandorten wachsen, wird mit dem unzureichenden N-Angebot in Zusammenhang gebracht. 333.

2-64/04-0160 Gupta, Umesh C., Sowden, F. J. und Stobbe, P. C.; Ottawa, Canada Dep. of Agric., Soil Res. Inst. The characterization of carbohydrate constituents from different soil profiles. **(Die Charakterisierung von Kohlenhydratbestandteilen aus verschiedenen Bodenprofilen.)** Proc. Soil Sci. Soc. America **27** (1963) Nr. 4. S. 380–382. – 1 Abb., 3 Tab., 12 Lit.

Die papier- und säulenchromatographische Untersuchung des Hydrolysats von Proben aus verschiedenen Horizonten eines Podsols, eines Podsols mit Dauerfrost, eines grauen Waldbodens unter Baumbeständen, eines dunkelbraunen solodisierten Solonetzbodens und einer Schwarzerde mit Präriegräsern sowie eines ackerbaulich genutzten dunkelgrauen Gleibodens ergab, daß die Glucose in allen Fällen den Hauptbestandteil am Gesamtzuckergehalt der Böden ausmachte. Der Anteil an weiteren Zuckerarten nahm in der folgenden Reihe ab: Galactose, Mannose, Arabinose, Xylose, Rhamnose und Fucose-Ribose. Daneben wurden 4–7 Zuckerarten mit hohen R_f-Werten gefunden. Die größten Zuckermengen konnten im O-Horizont des Podsols und des grauen Waldbodens (16,1 bzw. 16,4% der org. Subst.), die geringsten in der Schwarzerde ermittelt werden. In diesen 3 Bodentypen nahm der Zuckergehalt der org. Subst. mit zunehmender Tiefe ab. K. Koepke. 333.

2-64/04-0161 Jakab, T., Dubach, P., Mehta, N. C. und Deuel, H.; Zürich, Eidg. TH, Agrik.-Chem. Inst. **Abbau von Huminstoffen. 3. Mitt. Abbau mit Alkali.** Z. Pflanzenernähr., Düng., Bodenkunde **102** (1963) Nr. 1. S. 8–17. – 3 Tab., 30 Lit. 2. Mitt. vgl. 2-64/01-0156.

Ein Huminsäurepräparat und 3 Fulvosäurepräparate aus dem B_h-Horizont eines Podsols wurden 3 h lang mit 5 n NaOH (170 °C und 250 °C) – mit und ohne Zusatz von $CuSO_4$ – behandelt. Danach konnten neben einem säureunlöslichen Rückstand von 64–74% und 8–17% säurelöslichen Produkten 5–12% ätherlösliche Abbauprodukte gefunden werden. Die Ausbeute an ätherlöslichen Produkten war unabhängig vom $CuSO_4$-Zusatz. Sie war bei 250 °C doppelt so hoch wie bei 170 °C. Die Zahl der aufgefundenen phenolischen Verbindungen war bei 250 °C kleiner. In allen Präparaten wurden die gleichen Abbauprodukte festgestellt. Von über 30 beobachteten phenolischen Verbindungen wurden 1.2- und 1.3-Dihydroxybenzol, 3- und 4-Hydroxybenzoesäure, 3-Hydroxybenzaldehyd, Vanillin, 3.4- und 3.5-Dihydroxybenzoesäure und Vanillinsäure papierchromatographisch identifiziert. K. Koepke. 333.

2-64/04-0162 Dutt, G. R. und Tanji, K. K.; Davis, Univ. of California. Interactions of chloride salts with calcium- und magnesium-saturated soils. **(Wechselwirkungen von Chloridsalzen mit Calcium- und Magnesium-gesättigten Böden.)** Soil Sci. **95** (1963) Nr. 6. S. 418–422. – 2 Abb., 1 Tab., 7 Lit.

Yolo-Böden wurden mit 0,1 n $CaCl_2$- oder $MgCl_2$-Lösungen behandelt, anschließend mit dest. Wasser bis zum Verschwinden der Cl^--Reaktion ausgewaschen und auf diese Weise mit Ca^{2+} bzw. Mg^{2+} gesättigt. Mit den so präparierten Bodenproben wurden Gleichgewichts-, Perkolations- und Extraktionsversuche vorgenommen, wobei die Versuchslösungen das gleiche Kation enthielten, mit dem bereits die Bodenprobe gesättigt war. Aus der überstehenden Phase einer 10:1-Lösung-Boden-Mischung wurden Cl^--Salze sorbiert. Perkolierte Cl^--Lösung durch ursprünglich lufttrockene Bodensäulen, wies das erste Eluat eine höhere Cl^--Konz. auf als die auf die Säule gegebene Lösung. Durch langsame Druckextraktion konnte bodenassoziiertes Salz aus dem System entfernt werden; die $CaCl_2$-Konz. der aus Ca-gesättigten Böden mittels des Druck-Membran-Verfahrens erhaltenen Lösungen war jedoch in hohem Maße vom Extraktionsgrad abhängig. G. Loßner. 335.

2-64/04-0163 Saurov, M. M. Pogloščenie i migracija radioaktivnych veščestv v počvach. **(Die Adsorption und Migration radioaktiver Elemente im Boden.)** V sb.: Radiac. gigiena, Moskva **2** (1962) S. 109–114. – Aus: Referativnyj žurnal Moskva. Počvovedenie **1963** Nr. 7.57.77. S. 12.

Einige radioaktive Elemente werden leicht vom Boden sorbiert und wieder leicht desorbiert (Sr), andere werden leicht sorbiert, aber schwer desorbiert (Cs), die 3. Gruppe wird sorbiert, aber diesen Elementen fehlt von vornherein die Fähigkeit zur Desorption (Rt,Zr). Die Besonderheiten der Sorption radioaktiver Stoffe durch Böden werden behandelt.

übersetzt v. E. Fröhmcke. 335.

2-64/04-0164 Tiller, Kevin G., Hodgson, J. F. und Peech, M. Specific sorption of cobalt by soil clays. **(Spezifische Kobaltsorption durch Bodentone.)** Soil Sci. **95** (1963) Nr. 6. S. 392–399. – 4 Abb., 1 Tab., 20 Lit.

Eine Reihe reiner Minerale, wie Glimmer, Montmorillonit, Vermiculit, Kaolinit, Quarz, Haematit und Goethit, sorbierte in Gegenwart einer 0,1 n $CaCl_2$-Lösung sehr unterschiedliche Co^{2+}-Mengen aus einer stark verdünnten Co^{2+}-Salzlösung, während die unter gleichen Bedingungen von 17 Böden der verschiedensten Zusammensetzung und Herkunft sorbierten Co^{2+}-Beträge nicht erheblich untereinander differierten. Um verschiedene Faktoren auszuschalten, wurden die Böden vor der Co^{2+}-Sorption mit H_2O_2, Na-EDTA und verd. NaOH behandelt; die benutzten Tonsuspensionen enthielten 0,17%

Ton. Geringe bis mittlere Mengen org. Subst. beeinflußten die hier untersuchten Reaktionen nicht signifikant. G. Loßner. 335.

2-64/04-0165 Höhne, H. **Untersuchungen über die Pufferkraft und das C/N-Verhältnis der Streu von Waldbodenpflanzen, Sträuchern und Bäumen.** Arch. Forstwes. **12** (1963) Nr. 8. S. 842–863. – 9 Abb., 3 Tab., 12 Lit. Zus. in Russ., Engl. – nach Zus.
Das C/N-Verhältnis und die Pufferkraft der Streu von 27 Waldsüßgräsern, 8 Riedgräsern, Simsen und Binsen, 13 Kräutern bzw. Zwergsträuchern, 7 Farnen sowie 21 Laub- und 3 Nadelbäumen wurden gemessen. – Pflanzen eutropher Böden mit rel. hohem mineral. Ascheanteil besitzen i. allg. ein engeres C/N-Verhältnis und eine höhere Pufferkapazität als Pflanzen nährstoffarmer Standorte. Das gilt bes. für Waldgräser. Die Pufferkraft der Waldstreu hängt vorwiegend vom N- und Ca-Gehalt der beteiligten Pflanzenarten ab. Waldgräser puffern je nach ihrer stofflichen Zusammensetzung sehr unterschiedlich ab und besitzen auch die geringsten Reserven an basischer Puffersubstanz, während dagegen die krautige Bodenflora und die Laubstreu der Bäume und Sträucher besser ausgestattet sind. Die Streu der Nadelbäume hat jedoch nur niedrigere Pufferwerte aufzuweisen. Nach einem längeren Zersetzungsprozeß der org. Subst. können der rel. N-Gehalt und die Pufferkraft wieder ansteigen. Diese Erscheinung ist nicht festzustellen, wenn gute Zersetzungsbedingungen vorliegen, die gewährleisten, daß bereits am Ende des Vegetationsjahres die Blattstreu vollständig mineralisiert ist. 337.

D. Bodenphysik

2-64/04-0166 Lobutev, A. P. O sostave počvennogo vozducha torfjano-peregnojno-gleevych počv Moskvoreckoj pojmy Ramenskogo rajona. **(Die Zusammensetzung der Bodenluft von Torf-Humus-Glei-Böden der Flußniederung der Moskva im Gebiet von Ramenskoje.)** Naučn. dokl. vysš. školy. Biol. n. **1962** Nr. 3. S. 178–183. – Aus: Referativnyj žurnal Moskva. Počvovedenie **1963** Nr. 7.57.37. S. 6:
In den beschriebenen Böden erhöhte sich in der Frühjahr-Sommer-Periode des Jahres 1959 die CO_2-Konz. und verminderte sich der O_2-Gehalt in der Bodenluft. Die CO_2-Konz. in der Bodenluft erreichte 25%, dagegen betrug der O_2-Gehalt <1%. In den unteren Bodenhorizonten stellte man anaerobe Verhältnisse, eine Reduktion von Fe und Mn und eine Verminderung des Oxydations-Reduktions-Potentials fest. Mit dem Nachlassen der biol. Prozesse im Herbst verringerte sich die CO_2-Konz. der Bodenluft auf 0,3–1%, dagegen erhöhte sich der O_2-Gehalt auf 19–20%. Nach Trockenlegung der Böden im Jahre 1960 durch verlegte Dränagen verringerte sich im Sommer der CO_2-Gehalt in der Bodenluft auf <1%, jedoch blieb die O_2-Konz. nahe der der atmosphärischen Luft. Auf die Zusammensetzung der Bodenluft übten auch die Witterungsverhältnisse einen bedeutenden Einfluß aus.
übersetzt v. E. Fröhmcke. 346.

2-64/04-0167 Tamm, E. und Krzysch, G.; Berlin, TU, Inst. für Acker- und Pflanzenbau. **Der Einfluß der Bodentemperatur und der Bodenfeuchte auf die CO_2-Produktion eines lehmigen Sandbodens.** Z. Acker- u. Pflanzenbau **117** (1963) Nr. 4. S. 359–378. – 1 Abb., 7 Tab., 23 Lit. Zus. in Engl.
Am gewachsenen Boden im Freiland erzielte Ergebnisse wurden unter konstanten Bedingungen des Laborversuches überprüft. Mittels URAS (Ultrarotabsorptionsschreiber) und Experimentiergaszählers wurden die CO_2-Mengen registriert, die ein lehmiger Sandboden bei den Bodenfeuchtigkeitsstufen 20, 40, 60 und 80% der max. Wasserkapazität und den Bodentemperaturstufen 5, 15, 25 und 35 °C produzierte. Ein Laborklimaschrank ermöglichte konstante Bedingungen hinsichtlich Bodentemperatur (I) und Bodenfeuchte (II). **I** und **II** beeinflußten die CO_2-Bildung des Bodens in gesichertem

Maß, doch war die I-Wirkung stärker. Zwischen **I** und **II** bestand eine deutliche Wechselwirkung. Die Prüfung des Zeitfaktors ergab ebenfalls Signifikanz, verglichen mit **I** und **II** war sein Einfluß aber gering.
H. Unger. 346.

E. Bodenbiologie

2-64/04-0168 Burges, A.; Univ. of Liverpool, Hartley Bot. Lab. Importance de l'écologie dans la mycologie des sols. **(Bedeutung der Ökologie in der Bodenmycologie.)** Ann. Inst. Pasteur **105** (1963) Nr. 1. S. 3–18. – 19 Lit. Zus. in Engl.
Verschiedene ökol. Begriffe, wie Sukzession, Klimax u.a., werden in Beziehung zu Problemen der Bodenmikrobiologie diskutiert (Vergleich der Begriffe zymogene und autochthone Flora mit Sukzession und Klimax höherer Pflanzen).
K. E. Lindner. 350.

2-64/04-0169 Beck, Th. und Poschenrieder, H.; München, Bayer. Landesanst. für Landeskultur und Moorwirtsch. **Versuche über die Wirkung von Toluol auf die Mikroflora von Böden.** Plant and Soil [The Hague] **18** (1963) Nr. 3. S. 346-357. – 4 Abb., 2 Tab., 7 Lit.
Bei Ansätzen mit naturfeuchtem Boden waren Toluolkonz. von 20% und mehr zur Verhinderung der Mikrobenvermehrung erforderlich. In Kulturversuchen mit Substratzusätzen stiegen die Keimzahlen trotz gleichbleibender Toluolkonz. von 20%. In wäßriger Bodenaufschwemmung (1:50) erniedrigte sich dagegen der Keimgehalt schon bei 5%iger Toluolkonzentration. Diese Feststellung wird im letztgenannten Falle von den Vff. mit einer erhöhten Kontaktmöglichkeit des Toluols mit den Mikrobenzellen begründet. Eine bes. ausgeprägte Toluolresistenz wurde bei Sporenbildnern und Streptomyceten ermittelt. Sie überdauerten noch bei Toluolkonz. von 50%. In Gefäßen mit 10% Toluol entwickelten sich in Kulturversuchen außerdem auch grampositive Stäbchen und Kokken. Gramnegative Organismen fehlten in Toluolansätzen vollständig. Nach Ansicht der Vff. können nur die in Boden-Substrataufschwemmungen mit 10%igem Toluolzusatz gemessenen Umsetzungswerte als Enzymaktivitätseinheiten angesehen werden. V. Koepke. 350.

2-64/04-0170 Yoshida, Tomio und Sakai, Hiroshi. Microbiological studies on the soils of Hokkaido. Part 3. Organic phosphorous compound decomposing bacterial flora in the soils. **(Mikrobiologische Untersuchungen an den Böden von Hokkaido. 3. Mitt. Die Bakterienflora, die organische Phosphorverbindungen in Böden zersetzt.)** Res. Bull. Hokkaido nat. agric. Exp. Stat. **1963** Nr. 80. S. 63–69. – 3 Abb., 3 Tab., 36 Lit. Orig.: jap.; Ausz.: engl. 2. Mitt. vgl. LZ. Abt. II 8 (1963) Nr. 10. S. 2623.
Die Zahl der Bakterien, die in der Lage sind, org. P-Verbindungen abzubauen, wurde von Proben eines alluvialen Bodens, eines schweren Tones und einer vulkanischen Asche festgestellt. Von diesen Bakterien waren in der vulkanischen Asche die wenigsten, im schweren Ton die meisten enthalten. Die Menge des aus org. Subst. mineralisierten P zeigte direkte Beziehungen zur Zahl der P-mineralisierenden Bakterien. Im schweren Ton allerdings wurde weniger P-mineralisiert, als der Zahl der P-Bakterien entsprach.
H. Unger. 350.

2-64/04-0171 Kaunat, H., Rostock, Univ., Inst. für Landwirtsch. Biol. **Zum Problem der Spezifität der Rhizosphärenmikroflora von Kulturpflanzen. 1. Mitt.** Zbl. Bakteriol., Parasitenkunde, Infektionskrankh. Hyg., II. Abt. **116** (1963) Nr. 7. S. 694–709. – 2 Tab., 100 Lit. Zus. in Engl.
Die umfangreiche Literatur der Rhizospäre wird in dieser 1. Mitt. besprochen, wobei folgende Probleme behandelt werden: a) quantitativ- bzw. b) qualitativ-spez. Rhizospäreneffekt, c) Ursachen der Rhizospärenspezifität (RS),

d) Vorkommen von *Azotobacter* in der Rhizospäre, e) Beziehungen RS-pathogene Mikroorganismen, f) Beziehungen RS – Bodenmüdigkeit. In der Kritik an der Versuchsführung und -methodik werden in 7 Punkten Ursachen für die oft unbefriedigenden Aussagen einzelner Arbeiten genannt. Der komplexe Charakter des Problems wird in den meisten Arbeiten nicht entspr. berücksichtigt, was sich in der ungenügenden Versuchszahl äußert. Als sehr mangelhaft erweist sich auch, daß die Ergebnisse bestimmter Arbeiten nicht vergleichbar sind. H. Unger. 350.

2-64/04-0172 Verona, O.; Pisa, Univ., Ist. di Patol. Vegetale. Interaction entre la graine en germination et les microorganismes telluriques. **(Wechselbeziehungen zwischen dem keimenden Samen und den Mikroorganismen des Bodens.)** Ann. Inst. Pasteur **105** (1963) Nr. 1. S. 75–98. – 7 Abb., 3 Tab., 54 Lit. Zus. in Engl.

Analog zur Rhizosphäre und Phyllosphäre wird vom Vf. der Begriff „Spermosphäre" geprägt, der den Mikrostandort um einen keimenden Samen bezeichnet. Von den auf die Spermosphäre einwirkenden Faktoren werden die Mikroflora des Samens selbst, die vom Samen freigesetzten Stoffe (Schleimstoffe, auxinähnliche Verbindungen und Antibiotika) genannt. Die Mikroflora der Samen beeinflußt mehr oder weniger stark die Wurzelmikroflora und den Rhizosphäreneffekt. Vom Blickpunkt der Landwirtschaft aus entstehen durch das Spermosphären-Phänomen neue und komplexe Probleme, z. B. die Erforschung des Einflusses der Bodenbearbeitung, Düngemittel, Desinfektionsmittel, Fungicide usw. auf die Samen, ferner die mögliche Wirkung der Spermosphäre auf samenpathogene Mikroben u. a. K. E. Lindner. 350.

2-64/04-0173 Manil, P.; Gembloux, Belgique, Inst. Agric. de l'État. Les Rhizobium et la fixation symbiotique de l'azote. À propos de la taxonomie et de la classification des Rhizobium. Quelques données régentes sur la déterminisme biochimique de la fixation. **(Rhizobium und symbiotische N-Bindung. Zu empfehlende Taxonomie und Klassifikation von Rhizobium. Einige bekannte, die Stickstoffbindung beeinflussende, biochemische Faktoren.)** Ann. Inst. Pasteur **105** (1963) Nr. 1. S. 19–45. – 44 Lit. Zus. in Engl.

Vf. gibt eine Übersicht über die Klassifikation und Taxonomie von *Rhizobium* und über die Biochemie der N-Bindung. Anschließend wird der gegenwärtige Stand der beiden Probleme besprochen. Es folgt eine kritische Untersuchung der bestehenden Theorien und Hypothesen. Noch unbekannte Fakten werden hervorgehoben. K. E. Lindner. 352.

2-64/04-0174 Gibson, A. H.; Canberra, C. S. I. R. O. Physical environment and symbiotic nitrogen fixation. I. The effect of root temperature on recently nodulated Trifolium subterraneum L. plants. **(Physikalische Umwelt und symbiotische N-Bindung. 1. Mitt. Die Wirkung der Wurzeltemperatur auf gerade Knöllchen gebildete Trifolium-subterraneum-L.-Pflanzen.)** Austral. J. biol. Sci. **16** (1963) Nr. 1. S. 28–42. – 4 Abb., 4 Tab., 12 Lit.

4 Sorten von Trifolium subterraneum wurden mit je 2 *Rhizobium-trifolii*-Stämmen beimpft. Temperaturen unter 22 °C reduzierten die Intensität der symbiotischen N-Bindung. Bei 5 °C wurden nur 10–17% der bei 18 °C erzielten N-Menge fixiert. Bei einigen Kombinationen ließ sich auch bei 30 °C Reduktion der N-Bindung ermitteln. Für alle Temperaturstufen bestand eine Wechselwirkung zwischen Tr.-Subst.-Bildung und N-Bindungsgrad sowie den Pflanzensorten und Bakterienstämmen. Widrige Einflüsse auf die Wurzeltemperatur richten sich gegen die Prozesse, die die N-Bindungsrate und das Pflanzenwachstum kontrollieren. Die Wurzeltemperatur beeinflußte auch die weitere Knöllchenbildung. Bei höheren Wurzeltemperaturen wurde die Knöllchenbildung durch die Wirt-Bakterienstamm-Kombination bestimmt. K. E. Lindner. 352.

2-64/04-0175 Hely, F. W.; Canberra, C. S. I. R. O. Relationship between effective nodulation and time to initial nodulation in a diploid line of Trifolium ambiguum M. Bieb. **(Wechselbeziehungen zwischen wirksamer Knöllchenbildung und Zeit zur ersten Knöllchenbildung bei einer diploiden Linie von Trifolium ambiguum M. Bieb.)** Austral. J. biol. Sci. **16** (1963) Nr. 1. S. 43 bis 54. — 6 Abb., 1 Tab., 16 Lit.

Trifolium ambiguum wurde mit einem stabilen, wirksamen *Rhitobium-trifollii*-Stamm beimpft und unter kontrollierten mikrobiol. Bedingungen untersucht. Die meisten Pflanzen fixierten mit diesem Stamm N. Der Beweis einer N-Bindung, aber nicht einer effektiven Symbiose wurde bei den Pflanzen erbracht, die spät Knöllchen bildeten. Eine Korrelation zwischen später Knöllchenbildung und Unfähigkeit zur symbiotischen N-Bindung wurde ermittelt. Die Beziehungen zwischen wirksamen und unwirksamen Knöllchen und der rel. Menge reifen Bakteroidgewebes stimmen mit den Erfahrungen der Knöllchenbildung bei Klee allgemein überein. Eine abs. Unwirksamkeit konnte nicht gefunden werden, nur eine sehr geringe Adaptation zwischen Bakterien und Pflanzen. K. E. Lindner. 352.

2-64/04-0176 Kerpely, A., Zámory, B. É. und Manninger, E.; Budapest, Nat. Inst. for Agric. Quality Test. Effect of inoculation of legumes with Rhizobium strain labelled with phosphorus-32. **(Wirkung der Leguminosenimpfung mit einem ^{32}P-markierten Rhizobium-Stamm.)** Nature [London] **198** (1963) Nr. 4886. S. 1219. — 2 Abb., 1 Tab., 2 Lit.

Aus den Untersuchungen geht hervor, daß die in den Boden gebrachte *Rhizobium*-Kultur nicht zerstört wird, sondern sie konkurriert mit den bereits im Boden vorhandenen Rhizobien, bildet Knöllchen und nimmt an der N-Bildung teil. K. E. Lindner. 352.

2-64/04-0177 Means, Ura Mae und Erdman, Lewis W.; Beltsville, U. S. Dep. of Agric., A. R. S. Longevity and efficiency of rhizobial cultures. **(Langlebigkeit und Wirksamkeit der Rhizobienkulturen.)** Proc. Soil Sci. Soc. America **27** (1963) Nr. 3. S. 305–308. — 2 Abb., 3 Tab., 17 Lit.

In der Sammlung in Beltsville/Maryl. werden über 1200 Rhizobienstämme von 225 Pflanzen aufbewahrt. 126 Stämme, die von 1911–30 gesammelt und im Kühlschrank auf Hefe-Mannit.-Agar aufbewahrt wurden, waren noch lebensfähig und fixierten noch etwas N. Viele andere Stämme hatten diese Eigenschaft jedoch verloren und wurden verworfen. 7jährige Stammaufbewahrung unter Paraffinöl ergab 190 lebensfähige Stämme von 620, die sich in ihrer N-Bindungsfähigkeit aber deutlich unterschieden. Über 400 lyophilisierte Kulturen (1959) zeigten nach Aufbewahrung bei —15 °C Lebensfähigkeit und N-Bindung. 43 Stämme, die 1956 lyophilisiert und bei Zimmertemperatur aufbewahrt wurden, blieben alle lebensfähig. Zwischen den Kreuzimpfgruppen waren aber Unterschiede in der N-Bindungsfähigkeit vorhanden. K. E. Lindner. 352.

2-64/04-0178 Parker, C. A. und Oakley, A. E.; Nedlands, Univ. of West Australia, Inst. of Agric. Nodule bacteria for two species of serradella — Ornithopus sativus and Ornithopus compressus. **(Knöllchenbakterien für zwei Serradella-Arten – Ornithopus sativus und O. compressus.)** Austral. J. exp. Agric. Animal. Husbandry **3** (1963) Nr. 8. S. 9–10. — 2 Tab., 6 Lit.

Die Untersuchungen über die Leistung von 8 Bakterienstämmen (2 wirksame Lupinenstämme und je 3 von *O. sativus* und *O. compressus*) bei den zwei Serradella-Arten zeigten, daß der Stamm S_3 dem Stamm S_4 überlegen war (beide von *O. compressus*), ebenso den 2 Lupinenstämmen. Wechselwirkungen zwischen Pflanzenarten und Bakterienstämmen konnten nicht ermittelt werden. Es scheint somit möglich, einen für Lupine und Serradella gleich guten Impfstamm zu finden. Sollte die Herstellung eines speziellen Serradella-Inokulums zu schwierig werden, kann der Stamm W_{72} für Lupinen und Serradella weiter Verwendung finden. K. E. Lindner. 352.

2-64/04-0179 Johnson, Herbert W. und Means, Ura Mae.; Beltsville, Md., U. S. Dep. of Agric., A. R. S. Serological groups of Rhizobium japonicum recovered from nodules of soybeans (Glycine max) in field soils. **(Serologische Gruppen von Rhizobium japonicum aus Sojabohnen-Knöllchen (Glycine max) in Feldböden.)** Agronomy J. **55** (1963) Nr. 3. S. 269–271. – 1 Tab., 11 Lit.
Die Untersuchungen ergaben, daß in den Knöllchen der auf verschiedenen Böden gewachsenen Pflanzen eine serologisch unterschiedliche Bakterienpopulation vorhanden war. Die Verteilung der serologischen Typen in den Knöllchen der Pflanzen, die auf dem gleichen Boden in 2 aufeinanderfolgenden Jahren wuchsen, war die gleiche. K. E. Lindner. 352.

2-64/04-0180 Hermann, Dieter; Göttingen, Univ., Inst. für Mikrobiol. **Der Einfluß von CO_2-Partialdruck und Glucose-Konzentration auf Wachstum und Stickstoffbindung von Azotobacter chroococcum Beij.** Arch. Mikrobiol. **45** (1963) Nr. 4. S. 373–397. – 10 Abb., 2 Tab., 19 Lit.
Untersuchungen an 2 Stämmen von *Azotobacter chroococcum*, die in Flüssigkeitskultur mit Glucose als C-Quelle gehalten wurden, ergaben, daß 10%ige CO_2-Konz. die N-Bindung eines Stammes erhöhten und die Trockensubstanzbildung sowie den Glucoseverbrauch senkten. Verwendung von CO_2-freier Luft führte nicht zur völligen Wachstumssistierung, die Hemmung war meistens völlig gleichartig. Bei der Wirkung der verschiedenen CO_2-Konz. war ein wechselseitiger Einfluß sowohl des CO_2 als auch des sich verändernden pH-Wertes feststellbar. Das Wachstum verlief bei verschiedenen Glucoseanfangskonz. (1, 2, 4%) im wesentlichen gleich: Zunahme der Substanzbildung bis zum Verbrauch von 1%, nach Verbrauch von 2% Glucose Ende des Wachstums. Am deutlichsten war der CO_2-Einfluß jeweils zu Beginn des Wachstums und bei der höchsten Glucosekonz. zu erkennen.
K. E. Lindner. 352.

2-64/04-0181 Szegi, J. und Gulyás, F. Egyes cellulózbontó mikroorganizmusok anyagcseretermékeinek hatása az Azotobacter légzésére, valamint a lucernamagvak csírázására. **(Einfluß der Stoffwechselprodukte einiger cellulosezersetzender Mikroorganismen auf die Atmung von Azotobacter und auf die Keimung von Luzernesamen.)** Agrokém. és Talajtan [Agrochem. u. Bodenkunde] **12** (1963) Nr. 1. S. 99–106. – Aus: Ung. Agrar-Rdsch. **1963** Nr. 4.
Stoffwechselprodukte von Cellulosezersetzern (Actinomycetes, saprophytische Pilze) wurden meist gut durch *Azotobacter* verwertet, gelegentlich sogar in noch höherem Maße als Glucose. Stark erhöht wurde die Atmungsintensität, wenn das Filtrat von Kulturen der Cellulosezersetzer – vermengt mit Glucose – als Energiequelle angewandt wurde. Die Erklärung dieser Erscheinung liegt wahrscheinlich darin, daß das Filtrat neben der C-Quelle für *A.* auch verschiedene biol. aktive Substanzen enthielt, die der Aufnahme von Glucose förderlich waren. Die Keimung von sterilen Luzernesamen wurde nicht in gleicher Weise von den Stoffwechselprodukten aller Cellulosezersetzer beeinflußt. Manche dieser Produkte waren keimungsfördernd, diejenigen anderer Arten jedoch keimungshemmend. 352.

2-64/04-0182 Mulder, E. G. und Antheunisse, J.; Wageningen, Lab. de Microbiol. Morphologie, physiologie et écologie des Arthrobacter. **(Morphologie, Physiologie und Ökologie von Arthrobacter.)** Ann. Inst. Pasteur **105** (1963) Nr. 1. S. 46–74. – 10 Abb., 7 Tab., 36 Lit. Zus. in Engl.
Die untersuchten 150 Stämme wurden aus holländischen und nigerianischen Böden sowie aus Milch und Käse isoliert. Morphologie und Physiologie dieser

Stämme wurden mit der von *Mycobact. phlei*, *Cellulomonas* und *Brevibacterium linens* verglichen. Die Morphologie der aus verschiedenen Medien isolierten *Arthrobacter*-Stämme ist wenig unterschiedlich und ähnelt sehr der Morphologie der o. g. Vergleichsarten. Physiologisch ergaben sich folgende Unterschiede: Boden-*Arthrobacter*-Zellen sind im jungen Stadium gramnegativ oder -variabel, sie verwerten anorg. N-Verbindungen, zersetzen Gelatine und verwerten eine Vielzahl von C-Verbindungen. 60% der Bodenstämme benötigen Vitamine. Die aus Käse isolierten Stämme sind grampositiv oder -variabel, einige verwerten anorg. N-Verbindungen, andere benötigen Aminosäuren Die Vitaminansprüche unterscheiden sich von denen der Bodenstämme. Einige *A.*-Stämme bilden Polysaccharide, andere Aminosäuren. Sie sind im Boden von großer Bedeutung durch ihre Fähigkeit zur Zersetzung von Cellulose, Lignin und phenolischen Verbindungen. K. E. Lindner. 352.

2-64/04-0183 Koontz, Franklin P. und Faber, John E. A toxonomic study of some gram-negative, non-fermenting bacteria. **(Eine taxonomische Untersuchung einiger gram-negativer, nichtfermentierender Bakterien.)** Canad. J. Microbiol. **9** (1963) Nr. 4. S. 499–507. – 3 Tab., 17 Lit. 352.

2-64/04-0184 Macpherson, Rhona und Miller, J. D. A.; Teddington, Middlesex, Nat. Chem. Lab. Nutritional studies on Desulfovibrio desulfuricans using chemically defined media. **(Ernährungsuntersuchungen an Desulfovibrio desulfuricans unter Verwendung chemisch definierter Medien.)** J. gen. Microbiol. **31** (1963) Nr. 3. S. 365–373. – 3 Abb., 2 Tab., 23 Lit.
Ein Medium mit Lactat, Sulfat und anderen anorg. Salzen gestattete die wiederholte Subkultivierung von *Desulfovibrio desulfuricans*, Stamm Hildenborough. Der Bakterienertrag war mit dem auf Hefeextrakt- oder Peptonnährboden erzielten vergleichbar. Das Wachstum wurde durch Hefeextrakt, Aminosäuremischungen oder ATP verbessert. Pyruvat diente als Elektronenakzeptor für die H-Aufnahme durch die ruhende Zelle, erlaubte jedoch kein Wachstum in sulfatfreiem Medium. K. E. Lindner. 352.

2-64/04-0185 Baijal, Usha; Allahabad, India, Univ. Rhizopus sexualis from soil in India. **(Rhizopus sexualis aus einem Boden in Indien.)** Current Sci. [Bangalore] **32** (1963) Nr. 4. S. 186. – 10 Abb., 1 Lit.
Die Eigenschaften eines erstmalig aus einem Boden Indiens isolierten homothallischen *Rhizopus sexualis* (Smith) Callen werden beschrieben.
K. E. Lindner. 352.

2-64/04-0186 Agnihotri, V. P.; Allahabad, India, Univ., Dep. of Bot. Aspergilli from soil. **(Aspergilli aus Boden.)** Naturwissenschaften **50** (1963) Nr. 15. S. 527. – 1 Tab., 2 Lit.
Aus Bodenproben verschiedener indischer Standorte wurden die *Aspergillus*-Arten isoliert (Czapeks-Nährmedium mit Rosebengal und Streptomycin). In den Kulturböden waren Pilzarten aller 14 vom Vf. gebildeten Gruppen, in den sandigen nichtkultivierten Böden dagegen nur Spezies aus 7 Gruppen vorhanden. Die ascosporenbildenden Arten *A. nidulans* und *A. glaucus* wurden häufig, die sklerotienbildenden nur selten im Boden gefunden. Unter den 30 isolierten und bestimmten A-Arten waren 2 erstmalig für Indien beschriebene und eine neue. H. Unger. 352.

2-64/04-0187 Caldwell, R.; Manchester, Univ. Observations on the fungal flora of decomposing beech litter in soil. **(Beobachtungen über die Buchenstreu zersetzende Pilzflora des Bodens.)** Trans. Brit. mycol. Soc. **46** (1963) Nr. 2. S. 249–261. – 4 Abb., 7 Tab., 27 Lit.
Zur Prüfung der Besiedlung und Zersetzung von Buchenholz durch Pilze wurden 3 cm lange lebende Stücke 2–4jähriger Buchenzweige und Wurzeln (0,3 cm Dmr.) in den Boden des A-Horizontes eines Buchwaldstandortes gesteckt (Topfversuch). Nach Erfassung der Erstbesiedlung entnahm Vf.

in Abständen von 4 Wochen 2 Jahre lang Zweige und Wurzeln zur visuellen und mikroskopischen Beurteilung sowie zur Isolierung der Pilzstämme. Deutliche Unterschiede bestanden zwischen den die Buchenzweige und -wurzeln abbauenden Pilzpopulationen. Aus den sowohl bei Zweigen als auch Wurzeln beobachteten qualitativen und quantitativen Unterschieden zwischen Holz- und Rindenpilzen wird für den Abbau von Buchenstreu das Bestehen einer Pilzsukzession abgeleitet. H. Unger. 352.

2-64/04-0188 Forest, Herman S., Miller, Constance S. und Raizen, C. Eileen; Rochester, Univ. of Rochester. Interrelation of three algae in prairie soil cultures. **(Wechselbeziehungen dreier Algen in Bodenkulturen der Prärie.)** Ecology **44** (1963) Nr. 1. S. 165–167. – 2 Tab., 6 Lit.

Es scheint, daß eine Konkurrenz zwischen Algenarten in dem untersuchten Milieu unbedeutend ist, sie trägt den Charakter einer „Koexistenz". Die häufig isolierten *Nostoc muscorum* und *Ulothrix flaccida* z. B. beeinflußten bei gemeinsamer Kultur auf sterilisiertem Prärieboden nicht die anderen Algen. Für den Fall der seltener vorkommenden Arten lag die Begrenzung nicht in der Konkurrenz mit anderen Arten, sondern im eigenen schwachen Wachstum und ihrer leichten Zerstörbarkeit. Deutlich war der ungewollte Einfluß der verunreinigenden Schimmelpilze und *Plectonema nostocorum Born.*, die das Wachstum der Algen hemmten oder sie abtöteten.

K. E. Lindner. 352.

2-64/04-0189 Köves, E. und Ács, I. A rizsszalma növekedés- és csirázásgátló anyagainak mennyiségi változása az aerob és anaerob lebomlás során. **(Über quantitative Veränderungen der Wuchs- und Keimhemmungsstoffe des Reisstrohs bei aerober und anaerober Zersetzung.)** Agrokém. és Talajtan [Agrochem. u. Bodenkunde] **12** (1963) Nr. 1. S. 129–134. – Aus: Ung. Agrar-Rdsch. **1963** Nr. **4**.

1. Die Stoppelrückstände des Reises enthalten verschiedene, phenolcarbonsäureartige Hemmstoffe, die, wenn sie in den Boden gelangen, auf die Keimung der Samen und auf das Wachstum der Keimpflanzen schädlich wirken können. Es liegen frühere Beobachtungen darüber vor, daß anaerobe Verhältnisse die Anhäufung solcher Hemmstoffe fördern. 2. Im Laufe der aeroben Zersetzung von Stoppelrückständen des Reises nahm der Hemmstoffgehalt anfangs leicht zu, aber später relativ rasch ab. In der 5. Woche der Prüfzeit war die Hemmstoffmenge schon unerheblich, anstatt einer Keimhemmung konnte an mehreren Stellen des Chromatogramms eine Stimulation beobachtet werden. Diese Beobachtung dürfte auf den Umstand zurückzuführen sein, daß Hemmstoffe in schwacher Konz. stimulierende Wirkung haben. Unter anaeroben Verhältnissen ging die Zersetzung langsamer vor sich. Hier zeigte sich auch noch gegen Ende der 5. Woche eine erhebliche Hemmwirkung. Bei anaerober Zersetzung entstehen wahrscheinlich neue, im Ausgangsmaterial noch nicht vorhandene Hemmstoffe. 3. Die Versuchsergebnisse deuten darauf hin, daß sich die in den Stoppelrückständen vorhandenen Hemmstoffe bei schlechter Bodenlüftung anhäufen und daß evtl. auch die Bildung neuer Hemmstoffe gefördert wird. 354.

2-64/04-0190 Yamane, Ichiro und Sato, Kazuo; Sendai, Tohoku Univ., Inst. for Agric. Res. Decomposition of organic acids and gas formation in flooded soil. **(Zersetzung von organischen Säuren und Gasbildung in überflutetem Boden.)** Soil Sci. Plant Nutrit. [Tokyo] **9** (1963) Nr. 1. S. 32–36. – 4 Abb., 2 Tab., 6 Lit. – Orig.: engl.

Zum Studium des Mechanismus der Methangasbildung in überfluteten Böden wurde ein tonig-lehmiger Reisboden mit Na-Salzen der Ameisen-, Essig-, Propion-, Butter- und Milchsäure bebrütet. Die CH_4-Bildung war in den Proben, die bereits 4 Wochen lang vor Zusatz der genannten Salze anaerob bebrütet wurden, lebhafter als in frisch bebrütetem Boden. Formiatzusatz führte nur im erstgenannten Falle zur CH_4-Bildung. Propionat, das von Methanbakterien gut genutzt werden kann, trug in den vorliegenden Versuchen nur in geringem Umfang zur CH_4-Bildung bei. K. Koepke. 354.

2-64/4-0191 Yamane, Ichiro und Sato, Kazuo, Sendai, Tohoku Univ., Inst. of Agric. Res. Decomposition of plant constituents and gas formation in flooded soil. **(Zersetzung von Pflanzenbestandteilen und Gasbildung in überflutetem Boden.)** Soil Sci. Plant. Nutrit. [Tokyo] **9** (1963) Nr. 1. S. 28 bis 31. – 1 Tab., 2 Abb., 7 Lit. – Orig.: engl.

Im Verlauf der anaeroben Bebrütung eines tonig-lehmigen Reisbodens mit Saccharose bildete sich zunächst H_2 und nach dessen Absorption durch den Boden CH_4. Nach Zusatz von Stärke, Cellulose, Gelatine oder Pektinsäure entwickelten sich CH_4 und CO_2. Lignin schien die Gasbildung im Boden nicht zu beeinflussen. Der in den Kontrollproben beobachtete pH-Anstieg wurde durch die org. Zusätze, ausgenommen Gelatine und Lignin, verringert. K. Koepke. 354.

2-64/04-0192 Proctor, Michael H.; Dublin, Eire, Univ. Some steps in the degradation of naphthalene acetic acid. **(Einige Stufen beim Abbau von Naphthalinessigsäure.)** Plant and Soil [The Hague] **18** (1963) Nr. 3. S. 338 bis 345. – 2 Abb., 18 Lit.

Der Abbau von Naphthalinessigsäure im Boden wurde in einer Perkolationsapparatur verfolgt, und die lebensfähigen Mikroorganismen im Perkolat wurden isoliert. Im Ergebnis chromatographischer Analysen der Abbauprodukte im Perkolat sowie von Abbauversuchen mit Beimpfung eines Naphthalinessigsäure-Nährbodens wurde folgender Zersetzungsverlauf festgestellt: Decarboxylierung der Säure-Seitenkette→α-Naphtol→Salicylsäure→Brenzcatechin und weiter nach dem bekannten Abbauschema von aromatischen Verbindungen durch *Pseudomonas*. Die aus dem Perkolat isolierten Mikroben schienen *Pseudomonas*-Arten zu sein. K. Koepke. 354.

2-64/04-0193 Miller, R. H. und Schmidt, E. I.; St. Paul, Minn., Univ. Manometric study of nitrogen utilization during early stages of cellulose decomposition in soils. **(Manometrische Untersuchung der Stickstoffverwertung während der Frühstadien der Cellulosezersetzung in Böden.)** Proc. Soil Sci. Soc. America **27** (1963) Nr. 4. S. 374–377. – 5 Abb., 3 Tab., 9 Lit.

Die Untersuchungen wurden mit einem Warburg-Respirometer durchgeführt. Sollte die max. Zersetzungsrate von Cellulose innerhalb der ersten 10–14 Tage erreicht werden, so genügten 5 mg NH_4-N/50 g Boden + 1 g Cellulose, wenn es sich um einen schluffig-tonigen Lehmboden mit 3,73% org. Subst. handelte. Ein lehmiger Feinsand mit 0,84% org. Subst. benötigte dagegen 15 mg NH_4N/50 g Boden + 1 g Cellose, außerdem mußte P zugegeben werden. Zugesetzte Huminsäure wirkte in beiden Böden in rel. geringem Umfang als N-Quelle bei der Cellulosezersetzung, jedoch wurde die O_2-Aufnahme durch die Huminsäuregabe im lehmigen Feinsandboden deutlich stärker stimuliert als im Lehmboden. K. Koepke. 356.

2-64/04-0194 Schreven, D. A. van; Kampen, Netherlands, IJsselmeer Polders Development and Settlement Authority. Nitrogen transformations in the former subaqueous soils of polders recently reclaimed from Lake IJssel. III. The uptake of mineral nitrogen by the pioneer vegetation and the influence of the organic material of the pioneer vegetation on nitrogen mineralization in recently drained polder soils. **(Stickstoffumwandlungen in den früher unter Wasser liegenden Böden der neuerdings aus der Ysselsee urbar gemachten Polder. 3. Mitt. Die Aufnahme von Mineralstickstoff durch die Pioniervegetation und der Einfluß des organischen Materials der Pioniervege-**

tation auf die Stickstoffmineralisation in den vor kurzem trockengelegten Polderböden.) Plant and Soil [The Hague] **18** (1963) Nr. 3. S. 277–297. – 8 Abb., 6 Tab., 7 Lit. 2. Mitt. vgl. 2–64/02-0130.

Die Pioniervegetation (*Phragmites communis, Senecio congestis, Aster tripolium, Scirpus maritimus, Polygonum nodosum*), die zur Verhinderung der Verunkrautung und zur Förderung der Durchlüftung der aus der Ysselsee gewonnenen Polder angesamt wurde, verursachte durch Entzug schnell eine völlige Erschöpfung der ursprünglich großen NH_3-Vorräte im Boden. Nach Absterben der Pflanzen werden die Proteinverbindungen unter den semiaeroben Bedingungen der obersten Bodenschicht abgebaut und das entstehende NO_3 geht vermutlich durch Denitrifikation verloren. Nur ein geringer Teil des N wird in org. Verbindungen des Bodens festgelegt. Tiefe Bodenbearbeitung förderte die N-Verluste aus dem Boden. Die bei der Bebrütung von Bodenproben aus der Schicht von 0–20 cm gebildeten Mengen an mineral. N nahmen im Laufe der Jahre ständig ab, und zwar sowohl auf den bebauten als auch auf den brach gehaltenen Parzellen. In Abbauversuchen mit Zusatz von zerkleinertem Material der obigen Pflanzen zum Polderboden wurde frisches Material schneller zersetzt als getrocknetes. V. Koepke. 356.

2-64/04-0195 Chandra, Purna und Bollen, W. B.; Cornvallis, Oreg., Univ. Nitrogen transformations as influenced by rates of wheat straw and nitrogenous fertilizers in a loam soil. **(Stickstoffumwandlungen unter dem Einfluß der Gaben von Weizenstroh und stickstoffhaltigen Düngemitteln in einem Lehmboden.)** Soil Sci. Plant Nutrit. [Tokyo] **9** (1963) Nr. 2. S. 59 bis 64. – 4 Abb., 16 Lit. Orig.: engl.

In Bebrütungsversuchen mit schluffigem Lehmboden verminderte Strohzusatz die Nitratbildung aus NH_4OH und NH_4NO_3. Gleichzeitig gingen bei Strohdüngung die N-Verluste zurück, die vermutlich durch Denitrifikation bedingt waren und bei NH_4NO_3-Gaben höher lagen als bei NH_4OH-Gaben. Die N-Verluste nach $Ca(NO_3)_2$-Gaben waren geringer als die in den NH_4NO_3-Varianten, aber höher als in den NH_4OH-Varianten. Strohgaben steigerten hier die N-Verluste. V. Koepke. 356.

2-64/04-0196 Ghildyal, B. P.; Kharagpur, Indian Inst. of Technol. Influence of tropical seasons on carbon and nitrogen transformations; nitrite and nitrate formers and bacterial plate count. **(Einfluß tropischer Jahreszeiten auf Kohlenstoff- und Stickstoffumwandlungen; Nitrit- und Nitratbildner und Auszählungen von Bakterienplatten.)** Soil Sci. Plant Nutrit. [Tokyo] **9** (1963) Nr. 2. S. 70–76. – 2 Abb., 2 Tab., 13 Lit. – Orig.: engl.

Während eines Jahres wurde der Einfluß der jahreszeitlichen Witterungsänderung auf Temperatur, Feuchte, Bakterienzahl, Nitrit- und Nitratbildner, NH_3-, NO_2- und NO_3-N, C und N eines Bodens der Ganges-Ebene untersucht. Die Anzahl der Bakterien war am stärksten abhängig von der Bodentemperatur. Der NH_3- und NO_3-Gehalt des Bodens war kurz vor dem Einsetzen der Regenzeit am höchsten und während der Regenzeit minimal. Zwischen Gesamt-N-Gehalt und Bodentemperatur bestand eine positive Korrelation, während der C-Gehalt gegen Ende der kalten Jahreszeit den Höchstwert erreichte. Die Anzahl der Nitrit- und Nitratbildner war während des ganzen Jahres gering, nur zu Beginn des Monsuns stieg sie stark an.
K. Koepke. 356.

2-64/04-0197 Nõmmik, Hans und Nilsson, Karl-Olof; Uppsala, Roy., Agric. Coll. Nitrification and movement of anhydrous ammonia in soil. **(Nitrifikation und Bewegung von wasserfreiem Ammoniak im Boden.)** Acta Agric. scand. **13** (1963) Nr. 2. S. 205–219. – 1 Abb., 4 Tab., 26 Lit.

In Laborversuchen wurde NH_3-Gas mit einer gleichmäßig bewegten Sonde in Bodensäulen (lehmiger Feinsand, pH 6,2 und toniger Lehm, pH 6,5) injiziert, und zwar in Mengen entspr. 1,9; 2,9; 6,1 bzw. 8,5 g N/m. Die Analyse periodisch entnommener Proben der bei 18 °C gehaltenen Böden zeigte, daß die NH_3-Ausbreitung von der Höhe der Gabe und der Feuchtigkeit beeinflußt wurde. In dem lehmigen Feinsand war das gesamte verabreichte NH_3 bei Gaben > 3 g N/m in einem Umkreis von 7 cm vorhanden, die Hauptmenge war nur bis zu 3 cm von der Injektionslinie entfernt. Als Folge dieser hohen NH_3-Konz. stiegen die pH-Werte in dieser Zone bis 9,5 an Die Nitrifikation begann in den äußeren Zonen der NH_3-Ausbreitung, in denen die NH_3-Konz. am geringsten war. Höhere Konz. hemmten insbes. die Umwandlungen von NO_2 in NO_3, wodurch es zur NO_2-Anreicherung (bis zu 27 ppm NO_2-N nach 11täg. Lagerung) kam. $CaCO_3$-Zusatz hatte keinen eindeutigen Einfluß auf die NH_3Nitrifikation. V. Koepke. 356.

2-64/04-0198 Ishizawa, Shuichi und Matsuguchi, Tatsuhiko; Nishigahara, Tokyo, Nat. Inst. of Agric. Sci. Studies on the nitrification in soil, with special reference to the population of nitrifier. Part 3. Part played by soil under percolating condition. **(Untersuchungen über die Nitrifikation im Boden mit besonderer Berücksichtigung der Population der Nitrifikanten. 3. Mitt. Die vom Boden unter Perkolationsbedingungen gespielte Rolle.)** Soil Sci. Plant Nutrit. [Tokyo] **9** (1963) Nr. 1. S. 1–5. – 3 Abb., 7 Lit. Orig.: engl. 2. Mitt. vgl. LZ. Abt. II **8** (1963) Nr. 12. S. 3229.

In Perkolationsversuchen setzte die Nitrifikation von $(NH_4)_2SO_4$ in Gegenwart von Boden mehrere Tage früher ein als in reinen, mit Nitrifikanten beimpften Lösungen; die max. Nitrifikationsrate war jedoch in beiden Fällen gleich. Der stimulierende Einfluß des Bodens äußerte sich bes. deutlich, wenn in der Lösung die Zahl der Nitrifikanten gering war. Zusatz von Quarzsand in 3 verschiedenen Korngrößen anstelle von Boden blieb wirkungslos. Vff. nehmen an, daß die Vermehrung der Nitrifikanten, nicht aber der Prozeß der Nitrifikation durch den Boden stimuliert wird. K. Koepke. 356.

2-64/04-0199 Venkataraman, G. S.; New Delhi, Indian Agric. Res. Inst. Studies on nitrogen fixation by blue-green algae. II. Nitrogen fixation by Cylindrospermum sphaerica Prasad under various conditions. **(Untersuchungen über Stickstoffixierung durch blaugrüne Algen. 2. Mitt. Stickstofffixierung durch Cylindrospermum sphaerica Prasad unter verschiedenen Bedingungen.)** Proc. nat. Acad. Sci., India, Sect. A **31** (1961) Nr. 1. S. 100–104. – 1 Abb., 4 Tab., 14 Lit. 1. Mitt. vgl. LZ. Abt. II **5** (1960). Nr. 3. S. 595.

Die durch *Cylindrospermum sphaerica* in N-freiem Medium gebundene N-Menge nahm 55 Tage lang progressiv zu. Je 75 ml wurden 3920 ± 64 μg N gebunden, wovon 25–33% extrazellular vorlagen. Im Dunkeln war die N-Bindung weniger intensiv als im diffusen Licht. Zuckerzusatz zu nichtbelichteten Kulturen stimulierte die N-Bindung. Der optimale pH-Wert lag bei 7,5, unter pH 6,5 wurde kein N gebunden. Die Menge an extrazellularem N war sehr stark vermindert, wenn der Kultur 0,5 g/l $NaNO_3$ zugesetzt worden war. V. Koepke. 356.

2-64/04-0200 Asami, Teruo und Takai, Yasuo; Tokyo, Univ., Fac. of Agric. Formation of methyl mercaptan in paddy soils. II. **(Bildung von Methylmercaptan in Sumpfreisböden. 2. Mitt.)** Soil Sci. Plant Nutrit. [Tokyo] **9** (1963) Nr. 2. S. 65–69. – 7 Tab., 6 Lit. Orig.: engl. 1. Mitt. vgl. LZ. Abt. II **8** (1963) Nr. 6. S. 1477.

Während der Bebrütung der Proben von 3 mit Wasser überstauten Reisböden bildete sich die größte Menge an Methylmercaptan in dem anmoorigen Boden und die geringste in dem an freiem Fe reicheren der beiden Mineralböden. Zusatz von Gründüngungspflanzen oder Stallmist erhöhte die Methylmercaptanbildung, Fe-Oxidhydratzusatz verringerte sie. Das in den ersten

Versuchsstadien gebildete Methylmercaptan verschwand bei längerer Versuchsdauer, und zwar um sie schneller, je höher die Bebrütungstemperatur lag.
K. Koepke. 358.

2-64/04-0201 **Mikroorganizmy i éffektivnoe plodorodie počvy.** (Mikroorganismen und effektive Bodenfruchbarkeit.) Moskva: Izdatel'stvo Akademii nauk SSSR. 1961. (352 S. m. zahlr. Abb., Tab. u. Lit.) 8° = Trudy Instituta mikrobiologii. Akademija nauk SSSR, Moskva Nr. 11. Der 11. Band der Arbeiten des Inst. ist der Erforschung der Zusammenhänge zwischen den Mikroorganismen des Bodens und der Bodenfruchtbarkeit gewidmet. Er enthält 41 Arbeiten, die verschiedene Seiten der Wechselbeziehungen zwischen den Mikroorganismen und den höheren Pflanzen behandeln. Die bearbeiteten Hauptproblemkreise sind: 1. Beeinflussung des Pflanzenwachstums durch Rhizosphären- und Bodenmikroorganismen, 2. Knöllchenbakterien und Pflanzenwachstum, 3. Aufbereitung schwerlöslicher Phosphate durch Bodenmikroorganismen und 4. Bildung und Anreicherung von wachstumsfördernden Subst. im Boden. – Die einzelnen Arbeiten haben eine russische Zusammenfassung.
K. Bernhard.

2-64/04-0202 *Doskočil, Jaromír* und *Hurka, Karel.* **Entomofauna louky (svaz arrhenatherion elatioris) a její vývoj.** (Beitrag zur Arachnofauma der Wiese.) Praha: Naklad. Československ. akad. věd 1962. (110 S.) 8° = Rozpravy Československé akad. věd. Řada matemat. a přírodních věd Bd. 72 Nr. 7. (1963 A 667)

2-64/04-0203 *Èmcev, V. T.* **Mikroby — mastera plodorodija. Novoe ob ispol'zobvanii biologičeskogo azota v sel'skom chozjajstve.** (Mikroben sind Meister der Fruchbarkeit. Neues über die Ausnutzung des biologischen Stickstoffes in der Landwirtschaft.) Moskva: Izd. „Znanie". 1963. (30 S.) 8° = Stenogramma lekcii Nr. 11. (SR 168, 11)

2-64/04-0204 *Štusák, Josef M.* **Entomofauna vojtěškového pole na Karlštejnsku.** (Die Entomofauna eines Luzernefeldes in der Umgebung von Karlštejn.) Praha: Naklad. Československ. akad. věd. 1962. (77 S.) 8° = Rozpravy Československé akad. věd. Řada matemat. a přírodních věd Bd. 72 Nr. 9. (1963 A 669)

2-64/04-0205 *Vorreiter, Leopold.* **Mikrobiologie des Holzes.** Berlin: Cram. 1961. (51 S. m. 9 Abb. u. 2 Tab.) 8°. (1963 A 759)

2-64/04-0206 *Zinovéva, Christina Gavrilovna.* **Azotobakter i sel'skochozjajstvennye rastenija.** (Der Azotobakter und die landwirtschaftlichen Kulturpflanzen.) Kiev: Gosud. izd. sel'skochozjajstvennoj lit. Ukr. SSR. 1962. (178 S.) 8°. (1963 A 797)

2-64/04-0207 **Bibliography on phosphate-dissolving bacteria. (1962-1956.)** Harpenden. 1963. (8 S.) = Commonwealth bureau of soils, 579.

2-64/04-0208 **Bibliography on earthworms (1961-1953.)** Harpenden. 1961. (21 S.) = Commonwealth bureau of soils, 460.

F. Bodensystematik und Bodengenese

2-64/04-0209 Haase, Günter; Dresden, TU, Geogr. Inst. **Die Höhenstufen der Böden im Changai (MVR).** Z. Pflanzenernähr., Düng., Bodenkunde **102** (1963) Nr. 2. S. 113–127. – 6 Abb., 1 Tab., 7 Lit.

Vf. gibt einen vorläufigen Bericht über bodenkundliche und bodengeographische Ergebnisse einer Expedition, die im Jahre 1960 in den Changai und in die nördliche Gobi führte. In Abhängigkeit von den klimatischen, vegetationsgeographischen, aber auch geomorphologischen Bedingungen in den verschiedenen Höhenlagen des Changai werden 5 bodengeographische Höhenstufen ausgeschieden: 1. Die alpine Stufe zwischen 2400–2900 m und 3000 bis 3200 m mit starken rezenten periglazialen Abtragungsprozessen an den Hängen und Frostmusterböden auf den Hochplateaus und Golezterrasssen, in deren Feinerdebeeten frostgleiähnliche Bildungen entwickelt sind. 2. Die subalpine Stufe mit steppenbodenähnlichen Bodenbildungen und einer Untergrenze von 2000 m an der Nordflanke und 2400 m auf der Südabdachung des Gebirges. 3. Die Stufe der Gebirgswaldsteppen mit tschernosemartigen Bodenbildungen auf der Nordseite des Gebirges zwischen 1700 und 2000 bis 2400 m Höhe. 4. Die Stufe der Federgrassteppen mit Kastannosem-Bodenbildungen, die auf der Südabdachung bis über 2000 m aufsteigt und sich mit der subalpinen Stufe verzahnt, auf der Nordseite aber nur die Talbereiche unter 1700 m einnimmt. 5. Die breiten Talauen der großen Flüsse und die ausgedehnten Einbruchsbecken am Südfuß des Gebirges mit Rohböden auf den Schottern und Kiesen der verwilderten Flußbetten, braunen und schwarzbraunen allochthonen Aueböden auf feinerdereichen, sandigen Sedimenten auf der Nordseite des Gebirges, Salzböden auf der Südflanke des Changai und den torfig-anmoorigen Böden und Gleiböden mit Bugry-Formen.
D. Werner. 362.

2-64/04-0210 Pandeya, S. C.; Allahabad, Centr. Bot. Lab. Soil-vegetation relationships in Central India. **(Die Beziehungen zwischen Boden und Vegetation in Zentral-Indien.)** Proc. nat. Acad. Sci., India, Sect. B **33** (1963) Nr. 1. S. 63–66. – 26 Lit.
Die Waldböden von Madhya Pradesh (Teak- und *Shorea*-Wälder) werden an Hand von Lit.-Angaben analysiert. Nach Vf. werden die Bodeneigenschaften durch einen Komplex unabhängiger bodenbildender Faktoren bedingt. Es läßt sich kein Hauptfaktor aussondern, lediglich begrenzende Faktoren spielen eine Rolle. K. Arlt. 362.

2-64/04-0211 Rozov, N. N. Obščij učet i kačestvennaja charakteristika zemel'nych resursov SSSR (na osnove Gosudarstvennoj počvennoj karty SSSR i drugich materialov). **(Gesamtübersicht und qualitative Charakteristik der Bodenressourcen der UdSSR [auf der Grundlage der Staatlichen Bodenkarte der UdSSR und anderer Materialien].)** V sb.: Probl. počvovedenija, Moskva **1962** S. 7–42. – Aus: Referativnyj žurnal Moskva. Počvovedenie **1963** Nr. 7.57. 1. S. 1.
Die Untersuchungen wurden mit Hilfe kartographischen Materials verschiedener Maßstäbe durchgeführt. Die Struktur der Nutzflächen wird in folgender Weise charakterisiert: Polar-Tundren-Zone: Renhutung 76%, Strauchflächen 5%, übrige Flächen 19%. Taiga-Wald-Zone: Ackerland 6%, Wiesen und Weiden 13%, Wald- und Strauchflächen 53%, übrige Flächen 28%. Waldsteppen- und Steppenzone: Ackerland 30,9–63,0%, Wiesen und Weiden 9,0–55,9%, Strauchflächen und Sümpfe 1,0–43,7%, übrige Flächen 3,1–15,0%. Halbwüsten- und Wüstenzone: Ackerland 5%, Wiesen und Weiden 63%, Wald 1%, übrige Flächen 31%. Gebirgsgebiete: Ackerland 1%, Wiesen und Weiden 29%, Wald und Strauchflächen 59%, übrige Flächen 11%. In der Taiga-Wald-Zone befinden sich 19,4% des gesamten Ackerlandes auf Rasen-Podsol-Böden und nur 0,4% auf Podsol- und Glei-Podsol-Böden. Von der gesamten Ackerfläche der Waldsteppen- und Steppenzone liegen 11,8% auf grauen Waldböden, 23,7% auf typischen podsolierten, ausgelaugten Wiesen-Schwarzerdeböden, 26,6% auf gewöhnlichen und südlichen Schwarzerden und 8,9% auf dunkelkastanienfarbigen und kastanienfarbigen sowie auf Solonetz-Böden. Die Ackerflächen der Halbwüsten- und Wüstenzone liegen auf Grauerde- und Wiesen-Grauerde-Böden, auf graubraunen Wüsten-Steppenböden und grau-graubraunen Böden. Auch die Zusammensetzung der Wiesen- und Weideflächen wird für jede Zone angegeben. In der Taiga-Wald-Zone kann man die Ackerfläche auf Kosten der Strauch-Wald- und Sumpf-Flächen sowie durch Trockenlegung von Sümpfen auf 22 Mill. ha erweitern, in der Waldsteppen- und Steppenzone durch Umbruch von Wiesen und Weideflächen auf 13 Mill. ha, in der Halbwüsten- und Wüstenzone durch Bewässerung auf 3 Mill. ha.
übersetzt v. E. Fröhmcke. 368.

2-64/04-0212 Westin, F. C. und Buntley, G. J. South Dakota Soils. A generalized soils map of the West river area of South Dakota. **(Böden Süddakotas. Eine allgemeine Bodenkarte westlichen Flußgebietes von Süddakota.)** South Dakota State College, Extens Circ. **1962** Nr. 5. 368.

2-64/04-0213 Lee, J. Land quality affects productivity. **(Bodenqualität beeinflußt die Produktivität.)** Farm Res. News **4** (1963) Nr. 4. S. 69–72. – 3 Abb. 368.

2-64/4-0214 *Alexander, Lyle T.* und *Cady, John G.* **Genesis and hardening of laterite in soils.** Washington: United States Department of Agriculture, Soil Conservation Service. 1962. (V, 90 S. m. 3 Abb., 32 Tab. u. Lit.-Verz.) 8° = Technical Bulletin Nr. 1282. **Laterit ist als stark verwittertes Material reich an sekundären Fe- und/oder Al-Oxyden, arm an Basen und primären Silicaten und kann hohe Mengen an Quarz und Kaolinit enthalten. Außerdem neigt dieses Bodenbildungsprodukt sehr zur Verhärtung. Vff. bemühen sich um die Klärung der Lateritbildung und des Verhärtungsprozesses, machen Angaben zur Verteilung der Laterite und versuchen, zur Vereinheitlichung des Begriffs „Laterit" beizutragen. Sie untermauern ihre**

Darstellungen durch Bodenuntersuchungen, die in den Staaten Sierra Leone, Guinea, Elfenbeinküste, Ghana, Dahomey, Nigeria und Republik Kongo (chem. Belgisch-Kongo) durchgeführt wurden. H. Kretschmer.

2-64/4-0215 *Finck, Arnold.* **Tropische Böden.** Einführung in die bodenkundlichen Grundlagen tropischer und subtropischer Landwirtschaft. Hamburg; Berlin: Paul Parey. 1963. (188 S. m. 63 Abb.) 8°. DM 26,–. Obwohl die Erforschung tropischer Böden noch am Anfang ihrer Entwicklung steht, liegt doch bereits eine Fülle wissenschaftlicher Arbeiten vor. Die pedologischen Grundlagen tropischer Böden sind bereits 1954 durch Mohr und van Baren in ihrem Buch „Tropical soils: a critical study of soil genesis as related to climate, rock and vegetation" umfassend behandelt worden. Vf. betrachtet deshalb in der vorliegenden Schrift die Tropenböden vor allem als Standort der Kulturpflanzen. So wird – nach kurzgehaltenen Kapiteln über die Tropen als landwirtsch. Produktionsraum über die Einteilung, Kartierung und Besonderheiten der Bildung tropischer Böden, über Böden der humiden Tropen (bes. Laterit) und Böden der ariden Tropen und der Subtropen – der Fruchtbarkeit tropischer Böden und ihrer Erhaltung und Rekultivierung bei Erosion, Verwüstung und Versalzung bes. Aufmerksamkeit geschenkt. Innerhalb des Kapitels „Fruchtbarkeit tropischer Böden" wird auch über Methoden zur Ermittlung des Düngerbedarfs, über die Düngung verschiedener tropischer Kulturpflanzen und über den Handelsdüngerverbrauch in tropischen Gebieten berichtet. Den Abschluß des Buches bilden kurze Ausführungen über die Bewertung tropischer Böden. H. Kretschmer.

2-64/04-0216 *Gachon, Louis.* **Contribution à l'étude du quaternaire récent de la Grande Limagne marno-calcaire: morphogenèse et pédogenèse.** Paris: Institut national de la Recherche agronomique 1963. (191 S. m. 29 Abb., 25 Tab. u. Lit.-Verz.) 8° 23 nfr. = Annales agronomiques Vol. 14 (1963) No. hors série 1. Die mitgeteilten Untersuchungen umfassen das Gebiet der Großen Limagne (Sedimentationsbecken des franz. Zentralgebirges). Angaben zum Klima, zur Geologie, Vegetation und naturräumlichen Gliederung des Gebiets werden veröffentlicht. Auf Grund unterschiedlichen Muttergesteins (glaziäre, fluviatile, äolische und vulkanische Sedimente) kann eine sehr verschiedenartige Bodenentwicklung festgestellt werden. Die im 2. Teil des Buches aufgeführten pollenanalytischen Untersuchungen stellen einen Beitrag zur paläobotanischen Entwicklung in diesem Gebiet dar und lassen Rückschlüsse auf das Alter verschiedener Schichten zu. H. Kretschmer.

2-64/04-0217 *Gorshenin, K. P.* **The soils of Southern Siberia (from the Urals to the Baikal).** Translated from Russian. Washington: National Science Foundation; Jerusalem: Israel Program for Scientific Translations. 1961. (590 S. m. Abb., 257 Tab. u. Anhang) 24×17 cm. $ 13,50. Im 1. Teil des Buches beschreibt Vf. Geologie, Klima und Vegetation des Westsibirischen Tieflandes und Zentralsibiriens und geht dann zur Klassifizierung der Böden nach Typen über. Im 2. Teil werden die Böden einzelner Gebiete behandelt. Typisch für die Zone der südlichen Taiga sind Podsole, Rasenpodsole und Wiesenböden, für die Zone der Waldsteppe Tschernoseme, degradierte Tschernoseme, Salzböden, Wiesenböden, Graue Waldböden und Podsole, für die Steppenzone Tschernoseme, teilweise mit Salzböden vergesellschaftet, und schließlich für die Trockensteppe kastanienfarbige und Salzböden. Das Buch enthält im Anhang eine Karte mit den Bodenzonen und eine zweiteilige Karte in kleinerem Maßstab, die die Verteilung der wichtigsten Bodentypen wiedergibt. H. Kretschmer.

2-64/04-0218 *Vink, A. P. A.* **Enkele onderzoekingen over de bodemgeschiktheidsclassificatie voor akker- en weidebouw.** Wageningen: Mededelingen van de Stichting voor Bodemkartering. 1963. (94 S. m 27 Abb. u. 25 Tab.) 8° = Bodemkundige studies Nr. 6. Die Bodenklassifikation, die hier unter dem Aspekt der Brauchbarkeit der Böden als Acker- und Grünland vorgenommen wird, erstreckt sich auf die Provinzen Groningen und Zeeland, auf die Moorkolonie Drente und auf Tielerwaard-West. Dabei werden teilweise sehr konkrete Angaben hinsichtlich der Ertragssicherheit bei unterschiedlicher Witterung, bes. bei schwankenden Wasserverhältnissen, in Abhängigkeit von der Bodenschichtung (geol. Entstehung) und vom Bodentyp gemacht. Dem Buch sind 2 Bodenkarten lose beigefügt. Zus. in Engl. H. Kretschmer.

2-64/04-0219 Unter d. Red. v. *Ivanovna, Evgenija Nikolaevna.* **O počvach Urala, Zapadnoj i Central'noj Sibiri.** (Die Böden des Urals, West- und Mittelsibiriens.) Moskva: Akad. nauk SSSR. 1962. (209 S. m. Kt.) 4°. (1963 B 170)

2-64/04-0220 *P'javčenko, N. I.* Hrsg.: Akad. nauk SSSR, Sibirskoe otd. Inst. lesa i drevesiny. **Lesnoe bolotovedenie. Osnovnye voprosy.** (Waldmoorkunde. Grundfragen.) Moskva: Izd. Akad. nauk SSSR. 1963. (190 S.) 8°. (1963 A 1124)

2-64/04-0221 **Zaboločennye lesa bolota Sibiri.** (Versumpfte Wälder und Moore Sibiriens.) Hrsg. Akad. nauk SSSR, Sibirskoe otd. Inst. lesa i drevesiny. Moskva: Akad. nauk SSSR. 1963. (216 S.) 4°. (1963 B 171)

2-64/04-0222 **O počvach Vostočnoj Sibiri.** (Die Böden Ostsibiriens.) Hrsg.: Akad. nauk SSSR, Počvennyj inst. im. V. V. Dokučaeva. Moskva: Izd. Akad. nauk SSSR. 1963. (194 S.) 4°. (1963 B 135)

2-64/04-0223 **Bibliography on soil science of Cyprus. 1960-1933.** Harpenden. 1963. (6 S.) = Commonwealth bureau of soils, 571.

2-64/04-0224 **Bibliography on soils of Morocco (1962-1935).** Harpenden. 1963. (8 S.) = Commonwealth bureau of soils, 584.

2-64.04-0225 **Bibliography on soils of Tanganyika (1962-1933).** Harpenden. 1963. (12 S.) = Commonwealth bureau of soils, 582.

2-64/04-0226 **Bibliography on morphology and genesis of desert soils (1962-1953).** Harpenden. 1963. (7 S.) = Commonwealth bureau of soils, 591.

2-64/04-0227 **Bibliography on volcanic-ash soils. 1962-1956.** Supplement to no 40. Harpenden. 1963. (16 S.) = Commonwealth bureau of soils, 575.

G. Bodenuntersuchung

2-64/04-0228 Dubach, P., Mehta, N. C. und Deuel, H.; Zürich, Eidg. TH, Agrik.-Chem. Inst. **Schonende Extraktion von Huminstoffen und Isolierung der Fulvosäure-Fraktion aus verschiedenen Bodentypen.** Z. Pflanzenernähr., Düng., Bodenkunde **102** (1963) Nr. 1. S. 1–7. – 1 Tab., 30 Lit.

Aus dem B_h-Horizont eines Podsols und dem A_1-Horizont einer Braunerde, eines Humuscarbonatbodens und einer Rendzina wurde die org. Subst. mit HCl verschiedener Konz., n HCl/n HF (1:1), ÄDTE bzw. mit Na_2SO_4 (pH 7 und 8,5) und NaOH (0,1 und 0,5 n) – mit und ohne Säurevorbehandlung – extrahiert und quantitativ untersucht. Beträchtliche Mengen an org. Subst. wurden schon allein mit Mineralsäuren gelöst. Bei steigendem pH (7, 8,5, 0,1 n NaOH) des Extraktionsmittels wurde nach Säurevorbehandlung zunehmend mehr org. C in Lösung gebracht. Methoden zur Isolierung der Fulvosäuren aus den verschiedenen Extrakten werden angegeben. 2 schonende Verfahren werden beschrieben, mit deren Hilfe aus den 4 verschiedenartigen Böden in gleicher Art und Weise die Fulvo- und Huminsäurefraktionen gewonnen werden können. K. Koepke. 372.

2-64/04-0229 Stewart, B. A., Porter, L. K. und Clark, F. E. The reliability of a micro-Dumas procedure for determining total nitrogen in soil. **(Die Zuverlässigkeit eines Mikro-Dumas-Verfahrens zur Bestimmung des Gesamtstickstoffs im Boden.)** Proc. Soil Sci. Soc. America **27** (1963) Nr. 4. S. 377–380. – 2 Abb., 1 Tab., 5 Lit.

Die mit der Kjeldahl-Methode und der Elementaranalyse nach Dumas ermittelten Werte stimmten gut überein, wenn die Bodenproben $< 0{,}3\%$ N enthielten. Wurden humusreiche Böden und Pflanzenmaterial untersucht, so lagen die elementaranalytisch mit einer modernen Apparatur bestimmten Werte höher. – Die Ursache hierfür bestand darin, daß die org. Stoffe unvollständig verbrannten und das N_2-Volumen durch CH_4-Beimischungen überhöht wurde. K. Koepke. 372.

2-64/04-0230 Prelat, C. E., Mazza, C. A., Grassi, R. L. und Santamaria, R. M.; Sur Bahia Blanca, Rca. Argentina, Univ. Nat., Inst. de Edafol. e Hidrol. Cationes intercambiables y acidez titulable en suelos. Comparación de métodos y aplicación a casos particulares. **(Austauschbare Kationen und titrierbare Acidität in Böden. Vergleich von Methoden und deren Anwendung in besonderen Fällen.)** Agrochimica [Pisa] 7 (1963) Nr. 4. S. 323–334. – 2 Abb., 2 Tab., 13 Lit. Zus. in Engl., Franz., Dtsch.

Von Böden mit hohem Gehalt an Mikronährstoffen wurden austauschbare Kationen, Sättigungsgrad und titrierbare Acidität bestimmt. Als Ergebnis der Diskussion einiger Methoden zur Bestimmung der T-, S- und T-S-Werte sowie des pH-Wertes und unter Berücksichtigung der Ergebnisse früherer Veröffentlichungen wurden T und T-S nach Sättigung der Proben mit Ammonacetat und Austausch mit NaCl bestimmt. Austauschacidität und hydrolytische Acidität wurden mit Hilfe einer 1:2,5-Suspension (KCl bzw. Ca-acetat) potentiometrisch unter Verwendung von Kalomel- und Glaselektroden gemessen. Für die genaue Bestimmung des pH-Wertes im Boden werden einige Regeln mitgeteilt. Die erhaltenen Ergebnisse werden an Hand einer von den Vff. aufgestellten Hypothese über die Säurenatur des Bodens und die Dissoziationskonstante der aktiven Bodenfraktion diskutiert. P. Stoß. 372.

2-64/04-0231 Jarovenko, V. V.; Woronesh, Univ. Novoe v opredelenii zapasa vlagi v počve. **(Neues über die Bestimmung des Feuchtigkeitsvorrates im Boden.)** Vestnik sel'skochozjajstvennoj nauki, Moskva **8** (1963) Nr. 7. S. 133–135. – 1 Abb., 1 Tab. Zus. in Engl., Franz., Dtsch.

Die Berechnung des Feuchtigkeitsvorrates im Boden nach der Formel $W = 0{,}1 \cdot VDH$ [mm] (V = Feuchtigkeit in Gew.-%, D = Raumgewicht, H = Dicke der Bodenschicht in cm) berücksichtigt nicht die durch Bearbeitungsmaßnahmen (Pflügen, Walzen) eingetretenen Veränderungen der oberen Bodenschicht und kann daher zu Fehlern führen. Zur Eliminierung dieser Fehler wird vorgeschlagen, die Versuchsproben einer tiefer gelegenen Bodenschicht zu entnehmen, deren Dicke der Größe der Erhebung oder Senkung der oberen Bodenschicht entspricht. Die Formel hat dann folgendes Aussehen: $W_{n-1} = 0{,}1\ (V_1D_1H_1 + V_2D_2H_2 + \cdots V_nD_nH_n \pm V_xD_xH_x$ [mm]) ($V_1D_1H_1 \cdots V_nD_nH_n$ = Wasservorrat jeder 10-cm-Bodenschicht, $V_xD_xH_x$ = Wasservorrat der tiefsten bestimmten Schicht). Bei der Einschätzung der Verläßlichkeit der berechneten Werte ist zu berücksichtigen, daß h_x (Höhe der Bodenerhebung oder -senkung) nicht konstant bleibt. P. Stoß. 374.

2-64/04-0232 Deb, A. K. und Singh, Amar; Roorkee, Uttar Pradesh, Centr. Building Res. Inst. Fibre-glass electrical resistance moisture meters for long term measurment of in situ soil moisture. **(Elektrische Widerstandselemente aus Glasfasern für langdauernde Feuchtigkeitsmessungen im Erdreich.)** J. Indian Soc. Soil Sci. **11** (1963) Nr. 1. S. 65–68. – 1 Abb., 6 Lit.
Widerstandselemente aus Glasfasern werden bevorzugt bei der Untersuchung von Wasserbewegungen im Boden verwendet. Vff. beschreiben sehr eingehend die beiden Eichmethoden (direkte oder indirekte Eichung), erläutern die jeweiligen Vor- und Nachteile und erklären den Eichvorgang an Hand eines praktischen Beispiels. Sie begründen den Vorteil, den die direkte Eichung gegenüber der indirekten besitzt. W. Bohrisch. 374.

2-64/04-0233 Niethammer, A. E. **Mikrobiologische Studien an irischen Bodenproben.** Zbl. Bakteriol., Parasitenkunde, Infektionskrankh. Hyg., II. Abt. **116** (1963) Nr. 7. S. 762–765. – 1 Tab., 8 Lit.
Die Bodenproben 9 irischer Standorte wurden mikrobiol. untersucht (Nährsubstrate: 1. Mycelpulver von *Aspergillus niger*, 2. Biomalz-, 3. Pektin-, 4. Brewer anaerobic Difco-Agar). Wie in früheren Untersuchungen wuchsen auf den Spezialnährböden unabhängig von der Bodenart die typischen Bodenpilze. Der Elektivwirkung des Substrates kommt deshalb eine entscheidende Bedeutung zu. Die Bestimmung der überwiegenden *Penicillium*-Arten wurde durch die Perithezien, die sich auf dem Pilzpulver bildeten, erleichtert.
H. Unger. 376.

2-64/04-0234 Törne, Ekkehard v.; Eberswalde, Inst. für Bodenkunde. **Indirekter Nachweis von Elektivwirkungen mineralischer Düngemittel auf die Mikroflora von rottendem Getreidestroh. 1. Mitt.** Zbl. Bakteriol., Parasitenkunde, Infektionskrankh. Hyg., II. Abt. **116** (1963) Nr. 7. S. 681–688. – 1 Abb., 6 Tab., 18 Lit.
Um nachweisen zu können, daß elektive Einflüsse nicht nur auf die Mikroorganismen, sondern auch auf das Verhalten der Tiere gesetzmäßig wirken, prüfte Vf. die Einwanderungsrate von 8 Collembolenarten, indem ein tierfreies Substrat in ein mit Tieren reich besiedeltes gelegt wurde (Frequenztest). Als Substrate dienten Strohhäcksel oder -mehl mit variiertem Düngemittelzusatz, die 6–8 Wochen einer unkontrollierten mikrobiellen Rotte unterlagen. Die Ergebnisse berechtigen zu der Annahme, daß der Tierbesatz ein Zeigerwert für die Rotte der org. Subst. ist. H. Unger. 376.

2-64/04-0235 *Kellogg, Charles E.* **The place of the laboratory in soil classification and interpretation.** United States Department of Agriculture, Soil Conservation Service. 1962. 21 S. 8°.
Auf der Grundlage der Geländearbeit und unter steter Berücksichtigung ihrer Resultate sind Laboruntersuchungen an gut selektierten Proben repräsentativer Böden geeignet, Fragen der Bodenmorphologie, -genese und -klassifikation klären zu helfen. Auf das Labor als Hilfsmittel in diesen Fragen sollte aber nur dann zurückgegriffen werden, wenn Geländeuntersuchungen allein zu keinem befriedigendem Ergebnis führen. Dabei sollten nach Ansicht des Vf. die Proben in erster Linie auf Korngrößen, Sorptionskapazität, WK und Porenvolumen untersucht werden.
H. Kretschmer.

2-64/04-0236 Chimičeskie analizy počv pri sostavlenii počvennych kart v kolchozach i sovchozach. (Chemische Analysen der Böden bei der Zusammenstellung von Bodenkarten in den Kolchosen und Sowchosen.) Hrsg.: Vsesojuznaja ordena Lenina akademija sel'skochozjajstvennych nauk imeni V. I. Lenina. Moskva. 1960. (159 S. m. zahlr. Abb., Tab. u. Lit.) 8° = Trudy VIUA. Vsesojuznyj naučno-issledovatel'skij institut udobrenij i agropočvovedenija, Moskva Bd. 37. Das vorliegende Buch gibt einen Überblick über die bei der Zusammenstellung von Bodenkarten in der RSFSR angewandten Routineanalysen, deren Anwendung auch in anderen Sowjetrepubliken empfohlen wird. Neben Vorschlägen zur Arbeitsorganisation bei der Durchführung von Routineanalysen werden die Vorbereitung der Bodenproben zur Analyse und die Aufbewahrung der Proben beschrieben. Es folgen die Methoden zur Bestimmung von Acidität, Absorptionskapazität, Gips, beweglichem P, K, N, Humus und Carbonat im Boden. Für Torfböden ist die Bestimmung des Glühverlustes angegeben. Reagentien, Geräte, Analysengang und Berechnungen werden ausführlich beschrieben. Dem Buch sind in der Anlage Vorschriften über die Bereitung der wesentlichsten Lösungen und Tab. über Atom-, Molekular- und Äquivalentgewichte, ferner Umrechnungskoeffizienten für N, Humus, K, Ca, Mg, Na und P sowie Tab. mit dem spez. Gew. von HCl-, HNO_3-, Essigsäure-, H_2SO_4- und NH_3-Lösungen beigegeben. P. Stoß.

IV. BODENBEARBEITUNG

C. Spezielle Fragen der Bodenbearbeitung

2-64/04-0237 Remesow, N. P. und Swiridowa, I. K. **Pflegehiebe und Ernährung verschiedener Baumarten.** Dtsch. Akad. Landwirtsch.-Wiss. Berlin, Tagungsber. **1962** Nr. 50. S. 53–62. – 8 Tab., 5 Lit. Zus. in Russ., Engl. – nach Zus.

Pflegehiebe erhöhen den Gehalt an pflanzenaufnehmbaren Nährstoffen im Boden und schaffen einen für die Pflanzen günstigeren Wasserhaushalt, was zu einer Erhöhung des Bestandszuwachses führt. Die größte Wirkung auf die Waldvegetation üben Pflegehiebe auf Böden mit ungenügendem Gehalt an Pflanzennährstoffen aus. Die Hauptbedeutung der Pflegehiebe besteht in der Vergrößerung des Nahrungsraumes, der auf einen Baum entfällt, und damit in der verbesserten Nährstoffversorgung. 430.

2-64/04-0238 During, C., Robinson, G. S. und Cross, M. W.; Wellington, Farm Advisory Div.; Palmerston North, Massey Coll. A study of the effects of various intensities of cultivation on yields of chou moellier and on soil nitrate levels. **(Eine Untersuchung der Wirkungen verschiedener Intensitäten der Bearbeitung auf die Erträge von Chou Moellier und auf den Nitratspiegel des Bodens.)** New Zealand J. agric. Res. **6** (1963) Nr. 3/4. S. 293 bis 302. – 3 Tab., 8 Lit.

Die Erträge von Chou Moellier (kürbisartiges Gemüse) auf schwerem Lehmboden waren nach der Vorfrucht Kleegras bei normaler Saatbettbereitung (Pflügen, Walzen, Scheiben, Eggen) ebenso hoch wie bei alleiniger Anwendung von Herbiciden ohne Bearbeitung. Beim Nachbau im 2. Jahr lagen die Erträge auf den nichtbearbeiteten, den nur gelockerten und den flach bearbeiteten Parzellen allerdings wesentlich niedriger als auf den in beiden Jahren normal bearbeiteten. Der NO_3-Gehalt im Boden spiegelte die Intensität der Bearbeitung wider. V. Koepke. 430.

2-64/04-0239 Rid, H.; München, Bayer. Landesanst. für Bodenkultur, Pflanzenbau und Pflanzenschutz. **Versuchsergebnisse mit Bodenfräsen.** Z. Acker- u. Pflanzenbau **117** (1963) Nr. 3. S. 209–230. – 20 Abb., 2 Tab., 53 Lit.

Auf der Grundlage von Dauerversuchen auf 2 Lößlehmböden und einem Blasensandstein des Oberen Keupers sowie Streuversuchen auf verschiedenen Bodentypen mit Bodenfräsen verschiedener Systeme kommt Vf. zu dem Schluß, daß die Bodenfräse ein wertvolles Nachbearbeitungsgerät darstellt. Die einzelnen Kulturen reagierten unterschiedlich auf die Fräsarbeit, jedoch war die Leistung ganzer Fruchtfolgen auf Lehmboden bei Fräsenbearbeitung nicht geringer als bei Pflugarbeit. Auf Tonboden traten dagegen nach Einsatz der Fräse häufig größere Mindererträge auf. Die Struktur einer Lößlehm-Braunerde wurde durch 13jährige ununterbrochene Fräsenbearbeitung nicht verschlechtert. Die Fräse hinterließ den Acker saatfertig und erreichte eine gleichmäßige Einmischung mineral. und org. Düngemittel. Hinsichtlich der Porenvolumina konnten zwischen Pflug- und Fräsenarbeit keine Unterschiede festgestellt werden. Die Nährstoffaufnahme der Pflanzen verlief bei Bearbeitung mit der Fräse gleichmäßiger als bei Verwendung einiger anderer Geräte. V. Koepke. 440.

2-64/04-0240 Izvekov, A. S. und Tarasenko, B. I.; Krasnodar, Landwirtsch. Inst. des Kubangebietes. Primenenie katka v sisteme obrabotki počvy pod ozimuju pšenicu. **(Die Anwendung der Walze im System der Bodenbearbeitung für Winterweizen.)** Zemledelie, Moskva **25** (1963) Nr. 8. S. 65–67. – 3 Tab.
Für das Kubangebiet ist die Erhaltung der Bodenfeuchtigkeit von erstrangiger Bedeutung. Die Ringelwalze ebnet das Saatbett, vermindert den Schollenanteil und senkt den Feuchtigkeitsgehalt in der oberen Bodenschicht, was sich günstig auf die Durchlüftung auswirkt. In 5jähr. Versuchen wurde der Feuchtigkeitsgehalt in den einzelnen Bodenschichten (0–5 cm, 5–10 cm, 10–15 cm, 15 – 20 cm) bei der Bodenbearbeitung mit und ohne Walze festgestellt. In den Bodenschichten 5–15 cm war in allen Jahren durch das Walzen erheblich mehr Feuchtigkeit enthalten. Der Schollenanteil sank im Durchschnitt gegenüber der Eggenbearbeitung um 10% . Trotzdem tritt keine Pulverisierung der obersten Bodenschicht ein. Bei 10maliger Bearbeitung mit der Walze trat nur 4,4% Staub auf (Kontrolle 4,6%). Dieser Anteil steigt bei verminderter Feuchtigkeit (8,24%) im Bodenhorizont 0–10 cm auf 7,4% an. Demgegenüber werden bedeutend bessere Bedingungen für das Auflaufen der Saat erzielt. 1958 wurden je m^2 295 Pflanzen gegenüber nur 148 Pflanzen bei Nichtanwendung der Walze gezählt. Bes. hohe Ertragsunterschiede zugunsten der Walzenbearbeitung wurden im Jahre 1960 mit 7,5 dt/ha und 1961 mit 5,5 dt/ha bei Wi-Weizen festgestellt. G. Jury. 460.

V. LANDBAUTECHNIK. MELIORATIONSWESEN

A. Zusammenfassende Darstellungen über das Gesamtgebiet des Meliorationswesens

2-64/04-0241 Landa, Miroslav. Současný stav lesnickotechnických meliorací ve světě. **(Der gegenwärtige Stand der forsttechnischen Meliorationen in der Welt.)** Studijní Inform., Lesnictví **1963** Nr. 3. S. 87–156. – 1 Tab., 277 Lit.
Die Literaturarbeit behandelt die Entwicklung der forsttechnischen Meliorationen, vor allem die biol. Maßnahmen. Die Geschichte der Wildbachverbauung, der forsttechnischen Meliorationen und des Natur- und Geländeschutzes sowie das Problem der Bodenerosion werden besprochen. Große Aufmerksamkeit wird dem Wald und der Schutzaufforstung gewidmet. Der forsttechnische Bodenschutz gewinnt auf der ganzen Welt immer größere Bedeutung. Die prophylaktischen Maßnahmen, die sehr teuer und arbeitsintensiv sind, waren in Mitteleuropa gegen Ende des 19. Jahrhunderts typisch. Seit dieser Zeit haben sie sich sowohl in bezug auf die Auffassung als auch auf das Prinzip der Durchführung beinahe über die ganze Welt verbreitet. Heute gehört die Zukunft solchen Maßnahmen, die rechtzeitig angewendet werden können und den Charakter der Natur nicht stören. Die Aufforstung ist die natürlichste Form der Verbesserung der gestörten Natur, und soweit sie genügt, ist sie auch die beständigste und billigste.
ČSSR/ÚVTI. 501.

2-64/04-0242 Anonym. **Der II. Internationale Torfkongreß in Leningrad — 15.-22. August 1963.** Torfnachrichten **14** (1963) Nr. 7/8. S. 13-17. 501.

2-64/04-0243 **Itogi raboty Instituta opytnych stancij i punktov.** (Arbeitsergebnisse des Unions-Forschungs-Instituts für Forst- und Bodenmelioration, seiner Versuchsstationen und Stützpunkte.) Volgograd: Volgogradskoe knižnoe izdatel'stvo. 1961. (422 S. m. zahlr. Abb., Tab. u. Lit.) 8° = Agrolesomeliorativnye issledovanija. Sbornik. Vsesojuznyj naučno-issledovatel'skij institut agrolesomelioracii, Volgograd Bd. 1 Nr. 35. Die im Sammelband veröffentlichten Forschungsarbeiten beschäftigen sich hauptsächlich mit der Wald- und Waldstreifenanpflanzung, bes. an erosionsgefährdeten Standorten. Hierunter ist eine Reihe theoretischer Grundsatzarbeiten, wie Theorie und Praxis der Schutzwaldpflanzungen in der UdSSR, theoretische Grundlagen der Erosionsbekämpfung, ökonom. Nutzeffekt der Schutzwaldpflanzungen, Wege zur Bekämpfung von Erosionsschäden in der UdSSR, Waldstreifen – ein Mittel zur Ertragssteigerung und Senkung der Selbstkosten der landwirtsch. Produktion, Anlage von Waldstreifen und ihr landwirtsch. Nutzeffekt, enthalten. Weitere Arbeiten zum gleichen Problem sind speziellen Einzelthemen gewidmet, so u. a. Mechanisierung der Produktionsprozesse in der Schutzwaldpflanzung, Anbau von Waldstreifen auf Bewässerungsböden, Anwendung von Herbiciden in Schutzwaldstreifen und auf den angrenzenden Feldern, Verwendung von Obst- und Haselnußgehölzen für Schutzwaldpflanzungen, Schutzpflanzung auf Sandböden an Flußläufen. Für regional begrenzte Gebiete sind einige spezielle Arbeiten enthalten. Auch pflanzenzüchterische Fragen werden behandelt. Abschließend werden die Perspektiven der Entwicklung der landwirtsch. und forstwissenschaftlichen Meliorationen in der UdSSR dargelegt. G. Jury.

2-64/04-0244 **Itogi raboty Instituta opytnych stancij i punktov.** (Arbeitsergebnisse des Unions-Forschungs-Instituts für Forst- und Bodenmelioration, seiner Versuchsstationen und Stützpunkte.) Wolgograd: Knižnoe izdatel'stvo. 1961. (232 S. m. zahlr. Tab.) 8° = Agrolesomeliorativnye issledovanija. Sbornik. Vsesojuznyj naučo-issledovatel'skij institut agrolesomelioracii, Volgograd Bd. 2. Nr. 35. In einer einleitenden Arbeit faßt Albenski in gedrängter Form die Forschungsergebnisse des Unions-Instituts zusammen, die in den vergangenen 50-60 Jahren auf den Gebieten Schutzwaldstreifen, Bekämpfung von Bodenerosionen, Aufforstung und Erschließung der Sandböden, Ökonomik und Arbeitsorganisation, Anzucht von Pflanzmaterial und Samenbau sowie Akklimatisation und Züchtung von Holzarten erzielt wurden. Gleichzeitig werden kurze Charakteristiken der 6 Versuchsstationen des Inst. und eine Übersicht über die Schwerpunkte ihrer Forschungsarbeiten gegeben. Die nachfolgenden Arbeiten analysieren ausführlich die wissenschaftliche Arbeit und die Einführung von Erkenntnissen in die Praxis der einzelnen Versuchsstationen (6) und der Versuchsstützpunkte (4). Außerdem enthält der Sammelband eine Betriebscharakteristik der Versuchswirtschaft des Instituts. Den Abschluß bildet eine Zusammenstellung aller insgesamt von den Mitarbeitern des Instituts veröffentlichten Arbeiten. G. Jury.

B. Urbarmachung. Ödlandkultur. Komplexmelioration

2-64/04-0245 Heide, G.; Krefeld, Geol. Landesamt. **Neue Methoden zur Bodenverbesserung ertragsarmer Standorte.** Z. Acker- u. Pflanzenbau **117** (1963) Nr. 3. S. 231-246. – 2 Abb., 2 Tab., 15 Lit. Zus. in Engl.
Neben der Rekultivierung der ausgekohlten Tagebaue des rheinischen Braunkohlenreviers können die bei der Abräumung des Deckgebirges anfallenden großen Lößmengen auch für die Bodenmelioration ertragsarmer Standorte verwendet werden. Die verfügbaren Vorräte reichen bei einer Auftragstärke von 20 cm, d. h. bei einem Bedarf von 2000 m^3/ha, für die Kultivierung von mehreren 1000 ha aus. Die Lößaufbringung und anschließende Vermischung mit der Krume der durch eine Podsol-Braunerde überprägten armen Flugsande im deutsch-niederländischen Grenzgebiet führen zu einem Profil mit verbessertem bodenartlichem Aufbau, indem über dem lockeren wasserdurchlässigen Flugsand eine 40 cm mächtige Schicht aus humosem, lehmigem Sand bis sandigem Lehm entsteht. Die Überdeckung mit dem kalkhaltigen und sorptionsstarken Gemisch aus 3 Teilen Lößparabraunerdematerial und einem Teil frischen kalkhaltigen Würmlößes beeinflußt auch die bodentypologische Entwicklung günstig, da die Tendenz zur Versauerung und Podsolierung schlagartig durch eine Bodenbildung in Richtung zur Parabraunerde abgelöst wird. Durch eine derartige Bodenverbesserung wurden die mit etwa 25-30 Wertpunkten eingestuften Sandböden auf Bodenzahlen von 45 bis 50 gebracht. Die behandelten Flächen sind zuckerrüben- und weizenfähig, so daß sich die Betriebe mit Sandböden auf eine wesentlich breitere Produktionsgrundlage stützen können. Die technischen Voraussetzungen für die geringmächtige Überlößung der Sandböden sind bei Beachtung einiger Faktoren erfüllt. D. Werner. 511.

2-64/04-0246 Lhotský, Jiří. Meliorační kultivace degradovaných lesních půd. **(Meliorationskultivierung degradierter Waldböden.)** Studijní Inform., Lesnictví **1963** Nr. 1. S. 1–48. – 287 Lit.
Dieser Literaturbericht befaßt sich mit den landtechnischen Meliorationen, der Bodenbearbeitung, der Verbesserung der Bodenoberfläche und der -decke sowie mit weiteren anbautechnischen Eingriffen in Waldgebieten. Grundsätze der Fruchtbarkeit, Degradierung und Melioration der Waldböden, Podsolbildung, Kultivierungsmethoden in der ČSSR und im Auslande sowie ökon. Voraussetzungen der weiteren Entwicklung auf diesem Fachgebiete werden besprochen. Die Ansichten einzelner Autoren sind in der Arbeit kritisch bewertet worden. Große Aufmerksamkeit wird gegenwärtig und künftig der Forschung und der technischen Entwicklung in der ČSSR gewidmet. Die unzureichende Ausstattung der ČSSR-Forscher für die Lösung dieser Probleme wird hervorgehoben; als beispielhaft für die Forschung auf diesem Gebiet wird die DDR erwähnt. ČSSR/ÚVTI. 511.

2-64/04-0247 Ferda, Jaroslav. Hydrologický význam rašelinišť. **(Hydrologische Bedeutung der Torflager.)** Vodní Hospodářství **13** (1963) Nr. 5. S. 162 bis 165. – 2 Abb., 4 Tab.
Die Arbeit enthält Ergebnisse langjähriger Forschungen zur Hydrologie der Torflager. Darunter sind bes. die Angaben von Bedeutung, die aus dem außerordentlich trockenen Jahre 1959 stammen, das einen markanten Rückgang der Wasserstände in den Wasserläufen zur Folge hatte. Während der Dürreperiode waren die Abflußarten aus den moorigen Einzugsgebieten wesentlich geringer als aus den rein mineral. Nachbargebieten. In zahlreichen Fällen versiegten die Abflüsse überhaupt, obwohl der Grundwasserspiegel nahe der Bodenoberfläche verlief (20–30 cm). Die Abflußverhältnisse konnten durch Entwässerung und evtl. Torfförderungen verbessert werden. Diese Ergebnisse stimmen mit den Angaben überein, die sich auf einige fremdländische Moorgebiete beziehen. ČSSR/ÚVTI. 515.

2-64/04-0248 Turnas, P. A. Sistema priemov osvoenija i okul'turivanija torfjanobolotnych počv Evropejskogo Severa. **(System von Maßnahmen zur Erschließung und Kultivierung von Torf-Moor-Böden des europäischen Nordens der UdSSR.)** V sb.: Melior. s.-ch. i lesn. ugodij Sev.-zap. SSSR, Petrozavodsk **1962** S. 37–44. – Aus: Referativnyj žurnal Moskva. Počvovedenie **1963** Nr. 7. 57. 118. S. 19.
Maßnahmen zur Kultivierung von Torfböden können nur dann festgelegt werden, wenn die Sümpfe in Produktionsgebiete eingeteilt werden. Dabei sind zu berücksichtigen: die Entstehung der Torflager und ihre Mächtigkeit; die Art der Versorgung mit wasserlöslichen Nährstoffen in Vergangenheit und Gegenwart; die Existenz mineral. Schwemmlandes, neugebildeter und im Torf eingeschlossener Lager; die bot. Zusammensetzung und der Zersetzungsgrad des Torfes in den einzelnen Horizonten; der Aschegehalt der Torflager und der Grad der Reaktionsfähigkeit des Torfbodens auf Kultivierungsmaßnahmen. übersetzt v. E. Fröhmcke. 515.

2-64/04-0249 Anonym. Melioracja i zagospodariwanie torfowisk na przykładzie obiektu Kuwasy. **(Melioration und Bewirtschaftung der Moore am Beispiel des Objekts Kuwasy.)** Wiadomości Inst. Melioracji Uzytków zielonych **3** (1963) Nr. 3. S. 159. – 32 Abb., 22 Tab., 38 Lit.
Die Arbeit gliedert sich in folgende Abschnitte: Kuwasy als Meliorationsobjekt, Durchführung der Meliorationsarbeiten, Wasserverluste in den Zuleitungen des Bewässerungssystems, Berasungsmethoden der Deiche und Dämme, Wasserverhältnisse im Moor, Bewirtschaftung und Verwendung der Torfes, Ackerbau auf den Torfböden, Verwendung des Objekts für züchterische Zwecke, Stand und Ergebnisse der Melioration und der Bewirtschaftung.
PRL/CBR, übersetzt v. O. Kasperl. 515.

2-64/04-0250 Schulte-Karring, H.; Ahrweiler, Rheinland-Pfalz, Landes-Lehr- und Versuchsanst. für Weinbau, Gartenbau und Landwirtsch. **Dränage oder Untergrundlockerung?** Mitt. dtsch. Landwirtsch.-Ges. **78** (1963) Nr. 36. S. 1119–1122. – 7 Abb.
Auf der Grundlage jahrelanger Beobachtungen und Versuche in einem Großdränageobjekt lehnt Vf. die Dränage allgemeinverdichteter gleyartiger Böden als alleinige Meliorationsmaßnahme ab. Die Untergrundlockerung, allein oder erforderlichenfalls gleichzeitig mit der Dränage durchgeführt, beseitigt wirksamer die Staunässe, verbessert den Wasserhaushalt und die Durchlüftung des Bodens. V. Koepke. 515.

2-64/04-0251 Schulte-Karring, H. **Untergrundlockerung und Tiefdüngung auf staunassen Böden.** Mitt. dtsch. Landwirtsch.-Ges. **78** (1963) Nr. 41. S. 1288. 1290–1292. – 4 Abb. 515.

2-64/04-0252 Anonym. A twin attack against salinity. Infrared photography identifies saline areas. **(Ein doppelter Angriff gegen Bodenversalzung. Infrarot-Photographie identifiziert Salzgebiete.)** Agric. Res. **12** (1963) Nr. 2. S. 8–9. – 3 Abb.
Von den Beobachtungen ausgehend, daß Blätter von gesunden Baumwollpflanzen den größten Teil des Lichtes im IR-Gebiet des Spektrums reflektieren und daß Salzakkumulation in der Wurzelzone Verfärbung der Blätter bewirkt, wurde ein Nachweis für Bodenversalzung durch IR-Photographie aus der Luft entwickelt. Auf den im Bereich von 675–900 nm empfindlichen Filmen lassen sich 6 Helligkeitsabstufungen nachweisen und entspr. Salzgehalten zuordnen. Die Photographien der Baumwollfelder lassen Rückschlüsse über den Salzgehalt der Böden bis zu 5 ft. Tiefe zu. Es wird empfohlen, die Luftaufnahmen 3 Wochen vor der Baumwollernte und jeweils in den Morgenstunden anzufertigen. Jede dieser Photoserien sollte die Aufnahme eines Feldes enthalten, dessen Versalzungsgrad durch Laboruntersuchungen bestimmt wurde. P. Stoß. 515.

C. Entwässerung. Dränung

2-64/04-0253 Zander, J. Rapporten van de afdeling mechanisatie cultuurtechniek. **(Bericht der Abteilung Mechanisierung der Kulturtechnik.)** Inst. Landbouwtechn. Rationalisatie Wageningen, Gestencilde Meded. **1963** Nr. 1. S. 1–65. – 79 Abb., 7 Tab., 45 Lit.
Der als Skripte für das Ingenieurstudium auf dem Gebiet der Landmaschinenlehre zusammengestellte Bericht gibt eine Übersicht über heutige Arbeitsmethoden der Dränung und die neuesten Entwicklungen auf diesem Gebiet, sowohl in den Niederlanden als auch im Ausland. Im 1. Kap. werden Zweck und Wesen der Dränung unter Berücksichtigung landwirtsch., kulturtechn. und maschinentechn. Aspekte untersucht. Das 2. Kap. ist der Rohrdränung gewidmet. Nach der Behandlung der halbmech. Geräte, wie Grabenpflug und -fräse, werden eingehend Konstruktion und Arbeitsweise von Dränmaschinen zum Verlegen von Ton- und Plastikrohren beschrieben. Ein Überblick über niederländische Maschinen und über die Kosten der Rohrdränung beschließt den Abschnitt. Das 3. Kap. befaßt sich mit Methoden, Geräten und Kosten der Maulwurfdränung. Im 4. Kap. wird der Stand der Dränung im Ausland untersucht. Im letzten Kap. werden u. a. Instandhaltung und Werkstoffe für Rohre behandelt. L. Machler. 520.

2-64/04-0254 Baden, W. und Eggelsmann, R.; Bremen Staatl. Moorversuchsstat. **Zur Durchlässigkeit der Moorböden.** Z. Kulturtechn. u. Flurbereinig. **4** (1963) Nr. 4. S. 226–254. – 13 Abb., 10 Tab., 89 Lit. Zus. in Engl.
Bei Mineralböden werden Dräntiefe und -abstände nach der Textur des Bodens bestimmt. Für Moorböden ist das nicht möglich, da bei ihnen keine der-

finierbaren Korngrößen vorhanden sind. Durch Bestimmung der Wasserdurchlässigkeit sind jedoch Rückschlüsse auf die Bodenstruktur möglich. Die verschiedenen Bestimmungs- und Berechnungsmethoden und die damit ermittelten Durchlässigkeitswerte werden miteinander verglichen. Es konnte festgestellt werden, daß die Bohrlochmethode für die meisten Moorböden reproduzierbare Werte ergibt. In den Torfarten wird die Durchlässigkeit durch die subfossilen Pflanzenreste und die Lagerungsdichte bestimmt. Die Entwässerung beeinflußt die Moorsackung und Bodenkonsolidierung. Die Durchlässigkeit wird mit zunehmender Entwässerung erniedrigt.
E. M. Ardelt. 521.

2-64/04-0255 Baitsch, B.; Bonn, Univ., Inst. für Bau- und Kulturtechn. **Über die Mechanisierung der Mäharbeit in der Landeskultur.** Wasser u. Boden **15** (1963) Nr. 8. S. 288–292. – 5 Abb., 1 Tab.
Bei der Unterhaltung von Abzugsgräben und Vorflutern spielt das Freihalten des Profils vom meist sehr starken Bewuchs eine ausschlaggebende Rolle in finanzieller, personeller und funktioneller Hinsicht. Deshalb wurden die Mäh- und Rechenarbeiten mechanisiert. — An die Spitze des Hydraulikarmes eines Schleppers von 30–40 PS wird an die Stelle des Löffels ein von einem Ölmotor angetriebener Mähbalken (Mulchbalken) gesetzt. Zum Abräumen kann der Mähbalken gegen einen Räumrechen ausgetauscht werden. Da die Reichweite 6,0 m beträgt, können fast alle Abzugsgräben von einer Seite aus bearbeitet werden. Außer dem Schlepperfahrer ist für die Bedienung des Mähbalkens oder Räumrechens 1 Mann erforderlich. Das Gerät hat sich im Einsatz gut bewährt. W. Bohrisch. 521.

2-64/04-0256 Wisiorek, H. und Helle, J. **Vervollkommnung der Dränung.** Wasser u. Boden **15** (1963) Nr. 10. S. 367–369.
Vff. begannen 1961 im Kreis Beckum in Westfalen mit der Kunststoffrohrdränung, da Tonrohre nicht ausreichend verfügbar waren. Bei Saugern bis zu 150 m Länge wurden Kunststoffrohre mit 38 mm Lichtweite verwendet; längere Sauger erhielten Rohre von 50 mm, Sammler solche von 65, 80 und 100 mm Lichtweite. Die Verbindungen wurden durch Anbohren des Kunststoff-(Tonrohr-)sammlers und Einpassen von Formstücken hergestellt. Als Filterschicht wurden pro 1000 lfm Dränung etwa 25 t granulierte Kesselasche aufgebracht, deren Antransport über aufgeweichte Wege arbeitsaufwendig und bodenschädigend war. Da die „Aschekolonne" oft nachhinkte, waren die Dränmaschinen nicht ausgelastet. Vff. entwickelten daher einen zum Patent angemeldeten Filterstreifen, der aus einer geschleuderten, langfädigen, alkaliarmen und bindemittelfreien Glasfaserwolle besteht. Damit konnte die Leistung der Drängeräte um 30–40% gesteigert werden. – Die Filter wurden inzwischen so weiterentwickelt, daß die Kunststoffrohre industriell oder auf der Baustelle voll damit ummantelt werden können. Damit lassen sich auch die bisher als nicht dränwürdig angesehenen Fließsandböden dränen. Durch bessere Maschinenauslastung und Personaleinsparung bleiben die Dränkosten trotz höherer Materialkosten konstant. R. Teipel. 525.

2-64/04-0257 Willner, K. **Dränrohre aus Kunststoff.** Wasser u. Boden **15** (1963) Nr. 10. S. 359–367. – 4 Abb., 26 Lit.
In Holland wurden 1962 27% aller Dränungen mit Kunststoffrohren durchgeführt. In Westdeutschland werden PVC-Dränrohre (Nennweiten: 40 bis 110 mm, Längen: 5–6 m bzw. 250 m, auf Ringbunden) von 7 Firmen und PE-Rohre (Nennweiten: 40 und 50 mm, Länge: 100 m) von einer Firma (Egeplast) angeboten. Die hydraulischen und mechanischen Untersuchungen dieser Rohre erfolgen an der TH Braunschweig und im Landmaschineninstitut Göttingen. Vom Kuratorium für Kulturbauwesen wurde ein Merkblatt über die Verwendung der Kunststoffrohre herausgegeben. Vf.

behandelt im einzelnen: die Versprödung, die Scheitel- und Biegefestigkeit, hydraulische Eigenschaften, Filterstoffe usw. R. Teipel. 525.

2-64/04-0258 Kowald, R. **Ein neues Dränrohrfilterverfahren.** Wasser u. Boden **15** (1963) Nr. 10. S. 369–372. – 6 Abb.
Vf. bestätigt zunächst an Hand neuer Untersuchungen die von ihm bereits früher vertretene Auffassung, daß eine Verschlammung der Dräne durch das von unten her eintretende schlammhaltige Dränwasser auch bei Filterüberdeckung stattfindet. Er entwickelte daher ein zum Patent angemeldetes Verfahren, bei dem Kunststoffolie vor dem Rohrverlegen auf die Grabensohle gelegt wird. Die 16–20 cm breite Folie wird entweder mit einer Abrollvorrichtung von Hand oder von einer an der Rohrrutsche befestigten Rolle aus zusammen mit den Dränrohren in den Graben gelegt. Die Materialkosten betragen 3–3,5 Pf./m. R. Teipel. 525.

2-64/04-0259 Neuhaus, H. und Kuntze, H. **Untersuchungen über Eigenschaften neuartiger Dränfilterstoffe.** Wasser u. Boden **15** (1963) Nr. 10. S. 362–366. – 9 Tab., 6 Lit. 525.

2-64/04-0260 Heinze, J. **Besteht eine Verwachsungsgefahr von Dränanlagen durch Baumwurzeln?** Erwerbsobstbau **5** (1963) Nr. 7. S. 122–123.
Vom Inst. für Obstbau in Bonn wurden Erhebungen im Raum Meckenheim und Befragungen in deutschen und holländischen Obstbaugebieten durchgeführt, um festzustellen, ob durch Hineinwachsen von Baumwurzeln Dränstränge außer Betrieb gesetzt werden können. Die Prüfung der Ausläufe einer 50 Jahre und einer 35 Jahre alten Dränanlage ergab einwandfreien Betrieb. Die Obstbaumwurzeln drangen nur in geringem Umfang in die Tiefen der Dränstränge von 1–1,25 m vor. Das Tränken der Stöße von Dränanlagen mit Karbolineum ist in der Regel nur dort erforderlich, wo wasserliebende Gehölze wie Pappeln, Weiden, Erlen u. a. stehen. H. Müller. 525.

D. Bewässerung

2-64/04-0261 Kaden, Siegfried. **Die Bewässerung und ihre Stellung in der Wasserwirtschaft.** Wasserwirtsch.-Wassertechn. **13** (1963) Nr. 1. S. 9–13. – 4 Tab., 6 Lit.
Für die Beurteilung eines Bewässerungsverfahrens sind von wasserwirtsch. Seite aus hauptsächlich der Wasserverbrauch, die Wasserqualität, der Bodenwasserhaushalt und die natürlich-biol. Reinigungswirkung des Bodens entscheidend. Die wichtigsten Vorteile der Beregnung sind sparsamer Wasserverbrauch sowie große flächenmäßige Gleichförmigkeit der Durchfeuchtung. Für den Vergleich von Bewässerungsverfahren auf internationaler Ebene sollte eine einheitliche Untersuchungsmethode angewendet werden. Vf. gibt ferner einen kurzen Überblick über die Arbeiten der Abt. Wassertechnik des Inst. f. Wasserwirtschaft, Berlin, auf dem Gebiet der Bewässerung. Dazu gehören die Aufstellung eines Klarwasserkatasters, Untersuchungen zum Wirkungsgrad der mechanischen Vorreinigung bei Bewässerungsanlagen sowie Untersuchungen zur Abwasserbodenbehandlung. D. Voigt. 531.

2-64/04-0262 Oujezdský, J., und Šálek, J. Mechanizae urovnávky zavlažovaných pozemků. **(Mechanisierte Planierung der bewässerten Grundstücke.)** Mechanizace Zemědělství **13** (1963) Nr. 4. S. 118–119. – 2 Abb., 1 Tab.
Eine Planierungsmethode wird beschrieben, die auf bewässerten Objekten mit Erfolg angewendet wurde. – Zunächst wird ein Plan der Flächen im Maßstab von 1:1000 hergestellt, worauf Wege, Kanäle, Wasserläufe usw. eingezeichnet sind. Außerdem wird ein Harmonogramm angefertigt. Das Gelände planiert man zuerst grob (Toleranz ± 10 cm), dann folgt die Feinplanierung mit einer Toleranz von ± 3 cm bis ± 2 cm. Diese findet im Früh-

jahr statt, in der Regel als Bestandteil der Saatbettvorbereitung. Hierzu verwendet man ein Planierschleifgerät. Vorteilhafter sind jedoch fahrbare Planiergeräte, die auf dem Graderprinzip beruhen. Sie sind mit einem Vorratskasten versehen, der 0,47–0,7 m^3 groß und hinter der Graderschneide untergebracht ist und der den überflüssigen Boden aufnimmt.
ČSSR/ÚVTI. 531.

2-64/04-0263 Lackner, Erich. **Rohrbrunnen-Projekt in Ost-Pakistan.** Wasserwirtschaft **53** (1963) Nr. 7. S. 243–251.; Nr. 8. S. 291–297. – 20 Abb.
533.

2-64/04-0264 Hugelmann, H. **Kunststoffrohre für die Wasserversorgung.** Wasser u. Boden **15** (1963) Nr. 10. S. 355–359. – 4 Abb., 2 Tab., 10 Lit.
534.

2-64/04-0265 Hudson, J. P. Variations in evaporation rates. **(Änderungen der Evaporationsraten.)** Univ. Nottingham, Rep. School Agric. **1962** (hrsg. 1963) S. 77–83. – 1 Abb., 2 Tab.
Im Süden beiderseits des Nils wurden Evaporationsmessungen mit Hilfe von Schüsseln, die mit Wasser gefüllt waren, auf offenem Feld (Brache) und über einem beregneten Luzernefeld in mehreren Intervallen durchgeführt. Es zeigte sich, daß die Evaporationswerte über der Brache und am Rande des Luzernefeldes bis zu 16 mm erreichten, mit zunehmender Länge (in Windrichtung) im Luzernefeld jedoch stark abnahmen, so daß sich das Sättigungsdefizit auf rel. kurze Entfernung (200 m) schnell minderte. Auch die Temperatur sank um 10 °F. – Zur Verringerung unproduktiver Verdunstung wird ein dichteres Netz von Regnern am Feldrande (in Windrichtung) beregneter Kulturen gefordert. H. Pätzold. 534.

2-64/04-0266 Yamada, H., Doneen, L. D. und Smith, E. G.; Davis, Univ. of California; Shafter, Calif., U. S. Dep. of Agric., A. R. S. Effect of ammonium sulfate on water infiltration rate of hesperia sandy loam soil. **(Einfluß von Ammoniumsulfat auf die Infiltrationsrate von sandigem Lehmboden im Westen.)** Agronomy J. **55** (1963) Nr. 4. S. 415–416. – 1 Tab.
Der Einfluß von $(NH_4)_2SO_4$ auf die Infiltrationsraten wurde durch volumetrische Messung des in den Furchen einlaufenden und auslaufenden Wassers bestimmt. Baumwolle wurde mit 0 und 80 lb. N/acre, Mais mit 0 und 150 lb. N/acre gedüngt, während Luzerne keinen N erhielt. Außerdem erhielten alle Kulturen im Herbst 18 lb. P/acre als Superphosphat. Während der Einfluß der Fruchtfolge nicht signifikant war, wurde die Infiltration jedes Jahr durch $(NH_4)_2SO_4$ um durchschnittl. 17% herabgesetzt. $(NH_4)_2SO_4$ senkte auch den pH-Wert, jedoch nicht ausreichend, um die Nitrifikation beeinflussen zu können. P. Stoß. 536.

2-64/04-0267 Gallatin, M. H., Lunin, J. und Batchelder, A. R.; Norfolk, Va., Truck Exp. Stat. Brackish water irrigation of several vegetable crops in humid regions. **(Bewässerung einiger Gemüsearten mit Salzwasser in feuchten Gebieten.)** Agronomy J. **55** (1963) Nr. 4. S. 383–386. – 7 Tab., 8 Lit.
Der Gebrauch von Salzwasser zur Bewässerung einer Reihe von Gemüsearten wurde in zahlreichen Versuchen über einen Zeitraum von 5 Jahren untersucht. Das Seewasser wurde in 4 Verdünnungen angewendet. Eine große Anzahl von Versuchswerten, wie die Verteilung der Regenmengen in den Versuchsjahren, die Anzahl der Salzwasserzugaben und ihre Auswirkungen auf den Ertrag, die Bodensalzgehalte am Anfang und nach den Frühjahrs- bzw. Herbsternten, die Auswirkungen auf den Kationengehalt der Pflanzen, auf ihre Qualität und auf die Zusammensetzung der austauschbaren Kationen des Bodens am Ende der Versuchsreihe, werden angeführt. Daraus ist zu entnehmen, daß 2 Faktoren für den Ertrag bestimmend sind, einmal der Grad

der Salzanhäufung im Boden, bedingt durch die Salzkonz. des zugefügten Wassers, durch die Anzahl der Bewässerungen und die Regenverteilung, und zum anderen die Verträglichkeit der jeweiligen Pflanzen gegenüber dem Salz in den einzelnen Wachstumsstufen. G. Loßner. 537.

2-64/04-0268 Bijašev, G. Z. und Iljadetdinov, S. N.; Kasach. Inst. für Ackerbau. Soveršenstvovat' polivy svekly. **(Verbesserung der Bewässerungsverfahren bei Zuckerrüben.)** Sacharnaja svekla, Moskva 8 (1963) Nr. 7. S. 21–23. – 3 Tab.

Unter den natürlichen Bedingungen Kasachstans sind hohe und sichere Zuckerrübenerträge nur bei zweckmäßiger Bewässerung zu erwarten. Einige damit zusammenhängende Fragen waren 1961 und 1962 Gegenstand der vorliegenden Untersuchung. Außer dem Einfluß verschiedener Grabensysteme auf Rübenertrag und Zuckergehalt wurden auch Faktoren wie Grabenlänge und -neigung sowie zufließende Wassermenge geprüft. Nach Ansicht der Vff. müssen bei der Planung eines Bewässerungsfeldes nicht nur acker- und pflanzenbauliche Gesichtspunkte, sondern auch Fragen der Anbaumechanisierung und Steigerung der Arbeitsproduktivität berücksichtigt werden. W. Schröter. 537.

2-64/04-0269 Klust, G. und Mann, H.; Hamburg-Altona, Bundesforsch.-Anst. für Fischerei. **Zelluloseabbau-Untersuchungen als Hilfsmittel für die Beurteilung von Gewässern.** Wasserwirtschaft **53** (1963) Nr. 9. S. 320–323. – 5 Abb., 18 Lit.

Die Verringerung der Festigkeit von Baumwollzwirnen als Maß für den Celluloseabbau wurde zur Beurteilung von Gewässern herangezogen. Hinsichtlich der chem. Zusammensetzung der Gewässer ist für den Grad der Cellulosezersetzung in erster Linie der Kalkgehalt verantwortlich. Unterhalb 20 mg/l erfolgt keine stärkere Fäulnis. P ist ebenfalls für den Celluloseabbau erforderlich, jedoch ist der Zersetzungsgrad nicht eindeutig an bestimmte Konz. gebunden. Diese Abhängigkeiten wurden auch in natürlichen Gewässern nachgewiesen. Der „Faulwert" als Grad der Cellulosezersetzung ist temperaturabhängig, daher sollten die Untersuchungen vor allem in der wärmeren Jahreszeit durchgeführt werden. Die Störungen der biol.-chem. Prozesse, die sich in einer Abnahme des „Faulwertes" ausdrücken, lassen auch den Einfluß giftiger Abwässer erkennen, wie Versuche mit sauren Grubenwässern und verschiedenen Detergentien bewiesen. Von denDetergentien hatten ein seifenhaltiges Waschmittel und Kokosfettsäure fast keinen Einfluß auf den Celluloseabbau, während Dodecylbenzolsulfonat und bes. Tetrapropylenbenzolsulfonate den Abbau deutlich störten. Auch bei Belastungen mit Detergentien ist demnach ein Nachweis von Störungen im Stoffkreislauf von Gewässern mittels Untersuchungen des Celluloseabbaus möglich.
P. Stoß. 539.

2-64/04-0270 Sen, B. P. und Bhaskaran, T. R. Anaerobic digestion of liquid molasses distillery wastes. **(Anaerobe Umsetzung von flüssigen, destillierten Abfällen.** J. Water Pollut. Control Federat. **34** (1962) Nr. 10. S. 1015 bis 1025. 539.

2-64/04-0271 Schraufnagel, F. H. Ridge-and-furrow irrigation for industrial waste disposal. **(Rillen- und Furchenbewässerung zur Beseitigung industriellen Abfalls.)** J. Water Pollut. Control Federat. **34** (1962) Nr. 11. S. 1117–1132. – 4 Abb., 1 Tab., 44 Lit. 539.

2-64/04-0272 *Birjukova, A. P.* Hrsg.: Akad. nauk SSSR, Počvennyj inst. im V. V. Dokučaeva. **Vlijanie orošenija na vodnyj i solevoj režim počv Južnogo Zavolž'ja.** (Einfluß der Bewässerung auf den Wasser- und Salzhaushalt der Böden im südlichen Transwolga-Gebiet.) Moskva: Akad. nauk SSSR. 1962. (266 S.) 4°. (1963 B 138)

2-64/04-0273 *Darab, Katalin.* **Talajgenetikai elvek alkalmazása az Alföld öntözénel.** (Die Anwendung von bodengenetischen Prinzipien bei der Berieselung der Ungarischen Tiefebene — Alföld.) Budapest: Országos Mezög. Minöség. Intézet. 1962. (56 S. m.; Kt.) 8° = Genetikus talajtérképek. Ser. 1. Nr. 4. (SR 2948, 4)

2-64/04-0274 *Ernst, L. F.* **De berekening van grondwaterstromingen tussen evenwijdige open leidingen.** Wageningen: Inst. voor cultuurtechn. en waterhuishouding. 1963. (21 S.) 8° = Instituut voor cultuurtechniek en waterhuishouding. Mededeling. 52. (SR 2827, 52)

2-64/04-0275 *Perry, R. A.* **Preliminary assessment of ground water suitable for irrigation in the Alice Springs area and its agricultural significance.** Melbourne: Commonwealth sci. and ind. research org. Australia. 1963. (28 S. m. 1 Kt.) 8° = Technical paper, division of land research, Nr. 21. (SR 2685, 21)

2-64/04-0276 *Schröder, Ralf.* **Die turbulente Strömung im freien Wechselsprung.** Ein Beitrag zum Problem der luftdurchmischten Wasserströmungen in offenen Gerinnen. Berlin: Inst. für Wasserbau und Wasserwirtschaft der Techn. Univ. 1961. (118 S.) 4° = Institut für Wasserbau und Wasserwirtschaft. Mitteilung Nr. 59. (SR 3068, 59)

E. Melioration des Bodengefüges und Bodenchemismus

2-64/04-0277 Nosticzius, Á. Láptalajok defláció elleni védelme mesterséges morzsatartósitó anyagokkal. **(Deflationsschutz bei Moorböden durch Anwendung krümelerhaltender Stoffe.)** Mosonmagyaróvári mezögazdasági Akad. Közleményei [Mitt. Akad. Landwirtsch. Monsonmagyaróvár, Ungarn] **1962** Nr. 3. S. 37–47. — Aus: Ung. Agrar-Rdsch. **1963** Nr. 4.

Zum Schutz gegen die auf den Moorböden des Hanság-Gebietes auftretenden Deflationsschäden wurden krümelerhaltende Stoffe angewendet. Die im Handel erhältlichen Materialien sind jedoch für Mineralböden vorgesehen. Es wurde deshalb versucht, solche linear-makromolekularen Mittel herzustellen, die auch auf Mullböden mit hohem Gehalt an org. Stoffen Erfolg versprechen. Vf. prüfte: Phenol-Formaldehyd, o-Kresol-Formaldehyd sowie deren äthylisierte Derivate, schließlich das Salizylsäure-Formaldehyd-Kunstharz. Die Stabilität der trockenen Krümel wurde durch rel. hohe (0,1%) Kunstharzgaben etwas herabgesetzt. Die Kunstharzbehandlung erhöhte jedoch die Wasserstabilität der Krümel ganz erheblich. Am besten wirkte o-Kresol-Formaldehyd, von dem schon eine 0,005%ige Konz. die Wasserstabilität der Bodenkrümel statistisch gesichert verbesserte. Diese Behandlung war viel wirkungsvoller als die mit dem Fabrikpräparat Solakro, das für Mineralböden vorgesehen ist. Die angewandten Kunstharze büßten ihre Wirksamkeit auf die Wasserbeständigkeit der Bodenkrümel auch bei Frost nicht ein. 550.

F. Landwirtschaftlicher Wegebau

2-64/04-0278 Roth, Bernhard A. VIPs for roadside improvement. **VIP zur Straßenverbesserung.)** Soil Conservat. **28** (1962) Nr. 3. S. 54–55. 560.

2-64/04-0279 *Herpay, Imre* und *Pankotai, Gébor.* **Mezögazdasági útépités.** (Landwirtschaftlicher Wegebau. Budapest: Mezögazdasági kiado. 1963. (180 S.) 8°. (1963 A 791)

2-64/04-0280 **Budowa i utrzymanie dróg leśnych.** (Der Bau und die Instandhaltung von Waldwegen.) Warszawa: Państw. wyd. roln. i leśne. 1963. (189 S.) 8° = Instytut badawczy leśnictwa. Wydaw. popularne Nr. 6. (SR 3096, 6)

2-64/04-0281 **Literatur über die Bodenverfestigung durch Injektionen (Nachtrag 1).** Hrsg. Instn.: Dok.-Stelle in der Fak.' für Bauwes. der TU, Dresden. (Lit.-Nr.: 166. Titelanzahl: 43. Ber.-Zeit: 1960-1962.)

G. Meliorative Landschaftsgestaltung

2-64/04-0282 Siede, Eva. **Gedanken zur Funktion unserer Flüsse in der Landschaft.** Natur u. Landschaft **38** (1963) Nr. 9. S. 129–130. — 10 Lit.

Vf. erörtert die Frage, inwieweit wasserbauliche Maßnahmen, insbes. der Ausbau von Wasserstraßen und der Bau von Rückhaltebecken zur Wasserspeicherung und Energiegewinnung, zu ökol. und biozön. Verschiebungen im Gefüge der Gesamtlandschaft führen können. Während einerseits die Fließgewässer gebietsweise nahezu 100%ig in Stauprojekten erfaßt sind, fehlen andererseits Forschungsergebnisse, die die Erhaltung fließender Flüsse in

der Landschaft präzise begründen. Im folgenden werden einige Gesichtspunkte dieses Problemkreises besprochen. Es wird auf die Notwendigkeit hingewiesen, ökol. und biol. wertvolle Fließgewässer zu erhalten.
D. Werner. 572.

2-64/04-0283 Kočkin, M. A. und Dolgilevič, M. I. Osnovnye itogi, zadači i organizacija naučno-issledovatel'skich rabot po bofbe s èroziej počv na Ukraine. **(Die wichtigsten Ergebnisse, die Aufgaben und die Organisation der wissenschaftlichen Forschungsarbeiten auf dem Gebiet der Erosionsbekämpfung in der Ukraine.)** Bofba s èroziej i povyšenie plodorodija èrodirovan. počv Ukrainy, Kiev **1962** S. 5–17. – Aus: Referativnyj žurnal Moskva. Počvovedenie **1963** Nr. 6. 57. 91. S. 14.
Um Charakter und Ausmaß von Erosionsschäden analysieren zu können, gibt Vf. auf diesem Gebiet einen Überblick über die wissenschaftlichen Forschungsarbeiten der letzten 20–30 Jahre. Außerdem werden folgende Probleme behandelt: Gesetzmäßigkeiten der Entwicklung von Erosionsprozessen, Fruchtbarkeit erodierter Böden, erosionsbekämpfende Maßnahmen und Methoden, die die Fruchtbarkeit erodierter Böden erhöhen.
übersetzt v. G. Boetticher. 573.

2-64/04-0284 Palmer, Robert S.; Durham, Univ. of New Hampshire. Waterdrop impactometer. **(Ein Gerät zur Bestimmung der Aufprallkraft von Wassertropfen—das Impactometer.)** Agric. Engng. **44** (1963) Nr. 4. S. 198–199. – 3 Abb., 4 Lit.
Die Energie eines auf die Erdoberfläche aufschlagenden Wassertropfens ist ein wichtiger Faktor bei der Erosion. Es wurde deshalb ein Gerät entwickelt, mit dessen Hilfe diese Aufprallkraft gemessen werden kann. Das Gerät arbeitet elektrisch und besteht aus folgenden 4 Hauptteilen: 1) Einrichtung zur Bildung von Wassertropfen verschiedener Größe; 2) Meßwertgeber (Gummimembran mit aufgeklebten Dehnungsmeßstreifen); 3) Kathodenstrahloszillographen als Zeichengerät; 4) Kamera zum Aufnehmen der Lichtimpulse auf dem Leuchtschirm des Oszillographen. Aufbau und Arbeitsweise werden erläutert. Versuche mit unterschiedlicher Tropfengröße und unterschiedlich hoher Wasserschicht über dem Auftreffpunkt ergaben, daß eine mehr als 20 mm hohe Wasserschicht über der Aufschlagstelle als Polster wirkt und die Aufprallenergie auffängt. W. Bohrisch. 573.

2-64/04-0285 Skorodumov, A. S. K metodike izučenija agrotechničeskich priemov bofby s vodnoj èroziej počv. **(Zur Methode der Untersuchung agrotechnischer Maßnahmen zur Bekämpfung der Wassererosion von Böden.)** Bofba s èroziej i povyšenie plodorodija èrodirovan. počv Ukrainy, Kiev **1962** S. 203–211. – Aus: Referativnyj žurnal Moskva. Počvovedenie **1963** Nr. 6. 57. 93. S. 14.
Bei der Auswahl eines Versuchsfeldes muß man darauf achten, daß es mindestens 20 m von Windschutzanlagen entfernt liegt. Die Teilstücke müssen rechteckig sein und quer zum Hang angelegt werden. In manchen Fällen ist es zulässig, daß die Teilstücke in 2–3 Reihen quer zum Hang liegen. Die Größe der Teilstücke hängt von der Versuchsfrage ab, soll aber nicht < 200 m^2 sein. Wünschenswert ist eine 3fache Wiederholung des Versuches. Die Versuchsdauer beträgt 2 Jahre und darüber. Die Abflußraten zu Beginn, während und am Ende der Versuche sind festzustellen. Aus diesen und anderen Werten (Niederschläge) wird die Wasserbilanz berechnet. Es ist wünschenswert, die Feldversuche mit Vegetationsversuchen zu kombinieren.
übersetzt v. G. Boetticher. 573.

2-64/04-0286 Bourget, S. J. und MacLean, A. J.; Ottawa, Canada Dep. of Agric. The effect of water erosion on physical and chemical properties of Rideau clay. **(Die Wirkung der Wassererosion auf physikalische und chemi-**

sche Eigenschaften des Rideau-Tons.) Canad. J. Soil Sci. **43** (1963) Nr. 2. S. 370–376. — 4 Tab., 11 Lit.

Ein Vergleich von Boden am Hang mit Boden am Fuß des Hanges ergab, daß Wassererosion vor allem zu einer Verminderung des Gehaltes an Humus, N und $NaHCO_3$-lösl. P führt. Durch bevorzugte Verlagerung des Tons kommt es außerdem zu einer passiven Anreicherung der Sandfraktion. In anderer Hinsicht sind die Unterschiede nur wenig ausgeprägt. Sehr unterliegen die Hangböden der Erosion bei Anbau von Mais ohne Stallmist, fast gar nicht dagegen unter Luzerne. J. Garz. 573.

2-64/04-0287 Pretl, J. Mapa ohrožení zemědělských půd ČSSR větrnou erozí. **(Karte der durch Winderosion bedrohten landwirtschaftlichen Böden der ČSSR.)** Vodní Hospodářství **13** (1963) Nr. 5. S. 165. — 1 Abb., 6 Lit.

Es liegt im Interesse der Steigerung der landwirtsch. Produktion, den schädlichen Wirkungen der Winderosion erhöhte Aufmerksamkeit zu widmen. In der ČSSR gibt es Gebiete, wo die Erosionswirkung stark ist (Elbtal, Südmähren, Südslowakei), andere sind nur erosionsanfällig und werden weniger betroffen. Der Lehrstuhl für Hydromeliorat. der Baufakultät ČVUT in Prag veröffentlicht eine Karte der ČSSR-Böden, die durch Winderosion gefährdet sind. Die Karte weist die Flächen aus, auf denen Schutzmaßnahmen gegen Erosion getroffen werden müssen. Danach sind 29% der Gesamtfläche der ČSSR durch Winderosion bedroht (in Böhmen 26%, Mähren 45% und in der Slowakei 24% des landwirtsch. Bodens). ČSSR/ÚVTI. 573.

2-64/04-0288 Breburda, Josef. **Abwehrmaßnahmen von Erosionsschäden durch Waldschutzstreifen in der Sowjetunion.** Naturwiss. Rdsch. **16** (1963) Nr. 10. S. 394–398. — 8 Abb., 5 Lit. 573.

2-64/04-0289 Schulze, E. und Engels, H. (unter Mitarb. von Remus, A.); Bonn, Univ., Inst. für Pflanzenbau. **Rekultivierung von Lößböden im Rheinischen Braunkohlengebiet. 2.Mitt. Untersuchungen zur Auflandung von Lößböden.** Z. Acker- u. Pflanzenbau **117** (1963) Nr. 3. S. 247–272. — 12 Abb., 17 Tab., 3 Lit. Zus. in Engl. 1. Mitt. vgl. LZ. Abt. II 8 (1963) Nr. 5. S. 1228.

Vff. berichten über eine neue Methode der Lößumlagerung mit Hilfe des Wassers als Transportmittel im sog. Spül- oder Naßverfahren, insbes. über die phys., chem. und biol. Auswirkungen des Wassertransportes und der Lößauflandung sowie die zur Kultivierung des aufgelandeten Lößrohbodens erforderlichen acker- und pflanzenbaulichen Maßnahmen. Während bei der Auflandung von Lößlehm im Polder eine Materialentmischung eintritt, indem am Einlaufrohr sandigerer Boden und erst ab etwa 25 m Entfernung einheitlich gekörnter Boden abgesetzt wird, ist bei der Auflandung von Lößmergel keine nennenswerte Entmischung zu beobachten. Gegenüber dem natürlich gelagerten Boden bringt die Auflandung keine größere Änderung des Porenvolumens mit sich. Durch frühzeitige Bestellung mit Steinklee und Luzerne kann das Porenvolumen des Rohbodens jedoch wesentlich erhöht werden, so daß eine meliorative Tieflockerung nicht erforderlich ist. Anbau von Steinklee als Meliorations- und Pionierpflanze während der 1. Vegetationsperiode nach der Auflandung, hohe Gaben von Wirtschafts- und Handelsdüngern sowie sorgfältige, die Witterung berücksichtigende Bestellung und Pflege sind die Voraussetzungen, um auf dem aufgelandeten Lößrohboden ebenso hohe oder höhere Erträge als auf natürlich gelagertem Lößboden in vergleichbarer Lage zu erzielen. — Nach der Auflandung ist der Lößrohboden praktisch lebensleer. Sofern die Bedingungen für eine Erst- und Wiederbesiedlung des Neubodens mit Bodentieren geschaffen werden, stellen sich spez. Bodentiere wieder ein. Bei zusagender Bewirtschaftung ist eine starke Vermehrung zu erwarten. Insgesamt wird die Lößauflandung günstiger beurteilt als das bisher übliche Trockenverfahren. D. Werner. 573.

2-64/04-0290 Fiala, V. Škodlivé působení kysličníku siřičitého na žitvotní procesy u rostlin. **(Schädliche Wirkung des Schwefeldioxyds auf die Lebensprozesse bei Pflanzen.)** Studijní Inform., rostlinná Výroba **1963** Nr. 4. S. 179 bis 205. — 57 Lit.

In den letzten Jahren entwickelte sich die Industrie sehr intensiv und konzentrierte sich in bestimmten Gebieten des Landes. In der Umgebung dieser Industriezentren gelangen ungeheure Mengen von Industrieemissionen in die Atmosphäre. Die Konz. dieser Emissionen übersteigen oft die zulässige Grenze und sind nicht nur für Mensch und Tier, sondern auch für die ganze Vegetation sehr schädlich. Außer den festen Bestandteilen bilden die toxischen Gasverbindungen eine wichtige Komponente, darunter bes. die S-Verbindungen und vor allem das SO_2. Auf der ganzen Welt wird der Gesundung der Atmosphäre große Aufmerksamkeit gewidmet, und jährlich werden hohe Beträge für die Lösung dieses Problems bereitgestellt. Die vorliegende Arbeit analysiert die Wirkung von SO_2 auf die Pflanzen vom physiol. und biochem. Standpunkt. ČSSR/ÚVTI. 573.

2-64/04-0291 Pelz, E. **Untersuchungen über die Fruktifikation rauchgeschädigter Fichtenbestände.** Arch. Forstwes. **12** (1963) Nr. 10. S. 1066–1077. — 7 Tab., 11 Lit. Zus. in Russ., Engl. — nach Zus.

1. In rauchgeschädigten Beständen fruktifizierten Fichten im Vergleich zu rauchfreien Beständen weniger. 2. Die Zapfen von Fichten aus rauchgeschädigten Beständen waren leichter und kürzer als die aus rauchfreien Beständen. 3. Das Saatgut von Fichten aus rauchgeschädigten Beständen hatte, verglichen mit dem aus rauchfreien Beständen, ein geringes 1000-Korngewicht, wies geringere Keimprozente sowie einen größeren Anteil an Hohl- und Kümmerkörnern auf. 4. Zwischen phänotypisch verschieden rauchharten Fichten deuteten sich ähnliche Unterschiede an wie zwischen rauchgeschädigten und rauchfreien Beständen. 5. Die Ergebnisse wurden so gedeutet, daß die Rauchgase sowohl direkt auf Blüte und Fruchtbildung als auch indirekt über Verluste der Assimilationsmasse und Ernährungsstörungen auf die Fruchtbildung einwirken. 6. Es ist nicht zu erwarten, daß rauchgeschädigte Fichtenbestände regelmäßig fruktifizieren. Die dazukommende Qualitätsminderung des Saatgutes solcher Bestände läßt eine Wirtschaft mit Naturverjüngung nicht zu. 573.

2-64/04-0292 Gamperl, H.; München, Bayer. Staatsmin. für Ernähr., Landwirtsch. und Forsten. **Die Flurbereinigung als ländliche Raumordnung in europäischer Sicht.** Z. Kulturtechn. u. Flurbereinig. **4** (1963) Nr. 4. S. 193 bis 211. — 5 Lit.

Ein 1963 an der TH Graz gehaltener Vortrag wird wiedergegeben. Mit dem Problem der zunehmenden Bevölkerung geht ein anderes Hand in Hand: Der Landwirtschaft werden Flächen entzogen und für andere Zwecke verwendet. Allein in der DBR sind das jährlich 29000 ha. Es ist notwendig, daß bes. fruchtbare Böden der Landwirtschaft erhalten bleiben und daß bei allen Veränderungen im ländlichen Raum erfahrene Flurbereinigungsfachleute hinzugezogen werden. Vf. schlägt vor, Lehrstühle für ländliche Raumordnung an Hochschulen zu errichten, damit alle auf diesem Gebiete Arbeitenden (Ingenieure, Architekten, Wasserbauer, Siedlungsplaner) Einblick in die Problematik erhalten. Raumgestaltende Maßnahmen der Flurbereinigung sind im einzelnen: Dorfauflockerung und Aussiedlung, Erweiterung des Wegenetzes, Be- und Entwässerung, Neuverteilung von Betriebsflächen und Maßnahmen des Landschaftsschutzes und der -pflege. E. M. Ardelt. 575.

2-64/04-0293 Strebel, Ed. **Untersuchungen über die Auswirkungen von Flurbereinigungen.** Schweiz. Z. Vermess., Kulturtechn. Photogrammetrie **61** (1963) Nr. 10. S. 294–304. 575.

2-64/04-0294 Bachmann, E. **Die Grünflächen im Bebauungsplan.** Schweiz Z. Vermess., Kulturtechn. Photogrammetrie **61** (1963) Nr. 10. S. 304–310. – 3 Abb. 576.

2-64/04-0295 *Cottam, Walter P.* **Our renewable wild lands — a challenge.** Salt Lake City: University of Utah Press. 1961. (VII, 182 S. m. 34 Abb. u. 9 Tab.) 8°. Das Buch hat Fragen der Rekultivierung von Wildländereien bzw. ihres Schutzes gegen weitere Degradierung des Staates Utah (USA) zum Inhalt. Zunächst wird ein Überblick über die seit der Besiedelung durch die Amerikaner verflossenen 100 Jahre gegeben. Dann wird der Leser mit einigen ökolog. Methoden zur Feststellung des Ausmaßes der Landdegradierung bekannt gemacht. Als Hauptprobleme werden Untersuchungen zum Wasserhaushalt im Zusammenhang mit der Vegetation angesehen. H. Kretschmer.

2-64/04-0296 *Gračanin, Zlatko.* Hrsg.: Institut für kontinentale Agrar- und Wirtschaftsforschung der Justus Liebig-Universität Gießen. **Verbreitung und Wirkung der Bodenerosion in Kroatien.** Giessener Abhandlungen zur Agrar- und Wirtschaftsforschung des europäischen Ostens. Bd. 21. Gießen: Kommissionsverlag Wilhelm Schmitz. 1962. (400 S. m. 120 Abb. u. 13 Kt.) 8°. DM 34,– = Osteuropastudien der Hochschulen des Landes Hessen, Reihe I. Die überwiegend bergigen Oberflächenformen Kroatiens bieten der Bodenerosion große Angriffsmöglichkeiten. Zudem macht die weite Verbreitung reiner Kalke und Dolomite mit langsamer Bodenbildung beträchtliche Teile des Landes gegen Abtragsschäden empfindlich. Aber auch die verschiedentlich vorkommenden tertiären Mergel und pleistozänen Lehme und Tone neigen zu oberflächlichem Abfluß. Vf. untersucht diese Fragen ausführlich unter Berücksichtigung des Klimas, der Vegetation und des menschlichen Einflusses. Bes. Kapitel sind der Wirkung der Bodenerosion auf Bodeneigenschaften in typischen Schadensgebieten und den Maßnahmen zur Bekämpfung der Bodenerosion gewidmet. H. Kretschmer.

2-64/04-0297 *Coughenour, C. M.* and *Kothari, K. B.* **What bluegrass farmers think are the conditions for using soil-conservation and soil-building practices.** Lexington: Univ. of Kentucky. 1962. (14 S.) 4° = Progress-report, Agricultural experiment station 120. (SR 2937, 120)

2-64/04-0298 *Kňazovický, Ladislav.* **Les, voda, poda.** (Wald, Wasser, Boden.) Bratislava: Slovenske vyd. pôdohosp. lit. 1962. 4° = Edicia Lesnictvo Nr. 63. (SR 2759, 63)

2-64/04-0299 *Filimonovna, Valentina Dmitrievna.* **Kul'tura toplej za granicej.** (Pappelkultur im Auslande.) Moskva: Goslesbumizdat. 1962. (134 S.) 8°. (1963 A 836)

2-64/04-0300 *Weitzenberg, Horst.* **Wasser- und Boden-Erhaltung in Afrika.** Auf Erfahrungen gestützte Vorschläge zu Projekten d. Dürre-Bekämpfung im Rahmen d. Technischen Hilfe – zur Sicherung u. Förderung d. sozialen u. wirtschaftlichen Entwicklung d. afrikan. Länder. Baden-Baden: Lutzeyer. 1962. (72 S.) 8° = Schriftenreihe zum Handbuch der Entwicklungshilfe. H. 6 (1963 A 832)

2-64/04-0301 **Water-deposits and wetlands require conservation.** Tallinn: Acad. of Science of the Estonian SSR. 1962. (72 S.) 8°. (1963 A 490)

2-64/04-0302 **Biologičeskie resursy vodoemov Moldavii.** (Biologische Reserven der Gewässer Moldawiens.) Hrsg.: Akad. nauk Mold. SSR, Inst. zoologii. Kišinev: Izd. „Štiinca" Akad. nauk Mold. SSR. 1962. (85 S.) 4°. (1963 B 146)

2-64/04-0303 **Ochrana zemědělské pudy vodní erozí.** (Schutz des Ackerbodens gegen Wassererosion.) Praha: Ústav vědeckotechn. informací MZLVH. 1963. (17 S.) 8° = Metodiky pro zavádění výsledku výzkumu do praxe Nr. 14. (SR 2716, 1963, 14)

2-64/04-0304 **Beiträge zur Erforschung des Naturschutzgebietes „Ostufer der Müritz".** Greifswald. 1962. (250 S. m. Abb. u. 3 Kt.) 8° = Beiträge zur Erforschung Mecklenburgischer Naturschutzgebiete. 1. (SR 3135, 1)

H. Planung und Nutzung von Meliorationsmaßnahmen

2-64/04-0305 Henning, H. **Schwerpunkte der Meliorationsökonomik.** Z. Landeskult. **5** (1963) Nr. 1. S. 25–36. – 1 Abb. Zus. in Russ., Engl. – nach Zus.
Nach den ökon. Problemen werden die Institutionen in 3 Gruppen gegliedert. Die 1. Gruppe umfaßt die vorbereitenden Institutionen, die 2. die Meliorationsbaubetriebe und die 3. die Landwirtschaftsbetriebe mit ihren Meliorationsgenossenschaften als zwischenbetriebliche Einrichtungen. Als ökon. Schwerpunkte werden die Verbesserung der Planung, die Erarbeitung einer einheitlichen Methodik zur Nutzeffektermittlung, die Verbesserung des Meliorationsmaschineneinsatzes und die Durchführung von Betriebsvergleichen herausgestellt. 580.

VI. PFLANZENERNÄHRUNG UND DÜNGUNG

B. Pflanzenernährung

2-64/04-0306 Dietrich, H. **Untersuchungen zum Nährstoffkreislauf von Fichtenbeständen im Osterzgebirge.** Arch. Forstwes. **12** (1963) Nr. 10. S. 1116 bis 1136. – 4 Abb., 10 Tab., 14 Lit. Zus. in Russ., Engl. – nach Zus.
Auf einem Sandstein-(S1) und einem Gneisstandort (G3) des Tharandter Waldes wurden der Streufall sowie der N-, Ca- und P-Gehalt der Streu von je zwei etwa 80jähr. Fichtenbeständen III. Ertragsklasse 2 Jahre lang untersucht. – Mit einer jährl. Streumenge von 3–3,5 t/ha werden 28–37 kg N, 20–30 kg Ca und 2–3 kg P je ha dem Boden zurückgegeben. – Die Werte für die jährl. Streuproduktion, für die Konz. der Nährstoffe und damit für die jährl. Nährstoffrückgabe schwanken von Jahr zu Jahr erheblich. Standorts- und bestockungstypische Durchschnittswerte lassen sich daher nur durch langjähr. Untersuchungen ermitteln. – Die Streu fällt im wesentlichen in den Mon. März–Mai und Okt.–Dez. – Der Gehalt der Streunadeln an N und P ist im Frühjahr am höchsten und nimmt zum Herbst hin ab. Der Ca-Gehalt verhält sich i. allg. umgekehrt. – Auf dem Sandsteinstandort ist der N- und P-Gehalt der Streunadeln höher, der Ca-Gehalt aber niedriger als auf dem Gneisstandort. Die Werte stehen zu einem unterschiedlichen Nährstoffangebot des Bodens beider Standorte in Beziehung. – Der Variabilitätskoeffizient der Jahresstreumenge wurde für 10 wahllos aufgestellte Streufänge mit 1 m^2 großer Auffangfläche bei einem Schlußgrad der Bestockung von 0,8 mit 10–15% ermittelt. – Die Anlage eines Kalkungsversuches, der die statistische Auswertung der Streufallmessungen und der ertragskundlichen Ergebnisse gestattet, wird beschrieben.
625.

2-64/04-0307 Anonym. Deficiency diseases in plants. **(Mangelkrankheiten an Pflanzen.)** Agric. Gaz. New South Wales **74** (1963) Nr. 7. S. 400–404. 420. – 9 Abb., 2 Tab. 625.

2-64/04-0308 Allison, F. E., deMar, W. H. und Smith, J. H.; Beltsville, U. S. Soils Lab. Toxicity to garden peas of certain finely-ground woods and barks mixed with soil. **(Die Giftigkeit feinzermahlener Hölzer und Borken für Gartenerbsen.)** Agronomy J. **55** (1963) Nr. 4. S. 358–360. – 4 Abb., 15 Lit.
28 verschiedene Laub- und Nadelhölzer sowie die jeweiligen Borken wurden feinzerkleinert in Mengen von 1–8 Gew.% dem Versuchsboden bei gleichzeitiger ausreichender N-Düngung zugesetzt. Der Versuchsboden war jahrelang bebaut worden, war gekalkt und hatte einen pH-Wert von über 6,5. 22 dieser Hölzer und Borken erwiesen sich als unschädlich für das Keimen und Wachsen von Garten-Erbsen. In 4 Fällen (bei der Rot-Zeder, Gelb-Pappel, Ponderosa-Kiefer und Loblolly-Kiefer) konnte bei Zusätzen von 2 oder 4% eine geringe Giftigkeit festgestellt werden, während sich das Holz der kalifornischen Weihrauchzeder und die Borke der Weiß-Kiefer bereits bei Zusätzen von 1 und 2% als sehr giftig erwiesen. G. Loßner. 625.

2-64/04-0309 Hammes, Jack K. und Bartz, J. F.; Le Sueur, Minn., Green Giant Co. Root distribution and development of vegetable crops as measured by radioactive phosphorus injection technique. **(Wurzelverteilung und Entwicklung von Gemüsepflanzen, gemessen mit Hilfe der Radio-Phosphor-Injektionstechnik.)** Agronomy J. **55** (1963) Nr. 4. S. 329–333. – 6 Abb., 3 Tab., 11 Lit.
Vff. prüften in Feldversuchen die Entwicklung, Verteilung und Aktivität der Wurzeln von Möhren, Zwiebeln, Pfeffer und Buschbohnen durch Messung der Pflanzenaktivität an ^{32}P, der den Böden in Form einer $KH_2{}^{32}PO_4$-Lösung zugesetzt worden war. Außerdem wurde die P-Aufnahme durch Kartoffeln

untersucht, wobei auf Moorboden bei Gaben von 2–16 lb./acre P nur geringe Unterschiede auftraten. Die ^{32}P-Aktivität der eingesetzten Lösungen betrug in mc/l 1,92 bei Kartoffeln, 2,4 bei Pfeffer, 4 bei Zwiebeln und Möhren sowie 4,0 und 8,0 bei Buschbohnen. Das Wurzelsystem der Möhren drang auf Mineralböden tiefer als auf gut dräniertem Moorboden vor. Zwischen Blühtermin und Ernte bildeten Buschbohnen sehr schnell abwärts gerichtete Wurzeln aus. Ungefähr 80% der aktiv absorbierenden Zwiebel- und Pfefferwurzeln befanden sich in der obersten, 8 in. starken Bodenschicht. G. Loßner. 625.

2-64/04-0310 Ehrler, William L. Water absorption of alfalfa as affected by low root temperature and other factors of a controlled environment. **(Die durch niedrige Wurzeltemperatur und andere gelenkte Umweltfaktoren beeinflußte Wasseraufnahme der Luzerne.)** Agronomy J. **55** (1963) Nr. 4. S. 363–366. – 2 Abb., 7 Lit.
4 im Klimaraum mit den auf Nährlösung gezogenen Luzernesorten 'Buffalo', 'Ladak', 'Lahontan' und 'Moapa' unternommene Versuchsreihen zeigten, daß gestörte Wasseraufnahme und Welken dieser Pflanzen trotz ausreichenden Wasserangebotes durch niedrige Wurzeltemperaturen verursacht werden können. Die Messungen umfaßten den Temperaturbereich von 3–10 °C und zur Kontrolle von 24–28 °C; neben der Einwirkungsdauer erniedrigter Wurzeltemperaturen wurden die Lichtintensität, die Lufttemperatur und die rel. Luftfeuchtigkeit variiert. Signifikante Beziehungen zwischen Sorte und Wurzeltemperatur konnten nicht ermittelt werden. G. Loßner. 640.

2-64/04-0311 Masujima, Hiroshi und Kon, Tadao. Soil moisture system in relation to plant growth. II. Some effects of soil moisture on the growth of timothy. **(Beziehung zwischen dem Bodenwassersystem und dem Pflanzenwachstum. 2. Mitt. Einige Wirkungen der Bodenfeuchte auf das Wachstum von Lieschgras.)** Res. Bull. Hokkaido nat. agric. Exp. Stat. **1963** Nr. 80. S. 70–76. – 3 Abb., 6 Tab., 12 Lit. Orig.: jap., Ausz.: engl. 1. Mitt. vgl. LZ. Abt. II 8 (1963) Nr. 10. S. 2621.
Mit der Verbesserung der chem. Eigenschaften der Böden von Hokkaido durch Düngung werden die fehlende Bodenfeuchte und die schlechten bodenphysikal. Bedingungen dieser Böden zum begrenzenden Faktor für die pflanzliche Produktion. In Gefäß- und Freilandversuchen wurde gefunden, daß mit zunehmender Bodenfeuchtetension die Tr.-Subst.-Produktion, das Schoßwachstum und die Transpiration des Lieschgrases abnehmen, die Salzkonz. der Bodenlösung aber ansteigt. Abnehmende Bodentiefe, leicht und schwer durchlässige Bodenschichten und Abnahme der Bodenfeuchte bis zum Welkepunkt wirkten negativ auf die pflanzliche Produktion. H. Unger. 640.

2-64/04-0312 Wetselaar, R. und Hutton, J. T.; Canberra, C.S.I.R.O.; Adelaide, C. S. I. R. O. The ionic composition of rainwater at Katherine, N. T., and its part in the cycling of plant nutrients. **(Die Ionenzusammensetzung des Regenwassers in Katherine, N. T., und ihr Anteil am Kreislauf der Pflanzennährstoffe.)** Austral. J. agric. Res. **14** (1963) Nr. 3. S. 319 bis 329. – 7 Tab., 23 Lit.
In den Regenzeiten 1958–59 und 1959–60 auf der Katherine-Forschungsstation aus einzelnen Schauern gesammelte Regenwasserproben wurden auf ihren Gehalt an NO_3^-, NH_4^+, Na^+, K^+, Mg^{++}, Cl^- und unlösl. Kieselsäure untersucht. Trotz eines jährlichen Niederschlages von 925 mm entfielen pro ha nur 6–7 kg lösl. Substanz. Beziehungen zwischen dem NO_3^--Gehalt des Regenwassers und dem Auftreten von Blitzen konnten nicht ermittelt werden. Die Konz. aller Ionen nahmen mit fortschreitendem Schauer sowie von Schauer zu Schauer ab. Es wird angenommen, daß die meisten der im Regenwasser gefundenen Mineralstoffe dem Boden und der Pflanzenwelt entstammen. G. Loßner. 645.

2-64/04-0313 Höhne, H. **Der Mineralstoff- und Stickstoffgehalt von Waldbodenpflanzen in Abhängigkeit vom Standort.** Arch. Forstwes. 12 (1963) Nr. 8. S. 791–805. – 2 Tab., 8 Lit. Zus. in Russ., Engl. – nach Zus.

Der Mineralstoff- und N-Gehalt von 10 Waldsüßgräsern, 1 Simse, 7 Kräutern und Zwergsträuchern sowie 3 Farnen jeweils verschiedener Herkünfte wurden bestimmt und mit den analytischen Daten der zugehörigen Böden verglichen. Trotz geographisch unterschiedlicher Lage werden von den Pflanzen der Bodenvegetation edaphisch gleichwertige Standortverhältnisse bevorzugt. Bestimmte Arten der Waldbodenflora weisen für einige Elemente ein spezifisches Selektionsvermögen auf. Abgesehen hiervon bestehen engere Beziehungen zwischen dem Nährstoffgehalt der Pflanze und dem des Bodens. 645.

2-64/04-0314 Ljones, Bjarne. Leaf composition in apple, raspberry, and black currant as related to nutrient elements in the soil. **(Blattzusammensetzung des Apfels, der Himbeere und der Schwarzen Johannisbeere in Abhängigkeit von Nährstoffelementen im Boden.)** Meld. norges Landbrukshøgskole **42** (1963) Nr. 5. S. 1–90. – 17 Abb., 53 Tab., 45 Lit. Zus. in Norw.

Vf. ermittelte bei der Untersuchung von Böden und Blattproben von Äpfeln, Himbeeren und Schwarzen Johannisbeeren, die aus Langzeitfeldversuchen oder von Erwerbsanbauflächen stammten, Korrelationen zwischen den Makronährstoffen des Bodens und dem Gehalt derselben Elemente in der Blatttrockenmasse. Bei der Prüfung von Düngemitteln ($Ca[NO_3]_2$, Superphosphat, K_2SO_4, $Ca[OH]_2$ und Dolomit) galt das Hauptaugenmerk den Primär- (z. B. Erhöhung des N-Gehaltes der Blätter durch $Ca[NO_3]_2$) und den Sekundärwirkungen (z. B. Steigerung des Mg- und Senkung des B-Gehaltes der Blätter durch $Ca[NO_3]_2$). Superphosphatgaben von 50 g/m² erhöhten den P-Gehalt der Himbeerblätter von 0,271 auf 0,309% der Tr.-Subst., während 50 g $Ca[NO_3]_2/m^2$ den P-Gehalt von 0,319 auf 0,261% und den B-Gehalt im Mittel von 25,7 auf 16,7 ppm senkten. Der K-Gehalt von Apfelblattproben aus Langzeit-Düngungsversuchen zeigte von Jahr zu Jahr beträchtliche Schwankungen, obgleich die Dünger stets in gleicher Höhe appliziert wurden. G. Loßner. 645.

2-64/04-0315 Elser, A. E. und Carolus, R. L. Variability in the mineral composition of celery selections as related to magnesium deficiency. **(Schwankungen in der Mineralzusammensetzung ausgewählter Selleriepflanzen in Verbindung mit Magnesiummangel.)** Michigan State Univ., agric. Exp. Stat., quart. Bull. **45** (1963) Nr. 4. S. 581–588. – 3 Tab., 13 Lit.

Die Bestimmung des Gehalts an P, Ca, Mg, Mn, Fe, Cu, Zn, B (spektrographisch) sowie Na und K (flammenphotometrisch) von ausgewählten Selleriepflanzen der gleichen Sorte ergab, daß die bei einigen Pflanzen auftretende Chlorose mit dem unterschiedlichen Gehalt an Nährstoffen (bes. an Mg, P, Fe und Al) in den einzelnen Pflanzenteilen zusammenhängt. Der Mg-Gehalt der normalen Pflanzen in den Stengeln (einschl. dem obersten Teil der Knolle, der die Blattstiele trägt), Blattstielen und Blattspreiten war höher als in den von Chlorose befallenen. Bei den Wurzeln und Herzblättern bestanden diese Unterschiede nicht. Der höhere Mg-Gehalt in den erwähnten Pflanzenteilen war von höheren P- und niedrigerem Fe- und Al-Gehalt begleitet, während die Stengel der kranken Pflanzen 56% mehr Fe und 98% mehr Al als die normalen Pflanzen enthielten. Es wird vermutet, daß diese außergewöhnlich starke Ansammlung von Fe und Al, die von der Art des Keimplasmas beeinflußt wird, zur Inaktivierung von P führt, wodurch wiederum der Mg-Transport durch den Stengel zu den Blättern blockiert ist. P. Stoß. 645.

2-64/04-0316 Guettinger, D. L. und Koehler, F. E.; Pullman, Washington State Univ. Nitrogen relationships in wheat plants. **(Stickstoff-**

beziehungen in Weizenpflanzen.) Agronomy J. **55** (1963) Nr. 4. S. 409 bis 410. — 2 Abb., 3 Lit.
Es sollte untersucht werden, ob mit Hilfe des Schnelltests nach Woolley der Ernährungszustand von Weizenpflanzen zuverlässig ermittelt werden kann. Bestimmungen des NO_3^-- und des NO_2^--Gehaltes der Pflanzen nach der Schnellmethode lieferten übereinstimmende Werte mit den nach Kjeldahl ausgeführten Bestimmungen des Gesamt-N, womit die Eignung des Woolley-Schnelltestes für die Beurteilung des Ernährungszustandes von Weizenpflanzen nachgewiesen wurde. G. Loßner. 654.

2-64/04-0317 Saalbach, E., Kessen, G. und Kürten, P. W.; Dülmen/Westf., Landwirtsch. Forsch. Hanninghof. **Der Einfluß der Stickstoffdüngung auf die Zusammensetzung von Kartoffeleiweiß.** Z. Pflanzenernähr., Düng., Bodenkunde **101** (1963) Nr. 3. S. 193–200. 4 Tab., 21 Lit.
Zur Überprüfung des Einflusses der N-Düngung auf die Eiweißqualität in Abhängigkeit von der Ertragsbildung wurden 1960 20 N-Düngungsversuche (0, 40, 80, 100 kg/ha N) zu Kartoffeln mit unterschiedlichen Sorten auf 4 Standorten angelegt. Die biol. Wertigkeit (EAS-Index nach Oser) wurde nur in der Proteinfraktion bestimmt; die lösliche N-Fraktion blieb unberücksichtigt. — Neben den Ertragssteigerungen trat durch die N-Düngung auch eine Zunahme des Rein- und Rohproteingehaltes ein. Die höchsten Kartoffelerträge wurden z. T. bereits durch Düngung mit 40 kg/ha N erreicht, während auf anderen Standorten noch Ertragssteigerungen bei Gaben von 100 kg/ha N erreicht wurden. Bei der Bestimmung der biol. Wertigkeit der Proteinfraktion konnte eine Beeinflussung durchdie Höhe der N-Düngung nicht festgestellt werden. Selbst N-Gaben, die über das Optimum hinausgingen, bewirkten kein Absinken der Eiweißwertigkeit. Es wurde nur geringe Abhängigkeit der Eiweißwertigkeit vom Anbaustandort festgestellt.
H. Ansorge. 654.

2-64/04-0318 Ščukina, A. I.; Kuibyschew, Staatl. Pädagog. Kuibyschew-Inst. Vlijanie kalija na zasuchoustojčivost' pšenicy. **(Der Einfluß von Kali auf die Resistenz des Weizens gegen Trockenheit.)** Fiziologija rastenij, Moskva **10** (1963) Nr. 3. S. 313–318. — 6 Tab., 16 Lit. Zus. in Engl.
In 3jährigen Versuchen wurde an Weizen 'Leukurum 33' mit unterschiedlicher K-Düngung die Auswirkung einer 10täg. Bodentrockenheit, beginnend mit dem Schossen bei 40% WK, auf den Wasserhaushalt der Pflanzen geprüft. In der übrigen Zeit wurden 70% der WK eingehalten. Der Gehalt an freiem und gebundenem Wasser, der Hydratationszustand der Kolloide, die Transpirationsproduktivität, die Welketranspiration, der osmotische Druck und die Saugkraft in den Blättern wurden bestimmt. K erhöht die Dürreresistenz des Weizens. Auf Grund der leichten Eindringbarkeit in die Zelle bewirkt K eine höhere Ladung der Kolloide, auf Grund dessen die wasserhaltende Kraft letzterer erhöht wird. Dies ermöglicht den Pflanzen, die Trockenperioden ohne starke Ertragseinbußen zu überstehen. Saatgutbehandlung mit K führte ebenfalls zu einer Erhöhung der Resistenz gegen Trockenheit.
J. Birke. 660.

2-64/04-0319 Vyckrebenceva, Ė. I.; Moskau, Pflanzenphysiol. Timirjasew-Inst. der Akad. der Wiss. der UdSSR. Okislitel'nyj i azotistyj obmen v kornjach tykvy pri kalijnom golodanii. **(Oxydations- und N-Stoffwechsel in Kürbiswurzeln bei Kalimangel.)** Fiziologija rastenij, Moskva **10** (1963) Nr. 3. S. 307–312. — 1 Abb., 4 Tab., 26 Lit. Zus. in Engl.
Kürbis wurde in Wasserkultur angezogen, wobei in der Versuchsvariante K^+ der Nährlösung durch Na^+ ersetzt wurde. Nach 35 Tagen wurden die Wurzeln in flüssigem N_2 fixiert und der Gehalt an org. Säuren, Aminosäuren sowie an Gesamt- und Eiweiß-N festgestellt. K-Mangel führt zur Unterdrückung der Reaktionen des Krebs-Zyklus, wodurch die Oxydation der bei der Glykolyse

gebildeten Brenztraubensäure gehemmt wird und der Gesamtspiegel der org. Säuren absinkt. Die Störungen im Säurestoffwechsel sind durch die Senkung des Gehalts an α-Ketoglutarsäure, Äpfelsäure und Bernsteinsäure und durch das Auftreten von Oxybrenztraubensäure und Glyoxylsäure charakterisiert. Diese Veränderungen im Säurestoffwechsel führen zu Störungen im N-Stoffwechsel. Der Gehalt an Glutaminsäure sinkt, während der Gehalt an Alanin, Serin und Asparaginsäure überhöht ist. Diese Anreicherung von freien Aminosäuren bei K^+-Mangel wird durch die Hemmung der Eiweißbildung hervorgerufen, dabei sinkt der Eiweißgehalt. J. Birke. 660.

2-64/04-0320 Binet, P. Le sodium et le potassium chez Suaeda vulgaris. **(Natrium und Kalium bei Suaeda vulgaris.)** Physiol. Plantarum [Copenhagen] **16** (1963) Nr. 3. S. 615–622. – 1 Abb., 3 Tab., 3 Lit. 660.

2-64/04-0321 Šilling, G. Magnij – neobchodimyj ėlement pitanija rastenij. **(Magnesium als notwendiges Element der Pflanzenernährung.)** V sb.: Mikroėlementy i estestv. radioaktivnost' počv, Rorstov-na-Donu **1962** S. 89–91. Aus: Referativnyj žurnal Moskva. Počvovedenie **1963** Nr. 6.57.116. S. 17.
In Vegetationsversuchen mit Flachs wurde festgestellt, daß die Pflanzen fähig sind, aus dem Boden nur wasserlösliches und austauschbares Mg aufzunehmen. Die Menge dieses Mg beträgt in verschiedenen Böden 0,4–60 mg/100 g. In Feldversuchen mit Kartoffeln wurde ermittelt, daß die Verwendung von Mg-Düngemitteln dann wirksam ist, wenn der Mg-Gehalt in leichten Böden <5 mg/100 g, in schweren Böden <7 mg/100 g und in sehr schweren Böden <11 mg/100 g beträgt. Die Bestimmung des Gehaltes an aufnehmbaren Mg-Formen in 100-g-Bodenproben aus verschiedenen Gebieten der DDR hat gezeigt, daß $\sim$30% der Böden nur geringen Mg-Gehalt haben. Der höchste Mg-Gehalt wurde in Böden festgestellt, die sich auf Ablagerungen von Zechstein, Buntsandstein, Muschelkalk, Diabasen und anderen Gesteinen gebildet haben. Die geringste Mg-Menge wurde in Diluvialböden gefunden.
übersetzt v. G. Boetticher. 660.

2-64/04-0322 Györi, D. Adatok a mütrágyáknak a növények mikroelemtartalmára és mikroelem dinamikájára gyakorolt hatásához. **(Beiträge zum Einfluß der Handelsdünger auf den Gehalt der Pflanzen an Spurenelementen und auf deren Dynamik.)** Agrokém. és Talajtan [Agrochem. u. Bodenkunde] **12** (1963) Nr. 1. S. 41–56. – Aus: Ung. Agrar-Rdsch. **1963** Nr. 4.
Die Aufnahme der Spurenelemente durch die Pflanzen aus dem Boden wird durch agrochemische Maßnahmen, wie z. B. die Düngung mit Handelsdüngern, beeinflußt. Der Gehalt an Spurenelementen im Hafer und im Roggen erreicht – das entspricht der Dynamik der Makronährstoffe N, P und K – sein Max. z. Z. des Schossens. Die Menge der aus dem Boden aufgenommenen Spurenelemente nimmt je Flächeneinheit und je Einheit org. Masse gegen Ende der Vegetationsperiode allmählich zu, bes. stark nach der Ährenbildung. Die Anhäufung von Mn in den Blättern und Stengeln sowie von Zn und Cu in den Körnern steht im engen Zusammenhang mit der physiol. Eigenart der genannten Elemente. Unter dem Einfluß von Handelsdüngern nehmen die Hafer-, Roggen- und Kartoffelerträge zu, gelegentlich steigt auch der Gehalt an Spurenelementen je Einheit Trockenmasse. Die Aufnahme der Spurenelemente ist bei kombinierter NPK-Düngung besser als bei gesonderter Verabreichung von N, P und K. Da die Aufnahme der Spurenelemente durch die Pflanzen durch Handelsdünger verstärkt wird, nehmen die Bodenvorräte an verfügbaren Spurenelementen auf jeden Fall ab, wenn lange Zeit hindurch hohe Handelsdüngergaben verabreicht werden. Offensichtlich entsteht dadurch im Boden Mangel an Spurenelementen, und die Düngung mit diesen ist erfolgreich. 665.

2-64/04-0323 Ušakova, V. F.; Moskau, Unions-Forsch.-Inst. für Düng. und Bodenkunde. Vlijanie sistematičeskogo vnesenija navoza i mineral'nych udobrenij na soderžanie mikroėlementov v počvach i rastenijach. **(Der Einfluß des systematischen Einbringens von Stalldung und Mineraldünger auf den Gehalt an Spurenelementen im Boden und in den Pflanzen.)** Vestnik sel'skochozjajstvennoj nauki, Moskva **8** (1963) Nr. 1. S. 56–59. — 4 Tab., 10 Lit. Zus. in Engl., Franz., Dtsch.

Der Einfluß einer längeren systematischen Düngung (30–50 Jahre) auf den Gehalt an Spurenelementen (B, Mn, und Mo) in Boden und Pflanze bei verschiedenen Bodentypen (Rasenpodsolböden, ausgelaugte Schwarzerde, Grauerde) und Kulturen (Kartoffeln, Zuckerrüben, Klee, Lein und Baumwolle) wurde durch analytische Methoden festgestellt. Der Gesamtgehalt der genannten Spurenelemente erhöhte sich auf Grund von Stalldung- und Mineraldüngergaben nicht wesentlich. Durch Stalldunggaben konnte auf Rasenpodsolböden und ausgelaugter Schwarzerde der Anteil an leicht beweglichem B und oxalatlöslichem Mo gesteigert werden. Auf stark podsoliertem Sandboden wurde durch mineral. Düngung der Gehalt an leichtbeweglichen Mn-Formen erhöht. Die Veränderungen des Gehalts im Boden wirken sich analog auf die Pflanzen aus. Die festgestellten Veränderungen im Spurenelementgehalt führt Vf. auf einen Komplex von Faktoren zurück, die oft in entgegengesetzter Richtung wirken. Bes. der Einfluß des Einbringens von Spurenelementen mit org. und mineral. Dünger und die Steigerung der Beweglichkeit der Spurenelemente unter dem Einfluß der Versauerung oder Veränderung anderer Eigenschaften des Bodens sind zu untersuchen. G. Jury. 665.

2-64/04-0324 Bingham, Frank T.; Riverside, Calif., Univ., Citrus Res. Centre. Relation between phosphorus and micronutrients in plants. **(Beziehung zwischen Phosphor und Mikronährstoffen in Pflanzen.)** Proc. Soil Sci. Soc. America **27** (1963) Nr. 4. S. 389–391. — 2 Tab., 7 Lit.

In Sand-Nährlösungsversuchen wurden Bohnen, Mais, Tomaten und Orangen 6 Wochen lang mit gestaffelten P-Mengen (1, 10 und 100 ppm) sowie mit 0,25 ppm B und Mn und 0,5 ppm Cu, Mo und Zn versorgt. Fe war als Magnetit im Sand enthalten. Die Nährlösungen wurden im Verlaufe des Versuchs wöchentlich erneuert. — Mit steigender P-Gabe erhöhten sich Ertrag und P-Gehalt der Pflanzensubstanz. Der Gehalt an Mikronährstoffen ließ hingegen keine einheitliche Beeinflussung erkennen. So wurde der Mn-Gehalt z. B. bei Bohnen mit steigender P-Gabe erhöht, bei Mais aber kaum verändert. Hinweise für einen P/Cu-Antagonismus ergaben sich i. allg. nicht. Nur die Orangen nahmen bei hohen P-Gaben etwas weniger Cu auf.

H. Kretschmer. 665.

2-64/04-0325 Munns, D. N., Johnson, C. M. und Jacobson, L.; Berkeley, Univ. of California. Uptake and distribution of manganese in oat plants. I. Varietal variation. **(Aufnahme und Verteilung von Mangan in Haferpflanzen. 1. Mitt. Sorten-Variation.)** Plant and Soil [The Hague] **19** (1963) Nr. 1. S. 115 bis 126. — 3 Abb., 6 Tab., 8 Lit.

Haferpflanzen der Sorten 'Sun', 'Acton', 'Bannock', 'Exeter', 'Cody' und 'Algerian' wurden mit Nährlösung versorgt und nach 18–25 Tagen geerntet und analysiert. Mn-Gehalt und pH der Nährlösung wurden während der Versuche ständig überprüft und justiert (Mn $\pm$ 10%, pH $\pm$ 0,3 Einheiten vom Ausgangswert). — Im Mn-, Cu-, Zn- und Ca-Gehalt sowie im Ertrag bestanden signifikante Differenzen zwischen einigen der angeführten Sorten. Lediglich der Fe-Gehalt erwies sich als rel. konstant. Die Differenzierung zwischen den einzelnen Sorten war im Hinblick auf die einzelnen Elemente nicht gleichgerichtet. Gewisse Schwankungen im Mn-Gehalt ergaben sich auch in Abhängigkeit von der Jahreszeit und der Substrattemperatur.

H. Kretschmer. 665.

2-64/04-0326 Elmer, J. L. und Gosnell, J. M. The role of boron and rainfall on the incidence of a wattle dieback in East Africa. **(Die Bedeutung von Bor und Regen hinsichtlich des Erscheinens von „dieback" bei Acacia in Ost-Africa.)** East Africa agric. Forestry J. **29** (1963) Nr. 1. S. 31–38. – 2 Abb., 5 Tab., 5 Lit

„Dieback" tritt hauptsächlich an jungen Bäumen (bis zum 3. oder 4. Jahr) in trockenen Jahren auf und hängt mit B-Mangel zusammen. Zuerst ist ein Welken des apikalen Wachstumskegels am Hauptstamm zu bemerken. In diesem Stadium erscheinen die Bäume bes. an klaren Sonnentagen von graugrüner Farbe, verbunden mit Welketracht. Bald danach sterben die apikalen Wachstumskegel ab, und eine Defoliation setzt ein. Schließlich stirbt auch die Kambiumzone nach bräunlicher Verfärbung ab. Die an den unteren Zweigen der Bäume noch verbliebenen Blätter werden chlorotisch, dann rötlich, und allmählich stirbt der gesamte Baum ab. – Während der Periode 1947/61 bestand eine hochsignifikante negative Korrelation zwischen dem Auftreten von „dieback" und der Niederschlagshöhe. Auch B-Steigerungen führten zur gleichen Korrelation. H. Kretschmer. 665.

2-64/04-0327 Hagstrom, G. R. und Berger, K. C.; Madison, Univ. of Wisconsin. Molybdenum status of three Wisconsin soils and its effect on four legume crops. **(Molybdängehalt dreier Böden Wisconsins und seine Wirkung auf 4 Leguminosen.)** Agronomy J. **55** (1963) Nr. 4. S. 399–401. – 1 Abb., 3 Tab., 5 Lit.

Auf 3 sehr schlecht mit Mo versorgten Böden (0,47, 0,34 und 0,26 ppm) wurden Rotklee, Lupinen, Sojabohnen und Erbsen angebaut. Gaben von 2 lb./acre $Na_2MoO_4 \cdot 2\,H_2O$ in den Boden steigerten den Ertrag von Rotklee um 65%, den Sojabohnenertrag um 80%, bei Sojabohnen außerdem die Knöllchenbildung und den N-Gehalt. Saatgutvorbehandlungen mit Mo-Präparaten führten bei Lupinen zur Ertragserhöhung um 75%, bei Erbsen um 35% sowie zur Zunahme des N-Gehaltes und zu verstärkter Knöllchenbildung. Die pH-Werte der Versuchsböden lagen zwischen 5,0–5,3. Bei den Mo-Gaben in den Boden steigerte gleichzeitige Kalkzufuhr die Verfügbarkeit des Mo sowie den Mo-Gehalt der Pflanzen. G. Loßner. 665.

2-64/04-0328 Banfi, G. und Cavazzoni, V.; Milano, Univ., Ist. di Microbiol. Gen. Agraria. Influenza dello zinco in soluzioni nutritive non bilanciate, su piantine di mais durante le prime fasi vegetative. **(Einfluß des Zinks in nicht ausgeglichener Nährlösung auf die Maispflanze während der ersten Vegetationszeit.)** Agrochimica [Pisa] **7** (1963) Nr. 4. S. 314–322. – 4 Tab., 12 Lit. Zus. in Engl., Franz., Dtsch.

In Nährlösungsversuchen übte Zn eine günstige Wirkung auf die Entwicklung junger Maispflanzen aus. Bes. N- und P-Mangel wurden dadurch etwas ausgeglichen. Mangel an K, Ca und Mg trat dagegen in Anwesenheit von Zn schärfer hervor. H. Kretschmer. 665.

2-64/04-0329 Grinčenko, A. M. und Golovina, L. P. Soderžanie litija v počvach Ukrainy i ego vlijanie na urožaj i kačestvo sacharnoj svekly. **(Der Lithiumgehalt der ukrainischen Böden und sein Einfluß auf den Ertrag und die Qualität der Zuckerrüben.)** V sb.: Mikroėlementy i estestv. radioaktivnost' počv, Rostov-na-Donu **1962** S. 86–89. – Aus: Referativnyj žurnal Moskva. Rastenievodstvo **1963** Nr. 6.55.207. S. 28.

Der Li-Gehalt der Böden von 8 Typen schwankte in den Grenzen von 10^{-3} – $8{,}1 \cdot 10^{-3}$%. Ein geringer Li-Gehalt (bis $2 \cdot 10^{-3}$%) wurde auf Torfmooren sowie auf Rasen-Podsolböden festgestellt, der höchste Li-Gehalt ($6{,}4 \cdot 10^{-3}$ bis $8{,}1 \cdot 10^{-3}$%) auf den dunkelkastanienfarbigen Böden. In Feldversuchen 1960/61 stiegen durch das Einweichen der Zuckerrübensamen in Li-Salzlösungen von 0,04–0,09% der Ertrag an Rüben um 24,2–42,5 dt/ha und der

Zuckergehalt um 0,5–0,7%. In Vegetationsversuchen erreichte die Ertragssteigerung 30–40% und die Steigerung des Zuckergehaltes 0,4–1,2%. Unter dem Einfluß des Li stiegen die Ca-, K- und P-Aufnahme durch die Wurzeln sowie die Wasserversorgung der Blätter und die Aktivität der Invertase.
übersetzt v. G. Boetticher. 665.

2-64/04-0330 Yang, S. F. und Miller, G. W.; Logan, Utah State Univ. Biochemical studies on the effect of fluoride on higher plants. 1. Metabolism of carbohydrates, organic acids and amino acids. **(Biochemische Untersuchungen über die Wirkung von Fluorid auf höhere Pflanzen. 1. Mitt. Stoffwechsel der Kohlenhydrate, organischen Säuren und Aminosäuren.)** Biochem. J. **88** (1963) Nr. 3. S. 505–509. – 1 Abb., 3 Tab., 28 Lit.
Die o. g. Stoffwechselprozesse wurden an Sojabohnen (*Glycine max*, Sorte 'Hawkeye') im Hinblick auf durch F^--Schäden (0,00006 und 0,03 ppm HF in der Luft) ausgelöste Blattnekrosen untersucht. Geschädigte Blätter enthielten mehr reduzierende Zucker, mehr org. Säuren und weniger Saccharose als normal entwickelte Blätter. Auch der Aminosäuregehalt – bes. der an Asparaginsäure – war deutlich erhöht. Diese Veränderungen werden auf eine Verringerung der Respirationsintensität zurückgeführt.
H. Kretschmer. 665.

2-64/04-0331 Yang, S. F. und Miller, G. W.; Logan, Utah State Univ. Biochemical studies on the effect of fluoride on higher plants. 2. The effect of fluoride on sucrose-synthesizing enzymes from higher plants. **(Biochemische Untersuchungen über die Wirkung von Fluorid auf höhere Pflanzen. 2. Mitt. Der Einfluß von Fluorid auf Saccharose synthetisierende Fermente höherer Pflanzen.)** Biochem. J. 88 (1963) Nr. 3. S. 509–516. – 6 Abb., 3 Tab., 19 Lit. 1 Mitt. vgl. vorst. Ref.
Die mit der Saccharose-Synthese zusammenhängenden Fermente Phosphoglucomutase (**I**), Uridindiphosphat-Glucose-Pyrophosphorylase (**II**) und Uridindiphosphat-Glucose-Fructose-Transglucosylase (**III**) wurden durch Mg^{2+} stark aktiviert und verhielten sich gegenüber F^- unterschiedlich. **II** wurde nicht, **III** wenig und **I** stark durch F^- inhibitiert. Diese Hemmung von **I** verlief etwa proportional der F^--Konz., wurde aber durch die Anwesenheit aktivierender Metallkationen unterschiedlich modifiziert. So war z. B. die Hemmung in Gegenwart von Mg^{2+} ungefähr 7mal stärker als in Gegenwart von Mn^{2+}. Die möglichen physiol. Mechanismen dieser Reaktionen werden diskutiert. H. Kretschmer. 665.

2-64/04-0332 Yang, S. F. und Miller, G. W.; Logan, Utah State Univ. Biochemical studies on the effect of fluoride on higher plants. 3. The effect of fluoride on dark carbon dioxide fixation. **(Biochemische Untersuchungen über die Wirkung von Fluorid auf höhere Pflanzen. 3. Mitt. Der Einfluß von Fluorid auf die im Dunkeln mögliche CO_2-Fixierung.)** Biochem. J. 88 (1963) Nr. 3. S. 517–522. – 1 Abb., 7 Tab., 13 Lit. 2. Mitt. vgl. vorst. Ref.
Nekrotische Blätter fixierten mehr CO_2 im Dunkeln und hatten demzufolge auch eine höhere Phosphoenolpyruvat-Carboxylase-Aktivität als gesunde Blätter. Dieses Ergebnis wird mit als Erklärung für die in der 1. Mitt. genannten höheren Gehalte an org. Säuren in den F^--geschädigten Blättern angesehen. H. Kretschmer. 665.

2-64/04-0333 Waugh, D. L. und Corey, R. B.; Madison, Wis., Univ. A moisture control apparatus for use in short term uptake studies. **(Ein Gerät zur Kontrolle der Feuchtigkeit bei kurzzeitigen Aufnahme-Untersuchungen.)** Agronomy J. **55** (1963) Nr. 4. S. 412–414. – 2 Abb., 1 Tab., 4 Lit.
Ein Gerät zur Einhaltung des Feuchtigkeitsgehaltes in Böden bes. bei kurzzeitigen Aufnahme-Untersuchungen wird beschrieben. Es kann entweder zur automatischen Bewässerung dünner Bodenschichten oder zur Entfernung

überschüssigen Wassers aus dem Boden dienen. Es besteht aus einem 6 in.-Glastrichter, in den eine poröse 5 in.-Alundum-Platte eingepaßt ist. Die Befestigung erfolgt mit Gummizement Permatex No. 2 und einem Glas-Alundum-Bindemittel. Diese Abdichtung ist luftdicht und genügend flexibel. Nach einigen Tagen wird an das Trichterende ein Schlauch angesetzt, der in ein Reservoir reicht, und die Anordnung mit H_2O gefüllt, was zweckmäßigerweise durch Umdrehen, Einsetzen in H_2O und Anlegen von Vakuum erfolgt. Zur Durchführung der Versuche wird die Bodenprobe (ca. 200 g) in einem beiderseits offenen Behälter auf die Filterplatte aufgesetzt. In kurzzeitigen Untersuchungen der P-Aufnahme wurde eine wirksame Kontrolle des Feuchtigkeitsgehalts der Proben erreicht. Die Reinigung des Gerätes nach Beendigung der Versuche erfolgte mit Chromschwefelsäure. Mit dem Gerät kann die durch Feuchtigkeitsänderung hervorgerufene Variabilität der Versuchsergebnisse wirksam unterdrückt werden. Ein Aufsatz für 10 Filterscheiben auf das Gerät wird beschrieben. P. Stoß. 667.

2-64/04-0334 D'eri, D. Točnost' analiza pri kolorimetričeskich opredelenijach mikroėlementov v počvach i rastenijach. **(Die Genauigkeit der Analyse bei der kolorimetrischen Bestimmung der Spurenelemente in den Böden und Pflanzen.)** Naučn. dokl. vysš. školy. Biol. n. **1962** Nr. 2. S. 188–190. – Aus: Referativnyj žurnal Moskva. Počvovedenie **1963** Nr. 4.57.59. S. 9.
Der Genauigkeitsgrad der Beobachtungen und mögliche Fehler bei der Analyse geringer Mengen von Spurenelementen in den Böden wurden nach der kolorimetrischen Methode bestimmt. Angewendet wurden Methoden der Zersetzung des Bodens durch Zusammenschmelzen mit Soda und Säurebehandlung nach der Methode Rinkis. Pflanzenproben wurden mit Salpeter- und Schwefelsäure naß verascht. Der Mn-Gehalt wurde durch Oxydation mit Ammoniumpersulfat in Anwesenheit von Ag-Ionen als Katalysator, Cu durch Fällung als Diäthyldithiocarbamat, Mo als Rhodanidkomplex und Co mit Hilfe von β-Nitrose-α-naphthal mit nachfolgender Extraktion des Komplexes mit Toluol bestimmt. Die besten Ergebnisse wurden bei der Zersetzung des Bodens durch Säuren erzielt (mittl. Fehler 2–3%); die Methode selbst ist schneller und bequemer, sie erfordert keine hohen Temperaturen und keine Platingefäße. Die kolorimetrischen Methoden liefern genauere Ergebnisse bei der Analyse von Pflanzen, die geringe Mengen von störenden Elementen enthalten (Schwermetalle und Kieselsäure). Gezeigt wird auch, daß die erwähnten kolorimetrischen Methoden genügend genau sind, um geringe Unterschiede zu erfassen. übersetzt v. G. Boetticher. 667.

2-64/04-0335 Nebe, W. **Über die Beurteilung der Düngebedürftigkeit von Mittelgebirgsstandorten durch Blattanalysen.** Arch. Forstwes. **12** (1963) Nr. 10. S. 1024–1052. – 16 Abb., 6 Tab., 34 Lit. Zus. in Russ., Engl. – nach Zus.
In den mittleren Berglagen des Osterzgebirges und auf vergleichbaren Standorten des Schiefergebietes im südöstlichen Thüringer Wald wurde der Ernährungszustand der Fichte untersucht und dazu eine Arbeitsmethode vorgeschlagen, welche die bodenkundlich-standortskundlichen, nadelanalytischen und ertragskundlichen Gesichtspunkte berücksichtigt. Durch die vorgeschlagene Arbeitsmethode werden die Schwierigkeiten überwunden, die bei der Deutung der Boden- oder Nadelanalyse auftreten. Im Untersuchungsgebiet ist die Methode für die Beurteilung der Düngebedürftigkeit forstlicher Standorte geeignet. Auf den untersuchten Standorten wurden ausreichende Ca- und Mg-Ernährung und mangelhafte N-Ernährung der Fichte festgestellt. Neben dem N-Mangel wurde auf Frauenbachquarzitstandorten Ca-Mangel und auf Teplitzer Quarzporphyrstandorten P-Mangel nachgewiesen. Über die Düngewürdigkeit der untersuchten Standorte kann noch nichts ausgesagt werden. Zur Beantwortung dieser Frage ist die Anlage von Düngungsversuchen vorgesehen. 667.

2-64/04-0336 Anonym. Tissue sampling has advantages over soil testing in detecting nitrate levels. **(Probenahme von Pflanzengewebe hat Vorteile gegenüber der Bodenuntersuchung bei der Bestimmung des Nitratgehaltes.)** Agric. Res. **12** (1963) Nr. 2. S. 6–7. — 2 Abb.
Zur Bestimmung des N-Düngemittelbedarfs der Pflanze wird vorgeschlagen, den NO_3^--Gehalt des jüngsten Blattes als Indikator für N-Mangel zu benutzen. Die Untersuchungen, die mit Weidelgras durchgeführt wurden (es eignen sich auch einige andere Versuchspflanzen) ergaben, daß 1000 ppm Nitrat als kritische Konz. anzusehen sind. Darunter liegende NO_3^--Werte erfordern zusätzliche N-Düngung. Bei 1000–2500 ppm ist eine Reaktion auf zusätzliche N-Düngung sehr fraglich, während bei darüber liegenden Werten Ertragssteigerungen ausgeschlossen sind. Die Probenahme erfolgt zu verschiedenen Zeitpunkten im Verlauf der Wachstumsperiode. Die Methode soll gegenüber der Bodenuntersuchung verläßlicher sein, da sie die Fähigkeit der Pflanze, unter den gegebenen Bedingungen den N aus dem Boden aufzunehmen, exakt wiedergibt. P. Stoß. 667.

2-64/04-0337 Lucas, R. E. und Wittwer, S. H. Soil and plant tissue nutrient levels as indices of fertilizer requirement for the production of greenhouse tomatoes. **(Nährstoffgehalt von Boden und Pflanzengewebe als Index des Düngemittelbedarfs bei der Produktion von Gewächshaustomaten.)** Michigan State Univ., agric. Exp. Stat., quart. Bull. **45** (1963) Nr. 4. S. 595–607. — 7 Tab., 12 Lit.
Der Mineralstoffgehalt von Böden, frischen und getrockneten Blattstielen wurde zu verschiedenen Zeitpunkten bestimmt und zum Ertrag von Tomaten in 10 verschiedenen Gewächshäusern in Beziehung gesetzt. In den Bodenproben wurden NO_3^-, P, K, Ca und Mg nach Spurway (vgl. Michigan State Univ., agric. Exp. Stat., techn. Bull. **132** [1949].) sowie P (nach Extraktion mit 0,025 n HCl und 0,03 n NH_4F), pH, lösliche Salze, austauschbares K, Ca und Mg bestimmt. Frische Blattstiele wurden mit 2%iger Essigsäure extrahiert und im Extrakt der Gehalt an NO_3^-, P, K, Ca und Mg ermittelt. Im getrockneten Pflanzengewebe wurden außer N (Kjeldahl) und K (Flammenphotometer) auch P, Ca, Mg, Na, Fe, B, Cu, Mn, Zn und Mo (Spektrophotometer) bestimmt. Aus den Analysenergebnissen geht hervor, daß innerhalb eines großen Konz.-Bereichs der Nährstoffe (sowohl im Boden als auch in der Pflanze) maximale Produktion auftreten kann. Der optimale Gehalt hängt wahrscheinlich von vielen Umgebungs- und Pflanzenfaktoren ab, was bei der Aufstellung von Standard-Düngemittelwerten berücksichtigt werden sollte. P. Stoß. 667.

2-64/04-0338 Vömel, A. und Ulrich, A.; Berkeley, Univ. of California. **Die Blattanalyse zur Ermittlung von Manganmangel bei Rüben.** Z. Pflanzenernähr., Düng., Bodenkunde **102** (1963) Nr. 1. S. 28–45. — 3 Abb., 9 Tab., 28 Lit.
Zwei Wasserkulturversuche mit steigenden Mn-Gaben zu Zuckerrüben dienten zur Untersuchung der Beziehungen zwischen Mn-Konz. in der Pflanze und Ertrag. Von den in den einzelnen Pflanzenteilen getrennt bestimmten Mn-Mengen zeigte bes. der in den Spreiten „physiologisch reifer" Blätter festgestellte Mn-Gehalt eine Beziehung zum Ertrag, welche die Feststellung des „kritischen Manganspiegels" ermöglichte. Diejenige Konz. in der Pflanze, die in signifikantem Minderertrag resultierte, lag bei 10 ppm. Höchsterträge korrespondierten mit 15–25 ppm. Die Möglichkeit der praktischen Anwendung der Methode unter Feldbedingungen wird diskutiert. P. Curth/Kleinwanzleben. 667.

2-64/04-0339 Prevot, P. und Ollagnier, M. Foliar diagnosis — its application to tropical oil crops. **(Blattdiagnose, ihre Anwendung bei tropischen Ölfrüchten.)** Wld. Crops **15** (1963) S. 312–316. 402. — 5 Abb., 3 Tab., 13 Lit. 667.

C. Düngemittel, ihre Gewinnung und Anwendung

2-64/04-0340 Reichard, Theodor; Wien, Landwirtsch.-Chem. Bundesversuchsanst. **Richtige Düngung als Grundlage der österreichischen Pflanzenproduktion.** Förderungsdienst [Wien] **11** (1963) Nr. 7. S. 226–234.

Vf. bespricht sehr ausführlich den N-, P-, K- und Ca-Haushalt des Bodens, die org. Düngung, den Einfluß des Nährstoffverhältnisses des Bodens auf Ertrag und Qualität des Erntegutes. – Die amtl. Bodenuntersuchung zeigt, daß ein großer Teil der Böden weit unter den anzustrebenden Grenzwerten von 10–18 mg P_2O_5/100 g (Lactatmethode) liegt. Bei Erreichung der Grenzwerte kann der P-Entzug durch die Ernten als Grundlage für die Bemessung der P-Düngergaben genommen werden. Auf Lehm- und Tonböden ist ein K_2O-Gehalt (Lactatmethode) von 10–20 mg/100 g anzustreben. Bei der K-Düngung ist zu beobachten, daß bei zu niedrigem Nährstoffgehalt durch verstärkte Düngung nicht nur der Höchstertrag erreicht, sondern auch der Nährstoffvorrat gesteigert werden muß. Ca- und Humuszustand des Bodens müssen selbstverständlich ebenfalls berücksichtigt werden. Für die N-Düngung empfiehlt Vf. die Teilung der Düngergabe, wobei die 2. Gabe zwischen Schossen und Ährenschieben des Getreides verabreicht werden sollte. – Der Handelsdüngerverbrauch in Reinnährstoffen ist von 13,6 kg/ha im Jahre 1938 auf 94,1 kg/ha im Jahre 1962 gestiegen; er erreicht aber noch lange nicht die Höchstgrenze. H. Masche. 671.

2-64/04-0341 Peterburgskij, A. V. und Postnikov, A. V. Tverdye i židkie složnye udobrenija, ich ispytanija i perspektivy primenenija v SSSR. **(Feste und flüssige Mischdünger, ihre Erforschung und Perspektiven der Anwendung in der UdSSR.)** Izvestija Timirjazevskoj sel'skochozjajstvennoj akademii, Moskva **1963** Nr. 3. S. 103–121. – 19 Tab., 14 Lit. Zus. in Engl 671.

2-64/04-0342 Peršin, G. P., Razykov, K., Atabekov, N. und Kadyrchodžaev, P. Primenenie udobrenij na celinnych zemljach Golodnoj stepi. **(Düngeranwendung auf dem Neuland in der Golodnaja-Steppe.)** Zemledelie, Moskva **25** (1963) Nr. 9. S. 54–55. – 2 Tab. 671.

2-64/04-0343 Miyake, Masanori und Matsumi, Shingetada. Effects of organic matter application and water treatments on the plant growth and the mineral constitution of percolated water. III. The improvement of rice culture in Hokkaido. **(Einfluß der Anwendung von organischem Dünger und Wasser auf das Pflanzenwachstum und die mineralische Zusammensetzung des Sickerwassers. 3. Mitt. Die Verbesserung des Reisanbaus in Hokkaido.)** Res. Bull. Hokkaido nat. agric. Exp. Stat. **1963** Nr. 80. S. 47–62. – Orig: jap., Ausz.: engl. 671.

2-64/04-0344 Sauerlandt, Walter; Völkenrode, Inst. für Humuswirtsch. **Stickstoffnachwirkung als wertbedingender Faktor einer wirtschaftseigenen Düngungsmaßnahme.** Landbauforsch. Völkenrode **12** (1962) Nr. 4. S. 75 bis 77. – 5 Tab., 13 Lit.

Die Zufuhr org. Subst. als Müll- oder Mistkompost führte neben Ertragssteigerungen im Düngungsjahr zur Erhöhung des Gehalts an org. gebundenem N im Boden. Durch die Mineralisierung wurden somit auch in den Folgejahren erhebliche Mehrerträge erzielt. – Um den im Düngungsjahr von den Pflanzen nicht aufgenommenen N für die Nachfrüchte zu erhalten, sind Gaben von zellulosehaltigem Material vorteilhaft. Zum Aufbau von Mikrobeneiweiß kann hierzu zweckmäßig Stroh verwendet werden. Durch den höheren Gehalt an org. gebundenem N im Boden werden den Pflanzen in den folgenden Jahren größere Mengen N aus dem Boden zur Verfügung gestellt. H. Ansorge. 671.

2-64/04-0345 Balla, H. Az istállótrágyázás és a mütrágyázás hatásának összehasonlitása vetésforgó trágyázási kisérletekben. III. Az istállótrágya és a mütrágyák tápanyagainak hasznositása a vetésforgó körforgása során. **(Vergleich der Wirkung von Stallmist und Handelsdüngern im Fruchtfolgeversuch. 3. Mitt. Die Nutzung der Nährstoffe im Stallmist und im Handelsdünger während des Fruchtfolgeumlaufes.)** Agrokém. és Talajtan [Agrochem. u. Bodenkunde] **12** (1963) Nr. 1. S. 21–30. – Aus: Ung. Agrar-Rdsch. **1963** Nr. 4. 2. Mitt. vgl. LZ. Abt. II **8** (1963) Nr. 8. S. 2090.

Die Veränderung des Gehaltes der Pflanzen an N, P und K unter dem Einfluß unterschiedlicher Düngung wurde im Fruchtfolgeversuch untersucht: Der N- und K-Gehalt von Mais, Weizen und Wickhafer wurde durch Handelsdünger stärker als durch Stallmist erhöht; der P-Gehalt stieg bei Düngung mit Stallmist und Handelsdüngern im gleichen Maße. Mais enthielt 1½mal soviel N, P und K wie Weizen. Die Mehraufnahme infolge der Düngung war bei Mais und Weizen ungefähr gleich hoch. Die höchste K- und N-Aufnahme unter dem Einfluß der Düngung zeigte Wickhafer; bes. Handelsdünger wurden gut ausgenutzt. Auf Grund der Nährstoffbilanz wurden N und K aus Handelsdüngern 1½–2mal so gut verwertet wie aus Stallmist. P zeigte etwa den gleichen Ausnutzungsgrad durch die Pflanzen bei 7 Düngervarianten. Aus org.-mineral. Düngergemischen wurde P in sehr geringem, N und K wurden dagegen in starkem Maße aufgenommen; die Ursache davon war die ungünstige Zusammensetzung des Düngergemisches (viel P, sehr wenig N und K). 671a.

2-64/04-0346 Bengtsson, Nils G. Lösvarulagring av handelsgödsel. **(Lagerung von geschüttetem Handelsdünger.)** Växt-Närings Nytt [Stockholm] **19** (1963) Nr. 3. S. 3:28–3:32. – 7 Abb.

In einer schwed. Versuchswirtschaft wurde eine Scheune für die Lagerung von geschütteten Düngemitteln auf Fußboden aus Beton hergerichtet. Die Kosten für die erforderlichen Veränderungen zur Aufnahme von 80 t betrugen 2700 Kr. Allein durch die Einsparung an Säcken wird es möglich, daß sich der investierte Betrag in 2 Jahren amortisiert. Weitere Ausrüstung: Flachsilo (Holz) für Kunstdünger, den Kipplader direkt in das betreffende Fach schütten. Auftürmen des Düngers zu Haufen mittels Frontlader; Überdecken des geschütteten Gutes mit einer 0,1 mm starken Plastfolie. Lagerung von abgesacktem Dünger auf Böcken zur Erleichterung der innerbetrieblichen Hantierung. Eine andere Art besteht darin, die Düngemittel in Säcken auf Holzunterlagen direkt auf dem Feld zu stapeln und für den Winter mit einer Plastfolie abzudecken. E. Kahn. 671b.

2-64/04-0347 Černyš, K. und Mačhov, G. Novoe v učete mineral'nych udobrenij. **(Neues in der Lehre von der mineralischen Düngung.)** Zemledelie, Moskva **25** (1963) Nr. 10. S. 78–81. – 2 Tab. 671b.

2-64/04-0348 Skogley, E. O. und Dawson, J. E.; Ithaca, N. Y., Cornell Univ. Synthetic ion-exchange resins as a medium for plant growth. **(Synthetische Ionenaustauscherharze als Medium für Pflanzenwachstum.)** Nature [London] **198** (1963) Nr. 4887. S. 1328–1329. – 1 Abb., 1 Tab., 11 Lit.

Ausgehend von den Anforderungen, die an Ionenaustauscherharze als Wachstumsmedium gestellt werden, wurde für Wachstumsversuche mit Weizen, Sonnenblumen und Sojabohnen eine Mischung von Kationen- (Carboxyl-Typ) und Anionaustauscherharz (quaternärer Amin-Typ) im Verhältnis 4:1 verwendet. Die erforderlichen Nährstoff-Konz. wurden mit Hilfe der Donnan-Gleichgewichte unter Zugrundelegung des Nährstoffverhältnisses der Hoagland-Nährlösung mit Ca als Standard errechnet. Nach Entgasung der H^+- und OH^--Form unter Wasser wurden die Carbonate oder Hydroxyde von Ca, Mg, K, Fe, Mn und Zn (bis zu 80% Basensättigung) sowie HNO_3,

H_2SO_4 und H_3PO_4 (bis zu 90% Nährstoffsättigung) zugegeben. Die überschüssige Lösung wurde ausgewaschen und das Harz getrocknet. Die Versuche lieferten bes. bei Weizen und Sonnenblumen sehr gute Ergebnisse und zeigten, daß die Nährstoffe auch über längere Zeit hinweg zur Verfügung stehen. Es wird auf die Vorteile der Verwendung von Austauscherharzen gegenüber anderen Medien bei Düngungsversuchen hingewiesen. P. Stoß. 671b.

2-64/04-0349 Heyland, K.-U.; Hohenheim, Landwirtsch. Hochschule, Inst. für Pflanzenbau und Pflanzenzücht. **Wasserkulturversuche mit zeitlich gestaffelten NPK-Gaben zu Kartoffeln.** Z. Acker- u. Pflanzenbau **118** (1963) Nr. 1. S. 68–82. – 8 Abb., 6 Lit.

In 3jähr. Wasserkulturversuchen mit der Kartoffelsorte 'Lori' wurde der Einfluß von NPK-Angebot und -Mangel innerhalb verschiedener Entwicklungsabschnitte untersucht. Die Anzucht erfolgte in Mitscherlichgefäßen in reinem Sand, die Nährlösung befand sich im Untersatz. Abschnitte: I bis Blühbeginn, II bis Vollblüte, III 3 Wochen, IV 5 Wochen, V 7 Wochen nach der Vollblüte, VI Reife. Das NPK-Angebot wurde am Ende des jeweiligen Abschnittes abgebrochen, dann folgte Mangel, oder der Mangel erstreckte sich nur auf einen Abschnitt. Die Ernte erfolgte zur Reife. – Mit der Dauer der NPK-Versorgung stieg der Ertrag. Die Auswirkung des Mangels während eines Abschnittes war unterschiedlich. Dargestellt werden auch die N-, P- und K-Einlagerung in Sprosse, Wurzeln und Knollen, die Stärkeeinlagerung in die Knollen und die Knollenzahl. B. Effmert/Groß-Lüsewitz. 671b.

2-64/04-0350 Görlitz, H.; Potsdam, Inst. für Landwirtsch. Untersuchungswes. der Dtsch. Akad. der Landwirtsch.-Wiss. zu Berlin. **Raps-(Rübsen-) Zottelwicken-Gemenge — eine Möglichkeit zur Erweiterung der Gründüngungsfläche.** Wiss. -techn. Fortschr. Landwirtsch. **4** (1963) Nr. 7. S. 327–328. – 3 Tab.

Die in den Jahren 1955–61 durchgeführten zahlreichen Versuche mit Raps-(Rübsen-) Zottelwicken-Gemenge (10–15 kg/ha Winterraps oder -rübsen und 40–80 kg/ha Zottelwicken) als Stoppelsaat auf leichten bis besseren Böden zeigten folgende acker- und pflanzenbauliche Vorteile gegenüber den üblichen Stoppelsaaten: Eine spätere Bestellung (Mitte bis Ende Aug.) ist möglich. Der im Herbst nitrifizierte N wird im Herbst von den Pflanzen aufgenommen und somit nicht ausgewaschen. Der Boden wird durch die überwinternden Pflanzen gut abgedeckt. Der Abbau der org. Subst. setzt erst nach dem Umbruch im Frühjahr ein, bei nicht überwinternden Pflanzen bereits im Spätherbst. Bei Futterknappheit kann das Gemenge mit entspr. N-Düngung als zeitige Winterzwischenfrucht genutzt werden. – Obwohl das Futter im Herbst nur durch Abhüten genutzt werden kann und Raps und Rübsen zu den Wirtspflanzen der Rübennematoden gehören, ermöglicht dieses Gemenge, die für die nachfolgenden Kartoffeln erwünschte Gründüngung anzubauen. Auch reine Raps- und Rübsendecken können mit gutem Erfolg als Gründüngung eingesetzt werden. H. Masche. 672.

2-64/04-0351 Kuszelewski, L. Studia nad stosowaniem obornika. Część III. Działanie obornika przy różnych sposobach stosowania w płodozmianie czteropolowym na glebach lekkich. **(Die Anwendung des Stalldungs. 3. Mitt. Die Wirkung des Stalldungs bei verschiedenen Anwendungsverfahren und vierfeldriger Fruchtfolge auf leichten Böden.)** Roczniki Nauk rolniczych, Ser. A **87** (1963) Nr. 2. S. 251–287. – 6 Abb., 23 Tab., 11 Lit. 2. Mitt. vgl. LZ. Abt. II **6** (1961) Nr. 8. S. 1883.

Der Vf. untersucht die Möglichkeit einer erhöhten Wirkung des Stalldungs bei verschiedenen Anwendungsverfahren in einer 4feldrigen Fruchtfolge auf leichten Böden. Die Wirkung des Stalldungs wurde nach Höhe der Gaben (100 oder 200 dt/ha), ihrer Häufigkeit und nach der Art der Einbringung in den Boden verfolgt. Kleine Gaben von 100 dt, zu Kartoffeln in Reihen eingebracht, wirkten weit besser als die gleichen Gaben beim Einbringen im Streuverfahren und im Durchschnitt nicht viel schlechter als volle Stalldunggaben (200 dt), die eingestreut wurden. Bei gestreutem Stalldung ergibt die Teilung der vollen Gabe in der Fruchtfolge im Vergleich zur vollen einmaligen Gabe keine Steigerung der Erträge. In Reihen eingebracht, ist eine volle Stalldunggabe, geteilt oder einmalig verabfolgt, von größerer Wirkung als die gleiche Gabe, die einmalig im Streuverfahren untergebracht wird. Das Reihenverfahren der Stalldunganwendung bei voller einmaliger oder geteilter Gabe innerhalb der Fruchtfolge hat sich als das beste erwiesen, und die durchschnittliche Ertragssteigerung betrug im Laufe von 4 Jahren im Vergleich zu einer vollen einmaligen Gabe im Streuverfahren 600 Hafereinheiten je ha. PRL/CBR, übersetzt v. R. Hüffer. 673.

2-64/04-0352 Day, A. D., Dickson, A. D. und Tucker, T. C.; Tucson, Univ. of Arizona, Agric. Exp. Stat.; Madison, Barley and Malt Lab. Effects of city sewage effluent on grain yield and grain and malt quality of fall-sown, irrigated barley. **(Auswirkungen der Bewässerung von Wintergerste mit städtischen Abwässern auf Kornertrag, Kornqualität und Malzqualität.)** Agronomy J. **55** (1963) Nr. 4. S. 317–318. – 2 Tab., 9 Lit.
In 2jähr. Versuchen wurden Kornertrag, Kornqualität und Malzqualität zweier Braugerstensorten bestimmt, die einmal mit Abwasser und zum anderen mit reinem Wasser bewässert wurden, welchem verschiedene Düngemittel zugesetzt worden waren. Durch die Berieselung mit städtischen Abwässern stiegen Kornertrag, N-Gehalt und Malzdiastase-Bildungsvermögen an, während Korngewicht, Korngröße und der Gehalt an Malzextrakt (%) abnahmen, d. h. hoher Ertrag bei schlechter Qualität. Daraus folgt, daß der für gute Braugerste erforderliche niedrige N-Gehalt nur erreicht werden kann, wenn die N-reichen Abwässer weitgehend verdünnt oder auf ausgesprochen N-armen Böden verwendet werden. G. Loßner. 675.

2-64/04-0353 Vul'f, L. N. Izmenenie sostava guminovych udobrenij pri chranenii. **(Die Veränderung der Zusammensetzung von Humusdüngemitteln bei der Lagerung.)** V sb.: Guminovye udobrenija. Teorija i praktika ich primenenija, Kiev **2** (1962) S. 355–363. – Aus: Referativnyj žurnal Moskva. Počvovedenie **1963** Nr. 6.57. 126. S. 19.
Die chem. Zusammensetzung von „Humophoska"-Dünger (**I**), der aus Rohr-Seggentorf mit einem mittleren Zersetzungsgrad von 30–35% bereitet worden war, wurde untersucht. Der **I** wurde 140 Tage lang im Sommer und Herbst in einem 150 m langen, 8 m breiten und 6 m hohen Stapel gelagert. 20 Tage nach Beginn der Lagerung entsprach die Temperatur im Stapel der Umwelttemperatur, nach 70 Tagen stieg sie auf 50–57 °C und nahm dann langsam ab. Die Feuchtigkeit des **I** ging während der Lagerung zurück; der Aschegehalt veränderte sich nicht. Durch die Zersetzung der org. Stoffe des Torfes vergrößerte sich der Gehalt an Nitrat- und Ammoniak-N sowie an hydrolysierbaren beweglichen Formen von N im Dünger. Die max. Menge an beweglichem N wurde in einer Tiefe von 1,5–2,0 m festgestellt. Während der Lagerung gingen die schwerlöslichen P-Verbindungen in einen beweglicheren Zustand über. Es wird darauf hingewiesen, daß bei der Lagerung im Sommer und Herbst eine gewisse Verbesserung der Qualität des Düngers beobachtet wurde. übersetzt v. G. Boetticher. 676.

2-64/04-0354 Litvak, I. Torfoammiačnye udobrenija. **(Torf-Ammoniak-Dünger.)** Kartofel' i ovošči, Moskva **7** (1962) Nr. 2. S. 19–20. – 1 Tab.
Die Herstellung verschiedener Torfkomposte wird beschrieben. Anhand der unterschiedlichen Erträge von Kartoffeln wird die Wirksamkeit der Torfkomposte nachgewiesen. Dabei zeigte Torfkompost aus einer Mischung von

1000 kg Torf, 20–25 kg Phosphatmehl, 10 kg Kalisalz und 20 kg Ammoniumsalz, zugegeben nach dem 1. Umsetzen, die beste Wirksamkeit. Auf die bessere Ausnutzung von Mineraldüngern, wenn sie durch Kompostierung an organische Substanzen gebunden werden, wird hingewiesen. R. Weichold. 676.

2-64/04-0355 Arnold, G. H. und Burg, P. F. J. van. Ammonsalpeter magnesiumhoudend (Magnesamon) een nieuwe magnesiummeststof. **(Magnesiumhaltiger Ammonsalpeter [Magnesamon], ein neuer Magnesiumdünger.)** Stikstof ['s-Gravenhage] **4** (1963) Nr. 38. S. 56–59. – 5 Abb., 2 Tab., 4 Lit.

Seit einigen Jahren sind in den Niederlanden Mg-haltige N-Dünger im Handel. Das erste dieser Düngemittel war Magnesiakalkammonsalpeter (20,5% N, 8% MgO) (Mg-kas). Das neue Düngemittel Magnesamon enthält 20,2% N und 9,7% MgO, wovon 6% in Form von Kieserit, also wasserlöslich, vorliegen. Das ist der große Vorteil gegenüber Mg-kas. 1961 wurden Düngeversuche auf Acker- und Grünland mit Magnesamon gemacht. Auf mäßig Mg-bedürftigen Böden (Acker) wurden bei Hafer und Kartoffeln dadurch optimale Erträge erreicht. Auf Böden, die ausgesprochen Mg-arm waren, reichte der Mg-Gehalt nicht aus, um spürbare Erfolge zu haben. Auf Grünland wurde durch Magnesamon gegenüber Mg-kas-Anwendung der Mg-Gehalt des Grases erhöht. Durch Kieseritgaben kann man den Mg-Gehalt noch weiter erhöhen, muß dann jedoch größere Mengen Mg geben, wobei die Gefahr der Ausspülung des Mg groß ist. Durch die andere chem. Zusammensetzung ist die Mg-Wirkung von Magnesamon wesentlich besser als die von Mg-kas.
E. M. Ardelt. 680.

2-64/04-0356 Morris, H. D. und Giddens, Joel; Univ. of Georgia. Response of several crops to ammonium and nitrate forms of nitrogen as influenced by soil fumigation and liming. **(Durch Begasung und Kalkung des Bodens beeinflußte Reaktion verschiedener Pflanzen auf die Ammonium- und Nitratformen des Stickstoffs.)** Agronomy J. **55** (1963) Nr. 4. S. 372–374. – 1 Tab., 13 Lit.

Auf mit CH_3Br begastem und mit Dolomit gekalktem Boden wurde die Wirksamkeit von $(NH_4)_2SO_4$ und $NaNO_3$ als N-Quellen im Gewächshausversuch an 6 Pflanzenarten geprüft; als Leistungskriterium diente das Pflanzengewicht. Während bei Baumwolle, Mais, *Sorghum* und Küsten-Bermudagras keine signifikanten Unterschiede in Abhängigkeit von den genannten N-Quellen gefunden wurden, lieferte NO_3-Düngung bei Tabak auf begastem, ungekalktem Boden 57% höhere Erträge als bei Verwendung von $(NH_4)_2SO_4$. Tomaten verwerteten ebenfalls NO_3^- intensiver als NH_4^+, mit Ausnahme des gekalkten, nicht begasten Versuchsgliedes. G. Loßner. 680.

2-64/04-0357 Stephan, R. C. und Waid, J. S.; Ipswich, England, Levington Res. Stat. Pot experiments on urea as a fertilizer. I. A comparison of responses by various plants. **(Gefäßversuche mit Harnstoff als Düngemittel. 1. Mitt. Ein Vergleich der Reaktionen verschiedener Pflanzen.)** Plant and Soil [The Hague] **18** (1963) Nr. 3. S. 309–316. – 1 Abb., 4 Tab., 5 Lit.

In Gefäßversuchen mit sandigem Lehmboden (pH 7,4; 1,08% C) reagierten Tomaten, Grünkohl, Sonnenblumen, Mais, Weizen, Gerste, Hafer, Weidelgras, Tabak, Kartoffeln und Zuckerrüben ähnlich auf die verabfolgte Harnstoffdüngung. Bei Vermischen des Harnstoffs mit dem Boden wirkte dieser in kleinen Mengen (0,2 g N/Gefäß mit 1,1 kg Boden) ebenso wie $(NH_4)_2SO_4$ oder NH_4NO_3. Mittlere Gaben (0,4 g N/Gefäß) bewirkten im Vergleich zu den anderen N-Formen Ertragsdepressionen, ausgenommen bei Weidelgras und Kartoffeln, und hohe Gaben (0,6 g N/Gefäß) führten zu starken Schädigungen des Pflanzenwachstums. Kopfdüngung mit Harnstoff schädigte die Pflanzen nicht, die Wirksamkeit des N in dieser Form war jedoch geringer als die von NH_4NO_3. V. Koepke. 680.

2-64/04-0358 Stephan, R. C. und Waid, J. S.; Ipswich, England, Levington Res. Stat. Pot experiments on urea as a fertilizer. II. The influence of other fertilizer constituents on the response of maize to urea. **(Gefäßversuche mit Harnstoff als Düngemittel. 2. Mitt. Der Einfluß von anderen Düngemitteln auf die Reaktion von Mais auf Harnstoff.)** Plant and Soil [The Hague] **19** (1963) Nr. 1. S. 97–105. – 4 Tab., 12 Lit. 1. Mitt. vgl. vorst. Ref.
Harnstoffgaben entspr. 500 mg N/Gefäß mit 7,4 kg sandigem Lehmboden (pH 7,4) hatten im Vergleich zur NH_4NO_4-Düngung infolge Schädigung der Maispflanzen eine starke Ertragsminderung zur Folge. Bei gleichzeitiger Verabreichung von Phosphorsäure oder Superphosphat war die Schädigung der Pflanzen weniger stark. K_2SO_4-Gaben hatten keinen Einfluß auf die Harnstoffwirkung. Die nachteilige Wirkung hoher Harnstoffgaben war bes. stark ausgeprägt, wenn das Düngemittel in die Nähe der Samen eingebracht wurde. Bei der Phosphorsäure war diese Einbringungsart dagegen vorteilhaft für die. Behebung der Harnstoffschädigung. V. Koepke. 680

2-64/04-0359 Burg, P. F. J. van und Arnold, G. H. De invloed van een stikstofoverbemesting op de opbrengst van granen. 5. Ureumbespuiting per helicopter. **(Einfluß einer Stickstoffkopfdüngung auf den Kornertrag. 5. Mitt. Sprühen von Harnstoff mit dem Hubschrauber.)** Stikstof ['s-Gravenhage] **4** (1963) Nr. 38. S. 66–71. – 9 Abb., 3 Lit.
Das Sprühen von Harnstoff mittels Flugzeug bringt nach 1958 und 1959 durchgeführten Versuchen den Vorteil einer gleichmäßigeren Düngerverteilung gegenüber dem Sprühen mit der herkömmlichen Technik. Bei den besprochenen Versuchen wurde ein Hubschrauber mit 36 Sprühdüsen vom Typ Spraying System nrs. D6–25 eingesetzt. Es handelte sich um Kopfdüngung eines Wi-Roggenfeldes. Die Menge Flüssigkeit, die beim einmaligen Überfliegen gesprüht werden konnte, betrug ca. 38 l/ha. Die damit ausgesprühte Menge Lösung enthielt 5,5 kg/ha N, bei zweimaligem Überfliegen 11 kg/ha N. Die Vergleichsflächen wurden mit a) Kalksalpeter oder b) Kalkammonsalpeter in fester Form gedüngt. Auf anderen Vergleichsflächen wurde c) Harnstoff in Lösung gegeben, wobei 150 l Flüssigkeit/ha versprüht wurden, in Konz., die 5, 10, 20 und 40 kg/ha N darstellten. Die Kornerträge waren bei c schlechter als bei a und b. Dieses Resultat deckt sich mit den Ergebnissen früherer Versuche. Der Vergleich von c mit der Düngung mittels Hubschrauber (d) ergab keine eindeutige Überlegenheit von d. Gegenüber a und b bewirkte d deutlich niedrigere Erträge. Das ist auf die geringe N-Gabe (5,5 bzw. 11 kg/ha N) zurückzuführen. Um höhere Erträge zu erzielen, müßten 20–40 kg/ha N mittels Flugzeug gegeben werden, wobei die Gefahr des Auftretens von Verbrennungen der Blätter groß ist. Die Frage der Art der N-Düngung bei Kopfdüngung ist eindeutig zugunsten der beiden Salpeterformen zu beantworten. E. M. Ardelt. 680.

2-64/04-0360 Anonym. Forsøg med stigende mængder kalksalpeter til vinterraps 1956–1961. **(Versuche mit steigenden Mengen Kalksalpeter zu Winterraps 1956-61.)** Tidsskr. Planteavl **67** (1963) Nr. 1. S. 163–164. – 2 Tab.
Varianten: 0, 400, 800, 1200 und 1600 kg/ha Kalksalpeter; Grunddüngung: 200–400 kg/ha Superphosphat und 120–455 kg/ha Kalidünger. Insgesamt wurden 20 Versuche auf humosem Lehm angelegt. Aussaat durchschnittlich am 27. Aug., Aussaatnorm 6–8 kg/ha, Abstand zwischen den Reihen 56–60 cm. Keimen, Überwintern und Entwicklung waren bis auf eine Ausnahme zufriedenstellend; Schädlingsbekämpfungsmittel wurden erfolgreich eingesetzt. Durchschnittsergebnisse der einzelnen Versuchsreihen nach o. g. Anordnung in dt/ha (Rohfettertrag in Klammern): 15,8 (7,0); 23,8 (10,4); 28,8 (12,2); 30,8 (12,5); 31,7 (12,7). E. Kahn. 680.

2-64/04-0361 Fleischel, H. **Phosphatdüngung im Obstbau.** Phosphorsäure **23** (1963) Nr. 3. S. 166–178. 682.

2-64/04-0362 Anonym. Progress in the maintenance phosphate trial at Kybybolite Research Centre. **(Fortschritte im Phosphat-Dauerversuch im Kybybolit-Forschungszentrum.)** J. Dep. Agric. South Australia **67** (1963) Nr. 2. S. 38–41. 682.

2-64/04-0363 Peterburgskij, A. V. Novye složnye udobrenija. **(Neue Mischdünger.)** Zemledelie, Moskva **25** (1963) Nr. 10. S. 34–38. – 1 Tab. 686.

2-64/04-0364 Sagunov, V. G. Mikroudobrenija – važnyj rezerv povyšenija urožaev sel'skochozjajstvennych kul'tur v Kazachstane. **(Mikronährstoffdüngung — Hauptreserve zur Ertragssteigerung landwirtschaftlicher Kulturpflanzen in Kasachstan.)** Vestn. AN KazSSR **1962** Nr. 7. S. 12–17. – Zus. in Kasach. Aus: Referativnyj žurnal Moskva. Počvovedenie **1963** Nr. 7.57. 114. S. 18.
In den Böden Kasachstans wurde ein niedriger Gehalt an Mikronährstoffen festgestellt. Die Mehrzahl der Böden enthält in wurzellöslicher Form sehr wenig B (0,12–0,7 mg/kg), Mn (Spuren –160) und Zn (0,02–0,2 mg/kg). Der Gehalt an anderen Mikronährstoffen in wurzellöslicher Form ist ebenfalls gering. Es wird die Frage diskutiert, ob in der Landwirtschaft Kasachstans Rückstände der metallurgischen und chemischen Industrie sowie von Erzen, die Mikronährstoffe enthalten, verwendet werden können. Man hält es für erforderlich, als Quelle von Mikronährstoffen arme Mn-, Fe-Mn-, Cu-, Polymetall-, Co-Ni-, Va-, Mo- u.a. Erze, die bei der Verarbeitung reicher Erze auf die Halden gehen, Schlacken von Erzaufbereitungswerken, Schlacken von Werken der Schwarz- und Buntmetallurgie sowie Rückstände der Schwefelsäure-Fabrikation zu nutzen. Die meisten dieser Rückstände sind streufähig und können zur Düngung verwendet werden. Die Vorräte an industriellen Abfällen belaufen sich in vielen Industrieunternehmen auf mehrere Mill. t. Es wird festgestellt, daß die Düngung mit Abfällen mehrerer Erzaufbereitungswerke eine Erhöhung des Kartoffel-, Tomaten-, Zwiebel-, Gurken-, Bohnen-, Zuckerrüben- und Maisertrags um 15–30%, des Zuckergehalts der Zuckerrüben um 0,3 bis 0,5%, eine Verbesserung der Wachstumsenergie und der Keimfähigkeit von Weizen-, Mais- und Erbsensaatgut ermöglicht. übersetzt v. E. Fröhmcke. 686.

2-64/04-0365 Vlasjuk, P. A., Chomenko, A. D. und Gavva, I. A. Ėffektivnost' primenenija marganizirovannoj nitrofoski pod sacharnuju sveklu i kukuruzu. **(Die Wirksamkeit von manganisiertem Nitrophoska zu Zuckerrüben und Mais.)** V sb.: Primeni emikroėlementov, polimerov i radioakt. izotopov v s. ch., Kiev **1962** Nr. 1. S. 88–95. — Aus: Referativnyj žurnal Moskva. Počvovedenie **1963** Nr. 6.57.124. S. 18.
In Versuchen des Inst. für Agrochem. der Akad. der Wiss. der UdSSR wurde eine erhebliche Wirkung bei Einbringung von Mn in org.-mineral. Granula festgestellt. Die Verwendung von org. P- und Mn-haltigen Granula bewirkte eine Ertragssteigerung an Korn von Kolbenhirse (Tschumisse) um 34,2%, während der Kartoffelertrag um 40 dt/ha höher war als bei Einbringung des üblichen Gemisches dieser Düngemittel. Im Jahre 1959 wurde versuchsweise manganisiertes Nitrophoska mit folgender Zusammensetzung hergestellt: N 13,95–14,23%; aufnehmbare P_2O_5 8,86–9,37%, K_2O 14,0–18,2%, Mn 0,89%. Bei Anwendung dieses Düngers auf schluffigem, lehmigem, schwach podsoliertem Schwarzerdeboden und auf podsoliertem Wiesen-Schwarzerdeboden stiegen der Zuckerrübenertrag um 15–16 dt/ha und die Zuckerausbeute um 5–6,3 dt/ha. Auch die technol. Eigenschaften der Rüben wurden verbessert. Der Grünmasseertrag des Maises stieg durch die Anwendung des Mn-haltigen Nitrophoska nur wenig gegenüber Mn-freier Düngung.
übersetzt v. G. Boetticher. 686.

2-64/04-0366 Vlasjuk, P. A. und Siročenko, I. A. Ėffektivnost' dejstvija marganizirovannogo superfosfata na urožaj sel'skochozjajstvennych kul'tur. **(Der Einfluß des manganisierten Superphosphats auf den Ertrag der landwirt-**

schaftlichen Kulturpflanzen.) V sb.: Primenenie mikroėlementov, polimerov i radioakt. izotopov v s. ch., Kiev **1962** Nr. 1. S. 39–43. – Aus: Referativnyj žurnal Moskva. Počvovedenie **1963** Nr. 6.57.112. S. 16.

Die 6 Jahre lang durchgeführten Versuche haben in verschiedenen Boden- und Klimazonen der Ukraine die hohe Wirksamkeit des manganisierten Superphosphates (P_sMn) für Zuckerrüben, Getreidekulturen, Mais und Hopfen gezeigt. Man nimmt an, daß die Wirkung des Mn von der Kultur und von der Einbringungsmethode des P_sMn abhängt. Die günstigste Wirkung des P_sMn auf den Zuckerrübenertrag war bei Einbringung des Düngemittels vor dem Pflügen, in die Drillreihen und als Kopfdüngung gleich. Für den Mais war die Wirkung von P_sMn im Vergleich zu P_s am besten, wenn das Düngemittel vor dem Grubbern gegeben wurde; die Einbringung von P_sMn in die Nester war weniger wirksam. Für Getreidekulturen war die Anwendung von P_sMn vor dem Pflügen weniger wirksam als die Einbringung vor dem Grubbern und in die Drillreihen. Auf sauren Böden und auf den Böden im Süden der UdSSR, die mit löslichen Mn-Formen versorgt sind, ist es unzweckmäßig, noch zusätzlich Mn zu geben. Man nimmt an, daß P_sMn am wirksamsten bei der Düngung der Zuckerrüben auf ausgelaugten podsolierten Schwarzerdeböden sowie auf podsolierten Wiesen-Schwarzerdeböden ist. Zu Getreide gibt man P_sMn zweckmäßig auf podsolierten Böden, auf Rasen-Podsolböden und auf podsolierten Wiesen-Schwarzerdeböden. Zu Mais ist es am zweckmäßigsten, P_sMn auf ausgelaugten und podsolierten Schwarzerdeböden zu geben.

übersetzt v. G. Boetticher. 686.

2-64/04-0367 Linser, H. und Kühn, H.; Gießen, Justus-Liebig-Univ., Inst. für Pflanzenernähr. **Zur Frage der Nachwirkung von Chlorcholinchlorid.** Bodenkultur [Wien], Ausg. A **14** (1963) Nr. 2. S. 111–117. – 7 Tab., 2 Lit.

Vff. verwenden in ihren Gefäßversuchen abgesiebte Erde, die im Vorjahr mit So-Weizen, So-Roggen oder So-Gerste und zusätzlicher Düngung von 7,5–150 mg Chlorcholinchlorid (I) je Gefäß bestellt war. Im Nachbauversuch wurden Wi-Weizen und So-Weizen geprüft. Die Versuche ergaben, daß die I-Nachwirkung auf leichten, sorptionsschwachen Böden eine geringe Halmverkürzung verursachen kann. In den Boden eingebrachtes Stroh von I-gedüngtem Getreide zeigte keinerlei I-Wirkung mehr. Saatgut von I-behandeltem Getreide brachte keine abweichenden Wachstums- und Ertragsergebnisse.

U. Bergner. 689.

2-64/04-0368 Linser, H. und Kühn, H.; Gießen, Justus-Liebig-Univ., Inst. für Pflanzenernähr. **Höhe und Zeitpunkt der Düngung von Sommerweizen mit Chlorcholinchlorid zur Verkürzung der Halmlänge.** Z. Pflanzenernähr., Düng., Bodenkunde **101** (1963) Nr. 3. S. 206–210. – 2 Tab., 3 Lit.

In Gefäßversuchen mit So-Weizen wurde 1962 auf leichtem Sand- und schwerem Lehmboden die halmverkürzende Wirkung von Chlorcholinchlorid (CCC) in Abhängigkeit von der Höhe der N-Gabe und dem Zeitpunkt der N- und CCC-Anwendung überprüft. – Z. Z. des Vereinzelns wiesen die Getreidepflanzen auf beiden Böden und bei sämtlichen N-Stufen eine starke Halmverkürzung bereits durch CCC-Gaben auf, die geringer als 5% der N-Gabe waren. Dagegen war z. Z. der Ernte die Verkürzung der Halme nur auf dem Sandboden vorhanden. – Die günstigste Wirkung des CCC wurde bei später Anwendung (zu Beginn und während des Schossens) erzielt.

H. Ansorge. 689.

2-64/04-0369 Alekseenko, V. N.; Leningrad, Landwirtsch. Inst. Ėlektrochimičeskij sposob povyšenija plodorodija počvy. **(Elektrochemische Methode zur Steigerung der Ertragsfähigkeit des Bodens.)** Mechanizacija i ėlektrifikacija socialističeskogo sel'skogo chozjajstva, Moskva **21** (1963) Nr. 2. S. 50 bis 51. – 1 Tab., 2 Lit.

Die sehr wichtigen Spurenelemente sind im Handelsdünger i. a. nicht vorhanden und müssen den Böden, in denen sie fehlen, zusätzlich zugeführt werden. Cu wird in Form von Pyritabbrand zugeführt. Auf meliorierten Sumpfböden ergaben sich z. B. Steigerungen der Weizenerträge von 3,8 auf 15,2 dt/ha, von 1,1 auf 12,4 dt/ha u. ä. Es werden dabei an Abbrand 300 bis 600 kg/ha mit 1,2–2,4 kg/ha Cu eingebracht, von dem die Pflanzen nur 20% aufnehmen. Da von den Pflanzen nur Metallionen aufgenommen werden, ist es möglich, große Mengen Metall zu sparen, wenn nur Ionen eingebracht werden. Zu diesem Zwecke wird eine Platte aus Kupfer oder einem anderen Metall isoliert am Pflug befestigt, in den Boden versenkt und an den positiven Pol einer Stromquelle angeschlossen, während das Schar am negativen Pol liegt. Der Strom löst von der Kupferplatte Kupferionen ab, die zum Schar wandern und von da in den Boden gelangen. Zum Einbringen von 100 g Kupferionen je ha sind bei einer Pflugleistung von 1 ha/h 21 kW erforderlich.
W. Balkin. 689.

2-64/04-0370 Sankaram, A. Bacterial fertilizers. **(Bakteriendünger.)** Sci. and Cult. [Calcutta] **29** (1963) Nr. 4. S. 182–185. – 21 Lit.
Der Nutzen der Leguminosen-Samenimpfung mit *Rhizobium* findet überall Anerkennung. Die Meinungen über den Wert von Azotobacterin sind jedoch noch geteilt. Die genauere Prüfung der Ergebnisse mit Azotobacterin läßt erkennen, daß meist ein hoher Gehalt an org. Subst., Assoziation mit anderen Bakterien und die Bodenreaktion für den Erfolg verantwortlich waren. Obgleich auch unter den sowjetischen Wissenschaftlern keine Übereinstimmung hinsichtlich der Ursachen der günstigen Wirkung des Azotobacterins vorliegt, herrschen gegenwärtig 2 Anschauungen vor: 1. N wird von Rhizosphärenbakterien gebunden, die von Wurzelausscheidungen leben; 2. Die Bakterien stimulieren das Pflanzenwachstum durch Bildung von Auxinen, Hormonen, Vitaminen u. a. Die kritische Untersuchung führt zu dem Schluß, daß die günstige Wirkung des Azotobacterins nicht auf N-Bindung zurückzuführen ist. Die Auxin-Hormon-Erklärung scheint vernünftiger, doch liegen noch zu wenig beweisende Ergebnisse vor. K. E. Lindner. 689.

2-64/04-0371 Afanaševa, A. L.; Sibir. Forsch.-Inst. für Landwirtsch. Ob ėffektivnosti bakterial'nych udobrenij. **(Der Nutzen der Bakteriendünger.)** Zemledelie, Moskva **25** (1963) Nr. 4. S. 63–67. – 2 Abb., 2 Lit.
Bei der Untersuchung der Wirkung von Bakteriendünger in Sibirien wurden bes. boden-klimatische Bedingungen berücksichtigt. Auf grauen und dunkelgrauen Waldböden sowie gebleichten Schwarzerden mit 10,5–10,9% Humus konnten beständig 1,5–2 dt/ha Mehrertrag erreicht werden. In der Trockensteppe (kastanienfarbiger Boden mit 3,4–4,8% Humus) blieb der Erfolg aus. Humusgehalt, Niederschlag und Bodentemperatur beeinflussen die Wirkung der Bakteriendünger. Impfung mit Phosphobakterin führte zur P-Anreicherung in Niederungsmoorböden. Gleichzeitige PK-Düngung verstärkte diesen Vorgang. Die Erträge bei Futterrüben stiegen im Versuch um 31%, der Zuckergehalt erhöhte sich um 0,2–1,2%. R. Schlenker. 689.

2-64/04-0372 Novikova, A. T.; Leningrad, Unions-Forsch.-Inst. für Landwirtsch. Mikrobiol. Mechanizirovannyj sposob primenenija fosforobakterina. **(Ein mechanisiertes Verfahren für die Anwendung von Phosphobakterin.)** Zemledelie, Moskva **25** (1963) Nr. 4. S. 71. – 1 Abb.
Zum Impfen von Getreidesaatgut kommt das Getreidebeizgerät von Ratusch zur Anwendung. Das Saatgut wird auf dem Transportband mit Bakterien-Aufschwemmung benetzt (5–10 l/t Saatgut). Trockenbeize wird zugeführt und in einer Transportschnecke eingemischt. Das Gerät wird von 3 AK bedient und hat eine Stundenleistung von 10 t. R. Schlenker. 689.

2-64/04-0373 Anspok, P. I. Primenenie mikroėlementov v sel'skom chozjajstve. **(Anwendung von Spurenelementen in der Landwirtschaft.)** Zemledelie, Moskva **25** (1963) Nr. 10. S. 41–45. 689.

2-64/04-0374 Bazegskij, Ė. P. Vlijanie molibdena i stroncija na urožaj sel'skochzjajstvennych kul'tur. **(Einfluß des Molybdäns und Strontiums auf den Ertrag landwirtschaftlicher Kulturpflanzen.)** V sb.: Mikroėlementy i estestv. radioaktivnost' počv, Rostov-na-Donu **1962** S. 81–83. – Aus: Referativnyj žurnal Moskva. Počvovedenie **1963** Nr. 6.57.119. S. 17.
In Feld- und Gefäßversuchen auf sauren Böden wurde die Wirkung von Mo und Sr auf den Ertrag von Faserlein, Mohrrüben, Buchweizen und Mais mit und ohne Kalkung untersucht. Der Leinertrag stieg bei Einbringung von Mo und Sr in den Boden, bei Behandlung der Samen vor der Aussaat oder bei Naßkopfdüngung der Pflanzen ohne Kalkung um 2–12%, während die Mohrrüben 78–152 dt/ha Mehrertrag (451 dt/ha ohne Spurenelemente) brachten. Auch der Ertrag an Grünmasse bei Mais und an Korn bei Buchweizen war erhöht. Sr hatte keinen Einfluß auf den Maisertrag und steigerte den Ertrag bei Buchweizen nur wenig. Bei Kalkung blieben Mo und Sr wirkungslos. In einem der Versuche mit Mohrrüben kam es bei Düngung mit Mo nach Kalkung zum Faulen der Wurzelfrüchte und zur Verringerung des Ertrages.
übersetzt v. G. Boetticher. 689.

2-64/04-0375 Baryšpol', O. Ja. Vlijanie mikroėlementov na urožaj i kačestvo kormovogo lipina i l'na v uslovijach Polešja USSR. **(Einfluß der Spurenelemente auf den Ertrag und die Qualität der Futterlupine und des Flachses unter den im Polessje-Gebiet der Ukrainischen SSR herrschenden Bedingungen.)** Primenenie mikroėlementov, polimerov i radioakt. izotopov v s. ch., Kiev **1962** S. 166–171. – Aus: Referativnyj žurnal Moskva. Počvovedenie **1963** Nr. 6. 57.121. S. 18.
In Feldversuchen wurde im Polessje-Gebiet der Ukraine der Einfluß der Bodendüngung und des Bepuderns von Samen mit B, Mn, Mo, Co, Cu und Zn auf Ertrag und Qualität von Futterlupinen und Flachs untersucht. Die Mengen der Spurenelemente betrugen bei Einbringung in den Boden in kg/ha: Borax 2, $MnSO_4$ 10, $CoNO_3$ 1,5, Ammoniummolybdat 2; zum Bepudern (g/ha) H_3BO_3 26, $CuSO_4$ 26, $ZnSO_4$ 40, Ammoniummolybdat 40. Die höchsten Mehrerträge an Grünmasse (55 dt/ha) und an Lupinenkorn (3,11 dt/ha) wurden durch die Anwendung von Mn erzielt. Hohe Erträge wurden bei gemeinsamer Einbringung von Mn und B erreicht. Beim Flachs wurden die höchsten Mehrerträge an Stroh und Samen durch Behandlung der Samen mit Cu und Mo vor der Saat erzielt. Der Fettgehalt in den Samen stieg an. Nach Bepudern der Leinsamen mit Zn und B vor der Saat sank der Fettgehalt bedeutend ab. übersetzt v. G. Boetticher. 689.

D. Düngemitteluntersuchung

2-64/04-0376 Read, D. W. L., Hinman, W. C. und Beaton, J. D.; Swift Current, Saskatchewan, Canada Agric. Res. Branch, Exp. Farm; Trail, Brit. Columbia, Consolidated Mining and Smelting Co. Use of alfalfa in short-term evaluation of phosphorus fertilizers. **(Verwendung von Luzerne zur kurzfristigen Bewertung von Phosphordüngemitteln.)** Agronomy J. **55** (1963) Nr. 4. S. 401–402. – 2 Abb., 2 Tab., 2 Lit.
Die von Stanford und DeMent (vgl. LZ. Abt. **II 3** [1958] Nr. 9. S. 1850.) beschriebene Methode wurde unter Verwendung von Luzerne anstelle von Hafer modifiziert. Luzerne wurde aus den Samen in Sand mit Nährlösung, (mindestens 3 mg P pro Kultur) bis zur Ausbildung eines Wurzelgeflechts, (3–4 Wochen gegenüber ca. 2 Wochen bei Hafer) gezogen. Danach wurde die Pflanze mit dem betr. Boden 6–10 Tage in Kontakt gebracht. In Abständen bis zu 17 Tagen wurden Ertrag an Tr. Subst., P-Gehalt und P-Aufnahme für

Spitzen und Wurzeln bestimmt. Dabei waren P-Gehalt und P-Aufnahme als Maß der Wirksamkeit der Düngung geeignet. Ein Vergleich zwischen Luzerne und Hafer auf 3 Böden, behandelt mit $CaH_2PO_4 \cdot H_2O$ und $NH_4H_2PO_4$ (je 15 mg P/Kultur), ergab, daß Hafer unter kurzfristigen Bedingungen gegenüber Unterschieden hinsichtlich Boden und Düngung empfindlicher war. Dieses unterschiedliche Verhalten wird auf unterschiedliche Behandlung vor der Kontaktperiode bzw. auf das verschiedenartige Wurzelsystem beider Kulturen zurückgeführt. P. Stoß. 690.

2-64/04-0377 Brabson, J. A., Duncan, R. D. und Murphy, Inez J.; Wilson Dam, Ala., Tennessee Valley Authority. Gravimetric determination of silica as quinolinium molybdosilicate in phosphate rock. **(Gravimetrische Bestimmung von Siliciumdioxyd als Chinolinmolybdosilikat in Rohphosphat.)** Analyt. Chem. **35** (1963) Nr. 8. S. 1102–1103. – 1 Tab., 7 Lit.
Der Aufschluß der Probe und die SiO_2-Fällung erfolgen nach Brabson u. a. (vgl. Analyt. Chem. **20** [1948] S. 504.), jedoch unter Verwendung von 25 ml Molybdat-Lösung (11 g NaOH in 100 ml H_2O lösen, Zugabe von 54 g MoO_3, bis zur Klärung der Lösung erhitzen, abkühlen, auf 250 ml verdünnen, filtrieren und auf 1000 ml auffüllen) und 25 ml Chinolinlösung (vgl. J. Assoc. off. agric. Chemists **41** [1958] S. 758.). Die Lösung wird 1 Std. im siedenden Wasserbad erhitzt, auf Raumtemperatur abgekühlt und der Niederschlag durch Dekantieren abgetrennt. Darauf wird nacheinander mit 30 ml H_2O und 30 ml Waschlösung dekantiert. Der Niederschlag wird in einen Porzellanfiltertiegel überführt und 5mal mit Waschlösung gewaschen, wobei Trockensaugen und Rißbildung im Filterkuchen zu vermeiden ist. Anschließend wird bei 160 °C bis zur Gewichtskonstanz getrocknet. P wird an einer 2. Probe als Chinolinphosphormolybdat (vgl. J. Res. Nat. Bur. Std. **20** [1938] S. 607) bestimmt, – mg SiO_2 = 0,02568 (mg Niederschlag – mg P_2O_5/0,032074). Zur Herstellung der Waschlösung werden 36 ml Eisessig und 447 ml konz. HCl auf 6 l verdünnt. Eine Schmelze aus 0,25 g Quarz und NaOH wird analog dem Aufschluß (ohne H_3BO_3-Zugabe) weiterbehandelt. SiO_2 wird aus 50 ml-Aliquoten gefällt und nach Zugabe von je 750 ml der sauren Lösung 10 Min. am Rückfluß gekocht. Die Lösung muß vor Gebrauch filtriert werden.
P. Stoß. 690.

2-64/04-0378 *Nieschlag, Friedrich.* **Die Düngung in der Praxis.** Ein Leitfaden unter Berücksichtigung der veränderten Ansprüche in der pflanzlichen und tierischen Produktion. Hamburg; Berlin: Verlag Paul Parey. 1963. (135 S. m. 5 Abb.) 8°. DM 9,80. Gegenüber den bisherigen Darstellungen auf diesem Gebiet werden hier bes. berücksichtigt 1. die Tatsache, daß das stark verbesserte Leistungsvermögen vieler Zuchtsorten einen hohen Düngeraufwand notwendig macht, 2. der Umstand, daß der Standort Boden durch die seit Jahrzehnten betriebene Düngung allmählich Anzeichen einer besseren Versorgungslage erkennen läßt und 3., daß jede Düngung zielbewußt zur Strukturverbesserung auszunutzen ist. Das Klima der DBR würde eine Steigerung der pflanzlichen Produktion erlauben, wenn nicht die Nährstoffversorgung der begrenzende Faktor wäre. Die Ertragshöhe ist deshalb stärker als zuvor eine Düngerangelegenheit geworden. – Nach Erläuterung der Grundtatsachen der Pflanzenernährung und Besprechung der Düngemittel behandelt Vf. die Düngung in ihrer Beziehung zu verschiedenen Faktoren (Bodentyp, Anbausystem, Bodenfruchtbarkeit, betriebswirtsch. und technische Faktoren). Ein weiteres Kapitel informiert den Leser über die Formen der Düngung (Bodendüngung, Blattdüngung, Beregnungs- und Bewässerungsdüngung). Die letzten Kapitel sind der Düngung der Feldfrüchte und des Grünlandes gewidmet, wobei auch die Düngung von Sonder- und Obstkulturen sowie die Forstdüngung mit einbezogen sind. H. Kretschmer.

2-64/04-0379 *Wallace, Arthur.* **Solute uptake by intact plants.** Los Angeles, Calif.: Arthur Wallace. 1963. (VI, 178 S. m. Abb. u. Tab.) 8°. Das Buch enthält 34 in sich geschlossene Einzelarbeiten zu diesem Thema, und zwar meist erweiterte Zusammenfassungen von Dissertationen. Den Vorrang haben Fragen der Aufnahme metallischer Kationen und ihre Beeinflussung durch verschiedene Faktoren. In einigen Arbeiten wird auch über ^{14}C- und ^{32}P-Aufnahme berichtet.
H. Kretschmer.

2-64/04-0380 *Wallace, Arthur,* Ed. **A decade of synthetic chelating agents in inorganic plant nutrition.** Los Angeles, Calif.: Arthur Wallace. 1962. (XI, 195 S. m. Abb. u. Tab.) 8°. $ 5,00. Das Buch ist gegliedert in 1. Chemie der Chelatbildung und einige Wirkungen der Chelatbildung in biol. Systemen und 2. praktische Anwendungen synthetischer Chelatbildner in der Pflanzenernährung. Unter 1. wird der Mechanismus der Chelatbildung beschrieben. Auf dieser Basis werden dann Versuchsergebnisse über Kationenaufnahme sowie eine Hypothese zur Entstehung der Chlorose diskutiert. Vf. geht in diesem Zusammenhang auch auf die Beeinflussung der Aktivität verschiedener Fermentsysteme durch Metallchelate ein. Abschnitt 2. enthält u. a. eine Übersicht über die z. Z. in der Pflanzenernährung gebräuchlichen Chelate, ihre Anwendung und ihren Einfluß auf das Wachstum. 480 Lit. beschließen das Buch. H. Kretschmer.

2-64/04-0381 *Wit, C. T. de, Dijkshoorn, W.* and *Noggle, J. C.* **Ionic balance and growth of plants.** Wageningen: Centrum voor landbouwpublikaties en landbouwdocumentatie. 1963. (68 S. m. 36 Abb., 12 Tab. u. Lit.-Verz.) 8°. hfl. 4,00 = Verslagen van Landbouwkundige Onderzoekingen Nr. 69.15. In Kurzzeitversuchen mit abgeschnittenen Wurzeln fanden Vff., daß bei Neutralsalzen nicht beide Ionenarten im gleichen Verhältnis aufgenommen werden. Die Elektroneutralität wird seitens der Pflanze durch entspr. differenzierten H^+- oder HCO_3^--Austausch aufrechterhalten. Bei Untersuchungen über das Wahlvermögen der Pflanzen bei der Nährstoffaufnahme werden für Gramineen 2 kompetitive Kationensysteme (K, Na, Ca und Mg sowie K und Na) und ein Anionensystem (NO_3 und Cl) herausgestellt. Weiterhin werden noch Untersuchungen über die Beziehungen zwischen Nährstoffgehalt der Pflanzensubstanz und Ertrag sowie über den Einfluß der Ionenbalance in der Pflanze (Kationen- oder Anionenüberschuß) auf das Verhalten metallischer Kationen im System Bodenlösung-Sorptionskomplex unterbreitet. H. Kretschmer.

2-64/04-0382 *Anonym.* **Status and methods of research in economic and agronomic aspects of fertilizer response and use.** Prepared by the Committee on Economics of Fertilizer Use of the Agricultural Board. Washington: National Academy of Sciences – National Research Council. 1961. (VI, 89 S. m. Abb. u. Tab.) 23×15 cm. $ 2,00 = National Academy of Sciences – National Research Council, Publ. 918. Nachdem die Mehrzahl der Farmer in den USA vom Nutzen der mineral. Düngemittel überzeugt ist, sollten nun Wege zur ökonom. Anwendung dieser Düngemittel gezeigt werden. Dazu sind Kenntnisse über die Beziehungen zwischen Düngung und Pflanzenertrag notwendig, die im Mittelpunkt der Betrachtungen stehen. Eine gedrängte historische Einführung macht den Leser mit den Konzeptionen Liebigs, Mitscherlichs und Spillmans bekannt. Sodann folgen die modernen Anschauungen zu diesem Fragenkomplex, die versuchstechnischen und mathematischen Möglichkeiten zur Bearbeitung solcher Probleme, stets mit ökonom. Erwägungen verbunden. Dabei wird nicht nur, wie bei Mitscherlich, die Wirkung eines Nährstoffes bei optimaler Gestaltung der anderen auf den Pflanzenertrag untersucht, sondern es werden auch mehrere Nährstoffe zugleich variiert (multivariable-functions). Schließlich wird noch über Beurteilungsverfahren der unter diesem Aspekt erhaltenen Versuchsergebnisse und über die Einführung dieser Ergebnisse in die Praxis berichtet. H. Kretschmer.

2-64/04-0383 *Baumeister, Walter* und *Schmidt, Lothar.* **Die physiologische Bedeutung des Natriums für die Pflanze. T. I. Versuche mit höheren Pflanzen.** Köln; Opladen: Westdt. Verl. 1962. (42 S.) 8° = Forschungsberichte des Landes Nordrhein-Westfalen. Nr. 1086. (1963 A 1165, 1)

2-64/04-0384 *Fekete, Béla.* **A világ jelentösebb trágyázási tartamkisérletei.** (Die wichtigsten Dauerdüngungsversuche in der Welt. Themendokumentation.) Budapest: Országos mezög. könyvtár. 1958. (162 S.) 4°. (1963 B 109)

2-64/04-0385 *Magnickij, K. P.* **Sil'vinit, kainit, karnallit.** (Sylvinit, Kainit, Carnallit.) Minsk: Gos. izd. sel'skochoz. lit. BSSR. 1963. (71 S.) 8°. (1963 A 1036)

2-64/04-0386 *Materna, Jan.* **Výživa a hnojení lesních porostu.** (Ernährung und Düngung von Waldbeständen.) Praha: Státní lesních porostu. 1963. (227 S.) 8° = Lesnicka knihovna. Mala rada. Nr. 88. (SR 503, 88)

2-64/04-0387 *Trázník, Karel.* **Letecké hnojení.** (Düngerstreuen mit Flugzeugen.) Praha: Ústav vědeckotechn. informací MZLVH. 1963. (26 S.) 8° = Metodiky pro zavádění výsledku výzkumu do praxe Nr. 10. (SR 2716, 1963, 10)

VII. PFLANZENBAU AUF DEM ACKER

B. Fruchtwechsel und Fruchtfolgen

2-64/04-0388 Nazarcev, N. Sevooboroty odnogo celinnogo sovchoza. **(Die Fruchtfolgen eines Neuland-Sowchos.)** Kolchozno-sovchoznoe proizvodstvo, Moskva **1963** Nr. 9. S. 18–20. – 1 Abb., 2 Tab. 710.

2-64/04-0389 Epple, Konrad. **Fruchtfolgeverhältnisse in Baden-Württemberg.** Arb. landwirtsch. Hochschule Hohenheim **21** (1963) S. 1–109.
Nach einem geschichtlichen Überblick über die Entwicklung der Fruchtfolgen werden Unterlagen, Methodik und Aufbau dieser Arbeit erläutert. Vf. benutzt die von Brinkmann entwickelten Fruchtfolgeglieder, ihre Kombinationsmöglichkeiten und die hieraus gebildeten Fruchtfolgegrundrisse als Ausgangspunkt seiner Untersuchungen. Er stellt jedoch fest, daß diese Grundrißmethode auf $^2/_3$ des Untersuchungsraumes in dieser Form nicht anwendbar ist, da lt. Bodennutzungserhebung nur in einem Drittel des ganzen Gebietes keine mehrjähr. Ackerfutterpflanzen gebaut werden. Der übrige weit größere Teil besteht aus Wechselwirtschaften mit unterschiedlich langen

Feldgrasnutzungen. Aus zwei Tab. des Vf. lassen sich die Beziehungen zwischen der Zahl der Anbaujahre, dem Anteil des Feldgrases bei verschiedener Nutzungsdauer und der Umlaufdauer der Feldgrasrotation ermitteln. Bei Felderwirtschaften mit Feldgrasspringschlägen oder Feldgrasnebenrotationen spricht Vf. von Wechselwirtschaften 2. Ordnung. In weiteren Tab. sind die Zusammenhänge der Fruchtfolgegrundrisse mit den einzelnen Formen der Wechselwirtschaften zu erkennen. Diese haben sich allmählich aufgrund klimatischer Ungunst, so z.B. in den Höhenlagen des Schwarzwaldes, entwickelt und zeichnen sich durch düngersparende und bodenschonende Eigenschaften aus. Die mehr oder weniger extensiven Formen der Feldgras- oder Wechselwirtschaften, ihr Vorkommen und ihre Verteilung spiegeln deutlich die mehr oder weniger große Ungunst der natürlichen Wachstumsfaktoren wider. Vf. stellt fest, daß der Ackerbau unter diesen Verhältnissen nur durch Wechsel von Ackerbau- und Grasjahren möglich ist. In den klimatisch günstigeren Lagen, bes. auf warmen, trockenen und kalkhaltigen Böden, sind die Luzernewechselwirtschaften in intensiverer Form vorherrschend, z. T. sogar in Verbindung mit Frucht- und Überfruchtwechsel. Vf. erhebt hier die zu lange Nutzung der Luzerne, die nach 3–4 Jahren zwecks Einfügung in eine feste Rotation umgebrochen werden sollte, zum Vorwurf. Nach ausführlicher Schilderung der reinen Felderwirtschaften bis zur intensivsten Form des Überfruchtwechsels und der einseitigen Sonderkulturen in der Rheinebene, z. T. wirtschaftlich bedingt, weist Vf. abschließend in einem Ausblick darauf hin, daß die Landwirtschaft Baden-Würt.'s nur durch eine gesunde Fruchtfolge (Gesundungsfrüchte!), durch Flurbereinigungen und Substituierung der menschlichen Arbeitskräfte durch weitere Technisierung den Erfordernissen der Jetztzeit nachkommen kann. Hierbei darf jedoch eine marktgerechte Produktion nicht vernachlässigt werden. C. Freyer. 718.

2-64/04-0390 Toderi, Giovanni und Cecca, Vittorio della. Esperienze sulla rotazione colturale e sulla concimazione: risultati preliminari di esperienze in atto in Puglia. (Parte II). **(Versuche über Fruchtfolge und Düngung: Vorläufige Ergebnisse von Praxisversuchen in Puglia. [Teil II].)** Agricoltura [Roma] **12** (1963) Nr. 8. S. 39–56. – 7 Abb., 17 Tab., 6 Lit. 718.

2-64/04-0391 *Epple, Konrad.* **Fruchtfolgeverhältnisse in Baden-Württemberg.** Diss. Hohenheim, Landwirtsch. Fak. 1962. (109 S. m. 3 Kt.) 8°. (Diss. 9250)

C. Saat- und Pflanzgut

2-64/04-0392 Jonas, K. **Das Wirken der Saatzuchtinspektion Unterfranken auf dem Gebiet der Pflanzenzüchtung, der Qualitätsförderung und der landwirtschaftlichen Fachberatung im Sorten- und Saatgutwesen.** Bayer. landwirtsch. Jb., Sonderh. **40** (1963) Nr. 1. S. 92–102. – 1 Abb.
Unterfranken gilt als Trockengebiet, in dem der Anbau von Weizen, So-Gerste und Luzerne vorherrscht. Die Pflanzenzüchtung liegt meist in der Hand kleiner Betriebe. Neben der Beratung der Pflanzenzuchtbetriebe obliegt der Saatzuchtinspektion auch die Beratertätigkeit im Sorten- und Saatgutwesen. Diesem Ziel dient ein ausgedehntes Sortenversuchswesen. Die Feldversuche beschäftigen sich bes. mit folgenden Problemen: Düngerverträglichkeit einzelner Sorten und deren Forderungen an Saatmenge und Standweite, zusätzliche späte N-Düngung zu Weizen, Sortenprüfung bei Kartoffeln, Luzerne, Körner- und Silomais, Luzernesamenvermehrung, Einheitssortenbau bei So-Gerste sowie Weizenbau auf geringen Böden. Um zu einem Beratungserfolg zu kommen, werden verschiedene Wege beschritten. Hierzu gehören Versuchsfeldbesichtigungen und Winterversammlungen für Landwirte und Förderung der Zusammenarbeit zwischen Saatgutinspektionen, Landwirtschaftsämtern, Handel und Genossenschaften. C. Tittel. 720.

2-64/04-0393 Bär, H.; Zürich-Oerlikon, Eidg. Landwirtsch. Versuchsanst. **Mechanische Beschädigungen von Kleesamen.** Mitt. schweiz. Landwirtsch. **11** (1963) Nr. 8. S. 113–116. – 2 Abb., 6 Lit.
Verschiedene Leguminosensamen sind gegen unsorgfältige mechan. Behandlung sehr empfindlich. Aus mechan. beschädigten Samen entstehen anomale, zerbrochene Keimlinge. Auch unter intakter Samenschale können zerbrochene Embryonen vorhanden sein. Beim Herauspräparieren der Embryonen bestehen Zweifel darüber, ob sie schon vorher zerbrochen waren oder erst durch das Präparieren beschädigt wurden. Der Tetrazoliumtest bietet die Möglichkeit zur direkten Beurteilung von zerbrochenen Embryonen in der Samenschale. Die Samen werden nach Vorquellung in Tetrazoliumlösung gelegt; zerbrochene Embyonen können leicht erkannt werden, da die Färbung durch die Samenschale hindurchscheint. C. Tittel. 720.

2-64/04-0394 Germ, Hermann. **Die Tätigkeit der Abteilung für Saatgutprüfung im Jahre 1962.** Bodenkultur [Wien], Sonderh. Nr. **14**. Jb. 1962 (hrsg. 1963) S. 14–18. – 3 Tab.
Im Berichtsjahr wurden 10491 Saatgutproben untersucht; davon entfallen 5070 auf Getreide und 1003 auf Rüben. Die Qualität des Saatgutes war allg. sehr zufriedenstellend. Bes. Probleme in der Untersuchungstätigkeit waren die Untersuchung des Rübensaatgutes (Feststellung von Einkeimigkeit, Ploidiegrad und Präzisionsgrad der Siebung), die Ermittlung des Unkraut-timothe-Besatzes in Timothe, die Kaltprüfung bei Mais und die Untersuchung von So-Gerste auf Flugbrand. C. Tittel. 725.

2-64/04-0395 Schmidt, B.; Karlsruhe-Durlach, Staatl. Landwirtsch. Versuchs- und Forsch.-Anst. Augustenberg. **Die Anwendung ultravioletter Strahlen bei der Untersuchung von Saatgut auf Arten- und Sortenechtheit.** Saatgut-Wirtsch. **15** (1963) Nr. 9. S. 259–262. – 40 Lit.
Die Unterscheidung von Arten und Sorten am Saatgut mit Hilfe der UV-Strahlen beruht auf dem Prinzip, daß verschiedene Körper bzw. Stoffe charakteristische Fluorescenzerscheinungen zeigen. Vf. beschreibt die heutige Anwendung der Quarzlampenanalyse in der Saatgutprüfung an Hand folgender Beispiele: Unterscheidung von Deutschem und Welschem Weidelgras, Rot- und Schafschwingel, Ackersenf- und *Brassica*-Arten, Gelb- und Weißhafer, bitterstofffreien und bitterstoffhaltigen Lupinen, *Trifolium*- und *Medicago*-Arten sowie Gurken und Melonen. C. Tittel. 725.

2-64/04-0396 Milborrow, B. V.; Woodstock, A. R. C., „Shell"-Res. Ltd. Penetration of seeds by acetone solutes. **(Durchdringung von Samen mit Acetonlösungen.)** Nature [London] **199** (1963) Nr. 4894. S. 716–717. – 1 Abb., 2 Tab., 6 Lit.
Samen verschiedener Pflanzenarten wurden in Aceton bis zu 3 Mon. aufbewahrt. Nach 12std. Trocknung bei 35 °C wurden sie eingekeimt. Die Acetonbehandlung hatte keine nachteilige Wirkung auf die Keimfähigkeit. Wasserunlösliche, aber acetonlösliche Stoffe, die bei der Saatgutbehandlung zugefügt wurden, drangen in die Samen ein und konnten später in den Keimpflanzen nachgewiesen werden. Einige Ergebnisse über die Wirkungen von DDT bei Gerste, Weizen, Hafer und Erbse werden mitgeteilt. Für die Versuche wurde DDT verwendet, weil es acetonlöslich und chem. leicht nachweisbar ist. C. Tittel. 725.

2-64/04-0397 Kietreiber, Maria. **Die Flugbrand-Bestimmung am Saatgut von Gerste.** Bodenkultur [Wien], Sonderh. Nr. **14**. Jb. 1962 (hrsg. 1963) S. 35–44. – 3 Abb., 1 Tab., 19 Lit.
Im Jahre 1962 trat in Österreich *Ustilago nuda* bei So-Gerste in stärkerem Ausmaß auf. Es wurden deshalb die aus Niederösterreich und dem Burgenland zur Saatenanerkennung eingesandten So-Gerstenproben neben der üb-

lichen Prüfung auch auf Flugbrandbefall untersucht. Dabei wurde die Embryomethode nach Marshall mit einigen Abänderungen angewandt. Rund 30% der untersuchten Proben wiesen einen Flugbrandbefall auf. Der Befall bewegte sich zwischen 0,5 und 8,0%, wobei die Mehrzahl der Proben weniger als 2,0% aufwies. Als höchstzulässiger Grenzwert wird ein Befall von 2,0% vorgeschlagen. Eine routinemäßige Prüfung aller Anerkennungsproben ist wegen des hohen Arbeitsaufwandes nicht möglich. Flugbrandverdächtige Partien sollten deshalb schon bei der Feldbesichtigung ermittelt werden, um nur sie nach der Embryo-Methode zu prüfen. C. Tittel. 725.

2-64/04-0398 Borchardt, G.; Hannover, Pflanzenschutzamt. **Erfahrungen bei der Anzucht von Augenstecklingen mit Hilfe von „CCC" und „Gibberellin".** Kartoffelbau **14** (1963) Nr. 9. S. 228. – 1 Abb.
Die Wachstumsbeeinflussung von Augenstecklingen mit Hilfe von CCC ([2-Chloräthyl]-trimethylammoniumchlorid) und Gibberellin in der lichtarmen Zeit von Ende Okt.–Mitte Jan. hat sich bewährt. Überprüfungen an behandelten und unbehandelten Augenstecklingen ergaben eine gute Übereinstimmung der serolog. Teste. Bei der Ausbildung der Blattrollsymptome ist Licht der wichtigste Faktor. Daneben spielt die Dauer der Stecklingskultur eine gewisse Rolle. Die Wirkstoffbehandlung hatte praktisch keinen Einfluß auf die Entwicklung der Blattrollsymptome; sie wirkte lediglich indirekt in geringem Umfang, indem sie auch bei den langwachsenden Sorten im Winter eine lange Kulturdauer ermöglichte. Die Augenstecklinge reagierten auf CCC-Gaben sortentypisch. Es besteht keine einfache Korrelation zwischen dem natürlichen Längenwachstum und der CCC-Gabe. Stark gestauchte Stecklinge lieferten zwar befriedigende Testergebnisse, waren jedoch visuell schwer zu beurteilen. Ch. Pfeffer/Groß-Lüsewitz. 725.

2-64/04-0399 Krug, H.; Braunschweig-Völkenrode, FAL, Inst. für Pflanzenbau und Saatguterzeug. **Wachstumsregulatoren erleichtern den Augenstecklingstest.** Kartoffelbau **14** (1963) Nr. 9. S. 226–227. – 2 Abb., 2 Tab., 4 Lit.
Von Okt. bis Mitte Jan. bereitet die Anzucht von Augenstecklingen Schwierigkeiten; die Pflanzen einiger Sorten wachsen stark in die Länge, bilden kleine Blätter und neigen zum Lagern. Durch Behandlung mit CCC ([2-Chloräthyl]-trimethylammoniumchlorid) kann das Längenwachstum gehemmt werden. Die Behandlung der Pflanzen erfolgt am günstigsten über die Wurzeln, durch Gießen der Wirkstofflösung auf die Topferde kurz nach Aufgang der Pflanzen. Für 8- bis 9-cm-Töpfe werden 25 ml Lösung (1,58 g/l CCC) benötigt. Sowohl in der Licht- als auch in der CCC-Reaktion, die nicht in gegenseitiger Abhängigkeit zu stehen scheinen, unterscheiden sich die Sorten erheblich. Neben der Stauchung der Sproßachsen bewirkt die Behandlung mit CCC auch die Ausbildung kleinerer, verhärteter Blätter. Hierdurch wird die Virusbonitur erschwert. Diese unerwünschte Reaktion läßt sich durch schwache Gibberellingaben aufheben, die entweder in Form von Tropfen (1 mg auf die Sproßachsenspitze) oder als Sprühnebel (5 ml/Pflanze) 10–12 Tage nach Aufgang der Pflanzen verabfolgt werden. Vor der großflächigen Anwendung sollte jeder Betrieb für seine Kulturbedingungen und Sorten eigene Erfahrungen sammeln. Ch. Pfeffer/Groß-Lüsewitz. 725.

2-64/04-0400 Sneddon, J. L. A survey of seed stocks of marrow stem kale and thousand head kale. **(Eine Übersicht über die Saatgutpartien von Markstammkohl und Tausendkopfkohl.)** J. nat. Inst. agric. Bot. **9** (1962) Nr. 2. S. 154–159. – 3 Abb., 4 Tab., 2 Lit.
76 Saatgutproben von Markstammkohl und 40 von Tausendkopfkohl wurden durch Anbau in Parzellen geprüft. Beim Markstammkohl traten häufig Varianten auf, die dem Tausendkopfkohl mehr oder weniger ähnlich waren;

4 Proben bestanden fast vollständig aus derartigen Typen. Diese Pflanzen besaßen einen zähen und faserigen Stamm und waren von minderwertiger Qualität. Das Auftreten scheint erblich zu sein und nicht auf ungünstigen Entwicklungsbedingungen zu beruhen. Eine Partie des Tausendkopfkohls enthielt 24% Raps; einige andere Partien waren mit Markstammkohl vermischt. C. Tittel. 725.

2-64/04-0401 Steinberger, Josef. **Die Bestimmung von Unkrauttimothe im Timothesaatgut durch die Chromosomenanalyse.** Bodenkultur [Wien], Sonderh. Nr. **14.** Jb. 1962 (hrsg. 1963) S. 53–56. – 10 Lit.

Die Unterscheidung der Spelzfrüchte von *Phleum pratense* und *Ph. pratense* subsp. *nodosum* ist nach der Methode Zeiher nicht absolut sicher; sie gelingt aber durch die Ermittlung der Chromosomenzahl, die 2 n = 42 bzw. 2 n = 14 beträgt. Die Spelzfrüchte werden dazu auf dem Jacobsen-Apparat eingekeimt und nach 7 Tagen werden die Wurzelspitzen jeder Keimpflanze entnommen. Nach Fixierung in Alkohol-Eisessig und Mazeration in Alkohol-Salzsäure-Gemisch werden die Präparate mit Fe-haltiger Karminessigsäure gefärbt. Die sichere Ermittlung der Chromosomenzahl durch die cytol. Untersuchung bereitet keine Schwierigkeiten. C. Tittel. 725.

2-64/04-0402 Singh, A. und Chopra, D. P.; New Delhi, Indian Agric. Res. Inst. Quick evaluation of citrus seed viability by tetrazolium test. **(Die rasche Bestimmung der Lebensfähigkeit des Citrus-Saatgutes durch den Tetrazoliumtest.)** Indian J. Horticult. **19** (1962) Nr. 3/4. S. 117–119. – 1 Tab., 3 Lit.

Samen von *Citrus paradisi*, *C. limon* und *C. sinensis* wurden 0, 3 und 6 Mon. nach der Ernte mit Hilfe der Tetrazoliummethode untersucht. Die Samen wurden vorgequellt und nach Längsteilung in 1%ige Lösung von Triphenyltetrazoliumbromid (Handelsbezeichnung „Grodex") gelegt. Die Farbbeurteilung erfolgte nach 3–4 Std. Die ermittelten Werte der Keimpotenz stimmten gut mit den Ergebnissen der Keimversuche überein. C. Tittel. 725.

2-64/04-0403 Ritslaid, V. O vlijanii aeroionizacii na prorastanie semjan i rost sel'skochozjajstvennych rastenij. **(Die Wirkung der Aero-Ionisation auf Keimung und Wachstum landwirtschaftlicher Pflanzen.)** Izvestija Akademii nauk Ėstonskoj SSR. Serija biologičeskaja, Tallin **1963** Nr. 1. S. 33–48. – 9 Abb., 8 Tab., 11 Lit. Orig.: estn., Ausz.: russ., dtsch.

Durch Aero-Ionisation kann unter Berücksichtigung der Differenziertheit der einzelnen Kulturpflanzen die Keimfähigkeit, Triebkraft sowie die Entwicklung der Pflanzen und ihre Ertragsfähigkeit stimulierend beeinflußt werden. Die Keimenergie beim So-Weizen 'Diamant' sowie bei verschiedenen Mohrrüben- und Tomatensorten erhöhte sich durch die Ionisation erheblich. Hinsichtlich der Wachstumsentwicklung zeigten Gemüsekulturen (Radies, Salat, Tomaten) eine positive Wirkung, während bei Mais ('Sterling') und So-Weizen ('Diamant') die Ergebnisse niedriger als bei nichtionisiertem Saatgut lagen. Die chem. Zusammensetzung der Pflanze wurde wesentlich verändert. So stieg infolge Ionisation bei Gerste ('Jogeva 1104') der Gehalt an Rohprotein um 3,6% und an Fett um 10,5%, aber auch der Rohfasergehalt stieg um 6,4%. Der Anteil N-freier Extraktstoffe sank um 1,4%. Bei So-Weizen ('Diamant') verringerte sich dagegen der Rohprotein- und Fettgehalt und erhöhte sich der Gehalt an N-freien Extraktstoffen (+3,5%) gegenüber der Kontrolle. In der Grünmasse von 'Sterling' verringerte sich erheblich der Rohproteingehalt (−4,3%). Bei der Analyse der Gesamtpflanzen wurden bei Gerste ('Jogeva 1104') und hybriden Rüben Abweichungen gegenüber der Kontrolle festgestellt. Aufgrund der vorliegenden Ergebnisse ist es erforderlich, die Art und Weise des Einwirkens der Aero-Ionisation auf den Pflanzenwuchs zu untersuchen, um für die züchterische Arbeit einen praktischen Nutzen zu erreichen. G. Jury. 726.

2-64/04-0404 Minakov, N. A.; Woronesh, Landwirtsch. Inst. Gerbicid – stimuljator rosta. **(Herbicid als Wachstumsstimulator.)** Kukuruza, Moskva 8 (1963) Nr. 5. S. 20. – 1 Abb.
In 3jähr. Versuchen wirkte das Herbicid 2,4-D auf das Wachstum des Maises stimulierend, wenn das Saatgut zuvor damit behandelt wurde. Bereits 5 Min. Einquellen in einer Lösung von 0,0001% kurz vor der Aussaat förderte das Wachstum. Die günstigsten Ergebnisse wurden erhalten, wenn das Saatgut 12–14 Std. vor der Aussaat mit einer 0,0001%igen Lösung benetzt wurde. Die erforderliche Wassermenge betrug 15–20% des Samengewichtes. Der Mehrertrag an Pflanzenmasse lag im 3jähr. Durchschnitt bei 13%. Höhere 2,4-D-Konz. erwiesen sich als schädlich. W. Roder. 726.

2-64/04-0405 Makarov, M., Stanev, P. und Georgiev, Tr. Predseitbeno obezzarazjavane na carevicata. **(Das Beizen des Maises vor der Aussaat.)** Rastitelna zaštita, Sofija **11** (1963) Nr. 2. S. 7–12. – 3 Abb.
In den Jahren 1960–62 wurden Beizversuche an Maissaatgut ('WIR-42') mit den Präparaten Germisan-Universal-Trockenbeize in einer Dosis von 200 g, Merkuran 150 g, TMTD 200 g und Captan 300 g je 100 kg Samen durchgeführt. In Dibbelsaat wurden 4 Samenkörner/Nest zu 3 Terminen ausgesät, die Keimfähigkeit unter Laborbedingungen mit der üblichen Methode und dem „Kaltkeimtest" geprüft. Die besten Ergebnisse zeigten Captan und TMTD. Gebeizte Samen zeigten bei der Prüfung (Kaltkeimtest) die größte Keimfähigkeit, das Auflaufen verlief gleichmäßiger unter Feldbedingungen, war bes. auffällig bei früher Aussaat war. In allen Fällen wurden höhere Erträge als bei der Kontrollvariante erzielt.
NRB/ZSNTI, übersetzt v. Ch. Eshkowa. 726.

2-64/04-0406 Kushima, Kiyozomi, Katagiri, Koitsu und Takashashi, Yoshihiro.; Utsunomiya Univ., Fac. of Agric. Studies on vernalization of peas. **(Untersuchungen über die Vernalisation von Erbsen.)** Proc. Crop Sci. Soc. Japan **30** (1962) Nr. 4. S. 318–320. – 5 Tab., 3 Lit.
1958/59 wurde die Wirkung einer Kältebehandlung auf die Keimung, die Pflanzenentwicklung und die nachfolgende Blüte untersucht. 1960 wurde ein weiterer Versuch hinsichtlich der Beziehungen zwischen Wachstumsstadien, Grün-Vernalisation und Blüte durchgeführt. Nach der Behandlung wurde das Material im Gewächshaus bei 15 °C im 12-Std.-Tag gehalten. – Das Blühen wurde durch Samenvernalisation beschleunigt, jedoch nicht durch Grün-Vernalisation. Sowohl die 20täg. Samenvernalisation als auch die 30täg. Grün-Vernalisation in frühem Wachstumsstadium verringerten die Nodienzahl. Dieser Effekt nahm mit längerer Behandlungsdauer zu. Alle nichtvernalisierten Pflanzen blühten im Gewächshaus bei 15 °C normal. Die Kältebehandlung im frühen Wachstumsstadium war z. Z. des 1. Blattes am wirksamsten; nach Erscheinen des 8. Blattes blieb sie jedoch ohne Wirkung.
U. Bergner. 726.

2-64/04-0407 Avrov, O. E.; Leningrad, Unions-Forsch.-Inst. für Landwirtsch. Mikrobiol. Èffektivnost' nitraginizacii zernobobovych kultur. **(Die Effektivität der Nitroginimpfung des Samens von Leguminosen.)** Zemledelie, Moskva **25** (1963) Nr. 5. S. 55–57. – 1 Abb., 3 Tab.
Im Leningrader Gebiet werden in jüngster Zeit verstärkt Leguminosen, vor allem Erbsen, angebaut. Die Impfung mit den entspr. Knöllchenbakterien erwies sich als sehr nützlich. Die Versuche wurden unter Feldbedingungen auf 180 m^2 großen Parzellen bei 4 Wiederholungen in einer Sowchose (1962) durchgeführt. Bei den Beständen aus geimpftem Saatgut war im Jugendstadium die Anzahl der mit Knöllchen besetzten Pflanzen 5mal größer, die kranker Pflanzen geringer. Zum Ernte-Termin waren die behandelten Pflanzen bedeutend größer; sie brachten einen Mehrertrag an Grünmasse von etwa

40%. Unterschiedliche Bakterienstämme ergaben bezüglich des Grünmasseertrages nur geringe Differenzen. W. Roder. 726.

2-64/04-0408 Choudhuri, H. C. und Ghose, S.; Calcutta, India, Dep. of Agric. of West Bengal. Effect of gibberellic acid on sprouting growth of internodes, tuber shape and yield in different varieties of potatoes. **(Die Wirkung von Gibberellinsäure auf Keimung, Wachstum der Internodien, Knollenform und Ertrag verschiedener Kartoffelsorten.)** Europ. Potato J. [Wageningen] **6** (1963) Nr. 3. S. 160–167. – 4 Abb., 1 Tab., 6 Lit. Zus. in Franz., Dtsch.

Knollen der Sorten 'Royal Kidney', 'Up-to-Date' und 'Voran' aus den Darjeeling-Bergen wurden unmittelbar nach der Ernte in Lösungen von GS (5 oder 90 min; Konz. 25, 50 oder 100 ppm) getaucht und anschließend in Töpfe (16 in.) gepflanzt. Das Keimen wurde bei den Sorten 'Up-to-Date' und 'Voran' durch die Behandlung (5 min; Konz. 25 ppm) um eine Woche beschleunigt. Eine ähnliche Wirkung konnte bei der Sorte 'Royal Kidney' bei einer Konz. von 50 ppm beobachtet werden. Obwohl einige der behandelten Knollen schon nach 7 Tagen keimten, wurde eine 100%ige Keimung erst nach 21–35 Tagen erreicht. Die Behandlung mit GS bewirkte Verlängerung der Internodien und Verkleinerung der Blattindices. 'Voran' reagierte mit einem höheren Blattindex bei GS-Behandlung. GS-Behandlung (100 ppm, 90 min.) ergab in Gefäßversuchen bei allen Sorten höhere Erträge. Alle Behandlungen führten mit zunehmender GS-Konz. zu einem steigenden Anteil an Knollendeformationen. Ch. Pfeffer/Groß-Lüsewitz. 726.

2-64/04-0409 Gucaljuk, T. Obrabotka semjan mikroėlementami. **(Saatgutbehandlung mit Spurenelementen.)** Kartofel' i ovošči, Moskva 8 (1963) Nr. 3. S. 53–54. – 1 Abb., 2 Tab.

Samen von Wassermelonen ('Melitopolski 142') und Zuckermelonen ('Alma-Atinskaja rannjaja 46/64') wurden mit Mn-Sulfat- bzw. Borsäurelösungen verschiedener Konz. behandelt. Die größte Ertragssteigerung und -verfrühung im Vergleich zur Kontrolle (in Wasser eingeweicht) wurde durch Behandlung mit Mn-Sulfat erreicht. 16std. Behandlung mit 0,05%iger Mn-Sulfatlösung erwies sich als am günstigsten. I. Lepiksaar. 726.

2-64/04-0410 Nazirov, N. N. Posledstvija oblučenija semjan chlopčatnika otnositel'no malymi dozami gamma-lučej. **(Folgen der Baumwollsaatgut-Behandlung mit relativ kleinen Dosen von γ-Strahlen.)** Agrobiologija, Moskva **1963** Nr. 4. S. 541–547. – 2 Abb., 5 Tab., 4 Lit. 726.

2-64/04-0411 Germ, Hermann. **Erhaltung und Verlust der Keimfähigkeit von Gersten.** Bodenkultur [Wien], Sonderh. Nr. **14.** Jb. 1962 (hrsg. 1963) S. 19–34. – 6 Abb., 7 Tab.

Verschiedene So-Gerstenpartien, die unter Praxisbedingungen in 8 Silos kurzfristig lagerten, wurden auf Wassergehalt und Keimfähigkeit geprüft. Obwohl einige Partien einen ziemlich hohen Wassergehalt aufwiesen, bewahrten sie ihre Keimfähigkeit sehr gut. Mit einer größeren Anzahl So-Gerstenproben wurden Lagerungsversuche angestellt. Die Keimfähigkeit blieb bei Lagerung in einem trockenen und warmen Dachbodenraum erhalten, dagegen nahm sie bei Lagerung in einem feuchten Kellerraum ab. Der Keimfähigkeitsverlust verschiedener Proben kann unter gleichen Bedingungen sehr verschieden sein. Hohe Anfangskeimfähigkeit gibt eine Gewähr für gute Haltbarkeit. Saatgut, das im Tetrazoliumtest einen höheren Anteil von Embryonen mit Nekrosen aufweist, scheint eine geringe Resistenz gegen ungünstige Lagerverhältnisse zu besitzen. C. Tittel. 727.

2-64/04-0412 Koźmina, N.; Unions-Forsch.-Inst. für Getreide und Getreideprodukte. Biologičeskie osnovy chranenija semjan. **(Die biologischen**

Grundlagen der Saatgutlagerung.) Zernobobovye kultury, Moskva **1963** Nr. 1. S. 28–30. – 5 Abb., 1 Tab.
Aufgrund unterschiedlichen Reifegrades und damit verschiedener Feuchtigkeit bei großkörnigen Leguminosen sind bei der Lagerung einige Besonderheiten zu beachten. Am wichtigsten ist das Erreichen einer Feuchtigkeitsgrenze, die die Atmungsenergie auf ein Mindestmaß reduziert und die Entwicklung der Mikroorganismen verhindert. Als günstigster Wert wurde ein Feuchtigkeitsgehalt von 15–16% ermittelt. Das Erntegut hat jedoch oft 25–30%. Zur Vermeidung von Keimschäden wird eine stufenweise Trocknung empfohlen: bei einer Feuchtigkeit von 25% und mehr 25–28°, bis 25% 30–33° und bis 14–16% Feuchtigkeit Trocknungstemperaturen bis zu 40 °C. Neben den üblichen Trocknungsverfahren setzt sich immer mehr die aktive Belüftung durch. Weit verbreitet ist das Warmluftaggregat AŽT-2. In Versuchen mit Futterhülsenfruchtsaatgut wurde bei 15% Feuchtigkeit eine Keimfähigkeit von 100% erreicht (Ausgangsmaterial: 55,5% Feuchtigkeit und 43% Keimfähigkeit). Zu bevorzugen ist eine kombinierte Methode (Belüftung und Trocknungsanlage). Eine Hilfsmethode zur Trocknung von Futterhülsenfruchtsaatgut (30% Feuchtigkeit) ist die Vermischung mit trockenem Weizen (Feuchtigkeitsgehalt 10–12%). Innerhalb von 3 Tagen wurde bei den Hülsenfrüchten ein Feuchtigkeitsgehalt von 16–17% erreicht. Untersucht wird z.Zt. die Trocknung mit Hilfe chem. Stoffe. G. Jury. 727.

2-64/04-0413 *Šibaev, P. N.* **Methoden zur Bewertung der Qualität von Saatmais.** Aus: Selekcija i semenovodstvo, Moskva **1963** Nr. 2. S. 55. (Übers. aus d. Russ.) – TO 824.
2-64/04-0414 *Stepanov, G. R.* **Das Niveau der Saatguterzeugung muß gehoben werden.** Aus: Selekcija i semenovodstvo, Moskva **1963** Nr. 1. S. 3. (Übers. aus d. Russ., Maschinenschr. vervielfält.) – TO 818.
2-64/04-0415 **Literatur über technisch bearbeitetes Beta-Rübensaatgut. 1. Poliertes (geschältes, abgeriebenes, geschliffenes) Saatgut.** Hrsg. Instn.: Arbeitsgr. Dok. des Inst. für Pflanzenzücht., Kleinwanzleben/Börde. (Lit.-Nr.: 8. Titelanzahl: 90. Ber.-Zeit: 1899-1963.)

E. Ernte und Ernteverfahren

2-64/04-0416 Blight, D. P.; Bush Estate, Penicuik, Midlothian, N. I. A. E. Scottish Stat. Swath harvesting: The barley swath. **(Schwadernte: Das Gerstenschwad.)** J. agric. Engng. Res. 8 (1963) Nr. 2. S. 202–204. – 3 Abb., 4 Lit.
Vf. gibt vergleichende Untersuchungen über die Schwadernte bei Hafer und Gerste. Es werden ökonom. Betrachtungen über die Schwadenbreite und das maschinelle Ernten (pick-up-combine) erörtert. Die Ergebnisse zeigten, daß es unter gewissen Umständen günstig sein kann, mit möglichst schmalen Schwaden zu arbeiten. Jedoch insgesamt gesehen trocknet eine 11-ft.-Doppelschwad-Anordnung genau so schnell wie ein 5½-ft.-Doppelschwad. Die Ergebnisse werden mit Angaben über den abnehmenden Feuchtigkeitsgehalt bei verschiedenen Schwadbreiten in Verbindung mit den meteorol. Daten belegt. U. Bergner. 742.

2-64/04-0417 Uhlmann, S. und Mauer, G. **Erfahrungen bei der mechanisierten Runkelrübenernte.** Dtsch. Landwirtsch. **14** (1963) Nr. 9. S. 430 bis 432. – 1 Abb. – nach Zus.
Die Untersuchungen bewiesen eindeutig die Möglichkeit des wirtsch. Einsatzes des Längsschwadköpfroders E 710 zur Runkelrübenernte. Ungelöst ist bei der Runkelrübenernte nach diesem Verfahren noch das Aufladen der Rüben aus dem Schwad bzw. das direkte Verladen mit der Erntemaschine; die augenblicklichen Förderelemente beschädigen die Rüben noch zu stark. Dieses Problem muß aber unbedingt gelöst werden, da für das Verladen noch zu viel Handarbeit erforderlich ist. Mechanisierungsversuche entkräften die allg. Meinung, daß die Runkelrübe zugunsten des Maises im Anbau weitgehend eingeschränkt werden müsse, weil der Handarbeitsaufwand für

Pflege und Ernte zu hoch liege. Die mehr oder weniger große Bedeutung des Runkelrüben- oder Maisanbaues soll hier nicht behandelt werden. Es besteht jedoch kein Zweifel, daß bei intensiver Bearbeitung des Problems der handarbeitssparenden Pflege und Ernte der Runkelrüben von der Landmaschinenindustrie wirtsch. arbeitende Maschinen bereitgestellt werden können. Daß darüber hinaus vor allem die Pflanzenzüchtung durch Schaffung von Rüben mit besserer Ernteeignung und vor allem Lagereignung als die der jetzt in der Praxis eingeführten Sorten mithelfen kann, muß bes. herausgestellt werden. 746.

2-64/04-0418 Izmajlov, Ju. Razdel'naja uborka kartofelja. **(Die Zweiphasenernte der Kartoffel.)** Kartofel' i ovošči, Moskva **8** (1963) Nr. 8. S. 8–9. – 3 Abb.
Die Zweiphasenernte wurde für schwere Böden und feuchte Witterungsbedingungen entwickelt. Gerodet wurde mit dem 2reihigen Siebkettenroder KMP-2, der auch Kraut abtrennt. Es können jeweils Schwade aus 2, 4 oder 6 Reihen gebildet werden. Nach 2–3 Std. Abtrocknung folgen die Kombines K-3 oder KGP-2, ausgerüstet mit dem Aufnehmer PKB-1. Die gesamte Rodebesatzung besteht aus 11 AK. Die Leistung in 8 Std. beträgt beim Schwadroden (1. Phase) im Durchschnitt 3,84 ha, beim Aufnehmen 2,25–2,6 ha. Somit stieg die Leistung der Kombine auf das 1,8–2,4fache an. Insges. konnten die Arbeitsproduktivität um 40–50% erhöht und die direkten Kosten um 30–40% gesenkt werden. A. Hopfe/Groß-Lüsewitz. 746.

2-64/04-0419 Röhrs, Fr. **Untersuchungen über das maschinelle Krautrupfen im Kartoffelbau.** Kartoffelbau **14** (1963) Nr. 10. S. 240–242. – 3 Abb., 2 Tab., 1 Lit. 746.

2-64/04-0420 Anonym. **Maschinelle Zuckerrübenernte.** Grüne [Zürich] **91** (1963) Nr. 44. S. 1352–1354. – 5 Abb. 746.

2-64/04-0421 Seibert, T. **Betriebswirtschaftliche Untersuchungen bei der Ganzpflanzenernte.** Tabak-Ztg. **73** (1963) Nr. 25. S. 4–5. 754.

2-64/04-0422 *Fábry, Andrej, Holovlaský, Josef* und *Šilar, Jiří.* **Nové zpusoby sklizně řepky.** (Neue Verfahren der Rapsernte.) Praha: Státní zeměd. naklad. 1962. (131 S.) 8°. (1963 A 1296)
2-64/04-0423 *Tomovčik, Jan.* **Nové sposoby zberu obilnín.** (Neue Methoden der Getreideernte.) Bratislava: Slov. vyd. podohôsp. lit. 1963. (225 S.) 8° = Edicia Nova technika a technologia Nr. 2. (1963 A 1304)

F. Konservierung und Lagerung des Erntegutes

2-64/04-0424 Anonym. Aluminum barn cuts costs, improves curing. **(Aluminium-Scheune senkt Kosten und verbessert die Trocknung.)** Tobacco [New York] **156** (1963) Nr. 9. S. 25. – 1 Abb. 756.

2-64/04-0425 Fedorov, V. Sposoby silosovanija kormov. **(Silierungsmethoden für Futtermittel.)** Kolchozno-sovchoznoe proizvodstvo, Moskva **1963** Nr. 5. S. 37–38. – 2 Abb. 758.

2-64/04-0426 Zimmer, Ernst; Völkenrode, Inst. für Grünlandwirtsch., Futterbau und Futterkonservier. **Gärfutterbereitung im Futterbaubetrieb. Gärverlauf — Nährstoffverluste.** Landbauforsch. Völkenrode **12** (1962) Nr. 4. S. 80–82. 87–92. – 3 Abb.
Vf. erläutert die biol. und biochem. Prinzipien der Gärungsvorgänge bei der Silagebereitung. Er behandelt dann die Gärfähigkeit der Futterpflanzen unter bes. Berücksichtigung des Gehaltes an gärfähigen Pflanzenzuckern, Eiweiß- und Mineralstoffen. Anhand eigener Untersuchungen wird die Gärfähigkeit der Pflanzen in Beziehung zum Rohprotein/Zuckerverhältnis betrachtet. Bei einem Quotienten von 0,8–1,0 sind beste Silagen zu erwarten.

Ein Quotient von 0,6 ist noch vertretbar, dagegen ist bei einem Rohprotein/Zuckerverhältnis von <0,4 (wie in frischem Wiesengras) die Milchsäurebildung unzureichend, und es treten Fehlgärungen auf. Eine schlechte Silagequalität ist die Folge. U. Bergner. 758.

2-64/04-0427 Gordon, C. H., Derbyshire, J. C., Jabobson, W. C., Melin, C. G. und McCalmont, J. R. Use of conventional tower and bunker silos for low-moisture alfalfa silage. **(Die Verwendung konventioneller Hoch- und Erdsilos zur Gewinnung von Silage aus vorgewelkter Luzerne.)** Agronomy J. **55** (1963) Nr. 4. S. 314–316. – 4 Tab., 7 Lit.
Mit dem Stengelquetscher bearbeitete und vorgewelkte Luzerne wurde 1960 und 61 mit Feuchtigkeitszahlen zwischen 32 und 64% in Hoch- und Erdsilos konserviert. Die Beobachtungen erstreckten sich auf Temperaturmessungen, Feststellung der Säuren beim Silierungsprozeß und auf chem. Analysen des Futters z. Z. der Verfütterung. Unter Beachtung einer guten Zerkleinerung, schnellen Füllung, gleichmäßigen Verteilung, starken Kompression und einer Abdichtung des Silos mit Plastfolie konnte auch im Erdsilo eine gute Futterkonservierung erreicht werden. So betrugen die Tr.-Subst.-Verluste nur 10% (Rückgang des Tr.-Subst.-Gehaltes von 48,2 auf 42,0 bzw. 47,2 auf 43,2%), der Anteil der Buttersäure belief sich im Hochsilo auf 0,1 bis 0,7, im Erdsilo auf 0,1 bis 1,4%. H. Pätzold. 758.

2-64/04-0428 Hösel, W. **Kartoffelmischsilage für Mastschweine.** Wiss.-techn. Fortschr. Landwirtsch. **4** (1963) Nr. 8. S. 364–365. – 3 Abb., 2 Tab. 758.

2-64/04-0429 Franke, E.-R. **Wie wird einwandfreie Zuckerrübenblattsilage gewonnen?** Wiss.-techn. Fortschr. Landwirtsch. **4** (1963) Nr. 8. S. 354 bis 355. 758.

2-64/04-0430 Rühe. **Harnstoff-Maissilage bewährt sich in der Praxis.** Wiss.-techn. Fortschr. Landwirtsch. **4** (1963) Nr. 8. S. 352–354. 758.

2-64/04-0431 Beyrich, H. **Hochwertige Maissilage durch Verbesserung ihres Nährstoffverhältnisses.** Wiss.-techn. Fortschr. Landwirtsch. **4** (1963) Nr. 8. S. 349–352. – 2 Abb. 758.

2-64/04-0432 Jahn, S. **Sowjetische Erfahrungen bei der Herstellung von Mischsilage.** Wiss.-techn. Fortschr. Landwirtsch. **4** (1963) Nr. 8. S. 357 bis 358. – 2 Tab. 758.

2-64/04-0433 Laube, W. **Silopapier und chemische Sicherungszusätze helfen Silierung verbessern.** Wiss.-techn. Fortschr. Landwirtsch. **4** (1963) Nr. 8. S. 367–369. – 3 Tab. 758.

2-64/04-0434 Anonym. **Der Einsatz des Schlegelhäckslers für die Silagebereitung.** Wiss.-techn. Fortschr. Landwirtsch. **4** (1963) Nr. 8. S. 366–367. – 2 Abb. 758.

2-64/04-0435 Barde, H. Teneur en eau et conservation du grain. **(Wassergehalt und Lagerung des Getreides.)** Agric. romande [Lausanne] **2** (1963) Nr. 7./8 S. 68–70. – 3 Tab., 1 Lit.
Mit der Einführung des Mähdreschers wurde auch in der Schweiz das Problem des Wassergehaltes und der Lagerung des Getreides aktuell. Höherer Wassergehalt des Getreides als 16% ist unbedingt zu vermeiden, da dann die Respiration des lagernden Getreides stark bis sehr stark ist. Bei hoher rel. Luftfeuchtigkeit und höheren Temperaturen im Lagerraum findet außerdem eine starke Vermehrung der Mikroorganismen statt. Die rel. Luftfeuchtigkeit soll höchstens 75% betragen. E. M. Ardelt. 759.

2-64/04-0436 Burges, H. D., Edwards, D. M., Burrell, N.J. und Camell, M. E.; Slough, Bucks., Pest Infestation Lab., Suffolk Munton & Fison Ltd. Effect of storage temperature and moisture content on the germinative energy of malting barley, with particular reference to high temperature. **(Die Wirkung von Temperatur und Wassergehalt bei der Lagerung auf die Keimenergie der Braugerste, unter besonderer Berücksichtigung hoher Temperatur.)** J. Sci. Food. Agric. **14** (1963) Nr. 8. S. 580–583. – 2 Abb., 9. Lit.
Braugerste mit 12,8 und 13,3% Wassergehalt wurde bei Temperaturen von 17,5, 32,1, 34,9 und 39,6 °C gelagert. Die Keimenergie wurde in Abständen von einigen Wochen mehrmals ermittelt. Sie war deutlich abhängig von Temperatur und Feuchtigkeit. Bei 17,5 ° blieb die Keimernergie 26 Wochen lang nahezu konstant, während sie mit Zunahme von Temperatur und Feuchtigkeit stärker abfiel. Bes. stark war die Abnahme bei 39,6 °C. C. Tittel. 759.

2-64/04-0437 Pötke, E. **Verbesserte Kartoffelüberwinterung.** Dtsch. Landwirtsch. **14** (1963) Nr. 9. S. 436–439. – 5 Abb. – nach Zus.
Mit Sammelrodern geerntete Kartoffeln sind vor der Einlagerung zu sortieren, um die Beimengungen zu entfernen, weil sonst höhere Lagerverluste eintreten. Stationäre Sortierplätze und Unterdachlager ermöglichen es, die Kartoffeln mit weniger AKh-Aufwand und unter geringeren Witterungseinflüssen als bei der Feldsortierung und Mietenlagerung zu überwintern. Altbauten sind zum Einbau von Sortieranlagen und zur Lagerung von Kartoffeln geeignet. Das Dämpfen und Silieren der Futterkartoffeln sollte sogleich nach dem Ernten erfolgen. Neben Dämpfanlagen sind auch andere Dampferzeugungsanlagen für das Dämpfen der Kartoffeln zu nutzen. 759.

G. Versuchswesen

2-64/04-0438 Freeman, G. H.; Maidstone, Kent, England, East Malling Res. Stat. The combined effect of environmental and plant variation. **(Die gemeinsame Wirkung von Umgebungs- und Pflanzenvariation.)** Biometrics [Blacksbury, Va.] **19** (1963) Nr. 2. S. 273–277. – 2 Tab., 3 Lit.
Schon mehrfach wurde versucht, bei einer beobachteten Variation von Pflanzen korrekte Angaben über die Ursachen zu machen, d. h. welcher Anteil der Variation der Umgebung und welcher Anteil genetischen Verschiedenheiten zuzuschreiben ist. Dabei muß man Versuche, bei denen sehr viele Pflanzen auf einer Parzelle wachsen, von solchen unterscheiden, bei denen ein einziger Baum, dessen Ertrag betrachtet wird, die Parzelle repräsentiert. Über die geeignete Parzellengröße sind schon viele Untersuchungen gemacht worden. – Vf. geht von der Hypothese aus, daß die beiden Variationsanteile sich zu einer Gesamtvariation addieren. Aus dieser Relation leitet er einige Folgerungen ab und überprüft seine Methode an 5 Reihen von je 40 Apfelbäumen, die in den Jahren 1936–42 untersucht wurden. G. Reißig. 761.

2-64/04-0439 Thomasius, H. **Beitrag zur Anlage und Auswertung von Düngungsversuchen.** Dtsch. Akad. Landwirtsch.-Wiss. Berlin, Tagungsber. **1962** Nr. 50. S. 63. – 3 Abb., Zus. in Russ., Engl. – nach Zus.
Flächengröße und Wiederholungszahl liegen bei Düngungsversuchen nicht nur im Ermessen des Versuchsanstellers. Sie lassen sich bei Kenntnis der Variabilität der Meßwerte mit Hilfe statistischer Methoden bestimmen. Das setzt aber voraus, daß schon vor der Anlage des Versuches klare Vorstellungen über die Genauigkeit der Aussage, über die zu sichernde Grenzdifferenz und über das Auswertungsverfahren bestehen. Auf Flächen mit unterschiedlichen Standortverhältnissen ist die genaue Erfassung der Ausgangsbedingungen vor der Versuchsanlage unerläßlich. Die Auswertung der Ergebnisse kann dann mittels Covarianzanalyse erfolgen. Auf diese Weise kann ein beträchtlicher Informationsgewinn erzielt werden. 761.

2-64/04-0440 LeMare, P. H.; Namulonge, Uganda, Cotton Res. Stat. A comparison of the minus-one and 2^n designs for the exploratory investigation of fertilizer requirements. **(Vergleich von „Minus-Eins"- und 2^n-Plänen bei der Untersuchung des Düngerbedarfs zu Forschungszwecken.)** East African agric. Forestry J. **28** (1963) Nr. 4. S. 213–218. – 1 Abb., 2 Tab., 7 Lit.
Im Versuchswesen sind für Düngerfragen der Minus-Eins-Versuch (A) (jede Variante bekommt alle Nährstoffe bis auf einen, zum Vergleich Volldüngung und ungedüngte Variante) mit etwa 6 Varianten und 3 Wiederholungen (= 18 Parzellen) oder neuerdings in steigendem Maße der 2^4-Plan (B) mit 2 Wiederholungen (= 32 Parzellen) oder 2^5 Versuche ohne Wiederholungen gebräuchlich. Bei A wird die Wirkung jedes Nährstoffs unter rel. günstigen Verhältnissen (alle anderen Nährstoffe optimal) erfaßt. Das Ergebnis ist also für den Durchschnitt der Praxis in zahlreichen Ländern nicht charakteristisch. B gibt Resultate, die für viele Bedingungen gültig sind, und erlaubt außerdem die Schätzung der verschiedensten Wechselwirkungen, die bei A nur mit sehr großer Wiederholungszahl erfaßt werden können. Die Differenz einer Hauptwirkung, die die Hälfte der Parzellen umfaßt, wird bei B mit 2,4 facher Genauigkeit geprüft, d. h. sie kann für gleiche Signifikanz 2,4mal kleiner sein als bei A. Der Variationskoeffizient (VK) ist für A meist hoch, Erfahrungswerte werden in der Literatur aber nicht angegeben. Für B führt Vf. 46 Erdnuß- und 22 Maisversuche an, von denen 5, 18, 18, 7, 13, 7 jeweils einen VK von 5–10, 10–15, 15–20, 20–25, 25–30 bzw. > 30% aufweisen. Die Höhe des VK korreliert eng mit der Ertragshöhe. Bei den angeführten Maisversuchen wird die Genauigkeit daher bei Erträgen unter 1800 lb./acre zu gering.

V. Ehrenpfordt. 761.

2-64/04-0441 Baker, R. W. R. und Nissim, J. A.; London, Guy's Hospital Med. School. Expressions for combining standard errors of two groups and for sequential standard error. **(Ausdrücke für die Verbindung der Standardfehler zweier Gruppen und für den sequentiellen Standardfehler.)** Nature [London] **198** (1963) Nr. 4884. S. 1020.
Vff. gehen davon aus, daß jeder Statistiker oft 2 Gruppen von n_1 bzw. n_2 Daten zu untersuchen hat, bei denen weder die Mittelwerte m_1 und m_2, noch die Varianzen V_1 und V_2 oder die Standardfehler e_1 und e_2 signifikante Unterschiede aufweisen. Es macht viel Mühe, noch einmal von den $n_1 + n_2 = n$ Ausgangswerten auszugehen und für beide Gruppen zusammen den gemeinsamen Standardfehler e_3 zu berechnen. Vff. geben die einfache Relation an:

$$e_3^2 = \frac{1}{n(n-1)}\left[n_1(n_1-1)e_1^2 + n_2(n_2-1)e_2^2 + \frac{n_1 n_2}{n}(m_1-m_2)^2\right].$$

Für den Fall, daß die Meßwerte nicht gleichzeitig zur Verfügung stehen, wird eine einfache Methode angegeben, mit deren Hilfe nach jedem erhaltenen Meßwert sofort der neue Standardfehler berechnet werden kann.

G. Reißig. 769.

2-64/04-0442 *LeClerg, Erwin L., Leonard, Warren H.* und *Clark, Andrew G.* **Field plot technique.** Second ed. Minneapolis: Burgess Publishing Company. 1962. (III, 373 S. m. Tab. u. Index) 28 × 21,5 cm. $ 7,75. Ausgehend von der Gründung landw. Versuchsstat. in Europa und den USA wird zu grundsätzlichen Fragen der landw.-wiss. Forsch. Stellung genommen (Wert früherer landw. Versuche, gegenwärtige Tendenzen der landw. Forschung wobei der koordinierten, großräumig geplanten Arbeit auf der Basis gesunder Grundlagenforschung das Wort geredet wird). Danach folgt eine Beschreibung der heutigen Versuchsanstellungen und ihrer mathematischen Auswertung (Signifikanzteste, Regressionen und Korrelationen, Varianzanalysen). Gerade zu diesen Fragen werden ausführliche Beispiele mitgeteilt, die das Verständnis der Gebotenen sehr erleichtern.

H. Kretschmer.

H. Pflanzen der gemäßigten Zone

2-64/04-0443 Meinx, Robert. **Die richtige Sortenwahl — ein Weg zur Steigerung der Produktivität des Getreidebaues.** Förderungsdienst [Wien] **11** (1963) Nr. 7. S. 235–242.

Vf. berichtet über die Ertragsentwicklung bei Getreide. Er stellt fest, daß etwa 30–50% des Ertragszuwachses auf die Verwendung neuer, leistungsfähigerer Sorten zurückzuführen sind. Die Steigerung der Kornerträge von 1953–62 betrug bei Wi-Weizen 13%, Wi-Roggen 17%, Wi-Gerste 22%, Hafer 23%, So-Weizen 34% und So-Gerste 36%. Als bes. leistungsfähige Sorten zeigten sich bei Wi-Gerste 'Hauters', 'Mädru', 'Brucker Nr. 4', 'Diana' und 'Engelens Dea'. Im Roggenanbau setzten sich die Kurzstrohsorten, bes. 'Petkuser Kurzstrohroggen' durch. Bei Wi-Weizen stehen Sorten mit hohem Ertrag, hoher Ertragssicherheit und bester Backqualität im Mittelpunkt. Große Verbreitung besitzen 'Record', 'Austro Bankut', 'Admonter', 'Triumph' und 'Tassilo'. Neueste 1961/62 zugelassene Sorten mit hohem Ertrag und großer Standfestigkeit sind 'Erla Kolben',' Bruno', 'Martin', 'Farmer' und 'Stabil'. Für den So-Weizenanbau werden die frühen Sorten 'Kärntner Früher', 'Kärntner Grannen', 'Lichtis Weihenstephaner' empfohlen. Bei So-Gerste sind empfohlen: 'Lichtenstein', 'Vollkorn', 'Eura', 'Union', 'Isaria Nova' und 'Violetta II', bei Hafer 'Petkuser Weißhafer', 'Flämingskrone', 'Strubes Erfolg' und 'Prima'. P. Hahn. 772.

2-64/04-0444 Marschall, F. **Das schweizerische Richtsortiment im Getreidebau 1963/64.** Mitt. schweiz. Landwirtsch. **11** (1963) Nr. 10. S. 156–157. 772.

2-64/04-0445 Sirotin, Ju. P., Starov, M. V., Pronin, M. E., Kostrov, K. A. und Kočkov, A. M. Osennjaja podkormka ozimych. **(Kopfdüngung im Herbst zu Wintergetreide.)** Zemledelie, Moskva **25** (1963) Nr. 9. S. 16 bis 34. – 16 Tab. 772.

2-64/04-0446 Gallay, R. und Zweifel, J. L'épreuve des variétés étrangères de blé d'automne. **(Die Prüfung ausländischer Winterweizensorten.)** Agric. romande [Lausanne] **2** (1963) Nr. 7/8. S. 65–67. – 2 Abb., 1 Tab., 2 Lit.

In den landw. Versuchsstat. Oerlikon und Lausanne wurden in den letzten Jahren mehrere ausl. Wi-Weizensorten geprüft. Ein Vergleich der 3 franz. Sorten 'Probus', 'Francest' und 'Champlein' zeigte, daß 'Champlein' sehr wenig frostresistent ist. Damit wurden Erfahrungen der landw. Praxis in Frankreich in den Wintern 1961/62 und 1962/63 bestätigt. E. M. Ardelt. 773.

2-64/04-0447 Zweifel, J. und Ingold, M. La nouvelle variété de froment d'automne Francest. **(Die neue Winterweizensorte ‚Francest'.)** Agric. romande [Lausanne] **2** (1963) Nr. 7/8. S. 75. – 1 Tab.

Die neue Wi-Weizensorte 'Francest' hat folgende Abstammung: 'Cappelle' × ('Joncquois' × 'Vilmorin 27') × ('Joncquois' × 'PLM') × 'Oro'. Sie wurde in Frankreich gezüchtet. Das Korn ist oval, groß und von gelber Farbe. Die TKM beträgt 50 g. In 3jähr. Versuchen (1960–62) wurde in der Schweiz ein mittlerer Ertrag von 55,12 q/ha erreicht. Bei langanhaltender Trockenheit traten Schäden auf. Im Vergleich mit der Sorte 'Cappelle' ist die Frostresistenz von 'Francest' besser, außerdem ist sie frühreifer. Die Resistenz gegenüber Gelb-, Braun- und Schwarzrost ist befriedigend. Ihre Empfänglichkeit für Septoriose ähnelt der von 'Cappelle'. E. M. Ardelt. 773.

2-64/04-0448 Domkař, K. Nová odrůda jarní pšenice – Oktavia. **('Oktavia' – eine neue Sommerweizensorte.)** Za vysokou Úrodu **11** (1963) Nr. 3. S. 85–86.

Im Mai 1962 wurde die auf der Zuchtstation Stupnice als Hybride zwischen der So-Weizensorte 'Stupická vonska' und 'Heines Koga' entstandene Sorte 'Oktavia' anerkannt. Die morphol. Beschreibung ist angeführt. Im Kartoffelanbaugebiet brachte sie höchste Erträge (über 40 dt/ha), im Zuckerrüben- und Maisanbaugebiet sicherte sie sich nach 'Kralická Zlatka' den 2. Platz.

Gegen Rost und Flugbrand weist sie eine mittlere Resistenz auf, hinsichtlich Lagerresistenz übertrifft sie 'Prerovská PK'. 'Oktavia' eignet sich für gute Kulturböden mit genügendem Feuchtigkeitsvorrrat (Zuckerrüben- und Kartoffelanbaugebiet). Die besten Vorfrüchte sind Zuckerrüben, Kartoffeln, Hülsenfrüchte und Hülsenfrucht-Gemenge. Nach dem Auflaufen entwickelt sie sich sehr schnell und verträgt hohe Handelsdüngergaben in ausgeglichenem Verhältnis. Sie erfordert rechtzeitige, tiefe Winterfurche. Die Saatmenge wird mit 180–190 kg/ha angegeben. Sehr gut bewährte sie sich bei einem Bewässerungsversuch, wo sie einen Ertrag von über 60 dt/ha brachte. Ausfallverluste sind auch bei überreifen Beständen gering, so daß sie sich auch für die Mähdrescherernte eignet. Ein weiterer Vorzug ist ihre ausgezeichnete Backfähigkeit. ČSSR/ÚVTI. 773.

2-64/04-0449 Zweifel, J. und Ingold, M. La nouvelle variété de froment d'automne Vilron. **(Die neue Winterweizensorte ‚Vilron'.)** Agric. romande [Lausanne] **2** (1963) Nr. 7/8. S. 74. – 1 Tab.

Die neue in der Schweiz gezüchtete Wi-Weizensorte 'Vilron' ist eine Kreuzung zwischen 'Vilmorin 29' × 'Huron'. Das Korn ist oval, groß und von gelber bis gelbroter Farbe. Die TKM beträgt 53 g. 'Vilron' ist sehr ertragreich. 1962 wurden auf Versuchsfeldern 42,8 q/ha erzielt. (Vergleichssorten 'Probus' 35,4; 'Cappelle' 33,8 q/ha.) Die Resistenz gegenüber *Oidium* und Braunrost ist befriedigend. Ausfälle durch Gelb- und Schwarzrost traten in Jahren mit starker Aktivität dieser Pilze auf. E. M. Ardelt. 773.

2-64/04-0450 Sudnov, P. E. Uveličit' proizvodstvo zerna tverdoj pšenicy. **(Erhöhung der Erzeugung von Hartweizen.)** Zemledelie, Moskva **25** (1963) Nr. 1. S. 22–25. – 1 Abb. 773.

2-64/04-0451 Vogel, O. A., Allan, R. E. und Peterson, C. J. Plant and performance characteristics of semidwarf winter wheats producing most efficiently in Eastern Washington. **(Pflanzen- und Leistungsmerkmale von Halbzwerg-Winterweizen, der in Ostwashington gute Erträge bringt.)** Agronomy J. **55** (1963) Nr. 4. S. 397–398. – 4 Tab., 4 Lit.

Die Versuche wurden unter Niederschlagsbedingungen von 17–20 in. pro Jahr und mittlerem (**I**) sowie hohem Fruchtbarkeitsniveau (**II**) (bis 120 lb./acre N) durchgeführt. Es gelangten die Halbzwergweizensorten (H) 'Selection 101' (S), 'Gaines' (G) und 'Selektion 14' (Se) und 5 weitere normal hohe Sorten (N) zum Anbau. Folgende Erträge in bu./acre wurden erreicht: **I**: S 68, G 66, Se 56, N 42–53; **II**: S 79, G 75, Se 62, N 43–59. Die Pflanzenhöhe betrug in in. bei **I** und **II**: S 33–35, G 31–32, Se 23–24, N 42–52. Das Stroh-Korn-Verhältnis lag bei H zwischen 1,5–1,7 und bei N zwischen 1,9 bis 3,0. Der Anteil des Lagergetreides war bei H bedeutend geringer als bei N. Anhand eines Versuches mit sehr hoher N-Düngung (140, 200 und 260 lb./acre N) werden für die gleichen Sorten der Kornertrag je Ähre und pro Fläche, die Bestockungskapazität, die Pflanzenhöhe und der Anteil des Lagergetreides angegeben. Es wird festgestellt, daß die Sorte S die besten Erträge brachte, jedoch ist für den Handel die Sorte G infolge besserer Backfähigkeit vorzuziehen. U. Bergner. 773.

2-64/04-0452 Wunderlich, G.; Wien, Hochschule für Bodenkult., Inst. für Pflanzenbau und Pflanzenzücht. **Modifikatorische Beeinflussung der Glasigkeit des Weizenkorns.** Bodenkultur [Wien], Ausg. A **14** (1963) Nr. 2. S. 153–158. – 2 Tab., 6 Lit.

Vf. prüfte an 18 verschiedenen Weizensorten (je 20 Ähren), ob durch Auslichtung der Ähren die Glasigkeit des Kornes erhöht werden kann. Die Blütenzahl wurde auf verschiedene Weise verringert. Für jede Sorte werden die Werte der Glasigkeit, die Kornzahl, die Einzelkornmasse und die TKM angegeben. Je lockerer die Ähre war, desto glasiger war das Korn und desto höher die Werte des Zeleny-Testes (Backfähigkeit). Die Glasigkeit nahm infolge der Auslichtung um so stärker zu, je dichter die normale Ähre war. Beim Zeleny-Test ließ sich ein derartiger Zusammenhang nicht eindeutig nachweisen. Die verwendeten unterschiedlichen Verfahren des Ausdünnens ließen keine gesicherten Unterschiede bezüglich der Glasigkeit erkennen. Die TKM ging auch bei starker Ausdünnung nicht über ein gewisses Max. hinaus.

U. Bergner. 773.

2-64/04-0453 Harris, Wallace W. und Lawless,, John R.; Colby, Kans., Agric. Exp. Stat. Interrelations between post-harvest dormancy and soil moisture in germination of wheat. **(Beziehungen zwischen der Nach-Ernte-Latenz und der Bodenfeuchtigkeit bei der Keimung des Weizens.)** Agronomy J. **55** (1963) Nr. 4. S. 340–343. – 3 Abb., 2 Tab., 8 Lit.

4 Wi-Weizensorten ('Bison' [B], 'Wichita' [W], 'Comanche' [C] und 'Cheyenne' [Ch]) wurden in der 2. Juliwoche 1961 geerntet. Saat von diesen Ernten und 1 Jahr alte Samen von B und C dienten zu den Feld- und Laborversuchen. Alle Sorten keimten auf dem Felde bei früherem Aussaattermin (25. Aug.) infolge des Bodentemperaturunterschiedes von 17 °F schneller als zum normalen Saatzeitpunkt (14. Sept.). Der endgütige Keimungsprozentsatz war jedoch bei Sept.-Aussaat höher. Die höchste Keimungsrate bei Aug.-Aussaat erreichte B mit 63%, wenn der Samen 1 Jahr alt war, sonst nur 31%. In den Laborversuchen war die Bodenfeuchtigkeit (F) von 10–100% der Feldkapazität abgestuft. Bei 100% F war die Keimung nach 14 Tagen bei den Sorten C mit 18% und B mit 24% gering, W erreichte 56% und Ch = 80%. Mit abnehmender F verminderte sich die Keimungsrate. Vff. geben weiterhin Daten der Keimungsrate für 1 Jahr alte Samen von B und C bei abgestufter F an. Für die gleichen Sorten und Alter der Samen wurden bei unterschiedlicher F die Epikotyllängen gemessen. Mit zunehmender F stieg die Epikotyllänge. Die 1 Jahr alten Samen von B und C waren dem frischen Saatgut überlegen. Es wird gefolgert, daß bei frühem Aussaattermin 1 Jahr altes Saatgut vorteilhafter ist. U. Bergner. 773.

2-64/04-0454 Foltýn, J. Typ přezimování ozimé pšenice San Pastore. **(Der Überwinterungscharakter beim Winterweizen 'San Pastore'.)** Rostlinná Výroba **9 (36)** (1963) Nr. 5. S. 519–524. – 4 Abb., 2 Tab., Zus. in Russ., Dtsch.

Zwischen dem 16. Aug. und 20. Nov. 1961 wurde die ital. Wi-Weizensorte 'San Pastore' 6mal in verschiedenen Intervallen, und zwar jeweils einmal mit ortsüblicher Aussaatmenge und einmal in Einzelkornsaat (Abstand 15 cm), ausgesät. Das beste Überwinterungsergebnis erbrachte die Einzelkornsaat bei frühem Saattermin, der 3 Wochen eine durchschnittl. Tagestemperatur von 15 °C, 6 Wochen eine solche von 10 °C und 8 Wochen eine von 5 °C garantierte. Das gute Überwinterungsergebnis wird auf die starke Entwicklung des Bestockungsknotens zurückgeführt. ČSSR/ÚVTI. 773.

2-64/04-0455 Miladinovič, Najdan D.; Zaječar, Agric. Inst. Prinosi pšenice u zavisnosti od načina setve i proletnje kultivacije useva. **(Die Abhängigkeit der Winterweizenerträge von der Aussaatmethode und der Pflege der Kulturen im Frühjahr.)** Savremena Poljoprivreda [Novi Sad] **11** (1963) Nr. 6. S. 432–438. – 1 Tab., 11 Lit., Zus. in Engl.

Die Versuche wurden 1959/60 und 1960/61 mit den in Serbien am häufigsten angebauten Sorten 'San Pastore' und 'Abbondanza' durchgeführt. Breitsaat von Hand führte auch bei gleicher Anzahl ausgesäter Körner gegenüber anderen Methoden zu niedrigeren Erträgen. Streifenaussaat von 8 × 8 × 25 cm mit einer Hacke im Frühjahr führte nicht zu ähnlich guten Erfolgen wie in anderen Ländern. Aussaat in Reihen mit einem Abstand von 15 cm ohne Eggen im Frühjahr erbrachte im Vergleich zu anderen Aussaatmethoden signifikant höhere Erträge. Ein Vergleich der Aussaatmethoden mit oder ohne Eggen ergab keine statist. gesicherten Unterschiede, so daß das Eggen als unökonom. angesehen wird. Ch. Janke. 773.

2-64/04-0456 Stepanov, N. S.; Uljanowsk, Landwirtsch. Inst. Vnekornevaja podkormka močevinoj povyšaet soderžanie belka v zerne jarovoj pšenicy. **(Blattdüngung mit Kalkstickstoff erhöht den Eiweißgehalt im Weizenkorn.)** Zemledelie, Moskva **25** (1963) Nr. 5. S. 58–59. – 2 Tab.
Untersucht wurden 10 Lösungen einer 7–20%igen Konz. (5–65 kg/ha Kalkstickstoff). Beste Ergebnisse zeigte die Variante mit 2,3%iger Kalkstickstofflösung. Die Ertragssteigerung betrug bei allen untersuchten Weizensorten 2,8–3,6 dt/ha; der Eiweißgehalt im Getreidekorn erhöhte sich um 1,53–3,51%. Letzterer war bei der Spritzung z. Z. der Ährenbildung am höchsten. W. Görtler. 773.

2-64/04-0457 Procenko, D. F. und Šmat'ko, I. G.; Kiew, Ukrain. Forsch.-Inst. für Pflanzenphysiol. Osobennosti vodnogo režima ozimoj pšenicy. **(Besonderheiten des Wasserhaushaltes beim Winterweizen.)** Botaničeskij žurnal, Moskva-Leningrad **48** (1963) Nr. 2. S. 211–215. – 6 Tab., 10 Lit.
Am Versuchsort Kiew wurde eine Reihe von Wi-Weizensorten auf Wasserhaushalt, gebundenes Wasser und Transpiration untersucht. Dabei zeigten sich einige Sorten aus Odessa bezüglich ihres Wasserbedarfs als weniger anspruchsvoll als andere Züchtungen. Wasserbedarf und Transpiration werden vom Entwicklungsstadium und der Tageszeit stark modifiziert. Untersuchungsmethode und Schlußfolgerungen werden von Vff. zur Prüfung neuer Züchtungen auf Dürreresistenz empfohlen. Diese Fragen sind für Neuzüchtungen in den südl. und südöstl. Gebieten von großem Einfluß.
H. Müller/Bernburg. 773.

2-64/04-0458 Bingham, J.; Cambridge, Plant Breeding Inst. Varietal response to water supply in wheat. **(Reaktion von Weizensorten auf die Wasserzufuhr.)** Ann. appl. Biol. **51** (1963) Nr. 3. S. 515.
Die Versuche wurden 1961 und 62 auf sandigem Lehm mit den Sorten 'Professeur Marchal', 'Cappelle' und 'Hybrid 46' durchgeführt. 1962 kam noch die Sorte 'Holdfast' hinzu. Die Varianten waren: ohne Regen, natürlicher Niederschlag, Bewässerung. In beiden Jahren waren die Ertragsunterschiede zwischen den einzelnen Varianten und die Wechselwirkung zwischen Sorte und Behandlung hoch signifikant. Der Tr.-Subst.-Ertrag von Blättern, Halmen und Spelzen der einzelnen Varianten wies ebenfalls statist. gesicherte Unterschiede auf. Die Wechselwirkung zwischen Sorte und Behandlung war jedoch nicht signifikant. Durch fortlaufende Probenentnahmen zwischen Blüte und Reife wurde die Wachstumsrate des Korns bestimmt. Es zeigte sich, daß diese Periode durch die Bewässerung verlängert wird. Die Sorten reagierten in dieser Hinsicht alle gleich. Ch. Janke. 773.

2-64/04-0459 Colwell, J. D.; Wagga Wagga, Agric. Res. Inst. The effect of fertilizers and season on the yield and composition of wheat in Southern New South Wales. **(Die Wirkung von Dünger und Jahreszeit auf den Ertrag und die Zusammensetzung des Weizens im südlichen New South Wales.)** Austral. J. exp. Agric. Animal Husbandry **3** (1963) Nr. 8. S. 51–61. – 4 Abb., 4 Tab., 10 Lit.
Es werden Düngungsversuche mit 0; 50; 100; 200 und 400 lb. Superphosphat und 0 bzw. 100 lb./acre Harnstoff beschrieben. Die Versuchsmethodik ist angegeben. Die Superphosphatdüngung stimulierte in allen Fällen im frühen Entwicklungsstadium das Wachstum und ergab eine exponentielle Wachstumsreaktion, die oft bis zur 400 lb.-Gabe zu beobachten war. Harnstoffgaben erzeugten eine dunklere Farbe der Pflanzen und erhöhten meist das Wachstum und stets den Proteingehalt der Körner. Der Kornertrag war in

einigen wenigen Fällen nach P-Düngung trotz positiver Wachstumsreaktion nicht erhöht; dies traf fast für alle Harnstoffdüngungsversuche zu. Vf. gibt für die 1958 und 59 untersuchten 11 Gebiete die Einzelwerte an und berechnet die ökonom. günstige P-Düngung. Superphosphatgaben erhöhten stets den P-Gehalt der Körner. Untersuchungen über 100-Korn-Masse und Schüttdichte ergaben keine signifikante Abhängigkeit von der P- und N-Düngung.
U. Bergner. 773.

2-64/04-0460 Prugar, J. Současný stav a perspektivy péstování a zpracování žita v ČSSR. **(Gegenwärtiger Stand und Perspektiven des Anbaus und der Verarbeitung von Roggen in der ČSSR.)** Věstnik Výzkumných Ústavů zemědělských **10** (1963) Nr. 3. S. 102–111. – 3 Abb., 1 Tab.

Unterlage dieser Arbeit sind die auf der Arbeitskonferenz des Forsch.-Inst. für Pflanzl. Produktion, der Anst. für Geteideforsch. und des Forsch.-Inst. der Mühlen- und Bäckereiind. gehaltenen Fachvorträge. Die Anbaufläche von Wi-Roggen ist bis 1960 in der ČSSR um 56% zurückgegangen, der Hektarertrag aber bis 1961 um 34% gestiegen. Mit der fortschreitenden Spezialisierung der Landwirtschaft wurde der Roggen in die Vorgebirgs- und Gebirgszonen verdrängt, wo er höhere Erträge als der Weizen bringt. Die Roggenernte im Mais- und Zuckerrübenanbaugebiet erfordert um 21% höhere Kosten als die des Weizens, im Kartoffelanbaugebiet sind diese Kosten nur um 0,3% höher und in der Gebirgszone sind sie dagegen um 11,9% niedriger. Die Frostresistenz des Roggens sinkt durch den Einfluß einer langandauernden Schneeschicht und durch stärkere Neigung zum Auffrieren. Die Konferenz widmete der Roggenzüchtung, der Produktion gesunden Saatgutes, der Resistenz gegen Krankheiten, gegen Auswuchs, der Stellung des Roggens in der Fruchtfolge, der Ernährung, Düngung usw. bes. Aufmerksamkeit.
ČSSR/ÚVTI. 775.

2-64/04-0461 Kress, H. und Riemann, K.-H. **Ökonomische Auswirkungen der termingerechten Winterroggenaussaat.** Dtsch. Landwirtsch. **14** (1963) Nr. 9. S. 445–448. – 4 Tab. – nach Zus.

Die 10jähr. Roggenaussaatzeitversuche in Gülzow brachten folgende Ergebnisse: 1. Der optimale Zeitpunkt der Wi-Roggenaussaat liegt um die Monatswende Sept./Okt. Aussaaten Mitte Okt. bringen etwa 6% und Aussaaten Ende Okt. etwa 15% Mindererträge. 2. Ursachen der Ertragsminderung sind die Minustemperaturen während des Winters, durch die ein Wachstumsstillstand hervorgerufen und die Bestockung unterbunden wird und durch welche die schwach entwickelten Pflanzen vernichtet werden. 3. In Wintern, die keine Minustemperaturen aufweisen, werden Wachstum und Bestockung nicht unterbrochen. Dieses trägt dazu bei, daß die Optimalsaaten sich zu stark bestocken und dadurch überwachsen können. Verspätete Saaten können in diesen Jahren eine entspr. gute Bestockung nachholen und daher gleiche Erträge wie die Optimalsaaten bringen. 4. Die Aussaatmenge darf bei optimalem Saattermin 100–120 kg/ha nicht übersteigen, da bei zu hoher Aussaatmenge Mindererträge durch vorzeitiges Lagern die Folge sein können. 5. Eine flache Aussaat kann durch natürlichen oder technischen Bodenschluß erreicht werden. Zu tiefe Aussaat hat die gleiche Wirkung wie eine Aussaatverzögerung. 6. Eine optimale Aussaat verbunden mit hohen Erträgen muß in den LPG durch eine geregelte Fruchtfolge ermöglicht werden. Mit der optimalen Aussaat sind Saatgutersparnis und eine frühe Ernte verbunden. 7. Jeder ha Wi-Roggen, der mit erhöhtem Saatgutaufwand verspätet bestellt wird, bedeutet einen Verlust von 1 dt Schweinefleisch. 775.

2-64/04-0462 Pfaff, C.; Ludwigshafen/Rh., Badische Anilin- und Sodafabrik AG, Landwirtsch. Versuchsstat. Limburgerhof. **Einfluß von Düngung**

und Beregnung auf Winterroggen.) Z. Acker- u. Pflanzenbau **117** (1963) Nr. 3. S. 273–276. – 2 Abb., 5 Lit.
Unter Bestätigung bereits bekannter Befunde teilt Vf. folgende Ergebnisse mit: NPK-Düngung erhöht den Ertrag von Wi-Roggen durch vermehrte Zahl der Ähren und Körner je Ähre. Eine Beregnung bei Bedarf fördert die Ährenzahl, den Körnerbesatz je Ähre und die TKM. Welche Ertragskomponente durch die Beregnung vorwiegend beeinflußt wird, hängt von dem Entwicklungszustand ab, in welchem die Pflanzen zusätzliches Wasser benötigt. Das Zusammenwirken von Düngung und Beregnung ist ein Kombinationseffekt. Die Wirkung der Beregnung ist auf Sandboden größer als auf Lehmboden. Der Proteingehalt der Körner ist in trockenen Jahren ohne Beregnung höher als mit Beregnung. U. Bergner. 775.

2-64/04-0463 Power, J. F., Grunes, D. L., Willis, W. O. und Reichman, G. A. Soil temperature and phosphorus effects upon barley growth. **(Einflüsse der Bodentemperatur und des Phosphors auf das Wachstum der Gerste.)** Agronomy J. **55** (1963) Nr. 4. S. 389–392. – 5 Abb., 2 Tab., 13 Lit.
Unter kontrollierten Lichtverhältnissen und Lufttemperaturen wurde im Gewächshaus bei Bodentemperaturen von 45, 52, 59, 66, 73 und 80 °F So-Gerste angebaut. Der Boden enthielt 3,96 oder 7,22 ppm $NaHCO_3$-löslichen P. Es erfolgte eine P-Düngung in Höhe von 0, 35 und 70 lb./acre P. Das Optimum der Bodentemperatur für ein maximales Wachstum lag bei allen verschiedenen Mengen an nutzbarem P in der Nähe von 59 °F. War wenig nutzbarer P vorhanden, so bedingte eine Abweichung der Temperatur vom Optimalwert ein schlechteres Wachstum der Gerste. Dagegen war bei hohen P-Gaben das Wachstum weniger stark von der Bodentemperatur abhängig. Der Wasserverbrauch der Pflanzen stieg mit höherer Bodentemperatur und steigendem Tr.-Subst.-Ertrag. Der Wirkungsgrad des Wassers war am günstigsten bei 59 °F, er erniedrigte sich sowohl bei höheren als auch bei niedrigeren Temperaturen und war dabei unabhängig von der Versorgung mit nutzbarem P.
U. Bergner. 777.

2-64/04-0464 Chadžinov, M. I. und Kazankov, A. F. Novyj gibrid kukuruzy. **(Neuer Hybridmais.)** Vestnik sel'skochozjajstvennoj nauki, Moskva 8 (1963) Nr. 8. S. 59–61. – 4 Tab. Zus. in Engl., Franz., Dtsch. 782.

2-64/04-0465 Molotkovskij, G. Ch. und Kostyšin, S. S. Gibrid Bukovinskij 3 i ego roditel'skie formy. **(Die Hybride 'Bukowinski-3' und ihre Elternformen.)** Kukuruza, Moskva 8 (1963) Nr. 9. S. 40–41. 782.

2-64/04-0466 Taranovskaja, M. G. Ploščad' pitanija i kornevaja sistema kukuruzy. **(Ernährungsfläche und das Wurzelsystem beim Mais.)** Zemledelie, Moskva **25** (1963) Nr. 6. S. 29–36. – 4 Abb., 4 Tab.
Die bei Mais übliche Standweite von 70 × 70 cm ermöglicht nur eine Zwischenreihenbearbeitung bis zu einer Pflanzenhöhe von 60 cm, die gewöhnlich, selbst in trockenen Jahren, in der 2. Junihälfte erreicht wird. Danach ist eine Bodenbearbeitung unmöglich. In der Versuchsstat. wurden deshalb Standweitenversuche [70 × 70 cm als Kontrolle; 70 × 140 cm (a); 140 × 23,3 cm – Einzelkornsaat (b); 70 × 180 cm (c)] durchgeführt. Der Kornertrag betrug bei der Kontrolle 43,7 dt/ha; bei a 48,9 dt/ha, bei b 49,8 dt/ha und bei c 48,2 dt/ha. Die Assimilationsfläche einer Maispflanze betrug 1962 5913 cm^2 (Kontrolle) und 7375 cm^2 (a). Untersuchungen über das Wurzelwachstum und die Verteilung des Wurzelsystems sprechen für eine größere Reihenentfernung. Bei der Sorte 'WIR-42' betrug die Wurzelmasse im 0–30-cm-Horizont am 30. Juni bei der Kontrolle 155,3 kg/ha, bei a 209,3 kg/ha, bei b 228,6 kg/ha und bei der Standweite von 70 × 210 cm 247,2 kg/ha. Am 30. Aug. war die Wurzelmasse bei der Kontrolle auf 431,4 kg und bei

größeren Reihenentfernungen auf 556,8–667,8 kg/ha gestiegen. Von Interesse ist weiterhin der Einfluß der Standweiten auf den Wasserhaushalt des Bodens während der Wachstumsperiode des Maises. Bei der Kontrolle war der Wasservorrat kurz vor der Fahnenbildung mit 33,6–33,3 mm (14,0–13,9%) nahe am kritischen Punkt, während bei b und nach den durchgeführten 2 zusätzlichen Zwischenreihenbearbeitungen im Pflughorizont (0–20 cm) 44,4–44,9 mm Wasser vorhanden waren. Als optimaler Reihenabstand ist nach den vorliegenden Versuchen 140 cm anzusehen. Dies bestätigte sich auch für den Silomaisanbau. G. Jury. 782.

2-64/04-0467 Bigi, Ferdinando. Note sulla coltura del granoturco in Somalia e sui risultati di alcuni esperimenti di coltivazione di ibridi. **(Mitteilung über den Anbau von Maishybriden in Somalia.)** Riv. Agric. subtrop. trop. **64** (1962) Nr. 4/6. S. 129–155. – 6 Abb., 4 Tab.
Vf. berichtet vom Maisanbau in den wichtigsten Anbaugebieten Somalilands (Genale, Villabruzzi, Giuba, Afgoi, Avai). Im Zeitraum von 1931–58 konnte in diesen Gebieten der Maisanbau um 65000 ha ausgeweitet werden. Der Anbau selbst erfolgt im wesentlichen in der häufig herrschenden Trockenzeit von Apr.–Juni, nach der in Mitteleuropa üblichen Anbautechnik (80–85 cm Reihenweite, 4–5 cm Saattiefe, 4–8 Körner/m², 3–4 Pflanzen/m²). Während der Vegetationszeit von 100–110 Tagen verabreichte man in 3–4 Bewässerungsgaben etwa 1200–1500 m³ Wasser/ha. Der im Mittel erzielte Kornertrag betrug 12 dt/ha. Um die Grünmasseerträge zu erhöhen, wurde in den letzten Jahren der Mischanbau mit Sesam erfolgreich eingeführt.
G. Müller/Leipzig. 782.

2-64/04-0468 Afendulov, K. P. Voprosy agrotechniki kukuruzy. **(Probleme der Agrotechnik bei Mais.)** Nauk. praci. Černig. derž. sil'ŝkogospod. dosl. st. **2** (1962) S. 5–14. – Orig.: ukrain., Ausz.: russ. Aus: Referativnyj žurnal Moskva. Rastenievodstvo **1963** Nr. 9.55.121. S. 16. 782.

2-64/04-0469 Gladkij, M. F. und Karpova, R. V. Ėffektivnost' osnovnogo udobrenija. **(Wirksamkeit der Grunddüngung.)** Kukuruza, Moskva **8** (1963) Nr. 8. S. 26. 782.

2-64/04-0470 Bucerova, M. M., Arcukevič, S. G., Švydka, E. K. und Kuźmenko, Ju. P. O srokach i sposobach vnesenija udobrenij pod kukuruzu. **(Düngungszeiten und Düngungsmethoden für Mais.)** Zemledelie, Moskva **25** (1963) Nr. 10. S. 46–49. – 2 Abb., 2 Tab. 782.

2-64/04-0471 Mišustina, N. E.; Moskau, Pflanzenphysiol. Timirjasew-Inst. der Akad. der Wiss. der UdSSR. Osobennosti mineral'nogo pitanija kukuruzy. **(Besonderheiten der mineralischen Ernährung des Maises.)** Izvestija Akademii nauk SSSR. Serija biologičeskaja, Moskva **1963** Nr. 5. S. 755–762. – 4 Abb., 3 Tab., 16 Lit. Zus. in Engl. 782.

2-64/04-0472 Guŕev, B. und Nikolaenko, P. 108 centnerov zerna kukuruzy s gektara. **(108 dt Maiskörner je Hektar.)** Kolchozno-sovchoznoe proizvodstvo, Moskva **1963** Nr. 2. S. 29. 782.

2-64/04-0473 Lobovikov, N. Perspektivnye sorta. **(Aussichtsreiche Sorten.)** Zernobovobye kul'tury, Moskva **1963** Nr. 8. S. 12. – 2 Tab. 790.

2-64/04-0474 Andersen, Axel L., Adams, M. W. und Whitford, Gerald. The seaway pea bean – development and characteristics. **(Die Trockenspeisebohne ‚Seaway' — Entwicklung und Merkmale.)** Michigan State Univ., agric. Exp. Stat., quart. Bull. **45** (1963) Nr. 4. S. 548–559. – 4 Abb., 3 Tab., 8 Lit.
'Seaway' ist eine schnellwüchsige, mosaikresistente Trockenspeisebohnensorte, die in Michigan entwickelt und 1960 für den Anbau zugelassen wurde. Der

Züchtungsgang (Einkreuzung virusresistenter Formen) wird eingehend beschrieben. 'Seaway' wurde in verschiedenen Gegenden der USA und Canadas getestet und erwies sich als eine Sorte mit großer Anbaubreite. Bis zur Blüte benötigt 'Seaway' durchschnittl. 39 Tage. Die Reife tritt nach ca. 79 Tagen ein, während 'Sanilac' nach 88 Tagen und 'Michelite' nach 95 Tagen mit der Reife beginnen. Den Ertrag von 'Sanilac' erreicht 'Seaway' nicht ganz. Die Pflanzen sind buschig, aufrecht und erreichen eine Höhe von etwa 13–19 in. 1962 wurden in Michigan ca. 5% der Bohnenanbaufläche mit 'Seaway' bestellt. H. Erfurth. 795.

2-64/04-0475 Brummund, M.; Bornhof, Kr. Waren, VEG Saatgut. **Einfluß des Defoliationstermins auf den Verlauf der Lupinenernte.** Dtsch. Landwirtsch. **14** (1963) Nr. 8. S. 379–382. – 3 Abb., 1 Tab., 6 Lit.

Über die Defoliation schnittreifer und physiol. reifer Lupinen wird berichtet. Bei den schnittreifen Lupinen wird die Abreife beschleunigt, wenn etwa 40% der Hülsen am Haupttrieb bräunlich verfärbt sind, und eine um 2–3 Wochen frühere Mähdruschernte ermöglicht. In den Bezirken der DDR, in denen man sich 1962 auf die natürliche Abreife verließ, verzögerte sich die Ernte bis in die 2. Okt.-Hälfte; das erschwerte den Mähdrusch, verminderte die Saatqualität und wirkte sich ungünstig auf die Nachfrucht aus. Viele Schläge wurden aber infolge der feuchtkühlen Witterung nicht schnittreif. Da jedoch der Mähdrusch bei trockenem Wetter und einer Luftfeuchtigkeit unter 60% durchgeführt werden muß, also im äußersten Fall bis Anfang Okt. möglich ist, hat die Defoliation die noch wichtigere Aufgabe, die Reife vorzuverlegen. Die Nachreife kann dann 3–5 Wochen dauern, deshalb muß die Defoliation spätestens bis 10. Sept. abgeschlossen sein. Dieser Termin erwies sich bei den Versuchen 1962 als optimal. Wurde schon Anfang Aug. gespritzt, als noch nicht alle Samen physiol. reif waren, sank der Saatgutertrag, andererseits konnte er durch ein Aufschieben der Defoliation bis Ende Sept. nicht mehr erhöht werden. Th. Hoffmann. 802.

2-64/04-0476 Majsurjan, N. und Mordašev, A. I. Novye sorta soi. **(Neue Sojabohnensorten.)** Zernobobovye kul'tury, Moskva **1963** Nr. 8. S. 13–14. – 1 Tab. 805.

2-64/04-0477 Mordašev, A. I. Itogi trechletnej raboty po kul'ture soi v Tambovskoj oblasti. **(Dreijährige Erfahrungen über den Soja-Anbau im Gebiet Tambow.)** Izvestija Timirjazevskoj sel'skochozjajstvennoj akademii, Moskva **1963** Nr. 3. S. 35–48. – 1 Abb., 7 Tab., 33 Lit. Zus. in Engl. 805.

2-64/04-0478 Klykov, A. P. Formoobrazovatel'nyj process u soi pri akklimatizacii v nečernozemnoj zone. **(Formbildungsprozeß bei Sojabohne während der Akklimatisierung in der Nichtschwarzerdezone.)** Agrobiologija, Moskva **1963** Nr. 3. S. 385–390. – 5 Abb. 805.

2-64/04-0479 Lošak, I. F. und Kondratovič, E. A.; Lyssenko-Unions-Inst. für Zücht. und Genetik. Formirovanie zapasnych veščestv i produktivnych kačestv semjanok podolnečnika. **(Bildung der Reservestoffe und produktiven Sameneigenschaften bei der Sonnenblume.)** Vestnik sel'skochozjajstvennoj nauki, Moskva 8 (1963) Nr. 2. S. 52–55. – 1 Abb., 4 Tab. Zus. in Engl., Franz., Dtsch.

In den Jahren 1958–60 wurden bei Saatzeit vom 1.–5. Apr. unterschiedliche Mineraldüngermengen von 120 kg/ha P + 90 kg K, 90 kg/ha N + 120 kg P, 90 kg/ha N + 120 kg P + 90 kg K bezüglich ihrer Wirksamkeit auf den Sonnenblumenkornertrag bei Bewässerung (500–800 m^3/ha) beurteilt. Die Bewässerung erhöhte bei ungedüngten oder nur mit P + K gedüngten Pflanzen den Fettgehalt der Samen, bei den mit N gedüngten sank der Fettgehalt. Den höchsten Kornertrag/ha brachte bei bewässert und nicht bewässert die

N-Düngung, wobei bei bewässert eine Ertragserhöhung um 50% vorlag, auch bei den Pflanzen, die keine mineral. Düngung erhielten. Die TKM, der Roheiweißgehalt sowie der Futterertrag pro Hektar lagen bei Bewässerung erheblich höher als bei unbewässert. Die Samen mit höherer TKM bzw. höherem Rohiweißgehalt brachten bei Aussaat im Folgejahr größere TKM, verbesserten Samenertrag und Ölgehalt, so daß insges. eine um 20% höhere Fettleistung pro Hektar erzielt wurde. Von ähnlichem Einfluß auf die Ertragsbildung war der Ort der Vermehrung des Saatgutes. W. Roder. 820.

2-64/04-0480 Güldner, R. **Bericht über die Ergebnisse der Hauptprüfung 1961, der Vorprüfung 1961 und der Sonderprüfung 1961 mit Kartoffeln.** Hrsg.: Regierung der Deutschen Demokratischen Republik, Ministerium für Landwirtschaft, Erfassung und Forstwirtschaft, Zentralstelle für Sortenwesen. 1963. (103 S.) – 125 Tab.
Die Versuchsangaben, Beobachtungen und Ergebnisse der staatlichen Prüfungen 1961 mit Kartoffeln werden in umfangreichen Tab. vorgelegt. A. Vorkeimversuch zur Hauptprüfung: Es wurden 9 Sorten und Stämme geprüft. Gute Leistungen und Merkmale wurden bei den Stämmen 'Lüsewitz 52.325/7' ('Auriga'), sehr früh, und 'Malchow 52.1/106' (B)' ('Antares'), früh, ermittelt. Diese Stämme wurden inzwischen als Sorten zugelassen. B. Hauptprüfung (mittelfrühe–späte Sorten): Geprüft wurden in der mittelfrühen Gruppe 5 Sorten und 3 Stämme. Es zeichnete sich bes. der Stamm 'Lindenhof 2219/52' aus, der inzwischen als Sorte 'Rotkehlchen' zugelassen wurde. In der mittelspäten Gruppe wurden 5 Sorten und 3 Stämme geprüft. Gute Leistungen wurden bei den Stämmen 'Lüsewitz 52.357/20' und 'Lüsewitz 52.407/30' ermittelt. In der späten Gruppe wurden 6 Sorten und 1 Stamm geprüft. Die höchsten Leistungen wurden bei 'Ora' und 'Gerlinde' ermittelt. Die nematodenresistenten Stämme 'Lüsewitz 56.207/48' ('Sagitta') und 'Lüsewitz 56.207/52' ('Spekula') brachten etwa 20% niedrigere Erträge als die Spitzensorten. C. Nachbauten der Abbauversuche zur Hauptprüfung 1960: An 1–4jähr. Nachbauten aus den starken Abbaulagen Bernburg, Großpösna und Machnow wurde die Virusresistenz von 107 Sorten und Stämmen geprüft. 'Schwalbe', 'Spatz' und 'Lindenhof 2576/50' zeichneten sich bes. aus. D. Abbauversuche zur Hauptprüfung 1961: Die Beobachtungen 1–4jähr. Abbauversuche an 4 Orten mit 115 Sorten und Stämmen werden vorgelegt. Durch gute Virusresistenz zeichneten sich die Sorten und Stämme 'Schwalbe', 'Spatz', 'Günosa' und 'Lindenhof 2219/52' aus. E. Nachbauten der Hauptprüfungen: Auch an den 1. und 2. Nachbauten der Hauptprüfung kann die Virusresistenz beurteilt werden. Geprüft wurden im 1. Nachbau 27 und im 2. Nachbau 20 Sorten und Stämme. Eine gute Virusresistenz wurde bei den Sorten 'Schwalbe', Günosa' 'Meise', 'Spatz' und 'Amsel' beobachtet. F. Vorprüfung: Geprüft wurden in der frühen Reifegruppe 9 Stämme, in der mittelfrühen 10 Stämme, in der mittelspäten 4 Stämme und in der späten Gruppe 5 Stämme, die mit je 2 Standardsorten in jeder Reifegruppe verglichen wurden. Es zeichneten sich folgende Stämme bes. aus: 'Lindenhof 4403/55', sehr früh, 'Lindenhof 306/55' und 'Gülzow 54/453', mittelfrüh, 'Bürs 213/55' und ,Lindenhof 1241/54', mittelspät, 'Lindenhof 1169/55' und 'Lindenhof 1192/55', spät. G. Sonderprüfungen: 16 Sorten aus verschiedenen eur. Ländern wurden an 5 Orten geprüft. Folgende Sorten ergaben bes. gute Leistungen: 'Pirat' und 'Fina', mittelfrüh; 'Ora', mittelspät; 'Flora' und 'Susanna', spät.
Ch. Pfeffer/Groß-Lüsewitz. 832.

2-64/04-0481 Popov, P., Stajkov, G. und Kartalov, P. Vărchu botaničeskite i biologičeskite osobenosti i stopanskite kačestva na njakoi novi cholandski sortove kartofi, izpitvane v Bŭlgarija. **(Über biologische und wirtschaftliche Eigenschaften einiger neuer in Bulgarien geprüfter holländischer Kartoffelsorten.)** Naučni trudove. Visš selskostopanski institut „Vasil Ko-

larov". Lozaro-gradinarski fakultet, Plovdiv **12** (1962, hrsg. 1963) S. 7–21. – 1 Tab., 2 Lit. Zus. in Russ., Dtsch.
Vff. beschreiben morphol., biol. und wirtsch. Eigenschaften und Krankheitsresistenz der 1955–60 geprüften Kartoffelsorten. Je nach Reifegrad werden die beschriebenen Sorten in sehr frühe – 'Rode Erstling' und 'Saskia', frühe – 'Bea' und 'Sirtema' und mittelfrühe – 'Siente', 'Gineke' und 'Urgenta' eingeteilt. K. Tschanew. 832.

2-64/04-0482 Keller, E. R. **Das schweizerische Richtsortiment im Kartoffelbau 1963/64.** Mitt. schweiz. Landwirtsch. **11** (1963) Nr. 10. S. 158–159. 832.

2-64/04-0483 Šitov, V. V. Novyj sort kartofelja – Kurganskij 1. **(Die neue Kartoffelsorte 'Kurganski 1'.**)Agrobiologija, Moskva **1963** Nr. 3. S. 391 bis 394. – 3 Tab. 832.

2-64/04-0484 Morozova, G. S. Soveščanie po voprosam vyraščivanija zdorovogo posadočnogo materiala kartofelja. **(Beratung über Fragen der Erzeugung gesunden Kartoffelpflanzgutes.)** Agrobiologija, Moskva **1963** Nr. 3. S. 472. 832.

2-64/04-0485 Kozlowska, A.; Krakow, Polish Acad. of Sci. Coll. of Agric., Virus Lab.; Bot. Inst. Differences in growth and metabolism of potatoes grown in the mountains and in the lowlands. **(Unterschiede im Wachstum und Stoffwechsel von Kartoffeln in Höhenlagen und im Tiefland.)** Europ. Potato J. [Wageningen] **6** (1963) Nr. 3. S. 143–159. – 8 Tab., 17 Lit. Zus. in Franz., Dtsch.
Aus dem Gesundheitsgebiet Pommern wurde Pflanzgut der Sorten 'Ackersegen', 'Voran' und 'Epoka' bezogen, mehrere Jahre in Höhenlagen der Karpaten zwischen 400–1200 m über NN angebaut und anschließend im Tiefland von Krakow nachgebaut. Zwischen Knollenertrag und Höhenlage wurde eine enge negative Korrelation ermittelt. Herkünfte aus den Höhenlagen über 400 m ergaben beim Nachbau in der Ebene von Krakow beträchtlich höhere Erträge als die eigene Herkunft. In den Höhenlagen verlief die Viruszunahme langsamer. Außerdem wiesen die Herkünfte aus den Höhenlagen im Vergleich zu jenen aus dem Tiefland einen niedrigeren P- und einen höheren K-Gehalt auf. Der Gehalt der Knollen an org. Säuren und die Respirationsrate waren niedriger. Verglichen mit gesunden Knollen war bei virusinfizierten Kartoffeln eine deutliche Zunahme im P- und K-Gehalt festzustellen, verbunden mit einer Abnahme von org. Säuren und der Respirationsrate. Es wird die Möglichkeit diskutiert, daß die Virusmehrung in einer Pflanze von Faktoren abhängt, die das Wachstum beeinflussen.
Ch. Pfeffer/Groß-Lüsewitz. 832.

2-64/04-0486 Schick, R., Rühlemann, G. und Pötke, E. **Probleme des Überganges zu industriemäßigen Verfahren in der Kartoffelproduktion.** Dtsch. Landwirtsch. **14** (1963) Nr. 9. S. 432–434. – nach Zus.
Die Möglichkeiten zur industriemäßigen Produktion von Futterkartoffeln in spez. Großbetrieben werden dargestellt und die sich daraus ergebenden Schlußfolgerungen für die Speise- und Pflanzkartoffelproduktion dargelegt. Eine Schlüsselstellung in diesem System nehmen entspr. Sammelroder, Aufbereitungsplätze, Dämpfplätze, Lagerhäuser und spez. Kartoffelbaubrigaden ein. Mit den heute vorhandenen Mitteln ist die Einrichtung spez. Futterkartoffelbetriebe bereits möglich. 832.

2-64/04-0487 Burghausen, R.; Jena, Friedrich-Schiller-Univ., Inst. für Acker-und Pflanzenbau. **Chemische Selektion der Pflanzkartoffeln.** Wiss.-techn. Fortschr. Landwirtsch. **4** (1963) Nr. 7. S. 304–306. – 6 Abb., 1 Tab., 3 Lit.
Unter chem. Selektion wird die Entfernung viruskranker Stauden in Pflanzkartoffelbeständen mittels Herbiciden verstanden, wodurch der hohe Hand-

arbeitsaufwand der bisher üblichen Selektion vermindert werden soll. Zusammenfassend werden Ergebnisse aus 3jähr. Versuchen über die Wirkung verschiedener Herbicide auf Abtötungszeit, Knollenmasse, Knollengröße, Stärkegehalt, Überlagerungszustand und Gesundheitszustand der behandelten Partien berichtet. DNOC (Hedolit 2,5–3%) und PCP eigneten sich infolge ihrer schnellen Wirkung sehr gut, solange noch keine Tochterknollen ausgebildet waren. Durch Aminotriazol (Azaplant 2,7% oder Azaplant-Kombi 2,7%) wurden auch die restlichen Knollen im Boden zerstört, wobei aber der Nachteil einer zu langsamen Abtötungsgeschwindigkeit vorhanden ist.
H. Henniger/Groß-Lüsewitz. 832.

2-64/04-0488 Šumetov, G. F. Sroki poseva, uborki kartofelja i ego semennye svojstva. **(Einfluß der Pflanz- und Erntetermine auf den Pflanzgutwert der Kartoffel.)** Vestnik sel'skochozjajstvennoj nauki, Moskva 8 (1963) Nr. 7. S. 32–35. – 2 Abb., 3 Tab. Zus. in Engl:, Dtsch.
Im Gebiet Orlowskaja wurden die Sorten 'Prijekuler Frühe' und 'Berlichingen' im 3jähr. Nachbau in folgenden Varianten geprüft: Frühjahrspflanzung mit Spätrodung (**I**), Sommerpflanzung mit Spätrodung (**II**) und Frühjahrspflanzung mit Frührodung (**III**). **II** und **III** waren fast gleichwertig und brachten gegenüber **I** im 3jähr. Durchschnitt 15% Mehrertrag. Der Abbau, ermittelt durch visuelle Bonitierung + serol. Test auf X und S, betrug nur ⅓ von **I**. Vf. empfiehlt die Sommerpflanzung. A. Hopfe/Groß-Lüsewitz. 832.

2-64/04-0489 Demel, Johanna. **Standweitenversuche bei Kartoffeln.** Bodenkultur [Wien], Sonderh. Nr. **14**. Jb. 1962 (hrsg. 1963) S. 99–108. – 1 Abb., 7 Tab., 12 Lit.
Die Kartoffelsorten 'Oberarnbacher Frühe' mit zu wenig und großen Knollen und die Sorte 'Jakobi' mit zu vielen und kleinen Knollen wurden an 2 klimatisch unterschiedlichen Versuchsorten in 5 verschiedenen Standweiten (20, 30, 40, 50, 60 cm) mit einer konstanten Reihenentfernung von 62,5 cm auf Knollenertrag, Knollenanteil in 3 Größenklassen, Knollenanzahl, Knollengewicht je Einzelstaude u. a. geprüft. Die Sorte 'Oberarnb. Frühe' zeigte in den geprüften Merkmalen unter den verschiedenen Bedingungen nur geringe Differenzen und ist somit wenig umweltabhängig, während der Anbau der Sorte 'Jakobi' bei größeren Standweiten und besseren Umweltbedingungen am wirtschaftlichsten ist. Bei anderen Sorten mit ähnlicher Anlage ist mit den gleichen Verhältnissen zu rechnen. A. Hopfe/Groß-Lüsewitz. 832.

2-64/04-0490 Wittstock, I.-M.; Hohenheim, Landwirtsch. Hochschule, Inst. für Pflanzenbau- und Pflanzenzücht. **Untersuchungen über die Entwicklung der Knollen an der Kartoffelpflanze.** Z. Acker- u. Pflanzenbau **117** (1963) Nr. 4. S. 342–358. – 3 Abb., 6 Tab., 24 Lit. Zus. in Engl.
In 2jähr. Untersuchungen wurde an 19 Kartoffelsorten verschiedener Reifezeit eine Analyse ihres Entwicklungsrhythmus vorgenommen und dabei die einzelnen Ertragskomponenten in ihrer Abhängigkeit von Witterungsfaktoren beobachtet. Es werden Angaben über Auflaufzeit, Triebzahl, Stolonenlänge, Trieblänge, Beginn der Knollenbildung und Blüte, Verlauf der Zunahme des Knollengewichtes, Knollenanzahl, Tr.-Subst-Gehalt, Stärkegehalt, Rohproteingehalt und Gesamtertrag gebracht. Von den untersuchten Sorten waren 'Oberarnbacher Frühe', 'Corona', 'Lori', 'Maritta' und 'Vertifolia' in ihren Erträgen am wenigsten, 'Erstling', 'Sieglinde', 'Bona', 'Heida' und 'Ackersegen' dagegen am stärksten witterungsabhängig.
A. Hopfe/Groß-Lüsewitz. 832.

2-64/04-0491 Storožev, A. und Čudinova, T. Ėffektivnyj priem uchoda. **(Eine wirkungsvolle Pflegemaßnahme.)** Kartofel' i ovošči, Moskva 8 (1963) Nr. 5. S. 10–11. – 2 Abb., 1 Tab.
In der Landwirtsch. Versuchsstat. Perm wird seit mehreren Jahren die Tieflockerung der Kartoffelreihen untersucht. Die 13–15 cm tief gepflanzten Kar-

toffeln wurden nach 2 Wochen auf 18–20 cm Tiefe gelockert und gleichzeitig mit starren kurzzinkigen Eggen abgeeggt. Nach dem Auflaufen wurde zum 2. Male tief gelockert, ohne zu eggen. Nach weiteren 2 Wochen erfolgte das Anhäufeln mit Spezialkörpern (Hackhäufler). Dadurch gelang es, die Verunkrautung auf $^1/_8$ zurückzudrängen und leicht verschlämmende Böden locker zu halten. Der Knollenertrag konnte im 3jähr. Durchschnitt um 17,8% erhöht werden. Das Hackhäufeln war nur in feuchten Jahren überlegen. Das Tieflockern wirkte feuchtigkeitssparend. 1961 wurde die Methode auf 2000 ha überprüft. A. Hopfe/Groß-Lüsewitz. 832.

2-64/04-0492 Lüddecke, F. **Höhere Leistungen im Futterkartoffelbau durch mehrmaliges Pflügen des Saatackers.** Dtsch. Landwirtsch. **14** (1963) Nr. 9. S. 439–441. – 5 Tab. – nach Zus.

Im mecklenburgischen Raum wurden vom ehemaligem LVU Rostock auf den lehmigen Sand- bis sandigen Lehmböden mehrjähr. Bodenbearbeitungsversuche mit ein- und mehrmaligem Pflügen zu Futterkartoffeln durchgeführt. Die Ergebnisse werden im folgenden kurz zusammengestellt: 1. Auf den lehmigen Sand- bis sandigen Lehmböden genügt eine Frühjahrsfurche zu Kartoffeln in der Regel nicht, um den Boden für hohe Erträge genügend locker vorzubereiten. 2. Auf denselben Böden reicht auch eine alleinige Herbstfurche allg. nicht aus, um den notwendigen Lockerungsgrad dür den Kartoffelacker zu erreichen. 3. Die Kombination einer tieferen Herbstfurche mit einer mittleren Frühjahrsfurche führt in der Mehrzahl der Fälle auf den mittleren bis guten mecklenburgischen Böden zu 5–7% höheren Knollen- und 6–7% höheren Stärkeerträgen gegenüber einem einmaligen Pflügen im Frühjahr bzw. Herbst. 4. Die Wirtschaftlichkeit der 2. Pflugfurche ist durch die höheren Erträge gesichert. 5. Die zur Herbstfurche zusätzlich gegebene Frühjahrsfurche muß bei genügend abgetrocknetem Boden erfolgen. 6. Aus diesen Versuchsergebnissen sollten insbesondere die mecklenburgischen VEG und LPG mit mittleren bis guten Böden (lS – sL) die Lehre ziehen, eine Herbst- mit einer Frühjahrsfurche im Kartoffelbau zu verbinden, um zu guten Knollen- und Stärkeerträgen zu kommen. 832.

2-64/04-0493 Sidorov, I. S. Rannij kartofel' v paru. **(Frühkartoffeln auf dem Bracheschlag.)** Zemledelie, Moskva **25** (1963) Nr. 4. S. 47–49. – 1 Tab.

Auf mittelpodsoliertem lehm. Sand wurden mehrere Frühkartoffel-Sorten und Stämme geprüft. Nach zeitiger Herbstfurche wurden im Frühjahr 22 bis 28 t/ha Stalldung, Torf sowie P und K eingepflügt. Das Auspflanzen erfolgte im Quadratnestverfahren mit vorgekeimtem Pflanzgut. Superphosphat und Kali wurden außerdem als Kopfdünger gegeben. Durch Frühpflanzung konnten 60–68 dt/ha Kartoffeln mehr geerntet werden. Im Vergleich zu anderen Brachefrüchten brachten Kartoffeln mit nachfolgendem Wi-Getreide die höchste Flächenproduktion. Durch diese Versuche wurde bewiesen, daß unter den Bedingungen der Gebiete Kostroma und Iwanowsk Erträge von 200–250 dt/ha bei den Frühkartoffel-Sorten 'Epron', 'Prijekulski' u. a. möglich sind. R. Schlenker. 832.

2-64/04-0494 Dudina, N. Ch. Nekotorye racional'nye sposoby udobrenija kartofelja. **(Einige rationelle Methoden der Düngung von Kartoffeln.)** Tr. Permsk. s. ch. in-t **18** (1962) Nr. 1. S. 17–24. – Aus: Referativnyj žurnal Moskva. Rastenievodstvo **1963** Nr. 6. 55. 121. S. 17.

Bei Plazierung in der Reihe von 2,5 t/ha Torf + 0,75 dt/ha N (Ammoniak) wurde ein Kartoffelertrag von 239 dt/ha erzielt, bei Zusatz von 1,5 dt/ha P als Superphosphat betrug der Ertrag 264 dt/ha. Bei breiter Einbringung der gleichen Menge Humus + 1,5 dt/ha N als Ammoniakdünger betrug der Kartoffelertrag 243 dt/ha, bei Zusatz von 3,0 dt/ha P 264 dt/ha. Bei Naßkopfdüngung mit einer 2%igen Superphosphatlösung (2% P) stiegen die Kartoffelerträge sowie der Stärkegehalt der Knollen.

übersetzt v. G. Boetticher. 832

2-64/04-0495 Ambrosov, A. Vlijajut li mineral'nye udobrenija na vyroždenie kartofelja. **(Haben Mineraldünger einen Einfluß auf den Abbau?)** Kartofel' i ovošči, Moskva 8 (1963) Nr. 5. S. 14–15. – 1 Tab.
Im Beloruss. Inst. für Obst-, Gemüse- und Kartoffelbau wurden 6jähr. Versuche mit der Sorte 'Ostbote' in verschiedenen Kombinationen von N, P, K und Stalldung durchgeführt. Die größte Ertragssteigerung brachte N (1 kg N = 67–88 kg Knollen). Auf Grund der Versuche werden zu Pflanzkartoffeln 45 kg N, 60 kg P und 60 kg/ha K + Stallmist, bzw. 90 kg/ha N, P und K wie oben, empfohlen. Weder in der visuellen Virusbonitierung noch in der serol. Untersuchung auf X konnte ein negativer Einfluß der Düngung nachgewiesen werden. A. Hopfe/Groß-Lüsewitz. 832.

2-64/04-0496 Karpukov, V.; Gebiet Moskau, Inst. für Kartoffelanbau. Rannie uborki snižajut zabolevaemost' kartofelja. **(Frührodung erhöht den Gesundheitszustand der Kartoffelknollen.)** Zaščita rastenij ot vreditelej i boleznej, Moskva 8 (1963) Nr. 8. S. 28. – 1 Tab.
Im Gebiet Orlowskaja wurden 1961–62 die Sorten 'Prijekuler Frühe' (P), 'Sewernaja Rosa' (S) und 'Berlichingen' (B) ab 15. Juli alle 5 Tage gerodet und nach jeweils 14täg. Verkorkungszeit bei 15 °C in Kellern (erst bei 7 °, dann bei 3 °C) und in Grabenmieten eingelagert. Die Untersuchungen im Frühjahr zeigten, daß der *Rhizoctonia*-Befall von Proben der Rodung am 5. Aug. 0,8% (S) bzw. 3,2% (B) betrug, der Rodung am 15. Sept. 3,6% (S) bzw. 10% (B). Der Braunfäulebefall war bei der Spätrodung bis zu 4mal höher. Bei Frührodung wurde eine geringere Hitzigkeit und ein höherer Pflanzgutwert beobachtet, der sich in einer Ertragssteigerung von 100 dt/ha (B) bzw. 87 dt/ha (S) ausdrückte. Virusbesatz wurde allerdings nicht untersucht. A. Hopfe/Groß-Lüsewitz. 832.

2-64/04-0497 Aferina, A. und Kiseleva, R.; Sibir. Zweigstelle des Unions-Forsch.-Inst. für Mechanisier. der Landwirtsch. Podsuški klubnej – v technologiju uborki. **(Das Abtrocknen der Knollen in die Erntetechnologie einführen.)** Kartofel' i ovošči, Moskva 8 (1963) Nr. 8. S. 6–7. – 1 Tab.
Für sibirische Verhältnisse wurde die Zweiphasenernte der Kartoffel entwickelt. Die Arbeitskette besteht aus: Krautentfernung – Roden (2–4 Reihen, Schwad) – Abtrocknenlassen der Knollen im Schwad (1–2 Std.) – Schwadaufnahme – stationäre Aufarbeitung – Abtransport zur Lagerung. In Versuchen wurde die Abtrocknungszeit auf 1, 2 und 3 Std. gestaffelt bei 15–18 °C und 52–73% rel. Luftfeuchtigkeit. Die schweren Schalenverletzungen konnten bei 1 Std. Abtrocknung um 6,1%, bei 2 Std. um 12,1% und bei 3 Std. um 21,7% gegenüber 48,6% ohne Abtrocknung herabgemindert werden. Der Nachbau brachte höhere Erträge. Bordukowa gelang es durch das Abtrocknen, die Braunfäule von 43,5% auf 3,2% zu senken. A. Hopfe/Groß-Lüsewitz. 832.

2-64/04-0498 Gerdes, G. **Organisation der wissenschaftlichen Arbeit und Aufgaben des Komplex-Institutes für Beta-Rüben Kleinwanzleben.** S.-B. dtsch. Akad. Landwirtsch.-Wiss. Berlin **11** (1962) Nr. 9. S. 1–12. – Zus. in Russ., Engl. – nach Zus.
Im Jahre 1962 wurde die Beta-Rüben-Forschung in der DDR – entspr. den volkswirtsch. Zielsetzungen – auf bes. Schwerpunktaufgaben orientiert. Diese Maßnahmen finden organisatorisch Ausdruck in neuen Struktur-, Stellen- und Aufgabenplänen, in einem Beta-Rüben-Züchtungsprogramm und im Arbeitsplan des zu entwickelnden Komplex-Inst. Den zentralen Problemkreis der Inst.-Arbeit bildet die Monokarpie der Beta-Rüben, auf die Züchtung, Ökonomik, Produktionsverfahren, Saatguterzeugung und Pflanzenschutz abzustimmen sind. Auf diese Weise wird, über die bisher die Züchtung betreffenden Forsch.-Vorhaben hinausgehend, die Beta-Rübe in komplexer Aufgabenstellung im Inst. für Pflanzenzüchtung Kleinwanzleben bearbeitet

werden. Die dafür vorgesehenen Maßnahmen und ihre Lösung – in Zusammenarbeit mit der sozialist. Praxis, mit den Stützpunkten und Konsultationspunkten, mit der zuständigen VVB und anderen wiss. Einrichtungen – werden in ihren Kernpunkten erörtert. 834.

2-64/04-0499 Anonym. Forsøg med sukkerroestammer til fabrik 1958 bis 1961. **(Versuche mit Fabrikrüben 1958-61.)** Tidsskr. Planteavl **67** (1963) Nr. 1. S. 181–183. – 4 Tab.
Ergebnisse von insges. 42 Versuchen auf humosem Lehm- und humosem Sandboden mit 7 dän., 1 schwed. und 2 deutsch. Stämmen. Als Vergleich diente ein Zuckerrübenstamm für Futterzwecke. Die Zuckerausbeute war unter den Fabrikrüben am größten bei 'Adefa 17'; es folgten 'Kleinwanzlebener Poly' und 'Hilleshög Poly' mit durchschnittl. 76,5 und 76,4 dt/ha. Von den übrigen polyploiden Stämmen folgten 'Eagle Hill PP', 'Eagle Hill P' und 'Maribo P' (Gr. IV) mit ungefähr 75 dt/ha. Die 3 diploiden Stämme 'Eagle Hill E', 'Eagle Hill N' und 'Kleinwanzlebener N' hatten alle eine Zuckerausbeute von ca. 73 dt/ha; 'Hinderupgaard XII' (Futterzuckerrübe) lag mit 85 dt/ha an der Spitze der Zuckerausbeute. – Die Zuckerprozente variierten zwischen 17,6% bei 'Maribo P' und 15,9% bei 'Adefa 17'. 'Eagle Hill E' brachte 16,8% und 'Hinderupgaard' 14,3%. Der Ertrag an Wurzeltrockensubstanz betrug durchschnittl. 104,9 dt/ha. E. Kahn. 834.

2-64/04-0500 Bisoveckij, T. Ja. Agrotechnika odnosemjannoj sacharnoj svekly pri minimal'nych zatratach truda. **(Die Agrotechnik der monogermen Zuckerrübe bei maximalem Arbeitsaufwand.)** Sb. naučn. rabot. Belocerkovsk. opytno-selekc. st. **1962** Nr. 2. S. 139–160. – Aus: Referativnyj žurnal Moskva. Rastenievodstvo **1963** Nr. 6.55.198. S. 27.
Auf Grund langjähr. Versuche, die auf der Versuchs- und Zuchtstation Belaja Zerkow durchgeführt wurden, ist bewiesen, daß die monogerme Zuckerrübe sehr stark auf gute Bearbeitung und Düngung reagiert. Die Auswahl der besten Vorfrüchte, das rechtzeitige Schälen der Stoppel und das Tiefpflügen (32 cm), die Einbringung org. und mineral. Düngemittel, das Eggen im zeitigen Frühjahr, die sorgfältige Bodenbearbeitung vor der Saat und die frühe Dibbelsaat (2-3 cm, bei Dürre 3–4 cm tief, Pflanzenbestand 75000–90000 je ha) wirken positiv auf die Ertragshöhe ein. Ausgesät wurde kalibriertes Saatgut (3–4 mm) in einer Menge von 5–15 kg/ha je nach Qualität der Kalibrierung der Samen und Kulturzustand des Bodens. Beim Verziehen wurden die kräftigeren Pflanzen stehengelassen, was eine Ertragssteigerung von mindestens 30–40% und einen zusätzlichen Zuckerertrag von 5–8 dt/ha erbrachte. Das Lockern zwischen den Reihen wurde nach Bedarf durchgeführt, aber nur solange die Reihen sich noch nicht geschlossen hatten.
übersetzt v. G. Boetticher. 834.

2-64/04-0501 Vostruchin, N. P. und Folitar, I. I. Opyt vozdelyvanija svekly po-novomu. **(Erfahrungen mit der neuen Zuckerrübenanbau-Technologie.)** Sacharnaja svekla, Moskva 8 (1963) Nr. 8. S. 23–25. – 1 Tab. 834.

2-64/04-0502 Roždestvenskij, I. G. Kalijnye udobrenija pod sacharnuju sveklu. **(Kalidünger zu Zuckerrüben.)** Zemledelie, Moskva **25** (1963) Nr. 10. S. 50–55. – 3 Tab. 834.

2-64/04-0503 Bulygin, V. I.; Kasach. Inst. für Ackerbau. Zelenye udobrenija – v sveklovičnye sevooboroty. **(Gründüngung in der Zuckerrübenfruchtfolge.)** Sacharnaja svekla, Moskva 8 (1963) Nr. 7. S. 18–19. – 2 Tab.
Gründüngung erhöhte die Zuckerrübenerträge auf den kastanienfarbenen Böden im Bewässerungsgebiet Kasachstans erheblich. Der Anbau erfolgte entweder als Stoppelfrucht (Wicken, Platterbsen) oder als Untersaat. Gute Ergebnisse konnten bei Untersaat mit Persischem Klee (*Trifolium resupinatum*) in verschiedenen Gebieten der SU erzielt werden, der bei Bewässerung hohe

Grünmasseerträge (450–500 dt/ha in Alma Ata) zu bringen vermag. Seine gute Vorfruchtwirkung zu Zuckerrüben wurde 1959–62 in Kasachstan bestätigt. Für Stoppelsaat ist diese einjähr. Kleeart unter den dortigen Verhältnissen infolge Frostempfindlichkeit nicht so gut geeignet. Temperaturen von −3 °C, die bereits im Sept. auftreten können, bringen die Pflanzen zum Absterben. Die Aussaatnorm beträgt 14–16 kg/ha bei Untersaat bzw. 8 kg/ha bei Reinsaat. Infolge Schnellwüchsigkeit besteht auch die Möglichkeit, den 1. Schnitt als Futter zu nutzen und den Nachwuchs als Gründüngung unterzupflügen. Doppelnutzung ist nur bei Reinanbau und Frühsaat möglich. Der Persische Klee verlangt ausreichende Bodenfeuchtigkeit, während die Bodenqualität für die Ertragsleistung von geringerer Bedeutung ist.
W. Schröter/Kleinwanzleben. 834.

2-64/04-0504 Fiedler, Jiljí und Vinduška, Ladislav. Vliv podzimního zpracování půdy a hnojení na výnos a jakost cukrovky. **(Einfluß der Herbstfurche und -düngung auf Ertrag und Qualität der Zuckerrübe.)** Rostlinná Výroba 9 (1963) Nr. 3/4. S. 373–390. – 11 Tab., 29 Lit. Zus. in Russ., Dtsch.
In den Jahren 1958–60 wurden auf schwerem Boden Bodenbearbeitung und Stalldungeinbringung bei verschiedenen Mineraldüngergaben in 4 Varianten geprüft: a) Stalldung – mittlere Pflugfurche – tiefe Pflugfurche; b) Schälfurche – Stalldung – tiefe Pflugfurche; c) Schälfurche – Stalldung – mittlere Pflugfurche – tiefe Pflugfurche; d) Schälfurche – tiefe Pflugfurche – Stalldung – mittlere Pflugfurche. Die Bodenfeuchtigkeit vor der Aussaat war bei a am höchsten. Die höchsten Erträge wurden bei a erzielt. Die späte Dungeinbringung (b und d) hat sich als unvorteilhaft erwiesen. Höhere Dunggaben hatten keine bes. Wirkung. Es wird daher eine Düngung von 300–350 dt/ha empfohlen. Höhere Handelsdüngergaben förderten den Rüben- und Zuckerertrag, der technol. Wert ging etwas zurück. Die Ertragssteigerung durch die Mineraldüngung war bei a und c am geringsten. Wird kein Stalldung gegeben, müssen die Handelsdüngergaben erhöht werden. Das Einpflügen von PK im Herbst gleichzeitig mit dem Stalldung übte auf den Zuckerertrag und den Zuckergehalt der Rübe einen günstigen Einfluß aus.
ČSSR/ÚVTI. 834.

2-64/04-0505 Kaštanova, Z. N. Ammiačnuju vodu – pod sveklu. **(Ammoniakwasser zu Zuckerrüben.)** Sacharnaja svekla, Moskva 8 (1963) Nr. 8. S. 32.
Vf. berichtet über 3jähr. Versuche mit Ammoniakwasser als N-Dünger zu Zuckerrüben. Im Frühjahr, 5 Tage vor der Aussaat (Ausbringungstiefe 8 bis 10 cm) gegeben, ist es in seiner Wirkung auf Rübenertrag und Zuckergehalt einer im Herbst oder Frühjahr verabfolgten NH_4NO_3-Düngung gleichzusetzen. Die Düngung mit Ammoniakwasser erfolgt am besten in einem mit der Bodenbearbeitung gekoppelten Arbeitsgang im Herbst oder Frühjahr.
W. Schröter/Kleinwanzleben. 834.

2-64/04-0506 Zderev, Z. S.; Ukrain. Forsch.-Inst. für Hydrotechn. und Meliorat. Diagnostirovanie polivov svekly po koncentracii kletočnogo soka. **(Festsetzung des Bewässerungszeitpunktes bei Zuckerrüben anhand der Zellsaftkonzentration.)** Sacharnaja svekla, Moskva 8 (1963) Nr. 7. S. 19–21. – 2 Tab.
Auf Grund 3jähr. Beobachtungen gelangte Vf. zu dem Schluß, daß die refraktometrisch ermittelte Tr.-Subst. des Preßsaftes junger Zuckerrübenblätter zur Ermittlung des rechtzeitigen Bewässerungszeitpunktes benutzt werden kann. Vor der Saftgewinnung werden die zur Untersuchung benötigten Blattstückchen 5 Min. in H_2O gekocht. Unter den Versuchsbedingungen ($\bar{x}t$ = 18,2 °C, 40–50% rel. Luftfeuchtigkeit und 221,1 mm Niederschläge während der Monate Apr.–Sept.) sollte mit der Bewässerung begonnen werden, wenn der Tr.-Subst.-Gehalt im Preßsaft der Blätter 7% beträgt.
W. Schröter/Kleinwanzleben. 834.

2-64/04-0508 Oehme, Hans; Halle/S., Martin-Luther-Univ. Halle-Wittenberg, Inst. für Acker- und Pflanzenbau. **Untersuchungen über die Höhe der Verluste bei der Zuckerrübenernte.** Kühn-Arch. 77 (1963) Nr. 1/2. S. 133 bis 240. – 12 Abb., 31 Tab., 123 Lit. Zus. in Russ., Engl., Franz.
In mehrjähr. Versuchen (1957–60) wurde das Verhalten von nach dem Köpfen im Boden steckengebliebenen Zuckerrüben der Sorten 'Plenta' und 'Multmedia' geprüft. Die Rübenmasse nahm in den meisten Fällen zu und war weitgehend mitbestimmend für die Abnahme des polarimetrischen Zuckergehaltes. Den Zuckergehaltsänderungen entspr. veränderte sich der Tr.-Subst.-Gehalt. In der ersten Zeit nach dem Köpfen ist nicht mit einer erheblichen Minderung des Weißzuckerertrages zu rechnen. Der durchschnittl. Weißzuckerverlust bei Stehenbleiben der geköpften Rüben im Boden betrug etwa 0,35% des Anfangswertes je Tag, bzw. 517 g Zucker/t Rüben. Die Lufttemperaturen lagen während der Versuchszeit vorwiegend in dem Bereich 0–10 °C. Die parallel zu den Köpfversuchen durchgeführten Lagerungsversuche ergaben, daß die Rübenmasse während der Lagerung zu- oder abnehmen kann. In erdbedeckten Mieten waren die Tr.-M.-Verluste am geringsten (200–300 g/t Rüben). Die Verluste bei anderen Lagerungsformen (im Schwad, in kleinen unbedeckten Haufen je 150 kg, in mit je 50 kg Rübenblatt bedeckten Haufen und in unbedeckten Mieten von 600 kg/m) unterschieden sich nur wenig und beliefen sich zwischen 400–600 g/t Rüben. Aus den Versuchen wird gefolgert, daß die Rüben nach dem Roden sofort zum Feldrand zu bringen und mit Erde abzudecken oder nach kurzer Zeit auf Lagerplätze zu fahren sind. Roden und Abtransportieren der Zuckerrrüben sollten möglichst nicht oder nur durch rel. kurze zeitliche Abstände zwischen diesen Arbeitsabschnitten unterbrochen werden. W. Wöhlert/Kleinwanzleben. 834.

2-64/04-0509 Pelipenko, A. I. Sozdanie sortov konopli, obespečivajuščich odnokratnuju mechanizirovannuju uborku. **(Die Schaffung von Hanfsorten, die eine mechanisierte einmalige Ernte gewährleisten.)** Selekcija i semenovodstvo, Moskva 28 (1963) Nr. 3. S. 41–44. – 3 Tab.
Die bisher gezüchteten einhäusigen Sorten sind dem Ausgangsmaterial ertragsunterlegen. Deshalb werden Sorten angestrebt, die aus einhäusigen und gewöhnlichen weiblichen Pflanzen bestehen. Durch Hybridisation der Hanfsorte 'Einhäusiger Mittelrussischer' mit der hochproduktiven zweihäusigen Sorte 'Gluchowskaja 1' und einer mehrmaligen gelenkten Auslese entstand die Hybridsorte 'OSO-1'. 'OSO-1' übertraf nach 4jähr. Versuchen mit 12,8 dt/ha Faserertrag, 10,2 dt Samen bei einer TKM von 18,5 g, einer Faserfestigkeit von 44 kg und mit 118 Vegetationstagen die Vatersorte 'Einhäusiger Mittelrussischer' erheblich (8,8, 8,3, 14,6, 38,4 und 121). Die Spitzensorte 'Jushnaja sosrewajustschaja 1' erreichte lediglich höhere Fasererträge (14,4 dt), ist sonst jedoch mit 3,7 dt/ha Samenertrag und 143 Vegetationstagen unterlegen. Die Blühdifferenz betrug bei 'OSO-1' während der Vollblüte 3–4 Tage und war am Ende der Blüte restlos beseitigt. G. Jury. 847.

2-64/04-0510 Tétényi, Peter; Budapest, Inst. für Heilpflanzenforsch. **Die Arzneipflanzenforschung in Ungarn.** Wiss. Z. Karl-Marx-Univ. Leipzig, math.-naturwiss. R. 12 (1963) Nr. 2. S. 381–383.
In Ungarn wurde bereits 1915 ein Inst. für Heilpflanzenforschung gegr., das bis zur Gegenwart einen bedeutenden Beitrag zur wiss. Erforschung der Arzneipflanzen geleistet hat. Daneben wird in Ungarn bes. im Inst. f. angewandte Botanik, am Lehrstuhl für org. Chemie der Univ. Debrecen, im Forsch.-Inst. der pharmazeutischen Industrie sowie an pharmakognostischen Lehrstühlen an verschiedenen Problemen der Arzneipflanzen gearbeitet. Erfolge von internationaler wiss. und wirtsch. Bedeutung erzielten ungarische Forscher u. a. auf dem Gebiet der Mohnalkaloiderzeugung und der Mutterkornkultur. H. Schröder. 852.

2-64/04-0511 Sokolow, W. S. und Sazyperowa, I. F.; Leningrad, Akad. der Wiss., Bot Inst. **Organisation und Ergebnisse der Introduktion von Heil- und Aromenpflanzen im Botanischen Institut W. L. Komarow der Akademie der Wissenschaften der UdSSR.** Wiss. Z. Karl-Marx-Univ. Leipzig, math.-naturwiss. R. 12 (1963) Nr. 2. S. 368-374. — 8 Lit.
Vff. berichten über die Geschichte des Inst. sowie über Inhalt und Organisation der wiss. Arbeit. Die Inkulturnahme neuer Arzneipflanzenarten vollzieht sich in 3 Phasen. 1. Aus einer Kollektion werden die wertvollsten Arten ausgewählt; 2. experimentelle Untersuchungen und Samengewinnung; 3. versuchsweiser Anbau in der Praxis. Von bes. Interesse sind die Arbeiten an *Skopolia tangutica* Max., die in den oberirdischen Organen 2,93% Tropanalkaloide enthält. Über die Kulturerfahrungen mit Mutterkorn im Leningrader Gebiet sowie über Beobachtungen an einer größeren Anzahl Arznei- und Gewürzpflanzen wird berichtet. H. Schröder. 852.

2-64/04-0512 Brückner, Kurt; Leipzig, Zentralstelle für Sortenwes. der DDR, Versuchsstat. **Über die Sortenprüfung bei Arznei- und Gewürzpflanzen in der Deutschen Demokratischen Republik.** Wiss. Z. Karl-Marx-Univ. Leipzig, math.-naturwiss. R. 12 (1963) Nr. 2. S. 432–434.
Vf. erläutert den organisatorischen Aufbau der Sortenprüfung in der DDR und die Durchführung von Sortenwertprüfungen, Selbständigkeitsprüfungen, Sortenechtheitsprüfungen und Kontrollprüfungen. Für den RGW-Raum wäre bei den wichtigsten Arten ein Austausch der Spitzensorten wünschenswert. H. Schröder. 852

2-64/04-0513 Chládek, Milôs.; Olomouc, ČSSR, Inst. für Gemüsebau. **Die Forschung über das Sortiment der Althaea officinalis L. mit Bezug auf die Drogenqualitätsverbesserung.** Wiss. Z. Karl-Marx-Univ. Leipzig, math.-naturwiss. R. 12 (1963) Nr. 2. S. 426–429. — 6 Abb., 5 Tab., 21 Lit.
Über Auslese- und Kreuzungsarbeiten an Eibisch wird berichtet. Aus dem Material wurden 2 Klone ausgewählt, davon eine Hybride, die auf Grund des Heterosiseffektes eine erhöhte Ertragsleistung zeigt und hinsichtlich der Qualität mit verschiedenen Herkünften aus Europa verglichen wurde. Die Hybride wies die höchste Viskosität unter den einheimischen Stämmen auf und erreichte Herkünfte aus Szeged, Essen und Gatersleben. Sie wurde aber wesentlich durch andere *Althaea*-Arten aus Leningrad übertroffen. Die Untersuchungen werden fortgesetzt. H. Schröder. 852.

2-64/04-0514 Schröder, Horst; Bernburg, Hochschule für Landwirtsch. **Agrotechnische Probleme des Mohnanbaues zur Morphingewinnung.** Wiss. Z. Karl-Marx-Univ. Leipzig, math.-naturwiss. R. 12 (1963) Nr. 2. S. 386 bis 388. — 5 Tab., 2 Lit.
Vf. berichtet über 3jährige Felddüngungs- und Standweitenversuche zu Mohn. Höchster Morphingehalt sowie Erträge an Kapseln und Samen wurden bei N-Gaben von 60–80 kg/ha erzielt. Überhöhte K- und P-Beidüngung wirkte negativ. Zwischen den Erträgen an Morphin, Samen, Fett und Rohprotein bestanden gesicherte Korrelationen. Die Gehalte an Morphin sowie die Erträge an Morphin und Samen veränderten sich nicht, wenn die Bestandesdichte zwischen 35 und 80 Pflanzen je m^2 variiert wurde. Nahm die Bestandesdichte weiter ab, so waren damit beträchtliche Gehalts- und Ertragsminderungen verbunden. H. Schröder. 852.

2-64/04-0515 Eisenhuth, Fritz; Leipzig, Inst. für Sonderkult. **Wechselwirkungen zwischen Ertrag und Qualität beim Gemeinschaftsanbau des Kümmels mit verschiedenen Deckfruchtkulturen.** Wiss. Z. Karl-Marx-Univ. Leipzig, math.-naturwiss. R. 12 (1963) Nr. 2. S. 393–395.
In mehrjährigen Versuchen wurden der Einfluß der Deckfrüchte des 1. Anbaujahres auf die Kümmelerträge im 2. Jahr und die Wechselbeziehung

zwischen Kümmeluntersaat und Deckfruchtertrag geprüft. Gegenüber Reinsaat senkten die Deckfrüchte den Ertrag an Kümmel wie folgt: Gerste 30–41, Hafer 64–73, So-Weizen 61–73, Mohn 33–39, Koriander 50, Bohnen 8,5–10,5, Erbsen 0,2–7,5%. Bei Dillüberfrucht schoßte der Kümmel nicht. Die Erträge der Deckfrüchte verminderten sich um etwa 16–30%.
H. Schröder. 852.

2-64/04-0516 Dżygadło, S. Mięta pieprzowa. **(Die Pfefferminze.)** Zielarski Biul. inform. **1963** Nr. 4. S. 6–7. 852.

2-64/04-0517 Ostrovskij, N. I. und Nosyrev, V. I. Protravlivanie semjan lekarstvennych rastenij. **(Beizen von Heilpflanzensaatgut.)** Zaščita rastenij ot vreditelej i boleznej, Moskva 8 (1963) Nr. 9. S. 29. – 1 Tab. 852.

2-64/04-0518 Danau, C. und Angheluta, M. Expériences avec des engrais organiques associés au superphosphate et au sulphate de potassium, sur l'espèce Banat. **(Erfahrungen mit organischen Düngemitteln in Verbindung mit Superphosphat und Kaliumphosphat bei der Sorte ‚Banat'.)** Rev. int. Tabacs **37** (1962) Nr. 358. S. 239.
Die im Westen von Rumänien angebaute Tabaksorte 'Banat' reagiert günstig auf Stalldung zusammen mit Superphosphat und Kaliumphosphat. Die Steigerung des Ertrags und der Qualität des Tabaks, soweit sie durch Düngemittel hervorgerufen wird, ist in trockenen Jahren größer als in regenreichen, wo man selbst ohne Düngung große Erträge erzielt. Für 'Banat' wird die Düngung mit 30 t/ha Stalldung, zusammen mit 300 kg/ha Superphosphat und 120 kg/ha Kaliumphosphat empfohlen. Unter diesen Bedingungen erzielt man eine durchschnittliche Steigerung des Ertrags um 14,9% und eine Qualitätserhöhung um 3,8% bei den Klassen I, II und III. 855.

2-64/04-0519 Marten, G. C., Wedin, W. F. und Hueg, W. F.; St. Paul, Minn., Agric. Exp. Stat. Density of alfalfa plants as a criterion for estimating productivity of an alfalfa-bromegrass mixture on fertile soil. **(Die Bestandesdichte von Luzernepflanzen als Kriterium der Ertragsschätzung eines Luzernegrasgemisches auf gutem Boden.)** Agronomy J. **55** (1963) Nr. 4. S. 343–344. – 1 Tab., 3 Lit.
In einem neu angesäten Gemisch von Luzerne und Wehrloser Trespe wurden Bestandesdichten von 0–12 Luzernepflanzen/squ. ft. künstlich hergestellt, außerdem 7 unterschiedliche N-Gaben (0–120 lb./acre) verabfolgt. In den 2 Folgejahren wurden je 3 Schnitte gewonnen. – Im 1. Erntejahr waren die Tr.-Subst.-Erträge der Reinsaat Luzerne mit 5,19 t./acre am höchsten, am niedrigsten lagen die der Gras-Reinsaat mit 3,41 t., die N-gedüngten Parzellen zeigten eine ähnliche Tendenz mit nur geringfügig höheren Erträgen. Das 2. Jahr brachte keine gesicherten Ertragsdifferenzen, weder durch geänderte Pflanzenzahl noch durch Variierung der N-Düngung. Als Ursache wird die erhöhte Triebzahl/Einzelpflanze bei verminderter Pflanzendichte angeführt. Die N-Düngung führte lediglich zu einem leichten Anstieg des Rohproteingehaltes (um 0,4–1,5%). H. Pätzold. 860.

2-64/04-0520 Artemenko, V. I.; Ukrain. Forsch.-Inst. für Ackerbau. Vyraščivanie kormovogo ljupina v meždurjad'jach kukuruzy. **(Der Anbau von Futterlupinen zwischen den Reihen von Mais.)** Zemledelie, Moskva **25** (1963) Nr. 5. S. 62–66. – 2 Tab.
Zwischen die Maisreihen wurden nach dem 4.–5. Blatt (eine Lockerung) bzw. dem 6. –8. Blatt (2malige Lockerung zwischen den Reihen) Süßlupinen eingedrillt. Im 3jähr. Mittel wurden Erträge von 232 dt/ha bzw. 238 dt/ha gegenüber dem Reinanbau von Mais (198 dt/ha) und Lupinen (196 dt/ha) erreicht. Der Ertrag an FE/ha erhöhte sich gegenüber der Reinsaat von Mais um 25–38% und bei verd. Rohprotein um 112–117%. Anhand zahlreicher angeführter Feldversuche bestätigten sich die Versuchsergebnisse. Die Lu-

pineneinsaat senkte auch erheblich den Unkrautbestand bes. der stark verbreiteten *Setaria glauca* (gelbe Hirse). Die Keimfähigkeit der Samen dieses Unkrauts erreichte beim Reinanbau von Lupinen durchschnittl. 80%, bei Mais in Reinsaat durchschnittl. 65%. In Mischsaaten beträgt die Keimfähigkeit nur in witterungsbegünstigten Jahren 10 und mehr %, während in den meisten Jahren die Samen aufgrund der durch die Arbeitsprozesse verkürzten Vegetationszeit nicht ausreiften. Für die Lupineneinsaat wird eine Aussaatmenge von 120–140 kg/ha empfohlen. Bei der Maisaussaat 70 × 70 cm können zwischen die Reihen je 3 Reihen Lupinen gedrillt werden. G. Jury. 860.

2-64/04-0521 Rasmussen, Frede. Stammeforsøg med lucerne 1947–60. **(Sortenversuche mit Luzerne 1947-60.)** Tidsskr. Planteavl **67** (1963) Nr. 2. S. 335–352. – 10 Tab.
Von 1947–58 wurden Luzernesorten aus Frankreich, Deutschland, USA, Kanada und einige dänische Züchtungen geprüft. Eine Versuchsserie mit 8 franz. und 3 dän. Sorten zeigte, daß die franz. Sorten und die mit franz. Material gezüchteten dän. Sorten die höchsten Erträge lieferten. Diese Sorten hatten hohe, grobe Stengel und breite Blätter, setzten mit der Entwicklung sehr zeitig im Frühjahr ein, zeigten üppigen Wuchs und waren nach dem Schnitt schnell wieder nachgewachsen. Franz. Luzernesorten, in Deutschland nachgebaut, zeigten eine um 8% geringere Ausbeute als 'Du-Puits'. Die amer. und kanad. Sorten brachten geringere Erträge; am besten war 'Rhizoma', dessen Ertrag jedoch 10% unter dem der franz. Sorten lag. Franz. Luzernesorten oder durch franz. Material verbesserte dän. Stämme eignen sich demnach für die Zucht unter dän. Verhältnissen am besten. E. Kahn. 863.

2-64/04-0522 Heerden, H. G. van; Uppington, Agric. Res. Stat. Lucerne under irrigation. **(Luzerne unter Bewässerung.)** Farming South Africa **39** (1963) Nr. 4. S. 49. 51. – 4 Abb., 1 Tab.
Der Luzerneanbau am Oranje wird zu Verkaufszwecken betrieben, wobei die Qualität des Heues oder Grünmehls vom Vegetationszustand der Pflanzen abhängt. 10jähr. Versuche zeigten, daß die Ausdauer der Luzerne auch durch 8 Schnitte/Jahr nicht beeinträchtigt wird. Höchste Tr.-Subst.-Erträge brachten 5 Schnitte/Jahr (im Mittel 25,6 t. Heu/afr. Morgen), einen Ertragsabfall zeigte die Variante mit sehr zeitigem Frühjahrsschnitt, die 22,8 t./afr. Morgen aufwies. Als Ursache werden Spätfröste nach dem 1. Schnitt angeführt. – Zusätzliche Bewässerung im Winter blieb ohne Erfolg. H. Pätzold. 863.

2-64/04-0523 Moline, W. J. und Wedin, W. F.; St. Paul, Minn., Agric. Exp. Stat. Evaluating the effects of cutting date on yield and nutritive value of alfalfa with rabbit feeding trials and chemical analysis. **(Die Bewertung des Schnittzeitpunktes hinsichtlich Ertrag und Nährwert von Luzerne durch Fütterungsversuche mit Kaninchen und chemische Analysen.)** Agronomy J. **55** (1963) Nr. 4. S. 319–321. – 3 Tab., 15 Lit.
In Versuchen wurden die Erntedaten des 1. Schnittes (bei 3 Schnitten insges.) variiert (in 6 Intervallen vom 27. Mai bis 1. Juli), der 2. Schnitt jedoch zum selben Zeitpunkt, am 29. Juli, vorgenommen. Dabei zeigte sich, daß ein sehr früher Schnitt mit geringem Tr.-Subst.-Ertrag durch den 2. Schnitt im Gesamtertrag nahezu auf gleicher Höhe lag wie 2 Schnitte zu „optimalen" Terminen. Der Jahresertrag wurde jedoch durch einen sehr frühen Schnitt vermindert. – Der Rohproteingehalt lag beim 1. Schnitt zum 1. Zeitpunkt bei 27,9, zum letzten Termin nur noch bei 19,8% der Tr.-Subst., der Rohfasergehalt stieg im selben Zeitraum von 19,1 auf 34,0%. Demgegenüber waren die Werte beim 2. Schnitt fast gleich (Rohpr. 17,7–19,5%, Rohfaser 31,1 bis 34,0%). Demzufolge blieb die Futterverwertung, durch 24 Kaninchen geprüft, beim 2. Schnitt gleich und zeigte nur beim 1. Schnitt mit zunehmendem Alter der Luzerne geringere Gewichtszunahmen. H. Pätzold. 863.

2-64/04-0524 Maluša, K. V. und Zamostnyj, N. I.; Inst. für Ackerbau und Viehzucht der Westl. Bezirke der Ukrain. SSR. Opytnaja i selekcionnaja rabota s kormovymi bobami na zapade Ukrainy. **(Versuchs- und Selektionsarbeiten mit Futterbohnen in der Westukraine.)** Vestnik sel'skochozjajstvennoj nauki, Moskva 8 (1963) Nr. 2. S. 59–64. – 7 Tab. Zus. in Engl., Franz., Dtsch.

Der Anbau der Futterhülsenfrüchte in der Ukraine hat in den letzten Jahren stark zugenommen. Ertragsvergleiche mit anderen Körnerhülsenfrüchten ergaben, daß Ackerbohnen den Erbsen, Phaseolusbohnen und Futterlupinen bezüglich Kornertrag und Futtereinheiten pro ha beachtlich überlegen waren. Bei Saatzeitversuchen mit Ackerbohnen von Anfang Apr. bis Anfang Mai erbrachte im Mittel der Jahre 1957–59 die Aussaat in der 2. Apr.-Dekade den höchsten Kornertrag. Bezüglich des Strohertrages waren nur geringe Unterschiede vorhanden. Die Reihenentfernung von 35 cm und Saatmenge von 150–200 kg/ha brachten den höchsten Korn- bzw. Strohertrag. Weitere Untersuchungen zeigten, daß die Ackerbohne als Stützfrucht für die Saatgutproduktion von Wicken günstiger war als Hafer. Das Aussaatmengenverhältnis von 90 kg/ha Wicken und 50 kg/ha Ackerbohnen erwies sich als bes. günstig. W. Roder. 863.

2-64/04-0525 Hansen, Holger. Forsøg med majssorter til grønhøstning 1957–1960. **(Versuche mit Maissorten zur Grünfütterung.)** Tidsskr. Planteavl **67** (1963) Nr. 2. S. 321–334. – 4 Tab.

In den Jahren 1957–60 wurden insgesamt 40 Hybridmaissorten auf ihre Eignung als Grünfutter geprüft. Hierbei erwies sich die holländische Sorte 'Caldera 401' mit einem Durchschnittsertrag von 104 dt/ha Tr.-Subst. am ertragsreichsten. Diese Sorte, zusammen mit 'Goudster', 'Sm. 75', 'Prior C. I. V. 2', 'Sm. 60' und 'Caldera 431', zeigten in der Regel bessere Kolbenentwicklung als die amer. Sorten 'K. C. III' und 'K. F. 5' sowie die ung. Sorte 'MV. 40'. Die holländischen Sorten waren dagegen gegenüber Brand bedeutend anfälliger als die übrigen Sorten. E. Kahn. 864.

2-64/04-0526 Anonym. Stammeforsøg med hundegræs og engsvingel 1958–1961. **(Stammversuche mit Straußgras und Wiesenschwingel 1958-61.)** Tidsskr. Planteavl **67** (1963) Nr. 1. S. 169–172. – 4 Tab.

Versuche mit 13 Stämmen Straußgras und 8 Stämmen Wiesenschwingel auf humosem Lehm, humosem Sand, Marschboden und Hochmoor. Auf den Mineralböden erfolgte die Aussaat im Gemisch mit Rotklee, auf den Marsch- und Moorböden mit Weißklee. In früheren Versuchen war auch Reinsaat durchgeführt worden bei 3–4mal. Gaben von insges. 800–1200 kg/ha Kalksalpeter. Für jeden Anbau wurde der Ertrag nach 2 Jahren bestimmt. Durchschnittsergebnisse (Angaben für Reinsaat in Klammer): Straußgras im Gemisch mit Klee 79,6–84,0 dt/ha Tr.-Subst. (78,1–89,9); 25,8–27,1 dt/ha Rohprotein (23,7–24,5). Wiesenschwingel 84,2–87,2 dt/ha Tr.-Subst. (75,3–79,5); 28,4–29,3 dt/ha Rohprotein (23,1–24,2). E. Kahn. 864.

2-64/04-0527 Drake, Mack, Colby, W. G. und Bredakis, E.; Amherst, Univ. of Massachusetts, Agric. Exp. Stat. Yield of orchard grass as influenced by rates of nitrogen and harvest management. **(Der Ertrag von Knaulgras unter dem Einfluß von N-Gaben und dem Erntezeitpunkt.)** Agronomy J. **55** (1963) Nr. 4. S. 361–362. – 2 Tab., 1 Lit.

Ein 8jähr. Knaulgrasbestand (der früher Weißklee als Komponente aufgewiesen hatte, der durch Frost eingegangen war) wurde mit 50 bzw. 100 lb./acre N je Schnitt bei 4 Schnitten/Jahr gedüngt, wobei der 1. Schnitt zu Schoßbeginn (a) oder zur Blüte (b) genommen wurde. – Höchste Erträge wurden bei a und einer Schnitthöhe von 3 in. (anstelle 1,5 in.) erzielt, wobei max. 8384 lb./acre Tr.-Subst. erreicht wurden. Bei dieser Behandlung wurde mit

1,50% Fructose auch ein rel. hoher Gehalt an Kohlenhydraten im basalen Sproßteil ermittelt. Die höchste N-Gabe (400 lb.) brachte einen Zuwachs von 1183 lb./acre Tr.-Subst. je Schnitt. H. Pätzold. 864.

2-64/04-0528 Horning, E. V. und Canode, C. L.; Pullman, Wash., Agric. Exp. Stat. Effects of harvest method and moisture content on seed quality of smooth bromegrass. **(Die Wirkungen von Erntemethode und Feuchtigkeitsgehalt auf die Saatgutqualität von Wehrloser Trespe.)** Agronomy J. **55** (1963) Nr. 4. S. 337–340. – 3 Abb., 2 Tab., 4 Lit.
In 2 Parzellenversuchen wurden die Methoden Bindermahd (a) und Ernte mittels Kombine (b) miteinander verglichen, wobei der Zeitpunkt der Ernte von der Milchreife mit einem Feuchtigkeitsgehalt (F) der Körner von 65% bis zur Vollreife (und zum Ausfall) mit einem F von 12,5% variierte. Brauchbares Saatgut kann durch a bereits bei einem F von 45,2%, durch b erst bei 24,1% z. Z. der Mahd erzeugt werden. Bei b tritt dabei schon Ausfall auf. Die TKM wurde durch den F-Gehalt, nicht jedoch durch die Erntemethode beeinflußt. Die höchste Keimfähigkeit wurde durch a erzielt.
H. Pätzold. 864.

2-64/04-0529 Brown, R. H., Blaser, R. E. und Fontenot, J. P.; Blacksburg, Virginia Agric. Exp. Stat. Digestibility of fall grown Kentucky 31 fescue. **(Die Verdaulichkeit von Wiesenschwingel ‚Kentucky 31' im Herbst.)** Agronomy J. **55** (1963) Nr. 4. S. 321–324. – 2 Abb., 3 Tab., 16 Lit.
Bestände des Grases wurden am 2. Sept. gemäht, sodann stark gedüngt (500 lb. eines 10–9–8 NPK-Düngemittels/acre) und 2, 4 bzw. 7 Wochen später gemäht. Ein ähnlicher Versuch wurde ein Jahr später mit 6 Erntedaten (2–13 Wochen nach dem Schnitt im Aug.) wiederholt. – Die Verdaulichkeit (V.) der Tr.-Subst. nahm mit zunehmendem Alter der Pflanze im Herbst nicht ab, sie stieg sogar im 1. Versuchsjahr leicht an (von 68,2 auf 70,6%). Hingegen sank die V. beim Rohprotein von 69,8 auf 61,4% (im Zeitraum 2 Wochen–7 Wochen). Bei den N-freien Extraktstoffen stieg sie im selben Zeitraum von 68 auf 74,1%. Keine klare Tendenz zeigte sich für die V. bei der Rohfaser und der Zellulose. – Der Gehalt an Rohprotein nahm ab, der Rohfasergehalt blieb auf gleicher Höhe. H. Pätzold. 864.

2-64/04-0530 Kalajdžieva, S.; Sofia, Höheres Landwirtsch. Dimitrow-Inst. Način za zasjavane na sudankata za paša i zelena chrana. **(Anbauversuche mit Sudangras zur Weide- und Grünfutternutzung.)** Izvestija na Naučnoizsledovatelskija institut po furažite – Pleven, Sofija **2** (1962) S. 47–87. – 19 Tab., 42 Lit. Zus. in Russ., Engl.
Von 1957–60 wurden Versuche mit Sudangras für Weide- und Grünfutternutzung durchgeführt. Im 1. Versuch wurde Sudangras als Reinsaat, als Untersaat in Wi-Weizen (Weide- und Grünfutternutzung), als Gerste-Sudangrasgemenge (Grünfutter- und Körnernutzung) und als Weizen-Sudangrasgemenge (Körnergewinnung), im 2. Versuch als Zweitfrucht, als Untersaat in Wickgemenge (Grünfutter), in Hafer (Grünfutter und Körnergewinnung) und als Hafer-Wicken-Sudangrasgemenge zu 2 Aussaatzeiten geprüft. Sudangras lieferte als Reinsaat und Hauptfrucht den höchsten Ertrag. Bei Weidenutzung wurden 326,5–352,5 dt/ha Grünmasse, bei Grünfutternutzung 369,7–388,4 dt/ha erzielt. Der 1. Nachwuchs als Weide enthielt 15,13% Rohprotein, 11,97% Eiweiß und 3,07% Fett, als Günfutter entspr. 9,29; 6,92 und 2,19%. Als Zweitkultur nach frühräumender Vorfrucht lieferte Sudangras den höchsten Ertrag nach Futterroggen (144,3 dt/ha Grünmasse als Weidenutzung und 160,0 dt/ha als Grünfutter). Nach mittelfrühen Hauptkulturen (Hafergemenge) lag der Ertrag bei 70–80 dt/ha, bei späträumenden Vorfrüchten (Weizen) war er am niedrigsten und unsichersten (25–28 dt/ha). Der Sudangrasanbau trug als Zweitkultur und Reinsaat bei allen Varianten zur Steigerung der Erträge bei. K. Tschanew. 864.

2-64/04-0531 Karns, L. **Hat der Zwischenfruchtbau noch Berechtigung?** Mitt. dtsch. Landwirtsch.-Ges. **78** (1963) Nr. 32. S. 1013–1016. – 3 Abb., 1 Tab. 865.

2-64/04-0532 Riemann, K.-H. **Winterzwischenfruchtbau in den nördlichen Bezirken der DDR.** Dtsch. Landwirtsch. **14** (1963) Nr. 9. S. 449–450. – nach Zus.
Als Winterzwischenfrüchte sind in den nördlichen Bezirken bes. Futterrübsen und Futterroggen geeignet. Der Anbau von Wickroggen spart N, verkürzt jedoch die Vegetationszeit der Nachfrüchte. Höchste Erträge sind nur bei optimaler Aussaatzeit, richtiger Saatmenge und ordnungsgemäßer Bestellung zu erreichen. Ohne eine feste Ordnung in der Fruchtfolge können diese unbedingten Voraussetzungen nicht verwirklicht werden. Die bei hohem Winterzwischenfruchtanbau auftretenden Arbeitsspitzen der Ernte und nochmaligen Bestellung zur Nachfrucht können durch die Sept.-Einsaat von Knaulgras und Wehrloser Trespe in Verbindung mit Weißklee beseitigt werden. 866.

2-64/04-0533 Steikhardt, Hg. **Winterzwischenfruchtbau in den südlichen Bezirken der DDR.** Dtsch. Landwirtsch. **14** (1963) Nr. 9. S. 452–455. – 7 Tab. – nach Zus.
Winterzwischenfrüchte stellen auch in den südlichen Bezirken der DDR eine sehr ertragreiche und sichere Futterquelle dar. Die kälteren und längeren Winter der höheren Lagen erfordern in der Regel den Anbau frostharter und nicht zu spät räumender Kulturen wie Rübsen, Roggen und Wickroggen bzw. Wickweizen. Für das Grüne Fließband bis zum 1. Luzerne- oder Kleeschnitt werden im Durchschnitt 6–7 a Winterzwischenfruchtfläche je RGV benötigt. In Weidebetrieben sind Futterrübsen und Bernburger Futterroggen ein geeignetes Übergangsfutter bis zum Austrieb. Doch sollte darüber hinaus auch weitgehend von der Möglichkeit der Silofuttergewinnung von Futterroggen und evtl. Wickroggen Gebrauch gemacht werden. Es werden weiterhin die wichtigsten Gesichtspunkte für die Eingliederung der Zwischenfrüchte in die Fruchtfolge, Vorbereitung des Ackers, Düngung und Aussaat aufgezeigt. 866.

2-64/04-0534 Anonym. **Futterroggen ist die sicherste Winterzwischenfrucht.** Allgäuer Bauernbl. **31** (1963) Nr. 37. S. 1222. 866.

2-64/04-0535 Šain, S. S.; Lugowaja, Gebiet Moskau, Williams-Unions-Inst. für Futtermittelforsch. Uveličenie proizvodstva kormov i intensifikacija zemledelija. **(Erhöhung der Erzeugung von Futtermitteln und Intensivierung des Ackerbaus.)** Zemledelie, Moskva **25** (1963) Nr. 1. S. 29–35. – 1 Lit. 866.

2-64/04-0536 Steikhardt, Hg. **Stoppelfruchtbau in höheren Lagen.** Dtsch. Landwirtsch. **14** (1963) Nr. 6. S. 283–285.
Der Stoppelfruchtbau wird in höheren Lagen durch kürzere Vegetationszeit und kühlere Temperaturen eingeengt, so daß wärmeliebende und frostempfindliche Pflanzen für diesen Zweck ausscheiden. Zu bevorzugen sind Hülsenfruchtgemenge aus Erbsen, Wicken und Ackerbohnen, ferner Stoppelrüben, Futterkohl, Phacelia, Senf, So-Roggen, Wi-Rübsen und Sonnenblumen. Durch spätere Ernte der Hauptfrüchte und früheren Wachstumsabschluß der Stoppelfrüchte verkürzt sich die Vegetationszeit um 8–12 Tage in Übergangs- und um 19–22 Tage in höheren Lagen. So scheiden in letzterem Fall Stoppelfrüchte mit längerer Wachstumszeit, wie Sonnenblumen, Hülsenfrüchte, Herbstrübe und Futterkohl nach Roggen und So-Gerste aus, während sie mit Ausnahme des Futterkohls nach Raps und Wi-Gerste noch anbauwürdig sind. Sofortige Aussaat nach der Hauptfruchternte ist allerdings Vorbedingung für das Gelingen der Stoppelsaaten und kann nur durch Ausschöpfung aller techn. Möglichkeiten gewährleistet werden. Vf. weist anhand von Versuchsergebnissen und Tab. die Verwendbarkeit der einzelnen Stoppelfrüchte nach bei verschiedenen Saatterminen und Höhenlagen, und

führt als Beispiel eine Fruchtfolge in höherer Lage an, nach der sich nach Wi-Raps, Wi-Roggen, Wi- und So-Gerste noch mit Erfolg Herbstrüben, Hülsenfruchtgemenge und evtl. Sonnenblumen anbauen lassen, wenn die Saat noch in der 3. Julidekade erfolgt. Bei späterer Aussaat bleiben nur noch Phacelia, So-Roggen, Senf, Wi-Rübsen u. a. für den Anbau übrig. C. Freyer. 868.

2-64/04-0537 Specht, G. **Hinweise zum Anbau von Stoppelfrüchten auf den leichten Böden Brandenburgs.** Dtsch. Landwirtsch. **14** (1963) Nr. 6. S. 281–282.
Auf den Sandböden Brandenburgs spielen die Stoppelfrüchte eine entscheidende Rolle, da sie die Lücke zwischen Sommer- und Winterfütterung schließen helfen und die Leguminosen den erforderlichen Eiweißanteil für die Maissila :e im Winter liefern. Es sind rd. 10% der AF für Stoppelfrüchte vorzusehen, die zur Hälfte aus frühsaatfordernden Leguminosen und aus spätsaatverträglichen Nichtleguminosen bestehen sollten. In der Fruchtfolge sind die Leguminosen nach Wi-Raps, Wi-Gerste, frühem Ackerfutter und Frühkartoffeln zu stellen, da sie 80–90 Wachstumstage beanspruchen. Im Hinblick hierauf empfiehlt Vf. die Ausdehnung des Wi-Gersteanbaus. Auch die Aberntung eines Teils der Wi-Roggenflächen mit dem Mähbinder und Saat der Stoppelfrüchte zwischen den Hocken werden empfohlen. Ferner erlaubt die Umstellung der Dreifelderfolge in Kartoffeln-Wi-Roggen-So-Menggetreide nach Wi-Roggen eine zusätzliche Stoppelfrucht. Bedingung ist jedoch, daß die Leguminosen noch Ende Juli in die Erde kommen, andernfalls muß auf spätsaatverträgliche Nichtleguminosen, wie Senf und So-Roggen zurückgegriffen werden. Vf. stellt dies durch eine Kostenrechnung unter Beweis und beschreibt die anbautechnischen Maßnahmen. Nach Aufzählung der geeignetsten Pflanzen und ihrer Gemische hebt Vf. bes. ihren Wert für die Bodenfruchtbarkeit der Sandböden hervor. Die hier im Sommer und Herbst vorsichgehende Mobilisation der Bodennährstoffe wird durch die Stoppelfrüchte aufgefangen, so daß keine Auswaschungen stattfinden. Die bodenverbessernde Wirkung der Wurzel- und Stoppelreste wirkt sich in Ertragssteigerungen der Nachfrüchte aus. Vf. empfiehlt daher auch den Anbau der Gründüngungspflanzen Lupinen, Rübsen und Wickrübsen, nach denen er im Mittel von 14 Versuchen um 7–9% höhere Kartoffelerträge erzielte. C. Freyer. 868.

2-64/04-0538 Schröder, G. **Markstammkohl — eine geeignete Zweitfruchtfutterpflanze.** Wiss.-techn. Fortschr. Landwirtsch. **4** (1963) Nr. 8. S. 374–375. – 7 Tab., 1 Lit.
Markstammkohl ist in Zweitfruchtstellung dem Silomais in Mecklenburg überlegen (Grünmasse 128%, Tr.-Masse 115%). Markstammkohl hat ein enges Eiweiß-Stärke-Verhältnis und ergänzt den Silomais in der Fütterung vorzüglich. Die Grünfutterperiode wird durch den Markstammkohlbau verlängert und die Arbeitsspitzen verteilt. Gepflanzter Markstammkohl leistet durchschnittl. 13% mehr als gedrillter. Eine Reihe von Betrieben haben bei einer Aussaat von 3 kg/ha auch gute Ergebnisse erreicht. 160–200 kg/ha N erhöhen die Leistung stark. 200 kg N brachten 242% an Grünmasse und 238% an Rohprotein gegenüber der Kontrolle. Sortenvergleiche zeigten, daß der 'Langensteiner St.2' und der 'Gülzower' höchste Erträge bei gepflanzten Beständen bringen. 'Waldmanns St. 326' war bei Drillsaat in der Grünmasse überlegen. Bei Drillsaat brachten 'Wintergrün' und 'Hadmerslebener St. 14/55' gute Eiweißerträge. Nach Futterroggen gebauter Markstammkohl wächst bis Mitte Nov. Die Ernte ist bis Ende Dez. möglich. Später treten durch starke Fröste Substanzverluste auf. E. Koch/Biendorf. 869.

2-64/04-0539 *Boros, Georges.* **Unsere Heil- und Teepflanzen.** Stuttgart: Verlag Eugen Ulmer. 1963. (127 S. m. 50 Abb.) 22,5 × 15 cm. DM 7,80. Nach kurzen einleitenden Kapiteln über die Geschichte und Bedeutung von Heil- und Teepflanzen, über ihren Anbau im Hausgarten, über Sammeln, Trocknen und Aufbewahren sowie — von E. Graf verfaßt — über ihre wichtigsten Wirkstoffe folgt der Hauptabschnitt, in dem auf fast 100 Seiten 180 Heil- und Teepflanzen beschrieben werden. Die Pflanzen sind alphabetisch nach ihren deutschen Namen geordnet. Der Text gliedert sich in eine etwas ausführlichere Beschreibung der Pflanze, gelegentlich ergänzt durch kleine Schwarzweißzeichnungen (insgesamt 50) der wichtigsten Pflanzenteile sowie in Angaben über Vorkommen, verwendete Teile, Einsammeln und Trocknen, Inhaltsstoffe sowie über Wirkung und Anwendung. Den Abschluß des sich an einen breiten Leserkreis wendenden Buches bilden kurze Ausführungen über Zubereitung der Drogen, über Haustee und einige gebräuchliche Mischungen, über äußerliche Anwendung der Heilpflanzen sowie ein Verzeichnis von häufigen Beschwerden und der zu ihrer Behandlung geeigneten Pflanzen, ein Sammelkalender der wichtigsten Arten und ein Verzeichnis der deutschen und lateinischen Pflanzennamen. K. Schreiber.

2-64/04-0540 Jahrbuch 1962 der Bundesanstalt für Pflanzenbau und Samenprüfung in Wien. Wien; München: Verlag Georg Fromme & Co. 1963. (153 S. m. Abb. u. Lit.) 16 × 23 cm. Das vorliegende Jahrbuch der Bundesanstalt für Pflanzenbau und Samenprüfung in Wien wird von F. Pammer mit dem Tätigkeitsbericht 1962 eingeleitet. F. Pammer wurde zum Nachfolger des mit 31. Dez. 1962 in den Ruhestand getretenen Direktors Hofrat Dipl.-Ing. R. Bauer ernannt. — H. Germ gibt eine Übersicht über die Tätigkeit der Abt. für Saatgutprüfung 1962 und erwähnt u. a. den in Lissabon stattgefundenen Kongreß der ISTA und die 5. Internationale Konferenz für Samenpathologie, die in Wien im Herbst 1962 abgehalten wurde. In einem 2. Artikel berichtet H. Germ über Erhaltung und Verlust der Keimfähigkeit von Gersten nach Beobachtungen in verschiedenen Lagerhäusern. — M. Kietreiber schreibt über die Flugbrandbestimmung am Saatgut von Gerste mit Hilfe der Embryo-Methode. — Die verschiedenen Methoden zur Bestimmung der Ploidiestufe bei polyploidem Beta-Saatgut sowie die Bestimmung von Unkrauttimothesaatgut durch die Chromosomen-Analyse werden von J. Steinberger in 2 Artikeln behandelt. — F. Fiala bringt den alljährl. Bericht über die Ergebnisse der Kontrollen auf Grund des Saatgutgesetzes. — K. Waltl bespricht in seinem Tätigkeitsbericht 1962 der Qualitätsabteilung u. a. den Sedimentationstest, der zur Bewertung der Weizenqualität besondere Vorteile bietet. — H. Nietsch beschreibt die bot. Merkmale von 12 verschiedenen etreidesorten. — R. Meinx behandelt Saatzeitversuche mit Wi-Weizen. — E. Zweifler berichtet über die Entwicklung der Maiszüchtung seit 1945, hervorgehoben wird die Ertragssteigerung durch österr. Hybridmaiszüchtungen. — J. Demel bespricht Standweitenversuche bei Kartoffeln der Jahre 1960-62. — Die Auswirkungen verschiedener Anbaumethoden auf die Ertragsleistungen von Futterrübensorten werden von A. Graf geprüft. — D. Wolffhardt bringt die Ergebnisse von Anbauversuchen mit Alexandrinerklee als Haupt-, Zweit- und Stoppelfrucht und den Vergleich zwischen Reinsaaten und Gemengen. — Die Anführung der Versuchsstellen der Bundesanstalt und der Wetterbeobachtungen 1962 sowie der Bericht der Geschäftsführung der Zuchtbuchkommission (Sortenlisten) schließen das Jahrbuch ab.

2-64/04-0541 Sbornik naučnych trudov. Belorusskij naučno-issledovatel'skij institut zemledelija. (Sammlung wissenschaftlicher Arbeiten. Belorussisches Forschungs-Institut für Ackerbau. Nr. 8.) Hrsg.: Akademija sel'skochozjajstvennych nauk BSSR. Minsk: Izd. Akademii sel'skochozjajstvennych nauk BSSR. 1961. (287 S. m. zahlr. Abb., Tab. u. Lit.) 8°. Die Sammlung enthält Ergebnisse und Zwischenberichte von Forschungsarbeiten, die vom Inst. für Ackerbau der BSSR bis einschl. 1959 durchgeführt wurden. Auf den verschiedenen Gebieten sind u. a. folgende Arbeiten enthalten: Saatgut und Vermehrung — Zentren der Lupinenvermehrung in Süden Belorußlands; der Samenertrag von frühreifem Rotklee in Abhängigkeit vom 1. Schnittermin; Anbauverfahren bei frühreifem Rotklee zur Samengewinnung; Einfluß der freien zwischensortlichen Bestäubung auf die Wi-Roggensorte 'Partisanka mestnaja', die Anwendung der Lumineszenzmethode für die Analysierung der Qualität von Saatgut der gelben Lupine; zur Kreuzungsmethodik bei Lein; allgemeiner Pflanzenbau — der ökonom. Nutzeffekt des Maisanbaus in der BSSR; die Süßlupine als Futter- und Gründüngungspflanze; Zweitfruchtfutterkulturen; die Wirksamkeit des Mischanbaus von Erbsen und Getreide; Mischaussaat von Hart- und Weichweizen; die Pflanzenverteilung beim Quadrat- und Quadratnestanbau von Zuckerrüben; Bodenbearbeitung und Düngung — das Wurzelsystem bei Mais auf Rasenpodsolböden; Einfluß der Düngung und Bodenbearbeitung auf den Grünmasseertrag der Deckkulturen bei Weideneuansaat; der Einfluß der Düngung auf die Verbesserung von Niederungswiesen; die Wirkung von Azotobakterin auf Rasenpodsolböden; der Einfluß des Umbruchtermins mehrjähriger Feldfutterpflanzen und der Bodenbearbeitung auf den Ertrag bei Getreide und Kartoffeln; der Gehalt freibeweglicher Formen der Spurenelemente in den Böden der BSSR. Von Interesse ist auch die Arbeit über die Methodik zur Bestimmung des ökonom. Nutzeffekts der Ergebnisse von Feldversuchen. Zu jeder Arbeit werden umfangreiche Literaturangaben gemacht. G. Jury.

2-64/04-0542 Sbornik naucnych trudov. Belorusskij naučno-issledovatel'skij institut zemledelija. (Sammlung wissenschaftlicher Arbeiten. Belorussisches Forschungs-Institut für Ackerbau. Nr. 6.) Hrsg.: Akademija sel'skochozjajstvennych nauk BSSR. Minsk: Izd. Akademii sel'skochozjajstvennych nauk BSSR. 1960. (252 S. m. zahlr. Abb., Tab. u. Lit.) 8°. Neben den Ergebnissen der langjährigen Forschungsarbeiten der Abteilungen für Mikrobiologie, Entomologie und Futtergewinnung des Instituts sind in Arbeiten, wie Ergebnisse der Fruchtfolgeforschung; Ergebnisse der Getreidezüchtung, Ergebnisse der Faserleinzüchtung, Probleme des Maisanbaus, mehrjährige Feldfutterpflanzen in der BSSR, Ergebnisse der wiss. Tätigkeit des Laboratoriums für Lein- und Hanfbearbeitung, Einfluß der Pflanzdichte und Pflanzkartoffelgröße auf Ertrag und Qualität der Kartoffel bei Quadratnestpflanzung, Einfluß der Bestandsdichte auf Ertrag und Entwicklung des Maises bei verschiedenen Anbauverfahren, Arbeitsergebnisse über agrotechnische Verfahren bei Feldkulturen, Ergebnisse über die Gründüngung und Züchtung von Süßlupinen, Ergebnisse und Aufgaben bei der Ausarbeitung von

Bearbeitungssystemen der Podsolböden in der BSSR; wissenschaftliche Erkenntnisse auf dem Gebiet der Waldwirtschaft, umfangreiche Forschungsresultate zusammengestellt. In der Mehrzahl der Arbeiten wird ein Überblick der gesamten bisherigen Tätigkeit des Instituts auf dem jeweiligen Arbeitsgebiet gegeben. Die Literaturangaben sind sehr umfangreich. G. Jury.

2-64/04-0543 **Trudy Vsesojuznogo naučno-issledovatel'skogo instituta l'na.** (Arbeiten des Unions-Forschungs-Instituts für Leinanbau. Nr. 6.) Hrsg.: Vsesojuznaja ordena Lenina akademija sel'skochozjajstvennych nauk imeni V. I. Lenina. Moskva: Izd. Ministerstva sel'skogo chozjajstva SSSR. 1960. (265 S. m. zahlr. Abb., Tab. u. Lit.) 8°. Rbl. 9,40. Nach einem Überblick über die Arbeitsergebnisse des Inst. für Leinanbau (1956-57) sind mehrere Arbeiten über die Düngerwirkung im Leinanbau enthalten (die Wirksamkeit der Kombination Stalldung und mineral. Dünger in der Trawopolnaja-Leinfruchtfolge; die Wirkung verschiedener P-Dünger auf den Leinertrag und der ökon. Nutzeffekt; neue K-Düngerformen für den Leinanbau in der Lett. SSR; der Einfluß von mineral. Komplexdünger auf den Faserleinertrag; granulierte Dünger bei der Ernährung von Faserlein). Weitere Arbeiten beschäftigen sich mit Züchtung und Samenbau des Flachses, Aussaatterminen und Aussaatnormen sowie dem Einfluß von Bodenbearbeitung und Wasserhaushalt. Zum Mechanisierungskomplex enthält der Sammelband folgende Arbeiten: Untersuchung der energet. Kennziffern von Flachserntemaschinen; Untersuchung des Reinigungsprozesses; der Schlupf bei Landmaschinen. Zur Verbesserung der Flachsfaser wurden Probleme der Röste mit bakteriellen Gärstoffen sowie Probleme über Röstverfahren bearbeitet; die Ergebnisse sind in 2 Arbeiten zusammengefaßt. Von Bedeutung sind ebenfalls Versuche über die chem. Unkrautbekämpfung im Flachsanbau. Zu den einzelnen Artikeln werden umfangreiche Literaturangaben gemacht. G. Jury.

2-64/04-0544 **Puti uveličenija proizvodstva sacharnoj svekly na Kubani.** (Wege zur Erhöhung der Zuckerrübenproduktion im Kuban.) Krasnodar: Izdatel'stvo „Sovetskaja Kubań". 1961. (152 S. m. zahlr. Abb., Tab. u. Lit.) 8° = Materialy kraevoj naučno-proizvodstvennoj konferencii. Kubanskij sel'skochozjajstvennyj institut, Krasnodar Bd. 3. Im vorliegenden Sammelband sind die Materialien der 3. Wissenschaftl. Konf. zur Steigerung der Z-Rübenproduktion (3.-5. März 1960) enthalten. Einleitend geben die Referate: Stand und Perspektiven des Zuckerrübenbaus im Gebiet Krasnodar; die Entwicklung der Zuckerindustrie im Gebiet; die Besonderheiten des Z-Rübenanbaus im Gebiet; agroklimatische Charakteristik des Gebiets und Wege zur Erhöhung des ökonom. Nutzeffekts des Zuckerrübenanbaus einen Einblick in die Probleme des Zuckerrübenbaus im Kuban. Nachfolgend werden zum Komplex „Züchtung und Samenbau" 2 Referate von Orlowski: Wege und Aufgaben der Zucht- und Vermehrungsarbeit und über wissenschaftl. Grundlagen und Methoden zur Schaffung von monokarpen Zuckerrüben sowie folgende weitere Referate veröffentlicht: neue Zuckerrübenformen; Ergebnisse von Sortenprüfungen; Vermehrungsbau ohne Stecklingspflanzung; Erfahrungen in der Stecklingsanzucht und -lagerung; Einfluß von Saattermin auf Samenertrag und Qualität. Im Komplex „Agrotechnik und Mechanisierung" sind neben Referaten über Fruchtfolgestellung, Bodenbearbeitung, Düngungssystem ohne und mit Bewässerung und Anbau- und Pflegeverfahren die ökonom. Angaben (Arbeitsproduktivität und Kosten) im Referat über die Kombination von landw. Maschinen im Z-Rübenanbau von Interesse. Im letzten Abschnitt sind 3 Ref. über Krankheiten und Schädlinge zusammengefaßt. Die Entschließung der Konf. enthält umfassende Aufgaben und Maßnahmen auf den Gebieten der Züchtung, Vermehrung, Agrotechnik, Düngung, Mechanisierung, des Pflanzenschutzes sowie der Verwendung von Rückständen bei der Rüben- und Zuckerproduktion. G. Jury.

2-64/04-0545 *Artemenko, V. I.* **Der Anbau von Futterlupinen zwischen Mais.** Aus: Zemledelie, Moskva **1963** Nr. 5. 6 S. (Übers. aus d. Russ., Maschinenschr. vervielfält.) – TO 814.

2-64/04-0546 *Bratuchin, A. M.* **Hartweizen und seine technologischen Eigenschaften.** Aus: Zemledelie, Moskva **1963** Nr. 2. S. 11. (Übers. aus d. Russ., Maschinenschr. vervielfält.) – TO 717.

2-64/04-0547 *Dluski, Stanisław.* **Mechanizacija upraw polowych.** (Mechanisierung des Feldfruchtanbaues.) Warszawa: Państw. wyd. roln. i leśne. 1963. (47 S.) 8°. (DA 1650)

2-64/04-0548 *Skládal, Vladimír* u. a. **Pěstování a skizeň obilnin.** (Getreideanbau und -ernte.) Praha: Státní zeměd. naklad. 1963. (184 S.) 8°. (1963 A 1338)

2-64/04-0549 **Agrotechnika vozdelyvanija sel'skochozjajstvennych kul'tur na torfjano-bolotnych počvach.** (Agrotechnik des Anbaues landwirtschaftlicher Kulturpflanzen auf Torf-Moorböden.) Minsk: Gos. izd. sel'skochoz. lit. BSSR. 1963. (79 S.) 8°. (1963 A 1248)

2-64/04-0550 **Popis povolených odrud polních plodin.** Beschreibung zugelassener Sorten von Feldfrüchten.) Praha: Státní zeměd. naklad. 1963. (228 S.) 8°. (1963 A 1337)

2-64/04-0551 **Světový význam sóje a možnosti jejího pěstování v ČSSR.** (Die Weltbedeutung der Soja und Möglichkeiten ihres Anbaus in der ČSSR.) Hrsg.: Ústav vědeckotechn. informací MZLVH. Praha. 1963. (149 S.) 4°. (1963 B 217)

2-64/04-0552 **Praktici o pěstování kukuřice ve středočeském kraji.** (Praktiker über den Maisanbau in Mittelböhmen.) Praha: Orbis. 1963. (44 S.) 8°. (DA 1665)

I. Pflanzen der Subtropen und Tropen

2-64/04-0553 Schaaffhausen, Reimar v.; Saõ Paulo, Granja Guara. Dolichos lablab or hyacinth bean: its uses for feed, food and soil improvement. **(Dolichos lablab oder Helmbohne: Nutzung als Futtermittel, Nahrungsmittel und zur Bodenverbesserung.)** Econom. Bot. **17** (1963) Nr. 2. S. 146–153. – Abb., 37 Lit.

Wegen der vielseitigen Nutzungsmöglichkeiten wurde *Dolichos lablab* 1949 aus Angola in Brasilien eingeführt. Der Anbau wird im Gemenge mit Mais (10–20% *Dolichos lablab*) durchgeführt. Nach der Maisernte wächst *Dolichos* sehr schnell und bezieht den Boden mit einer mehrere ft. hohen Pflanzendecke während der Trockenzeit. Bei Verwendung als Gründünger wurden die Mais- und *Dolichos*-Erträge bis 100% gegenüber den Flächen ohne Gründüngung erhöht, wenn die untergebrachte Grünmasse 33–40 t/ha betrug. Vom Vieh wird die Helmbohne gern gefressen; sie kann abgeweidet oder gemäht und frisch im Stall verfüttert werden. Ein Gemenge von Mais und *Dolichos* ergibt ein ausgezeichnetes Gärfutter. Die bodenbedeckenden Eigenschaften sind in Obst- und Kaffeepflanzungen von Bedeutung. Die reifen Bohnen können als Viehfutter oder zur menschlichen Ernährung gebraucht werden, sie enthalten 20–28% Protein. Der Proteingehalt der Blätter liegt ebenfalls bei 28%. Krankheiten und Schädlinge wurden beim Anbau in Saõ Paulo noch nicht festgestellt. E. M. Ardelt. 871.

2-64/04-0554 Hashimoto, Tsutomu und Aota, Sei-ichi. Studies on the late season culture of paddy rice in Hokuriku District. II. The unusual elongation of leaf-sheath in the late season culture of paddy rice. **(Untersuchungen über den Spätanbau von Sumpfreis im Hokuriku-Distrikt. 2. Mitt. Die ungewöhnliche Streckung der Blattscheide bei Spätanbau von Sumpfreis.)** Proc. Crop Sci. Soc. Japan **30** (1962) Nr. 4. S. 305–308. – 8 Abb., 4 Tab. 872.

2-64/04-0555 Kajumov, G. Mikroėlementy i urožaj risa. **(Mikroelemente und Ertrag von Reis.)** Zemledelie, Moskva **25** (1963) Nr. 10. S. 45–46. – 1 Tab. 872.

2-64/04-0556 Lock, G. W. Factors affecting sisal growing. **(Faktoren, die den Sisal-Anbau beeinflussen.)** Wld. Crops **15** (1963) Nr. 4. S. 141–145. – 7 Abb.

Sisal kann als Wüstenpflanze zwar längere Trockenzeiten ertragen, rasches Wachstum und damit hohe Erträge sind aber nur bei genügenden Niederschlägen möglich (1200–1800 mm, Minimum = 760 mm). Ebenso wächst die Agave durchaus auf den meisten nicht zu nassen oder sauren Böden, sie entzieht jedoch bei guten Beständen erhebliche Nährstoffmengen. Die Temperaturen sollen zwischen 16 und 32 °C liegen und Tagesschwankungen von höchstens 7–10 °C aufweisen. Da der Preis der Faser rel. niedrig ist, sind Pflanzungen nur bei Höchsterträgen, Auslastung der Verarbeitungsmaschinen (3000–6000 acres = 1500 t. Faser) und günstiger Lage zum Markt rentabel. Schwierig ist z. T. die Beschaffung von Arbeitskräften oder in dichtbesiedelten Bezirken die Bereitstellung der großen Plantagenfläche. Es wird so verständlich, warum nur in einigen tropischen Gebieten Sisal im Großen gebaut wird. (Brasilien 115000 t., Angola 60000 t., Haiti 38000 t., Indonesien 26000 t.). Die Sisalagave produziert bis zur Blüte 220–250 Blätter, die periodisch geerntet werden und von denen jedes ca. 1100 Fasern enthält. Je nach Wüchsigkeit blüht die Pflanze im 4.–20. Jahr, worauf sie abstirbt. Im Durchschnitt ist mit einer Lebensdauer der Pflanzungen von 6–9 Jahren zu rechnen. Als Pflanzmaterial werden Wurzelschößlinge oder Ableger, die sich am Blütenstand bilden, benutzt. Da diese sehr resistent gegen Trockenheit sind und lange aufgehoben werden können, bereitet auch die Neuanlage großer Schläge keine Schwierigkeiten. V. Ehrenpfordt. 877.

2-64/04-0557 Amemiya, M., Namken, L. N. und Gerard, C. J.; Ames, Iowa, U. S. Dep. of Agric.; Weslaco, Texas Agric. Exp. Stat. Soil water depletion by irrigated cotton as influenced by water regime and stage of plant development. **(Entzug der Bodenfeuchtigkeit bei bewässerter Baumwolle in Abhängigkeit vom Bewässerungsschema und der Pflanzenentwicklung.)** Agronomy J. **55** (1963) Nr. 4. S. 376–379. – 2 Abb., 2 Tab., 6 Lit.

In einem Versuch im Rio-Grande-Tal in Texas wurden 4 Bewässerungsvarianten geprüft: a) Beregnung vor der Blüte jeweils bei 65% der WK, b) vor der Blüte bei 35% und nach der Blüte bei 65%, c) bis zur Reife der unteren Kapseln bei 35%, dann bei 65% und d) laufende Beregnung bei 20%. Der Wasserentzug nahm mit dem Wachstum bis zu einem Höhepunkt bei Blühbeginn zu. Dieser hohe Verbrauch hielt für 5–6 Wochen während der Kapselentwicklung an. Bei hoher Bodenfeuchtigkeit wurden höhere tägliche Mengen während einer längeren Zeit benötigt (bessere Pflanzenentwicklung, Luxusverbrauch). Vor der Blüte verarmten bes. die oberen Schichten, beim Reifen wurden die Zonen in 3–4 ft. Tiefe herangezogen. Bei zeitiger Bewässerung werden die tiefgehenden Wurzeln besser entwickelt, so daß es zu einem früheren Entzug aus größeren Tiefen kommt. I. allg. scheint aber das Tiefwurzelsystem der Baumwolle nicht auszureichen, um die Pflanze bei Austrocknung der Krume in Dürrezeiten voll versorgen zu können. Bei trockenem Wetter bzw. kurz nach einem Regen stellten Vff. für die Varianten a–d in der Spitzenzeit einen täglichen Wasserentzug von 0,17; 0,24; 0,23; 0,20 bzw. 0,22; 0,33; 0,39; 0,33 in. fest. V. Ehrenpfordt. 878.

2-64/04-0558 MacKenzie, A. J. und Schaik, P. H. van; Brawley, Univ. of California, Southwestern Irrigation Field Stat. Effect of nitrogen on yield, boll, and fiber properties of four varieties of irrigated cotton. **(Der Einfluß von Stickstoff auf Ertrag, Kapsel- und Fasereigenschaften von 4 Baumwollsorten bei Bewässerung.)** Agronomy J. **55** (1963) Nr. 4. S. 345–347. – 3 Tab., 7 Lit.
Vff. berichten über 2jähr. Versuche mit 3 Sorten und 0, 120, 240, 360 lb./acre N als Ammoniakwasser in je 2 Gaben. Alle Sorten reagierten auf die N-Gaben in ähnlicher Weise. Der Wollertrag stieg bei Gaben bis zu 120 lb./acre an, wobei sich der Anteil der 1. Pflücke verringerte. Die Pflanzenhöhe nahm generell bis zur höchsten N-Stufe zu, während das Wurzelgewicht (Entnahme von Bodenproben mit Erdbohrer von 1 in. ⌀) nur sortenabhängig zu sein scheint. Das Wollgewicht pro 100 Samen, die Kapselgröße und das Gewicht der Samen wurden ebenfalls durch N-Düngung verbessert. Die Sorte 'Acala 4-42' besitzt eine etwas längere, kräftigere und feinere Faser als die anderen 3 Sorten. 'Deltapine 15' und 'Deltapine Smooth Leaf' haben die weichste und kürzeste Faser, während 'R 15' kurze Fasern, aber sonst mittlere Wertigkeit aufweist. Diese Sorteneigenschaften bleiben bei jeder N-Menge konstant. V. Ehrenpfordt. 878.

2-64/04-0559 Noro, Kijimiro; Shizuoka-ken, Japan, Noro Inst. of Subtrop. Fruit. La situation actuelle de l'oliviculture au Japon. **(Die gegenwärtige Situation des Olivenanbaues in Japan.)** Inform. oléicoles int. [Madrid] [N. S.] **1963** Nr. 22. S. 39–60. – 12 Abb., 9 Tab.
Ende des vorigen Jahrhunderts wurden die ersten Ölbäume in Japan angepflanzt. Das erste Anbauzentrum war Shodoshima, später wurde der Anbau auf die Bezirke von Okayama, Hiroshima, Fukuoka und Kumamoto ausgedehnt. Das Klima Japans ist im Sommer feucht, im Winter trocken. Die mittlere Jahrestemperatur liegt je nach Gegend zwischen 14,5 und 17 °C, die durchschnittliche jährliche Niederschlagsmenge zwischen 1132 und 2197 mm. Die Böden haben einen pH-Wert von 4,5–5. Ca-Düngung ist in den Olivenpflanzungen deshalb eine Notwendigkeit. Die Pflanzungen sind meistens auf Terrassen an der Küste angelegt. Der Pflanzabstand der Bäume beträgt mindestens 5,5 × 5,5 m. Die Sorten 'Mission', 'Nevadilla Blanco' und 'Lucca' werden fast ausschließlich angebaut. In letzter Zeit kommen noch 'Manzanillo' und 'Sevillano' dazu. In den ersten Jahren, bis die volle Ertragsfähigkeit erreicht ist, werden häufig Unterkulturen (Süßkartoffeln, Getreidearten, Futterpflanzen) angebaut. Bei der Sorte 'Mission' ist der durchschnittliche Ertrag pro Jahr und Baum 48 kg. 1959 wurden in Japan 113 t Oliven geerntet, wovon 64 t zur Ölproduktion, 49 t als Tafeloliven verwendet wurden.

Ein Charakteristikum ist der Anbau im Meerwasser auf der Insel Inushima (Setonaikai). Am Strand hat sich Flußsand abgesetzt. Dort werden Ölbäume gepflanzt, deren Wurzeln beim Steigen des Meerwassers vom Wasser umgeben sind. – Wie in anderen Ländern werden die Ölbäume von *Margaronia nigropunctali* und Antracnose befallen. Nur in Japan tritt *Hylobius desbrochersi* auf. Die Bekämpfung erfolgt mit chem. Mitteln.
E. M. Ardelt. 880.

2-64/04-0560 Poultney, R. G.; Kitale, Kenya, Dep. of Agric., Grassland Res. Stat. A comparison of direct seeding and undersowing on the establishment of grass and the effect on the cover crop. **(Ein Vergleich zwischen Blanksaat und Untersaat beim Anbau von Gras und die Wirkung auf die Deckfrucht.)** East African agric. Forestry J. **29** (1963) Nr. 1. S. 26–30. – 6 Tab., 3 Lit.

Die Feldgrasansaat erfolgt in Kenya vorwiegend durch Untersaat in Körnermais und Weizen. Vf. verglich in 3jähr. Feldversuchen in ökolog. unterschiedlichen Gebieten die genannte Methode (**I**) mit der Untersaat in Grünhafer und in Süßlupinen zur Grünfutternutzung (**II**) sowie mit Blanksaat (**III**). Folgende Gräser wurden im Gemisch mit Weißklee geprüft: *Setaria, Chloris gayana* Kunth und *Melinis minutiflora* Beauv. Die Ergebnisse zeigen, daß unter günstigen Niederschlagsverhältnissen die Methode **I** ohne wesentliche Verminderung der Maiserträge bei allen geprüften Gräsern gelingt. Bei zu raschem Wachstum der Deckfrucht war allerdings die Untersaat gefährdet. Der mitangesäte Weißklee versagte bei **I** fast immer. In Anbetracht dieses Umstandes wird es für ratsamer gehalten, das Gemisch mit der Methode **II** auszubringen. Durch diese wurden gleiche und höhere Tr.-Subst.-Erträge und in jedem Fall höhere Rohproteinerträge als mit **I** und **III** erzielt. Die höchsten Leistungen erbrachte *Setaria* zusammen mit Süßlupinen. Nur für Standorte mit unzureichenden Regenmengen und mit geringer Bodenfruchtbarkeit wird die Blanksaat empfohlen. E. Kreuz. 885.

2-64/04-0561 Bowden, Bernard N.; Kampala, Uganda, Makerere Univ. Studies on Andropogon gayanus Kunth. I. The use of Andropogon gayanus in agriculture. **(Untersuchungen über Andropogon gayanus Kunth. 1. Mitt. Die Nutzung von Andropogon gayanus in der Landwirtschaft.)** Empire J. exp. Agric. **31** (1963) Nr. 123. S. 267–273. – 6 Tab., 18 Lit.

Andropogon gayanus Kunth. (**I**) ist ein hohes ausdauerndes Gras, das in den Savannen des tropischen Afrika gedeiht. Neben den Angaben über den Gehalt an Rohnährstoffen in 4 anderen Gräsern werden für **I** folgende Werte mitgeteilt: Tr.-Subst. 26,6%, Rohprotein 6,1%, Rohfett 1,6%, Rohfaser 33,7%, N-freie Extraktstoffe 51,6%, Reinasche 3,5%. Weiterhin werden Nährstoffgehaltswerte von **I** in 5 verschiedenen Wachstumsstadien (Rohprotein = 10,1 bis 4,8% abnehmend) mitgeteilt. Es folgen dann Ertragsangaben von 15 verschiedenen Düngungsversuchen mit Superphosphat und $(NH_4)_2SO_4$. Der höchste Ertrag mit 5700 lb./acre Tr.-Subst. wurde mit 2 cwt. Superphosphat und 6 cwt. $(NH_4)_2SO_4$ je acre erreicht. Ertragsangaben in Frischmasse nach verschieden hohen Stalldunggaben werden ebenfalls mitgeteilt. Weiterhin folgen Versuchsergebnisse über Zusammenhänge zwischen Aussaattechnik oder Pflanztechnik und Ertragshöhe. Abschließend wird der positive Einfluß des **I**-Anbaus auf die Bodenfruchtbarkeit erörtert. U. Bergner. 885.

2-64/04-0562 Newcomb, Robert M.; Los Angeles, State Coll. Botanical source-areas for some oriental spices. **(Botanische Ursprungsgebiete einiger orientalischer Gewürze.)** Econom. Bot. **17** (1963) Nr. 2. S. 127–132. – 1 Abb., 3 Tab., 37 Lit.

Bis 1500 waren die Ursprungsgebiete der meisten orientalischen Gewürze in Europa unbekannt. Nach dem heutigen Stand unserer botan. Kenntnisse werden 3 Zentren als Herkunftsgebiete der aus Asien stammenden Gewürze angesehen: 1. indisches Zentrum (a Himalayavorland, b Südindien), 2. malaysisches Zentrum, 3. südchinesisches Zentrum. Vf. nimmt an Hand der vorhandenen Literatur eine Einteilung der wichtigsten Gewürzarten nach diesen Zentren vor. Dabei stellt sich heraus, daß die Meinungen der Botaniker durchaus nicht einheitlich sind, und daß von verschiedenen Autoren in einzelnen Fällen für dasselbe Gewürz verschiedene Ursprungsgebiete angegeben werden. E. M. Ardelt. 887.

2-64/04-0563 Varadarajan, P. D.; Ahmedabad, India, Sarabhai Chem. Res. Inst. Climate and soil conditions of Rauwolfia serpentina in India. **(Klimatische und Bodenbedingungen für Rauwolfia serpentina in Indien.)** Econom. Bot. **17** (1963) Nr. 2. S. 133–138. – 3 Abb., 3 Tab., 12 Lit.
Die als Heilpflanze geschätzte *Rauwolfia serpentina* Benth. ist in Indien weit verbreitet und kommt auf den kleineren Erhebungen des Himalayagebietes bis Sikkim, den Khasia-Hügeln und Assam vor, desgl. auf der Halbinsel Dekhan. Das für die Pflanze günstigste Klima liegt offenbar im Temperaturbereich von 50–100 °F bei ca. 100 in. jährlichem Regenfall im Gebiet des Südwestmonsuns. Die natürlichen Standorte von *R. serpentina* liegen auf sauren Böden mit einem pH-Wert um 4. Nematodenbefall der Pflanze kommt vor. Toniger Lehm mit Humusanteil und guter Dränung ist für einen Anbau der Pflanze geeignet. Die Halbinsel Dekhan scheint günstigere Bedingungen als die um den Himalaya gelegenen Gebiete für den Anbau zu bieten, da die Pflanze dort auch im Winter die Blätter nicht abwirft. E. M. Ardelt. 887.

2-64/04-0564 Longworth, J. F.; Ibadan, Nigeria, West African Cocoa Res. Inst. Improved methods of establishing cocoa on clear-felled land in Nigeria. **(Verbesserte Methoden der Kakaoanpflanzung auf Kahlschlägen in Nigeria.)** J. horticult. Sci. **38** (1963) Nr. 3. S. 222–231. – 5 Tab., 10 Lit.
Kakao wird im Kleinbetrieb meist in Schneisen, die durch den jungen Buschaufwuchs auf ehemaligem Ackerland geschnitten werden, eingesät (starke Beschattung, gewisser Schutz gegen Schädlinge). Da bei dieser Methode in der Trockenzeit viele Jungpflanzen eingehen, und weil nunmehr geeignete Schädlingsbekämpfungsmittel zur Verfügung stehen, wurden Versuche auf völlig gerodetem Land mit a) Schattenbäumen und b) Engpflanzung mit Schattenschirmen aus Bananenblättern sowie verschiedenen Mulchvarianten (I. ohne Mulch, II. Mulch aus *Panicum maximum*, III. Abdeckung mit *P. maximum* und IV. natürlicher Wiederaufwuchs) durchgeführt und dabei Anwachsprozente und Stamm-⌀ festgestellt. Im Falle a traten im Verlauf der Trockenheit Pflanzenverluste von 11–72% auf, und der Variationskoeffizient (VK) des Stamm-⌀ vergrößerte sich dabei von 8–12 auf 14–64%. Bei b gingen nur 5% der Pflanzen ein, und die VK-Werte stiegen nicht über 12%. Das Mulchen erwies sich dabei als bes. vorteilhaft (Zuwachs des Stamm-⌀ I-IV = 2,37; 2,36; 1,90; 1,62 cm). Ähnlich verhielten sich die Werte der Bodenfeuchtigkeit (9,1; 12,9; 10,5; 9,7%), so daß hier Zusammenhänge angenommen werden können. Weiterhin zeigte sich, daß am besten nur in jeder 2. Reihe gemulcht werden sollte (Stamm-⌀ bei Mulch in jeder bzw. jeder 2. Reihe = 2,42 bzw. 2,61 cm). Vf. empfiehlt enge Pflanzung und Ausdünnen im 2. oder 3. Jahr. Die Abschirmung mit Bananenblättern ist zu aufwendig. Es sollen daher in weiteren Versuchen geeignete Schattenbäume gesucht werden. V. Ehrenpfordt. 892.

2-64/04-0565 Bouma, D. und McIntyre, G. A.; Griffith, New South Wales, C. S. I. R. O., Irrigation Res. Stat.; Canberra, A. C. T. A factorial field experiment with citrus. **(Ein faktorieller Feldversuch mit Citrus.)** J. horticult. Sci. **38** (1963) Nr. 3. S. 175–198. – 16 Abb., 2 Tab., 15 Lit.
Seit 1947 läuft ein Versuch mit 2 Orangensorten ('Valencia Late' und 'Washington Navel'), 2 Unterlagen, 4 Bearbeitungs- (laufende Brachbearbeitung

im Sommer + Gründüngung im Winter, Brachbearb. + Gründüngung + Stallmist, keine Bearbeitung + Jäten, keine Bearbeitung + Unkrautspritzung) und 2 Bewässerungsstufen (Bewässerung beim Welkepunkt, optimale Bewässerung) sowie 4 N- und 2 P-Stufen. — Unter den gepflügten Parzellen waren Bodendichte und Krümelstabilität geringer und die Porosität besser. Ammoniumsulfatgaben verringerten den Ca-, Mg- und K-Gehalt des Bodens, jedoch nicht den der Blätter. Differenzen in Wachstum, Ertrag und Fruchtqualität lassen sich auf unterschiedliche N- und P-Ernährung zurückführen. Gründüngung und mineral. N-Düngung drückten die Fruchtqualität bes. bei höheren Gaben und in den Varianten ohne Pflugfurche; der Ertrag wurde dagegen kaum beeinflußt. Bei Gründüngung und bei hohen (physiol. sauren) N-Mengen stand zu wenig P im Boden zur Verfügung. Nach erhöhter P-Zuführung stiegen daher bei diesen Varianten Ertrag und Qualität erheblich. Sorte und Unterlage scheinen das Reaktionsniveau, nicht aber die Richtung zu beeinflussen. Ebenso scheint die Bewässerung unter den gegebenen Verhältnissen eine rel. geringe Rolle zu spielen. Der Versuch ist einer der ersten, die nicht in vorhandenen Beständen, sondern in dafür gepflanzten angelegt wurden. Das Versuchsschema ist daher einwandfrei und bietet daneben genügend Möglichkeiten für Variationen oder Unterteilung der Faktoren bei langjährigem Verlauf. V. Ehrenpfordt. 894.

2-64/04-0566 Mitchell, A. R.; Maroochy, Queensland Dep. of Agric. and Stock, Horticult. Res. Stat. Plant development and yield in the pineapple as affected by size and type of planting material and times of planting and forcing. **(Pflanzenentwicklung und Ertrag bei Ananas in Abhängigkeit von Größe und Art des Pflanzmaterials, Pflanzzeit und Treibtermin.)** Queensland J. agric. Sci. **19** (1963) Nr. 4. S. 453–466. — 8 Tab., 2 Lit.
Im südlichen Queensland wird bei einheitlichemPflanztermin ein gleichmäßiger Pflanzenbestand mit kräftigen Schößlingen angestrebt. Dabei fällt die Ernte geschlossen in den Febr./März und ist z. T. schwer abzusetzen. — In einem Versuch mit den Faktoren Pflanzzeit (26. Febr., 19 März, 9. Apr.), Treibtermin (26. Apr., 17. Mai, 7. Juni), Größe (6 und 9 in.) und Art des Pflanzmaterials (Ableger, Schößlinge) wurde untersucht, auf welche Weise die Ernteperiode verlängert werden kann. — Schweres Pflanzmaterial ergab beim Treibtermin größere Pflanzen, bei der Ernte schwerere Früchte mit mehr Schuppen, vielen doppelten Schöpfen und besserer Ablegerbildung, während die Schößlingszahl nicht zunahm. Die Ernte war bei kleinerem Pflanzmaterial nur wenig verzögert. Ableger und Kopfschößlinge brachten etwa gleiche Pflanzenausbildung. Spätere Pflanzung verminderte nur unwesentlich die Entwicklung bis zum Treibtermin und die endgültige Fruchtgröße. Erst der letzte Pflanztermin führte zu etwas verzögerter Blüte und Ernte sowie zu verringerter Schopf- und Ablegerbildung. Unterschiedlicher Treibtermin beeinflußte Fruchtgewicht, Schuppen- und Schopfzahl kaum. Zeitige Behandlung führte zu früher Blüte und Ernte, weniger Ablegern bei kleinen Pflanzen und vermehrter Schößlingsbildung. Zur Verteilung der Erntespitze schlägt Vf. gestaffelte Pflanz- und Behandlungstermine vor.
V. Ehrenpfordt. 896.

2-64/04-0567 Black, R. F.; Nambour, Queensland, Dep. of Agric. and Stock, Pineapple Res. Lab. Pineapple growth and nutrition over a plant crop cycle in South-Eastern Queensland. 1. Root development and general growth features. **(Wachstum und Ernährung der Ananas im Verlauf einer Anbauperiode in Südost-Queensland. 1. Mitt. Wurzelentwicklung und allgemeine Kennzeichen des Wachstums.)** Queensland J. agric. Sci. **19** (1963) Nr. 4. S. 435–451. — 8 Abb., 7 Lit.
Da unbefriedigendes Wachstum wahrscheinlich meist auf unzureichende Wurzelentwicklung zurückzuführen ist, wurde ein Versuch zur Feststellung

des Wurzelwachstums durchgeführt (monatl. Entnahme ganzer Pflanzen) und dabei folgende Werte gemessen: Wurzelzahl, -länge, -trockengewicht, Blattlänge, Blatt-, Stengel- und Gesamtgewicht, Tr.-Subst.-Gehalt der einzelnen Teile. Im Gegensatz zu bisherigen Ansichten wuchsen Wurzeln und Blätter auch während der Wintermonate, wenn ausreichend Feuchtigkeit vorhanden war. In der Trockenperiode des Frühjahrs kam es dagegen zum Stillstand der Entwicklung. Um Nematodenschäden in dieser Zeit auszugleichen oder zu verhüten, werden leichte Beregnung und die Anwendung von Bekämpfungsmitteln empfohlen. Vor allem beim Ananasbau auf Dämmen (Bodendurchlüftung), die schnell erodieren, kommt es zur Ausbildung langer flacher Wurzeln, damit zu gegenseitiger Konkurrenz der Pflanzen und bei Trockenheit unausgeglichenen Beständen. Hier kann tiefere Pflanzung eventuell Vorteile bringen. Die Ergebnisse stimmen mit Untersuchungen in Guinea überein, allerdings ist die Ananaspflanze in Queensland kleiner und hat vor allem eine geringere Strunkbildung. V. Ehrenpfordt. 896.

2-64/04-0568 Mainstone, B. J.; Batang Malaka, Negri Sembilan, Malaya Dunlop Res. Centre. Residual effects of ground-cover and of continuity of nitrogen fertilizer treatments, applied prior to tapping, on the yield and growth of Hevea brasiliensis. **(Wirkung der Rückstände einer Bodenbedeckung und N-Düngung, die vor dem Zapfen verabreicht werden, auf den Ertrag und das Wachstum von Hevea brasiliensis.)** Empire J. exp. Agric. **31** (1963) Nr. 123. S. 213–225. – 2 Abb., 6 Tab., 5 Lit.

Der Einfluß verschiedener Arten der Bodenbedeckung, a) natürliche und b) Leguminosen, bei niedriger oder hoher N-Düngung (19,5 bzw. 89,5 oz. $(NH_4)_2SO_4$ mit 21% N je Pflanze), auf das Wachstum von *Hevea brasiliensis* wurde untersucht. Bei b war das Wachstum am besten. Bei b und hoher N-Düngung war das Wachstum nur geringfügig besser als bei niedriger N-Gabe. Der Latexertrag war bei b um 49% höher als bei a. Bei a konnte die hohe N-Gabe den Latexertrag um 34% steigern, bei b dagegen nicht. Es wird weiterhin der Einfluß von a und b bei verschiedener N-Düngung auf den Umfang und die Höhe des Stammes sowie auf die Regeneration der Rinde beschrieben und diskutiert. U. Bergner. 898.

2-64/04-0569 Mainstone, B. J.; Batang Malaka, Negri Sembilan, Malaya Dunlop Res. Centre. The effects of nitrogen and phosphorus fertilizers on Hevea brasiliensis when applied after commencement of tapping. **(Die Wirkung von Stickstoff- und Phosphordünger, die nach Beginn des Zapfens verabreicht wurden, auf Hevea brasiliensis.)** Empire J. exp. Agric. **31** (1963) Nr. 123. S. 226–242. – 1 Abb., 15 Tab., 15 Lit.

Vf. verabfolgte je Stamm und Jahr 1½ oder 3 lb. $(NH_4)_2SO_4$ (mit 21% N) ohne oder mit zusätzlich 1½ lb. P-Dünger (mit 37% P_2O_5). Versuchseinzelheiten zur Bodenbeschaffenheit, zum Alter der Bäume usw. werden mitgeteilt. Die N-Düngung erhöhte den Ertrag sowie das Wachstum der Stämme hinsichtlich Umfang und Höhe. Dieser Effekt war unabhängig von der P-Düngung und dem Zapfsystem. – Die P-Düngung beeinflußte nicht den Ertrag, erhöhte aber speziell während der Zapfperiode die Zunahme des Stammumfanges. Es werden weiterhin Ergebnisse über den Zusammenhang des Zapfsystems und der Ertragshöhe mitgeteilt. Die N-Düngung bewirkte eine Zunahme des N-, P- und Cu- und eine Abnahme des K-, Ca- und Mn-Gehaltes der Blätter. Die P-Düngung bewirkte eine Erhöhung des P- und Ca-Anteils in den Blättern. U. Bergner. 898.

2-64/04-0570 *Skripčinskaja, Ljubova Vladimirovna.* **Orošenie risa.** (Bewässerung der Reiskulturen.) Moskva: Sel'chozgiz. 1962. (120 S.) 8°. (1963 A 834)

VIII. GRÜNLAND

A. Allgemeine Literatur, Berichte, Statistiken u. a.

2-64/04-0571 Wünsche, Karl-Heinz; Meißen, Hochschule für LPG, Inst. für Acker- und Pflanzenbau. **Die natürlichen Standortfaktoren, die Pflanzenbestände, der Futterertrag und mögliche Besatzverhältnisse als Grundlage der Verbesserung der Grünlandwirtschaft im Erzgebirge, dargestellt an Untersuchungen in den Kammlagen des Kreises Dippoldiswalde.** Wiss. Z. Hochschule LPG Meissen **6** (1963) Nr. 1. S. 71–95. – 29 Tab., 33 Lit. Zus. in Russ., Engl.

Zur Verwirklichung des Beschlusses des Präsidiums des Ministerrats der DDR vom 1. Juni 1961 zur Entwicklung von LPG in Höhenlagen wurden im Kreis Dippoldiswalde in Höhen von 560–804 m über NN Untersuchungen zur Intensivierung der Grünlandbewirtschaftung durchgeführt. Die durchschnittliche Summe der Jahresniederschläge beträgt 1000 mm, die Jahrestemperatur 5 °C. Die Wachstumsdauer liegt zwischen 180 und 200 Tagen. Der Grünlandanteil wird sich von 31,87% auf 57,69% LN erhöhen. Bei der Einrichtung der Weiden sowie Tränk- und Melkanlagen ist zu berücksichtigen, daß es sich um das Trinkwasserversorgungsgebiet einer größeren Anzahl von Städten, u. a. Dresdens, handelt. Die Versuche zeigen, daß die Verbesserung der Bewirtschaftung des Grünlands zur Umwandlung des Pflanzenbestands von der bisher vorherrschenden Rotschwingel-Rotstraußgras-Weide zu Fettweiden (hoher Anteil an Wiesenrispe) führt. Früherer Auftrieb und späterer Abtrieb erhöhen die Weideleistung. Die Mähweidenutzung ist so durchzuführen, daß etwa 40% der Fläche zur Gewinnung von Heu und Grassilage bleiben, um die Futterversorgung im Winter zu sichern. Das Futter hat zu geringen CaO- und sehr hohen K_2O-Gehalt, die Versorgung mit P sowie Cu, Mn und Co ist ausreichend. Th. Hoffmann. 901.

2-64/04-0572 Sugano, Shunsaku und Shoji, Chunosuke. Historical changes in economic structure of the natural grassland utilization in Onikobe Village. **(Historische Veränderungen der wirtschaftlichen Struktur bei der Nutzung des natürlichen Grünlandes in dem Dorf Onikobe.)** Sci. Rep. Res. Inst. Tohoku Univ., Ser. D, Rep. Inst. agric. Res. Tohoku Univ. **14** (1963) Nr. 2. S. 87–131. – 14 Tab. Orig.: engl.

Das Dorf Onikobe im Bereich der japanischen Präfektur Miyagi ist seit langem als Pferdezuchtzentrum und Gebiet mit großem Anteil natürlichen Grünlandes bekannt. Das Grünland war ursprünglich Gemeineigentum des Dorfes. In der historischen Entwicklung sind in den letzten Jahrzehnten 3 Perioden zu unterscheiden. 1. Ausbreitung der Forstkulturen, 2. Verringerung des Grünlandanteils und Ausbreitung des Maulbeerbaumanbaues und der Seidenraupenzucht, 3. nach der Agrarreform Aufforstung und weitere Verkleinerung des Grünlandanteils. Die Dorfgemeinschaft, die für die Nutzung des Grünlandes verantwortlich war, ist nach und nach zusammengebrochen und nach der Agrarreform so gut wie ganz verschwunden.
E. M. Ardelt. 901.

2-64/04-0573 Anonym. **Empfehlungen und Beschlüsse für die weitere wissenschaftliche Zusammenarbeit im Rahmen des Koordinierungsthemas „Melioration und Bewirtschaftung von Wiesen und Weiden".** Dtsch. Akad. Landwirtsch.-Wiss. Berlin, Tagungsber. **1961** (hrsg. 1962) Nr. 52. S. 229–230.
901.

B. Wiesen

2-64/04-0574 Koblet, R.; Zürich-Oerlikon, Schweiz, ETH. **Standortbedingter Naturrasen oder durch Ansaat geschaffene Dauerwiese.** Schweiz. landwirtsch. Forsch. **2** (1963) Nr. 2. S. 186–196. – 23 Lit.

Nach einem Überblick über die Leistung von Natur- und Kunstwiesen in verschiedenen Gebieten der Erde, vor allem aber im Alpenraum, werden die Maßnahmen bei einer Neuansaat nach folgenden Punkten besprochen: a) Korrektur von Bodenfehlern, harmonisches Angebot von Pflanzennährstoffen; b) Verwendung leistungsfähiger Arten, Sorten und Mischungen; c) Herrichtung des Saatbetts und Saat; d) Pflege und Nutzung der heranwachsenden Bestände. Rückschläge bei der Neuansaat lassen sich beim Umtriebsweidegang eher vermeiden als bei Schnittnutzung. Die Frage, wie weit artenarmes Futter von Kunstwiesen, das bes. französische Futterbaufachleute propagieren, den Tieren zuträglich ist, bedarf noch der Klärung. Schweizerische Fütterungsfachleute ziehen artenreiches Futter von Naturrasen dem auf Kleegrasanlagen gewonnenen vor. Besteht auf Naturrasen die Möglichkeit der indirekten Bestandeslenkung durch Düngung und Nutzung im Zusammenhang mit der direkten Bekämpfung der schädlichen Arten, dann ist diese Form der Erneuerung dem Umbruch und der Neuansaat vorzuziehen. Das gilt vor allem für den Alpenraum. Th. Hoffmann. 930.

2-64/04-0575 Rumburg, C. B.; Burns, Oreg., U. S. Dep. of Agric., A.R.S., Production of regrowth forage on native flood meadows. **(Die Produktion von Grummet auf einheimischen Überschwemmungswiesen.)** Agronomy J. **55** (1963) Nr. 3. S. 245–247. – 3 Tab., 5 Lit.
Auf im Sommer austrocknenden Überschwemmungswiesen mit hohem Anteil an *Juncus*- und *Carex*-Arten wurde versucht, mittels Bewässerung, Düngung und vorverlegtem Heuschnitt einen zweiten Aufwuchs in der gleichen Vegetationsperiode zu erzielen. N-Düngung unmittelbar nach der Heuernte (bis 120 lb./acre; Jahresgaben bis zu 240 lb./acre) in Kombination mit Beregnung bewirkte Erträge bis zu 1548 lb./acre Tr.-Masse. Bei Beregnung allein wurden 300–600 lb./acre Tr.-Masse erzielt. Früherer Heuschnitt (21. Juni statt 12. Juli) steigerte den Grummetertrag ohne Ertragseinbußen an Heu. Dabei konnte sogar Bewässerungswasser gespart werden, da dem 2. Aufwuchs mehr Bodenfeuchte zur Verfügung stand. Die N-Düngung erhöhte den Rohproteingehalt bis auf 15% der Tr.-Subst. P_2O_5-Düngung (40–60 lb./acre) dagegen beeinflußte weder den Ertrag noch den Rohproteingehalt. Vf. hält die genannten Verbesserungsmethoden für wirtschaftlich, obwohl die Narbe mit ihrem hohen Binsen- und Seggenanteil und dadurch recht langsamem Wiederaustrieb sich nicht gut für die Grummet-Produktion eignet. Je lb. N wurde ein Mehrertrag von 9 lb. Tr.-Masse erzielt. E. Kreuz. 930.

2-64/04-0576 Andreev, N. G. und Filimonov, D. A. Opyt ulučšenija vyrodivšichsja lugov. **(Die Verbesserung von Wiesen in schlechtem Kulturzustand.)** Izvestija Timirjazevskoj sel'skochozjajstvennoj akademii, Moskva **1962** Nr. 1. S. 20–28. – 9 Tab., 20 Lit. Zus. in Engl.
Auf einer Kulturweide niedriger Qualität (20–25 dt/ha Weidegras) wurde nach dem Pflügen und Scheibeneggen ein Gemisch mehrjähr. Futterpflanzen (Weißklee, Rotklee, Wiesenschwingel, Lieschgras und Queckentrespe), mit Wicken-Hafergemenge als Deckkultur, ausgesät und der Einfluß der mineral. Düngung (NPK + Mo) auf Ertrag und Qualität (Aschegehalt, Rohprotein-, Carotin-, K- und P-Gehalt, botan. Zusammensetzung) geprüft. Der Ertrag schwankte in Abhängigkeit von den Düngergaben zwischen 6800 und 8900 FE/ha (entspr. 342–398 dt Grünmasse). Die Rohproteinausbeute betrug 1270 bis 1634 kg/ha. Durch die PK-Düngung wurde der Rohproteingehalt im Mittel um 2,5–3% bei den Leguminosen und um 1,5–2% bei den Gräsern gesteigert. P-Düngung allein erhöhte den P-Gehalt der Pflanzen um ca. 40%, während die K-Düngung den K-Gehalt mehr als verdoppelte. Die PK-Düngung erhöhte den Carotingehalt um 15–30%, Volldüngung verdoppelte ihn. Ähnlich wirkte die Düngung mit Mo (200 g/ha Ammoniummolybdat).
G. Graul. 940.

2-64/04-0577 Lehr, J. J., Grashuis, J. und Koetsveld, E. E. van; Wageningen, Plant Nutrit. Res. Lab. Effect of fertilization on mineral-element balance in grassland. **(Die Wirkung der Düngung auf den Mineralstoffhaushalt auf dem Grünland.)** Netherl. J. agric. Sci. **11** (1963) Nr. 1. S. 23 bis 37. – 6 Tab., 7 Lit.
Die Versuche wurden 1944–58 auf humosem Sand mit den Varianten a) N P K, b) org. Düngung (Stalldung und Jauche mit derselben Nährstoffmenge wie bei a) und c) N P K Ca durchgeführt. An Nährstoffen je ha wurden zu a und c pro Jahr 104 kg N, 24 kg P und 146 kg K in den ersten 11 Jahren, in den letzten 3 Jahren erhöhte Mengen von 159 kg N, 41 kg P und 176 kg K verabfolgt. Die Parzellen wurden 8 Jahre lang gemäht, 6 Jahre lang beweidet. – Der Mineralstoffgehalt im Heu zeigte klare Unterschiede im K-Gehalt (a 2,78, b 2,92, c 2,91%) und Na-Gehalt (a 0,28, b 0,19, c 0,11%), während der Mg-Gehalt und auch der Gehalt an Rohprotein bei b etwas höher waren. Für Ca wurden bei a und b 0,37, bei c 0,425% ermittelt. Insgesamt wirkte sich b für Boden und Pflanze am günstigsten aus, doch sollte zusätzlich Na gegeben werden. Bei a und c ist unbedingt ein Ersatz von Na und Mg (100 kg/ha Kieserit) nötig. H. Pätzold. 940.

2-64/04-0578 Dončev, I., Gjurov, M. und Uzunov, M. Pŭrvi rezultati ot molibdenovo torene na livadi i pasišta v Bŭlgarija. **(Die ersten Ergebnisse der Molybdändüngung auf Wiesen und Weiden in Bulgarien.)** 50 godini bŭlgarsko počvoznanie. Jubileen sbornik, Sofija **1963** S. 129–153. – 4 Abb., 6 Tab., 36 Lit.
In den Jahren 1960–61 wurden exakte Feldversuche und Großflächenversuche unter Produktionsbedingungen zur Düngung von Wiesen und Weiden des Vorgebirges, der Hochebenen und des Gebirges durchgeführt. Die Versuche erfolgten in folgenden Varianten: a) ohne Düngung (Kontrolle), b) 360 kg/ha fabrikmäßig hergestelltes granuliertes Superphosphat (65 kg/ha P_2O_5) und c) 360 kg/ha molybdänhaltiges granuliertes Superphosphat (65 kg/ha P_2O_5 und 52 kg/ha Mo). Die Düngemittel wurden im Herbst direkt auf die Narbe gestreut (20. Okt.–15. Nov.). Es wurde festgestellt, daß die grauen, braunen und zimtfarbenen Waldböden sowie auch einige alluviale und diluviale Wiesenböden einen ungünstigen Mo-Haushalt haben, wodurch die Wiesen und Weiden wenig produktiv sind und einen unbefriedigenden Pflanzenbestand haben. Die P-Mo-Düngung steigerte die Erträge und verbesserte die Zusammensetzung der Narbe und damit die Futterqualität (Leguminosen!). Sie ist eine ökonomisch vorteilhafte Maßnahme, die es ermöglicht, einen bedeutenden Teil des Eiweißbedarfes in der Landwirtschaft auf Kosten der Reserven an atmosphärischem Stickstoff in der Natur zu decken. NRB/ZSNTI, übersetzt v. Ch. Eshkowa. 940.

2-64/04-0579 Eberhardt, M. **Neue Heuernteverfahren in der LPG „Einheit" Kremmen.** Dtsch. Landwirtsch. **14** (1963) Nr. 8. S. 391–395. – 7 Abb., 7 Tab., 2 Lit. 945.

C. Weiden

2-64/04-0580 Hastings, A. und Drake, A. D.; Auckland, Dep. of Sci. and Ind. Res. Pelleted inoculated clover seed aids pasture establishment on problem soils. **(Pilliertes, geimpftes Kleesaatgut zur Verbesserung von Weiden auf Grenzböden.)** New Zealand J. Agric. **16** (1963) Nr. 6. S. 463–465. 467 bis 468. – 6 Abb., 2 Tab.
Boden von 7 Standorten wurde in Gefäßversuchen mit Weißklee besät, wobei folgende Varianten benutzt wurden: a) ungeimpfter, b) mit *Rhizobium* geimpfter Boden, c) Impfung des Saatgutes, Pillierung mit $CaCO_3$ und d) wie c, aber Pillierung mit Gafsa-Phosphat und Dolomit. Bei Pillierung einen Monat vor der Aussaat betrug das Durchschnittsgewicht des Weiß-

klees pro Topf beim 1. Schnitt a) 38,5, b) 98,9, c) 104,6 und d) 121,3 g. Wurde 4 Mon. vor der Aussaat pilliert, so betrugen die Gewichte 48,5, 55,7, 61,7 bzw. 145,4 g. Die Aussaat mit Gafsa-Phosphat und Dolomit pillierten Saatgutes wird empfohlen, und Anweisungen über die technische Seite der Pillierung werden erteilt. H. Pätzold. 962.

2-64/04-0581 Doran, W. J., Bowmann, G. H. und Walkner, D. R.; Lacombe, Alberta, Pasture Res. Exp. Farm; Guelph, Ontario Agric. Coll.; Lacombe, Alberta, Soil Fertilizer Exp. Farm. The productivity of fertilized pastures in Central Alberta. **(Die Leistung gedüngter Weiden in Zentral-Alberta.)** Canad. J. Plant Sci. **43** (1963) Nr. 2. S. 188–194. – 1 Abb., 3 Tab., 3 Lit.
Im Juni 1955 wurden auf sandigem Lehm ein Luzerne-Trespe-Gemisch (I), Trespe (II) und kriechender Rotschwingel (III) zur Weidenutzung ausgesät. Die Düngungsvarianten waren für jede Weide 1956–58: a) ohne Düngung, b) 33 lb./acre N, c) 32 lb. N + 40 lb. P_2O_5; 1959–61: a) ohne Düngung, b) 64 lb./acre N + 80 lb. P_2O_5, c) 128 lb. N + 160 lb. P_2O_5. Jährlich im April wurde gedüngt und zwischen dem 10. und 27. Mai aufgetrieben, wenn das Gras 5–6 in. hoch war. Einjähr. Jungrinder, die im Herbst entwöhnt und im Winter so gefüttert waren, daß sie täglich 1 lb. zunahmen, wurden jährlich je nach Witterung 77–120 Tage auf den Versuchsparzellen umgetrieben. Vor Weidebeginn waren die Tiere 10 Tage lang durch Zufütterung von jungem Gras auf den Auftrieb vorbereitet worden. Durch Mahd von 15 $ft.^2$ je Parzelle vor dem Auftrieb wurde der Futterertrag festgestellt. Die tierische Leistung erhielt man durch Ermittlung der Gewichtszunahme. Die 3 Weidenarben reagierten ziemlich einheitlich auf die Düngung, auch das Luzerne-Grasgemisch wurde durch N gefördert. Die Unterschiede zwischen gedüngt und ungedüngt waren groß. Die Zunahmen an Lebendgewicht betrugen 1959–61 bei I: 302, II: 273, III: 257 lb.; auf a: 152, b: 314, c: 366 lb. Die Überlegenheit von Luzernegras zeigte sich von neuem, Trespe war etwas leistungsfähiger als Rotschwingel. Die tatsächliche Leistung der Weide ließ sich nur über das Tier feststellen. Th. Hofmann. 968.

2-64/04-0582 Porteous, C. B. Special grassland experiments – County Fermanagh. 1. Tubrid trial. **(Spezielle Grünlanduntersuchungen in der Grafschaft Fermanagh. 1. Mitt. Versuch von Tubrid.)** Res. exp. Rec. Ministry Agric. Northern Ireland **11** (1961) S. 79–90. – 8 Tab., 10 Lit.
Die Wirkungen einer planmäßigen, intensiven, 6jähr. (1951–56) Mineralstoffdüngung auf eine arme, vernachlässigte Weidefläche bei Tubrid (Nordirland) sowie die Nachwirkungen in den zwei Folgejahren (1957–58), in denen nicht gedüngt wurde, werden analysiert. Als Versuchstiere wurden Ochsen, zeitweise auch Färsen benutzt. Die Pflege beschränkte sich auf die Nachmahd der Binsen und der überständigen Süßgräser. Die Ergebnisse werden ausgedrückt durch die Lebendgewichtzunahme sowie den Weideertrag, angegeben in Stärkewert. In jedem der 6 Düngejahre war die zusätzliche Lebendgewichtszunahme 1,25 cwt./acre (= 97%). Der Weideertrag betrug im 6jähr. Mittel 18 cwt./acre auf den behandelten Flächen und 9,7 cwt./acre auf den Kontrollflächen. In den beiden Folgejahren wurden noch 87% bzw. 36% der vorhergehenden durchschnittlichen Lebendgewichtszunahme erreicht. Veränderungen in der Narbenzusammensetzung als Folge des Versuchs werden beschrieben. S. Rauschert. 968.

2-64/04-0583 Zucker, H. **Düngung und Tiergesundheit.** Tierzüchter **15** (1963) Nr. 6. S. 205–206. 208. – 1 Abb. 968.

2-64/04-0584 Garretsen, J. B. und Bethlehem, P.; Zwolle, Rijkslandbouwconsulentschap voor West-Overijssel. Heeft het uitstrooien van kieseriet op weidegras zin? **(Ist das Ausstreuen von Kieserit auf Weidegras sinnvoll?)** Landbouwvoorlichting **20** (1963) Nr. 4. S. 206–210. – 3 Abb., 1 Lit.

In 5 niederländischen Weidebetrieben wurden Versuche zur Erhöhung des Mg-Gehaltes des Weidegrases gemacht. Als Düngemittel wurde Kieserit gestreut. Der Gehalt an MgO in der Trockenmasse des Grases betrug vor dem Versuch 0,25, 0,27 und 0,29%. Eine Gabe von 100 g/ha Kieserit steigerte für kurze Zeit den Mg-Gehalt z. T. erheblich. Die Frage, ob die Düngung mit Kieserit auf Weidegras sinnvoll ist, muß auf Grund der Versuche verneint werden. Es werden Düngungsmaßnahmen vorgeschlagen, die eine Versorgung der Pflanze mit allen Nährstoffen gewährleisten.

E. M. Ardelt. 968.

2-64/04-0585 Hart, Richard H. und McGuire, William S.; Tifton, Ga., U. S. Dep. of Agric., A. R. S. Effects of fertilization on the growth of velvetgrass in a grass pasture. **(Wirkung der Düngung auf das Wachstum von Wolligem Honiggras auf einer Grasweide.)** Agronomy J. **55** (1963) Nr. 4. S. 414–415. – 1 Tab.

Eine Ansaat mit gleichen Teilen von *Dactylis glomerata*, *Lolium perenne*, *Festuca arundinacea* und *Holcus lanatus* wurde unterschiedlicher Düngung der Hauptnährstoffe Ca, P und N unterworfen, wobei die Ca-Gabe im Herbst, P und N im Frühjahr verabfolgt wurden. – P-Zufuhr hatte keinen Einfluß, zunehmende Ca-Gaben verminderten, N-Gaben erhöhten jedoch den Anteil von *H. lanatus* im 2. Prüfjahr etwas. Ohne N-Zufuhr wurde *H. lanatus* von anspruchslosen Gräsern und Leguminosen (*Lotus uliginosus*) verdrängt. Den Hauptanteil bei allen gedüngten Varianten nahm *L. perenne* ein.

H. Pätzold. 968.

2-64/04-0586 Chestnutt, D. M. B.; Cookstown, Northern Ireland, Loughry Agric. Coll. The effect, on subsequent pasture yields, of fertilizers applied to an undersown oat crop. **(Die Wirkung von Mineraldüngung zu Hafer-Deckfrucht auf die nachfolgenden Weideerträge.)** Res. exp. Rec. Ministry Agric. Northern Ireland **11** (1961) S. 1–5. – 5 Tab., 4 Lit.

In einem Weidelgras-Weißklee-Rasen wurden im Jahre 1958 Analysen von Gras- und Klee-Erträgen durchgeführt, um die Wirkung des durch unterschiedliche Düngung der Deckfrucht (Hafer) hervorgerufenen verschiedenen Kleeanteilsim Jahre 1957 auf die Erträge 1958 (Tr.-Subst.-Ertrag von 4 Schnitten; Totalertrag sowie Klee und Gras getrennt) zu ermitteln. Falls 1958 kein weiterer Dünger gegeben wurde, gaben die Parzellen, die im Vorjahre N ohne P erhalten hatten, signifikante Mindererträge gegenüber denjenigen, die keinen N oder die N + P erhielten. Dieser Effekt, der nur beim ersten Schnitt in Erscheinung tritt und durch die Abnahme des Kleeanteils bedingt ist, wurde durch weitere Düngung im Jahre 1958 maskiert. S. Rauschert. 968.

2-64/04-0587 Anonym. Grassland management for beef production in the East of Scotland. **(Die Bewirtschaftung von Rindermast-Weiden in Ost-Schottland.)** Edinburgh School Agric., Edinburgh East Scotland Coll. Agric., techn. Bull. **1963** Nr. 48. S. 1–7. – 1 Tab.

Es werden Empfehlungen für die Einrichtung und rationelle Bewirtschaftung von Ackerweiden (Gras-Klee-Leys) bei Auftrieb von Mastvieh in Ost-Schottland gegeben. Neben Ausführungen über geeignete Ansaatgemische und Saatmethoden nehmen Düngungshinweise sowie Probleme der Weidenutzung einen breiten Raum ein. Es wird empfohlen, die kleereichen Neuanlagen bei mäßiger N-Düngung (50–100 kg/ha) nur in der Hauptweideperiode zu beanspruchen. Für die Früh- und Spätweide sollten ältere Narben oder speziell für diesen Zweck angesäte *Lolium italicum*-Narben herangezogen werden. In diesen Fällen ist stark mit N zu düngen (260–314 kg/ha). Der Futterüberschuß sollte konserviert werden, wobei Narben im 1. Nutzungsjahr im Interesse der Erhaltung des Kleeanteils nicht zu mähen, sondern nur zu beweiden sind. Vor Mischbesatz mit Schafen wird gewarnt. Für die optimale Nutzung der Ackerweiden werden bei Mastvieh die Koppel- oder die Umtriebsweide (E-Zaun) mit 3–4täg. Freßzeit und mäßiger Besatzstärke angesehen. E. Kreuz. 970.

2-64/04-0588 *Baskay, Tóth* und *Bertalan*. **Legelö- és rétmüvelés.** (Weide und Wiesenbau.) Budapest: Mezögazd. kiadó. 1962. (354 S.) 8°. (1963 A 792)

2-64/04-0589 *Benders, G.* und *Philipsen, P. J. J.* **Ist das Quetschen bei der Heugewinnung aussichtsreich?** Aus: Landbouwmechanisatie **14** (1963) Nr. 5. S. 365-371. (Übers. aus d. Engl.) – TO 703.

2-64/04-0590 *Ikvai, Nándor.* **Szénamunka és takarmánykészítés a Zempléni-hegyvidéken.** (Heuarbeit und Viehfutterzubereitung im Zemplener Bergland.) Debrecen. 1962. (30 S.) 8° = Közlemények a Debreceni Kossuth Lajos tudományegyetem néprajzi intézetétéból Nr. 18. (SR 2590, 18)

2-64/04-0591 *Kašper, J.* **Zvyšování výnosu luk a rástvin.** (Steigerung der Wiesen- und Weideerträge.) Praha: Ústav vědeckotechn. informací MZLVH. 1963. (24 S.) 8° = Metodiky pro zavádění výsledku výzkumu do praxe Nr. 23. (SR 2716, 1963, 23)

IX. GARTENBAU

A. Allgemeine Literatur, Berichte, Statistiken u. a.

2-64/04-0592 Anonym. **Zum XV. Internationalen Gartenbau-Kongreß 1963 in Hamburg (22. bis 25. August 1963).** Süddtsch. Erwerbsgärtner **17** (1963) Nr. 34. S. 983–984.

Die Gründung der AIPH (Association Internationale des Producteurs de l'Horticulture) erfolgte 1948. Aufgaben der AIPH sind: Förderung des Handels, Beschaffung statistischen Materials, Förderung internationaler Gartenbauausstellungen, internationaler Züchterschutz, Beeinflussung des Ausbildungswesens, Absatzwerbung, Erfahrungsaustausch, Herausgabe eines Informationsdienstes. Der AIPH gehören als Mitglieder die nationalen Verbände von Belgien, der Deutschen Bundesrepublik, von Dänemark, England, Frankreich, Finnland, Holland, Italien, Luxemburg, Norwegen, Österreich, Schweden und der Schweiz an. Über die Erfüllung der Aufgaben der AIPH wird ausführlich berichtet. W. Hiller. 1001.

2-64/04-0593 Anonym. **Deutscher Wein in Europa. Der 45. Deutsche Weinbaukongreß war ein bedeutsamer Erfolg.** Dtsch. Weinbau **18** (1963) Nr. 17. S. 763–784.; Nr. 18. S. 812–817.

Der 45. Deutsche Weinbaukongreß in Mainz stand unter dem Zeichen der EWG. Fachveranstaltungen und Fachvorträge sowie die Lehr- und Industrieschau hatten das Ziel, Mittel und Wege zu zeigen, wie die Eingliederung des Weinbaues der DBR in die EWG ohne stärkere Einbußen vollzogen und die Wettbewerbsfähigkeit des Weinbaues gefördert werden kann. In einem grundlegenden Referat über das Bemühen des Winzers um die Pflege und den Absatz der Weine wurde auf die unterschiedlichen Produktions- und Ertragsverhältnisse in den weinbautreibenden EWG-Ländern hingewiesen und festgestellt, daß die sich abzeichnende Entwicklung dazu zwingt, die Eigenart des deutschen Weines zu erhalten. In einem Bericht über die Weißweine Europas wurde ein Überblick über den Weinanbau und die Sorten gegeben. Ein Anschluß weiterer weinbautreibender Länder an die EWG würde den Konkurrenzkampf verschärfen. Ein Situationsbericht über den Stand der Winzergenossenschaften wies ihre aufwärtsstrebende Entwicklung nach. Ihr Beitrag zur Qualitätserhöhung der Weine und wirtschaftlichen Stärkung der Mitgliederbetriebe ist groß. Der genossenschaftliche Zusammenschluß wird als wirksames Mittel zur Wettbewerbsfähigkeit der Klein- und Mittelbetriebe gegen die zunehmende Konzentrationsbewegung der gewerblichen Wirtschaft bezeichnet. In spez. Fachvorträgen wurden Probleme der Arbeitsplanung sowie organisatorische Maßnahmen zur Erzielung eines Betriebserfolges behandelt. K. Thiele. 1001.

B. Allgemeiner Gartenbau

2-64/04-0594 Rickert, F. **Der schleswig-holsteinische Gartenbau. Stand und Entwicklung.** Dtsch. Gartenbauwirtsch. **11** (1963) Nr. 10. S. 193–195. – 5 Abb., 1 Tab. 1011.

2-64/04-0595 Ježek, L. Zahradnická výrobní odvětví a vlastní náklady výroby. **(Gärtnerische Produktionszweige und Selbstkosten der Produktion.)** Sborník Vysoké Školy zemědělské Brně; Řada A **1962** Nr. 3/4. S. 215–224. – 8 Lit. Zus. in Russ., Dtsch. ČSSR/ÚVTI. 1011.

2-64/04-0596 Bulánek, František. Vliv včel a čmeláků na vyšší výnesy v zahradnictví. **(Einfluß der Bienen und Hummeln auf die Ertragshöhe im Gartenbau.)** Ovocnářství a Zelinářství **11** (1963) Nr. 5. S. 120–121. – 1 Abb.
In der ČSSR wird die zusätzliche Bestäubung durch Wanderbienenvölker und Hummeln noch wenig angewendet. Bei Sicherung der richtigen Agrotechnik werden die besten Ergebnisse erreicht, wenn zur Blütezeit pro ha Feldfüchte 3–5 Bienenvölker, pro ha Obstfläche 4–6 Bienenvölker aufgestellt werden. Die Forschungsanst. für Bienenzucht in Důl bei Libčice hat in einer Forschungsarbeit eine Methodik der Hummelzüchtung für die Anwendung in der pflanzlichen Produktion ausgearbeitet und sendet sie auf Wunsch allen Interessenten. ČSSR/ÚVTI. 1011.

2-64/04-0597 Erlecke, K.-H.; Bernburg, Hochschule für Landwirtsch., Inst. für Gartenbau. **Zur kooperativen Planung und Nutzung von Gewächshauswirtschaften.** Dtsch. Gärtnerpost **15** (1963) Nr. 34. S. 3–4. – 3 Abb., 4 Tab., 8 Lit.
Vf. geht von der Belastung der Gewächshausanlage durch ein eigenes Heizwerk aus und diskutiert verschiedene Möglichkeiten des Anschlusses von Gewächshäusern, Frühbeeten, Folienzelten und Freilandbodenheizung an freie Heizkapazitäten zu ihrer besseren Auslastung. Sollen Gewächshäuser an Hopfendarren angeschlossen werden, eignet sich nur die Niederdruckdampfheizung. Die im Gartenbau verwendeten Lufterhitzer sind auch für Hopfendarren zu verwenden. Heißluftöfen einen sich nicht für Gewächshäuser. Ähnliches gilt für den Anschluß an Tabaktrocknungsanlagen. Die Kombination einer Gewächshauswirtschaft mit Körnertrocknungsanlagen ist auf Grund der verschiedenen Nutzungszeit möglich. In einer Gewächshausanlage von 12000 m^2 können in der entspr. Jahreszeit 30 t/h Getreidekörner getrocknet werden. Eine Kombination von Gewächshauswirtschaften mit Molkereien ist ebenfalls möglich. Hier ist jedoch der Ausgleich der Bedarfsspitzen nicht ganz möglich. Das Warmwasser der Molkerei (28 °C) kann für die Bodenheizung verwendet werden. Ch. Förtsch. 1022.

2-64/04-0598 Mücke, K.-H. **Ist eine Gemeinschaftsheizung wirtschaftlicher als die betriebseigene Heizung?** Dtsch. Gartenbauwirtsch. **11** (1963) Nr. 10. S. 208–210. 1022.

2-64/04-0599 Hancock, Margaret M.; Wellington, Dep. of Agric. Cloches for early cropping. **(Zelte für eine Verfrühung der Gemüseernte.)** New Zealand J. Agric. **106** (1963) Nr. 5. S. 403. 405. 407. 409. – 4 Abb.,
Dieser Artikel ist unter dem Gesichtspunkt des milden Klimas Neuseelands geschrieben. Einführend wird auf die Geschichte der Pflanzenbedeckung mit beweglichen Gegenständen eingegangen. Es werden außer Folienzelten auch Glasbedeckungen beschrieben und die Vor- und Nachteile von Glas, Polythene und PVC-Folie erörtert. Weiterhin wird auf den günstigsten Standort, die diesbezüglich wichtigen Bodeneigenschaften und die Art des Erntens eingegangen. Hervorgehoben wird, daß man nur in vorgewärmten Boden säen und pflanzen soll, und in diesem Zusammenhang wird empfohlen, die Zelte das

ganze Jahr über zu benutzen. Es folgen Fruchtfolgevorschläge und Sortenempfehlungen. Abschließend wird noch kurz auf die Benutzung verschiedener Hauben eingegangen. U. Walter. 1022.

2-64/04-0600 Rodeyns, A. Matières plastiques utilisables en construction horticole. **(Verwendbare Plaststoffe im Gartenbau.)** Ann. Gembloux **69** (1963) Nr. 2. S. 566–578. – 5 Abb., 1 Tab. 1022.

2-64/04-0601 Hanan, Joe J. und Langhans, R. W. Aeration adequacy in greenhouse soils. **(Luftverhältnisse in Gewächshausböden.)** New York State Flower Growers, Bull. **1963** Nr. 213. S. 1–4. – 2 Abb., 4 Tab.
In mehrjährigen Untersuchungen wurden mit 16 verschiedenen Substraten mit einer Labormethode (Heines-Apparatur) bei steigendem Wassersog die Luftverhältnisse ermittelt. Die Ergebnisse wurden in charakterisierenden Kurven bzw. Tab. dargestellt. Praktische Schlußfolgerungen für die Verwendung von Substraten mit großem Porenvolumen in Gewächshäusern wurden gezogen. E. Baumann. 1022.

2-64/04-0602 Büttner, Rolf; Bernburg, Hochschule für Landwirtsch., Inst. für Gartenbau. **Aufbau der Frühbeetanlagen bei Errichtung von Gewächshauswirtschaften und Rekonstruktion vorhandener Anlagen.** Dtsch. Gärtnerpost **15** (1963) Nr. 35. S. 3–4. – 2 Abb., 2 Tab., 3 Lit.
49,5% der Glasfläche der DDR bestehen aus Frühbeeten. Von 1960–62 sind sie um 50 ha erweitert worden. 10% der genannten Fläche sind heizbar. Es werden Angaben über die zweckmäßigste Errichtung von Frühbeetanlagen gemacht. Zwischen jedem Frühbeet soll sich ein Weg von 2 m Breite, an den Giebeln von 6 m Breite befinden. Die Länge der Frühbeete beträgt am besten 48 m. Befestigung der Wege mit Schlacke oder Kies ist ausreichend, Beton ist nicht erforderlich. Mindestens 50% der Frühbeete sollen heizbar sein. Eine Erweiterung der Kesselkapazität ist nicht immer notwendig, da ab Ende Febr. zur Auslastung der Kesselanlagen bei 1 000 m^2 Gewächshausfläche (Δt = 40 °C) 540 m^2 Frühbeete beheizt werden können. Die Heizung kann als Boden- oder Luftraumheizung installiert werden. Weitere Angaben erfolgen über die Mechanisierung, Lüftung, Wasserversorgung und Bodenbearbeitung.
Ch. Förtsch. 1025.

2-64/04-0603 Vogel, G. **Ergebnisse zur Bodenheizung im Freiland in Kombination mit einer kurzzeitigen Folienzeltüberdeckung.** Dtsch. Gartenbau **10** (1963) Nr. 9. S. 239–241. – 1 Abb., 5 Tab., 7 Lit. – nach Zus.
In Vegetationsversuchen zeigte sich, daß durch die Bodenheizung im Freiland bei gleichzeitiger Anwendung von Folienzelten die Ertragsleistung gegenüber alleiniger Anwendung der Bodenheizung oder Folienzeltüberdeckung noch günstiger gestaltet werden kann. Die Ernte der für dieses Verfahren geeigneten Gemüsekulturen konnte gegenüber dem normalen Anbau um etwa 2–5 Wochen vorverlegt werden. Bei getrennter Anwendung genannter Verfahren ist demgegenüber eine Ernteverfrühung in der Regel von nur etwa 6–14 Tagen kennzeichnend. Der durch die früher einsetzende Ernte erzielte Geldmehrerlös ist so groß, daß die durch das kombinierte Verfahren auftretenden Kosten gedeckt werden und ein beachtlicher Geldmehrerlös erzielt wird, der in der Regel höher als bei alleiniger Anwendung der Bodenheizung oder der Folienzeltüberdeckung liegt. Auf Grund der günstigen Ergebnisse, die zum kombinierten Verfahren der Bodenheizung mit einer kurzzeitigen Folienzeltüberdeckung erzielt wurden, wird die Empfehlung gegeben, beim Anbau von Freilandfrühgemüse alle heizbaren Freilandflächen künftig mit Folienzelten zu überdecken. Die Richtigkeit dieser Empfehlung konnte inzwischen in einigen Betrieben bestätigt werden. 1040.

2-64/04-0604 Mücke, K.-H. **Einbau von Hygrostaten zur Regelung der relativen Feuchtigkeit.** Süddtsch. Erwerbsgärtner **17** (1963) Nr. 41. S. 1179–1180. 1055.

2-64/04-0605 Ujčík, Josef. Vodní kultury a hydroponie. **(Erdeloser Pflanzenbau.)** Živa **11** (1963) Nr. 2. S. 41–43. — 4 Abb.
Der Pflanzenbau ohne Erde hat sich in Kalifornien verbreitet, wo man bei der Tomate einen ha-Ertrag bis 2100 dt erzielt. In China, Japan und Korea macht man Versuche mit dem Reisanbau in Bottichen. Die Anforderungen an Nährlösungen werden beschrieben. Mit den Lösungen von Knop, Hoaghland, Grone und der Zusatzlösung R wurden Versuche durchgeführt.
ČSSR/ÚVTI. 1060.

2-64/04-0606 Galanti, M. Propriétés des verres et constructions horticoles. **(Die Eigenschaften des Glases und seine Verwendung im Gartenbau.)** Ann. Gembloux **69** (1963) Nr. 2. S. 587–600. — 4 Abb. 1070.

2-64/04-0607 Seidel, E. und Erlecke, K. H. **Untersuchungen zur Lichtverteilung unter Kolbenstrahlern (HQL 250).** Arch. Gartenbau **11** (1963) Nr. 6. S. 423–432. — 9 Abb., 2 Lit. Zus. in Russ., Engl. — nach Zus.
Unter Berücksichtigung der Homogenität der Lichtverteilung und des Nutzeffektes ergibt sich, daß die Praxisaggregate mit 10 Niederspannungsleuchtstofflampen vom Typ HNI 202–40 W für Zwecke der Pflanzenbelichtung günstiger sind. Der Inhomogenitätsgrad liegt niedriger und die Intensität der Beleuchtung über den Pflanzen günstiger, weil die Aggregate unmittelbar über den Pflanzen angebracht werden können. Die Kolbenstrahler jedoch erfordern einen größeren Abstand, um einigermaßen homogene Verhältnisse für die Pflanzen zu haben. Dann aber nimmt die Intensität beträchtlich ab. Durch ein systematisches Umrücken der Gefäße bzw. Pflanzen unter den Kolbenstrahlern innerhalb des Lichtfeldes kann das Wachstum, daß sich entspr. der Lichtverteilung unterschiedlich gestaltet, nicht beeinflußt werden. 1070.

2-64/04-0608 *Akopjan, R.* **Anlage für den Anbau von Pflanzen auf künstlichen neutralen Nährböden.** Aus: Technika v sel'skom chozjajstve, Moskva **22** (1962) Nr. 11. 9 S. (Übers. aus d. Russ., Maschinenschr. vervielfält.) — TO 658.
2-64/04-0609 **Verwendung von Kunststoff-Folien in der Landwirtschaft.** Aus: Landbouwmechanisatie **14** (1963) Nr. 6. S. 517. (Übers. aus d. Engl.) — TO 704.

2-64/04-0610 *Gruhlke, K.* und *Lubs, E.* **Grundlagen des Pflanzenbaus und Pflanzenschutzes für Gärtner.** Berlin: VEB Deutscher Landwirtschaftsverlag. 1963. (317 S. m. Abb.) 8°. DM 11,40.
Das Buch ist für die Grundausbildung aller gärtnerischen Berufe bestimmt. Die für verbindlich erklärten „Ausbildungsunterlagen für die sozialistische Berufsausbildung" bedingen Inhalt und Rahmen. Der pflanzenbauliche Teil umfaßt: Einführung in den gärtnerischen Pflanzenbau, Kultureinrichtungen im Gartenbau, Wachstumsfaktoren, Wetter- und Klimakunde, Vermehrung gärtnerischer Kulturpflanzen, Pflanzenanzucht und -pflege. Im 2. Teil werden u. a. Ursachen der Pflanzenschädigungen, Schadbilder, Biologie und Bekämpfungsmöglichkeiten wichtiger Parasiten, Pflanzenschutzmittel und -geräte aufgezeigt. Bei der Gestaltung des Buches wurde dem Zweck entsprochen. H. Erfurth.

C. GEMÜSEBAU

2-64/04-0611 Anonym. **Ergebnisse der Gemüsehaupterhebung 1963 im Bundesgebiet.** Süddtsch. Erwerbsgärtner **17** (1963) Nr. 42. S. 1213–1214. 1113.

2-64/04-0612 Paulsen, Uwe. **Arbeitswirtschaft in der Anbauplanung.** Dtsch. Gartenbauwirtsch. **11** (1963) Nr. 7. S. 142–144. 146. — 7 Abb. 1115.

2-64/04-0613 Kuźmin, A. und Fomenko, V. Chranenie ovoščej na meste ich proizvodstva. **(Gemüselagerung in den Produktionsbetrieben.)** Kartofel' i ovošči, Moskva **7** (1962) Nr. 11. S. 17–18. — 2 Abb.
Anbau und Lagerung bis zum Verbrauch sind ein einheitlicher Prozeß. Die Auswahl der Sorten, der Anbauflächen, die Düngung und Ernte müssen auf die Lagerung abgestimmt sein. Im Leningrader Gebiet werden Kopfkohl in Lattenkisten zu 35–40 kg und Möhren in kleinen Steigen in Sand in Lagerhäusern aufbewahrt. Rettich, Kohl- und Steckrüben werden in normalen

Mieten gelagert. In den Lagerräumen wird zur Regulierung der Temperatur und Luftfeuchtigkeit eine Zwangsbelüftung empfohlen. Rohre der Regenanlage die kleine Düsen besitzen, werden zwischen den Kistenreihen verlegt. Mit einer elektrisch getriebenen Pumpe erfolgt bei Bedarf die Belüftung.
J. Schrader. 1123.

2-64/04-0614 Konjaev, N. Pričiny poteri vschožesti semjan v pitatel'nych goršočkach. **(Ursachen für den Verlust der Keimfähigkeit der Samen bei Direktaussaat in Erdtöpfen.)** Kartofel' i ovošči, 7 (Moskva 1962) Nr. 2. S. 34–35. – 1 Abb., 1 Tab.

Bei Direktaussaat in Erdtöpfe konnte in den Frühjahrsmonaten ein sehr starker Ausfall beobachtet werden. Als Ursache für die verminderte Keimfähigkeit wurden Saattiefe und bes. der Einfluß niedriger Temperaturen angegeben. So wird die Keimfähigkeit von quellendem Saatgut bei Temperaturen unter –9 °C stark gehemmt bzw. zerstört. Wenn eine Heizung der Anzuchteinrichtung nicht erfolgen kann, wird die Direktaussaat in Erdtöpfe nur für mittlere bis späte Aussaaten vorgeschlagen. R. Weichold. 1130.

2-64/04-0615 Harrington, James F.; Davis, Agric. Exp. Stat. The value of moisture-resistant containers in vegetable seed packaging. **(Der Wert von wasserdichten Behältern für die Gemüsesaatgutverpackung.)** Calif. agric. Exp. Stat., Bull. **1963** Nr. 792. S. 3–23. – 2 Abb., 13 Tab., 6 Lit.

Über den Wert der Verpackungsmaterialien als Schutz für das Saatgut gegen die von außen einwirkende Feuchtigkeit ist noch wenig bekannt. Die Arbeit berichtet von Versuchen über die Eignung wasserdichter Verpackungsmaterialien zur Erhaltung der Keimfähigkeit und Triebkraft von Gemüsesaatgut und damit zusammenhängende Faktoren, die die Saatgutlagerung beeinflussen, z.B. Temperatur, Hartschaligkeit, Beizmittel und Samenatmung. Die hauptsächlichsten Ergebnisse sind folgende: Je höher Temperatur und Wassergehalt bei der Saatgutlagerung waren, desto schneller wurde die Keimfähigkeit gemindert. Von den verschiedenen geprüften Behältern waren Zinnbüchsen völlig wasserdicht. Etwa gleichwertig waren bei geeignetem Verschluß Al-Büchsen, Glasflaschen und Beutel aus Al-Folie mit Polyäthylenschicht. Sehr widerstandsfähig waren Al-Polyester-Beutel, mehrwandige Papiersäcke mit Al-Schicht und Polyäthylen von mehr als 3 mil Dicke. Polyäthylen war bei niedrigen Temperaturen weniger wasserdurchlässig als bei höheren. Mehrwandige Papiersäcke mit Asphalt- bzw. Polyäthylenschicht waren weniger geeignet. Papier- und Stoffsäcke konnten den Feuchtigkeitsaustausch nicht verhindern. C. Tittel. 1130.

2-64/04-0616 Hößlin, R. von. **Fruchtwechsel und Vorfruchtwert.** Rhein. Mschr. Gemüse-, Obst- u. Gartenbau **51** (1963) Nr. 10. S. 316–317. – 2 Tab., 1 Lit. 1130.

2-64/04-0617 Tarakanov, G. Podgotovka rassady ovoščnych kul'tur dlja otkrytogo grunta. **(Jungpflanzenanzucht für den Freilandgemüsebau.)** Kartofel' i ovošči, Moskva 7 (1962) Nr. 2. S. 21–24. – 3 Tab.

Vf. beschreibt die notwendigen Arbeiten bei der Vorbereitung und Durchführung der Jungpflanzenanzucht für den Freilandanbau. Es folgen Angaben über Saatgutvorbehandlung, wie Vorquellen, Einsatz des Wuchsstoffpräparates TMTD, Aussaat, Platzbedarf, Temperaturgestaltung bei der Anzucht von Weißkohl-, Tomaten und Gurkenjungpflanzen sowie Kopfdüngung und Pflanzenschutz. R. Weichold. 1130.

2-64/04-0618 Haworth, F.; Wellesbourne, Warwick, Nat. Vegetable Res. Stat. The effects of different primary cultivations and manurial treatments on the yield of early peas, spring cabbage, leeks and brussels sprouts. **(Die Wirkungsweise verschiedener Bodenvorbereitung und Düngergaben auf den**

Ertrag von frühen Erbsen, Frühkohl, Porree und Rosenkohl.) J. horticult. Sci. **38** (1963) Nr. 3. S. 199–213. – 7 Tab., 14 Lit.
Eine tiefe Pflugfurche (33–38 cm), eine flache Pflugfurche (15–18 cm) mit Untergrundlockerung auf eine Gesamttiefe von 41–46 cm, eine 15–18 cm flache Pflugfurche sowie eine flache Bodenbearbeitung mit rotierenden Geräten wurde in Kombination mit 3 Düngungsvarianten in ihrer Wirkung auf die Ertragsleistung verschiedener Gemüsearten untersucht. Versuchspflanzen waren frühe Erbse, Frühkohl, Porree und Rosenkohl. In der Fruchtfolge wurde jede Gemüseart jährlich von 1954–59 angebaut. Die Bodenbearbeitung mit dem Pflug führte zu signifikant höheren Erträgen bei allen 4 Gemüsearten im Vergleich zur Fräsarbeit; die Ertragsunterschiede beliefen sich auf 11% bei Erbse und Rosenkohl sowie auf 40% bei Frühkohl. Im Gegensatz zu den anderen Gemüsearten erwies sich bei Erbse eine flache Pflugfurche günstiger als eine tiefe Bodenbearbeitung. Stallmist+NPK führten zu höheren Ertragsleistungen bei Porree, Frühkohl und Rosenkohl als eine alleinige N-Düngung, jedoch zu einer geringen Erhöhung bei der Erbse. Die unterschiedliche Beeinflussung des pflanzenverfügbaren Bodenwassers durch die Versuchsvarianten wird für die Ertragsdifferenzen verantwortlich gemacht. F. Kaufmann. 1130.

2-64/04-0619 Stutz, E. und Schaltegger, K.; Wädenswil, Eidg. Versuchsanst. für Obst-, Wein- und Gartenbau. **Vergleichende Untersuchung über die Kaliumaufnahme von Karotten und Kohlrabi (Vegetationsversuch).** Gartenbauwissenschaft **28(10)** (1963) Nr. 2. S. 157–172. – 6 Abb., 7 Tab., 8 Lit.
Mehrjährige Gefäßversuche mit Möhre und Kohlrabi wurden durchgeführt, um das in einer kaliarmen, podsolierten Braunerde für Möhren beobachtete geringe K-Düngebedürfnis näher zu untersuchen. Dabei werden die 1961 erzielten Resultate stellvertretend für alle übrigen Ergebnisse angegeben. Als Substrate fanden ein Quarzsand-Perlite-Gemisch und podsolierte Braunerde Verwendung. In der Düngung wurde neben variiertem K-Gehalt in einer Versuchsfrage auch mit gesteigerter P-Gabe gearbeitet. – Es zeigte sich, daß die Möhre unter vergleichbaren Umweltbedingungen ein gegenüber Kohlrabi deutlich langsameres Wachstum aufweist. Daher ist der K-Verbrauch je Zeiteinheit geringer. Die K-Verwertung bei Volldüngung war für beide Arten ähnlich. Bei K-Mangel vermag die Möhre Hungerformen zu bilden, während Kohlrabipflanzen absterben. Das P-Ausnutzungsvermögen war bei Möhre schlechter als bei Kohlrabi. H. G. Kaufmann. 1130.

2-64/04-0620 Mühlendyck, Ernst und Schuphan, Werner; Geisenheim, Bundesanst. für Qualitätsforsch. Pflanzl. Erzeugnisse. **Der Einfluß einer Phosphatdüngung auf Ertrag und Marktqualität beim Gemüse.** Gartenbauwissenschaft **28(10)** (1963) Nr. 2. S. 139–156. – 7 Abb., 11 Tab., 3 Lit.
Über Teilergebnisse bei 5jährigen Versuchen in Betonkastenparzellen mit Blatt- und Wurzelgemüsearten wird berichtet. In insgesamt 23 Versuchen wurde mit 2 Böden, einem sandigen und einem tonigen Lehm gearbeitet. Außer P-Mangelparzellen umfaßten die Versuche 4 P-Steigerungen (60, 120, 180 und 240 kg/ha) sowie eine Reihe, bei welcher man neben der höchsten P-Gabe die doppelte N-Menge ausgebracht hatte. Als Versuchspflanzen dienten Spinat, Kopfsalat, Porree und Wirsingkohl. – An Hand der Varianten konnte ein unterschiedliches P-Bedürfnis einiger Kulturen festgestellt werden, das in nachstehender Reihenfolge zunahm: Grünkohl, Wirsing, Porree, Kopfsalat und Frühjahrsspinat. Bei steigenden P-Gaben und dadurch zunehmenden Erträgen war allg. eine Verbesserung der Marktqualität sowie eine Verfrühung der Ernten zu beobachten. Mit doppelter N-Gabe zur höchsten P-Stufe war in der Regel ein weiterer Ertragszuwachs zu erzielen, die Marktqualität wurde unterschiedlich beeinflußt. H. G. Kaufmann. 1130.

2-64/04-0621 Haine, K. E., Shepherd, F. W. und Williams, Audrey M. Vegetative propagation and stock maintenance of cauliflower. **(Vegetative**

Vermehrung und Stammerhaltung von Blumenkohl.) Exp. Horticult. **1963** Nr. 9. S. 64–67. – 9 Lit.
Stammpflanzen vegetativ zu erhalten ist im Gewächshaus bei Temperaturen von mehr als 15 °C möglich. Unterhalb dieser Temperaturschwelle werden die Pflanzen generativ gestimmt. Um möglichst viel Samen von solchen Stammpflanzen zu erhalten, ist eine Stecklingsvermehrung notwendig. Sie gelingt mit Schnittlingen von Inflorescenzsprossen. Nach der Bewurzelung müssen diese Klonpflanzen bis zur Bildung des 6.–10. Blattes noch im warmen Temperaturbereich gehalten werden. Nach Behandlung mit Temperaturen von weniger als 15 °C werden sie generativ gestimmt. Frühe Formen müssen im Winter länger als späte vegetativ gehalten werden. Sie sollen z.Z. des meisten Bienenfluges blühen. K. Bellmann. 1132.

2-64/04-0622 Rootsi, N. **Über das Platzen der Kohlrabiknollen.** Acta Agric. scand. **13** (1963) Nr. 2. S. 141 bis 148. – 3 Tab., 9 Lit.
Vf. diskutiert anhand von Literaturberichten und eignen Versuchen die Einflüsse, die das Platzen von Kohlrabiknollen begünstigen. – Die Dicke der äußeren Gewebe der Knollen nimmt von unten nach oben stark ab, so daß die Knollen häufiger oben platzen. Eine sehr zeitige Auspflanzung im Frühjahr bedingt bei wechselnden niedrigen Temperaturen und bei hoher Boden- und Luftfeuchtigkeit eine größere Wassersättigung und einen höheren Wurzeldruck und eine Begünstigung des Platzens. Weiterhin ergab eine sehr lange Anzuchtzeit bedeutend mehr Platzer. Auch Insektenbeschädigungen können als Ursache gelten. Der Wechsel von Dürre- und Regenperioden bedingt nicht immer ein Platzen der Kohlrabiknollen. Reichert die Pflanze Wasser an und ist die Transpiration gehemmt, so kann es neben der Guttation auch zum Platzen der Knollen kommen. Zur Einschränkung des Platzens empfiehlt Vf. Auswahl und Züchtung platzfester Sorten mit größerer Wasserabgabe und geringerer Wasseraufnahme sowie Verschiebung der Auspflanzzeit und Bekämpfung der Schädlinge. U. Bergner. 1138.

2-64/04-0623 Anonym. **Rosenkohl einmal pflücken.** Landwirtsch. Nachr. aus d. Niederlanden **1963** (Sept./Okt.) S. 3–4. – 1 Tab. 1144.

2-64/04-0624 Bleasdale, J. K. A. und Thompson, R.; Wellesbourne, Warwick, Nat. Vegetable Res. Stat. An objective method of recording and comparing the shapes of carrot roots. **(Eine objektive Methode zur Bestimmung und zum Vergleich der Form von Möhren.)** J. horticult. Sci. **38** (1963) Nr. 3. S. 232–241. – 2 Abb., 3 Tab., 5 Lit.
Zur genauen Festlegung der Form von Möhren und zum Vergleich unterschiedlicher Populationen wird eine objektive Methode beschrieben. Erforderlich dazu sind max. Durchmesser, Länge und Gewicht. Das spez. Gew. (1,02–1,03) kann dabei durch das tatsächliche Gewicht ersetzt werden. Die Berechnungen und Ableitungen sind eingehend beschrieben. H. Ackermann. 1146.

2-64/04-0625 Newton, Peter und Warne, L. G. G.; Manchester, Univ. A study of the growth of two dissimilar types of long red beet. **(Eine Untersuchung über das Wachstum von zwei verschiedenen langen Typen der Roten Rübe.)** J. horticult. Sci. **38** (1963) Nr. 2. S. 150–159. – 5 Abb., 1 Tab., 9 Lit.
Zwischen der welkenden ('Cheltenham Green Top') und der nicht welkenden ('Covent Garden Red') Sorte ergaben sich keine signifikanten Ertragsunterschiede. Die Gesamtblattfläche ist bei der nicht welkenden Sorte beträchtlich größer, die Nettoassimilationsrate herabgesetzt. Außer dem Verhältnis Gesamtblattfläche/Nettoassimilationsrate scheint auch die Blattstellung für die Nettoassimilationsrate von Bedeutung zu sein. Es wurden ferner während verschiedener Entwicklungsstadien der Anteil an lebenden und abgestorbenen

Blättern, die Gesamtanzahl der gebildeten Blätter über 1 cm Länge, die mittlere Blattfläche sowie das Frischgewicht der Rüben und Köpfe bestimmt.
H. Ackermann. 1156.

2-64/04-0626 Křivský, K. Výběhlice a jiné vývojové prvky u celeru. **(Das Schossen und andere Abnormitäten bei Sellerie.)** Ovocnářství a Zelinářství **11** (1963) Nr. 3. S. 76–77. – 2 Abb., 1 Tab.
1958–62 wurde das Vorkommen von Schossern (**I**), stengellosem Blütenstand (**II**), knollenlosen Pflanzen (**III**) und Pflanzen mit seitlicher Mehrherzigkeit (**IV**) mit Hilfe von Sortenversuchen verfolgt. Für die Versuchsjahre wurden folgende Durchschnittswerte ermittelt: 'Pražský obrovský': 7,9% **II**, 9,2 **III**, 4,3 **IV**; 'Nerez': 0,1% **I**, 14,6 **II**, 6,6 **III**, 7,4 **IV**; 'Olomoucký': 1,4% **I**, 34,6 **II**, 9,2 **III**, 4 **IV**. Das Schossen stellte sich regelmäßig ein, wenn die jungen Selleriepflanzen längere Zeit bei 5–10 °C wuchsen. Die Zahl der stengellosen Blütenstände stieg bereits nach 3–7täg. ununterbrochener Einwirkung einer Temperatur von etwa 5 °C. Eine niedrigere Temperatur erhöhte ebenfalls die Zahl der knollenlosen Pflanzen und solcher mit Mehrherzigkeit. Die Abhandlung bringt Richtlinien für die praktische Züchtung. ČSSR/ÚVTI. 1158.

2-64/04-0627 Sims, William L., Welch, James E. und Little, Thomas M. Celery production in California. **(Sellerieanbau in Californien.)** Calif. agric. Exp. Stat., Circ. **1963** Nr. 522. S. 1–26. – 27 Abb., 3 Tab.
Vf. berichten sehr ausführlich über die Pflanze und ihre allg. Wuchsmerkmale, Klima- und Bodenansprüche (Schosserbildung), Sorten und Sortenprobleme sowie über die Kulturmaßnahmen: Bodenbearbeitung, Direktsaat bzw. Pflanzung einschließl. Pflanzenanzucht im Gewächshaus oder Freiland, Düngung, Pflege, Unkrautbekämpfung, Bewässerung und Fruchtfolge. Weiterhin werden Ernte, Verpackung, Vermarktung und Vorratshaltung sowie Krankheiten, physiol.Schäden und Insektenbefall behandelt. Tabellarisch wird ein Überblick gegeben über Gesamtkosten pro acre und ihre Zusammensetzung für Wintersellerie bei 2maliger Ernte. A. Mügge. 1158.

2-64/04-0628 Sláma, Josef. Zkušenosti s mikroprvky při pěstování celeru v JZD Budovatel. **(Erfahrungen mit der Anwendung von Spurenelementen beim Anbau von Sellerie in der LPG Budovatel.)** Ovocnářství a Zelinářství **11** (1963) Nr. 3. S. 74–76. – 1 Abb., 3 Tab.
Ein Düngungsversuch mit 3 kg/ha Dinatriummolybdat, 20 kg/ha Borax, 10 kg/ha Kupfervitriol und 10 kg/ha Zinkvitriol wurde durchgeführt. Die Ergebnisse wurden mit nichtgedüngter Kontrolle und mit Parzellen verglichen, die mit folgenden Nährstoffen in abgestuften Gaben gedüngt wurden: N: 20 (**I**), 40 (**II**), 60 (**III**), 80 (**IV**) kg/ha, P: 10, 20, 30, 40 kg/ha, K: 30, 60, 90, 120 kg/ha. Man stellte den Ertrag fest und prüfte den Gesundheitszustand der Pflanzen. Den höchsten Ertrag ergab die B-Düngung (114% im Vergleich zur Kontrolle), dann kamen Mo-Düngung (113,86%) NPK-Düngung **IV** (110,65), **III** (107) **II** (105,84), Zink- (104,85), **I** (103,89) und Kupferdüngung (100,73%). Von den Kontrollpflanzen erkrankten einige an Herz- und Trockenfäule, während auf den mit B gedüngten Parzellen diese Erkrankung nicht vorkam. Die Pflanzen dieser Parzellen, ebenso wie die der mit Mo gedüngten Flächen, hatten während der ganzen Vegetationsperiode ein gesundes Aussehen.
ČSSR/ÚVTI. 1158.

2-64/04-0629 Boss, G. V. und Garańko, I. B. Proizvodstvo semjan ogurcov i pomidorov dlja zakrytogo grunta. **(Der Samenbau bei Gurke und Tomate für den Anbau unter Glas.)** S. ch. Sev.-Zap. zony **1962** Nr. 8. S. 38–40. – Aus: Referativnyj žurnal Moskva. Rastenievodstvo **1963** Nr. 6.55.150. S. 18.
Die Methode der Auslese von Pflanzen und Früchten der Gurke und Tomate, um sortenechte und Hybrid-Samen zu erhalten, wird beschrieben. Die besten Hybridkombinationen für die Gurke 'WIR-1' ('Klinski x Leningradski teplit-

schny'), 'WIR-2' ('Leningradski teplitschny x Klinsky') und die Tomate – 'Leningradski skorospely x Bison' – werden genannt. Es ist zweckmäßig, den Samenbau bei den rayonierten und aussichtsreichen Gurkensorten 'Nerossimy 40', 'Parnikowy 6' und 'Altaiski ranni 166' sowie den Tomatensorten 'Gruntowy gribowski 1180', 'Bison 639' und der Hybride '713' in Frühbeeten durchzuführen. übersetzt v. G. Boetticher. 1159.

2-64/04-0630 Latyšev, D. und Starych, G. Podpočvennoe orošenie i sterilizacija grunta v teplicach. **(Untergrundbewässerung und Bodendesinfektion in Gewächshäusern.)** Kartofel' i ovošči, Moskva **7** (1962) Nr. 7. S. 35–37. – 1 Abb., 2 Tab.
Durch Unterflurbewässerung konnte bei Tomate eine Ertragssteigerung von 37% im Vergleich zu Oberflächenbewässerung erzielt werden. Auch für Gurke wurden Mehrerträge durch Unterflurbewässerung nachgewiesen, wobei die Luftfeuchtigkeit durch ständiges Spritzen erreicht wurde. Die Durchführung der Unterflurbewässerung und Bodendesinfektion erfolgte über Tondränagerohre. Es werden Angaben über Verlegetiefe, Rohrstrangabstände, Verteilerrechen und Dampfdruck gemacht. Weiterhin werden Zahlen zum Arbeits- und Materialaufwand beider Bewässerungsarten genannt.
R. Weichold. 1159.

2-64/04-0631 Belik, V. F. Vlijanie zakalki semjan peremennymi temperaturami na fiziologičeskie osobennosti i cholodostojkost' ogurcov. **(Einfluß der Samenbehandlung mit Wechseltemperaturen auf die physiologischen Besonderheiten und die Kältefestigkeit der Gurke.)** Fiziologija rastenij, Moskva **10** (1963) Nr. 3. S. 351–357. – 4 Tab., 24 Lit. Zus. in Engl.
Gequollene Samen verschiedener Sorten wurden im Verlauf von 6 Tagen Wechseltemperaturen unterworfen, die in den einzelnen Versuchsjahren unterschiedlich waren und danach im Feldversuch ausgesät. Die Behandlung senkte in den Pflanzen die Viskosität des Plasmas, erhöhte die Synthese von Ascorbinsäure, den Tr.-Subst.- und Chlorophyllgehalt. Die Kälteresistenz wurde erhöht. Die physiol. Veränderungen wurden hauptsächlich während der Jugendentwicklung beobachtet, in den späteren Entwicklungsphasen ist der Einfluß der Samenbehandlung weniger deutlich, er wird von den Umwelteinflüssen überdeckt. Der Ertrag wird bei der Mehrzahl der Sorten durch die Behandlung erhöht, bes. in Jahren mit ungünstigen Witterungsbedingungen. Am stärksten reagieren in dieser Hinsicht die südlichen Sorten, während die nördlichen weniger stark beeinflußt werden. J. Birke. 1162.

2-64/04-0632 Byčkova, Z. I. und Dadyko, Ė. A. Značenie mikroklimata dlja urožaja ogurcov. **(Einfluß des Mikroklimas auf den Gurkenertrag.)** Meteorol. i gidrologija **1962** Nr. 11. S. 43–45. – Aus: Referativnyj žurnal Moskva. Rastenievodstvo **1963** Nr. 7.55.153. S. 20.
In Versuchen des Nordwestl. Forsch.-Inst. für Landwirtsch. wurden Gurken im Freiland angebaut, wobei verschiedene Arten des Windschutzes angewendet wurden: ein Streifen Wi-Roggen, Leguminosenkulturen und Kartoffeln sowie Perfol-Folien. Bei der Verwendung von Wi-Roggen verringerte sich die Windgeschwindigkeit auf ⅓–¼, die Lufttemperatur erhöhte sich um 1–1,5 °C, der Ertrag stieg auf das 2,3–4,3fache. Bei Abdeckung mit einer Folie vergrößerte sich der Gurkenertrag in einem kalten Sommer auf das 10–13fache. Die Ernte trat 15 Tage früher ein. übersetzt v. Th. C. Boetticher. 1162.

2-64/04-0633 Petrovskij, Ja. Formirovanie ogurcov v teplicach. **(Schnittmethoden bei der Gurke in Gewächshäusern.)** Kartofel' i ovošči, Moskva **7** (1962) Nr. 2. S. 32–34. – 2 Tab.
In einen Versuch zu Gewächshausgurke wurden Aussaatzeit und Schnitt variiert. Dabei zeigte sich, daß beim Aussaattermin Mitte Febr. der günstigste Entwicklungsrhythmus der Gurke erreicht wurde. Die Schnittvarianten waren

folgende: 1. Triebe 1. Ordnung wurden nach dem 2. Blatt, Triebe 2. Ordnung nach 9 Blättern geschnitten. 2. Die Triebe aller Ordnungen wurden nach dem 3. Blatt geschnitten. 3. Triebe 1. Ordnung wurden nach dem 3. Blatt, Triebe 2. Ordnung nach dem 2. Blatt und die folgenden Ordnungen so geschnitten, daß eine Freistellung im Raum vorhanden war. Der Ertragsvergleich dieser 3 Schnittkombinationen zeigte, daß die letztere die höchsten Erträge brachte. Dieses Ergebnis wurde in einigen Betrieben bestätigt.

R. Weichold. 1162.

2-64/04-0634 Allen, P. G.; Lee Valley, Exp. Horticult. Stat. Cordon cucumbers. **(Schnurgurken.)** Exp. Husbandry Farms exp. Horticult. Stat., Progr. Rep. **1963** S. 57–59.

Für die Verhältnisse Großbritanniens wurde der Schnurgurkenanbau in bezug auf Ertrag und ökon. Aspekte untersucht. Der Arbeitsaufwand pro Flächeneinheit ist für Schnurgurken gleich dem bei Gurken am schrägen Spalier und geringerem Pflanzenbesatz (6000 im Vergleich zu 4000 Pflanzen/acre). Der Frühertrag (bezogen auf die Flächeneinheit) wurde ebenso wie der Gesamtertrag bei Schnurgurken erhöht. Für die Anzucht werden wegen des höheren Pflanzenbedarfes mehr Platz, Arbeit und Material benötigt. Ältere, zu schmale Haustypen eignen sich für Schnurgurken nicht. Trotz des gleichen Arbeitsaufwandes wird die Schnurgurkenkultur für geeignete Häuser wegen des besseren Ertrages empfohlen. Die bes. Schnittmaßnahmen werden erörtert.

B. Spender. 1162.

2-64/04-0635 Vlček, F. und Vostatek, M. Sycení vzduchu kysličníkem uhličitým zvyšuje výnosy rychlených zelenin. **(CO_2-Begasung steigert die Erträge von Treibgemüse.)** Agrochemie [Bratislava] **3** (1963) Nr. 4. S. 76–77. – 2 Abb., 4 Lit.

Vff. empfehlen auf Grund eigener Versuche die Verwendung von CO_2 in Stahlflaschen, die mindestens 98% CO_2 und keine pflanzenschädigenden Stoffe enthalten sollen. Üblich sind Flaschen mit etwa 20 kg CO_2 bei 80 at. Die Gurken werden im März ausgesät und in Töpfen vorkultiviert. Der CO_2-Verbrauch im Gewächshaus erreicht 3 kg tägl., was einer Konz. von 0,6% entspricht; der auf eine Pflanze entfallende Verbrauch beträgt 37,5 g. Ohne CO_2 wurden 4,79 kg/19,9 Stck., mit CO_2 10,5 kg/33,6 Stck. geerntet. Am 30. Juni wurde die Begasung beendet. ČSSR/ÚVTI. 1162.

2-64/04-0636 Vinokur, R. L.; Moskau, Pflanzenphysiol. Timirjasew-Inst. der Akad. der Wiss. der UdSSR. Azotnyj obmen v rastenijach tykvy v zavisimosti ot temperatury korneobitaemoj sredy. **(N-Stoffwechsel in der Kürbispflanze in Abhängigkeit von der Temperatur in der Wurzelzone.)** Fiziologija rastenij, Moskva **10** (1963) Nr. 3. S. 334–338. – 1 Abb., 3 Tab., 15 Lit. Zus. in Engl.

Kürbis wurde in Knopscher Lösung bei 17 °C angezogen und danach bei 10, 17 und 27 °C in Wasserkultur 3 Tage gehalten, wobei die Pflanzen vorher 8 Tage ohne N wuchsen. Die Erhöhung der Nährlösungstemperatur auf 27 °C erhöhte stark die Abgabe von Wundsaft und den Transport von Nitraten. Die Temperatureinwirkung auf die Wurzeln wirkte auf den N-Stoffwechsel aller Organe, bes. stark auf den der Blätter. Die Temperaturerhöhung verstärkte hauptsächlich die Eiweißsynthese in den Blättern, welche bes. stark in ihrem Wachstum gefördert wurden, während in der Beobachtungszeit kein Wurzelwachstum festgestellt werden konnte. J. Birke. 1164.

2-64/04-0637 Inoue, Y., Shibuya, M. und Suzuki, Y. Studies on the flowering and fruiting of the broad bean. Vicia faba L. **(Untersuchungen über das Blühen und Fruchten der Puffbohne. Vicia faba L.)** J. Jap. Soc. horticult. Sci. **32** (1963) Nr. 1. S. 42–48. – 4 Abb., 9 Tab., 6 Lit.

Die Untersuchungen über Blüte und Ansatz wurden an 6 japanischen Puffbohnensorten durchgeführt. Sortendifferenzen waren kaum erkennbar. Die

Blüten am Haupttrieb und an den Seitentrieben öffneten sich zuerst, viel später erst die Blüten von Seitentrieben 2. Ordnung. Die Anzahl der Blüten je Blütenstand und das Aufblühen variierten. Am Mittelteil der Pflanzen traten verstärkt Blütenstände mit 3 und 4 Blüten auf, während am unteren Teil und an der Spitze Inflorescenzen mit 2 Blüten oder nur 1 Blüte vorherrschten. In den meisten Fällen öffneten sich alle Blüten mehrblütiger Inflorescenzen an 1 Tag, seltener an 2 oder 3 Tagen. Blütenstände mit 2 Blüten blühten zuerst auf. Der Ansatz 1blütiger Inflorescenzen (in%) war niedriger als der der 1. Blüten von Blütenständen mit 3 oder 4 Blüten. Meistens konnte nur 1 Hülse geerntet werden, die von der 1. Blüte stammte; in einigen Fällen gab es auch von 2. Blüten erntereife Hülsen. Selten setzten die 3. und 4. Blüten in den Inflorescenzen Hülsen an. Von gut 20% der Blüten wurden Hülsen geerntet, doch ist der Ertrag von den Aussaatterminen und anderen Faktoren abhängig.
H. Erfurth. 1170.

2-64/04-0638 Buttenschön, H. **Neue rationelle Anbaumethoden für Stangenbohnen.** Ind. Obst- u. Gemüseverwert. **48** (1963) Nr. 5. S. 129–130. – 2 Abb.
Bei der Stangenbohnenkultur wurden als anbautechn. Neuerung statt der bisher üblichen Holzstangen Stahldrahtstäbe verwendet. Diese werden an einem in 1,50 m Höhe gespannten Draht mittels einer einfachen Drahtklammer befestigt. Im Abstand von 10 m wird der Spanndraht durch starke Holzstützpfähle gehalten. Die Reihenabstände sollen je nach Wüchsigkeit der Stangenbohnensorte zwischen 1,20 m und 1,50 m betragen. Neben Stahldrahtstäben wird teilweise ein einfacher Bindfaden an den oberen Spanndrähten befestigt. Beim Beginn des Rankens der Bohnen wird der Bindfaden mit der jungen Bohnenpflanze verbunden. Zum Stangenbohnenanbau sind bes. Bohnensorten geeignet, deren Haupterptrag in 1–2 m Höhe anfällt. K. Krüger. 1170.

2-64/04-0639 Honma, Shigemi und Bedford, C. L.; Michigan, Dep. of Horticult. and Food Sci. Spartan Arrow: A new snap bean variety for proceeding and fresh market. **('Spartan Arrow': eine neue Brechbohnensorte zur Konservierung und zum Frischverbrauch.)** Michigan State Univ., agric. Exp. Stat., quart. Bull. **45** (1963) Nr. 4. S. 608–611. – 2 Abb., 2 Tab.
Vff. beschreiben die neu zugelassene Buschbohnensorte 'Spartan Arrow', die aus einer Kreuzung zwischen 'Tenderbest' und 'Contender' entstand. Sie reift 2–3 Tage nach 'Contender' und ist auf Grund ihres Wuchses, der Ernteverteilung und des leichten Ablösens der Hülsen gut für die mechanisierte Ernte geeignet. Die Merkmale der Hülse werden beschrieben; hervorzuheben ist, daß die Samen- und Faserentwicklung rel. langsam erfolgt. In Frostungs- und Konservierungsversuchen konnte die gute Qualität dieser Sorte bestätigt werden. In mehrjährigen exakten Sortenversuchen sowie in Leistungsvergleichen bei mechanisierter Ernte erwies sich 'Spartan Arrow' einer Reihe anderer Sorten ertragsmäßig überlegen. Gegenüber verschiedenen Stämmen des Bohnenmosaik-Virus und das Bohnenrostes war diese Neuzüchtung widerstandsfähig.
H. Erfurth. 1170.

2-64/04-0640 Spender, B. **Fragen der Bewässerung im frühen Tomatenanbau unter Glas.** Arch. Gartenbau **11** (1963) Nr. 6. S. 405–422. – 10 Abb., 9 Tab., 20 Lit. Zus. in Russ., Engl. – nach Zus.
Auf Grund der nach den Bodenfeuchtigkeitsmessungen in den einzelnen Monaten verabreichten Wassermengen werden Angaben über die Verteilung der Wassergaben während der Kulturperiode gemacht. Die Tomatenpflanzen haben ab Ende Apr. bis Ende Juni, z.Z. des stärksten Fruchtwachstums, den größten Wasserbedarf, was sich in der höchsten Ausschöpfung der Bodenfeuchtigkeit in dieser Zeit bemerkbar macht. In der Zeit nach der Pflanzung bis Mitte Apr. ist der Wasserbedarf rel. gering. Die Unterschiede in der Bodenfeuchtigkeit in dieser Zeit wirkten sich auf die Zeitigkeit und Höhe des Ertrages

nicht aus. Erst die ab Ende Apr. gegebenen Wassermengen machten sich im Ertragsverlauf und dann auch im Gesamtertrag bemerkbar. Das führt zu der Feststellung, daß je nach dem Entwicklungsstand der Pflanzen differenzierte Wassergaben notwendig sind. Die höheren Erträge bei höheren Wassergaben waren durch ein höheres Einzelfruchtgewicht, nicht durch eine größere Zahl geernteter Früchte bedingt. Ein Vergleich der Unterflurbewässerung durch Tondränrohre und einer Bewässerung von oben ergab, daß die Unterflurbewässerung auch bei rel. hohen Wassermengen auf einem durchlässigen Boden allein nicht ausreichte, um optimale Erträge zu erzielen. Höhere Erträge wurden zwar mit einer ausreichenden Bewässerung von oben erzielt, doch war unter den vorhandenen Verhältnissen eine Kombination der Bewässerung von oben mit einer von unten am günstigsten, indem hiermit die höchsten Erträge erzielt wurden. Eine Darstellung des Wurzelbildes zeigt, daß durch die Bewässerung von oben die in der oberen Bodenschicht gebildete Wurzelmenge erhöht wurde. 1176.

2-64/04-0641 Lake, J. V., Bowman, G. E. und Morris, L. G. The use of „day pipe heat" in tomato growing. **(Die Anwendung der „Tagesheizung" bei der Tomatenkultur.)** Exp. Horticult. **1963** Nr. 8. S. 1–11. – 1 Abb., 10 Tab., 14 Lit.

Vff. untersuchten den Einfluß der zusätzlichen „Tagesheizung" auf Wachstum und Ertrag von Gewächshaustomaten. Die zugeführteWärmemenge einschließl. der solaren Strahlungsenergie wurde ermittelt. Die Bodentemperatur wird nur unwesentlich (0,5–1,5 °F) erhöht. Auch die Wasserabgabe (bestimmt mittels Lysimetergefäßen), die Gesamtblütenzahl der ersten Blütentrauben, Höhe der 8. Blütentraube, Erntebeginn und Ernteertrag bis zum 4. Monat werden nur geringfügig verändert. Lediglich der prozentuale Anteil an runden Früchten ist etwas erhöht. Eine Bestätigung für die Ansicht, daß durch eine „Tagesheizung" Pflanzenwachstum, Ernteertrag und Qualität der Früchte gesteigert werden, konnte nicht gefunden werden. H. Ackermann. 1176.

2-64/04-0642 Aliev, Ė. Ispol'zovanie udobrenij dlja bespočvennoj kul'tury pomidorov. **(Verwendung von Düngemitteln für die erdelose Kultur der Tomate.)** Kartofel' i ovošči, Moskva 7 (1962) Nr. 11. S. 32. – 1 Tab.

Die Verwendung chem. reiner Salze für die Nährlösung bei erdeloser Kultur von Gemüse ist ökon. nicht gerechtfertigt. Zur Erprobung gewöhnlicher Handelsdünger wurden deshalb vergleichende Versuche bei Tomate mit 3 verschiedenen Nährlösungen durchgeführt. Diese enthielten auf 100 l Wasser in g: **I**: NH_4NO_3 – 20, KNO_3 – 50, Superphosphat – 55, $MgSO_4$ – 30. **II**: KNO_3 – 57,6, NH_4NO_3 – 22,4, Superphosphat – 97,6, $MgSO_4$ – 50. **III** (Handelsdünger): Kalksalpeter – 67,2, Kalkammonsalpeter – 22,4, Kalisalze – 22,5, Superphosphat – 97,6, Emge-Kali – 62,5, pH-Wert = 6. Zusätzlich wurden Spurenelemente in chem. reiner Form verwendet. Die Erträge bei Frühjahrskultur erreichten pro m^2 bei **I**: 25,6 kg: **II**: 30,8 kg; **III**: 27,8 kg und bei Herbstkultur 4,92; 6,19; 6,02 kg. J. Schrader. 1176.

2-64/04-0643 Vittum, M. T. und Hulburt, W. C.; New York, N. Y., Cornell Univ.; Washington, U. S. Dep. of Agric., A. R. S. Fertilizer placement and rates for tomatoes. **(Dünger-Plazierung und Höhe der Gaben zu Tomaten.)** New York State agric. Exp. Stat., Bull. **1963** Nr. 797. S. 3–20. – 7 Abb., 6 Tab., 10 Lit.

Von 1946–50 wurden in jährlichenVersuchen,die man nacheinander an 2 Standorten durchführte, 5 verschiedene Arten der Ausbringung in Kombination mit 3 unterschiedlich hohen Volldüngergaben zu Tomaten geprüft. Je nach Versuchsfrage und Jahr kamen Volldüngermengen zwischen 500 und 1800 lb./acre zum Einsatz. Der Dünger wurde entweder beim Pflügen auf die Pflugsohle ausgebracht oder breitwürfig ausgestreut und eingepflügt oder nach dem Pflügen breitwürfig ausgestreut und flach eingearbeitet oder bei der Saatbettbereitung ausgedrillt oder überwiegend auf die Pflugsohle ausgebracht und der Rest beim Pflanzvorgang mit der Pflanzmaschine in Streifen neben den Pflanzreihen 4 in. tief und beiderseits 2½ in. von der jeweiligen Reihe entfernt eingebracht. Ein Teilen der Gaben mit Einstreuen in die Pflugfurche und streifenförmiger Einbringung beim Pflanzen ergab die höchsten Erträge. Als zweitbestes Verfahren erwies sich das breitwürfige Ausstreuen mit anschließendem Einpflügen des Düngers. Die Erträge erhöhten sich mit steigenden Düngergaben. — Vff. empfehlen, unter den geprüften Bedingungen 1500 lb. eines 6–18–6-Volldüngers je acre zu Tomaten zu geben. Davon sollten 1200 lb. in die Pflugfurche ausgestreut oder breitwürfig ausgebracht und dann eingepflügt werden, während der Rest in Streifen neben die Pflanzreihen mit einer dafür eingerichteten Pflanzmaschine eingebracht werden sollte.

H. G. Kaufmann. 1176.

2-64/04-0644 Bychanova, K. Rannespelye sorta pomidorov. **(Frühe Tomatensorten.)** Kartofel' i ovošči, Moskva 8 (1963) Nr. 3. S. 40–41. — 2 Abb., 1 Tab.

4 frühreifende Tomatensorten werden beschrieben: 'Newski' ('Leningradski 7') übertrifft die früher für die mittlere und nördliche Zone der UdSSR zugelassenen Sorten in Frühzeitigkeit, Einheitlichkeit des Ertragsanfalles sowie in der Ertragshöhe. 'Orlowski 5', zugelassen für das Orloswker Gebiet, bringt höhere und qualitativ bessere Erträge als die verbreitete Sorte 'Majak 12/20-4'. 'Nr. 10 x Bison' wurde für die Moldauische SSR zugelassen. Hervorgehoben werden Frühzeitigkeit und gute Transportfähigkeit. 'Smena 373', zugelassen für das Gebiet Cherson, ist infolge ihres hohen Tr.-Subst.-Gehaltes in den Früchten (6,2–7,5%) von Interesse für die Konservenindustrie. I. Lepiksaar. 1176.

2-64/04-0645 Pause, J.; Gundorf, Inst. für Landwirtsch. Betriebs- und Arbeitsökon. der Dtsch. Akad. der Landwirtsch.-Wiss. zu Berlin. **Zum Anbau von Chicorée auf dem Felde.** Dtsch. Landwirtsch. **14** (1963) Nr. 6. S. 276–278. — 2 Abb., 4 Tab., 10 Lit.

Über Bestellungs-, Pflege- und Erntearbeiten beim Chicoréewurzelanbau wird berichtet. Günstig für die Mechanisierung der Arbeitsgänge sowie die Ertragsleistung wirken sich ein Reihenabstand von 41,7 cm und ein Pflanzenbesatz von 250–300000/ha aus. Ende Mai bis Anfang Juni hat die Aussaat zu erfolgen. Ein mehrmaliger Striegeleinsatz kann zu einer wesentlichen Verringerung des Arbeitsaufwandes bei der Pflege führen. Für die Ernte des Chicoréeblattes hat sich bes. der Schlegelernter bewährt. Zur Wurzelernte lassen sich auf siebfähigen Böden der für die Möhrenernte umgebaute Anhängelader T 163 bzw. die Kartoffelvollerntemaschine E 675 benutzen. Wurzeln von wenigstens 3 cm Durchmesser sollten vorrangig für die Treiberei verwendet werden. Bei der derzeitigen gebräuchlichen Anbaumethodik erfordert der Chicoréewurzelanbau einen Arbeitszeitbedarf je ha von 203 AKh und 46 Sh.

F. Kaufmann. 1178.

2-64/04-0646 Rodenburg, E. M. **Herbstsalatsorten-Versuche und ihre Ergebnisse.** Rhein. Mschr. Gemüse-, Obst- u. Gartenbau **51** (1963) Nr. 10. S. 19 bis 321. — 6 Abb. 1182.

2-64/04-0647 Knicely, D. R., Stout, B. A. und Ries, S. K. Harvesting asparagus mechanically. **(Mechanisierte Spargelernte.)** Michigan State Univ., agric. Exp. Stat., quart. Bull. **45** (1963) Nr. 4. S. 652–663. — 2 Abb., 3 Tab., 19 Lit.

Bisher entwickelte und angewandte Erntemaschinen für Grünspargel haben eine Ertrags- und Qualitätssenkung der Ernte zur Folge. In verschiedenen Staaten der USA wurden Untersuchungen über die phys. Eigenschaften von Spargelstangen durchgeführt, um die Konstruktionsmöglichkeit einer auf dem „Brechverfahren" (snapping method) beruhenden Maschine festzustellen. Mit einem registrierenden Brechapparat wurden zu verschiedenen Tageszeiten die für ein Brechen notwendige Kraft sowie der beim Brechen auftretende Winkel bestimmt. Es wurde die alleinige Abhängigkeit beider Größen vom Stangendurchmesser am Brechpunkt gefunden. Eine neuentwickelte Erntemaschine mit einem gewissen Auswahlvermögen für erntefähige Stangen wird beschrieben. Die Maschine besteht aus einer in der Höhe verstellbaren Plattform und einem darüber waagerecht angebrachten Schaufelrad. Der höchste Marktertrag wurde bei einem Abstand der Plattform von der Erdoberfläche von ca. 5 cm erreicht. Angaben über Ertragshöhe bzw. Erntereduzierung durch diesen Maschineneinsatz fehlen. F. Kaufmann. 1190.

2-64/04-0648 Gugenhan, Edgar; Hohenheim, Landwirtsch. Hochschule, Staatsschule für Gartenbau und Gartenbauwirtsch. **Das Spinatsortiment kritisch betrachtet.** Ind. Obst- u. Gemüseverwert. **48** (1963) Nr. 5. S. 133–136. – 5 Abb., 2 Tab.

In verschiedenen Sortenversuchen wurden insgesamt 19 Spinatsorten überprüft. Einige wurden noch nicht als Frühjahrsspinat angebaut. Unter mittelschweren Bodenverhältnissen haben sich folgende Sorten gut bewährt: 'Melex', 'Prolog', 'Resistoflay', 'Vital R' und 'Wolvex'. Eine Qualitätsbewertung nach der Zubereitung des Spinats ergab keine wesentlichen Unterschiede zwischen den überprüften Sorten. Die Maßnahmen zur Unkraut- und Schädlingsbekämpfung, die während der Sortenversuche durchgeführt wurden, werden mitgeteilt. K. Krüger. 1192.

2-64/04-0649 Jaša, Bohumil. Výzkum vlivu hustoty, hloubky a doby setí na vzcházení kuchyňské cibule odrůd Všetatská a Obrovská žlutá při podzimnim a jarním výsevu. **(Einfluß der Wirkung von Saatdichte, -tiefe und -termin auf das Auflaufen der Speisezwiebelsorten 'Všetatská' und 'Obrovská žlutá' bei Herbst- und Frühjahrssaat.)** Rostlinna Výroba **9** (1963) Nr. 5. S. 553–566. – 3 Abb., 9 Tab., 15 Lit. Zus. in Russ., Dtsch.

Nach vorangegangenen Orientierungsversuchen wurde 1957/58 und 1958/59 in Žabčice ein Versuch mit Herbstaussaat von Speisezwiebel ('Obrovská žlutá' und 'Všetatská') an 3 Saatterminen bei 1, 2 und 3 cm Saattiefe und verschiedener Saatdichte durchgeführt. 2 und 3 Samen wurden in einer Entfernung von 8, 4 und 2 cm voneinander ausgesät. Unter den in Südmähren herrschenden Verhältnissen lief der um den 20. Aug. in einer Tiefe von 2 cm und mit einem Abstand von 2 cm ausgesäte Zwiebelsamen am besten auf. Bei der Frühjahrsaussaat war das Auflaufen besser als im Herbst, da es durch die Witterung weniger beeinflußt wurde. Bei früherer Herbstaussaat lief die Sorte 'Všetatská', bei späterer Aussaat (nach dem 20. Aug.) die Sorte 'Obrovska žlutá' besser auf. ČSSR/ÚVTI. 1197.

2-64/04-0650 Kindt, V.; Dieskau, VEB Champignonzucht. **Die Pasteurisierung der Nährsubstrate für den Champignonanbau. I.** Dtsch. Gartenbau **10** (1963) Nr. 8. S. 209–212. – 6 Abb., 8 Lit.

Einleitend werden Notwendigkeit und Wirkung der Pasteurisierung bei der Aufbereitung des Nährsubstrates für die Champignonkultur aufgezeigt. Es folgen eingehende Hinweise auf die techn. Durchführung der Pasteurisierung. Die Größe der Pasteurisierungskammer ist abhängig von Grundfläche des Anbauraumes. Man rechnet bei 100 m² mit einer Mindestgrundfläche der Pasteurisierungskammer von 25 m² bei einer Höhe der Kammer von 2,50 m. Die baulichen Prinzipien einer Pasteurisierungskammer werden an 2 Skizzen erläutert. Ferner werden Hinweise für den gesamten Ablauf der Kompostierung bei verschiedenen Verfahren gegeben. Sehr gut hat sich eine 12–14täg. Kompostierung von Stalldünger mit anschließender 2–3täg. Pasteurisierung bewährt. Bei standardisiertem Ersatzsubstrat ist eine längere Kompostierungszeit notwendig. K. Krüger. 1198.

2-64/04-0651 Whetman, J. Mushrooms at the experimental horticulture stations. **(Champignons in den gärtnerischen Versuchsstationen.)** Exp. Husbandry Farms exp. Horticult. Stat., Progr. Rep. **1963** S. 59–61.
Ein kurzer Bericht über die verschiedenen Champignonforschungsarbeiten der gärtnerischen Versuchsstat. in Fairfield und Lee Valley wird gegeben. Es wurden Versuche mit verschieden zusammengesetzter Deckerde durchgeführt. Alle neu erprobten Mischungen erreichten nicht die Wirkung der Standardmischung von Torf und Kalk. Weitere Versuche zeigten, daß der Zeitpunkt des Aufbringens der Deckerde Einfluß auf den Ertrag hat. Verschiedene Versuchsreihen galten der Anbautechnik des Spickens. Am günstigsten wird nach diesen Versuchen die Durchmisch-Technik beim Spicken beurteilt. Umfangreiche Versuche erfolgten ferner zu verschiedenen Problemen der Schädlingsbekämpfung. K. Krüger. 1198.

2-64/04-0652 Anonym. **Holländische Champignons.** Landwirtsch. Nachr. aus d. Niederlanden **1963** (Sept./Okt.) S. 1–3. – 2 Abb. 1198.

2-64/04-0653 *Herb, Manfred.* **Der westeuropäische Gemüsemarkt. Erzeugung und Außenhandel mit frischem und konserviertem Gemüse.** München; Basel; Wien: Verlag BLV Verlagsgesellschaft. (298 S. m. 47 Abb. u. 102 Tab.) 14,5 × 20,5 cm. DM 18,80. Die Arbeit stammt aus dem von Busch geleiteten Inst. für Gärtnerische Betriebslehre und Marktforschung der TH in Hannover. In die Untersuchung sind folgende Länder einbezogen: Niederlande, Italien, Deutsche Bundesrepublik, Frankreich, Belgien-Luxemburg, England, Schweiz, Österreich, Schweden, Dänemark, Norwegen, Portugal und Spanien. Bei allen diesen Ländern wurden folgende Gruppen von Gemüsearten berücksichtigt: Kohlarten, Blatt- und Zwiebelgemüse, Hülsenfrüchte und die Gurke. Eine bes. zusammenfassende Darst. erfolgte bei Tomate, Zwiebel, Blumenkohl, Salat und Spinat. Anbauverhältnisse und Standorte, Verarbeitung von Gemüse und die Ausfuhr an frischem und verarbeitetem Gemüse in den genannten Ländern werden dargestellt. Hierbei wird zugleich die monatliche Verteilung von Ein- und Ausfuhr aufgezeigt. Zahlreiche graphische Darst. und Übersichten veranschaulichen zusammenfassend den Handel mit Gemüse in den westeur. Ländern. Das Literaturverzeichnis ist übersichtlich geordnet. J. Reinhold.

2-64/04-0654 **Trideset godini naučnoizsledovatelski institut za zelenčukovi kulturi „Marica"-Plovdiv.** (30 Jahre Forschungs-Institut für Gemüsekulturen „Mariza"-Plowdiw. Jubiläumsausgabe.) Sofija: Izd. na Bŭlg. akad. na naukite. 1962. (330 S.) 8°. (1963 A 493)

2-64/04-0655 *Lanckow, J.* und *Weichold, R.* **Empfehlungen für eine erfolgreiche Frühgemüseproduktion unter Glas 1963.** Markkleeberg: Landwirtschaftsausstellung. 1962. (16 S.) 8° = Gartenbauausstellung der Deutschen Demokratischen Republik. Obst- und Gemüsebau 4. (SR 3034, 4)

D. OBSTBAU

2-64/04-0656 Busch, R. **Stand und Entwicklung der Obstversorgung in der Deutschen Demokratischen Republik.** Arch. Gartenbau **11** (1963) Nr. 6. S. 433 bis 467. – 9 Abb., 15 Tab., 28 Lit. Zus. in Russ., Engl. – nach Zus.
Ein Überblick über die Entwicklung des deutschen Obstbaumbestandes auf der Grundlage der Obstbaumzählungen 1900–58 wird gegeben. Um die Entwicklung des Obstbaues in beiden deutschen Staaten besser beurteilen zu können, wurde schon ab 1934 eine getrennte Berechnung für das Gebiet der DDR und der DBR durchgeführt. Der verstärkten Aufpflanzung bei Äpfeln auf dem Gebiet der DBR von 1934–38 steht eine leichte Abnahme der Bestände für das Gebiet der DDR gegenüber. Auch die Frostausfälle trafen das Gebiet der DDR stärker. Durch diese unterschiedliche Entwicklung sank der Anteil des gesamten Obstbaumbestandes in der DDR von 1934–58 von 31,2 auf 23,4%. In diesen Zusammenhang wird in einem gesonderten Abschnitt auf die starken Frosteinbußen hingewiesen. 1952–58 hat die Baumanzahl der geschlossenen Anlagen der DDR über 1000 m² und die des Straßenobstes von 11,1 auf 11,5 Mill. Stck. zugenommen, während der Bestand in den Kleingärten bis zu 1000 m² und in den offenen Obstanlagen von 34,2 auf 30,4 Mill. Obstbäume zurückgegangen ist. Beim Strauchbeerenobst stehen 73,7% in Kleingärten und weitere 10,6% in Bauern- und betriebseigenen Gärten, nur 2,3% der gesamten Johannis- und Stachelbeeren stehen in geschlossener Gruppenpflanzung. Bei

Baumobst ist der überwiegende Anteil und sogar noch die Zunahme der hohen Baumformen hervorzuheben, Apfel 70,7 und Birne 76,4%. Einen Einblick über die Leistungen der Baumschulen in beiden deutschen Staaten von 1934–58 wird vermittelt. Von der Obstbaumschulfläche Deutschlands befanden sich rund 28% auf dem Gebiet der DDR. Vor dem Kriege wurden in Deutschland jährlich ca. 18 Mill. verkaufsfertige Obstgehölze von den Baumschulen bereitgestellt. Während 1940 die Baumschulen auf dem Gebiet der DDR noch 3 Mill. Obstbäume als verkaufsfertig meldeten, waren es 1960 nur noch knapp 2 Mill. Der Anteil am gesamten Obst-Altbestand ging dabei von 5,4 auf 4,8% zurück. Er lag kurz vor dem Kriege in Deutschland bei 8,9% und 1960 in der DBR bei 5,9%. — Allein um den jährlichen Altersabgang der heutigen Obstfläche auszugleichen, müßten jährlich 3000 ha Obst mit über 1 Mill. Obstbäumen aufgepflanzt werden, hinzu kommen noch 930000 Obstbäume zur Erhaltung des Kleingartenbestandes und 100000 Obstbäume für die Neupflanzungen im Straßenobstbau. Wegen der starken, über den natürlichen Altersabgang hinaus auftretenden Verluste ist es notwendig, hierzu noch einen Zuschlag von mindestens 10–15% einzuplanen. 1201.

2-64/04-0657 Bischoff, Th. **Ermittlung des Optimums in Obstbaubetrieben.** Erwerbsobstbau **5** (1963) Nr. 6. S. 103–105.
Vf. beschreibt 2 neue Hilfsmittel zur Betriebsoptimumskalkulation und einige Sonderprobleme der Anwendung in Obstbaubetrieben. Die lineare Programmierung ist ein Rechenverfahren zur Lösung eines Gleichungssystems, z. B. Gewinnmaximierung oder Kostenminimierung. Als Beispiel werden die Ausgangsdaten eines einfachen Modells zur Ermittlung der optimalen Anbaukombination dargestellt. Die Programme-Planning-Methoden sind vereinfachte Verfahren zur Optimumskalkulation, die auf denselben theoretischen Grundlagen wie die lineare Programmierung beruhen. Die tatsächliche oder als optimal geschätzte Betriebsorganisation wird nach bestimmten Regeln und nach einer Rangfolge der Verwertung der knappen Kapazitäten vom Bearbeiter selbst schrittweise verbessert. Abschließend werden die Möglichkeiten und Grenzen der Kalkulation in Obstbaubetrieben behandelt.
Horst Müller. 1201.

2-64/04-0658 Gładysz, A. Leczenie przemarzniętych drzew owocowych. **(Die Behandlung frostgeschädigter Obstbäume.)** Hasło ogrodniczo-rolnicze **20** (1963) Nr. 4. S. 125–127. — 6 Abb.
An Bäumen, die unter Frost gelitten haben, sollen möglichst viel Blätter erhalten bleiben. Daher dürfen die Kronen nicht gelichtet werden. Die Bäume müssen optimale Entwicklungsbedingungen haben und zusätzlich reichlich mit N — bes. Salpeter — gedüngt werden. Bei Trockenheit ist eine wiederholte Bewässerung notwendig. Geplatzte Stellen am Stamm werden verschmiert und die abstehende Rinde wird mit kleinen Nägeln befestigt. Bei kleineren Schadstellen muß das beschädigte Gewebe herausgeschnitten, die Stelle verschmiert und, wenn das Bildungsgewebe wieder aktiv wird, eine Überbrückung mit jungen Reisern vorgenommen werden. Für die Überbrückung eignen sich kräftige einjährige Reiser frostbeständiger Sorten am besten. Bei stärkeren Stämmen können 3–5 Reiser verwendet werden. Zur Überbrückung können Wasserreiser vom Wurzelhals verwendet werden.
PRL/CBR, übersetzt v. R. Hüffer. 1201.

2-64/04-0659 Spreng, Hans. **Unser Obstbau im Umbruch.** Grüne [Zürich] **91** (1963) Nr. 27. S. 821–842. — 25 Abb.
Vf. gibt einen Überblick über Bedeutung, Baumbestand und Erntemengen sowie über organisatorische Probleme und gesetzliche Grundlagen des schweizerischen Obstbaues. Bes. Aufmerksamkeit wird den Vermarktungsmöglichkeiten und den zu erzielenden Preisen geschenkt, wobei auch das Mostobst berücksichtigt wird. Es wird angestrebt, eine Trennung zwischen der Pro-

duktion für den Markt, zur Selbstversorgung und für die Mosterei vorzunehmen. Für diese 3 Formen des Anbaues werden allg. Hinweise gegeben. Vf. vertritt die Ansicht, daß bei Kenntnis der Grenzen und Möglichkeiten eines wirtschaftlichen Obstbaues die eindeutige Rückbildung des schweizerischen Obstbaues aufgehalten werden kann. M. Umhauer. 1213.

2-64/04-0660 Benne, R. **Zur Planung der Sortenblöcke, Transportwege und Vorgewende in Obstpflanzungen.** Obstbau [Berlin] **3** (1963) Nr. 8. S. 123 bis 126. – 3 Abb., 3 Tab., 7 Lit.
Vf. empfiehlt und begründet die Anordnung der Obstsorten in schmalen Sortenblöcken mit möglichst langen Baumreihen. Die notwendigen Querwege werden nach dem rationellsten Abtransport des Erntegutes mit dem Tieflader TO 15 errechnet und tabellarisch ausgewiesen. Die Breite der Querwege ist mit mindestens 6–8 m von Stamm zu Stamm anzusetzen. Längswege zur Baumreihe sind in Anlagen mit 1,50 m Arbeitsgasse einzusparen. Längs der Arbeitsgassen sind Vorgewende von 3–4 m i. allg. ausreichend.
D. Stump. 1215.

2-64/04-0661 Esajan, G. S. O sisteme i gustote razmeščenija plodovych derevev v sadu. **(Über das Pflanzsystem von Obstbäumen im Garten.)** Izv. M-vo proiz-va i zagotovok s.-ch. produktov ArmSSR **1962** Nr. 9/10. S. 45–52. – Orig.: armen., Ausz.: russ. Aus: Referativnyj žurnal Moskva. Rastenievodstvo **1963** Nr. 7.55.254. S. 31.
Die Kronenausdehnung von Apfel-, Birn-, Aprikosen-, Pflaumen- und Kirschbäumen ermöglicht unter den Bedingungen Armeniens ein dichteres Pflanzen (einzeilig mit dichterem Stand in der Reihe). Die Zahl der Bäume je ha vergrößerte sich bei Aprikose bis zu 85, bei Pfirsich bis zu 100 und bei Apfel bis zu 120. übersetzt v. Th. C. Boetticher. 1220.

2-64/04-0662 Perraudin, G., Evéquoz, M. und Favre, Ch.; Lausanne, Suisse, Stat. Fédérale d'Essais Agric. La réforme de notre verger. **(Die Umgestaltung unserer Obstanlagen.)** Rev. horticole suisse **36** (1963) Nr. 1. S. 16 bis 21.; Nr. 2. S. 48–53.; Nr. 3. S. 84–89. – 36 Abb.
3 Erziehungsmethoden werden beschrieben: 1. der Busch mit 3 schrägen Achsen ohne Mittelachse, 2. die verbesserte Spindel und 3. die Obsthecke mit Mittelachse. Die Mängel der traditionellen Erziehung von Busch, Spindel und Hecke werden aufgezählt und im einzelnen mit Hilfe instruktiver Skizzen erläutert. Die auf Grund der eigenen Erfahrungen der Vff. empfohlenen verbesserten Formen werden charakterisiert, ihre Erziehung wird ausführlich beschrieben. Die 3 schrägen Seitenachsen des Busches tragen jeweils 2 Seitenäste 2. Ordnung, so daß sich insgesamt 9 Verzweigungssysteme ergeben, die nach dem gleichen Prinzip geschnitten werden. Das Kronengerüst der verbesserten Spindel besteht bei schwachwüchsigen Bäumen aus einer Mittelachse, die nur mit Fruchtästen besetzt ist. Bei stark wachsenden Bäumen trägt sie 3–5 Seitenachsen erster Ordnung. Bei der Obsthecke wird zur besseren Ausnutzung der vertikalen Fläche die Erziehung einer Mittelachse empfohlen. Sie soll mit den paarweise angeordneten basalen Seitenachsen gleichgeordnet sein. Bei wüchsigen Bäumen werden noch 2 obere Seitenachsen angeordnet. Für alle Formen sind die Basisabstände sowie die Stellung und rel. Stärke der Seitenachsen angegeben. D. Neumann. 1222.

2-64/04-0663 Bres, Yvan; Valentin à Bourg-les-Valence/Drôme, France, Lycée Agric. Essai sur la pédagogie des tailles de fructification poirier, pommier et pêcher. **(Untersuchung über den Einfluß des Schnittes auf den Ertrag von Birne, Apfel und Pfirsich.)** Arboricult. fruitière [N.S.] **10** (1963) Nr. 113/114. S. 17–36. – 13 Abb., 26 Lit.
Die Wandlung in der Schnittlehre beruht nach Ansicht des Vf. auf dem Übergang des Obstbaues aus dem Bereich des Gartenbaus in den Bereich der

Landwirtschaft und auf der zunehmenden Mechanisierung aller Arbeitsgänge. Der Physiologie des Baumes als konservatives Element steht der Baumwart als einwirkendes Element gegenüber. Vf. analysiert bei Apfel und Pfirsich das natürliche Wachstum der ertragbildenden Komponenten eines Astes (Blattknospe, Blütenknospe und Trieb) sowie ihre Reaktion auf die verschiedenen Erziehungs- und Schnittmethoden. U. Neumann. 1222.

2-64/04-0664 Uptmoor, Jan-H.; Langförden, Obstbauversuchsanst. **Fruchtschalen-Vorverpackung.** Rhein. Mschr. Gemüse-, Obst- u. Gartenbau **51** (1963) Nr. 9. S. 286–288. – 9 Abb., 1 Tab.
Vf. beschreibt verschiedene Arten von Fruchtschalen-Vorverpackungen, die sich bes. in Selbstbedienungsläden bewährt haben. Sie werden in der Regel aus Faserpreßgut, Polystrol und Styropor hergestellt. Man unterscheidet 3 Arten: foodtainer (flache Schalen), fruit-shels (flache Schalen mit abgerundeten Ecken und einer mittleren Ausbuchtung) und Schotenpackungen (umhüllen die Früchte schotenartig). Bei foodtainer und fruit-shels ist zur Stabilisierung der Verpackung und zum Festhalten der Früchte ein Folieneinschlag notwendig. Der Folieneinschlag kann als Banderoleneinschlag oder Volleinschlag erfolgen. Bei einer foodtainer-Vorverpackung kommen folgende Arbeitsmethoden in Frage: Handarbeit mit Heißsiegelplatte und Folienzuschnitte oder Folienabrollgerät und Heißsiegelplatte (13,5–12,0 Pf./800 g-Packung), halbautomatische Vorverpackung mit 2 Packtischen, Fließband und Schrumpftunnel oder Trimsiegler, Fließband, Schrumpftunnel und Drehtisch (9,9 Pf./800 g-Packung), vollautomatische Vorverpackung mit automatischer Banderoliermaschine, Fließband und Schrumpftunnel oder Volleinschlag-Verpackungsautomat. Fließband und Schrumpftunnel (9,1–10,7 Pf./800 g-Pakkung). Die vollautomatische Herstellung von foodtainer-Vorverpackungen ist bisher am zweckmäßigsten beim Einsatz der Banderoliermaschine, der Versa-Pak und des Olsberger Verpackungsautomaten gelöst.
Ch. Förtsch. 1225.

2-64/04-0665 King, J. R.; Louisiana State Univ. The extension of viability of tree fruit pollens in an uncontrolled atmospheric environment. **(Erweiterung der Lebensfähigkeit des Pollens von Obstbäumen in einer unkontrollierbaren atmosphärischen Umgebung.)** New Zealand J. Sci. **6** (1963) Nr. 2. S. 163 bis 168. – 1 Tab., 6 Lit.
Für Züchtungszwecke ist die Erhaltung von Pollen über längere Zeiträume von Bedeutung. Vf. benutzte zur Haltbarmachung des Pollens von *Malus pumila, Prunus avium, Citrus spp., Ficus carica* (**I**), *Prunus persica, Pyrus communis, Carya illinoensis* (**II**) und *Prunus salicina* das Gefriertrocknungsverfahren mit Aceton-Trockeneis (Temperatur: –60 °C). Außer von **I** und **II** wurde der Pollen 24 Std. bei 21 °C vorgetrocknet. Die Gefriertrocknung in 1 ml Ampullen erfolgte 30 Min. bis 3 Std., Die Verschmelzung der Ampullen erfolgte entweder unter Vakuum oder unter N bzw. He; die Lagerung bei Raumtemperatur. In periodischen Abständen wurden die Pollen nach Rehydratation bei 5 °C und 60% rel. Luftfeuchtigkeit, der Pollen von **II** bei 25–30 °C und wassergesättigter Atmosphäre, im in vitro-Keimtest auf seine Lebensfähigkeit geprüft. Die Ergebnisse zeigten, daß mit Gefriertrocknung eine Lagerung des Pollens über mehrere Monate möglich ist.
H. Ackermann. 1230.

2-64/04-0666 Rjadnova, I. M.; Krasnodar, Pädagog. Inst. Pokoj plodovych derevev. **(Die Ruhe der Obstbäume.)** Vestnik sel'skochozjajstvennoj nauki, Moskva 8 (1963) Nr. 7. S. 92-98. – 5 Abb., 5 Tab., 14 Lit. Zus. in Engl., Franz., Dtsch. 1230.

2-64/04-0667 Chiusoli, A.; Bologna, Univ., Ist. di Colt ivazioni Arboree. Ricerche sulla terapia delle ferite di potatura negli alberi da frutto.

(Untersuchungen über die Heilung von Schnittwunden an Obstbäumen.) Riv. Ortoflorofrutticolt. ital. **47(88)** (1963) Nr. 3. S. 187–201. – 6 Abb., 2 Tab., 26 Lit. Zus. in Engl.
6 Präparate zur Wundbehandlung wurden nach der Wundhälftenmethode von Wenzl einer vergleichenden Prüfung unterzogen. Eine schnellere Wiedererlangung der meristematischen Aktivität wurde gegenüber unbehandelten Kontrollen mit allen Präparaten, bes. aber mit „Amonn", „Betabit" (**I**) und „Vinavil" (**II**) erzielt. Die Gewebsentwicklung ist im ersten Jahr nach der Behandlung am stärksten. Der beste Wundheilungseffekt wurde mit **I** und **II** erhalten, mit „Minio" fiel er negativ aus. Für praktische Zwecke (Kosten der Behandlung, Beständigkeit des Mittels und Beeinflussung der Gewebsbildung) wird bes. die Anwendung von **II** empfohlen. H. Ackermann. 1230.

2-64/04-0668 Maurer, K. J. **Die Bedeutung der Unterlagenfrage im modernen Marktobstbau.** Rhein. Mschr. Gemüse-, Obst- u. Gartenbau **51** (1963) Nr. 10. S. 323–325. – 2 Abb. 1230.

2-64/04-0669 Albrecht, D. **Düngung mit Seeschlamm, Niedermoortorf und Sommermüll im Obstbau.** Obstbau [Berlin] **3** (1963) Nr. 8. S. 118–120. – 1 Tab., 4 Lit.
Die Anwendung dieser Humusstoffe erfordert bestimmte Kenntnisse über ihre Beschaffenheit, um Mißerfolge zu vermeiden. Seeschlamm und Niedermoortorf sind wegen ihres hohen Wassergehaltes von 80–90% vor längeren Transporten und vor dem Einbringen in den Boden zu kompostieren. Die Schlammdüngung ist der Torfdüngung überlegen durch stärkere Mineralisierung des Schlammes gegenüber der stärkeren Verkohlung des Torfes. Vf. erläutert außerdem die Besonderheiten des Kalk-, N-, P- und K-Anteils sowie den Spurenelementhaushalt dieser untersuchten Humusstoffe und vergleicht sie mit dem Stallmist. D. Stump. 1230.

2-64/04-0670 Jarev, T. B. Vlijanie vnekornevych podkormok makro- i mikroėlementami na rost plodovych sejancev. **(Einfluß der Naßkopfdüngung mit Hauptnährstoffen und Spurenelementen auf das Wachstum von Obstsämlingen.)** S. ch. Uzbekistana **1962** Nr. 7. S. 72–74. – Aus: Referativnyj žurnal Moskva. Rastenievodstvo **1963** Nr. 7.52.262. S. 32.
Naßkopfdüngungen von Apfelsämlingen fanden Anfang und Ende Juli sowie Ende Aug. statt. Die Konz. der Substanzen (g/l) wurde ständig erhöht. Beim Spritzen mit N 2,5+P 5–8 waren die Pflanzen 74 cm hoch, betrug die Tiefe des Wurzelsystems 75 cm, das Volumen der Wurzeln 60 cm^3; bei B 1–3+Mn 3–7 entspr. 70 cm, 70 cm, 60 cm^3; Co 1–2+Mo 1–3 hemmten das Wachstum (Höhe der Pflanzen 45–55 cm) und verzögerten die Wurzelentwicklung (Tiefe 45–55 cm, Volumen 40–50 cm^3). Kontrolle – Höhe der Pflanzen 55 cm, Tiefe des Wurzelsystems 60 cm, Volumen der Wurzeln 45 cm^3. Die Naßkopfdüngungen mit N, P, NP vergrößerten die Ausbeute an Sämlingen um 6,1–7,5%; mit B und Mn um 3,6–5,4%. Die größte Ausbeute an Standard-Sämlingen (98,2%) wurde bei N+P erhalten. übersetzt v. Th. C. Boetticher. 1230.

2-64/04-0671 Göhlich, H. **Eine Betrachtung zur maschinellen Ernte von Obst.** Erwerbsobstbau **5** (1963) Nr. 8. S. 150–153. – 5 Abb., 3 Lit.
Die Verfahren der Obsternte sind weit hinter denen der Ackerkulturen zurückgeblieben. Der Ernteaufwand für 1 ha Steinobst beträgt rd. 1000 AKh, der für das Roden eines ha Zuckerrüben nur 50 AKh. – Bei der Ernte von Baumobst müssen die Früchte vom Ast gelöst und ungeschädigt in Kisten abgelegt werden. Mit einem Schüttler und einer der Obstart angepaßten Auffangvorrichtung läßt sich dies arbeitssparend erreichen. Ein zweckentsprechender Aufbau des Astgerüstes muß verhindern, daß die fallende Frucht vom tieferliegenden Ast beschädigt wird. Ein rascher Transport der Früchte in die Behälter verhindert eine gegenseitige Beschädigung der Früchte. Für den Einsatz

innerhalb der Baumgassen müssen Schüttler und Fangrahmen gut beweglich sein. — Nach praktischen Erfahrungen sind Massenkraftschwinger leichter und wendiger als Kurbelstangenschüttler. Die Anwendung dieser Geräte beschränkte sich in den USA zuerst auf Wirtschaftsobst. Neuerdings werden auch Frisch- und Gefrierobst, bes. Kirschen, Aprikosen und Pfirsiche, maschinell geerntet. — Sauerkirschen fallen bis zu 90% beim ersten Schüttelvorgang, davon 60–90% ohne Stiel. Bei Pflaumen ergab sich 1962 nur ein Anteil von 6,5% geringfügiger Fruchtbeschädigungen. — Nach amer. Untersuchungen lassen sich bei Pflaume und Pfirsich 65–75% der AKh gegenüber Handernte einsparen. Bei Sauerkirschen kann ein Arbeiter am Schüttler 4–5 Pflücker ersetzen. M. Reichel. 1230.

2-64/04-0672 Gambi, Gianni. La difesa antigrandine dei frutteti e dei vigneti. **(Der Hagelschutz in Obst- und Weinbau.)** Frutticoltura **25** (1963) Nr. 6/7. S. 461–470. 1230.

2-64/04-0673 Brabec, Sv'atopluk und Lumír, Lukeš. Roubováni v ruce — perspektivni způsob rozmnožování jádrovin. **(Handveredelung als zukünftige Methode der Kernobstvermehrung.)** Ovocnářství a Zelinářství **11** (1963) Nr. 3. S. 61–62.

Diese Veredlungsmethode ist bekannt, hat jedoch keine Verbreitung gefunden, da sie mit hohen Verlusten verbunden ist. In bezug auf einen möglichen ökon. Nutzeffekt wurde der Arbeitsprozeß untersucht und verbessert. Da die Ergebnisse günstig waren, wurden bereits praxisnahe Versuche in ausgewählten Baumschulbetrieben organisiert. ČSSR/ÚVTI. 1231.

2-64/04-0674 Neubeller, Julius; Bonn, Rhein. Friedrich-Wilhelms-Univ., Hohe Landwirtsch. Fak. **Über den Lipoidgehalt von Apfelfrüchten während ihrer Entwicklung am Baum und ihrer Lagerung.** Diss. Bonn **1963** 87 S. — 22 Abb., 18 Tab., 28 Lit.

Unter Verwendung der Gas-Flüssigkeitsverteilungschromatographie untersuchte Vf. die Lipoidfraktion 4 spätreifender Apfelsorten verschiedener Standorte und verschiedener Unterlagen ('Glockenapfel', 'Golden Delicious', 'Jonathan' und 'Ontario' auf EM IV, IX, XI). Die Untersuchung diente dem Zweck, durch die Bestimmung der quantitativen und qualitativen Veränderung der Lipoide des Apfelsamens, der -schale und des -fruchtfleisches eine objektive Methode zur Charakterisierung der Begriffe „Baum-" und „Genußreife" zu finden. Im einzelnen konnten folgende Ergebnisse erzielt werden: Es besteht kein Zusammenhang zwischen dem Ölgehalt des Apfelsamens, dessen Fettsäureanteil und der Baum- und Genußreife des Apfels. Kurz vor dem Eintritt der Baumreife oder danach traten keine Schwankungen des Ölanteils der Samen auf. Im Fruchtfleisch wurden vorwiegend Laurin-, Myristin-, Palmitin-, Stearin-, Öl-, Linol- und Linolensäure gefunden. Ein Zusammenhang zwischen dem Fettgehalt des Fruchtfleisches und der Baum- und Genußreife bestand nicht. In der Schale wurden neben den schon genannten noch Capryl-, Caprin-, Arachin- und Behensäure nachgewiesen. Zwischen dem Fettgehalt der Schalen und der Genußreifezeit wurde eine positive Korrelation ermittelt. Während der Zeit des besten Geschmackes der Früchte wies der Fettgehalt ihrer Schalen stets ein Maximum auf; der Gehalt an Linolensäure stieg um das 9–15fache seiner Ausgangsmenge. Die bei den Untersuchungen mitbestimmten Fruchtmerkmale, wie Säuregehalt, pH-Wert, Farbentwicklung, Gewichtsverluste und Refraktometerwert, konnten weder zur eindeutigen Bestimmung der Baumreife noch zur Feststellung der Dauer der Genußreife benutzt werden. R. Illge. 1232.

2-64/04-0675 Cristoferi, G., Fabbri, O. und Pernicone, G. Rapporti fra vigoria, „conducibilità indrica" e struttura anatomica del fusto dei portinnesti di melo E.M.IX ed E.M.IV. **(Beziehungen zwischen Saugkraft, Leitfähigkeit und anatomischer Struktur des Unterlagenstammes bei EM IX und IV.)** Riv. Ortoflorofrutticolt. ital. **47**(88) (1963) Nr. 2. S. 146–150. 1232.

2-64/04-0676 Schumacher, R.; Wädenswil, Eidg. Versuchsanst. **Das Wachstum des Apfels in Abhängigkeit von der Blattmasse.** Schweiz. Z. Obst- u. Weinbau **72** (1963) Nr. 6. S. 140–145. Nr. 7. S. 163–168. – 1 Abb., 2 Tab., 7 Lit.

Regelmäßig und alternierend tragende Apfelbäume der Sorte 'Glockenapfel' wurden untersucht, inwieweit das Fruchtwachstum durch klimatische Faktoren bei gleichem Blatt-Frucht-Verhältnis beeinflußt wird. Das Wachstum der Früchte ist von der Temperatur und den Feuchtigkeitsverhältnissen abhängig. Bei den oberen Temperatur-Kulminationspunkten erfolgt keine Wachstumsabnahme, wahrscheinlich eine Folge der günstigen Wasserversorgung bei den vorwiegend schweren Böden. Bei Sandböden ist eine andere Wachstumskurve zu erwarten. Die Früchte der regelmäßig tragenden Bäume sind anfänglich kleiner als die der Alternanzbäume. Erst 7–8 Wochen nach dem Fall der Kronblätter wird ein Wachstumsgleichstand erreicht. Bei ungünstigen Witterungsbedingungen wird das Fruchtwachstum der Bäume mit großem Behang stärker beeinflußt als bei geringem Fruchtansatz. Ungefähr 50 Tage nach dem Kronblätterfall kann die mutmaßliche Endgröße der Früchte rel. zuverlässig vorausbestimmt werden. 70% aller Jungfrüchte, die ca. 10 Tage nach dem Petalenfall kleiner waren als ihre Partner, blieben auch bei der Ernte kleiner. Die Junifrüchte verringerten ihr Wachstum 14 Tage vor dem Abfall. Ihre Wachstumshemmung fällt meistens mit einem Temperaturfall zusammen.

W. Blasse. 1232.

2-64/04-0677 Kemmer, E. **Das Wuchsbild der Wurzelkörper bei Apfelbäumen unter verschiedenen Voraussetzungen.** Erwerbsobstbau **5** (1963) Nr. 6. S. 105–108. – 6 Abb.

Unter den Dahlemer Standortverhältnissen ist mit der Ausbildung eines charakteristischen Wurzelhabitus etwa ab 10. Standjahr zu rechnen. Ab. 14. Standjahr ist beim Apfel die Stabilität des Wurzelcharakters weitgehend eingetreten. Entgegen der bisherigen Auffassung ist das gegenseitige Ausweichen der Wurzeln bei Äpfeln in dichtem Bestand zu beobachten. Die Wurzeln zeigen bei engem Stand in der obersten Bodenschicht nur eine leichte Verfilzung. Im Untergrund ist das Auseinanderweichen der Wurzeln die Regel. Der Boden wird als auffälligster Wurzelbildner angesehen. Der Sandboden-Wurzelkörper setzt sich vom gleichaltrigen Lehmsand-Wurzelkörperhabitus deutlich ab. Im Sand befindet sich die Hauptwurzelmasse in den oberen 50 cm, nur vereinzelt gehen Wurzeln bis zu 1 m Tiefe. Bei Lehmboden finden sich die Wurzeln vorrangig in den tieferen Bodenschichten von 1–2 m. Die Neigung zum Tiefgang wird vom Veredlungspartner mitbestimmt. Typenunterlagen lassen im Wurzelcharakter ein einheitlicheres Verhalten erkennen als Sämlingsunterlagen. Neben dem Sand- und Lehmsandwurzelhabitus wird angenommen, daß es auch einen Lehmhabitus und einen Nachbauhabitus gibt.

W. Blasse. 1232.

2-64/04-0678 Priestley, C. A.; East Malling Res. Stat. The carbohydrate resources of young apple-trees under four levels of illumination. **(Die Kohlenhydratquellen junger Apfelbäume unter vier Beleuchtungsstärken.)** Ann. Bot. [London] [N.S.] 27 (1963) Nr. 107. S. 435–446. – 6 Abb., 5 Tab., 17 Lit.

Zur Abschätzung charakteristischer Unterschiede in der Abhängigkeit der Kohlenhydrat(KH)-Reserven und der gelösten Photosyntheseprodukte vom Wachstum wurden junge Apfelbäume 4 verschiedenen Lichtintensitäten ausgesetzt. Obwohl größere Unterschiede im Trockengewicht bestehen, bleibt die Zusammensetzung der Reserve-KH bei allen Behandlungen annähernd gleich. Die Einlagerung der durch die Photosynthese gebildeten KH ist dagegen in starkem Maße von der Lichtintensität abhängig. Vf. unterscheidet danach eine „integrierende Phase des Wachstums", bei der die Zusammensetzung der KH unabhängig von äußeren Faktoren ist und eine „labile Phase", bei der die Einlagerung der Reserven beeinflußbar ist. H. Ackermann. 1232.

2-64/04-0679 Hill-Cottingham, D. C.; Long Ashton, Bristol, Res. Stat. Effect of the time of application of fertilizer nitrogen on the growth, flowering and fruiting of maiden apple trees grown in sand culture. **(Einfluß des Zeitpunktes der Stickstoffdüngung auf Wachstum, Blüten- und Fruchtbildung junger Apfelbäume in Sandkultur.)** J. horticult. Sci. **38** (1963) Nr. 3. S. 242 bis 251. — 1 Abb., 4 Tab., 7 Lit.
Der Einfluß von Nitrat-N [1 (N_1), 4 (N_4) bzw. 10 (N_{10}) mval] auf Wachstum Blüten- und Fruchtbildung junger Veredlungen der Sorte 'Lord Lambourne' auf EM II wurde untersucht. Die Kultur in Sand mit Nährlösung wurde angewandt, um unkontrollierbare Einflüsse auszuschalten. Stärkstes primäres Wachstum wurde bei Verabreichung von N_1 und N_4 im Juni und N_{10} im Juli erzielt. Bei N_1 im Juli und N_4 im Aug. konnte noch ein sekundäres Wachstum beobachtet werden. Eine Förderung der Fruchtknospen und Blütenbildung im folgenden Jahr wurde unter denselben N-Düngungsmaßnahmen erzielt. Den höchsten Ertrag ergab die N_4- und N_{10}-Düngung im Sept. Die Ertragssteigerung wird auf erhöhte N- und Kohlenhydratreserven in den Fruchtknospen, die Anzahl und Qualität der Blüten auf ein verstärktes primäres Wachstum zurückgeführt. H. Ackermann. 1232.

2-64/04-0680 Trzcinski, T., Ferauge, M. Th., Cambir, M. und Ansiaux, J. L'effet des fumures sur pommiers Cox's Orange Pippin, S.P.G. M IX, cultivés en sol limoneux. **(Die Wirkung der Düngung auf Apfelbäume der Sorte 'Cox's Orange Pippin', Unterlage M IX, auf Lehmboden.)** Bull. Inst. agronom. Stat. Rech. Gembloux **20** (1962) Nr. 3/4. S. 458–475. — 3 Abb., 15 Tab., 4 Lit.
In einer 1953 angepflanzten Heckenanlage auf einem obstbaulich günstig zu beurteilenden Lehmboden wurde von 1958—61 ein Düngungsversuch mit unterschiedlichen Gaben von N, P_2O_5, K_2O, CaO und MgO durchgeführt. Zur Prüfung der Düngungswirkung dienten Wachstumsmessungen, Ertragsermittlungen, Blattanalysen und die Beobachtung phänologischer Stadien. Die Blattanalysen zeigten einen deutlichen Witterungseinfluß. In dem trockenen und warmen Jahr 1959 waren der K- und N-Gehalt der Blätter wesentlich geringer und der Ca- und Mg-Gehalt höher als in den übrigen Jahren. Zwischen den Behandlungen waren die Differenzen im Mineralstoffgehalt geringer als zwischen den Blöcken. Auch auf den Ertrag der 4 Beobachtungsjahre hatten die Bodenunterschiede der Blöcke einen deutlicheren Einfluß als die Behandlungen. Das vegetative Wachstum der Bäume war bei geringerer K_2O-Düngung gegenüber dem Mittel der 6 Behandlungen etwas schwächer, bei geringer N- und MgO-Düngung etwas stärker. U. Neumann. 1232.

2-64/04-0681 Miremadi, Abdolhossein; Bonn, Rhein. Friedrich-Wilhelms-Univ., Hohe Landwirtsch. Fak. **Bodenatmung in Apfelpflanzungen in Abhängigkeit von Bodenpflege und Beregnung.** Diss. Bonn **1963** 85 S. — 13 Abb., 16 Tab., 78 Lit.
Unter Bodenatmung versteht der Vf. mit Lundegårdh die CO_2-Abgabe des Bodens an die Luft. Sie wird als Maßstab für die biol. Aktivität des Bodens angesehen. In der vorliegenden Arbeit werden der Einfluß verschiedener Bodenpflegemaßnahmen („Offenhalten", „Gründüngung" und „Strohmulch" sowie „Grasmulch" und „Offenhalten" jeweils mit und ohne Beregnung) und ihre Wechselwirkung auf einige phys. Bodeneigenschaften (-temperatur, -feuchtigkeit, -porenvolumen und -atmungsintensität) untersucht. Als Kriterium der Bodenatmungsintensität wird die CO_2-Abgabe, gemessen in $mg/m^2/h$, angesehen. Folgende Ergebnisse werden bes. hervorgehoben: Es

bestehen im Monats- und Jahresablauf klare Beziehungen zwischen Bodentemperatur und -atmung. Es war in allen Versuchsvarianten eine gesteigerte CO_2-Abgabe im Frühjahr und ein Maximum der CO_2-Abgabe im Spätsommer bis Herbst festzustellen. Zwischen Bodenatmung und -feuchtigkeit ließ sich keine Beziehung erkennen. Zusätzliche Regengaben erwiesen sich allerdings bei der Variante „Grasmulch" gegenüber der unbehandelten Parzelle als negativ. In den Versuchsvarianten „Grasmulch" und „Gründüngung" ist keine Beziehung zwischen Bodenatmung, Ertrag und Triebwachstum festzustellen. Den höheren Atmungswerten der Variante „Strohmulch" stand auch eine höhere Leistung der Bäume gegenüber. EM IX reagiert auf eine gesteigerte Atmungsintensität des Bodens deutlicher als EM IV.
R. Illge. 1232.

2-64/04-0682 Pfaff, C. **Weitere Ergebnisse aus Düngungsversuchen mit Apfelbäumen in Gefäßen.** Gartenbauwissenschaft **28(10)** (1963) Nr. 2. S. 245 bis 250. — 5 Tab., 5 Lit. Zus. in Engl., Franz.
Vf. untersuchte den Einfluß einer zeitlich gestaffelten N-Gabe auf Ertrag, Qualität des Ertrages und Blattnährstoffgehalt. Er kommt dabei zu folgenden Ergebnissen: Eine N-Düngung bei Apfelbäumen, die unter N-Mangel leiden, fördert bes. Trieb, Blattentwicklung und Fruchtknospenbildung. Erst im Folgejahr kommt sie in einem gesteigerten Fruchtertrag zur Wirkung. — Durch eine N-Düngung in 2 Teilgaben (1. Gabe Ende März; 2. Gabe Ende Mai bis Ende Juni) wird eine ausreichende Blatt- und Triebentwicklung im Frühjahr und eine Verminderung des Junifruchtfalles bei gleichzeitigem Blütenknospenansatz erreicht. Vor N-Gaben nach dem 15. Juli wird gewarnt, da diese Reife- und Ernteverzögerungen bringen können. — Der Ernährungszustand der Bäume konnte gut durch die Ergebnisse der Blattanalyse charakterisiert werden. Abschließend wird festgestellt, daß der Einfluß der Sorte und der Jahreswitterung auf einige Qualitätsmerkmale der Früchte größer scheint als der der N-Düngung. R. Illge. 1232.

2-64/04-0683 Kricnar, Miroslav. Rozbor výnosů jabloňových zákrsků v několika plantážích. **(Ertragsanalyse von Apfelspindeln in mehreren Plantagen.)** Ovocnářství a Zelinářství **11** (1963) Nr. 5. S. 115–116. — 3 Abb., 4 Tab.
Um Angaben über Erträge verschiedener Apfelsorten (Spindeln auf Typenunterlagen) zu gewinnen, wurden in verschiedenen Gebieten 4 Plantagen untersucht. Von jeder Sorte wurden 6 Spindeln auf EM I, II, IV, IX geprüft, und in jeder Plantage wurden je 10 Sorten bewertet (Durchschnitt der letzten Jahre). Auf den einzelnen Plantagen gewannen den ersten Platz: in Holovousy — 'Breuhahn' auf EM II, Ertrag: 40,78 kg/Baum, 255 dt/ha; in Markvartice (Děčín) — 'Ontario' auf EM IX, 25,52 kg/Baum, 288 dt/ha: in Chroustníkovo Hradiště (Trutnov) — 'James Grieve' auf EM IV, 20,48 kg/Baum, 147 dt/ha; in Velké Dvorce (Tachov) — 'James Grieve' auf EM IV, 21,45 kg/Baum, 134 dt/ha. ČSSR/ÚVTI. 1232.

2-64/04-0684 Küppers, Hellmuth. **Prunus mahaleb 'Hüttners Heimann 10' eine neue beachtenswerte Unterlage.** Dtsch. Baumschule **15** (1963) Nr. 8. S. 229–233.
Die Verwendung von Mischsaatgut bei *Prunus mahaleb* ist die Hauptursache für die Ausfälle in Baumschulen und Plantagen. Die *mahaleb*-Selektionsarbeiten wurden 1937 eingeleitet und nach dem Kriege fortgesetzt. Ausgangsmaterial waren *Prunus mahaleb*-Typen von verschiedenen Standorten Deutschlands. Der unter dem Namen *Prunus mahaleb* 'Hüttners Heimann 10' geschützte Typ ist selbstfertil. Die Prüfung der Nachkommen an verschiedenen Standorten ergab positive obstbauliche und baumschulische Resultate. Ein hoher Keimprozentsatz wird bis Stratifikation bis zum 1. Sept. erzielt. Die Sämlinge bilden bei kontinuierlichem Wachstum keine vorzeitigen Triebe aus.

Der Wuchs ist etwa ⅓ stärker als der von Mischsaatgut. In den ersten 2 Jahren besteht gewisse Neigung zu Gummiflußbildung. Der wesentlichste Vorteil der 'Hüttners Heimann 10'-Unterlage besteht darin, daß gute Verträglichkeit mit Süß- und Sauerkirsche vorliegt. W. Blasse. 1245.

2-64/04-0685 Roth, Fritz. **Die Düngung der Süßkirsche.** Obstbau [Stuttgart] 82 (1963) Nr. 4. S. 70–71. – 3 Abb. 1245.

2-64/04-0686 Plock, H. **Fuchs' Sauerkirsche.** Rhein. Mschr. Gemüse-, Obst- u. Gartenbau **51** (1963) Nr. 10. S. 323. – 1 Abb. 1245.

2-64/04-0687 Koch, H.-J.; Werder/Havel, Fachschule für Gartenbau. **Gedanken zur heckenförmigen Kronengestaltung und zum Schnitt des Pfirsichs.** Obstbau [Berlin] **3** (1963) Nr. 4. S. 57–60. – 10 Abb., 13 Lit.
Neben der Betrachtung der Besonderheiten der Triebausbildung beim Pfirsich wird über eine heckenförmige Kronengestaltung berichtet. Es werden ab 2. Standjahr innerhalb der Reihe wahre Fruchttriebe durch Herunterbinden in eine mehr waagerechte Stellung gebracht. Abgetragene starke Fruchttriebe werden nach der Ernte entfernt und neue heruntergebunden. Durch diese laufende Teilverjüngung wird eine Verkahlung der unteren Baumteile vermieden. Es erfolgt ein jährlicher Fruchtholzschnitt, und außerdem werden die Baumgassen frei geschnitten. Durch das Verbleiben der Ertragszone in den unteren Kronenteilen werden die Pflege- und Erntemaßnahmen erleichtert. Zusätzliche Kosten entstehen durch die Anfertigung von Verankerungen, die als Halterung beim Herunterbinden benötigt werden.
M. Umhauer. 1248.

2-64/04-0688 Kosych, S. Konservnye sorta persika. **(Konservensorten des Pfirsichs.)** Vinogradarstvo i sadovodstvo Kryma **1962** Nr. 8. S. 19–21. – Aus: Referativnyj žurnal Moskva. Rastenievodstvo **1963** Nr. 1.55.223. S. 34.
23 Konservensorten des Pfirsichs wurden geprüft. Die Pfirsichbäume wurden im Jahre 1951 zwischen vorhandene Birnbäume gepflanzt. Nach dem rauhen Winter 1953/54 gab es den größten Ausfall von Bäumen (bis zu 50%) bei den Sorten: 'Podarok rodine' und 'Rod berd kling', bis 30% bei den Sorten Chadussamat', 'Molosani', 'Narindshi posdni'. Vollständig erhalten blieben die Bäume der Sorten 'Eriwanski 65', 'Shemtschushina', 'Schturm', 'Lebedew', Sokrowischtsche'. Am ertragreichsten sind die Sorten: 'Safrani sredni', 'Molosani', 'Russki bogatyr', 'Krymski Nr. 1', 'Podarok rodine', 'Lebedew', 'Shemtschushina,' 'Sokrowischtsche', 'Otetschestwenny.' Die erwähnten Sorten, mit Ausnahme von 'Safrani sredni' und 'Podarok rodine' (spätreifend), kann man unter den Bedingungen des östlichen Teils der Steppenzone der Krim für den Anbau empfehlen. übersetzt v. G. Boetticher. 1248.

2-64/04-0689 Semenjuk, G. M. Vlijanie mineral'nogo pitanija na izmenenie soderžanija azota, fosfora i kalija v počve i rastenii slivy. **(Einfluß der mineralischen Ernährung auf die Veränderung des Stickstoff-, Phosphor- und Kaligehaltes im Boden und in der Pflaume.)** Izv. AN MoldSSR **1962** Nr. 6. S. 58 bis 68. – Zus. in Mold. Aus: Referativnyj žurnal Moskva. Rastenievodstvo **1963** Nr. 7.55.269. S. 33.
In Versuchen, die in einer jungen bewässerten Pflaumenanlage mit funktioneller Erkrankung der Bäume (Karbonat-Aueboden pH 8) durchgeführt wurden, stellte man fest, daß das Verhältnis der Menge des beweglichen K_2O zur Menge $N\text{-}NO_3$ in der 0–40 cm-Schicht im Mai 23,05 und im Juni 7,20 betrug; in der 40–80 cm-Schicht entspr. 13,57 und 2,12; in den Blättern und Trieben betrug das Verhältnis des Gesamt-N zum beweglichen K_2O im Mai 1,82 und 1,32 im Juni 1,20 und 1,20. Die K_2O-Menge betrug im Mai in der 0–40 cm-Schicht 325 und in der 40–80 cm-Schicht 186; im Juli 240–288 und 139–169 mg/kg. Der Gehalt an beweglichem P_2O_5 veränderte sich gleichfalls.

Die Einbringung von K_{90}, $P_{90}K_{90}$ und $N_{90}P_{90}K_{180}$ zwischen die Reihen in einer Tiefe von 25–27 cm und in einer Entfernung von 1 m vom Stamm vergrößerte den Gehalt von $N-NO_3$, K_2O und in geringerem Maße den von P_2O_5 in der 0–60 cm-Bodenschicht, während in der 0–30 cm-Schicht das Verhältnis $K_2O/N\text{-}NO_3$ zum 1. Juli von 7,15 auf 4–5,2 abgesunken und zum 1. Aug. und 1. Sept. von 2,18 auf 4,12–5,56 und von 3,57 auf 4,72–5,58 entspr. angestiegen war. Die Düngemittel übten keinen wesentlichen Einfluß auf den Gehalt der Blätter und Triebe an Gesamt-N, P_2O_5 und K_2O aus. Die Verringerung der Menge des beweglichen K_2O und die Vergrößerung der $N\text{-}NO_3$-Menge führten in Durchschnittsjahren zu einer Erkrankung der Bäume.
übersetzt v. Th. C. Boetticher. 1250.

2-64/04-0690 Ranninger, Rudolf. **Reizfruchtungserfolg nunmehr auch bei Walnuß.** Gartenbauwirtschaft [Wien] **1963** Nr. 9. S. 221. – 2 Abb.
Durch Bestauben von Blüten mit einem wasserentziehenden Mittel wie Maismehl, Weizenmehl, Vitaminsubstanzen und Straßenstaub wurde eine Reizfruchtung u. a. bei Apfel und Birne erzielt. Bei einem jungen Walnußbaum wurden die ♀ Blüten mit Zement bestaubt. Eine natürliche Befruchtung war nicht möglich. 33% der bestaubten Narben entwickelten zunächst äußerlich normale Nüsse. Auf geringe Abweichungen der reifen Früchte gegenüber normal bestaubten wird hingewiesen. Der größte Unterschied lag darin, daß beim Embryo der Bestaubten die Wurzelanlage verdickt war. Das Hypokotil und die Sproßknospe fehlten ganz. S. Stritzke. 1255.

2-64/04-0691 Westgate, P. J. und Forbes, R. B.; Sanford, Centr. Florida Exp. Stat. Blackberries for Central Florida. **(Brombeeren für Central-Florida.)** Proc. Florida State horitcult. Soc. **75** (1962, hrsg. 1963) S. 391–393. – 2 Tab., 2 Lit.
Die Neuzüchtung 'Flordagrand' entstammt der Kreuzung 'Regal Nes' (Texas) × *Rubus trivialis*. Die F_1, frei abgeblüht, führte zu der Neuzüchtung. Diese Brombeere zeichnet sich durch hohen Ertrag guter Qualität aus. Nachteilig ist das Vorliegen von Selbststerilität, so daß Befruchtersorten im Bestand erforderlich sind. Eine andere wertvolle Brombeerneuzüchtung ist die Sorte 'Brazos', die später als 'Flordagrand' reift. Sie ist selbstfertil und bringt gute Erträge bester Qualität. Die Erntesaison dieser Brombeersorten erstreckt sich in Florida (Sanford) von Ende März/Anfang Apr. bis Mitte Mai. Es werden Ertragsangaben für die Jahre 1960–62 gemacht. W. Blasse. 1258.

2-64/04-0692 Krapf, B. und Schütz, F.; Wädenswil, Eidg. Versuchsanst. **Düngungsversuch mit Erdbeeren.** Schweiz. Z. Obst- u. Weinbau **72** (1963) Nr. 1. S. 6–13.; Nr. 2. S. 27–32.; Nr. 4. S. 89–94.; Nr. 5. S. 125–129. – 13 Abb., 3 Tab., 9 Lit.
In einem Gefäßversuch wurden der Einfluß der Nährstoffe auf die Pflanzenentwicklung, die Ertragsleistung und die Qualität von Erdbeeren ermittelt und das Auftreten von Mangelsymptomen beobachtet. Als Versuchsmaterial dienten virusfreie Pflanzen der Sorte 'Wädenswil 6'. Die Nährstoffe N, P, K, Ca, Mg und B wurden in gestaffelten Gaben verabfolgt. Insgesamt umfaßte der über 2 Vegetationsperioden durchgeführte Versuch 20 Varianten in 4 Wiederholungen. Durch Volldüngung wurde in den Gefäßen eine ähnliche Entwicklung der Pflanzen erzielt wie unter Freilandbedingungen. Bei fehlender oder schwacher N-, K- oder Mg-Düngung zeigten sich deutliche Mangelsymptome an den Blättern. P-Mangel bewirkte im ersten Jahr starke Wuchsdepressionen. Fehlende B-Düngung wirkte sich auf die vegetative Entwicklung kaum aus, beeinträchtigte aber die Ertragsleistung und führte zu starken Mangelerscheinungen an den Früchten. Steigerung der N-Menge förderte die vegetative Entwicklung und die Ertragsleistung. Verdoppelung der N-Düngung ergab im Versuch den effektiv höchsten Ertrag. Die doppelte P-Menge gegenüber der Volldüngung bewirkte kräftiges Wachstum und einen Ertrag, der zwischen

der normalen und der doppelten Volldüngergabe lag. K beeinflußte die Wuchsleistung deutlich, während gestaffelte K-Gaben sich auf den Ertrag kaum auswirkten. Durch Ca wurden die vegetative und generative Leistung nur unmerklich verändert. Mg-Mangel führte zu Ertragsminderung, während die Verdoppelung der Menge keine weitere Steigerung bewirkte. Bei der organoleptischen Beurteilung der Früchte fielen die nicht mit Mg, B oder K gedüngten Prüfnummern stark ab, zwischen den anderen Prüfnummern waren die Differenzen nur geringfügig. Am besten bewertet wurde die Variante mit 25% der normalen N-Gabe, danach an 2. Stelle die normale Volldüngung.

B. Borck. 1260.

2-64/04-0693 Slate, George L. und Watson, John; Geneva, New York State Agric. Exp. Stat. New strawberry varieties. **(Neue Erdbeersorten.)** New York State agric. Exp. Stat., Bull. **1963** Nr. 795. S. 1-11. – 9 Abb.

Im erwerbsmäßigen Anbau werden ertragreiche, festfleischige Sorten bevorzugt, während die geschmackliche Qualität nicht berücksichtigt wird, weil die Qualitätssorten in der Ertragsleistung meist nicht befriedigen. In der Erdbeerzüchtung der Versuchsstat. Geneva wurde bes. Wert auf die Verbindung von hoher Ertragsleistung mit genügender Festigkeit und hoher Qualität gelegt. Es werden 4 einmaltragende Neuzüchtungen, die eine Bedeutung für den Erwerbsanbau haben und eine zweimaltragende Züchtung beschrieben. Die Sorte 'Fletcher' wurde 1959 im Anbau eingeführt. Sie ist ertragreich, fest und von ausgezeichnetem Geschmack. Die Beeren sind für Frostung geeignet. Die Sorte 'Frontenac' zeichnet sich durch hohe Erträge, Festigkeit der Früchte, gute Frostungseignung, Wohlgeschmack und Widerstandsfähigkeit der Pflanzen gegen Trockenheit aus. 'Fulton' wird wegen ihrer hohen Ertragsleistung seit 1959 für den Großanbau empfohlen. Für die Frostung ist sie trotz ihres guten Geschmacks weniger geeignet als andere Sorten. 'Fortune' ist eine der wohlschmeckendsten Sorten, die in der Station angebaut werden. Die Ertragsleistung ist befriedigend und die Fruchtfestigkeit für den örtlichen Absatz ausreichend. Für Gefrierkonserven ist sie ungeeignet. Die genannten Sorten werden auch für den Selbstversorgeranbau empfohlen. 'Geneva' ist die erste immertragende Züchtung der Station. Sie ist von hervorragender Qualität. Nachteilig ist ihre Anfälligkeit für Fruchtfäule bei ungünstigen Witterungsbedingungen. Der Anbau kommt nur im Privatgarten in Betracht. Die Abstammung der Sorten wird angegeben. B. Borck. 1260.

2-64/04-0694 Kobel, F. und Schütz, F.; Wädenswil, Eidg. Versuchsanst. **+ZEVA+ 'Herbsternte' — eine neue Himbeerzüchtung.** Schweiz. Z. Obst- u. Weinbau **72** (1963) Nr. 18. S. 443-445. – 1 Abb.

+ZEVA+ 'Herbsternte' ist eine remontierende Himbeere. Im Frühjahr werden alle Triebe bodeneben abgeschnitten. Von den im Laufe des Sommers entstehenden Trieben werden 15-20 Stck./lfm. stehen gelassen. Diese Ruten bilden ca. 16 fruchtbare Blattachselknospen aus. Die unteren Blütenstände weisen 8-14, die oberen 2-4 Blüten auf. Die Blütezeit liegt im Juli/Aug., die Fruchtreife setzt Mitte Aug. ein. Mit der Haupternte ist Mitte Sept. bis Mitte Okt. zu rechnen. Die Gefahr des Rutensterbens besteht nicht. Der Bestand erreicht eine Höhe von 80-120 cm und ist durch 2 Stützdrähte beiderseits der Reihe zu sichern. Die Sorte entstammt einer Kreuzung 'Romy' × 'Indian Summer', die F_1 wurde mit 'Romy' rückgekreuzt. Die Sorte empfiehlt sich für den Haus- und Marktanbau, evtl. auch für die industrielle Verwertung.

W. Blasse. 1262.

2-64/04-0695 Dhillon, B. S.; Reading, Berks., Horticult. Res. Lab. Effect of type of wood on the rooting of black currant (Ribes nigrum) cuttings. **(Der Einfluß der Verholzung auf die Bewurzelung von Schwarzen Johannisbeerschnittlingen [Ribes nigrum]).** Indian J. Horticult. **19** (1962) Nr. 3/4. S. 168-173. – 2 Abb., 2 Tab., 6 Lit.

In einem Versuch wurde die Eignung von Steckholz der terminalen und subterminalen Zone eines Triebes zur Vermehrung geprüft. Obwohl sich allg. das Steckholz der Sorte 'Boskoop Giant' stärker entwickelte als das der Sorte 'Amos Black', war in jedem Falle die subterminale Zone in Trieblänge, Blattanzahl, Frisch- und Trockengewicht des Triebes der terminalen Zone des Triebes signifikant überlegen. Zwischen dem Steckholz von verschiedenen Sträuchern konnten keine signifikanten Differenzen in den genannten Merkmalen gefunden werden. Bei der Sorte 'Baldwin' konnte gezeigt werden, daß terminale Grünstecklinge sich besser bewurzeln als Stecklinge aus der subterminalen Zone. Die terminalen Grünstecklinge konnten in Anzahl und Länge der Wurzeln durch eine Langtagbehandlung von 17 Std. gegenüber 8 Std.-Tag und auch im Vergleich zu den subterminalen Stecklingen bes. gefördert werden. Die möglichen Ursachen für das unterschiedliche Verhalten der Schnittlinge wird diskutiert. S. Kramer. 1265.

2-64/04-0696 Sauter, Nübling und Stephan. **Erfahrungen beim Anbau von Schwarzen Johannisbeeren im Wachstumsjahr 1962/63.** Flüssiges Obst **30** (1963) Nr. 10. S. X/24. X/26–X/27. 1265.

2-64/04-0697 Wilking, W. E. **Zeitmessungen von Erntearbeiten bei Johannisbeeren.** Erwerbsobstbau **5** (1963) Nr. 7. S. 124–127.
Da die Johannisbeerernte sehr arbeitsaufwendig ist, wurden arbeitswirtsch. Untersuchungen auf Pflückbarkeit der einzelnen Sorten durchgeführt. Als Teilzeiten wurden festgestellt: Pflücken, Verstellen des Behälters, Hinaustragen des Behälters zum Vorgewende, Abwiegen, Aufnehmen eines leeren Behälters und Verteilzeiten (Verlustzeiten). In einer Tab. werden die Werte für die Sorten 'Rote Holländische', 'Rondom', 'Red Lake', 'Rote Vierländer', 'Weiße Langtraubige', 'Rosa Sport', 'Silvergieter' und 'Goliath 'genannt. Die Arbeitsbedingungen bei der Ernte der genannten Sorten werden mitgeteilt. Horst Müller. 1265.

2-64/04-0698 Shou-ju, Ouyang; Jalta, Unions-Forsch.-Inst. für Weinbau und Weinbereit. „Magaratsch". Nekotorye dannye po fiziologii morozostojkosti vinogradnogo rastenija. **(Einige Angaben über die Physiologie der Kälteresistenz des Weinstocks.)** Fiziologija rastenij, Moskva **10** (1963) Nr. 3. S. 366 bis 368. — 5 Tab., 9 Lit.
Zweijährige Versuche an 4, in ihrer Kälteresistenz unterschiedlichen Sorten zeigten, daß im Winter bei Temperatursenkung die Katalaseaktivität gesenkt wird, wobei winterharte Sorten eine höhere Restaktivität behalten. Der Stärkegehalt der Zellen wird verringert, in den winterharten Sorten am stärksten. In letzteren war der Gehalt an leichthydrolisierbaren Kohlenhydraten am höchsten, der Wassergehalt am geringsten, die Gewebe zeigten einen festeren Aufbau (kleinere Zellen, usw.). J. Birke. 1270.

2-64/04-0699 Geisler, G. und Radler, F.; Geilweilerhof, Siebeldingen über Landau, Pfalz, Forsch.-Inst. für Rebenzücht. **Entwicklungs- und Reifevorgänge an Trauben von Vitis.** Ber. dtsch. bot. Ges. **76** (1963) Nr. 4. S. 112–119. — 3 Abb., 2 Tab., 11 Lit.
Zur Erfassung der mit den Reifevorgängen verbundenen Änderungen wurden von der Blüte bis zur Lese die CO_2-Assimilation, die Atmung und Transpiration der sich entwickelnden Trauben eines Kreuzungssämlings bestimmt und mit den Werten der Inhaltsstoffe verglichen. 3 Entwicklungsphasen der reifenden Trauben wurden unterschieden: Übergangsphase, Reifeentwicklung und Nachreifephase. In der bis Anfang Juli anhaltenden Übergangsphase zeigen CO_2-Assimilation und Atmung einen starken Abfall. Die Zunahme an Zucker und Säure ist sehr gering. In der Phase der Reifeentwicklung erfolgt die Stoffeinlagerung in die Beeren. Zucker und Säure nehmen zu, der Wassergehalt der Beeren geht zurück. Die höchste Zuckerkonz. in den Beeren wird

in der Nachreifephase erreicht. Der Säuregehalt wird bereits vor Beginn der Nachreifephase geringer und sinkt gegen Ende dieser Phase auf einen gleichbleibenden Wert ab. Die Atmungsintensität bleibt in der Nachreifephase bis zum Aufhören der Photosynthese konstant. K. Thiele. 1270.

2-64/04-0700 Ritter, F. und Hofmann, E. L.; Geisenheim/Rhein, Lehr- und Forsch.-Anst. für Wein-, Obst- und Gartenbau, Inst. für Weinbau. **Erfahrungen bei der Klonenselektion und beim Klonenanbau.** Weinberg u. Keller **10** (1963) Nr. 8/9. S. 350–376. — 12 Abb., 17 Tab.
In einer Klonenvergleichsanlage der Sorten 'Blauer Spätburgunder' und 'Ruländer' wurden die leistungsfähigsten Klone ausgewählt und versuchsmäßig ausgewertet. Klone mit gutem Wuchs und gesundem Laub zeichneten sich durch hohe Erträge aus. Typen mit mehr ganzrandigen Blättern sind bei der Selektion von 'Burgunder'-Sorten und 'Traminer' zu bevorzugen, da sie wüchsiger, gesünder und blütenfester sind als Typen mit tief gelappten Blättern. Bei Kenntnis der Fruchtbarkeitsmerkmale kann schon nach einmaliger Beobachtung der Einzelstöcke eine Auslese und Vermehrung vorgenommen werden. Die Erträge der Klone wurden durch die Bodenverhältnisse deutlich beeinflußt. Die einzelnen Klone haben verschiedene Nährstoffansprüche. Eine Vergrößerung der Stockabstände bewirkte bei wüchsigen Unterlagen eine Ertragssteigerung der Klone ohne Qualitätsminderung. Die Qualität ist außer von Klima und Boden auch von der angewandten Weinbautechnik abhängig.
K. Thiele. 1270.

2-64/04-0701 Peyer, E.; Wädenswil, Versuchsanst. **Eine 12jährige Leistungsprüfung von 14 Klonenselektionen der Sorte Blauer Burgunder (Pinot noir).** Schweiz. Z. Obst- u. Weinbau **72** (1963) Nr. 14. S. 323–327. — 3 Abb., 3 Tab.
Das Hauptziel der Selektionsarbeiten bei der Sorte 'Blauer Burgunder' besteht in der Erhöhung der Durchschnittserträge auf 100 dt/ha. Von 44 Klonen wurden auf Grund 12jähriger Prüfungen 7 Klone ausgewählt. Bei diesen war gegenüber den Mutterstöcken eine bedeutende Verbesserung der Leistungsfähigkeit festzustellen. Die Klone zeichnen sich durch eine große Ausgeglichenheit der Erträge und der Qualität aus. Mit diesen Klonen werden zur Anbauprüfung in verschiedenen Rebgebieten Vergleichspflanzungen angelegt.
K. Thiele. 1270.

2-64/04-0702 Hartmann-Benninger, E. **Ein Beitrag zum Anbau von Direktträger (Hybriden)-Reben.** Schweiz. Z. Obst- u. Weinbau **72** (1963) Nr. 17. S. 404-408. — 1 Tab.
In der Schweiz ist die Nachfrage nach roten Hybridentrauben zur Herstellung von Traubensaft gestiegen. Da die Inlandserzeugung zur Bedarfsdeckung nicht ausreicht, ist ein vermehrter Anbau von Hybridenreben erwünscht. Die bisherigen Erfahrungen mit Hybriden sind günstig. Die Sorten 'Leon Milliot', 'Triumph von Elsaß' und 'Marschall Fox' werden bevorzugt. Als Erziehungsarten haben sich mittelhohe Erziehung und Hochkultur gut bewährt.
K. Thiele. 1270.

2-64/04-0703 Reichardt, A., Hansen, H. und Yap, F.; Würzburg, Bayer. Landes-Anst. für Wein-, Obst- und Gartenbau; Karlsruhe, Bundesforsch.-Anst. für Lebensmittelfrischhalt. **Experimentelle Untersuchungen zur Frage der langfristigen Konservierung der Pfropfreben. 1. Mitt.** Weinberg u. Keller **10** (1963) Nr. 8/9. S. 377-394. — 7 Abb., 6 Tab., 21 Lit.
Zur Erprobung einer wirtschaftlichen Methode der ganzjährigen Überlagerung wurden Pfropfreben im Kühlhaus verschiedenen Lagerungsbedingungen unterworfen. Schwierigkeiten bei der Kaltlagerung treten durch Austrocknen, Zerstörung der Wurzeln durch Mikroorganismen und durch Veratmung der Reservekohlenhydrate auf. Der Sandeinschlag ist für die Überlagerung nicht

geeignet. Die Konservierung in gasdicht verschlossenen Polyäthylenumhüllungen war zufriedenstellend; die wasserdampfdichte Verpackung schützt vor dem Austrocknen. Durch Anwendung von Fungiziden kann der Befall durch Mikroorganismen verhindert werden. Mit Rücksicht auf ein möglichst hohes Kohlenhydratdepot bei der Einlagerung sind nur ausgereifte und kräftig entwickelte Pfropfreben mit starken Wurzeln zu verwenden. Günstigster Termin für den Beginn der Einlagerung ist Ende Nov. bis Anfang Dez.

K. Thiele. 1270.

2-64/04-0704 Hasselbach, R.; Oppenheim/Rhein, Landes-Lehr- und Versuchsanst. für Wein- und Gartenbau. **Austriebsschäden im rheinhessischen Weinbaugebiet: Folgen von Winterkälte und Trockenheit?** Dtsch. Weinbau **18** (1963) Nr. 16. S. 650–654. – 10 Abb., 2 Tab.
Im Frühjahr 1963 traten im rheinhessischen Weinbaugebiet starke Austriebsschäden auf, die ihre Ursache im Zusammentreffen mehrerer ungünstiger klimatischer Faktoren hatten. Die Witterungsverhältnisse in den Monaten Apr. bis Okt. des Vorjahres waren unausgeglichen. Das Holz der Rebstöcke ging schlecht ausgereift in den Winter. Im Jan. 1963 herrschte eine fast ununterbrochene Kältewelle mit Tiefstwerten von −17,8 und −24,8 °C; auch der Febr. war sehr kalt. In den ersten Jan.-Tagen trat Glatteisbildung auf dem Holz und an den Knospen auf. Die stärksten Schäden waren bei den Rebstöcken festzustellen, die entweder mastiges Holz hatten oder durch einen großen Behang und durch Spätlese geschwächt waren. Nachteilig für die Überwindung der Frostschäden wirkte sich der Wassermangel zum Vegetationsbeginn aus. Infolge des tiefgefrorenen Bodens während der Schneeschmelze waren erhebliche Wasserverluste eingetreten.

K. Thiele. 1270.

2-64/04-0705 Caruso, Pietro; Palermo, Univ., Ist. di Agronomia. Ricerche sperimentali sulla concimazione epigeica del vigneto asciutto in Sicilia. **(Experimentelle Untersuchungen zur oberirdischen Düngung in trockenen Weinbergslagen in Sizilien.)** Riv. Viticolt. Enol. **16** (1963) Nr. 3. S. 93–99.; Nr. 4. S. 123–136. – 1 Abb., 15 Tab., 26 Lit. Zus. in Engl.
Für die Versuche standen Reben der Sorten 'Grillo' und 'Catarratto' veredelt auf Berlandieri × Riparia 420 A, die im Jahre 1938 im Abstand von 1,5 × 1,5 m gepflanzt waren, zur Verfügung. Der Versuch wurde in randomisierten Blökken angelegt. Je Versuchsglied waren 100 Pflanzen (25 je Wiederholung) vorhanden. Der Blattdünger (Fertilnova D und E, Auxifert, Irral, Plant Food) wurde zu verschiedenen Terminen, (Mai–Aug.) in unterschiedlichen Kon. (0,3–0,7%), in Wasser gelöst oder einer Bordeaux-Brühe zugesetzt, und in seiner Wirkung auf den Ertrag und Refraktometerwert geprüft. Ein sichtbarer Einfluß konnte durch die Blattdüngung allg. nicht erreicht werden. Vor allem zeigte sich kein Einfluß der unterschiedlichen Termine und Konz. Gegenüber der Kontrolle wirkten am besten die Behandlungen mit hohen Konz. und einem hohen Phosphorsäuregehalt (Plant Food $N:P_2O_5:K_2O = 1:1,5:0,85$). Die Wirkung der Blattdüngung wird an dem Untersuchungsstandort durch die große Trockenheit und die geringe Luftfeuchtigkeit eingeschränkt. Eine Hormonspritzung mit 'Durazet 20 W' zeigte keinen Effekt.

S. Kramer. 1270.

2-64/04-0706 Kadisch, E.; Oppenheim, Landes-Lehr- und Versuchsanst. für Wein- und Gartenbau. **Genügen unsere Düngungsmaßnahmen zur Verbesserung und Aufrechterhaltung der Bodenfruchtbarkeit im Weinbau?** Dtsch. Weinbau **18** (1963) Nr. 16. S. 664–668. – 3 Tab., 3 Lit.
Rückgangserscheinungen in den Weinbergen haben oft ihre Ursache in ungenügender Bodenpflege, bes. in der Vernachlässigung der org. Düngung. Die Einbringung von Nähr- und Dauerhumus ist zur Erhaltung der Bodenfruchtbarkeit unerläßlich. Durch eine Torfdüngung von 75 Ballen je ha wird eine

Strukturverbesserung des Bodens erreicht, die mit der von 150 dt Stallmist vergleichbar ist. Jedoch sind die Kosten für Torf und Stallmist hoch. Eine billigere Humusversorgung stellt die kombinierte Stroh-Gründüngung dar. Eine zweckmäßige Methode dieser Düngung in Normalanlagen besteht darin, daß Mitte Aug. jede 2. Zeile wie bei der Winterfurche zugepflügt wird und die Gründüngung sofort in den frisch aufgeworfenen Boden eingesät und mit dem Grubber flach eingearbeitet wird. Gleichzeitig wird eine N-Gabe verabreicht; darauf werden 30–40 dt/ha gehäckseltes Stroh ausgestreut. Die kombinierte Stroh-Gründüngung kann bei Aussaat in jeder 2. Zeile 40 dt org. Substanz je ha und Jahr liefern. K. Thiele. 1270.

2-64/04-0707 Havelka, Bohumil. Zkušenosti se zeleným hnojením v mladé vinici. **(Erfahrungen mit der Gründüngung in einem jungen Weinberg.)** Vinohrad [Praha] **1** (1963) Nr. 6. S. 86–87. – 4 Abb., 4 Tab.

1957–60 wurde ein Gründüngungsversuch mit folgenden Varianten durchgeführt: Gründüngung (5% Getreidearten, 50% Schmetterlingsblütler) sofort nach der Pflanzung und Gründüngung erst im 3. und 4. Jahr nach der Pflanzung. In Jahren, in denen keine Gründüngung erfolgte, wurde mineral. gedüngt (80 kg/ha P, 90 N, 140 K). Während der ersten 2 Jahre nach der Pflanzung ('Sylvánské zelené' auf 'Berlandieri' × 'Riparia Kober 5 BB') stellte sich ein starker Wachstumsrückgang sowohl des Wurzel- als auch des oberirdischen Teils der Weinrebe ein. Gleichzeitig gingen auf den Parzellen mit Gründüngung 20%, dagegen auf den übrigen Parzellen nur 7% der Pflanzen ein. Diese depressive Wirkung, die nicht einmal durch zusätzliche PK-Düngung wesentlich herabgesetzt werden konnte, zeigte sich auch in den weiteren 2 Jahren, als die Rebe bereits mit Handelsdüngern gedüngt wurde. Die Depression wurde durch die Konkurrenz des Futtergemisches und der Weinrebe hinsichtlich der Wasseraufnahme, der Aufnahme von Nährstoffen, vor allem N, durch starke Verdunstung bei der Einbringung und durch Zersetzung der Gründüngung und Ausscheidung von Inhibierungsstoffen seitens der Schmetterlingsblütler verursacht. ČSSR/ÚVTI. 1270.

2-64/04-0708 Dobroljubskij, O. K.; Odessa, Landwirtsch. Inst. Vlijanie mikroèlementa vanadija na vinograd. **(Einfluß von Vanadium auf den Weinstock.)** Fiziologija rastenij, Moskva **10** (1963) Nr. 3. S. 319–324. – 6 Tab., 4 Lit. Zus. in Engl.

Im Verlauf von 4 Jahren wurden Weinstöcke verschiedener Sorten 2mal – vor der Hauptblüte und 3 Wochen danach – mit einer Vanadiumsulfatlösung (5×10^{-5} g Salz je Stock in 0,2 l Wasser) behandelt. Die Behandlung führte in der überwiegenden Mehrzahl der Fälle zur Senkung von E_H und rH in Blättern und Trauben. Die Aktivität von Ascorbinoxydase, Polyphenoloxydase, Peroxydase, Invertase und der Zuckergehalt der Trauben wurden erhöht, der Säuregehalt nahm ab, und der glucoacidometrische Wert und das Gewicht der Trauben nahmen zu. J. Birke. 1270.

2-64/04-0709 Atanasov, Jane. Opiti za ustanovjavane na podchodjašti formirovki i rezitbi pri njakoi bezsemenni sortove lozi. **(Versuche zur Feststellung der geeigneten Erziehung und der besten Schnittmethoden bei einigen kernlosen Rebsorten.)** Lozarstvo i vinarstvo, Sofija **12** (1963) Nr. 1. S. 13–21. – 3 Abb., 5 Tab., 10 Lit.

Es wurden folgende Schnittarten bei der Sorte 'Sultanina' und der Hybride 'V-6' geprüft: einseitige Stockerziehung mit Belassen von 18 Augen (eine Tragrebe mit 12 Augen und 3 Zapfen mit je 2 Augen); Spalier Royat mit 18 Augen; 2seitige Stockerziehung mit 36 Augen (2 Tragreben mit je 14 Augen und 4 Zapfen mit je 2 Augen) und die Erziehung nach Karant mit 36 Augen. Es wurden der Anteil der Fruchttriebe, der Ertrag und die Qualität der Trauben ermittelt. Bei beiden Sorten lieferte die einseitige und 2seitige Erziehung sowie die Methode Karant den höchsten Anteil an Fruchttrieben. Bei der Sorte 'Sultanina' betrug dieser Anteil 27,7; 33,5 und 27,2%, bei der Hybride 'V-6' entspr. 45,4; 41,5 und 44,7%. Der Ertrag war bei Karant am höchsten. Die niedrigsten Erträge wurden nach der Methode Spalier Royat erzielt. Für die Hybride 'V-6' wird 2seitige Rebenerziehung empfohlen und für die Sorte 'Sultanina' die Methode Karant mit 36 Augen. Als aussichtsreich für die Praxis wird die neue Hybride 'V-6' empfohlen.

NRB/ZSNTI, übersetzt v. Ch. Eshkowa. 1270.

2-64/04-0710 Moser, Lenz. **Eine neue Unterstützung für Weinreben.** Dtsch. Weinbau **18** (1963) Nr. 16. S. 670.

Zur Errichtung von Drahtrahmen werden meist noch Holzpfähle und in letzter Zeit auch Betonsäulen verwendet. Die Haltbarkeit der Holzpfähle ist nicht befriedigend; nur Eichen- oder Robinienpfähle können bis zu 20 Jahren halten. Betonsäulen sind nur dann dauerhaft, wenn ihr Querschnitt mindestens 12 cm beträgt. Sie sind schwer und erfordern hohe Transport- und Einsatzkosten. Winkeleisen sind teuer und nicht genügend standfest. Auf der Suche nach geeigneterem Unterstützungsmaterial wurde ein 2 mm starkes Stahlblechprofil entwickelt. Es hat ein leichtes Gewicht und besitzt eine hohe Standfestigkeit. Die Lebensdauer soll mehr als 50 Jahre betragen. Die unter der Bezeichnung „Voest-Spalierpfähle" auf den Markt gebrachten Pfähle werden in Längen von 2,60 m für Hochkulturen, 2,20 m für mittelhohe und 2,00 m für niedere Kulturen geliefert. Sie sind mit Schlaufen zur Aufnahme der Drähte und Querträger versehen. Das Einsetzen der Pfähle erfolgt in leichten Böden mit einem Holzhammer; in schweren und steinigen Böden wird mit dem Erdlochbohrer vorgebohrt. K. Thiele. 1270.

2-64/04-0711 Pospíšilová, Dorota. Studium světového sortimentu révy vinné – významná mezinárodně řízená činnost. **(Studium des Rebenweltsortimentes — eine bedeutsame international gesteuerte Tätigkeit.)** Vinohrad [Praha] **1** (1963) Nr. 4. S. 52–53. – 3 Abb.

Der gegenwärtige Stand der tschechoslowakischen Rebsorten (40) und ihre Bewertung vom Gesichtspunkt des technologischen Wertes und der Art ihrer Verwendung, die internationale Zusammenarbeit hinsichtlich des Austausches der Rebsorten nach der Konferenz von 1960 in Jalta, die Methodik des Studiums des Weltsortimentes werden behandelt. In die ČSSR wurden während der letzten Jahrzehnte etwa 500 ausländische Rebsorten eingeführt, die in der Forschungsstat. Mutěnice geprüft werden. 1962 wurden aus dem Ausland weitere 450 Rebsorten bezogen. Sobald sie ihre volle Fruchtbarkeit erreichen, werden sie nach 56 bot. und wirtsch. Kennziffern bewertet. Es wurde auch mit dem Studium der Veränderlichkeit fremder, unter veränderten Wachstumsbedingungen angebauten Sorten begonnen. Zu den praktischen Zielen des Studiums des Weltsortimentes gehört auch das Aufsuchen wertvoller Sorten, die bestimmte, weniger wertvolle einheimische Sorten ersetzen können.

ČSSR/ÚVTI. 1270.

2-64/04-0712 *Kozma, Pál.* **A szőlő termékenységének és szelektálásának virágbiológiai alapjai.** (Die blütenbiologischen Grundlagen der Fertilität und Selektionierung der Weinrebe.) Budapest: Akad. kiadó. 1963. (494 S.) 8°. (1963 A 628)

2-64/04-0713 *Hane, Mechthild.* **Untersuchungen über den Säurestoffwechsel von Erdbeerfrüchten.** Diss. Landwirtsch. Fak. Bonn. 1962. 8° = Die Gartenbauwissenschaft 27 (9). H. 4. (Diss. 9208)

2-64/04-0714 *Tamási, János.* **A gyümölcsfák gyökérzete.** (Die Bewurzelung von Obstbäumen.) Budapest: Országos mezögazdasági könyvtár és dokumentációs központ. 1962. (32 S.) 8°. (1963 A 503)

2-64/04-0715 *Blaszczyk, Edmund* und *Slaski, Jan.* **Szkółkarstwo.** (Das Baumschulwesen.) Warszawa: Państw. wyd. rolnicze i leśne. 1962. (327 S.) 8°. (1963 A 676)

2-64/04-0716 *Jastrzebski, Stanisław.* **Sadzenie drzew i krzewów w zadrzewieniach.** (Das Pflanzen von Bäumen und Sträuchern in Plantagen.) Warszawa: Państw. wyd. rolnicze i leśne. 1963. (51 S.) 8°. (DA 1594)

2-64/04-0717 *Simirenko, Lev Platonovič.* **Pomologija.** (Pomologie. Bd. 1.) Kiev: Izd. Ukr. akad. sel'skochoz. nauk. 1961. (578 S.) 4°. (1963 B 98,1)

E. Zierpflanzenbau

2-64/04-0718 Breves, J. und Schmidt, H. **Entwicklung der Rosenanzuchten.** Gartenwelt **66** (1963) Nr. 14. S. 297–299. – 3 Abb., 3 Tab.
Die beiden Hauptanbaugebiete für Rosen werden beschrieben, Schleswig-Holstein und Hessen. Schleswig-Holstein hat 1954–62 etwa 50% des westdeutschen Rosenanbaues bestritten. Seine Vorherrschaft liegt in günstigen ökologischen Voraussetzungen und in günstigen Bedingungen für den Einsatz moderner Maschinen (große, ebene Flächen) begründet. Neben den Pflanzenschutz- und Pflegemaßnahmen werden auch die Aussaat des stratifizierten Saatgutes, das Pflanzen, Anhäufeln, Einebenen der Winterwälle, Abwerfen, Roden und Bündeln maschinell durchgeführt. Kühlhäuser erleichtern das Einlagern und Veredeln. Letzteres wird auch durch den OSV-Schnellverband erleichtert. Die trotzdem leicht rückläufige Entwicklung ist auf des Vorhandensein zahlreicher Kleinbetriebe zurückzuführen, denen die Arbeitskräfte fehlen. In Hessen liegt der Schwerpunkt des Anbaus in Steinfurth bei Bad Nauheim. Rosen zum Schnitt im Freiland werden hauptsächlich im Maingau mit Schwerpunkt um Hattersheim und im Rheingau angebaut. Die Steinfurther Gegend ist ökologisch für den Rosenanbau günstig. Weiterhin werden die wirtschaftlichen Gegebenheiten dieses Anbaugebietes erörtert. U. Walter. 1315.

2-64/04-0719 Hieke, Karel. Význam standardních sortimentů v květinářství. **(Bedeutung der Standardsortimente im Zierpflanzenbau.)** Ovocnářství a Zelinářství **11** (1963) Nr. 5. S. 127–128.
Standardsortimente, die nur eine beschränkte Zahl von am besten bewährten Sorten enthalten, erleichtern die Sortenwahl und bilden gleichzeitig einen objektiven Maßstab für die Beobachtung und Einführung weiterer Sorten. Das Standardsortiment muß auf Grund eingehender mehrjähriger Vergleichsversuche mit kompletten Sortimenten ausgearbeitet sein und darf nicht zu viele Sorten enthalten. ČSSR/ÚVTI. 1320.

2-64/04-0720 Wennemuth, Georg. **Kühlhäuser in Baumschulen. Ihre Bedeutung für die Betriebsorganisation und die Qualitätserzeugung.** Dtsch. Gartenbauwirtsch. **11** (1963) Nr. 10. S. 206–207. 1130.

2-64/04-0721 Mücke, K.-H. **Intensive Qualitätskontrolle bei Zierpflanzen in Holland.** Dtsch. Gartenbauwirtsch. **11** (1963) Nr. 8. S. 165–166. – 7 Abb., 1 Tab.
Der Niederländische Prüfungsdienst für Zierpflanzen (N.A.K.S.) untersteht dem Landwirtschaftsministerium und ist seit 15 Jahren bemüht, Gesundheit und Qualität bei Zierpflanzen zu steigern. So sind z.B. alle Vermehrungsbetriebe von Nelken, Chrysanthemen, Cyclamen, Freesien und Pelargonien verpflichtet, sich diesem Prüfungsdienst anzuschließen. Das Gleiche gilt für die Händler. Neben Gesundheit wird auch auf Sortenechtheit und -reinheit geprüft. Zur Anerkennung muß die betreffende Sorte einer Zierpflanzenart wenigstens eine Wachstumsperiode lang während der Entwicklungs- und Blütezeit mehrmals geprüft und allen Anforderungen gerecht werden. Durch die Meristemkultur ist es gelungen, virusfreie Nelken zu bekommen, die ein bes. Zertifikat erhalten. Pelargonienstecklinge und -mutterpflanzen, Chrysanthemenstecklinge und -pflanzen sowie Freesienknollen und -perlen dürfen nur dann in den Handel gebracht werden, wenn eine Bescheinigung des Züchters über ordnungsgemäße Prüfung durch das N.A.K.S. vorliegt. Auch alle Sendungen anerkannter Nelkenstecklinge und das Cyclamensaatgut erhalten diesen Vermerk. Die zum Export bestimmten Pflanzen nimmt der niederländische Pflanzenschutzdienst nur dann zur Inspektion an, wenn die Anerkennung durch das N.A.K.S. aus den Prüfungszertifikaten und Bescheinigungen ersichtlich ist. Der Umfang der Prüfungen nimmt von Jahr zu Jahr zu. U. Walter. 1330.

2-64/04-0722 Peper; Ahlen, Hannover, Lehr- und Versuchsanst. für Gartenbau. **Steuerung des Blühtermins bei Zygocactus truncatus.** Gartenwelt **63** (1963) Nr. 15. S. 321–323. – 1 Abb., 6 Tab., 2 Lit.
Bei 5 Sorten von *Zygocactus truncatus* wurden 1960–62 Versuche durchgeführt, um eine Terminblüte zu erreichen. Während 1960 die Kurztagbehandlung bei allen Sorten gleichmäßig erfolgte, wurde 1961 und 62 der Kurztag entspr. den Sorteneigenschaften gegeben, um einen einheitlichen Blühtermin zu erzielen. Dabei war es gleich, ob die Pflanzen im Frühbeet oder Keller standen. Als Maß für den Blüherfolg wurde die Anzahl der Endglieder mit Blüten in % aller Endglieder genommen. Verkaufswürdige Pflanzen sollen an 70% der Endglieder Knospen haben. Für die gesteuerte Kultur ist es wichtig, die Zeitdauer zwischen Kurztagbeginn und Blüte bei jeder Sorte zu kennen. Es werden Beschreibungen und Kulturempfehlungen für die 5 Sorten des Versuches gegeben, die unterschiedliche Ergebnisse zeigten. Für die Entwicklung vom Verdunklungs- bis zum Blühbeginn werden folgende Richtwerte angegeben: Kurztagbeginn zwischen dem 1. Juni und 1. Okt., tägl. Verdunklungszeit 15–16 Std. bei Temperaturen zwischen 17 und 20 °C. H. Erfurth. 1332.

2-64/04-0723 Springer, E. **Der Nährsalzspiegel bei Azaleen in Abhängigkeit vom jahreszeitlichen Wachstumsrhythmus.** Torfnachrichten **14** (1963) Nr. 5/6. S. 10–12. – 1 Abb., 2 Tab.
In Torfsubstrat wurden mit den Azaleen-Sorten 'Hexe' und 'Schäme' Düngungsversuche durchgeführt. Dabei wurde die Gesamtkulturzeit in 5 Abschnitte untergliedert (angefangen vom bewurzelten Steckling bis zum Blühbeginn), in denen die Düngung entspr. dem Wachstumsrhythmus erfolgte. In jedem dieser Abschnitte hielt man die N-Versorgung in 3 verschiedenen Stärken konstant. 14tägig erfolgte eine N-Schnellbestimmung; der Sollbetrag wurde in flüssiger Form mit einem 3:1:2-Dünger ergänzt. Nach jedem Kulturabschnitt wurden Wachstumsbonituren, Frischgewichtsbestimmungen bzw. Größenmessungen der Pflanzen durchgeführt und schließlich Blühbeginn und Blütenzahl erfaßt. Aus den Versuchen konnten für die düngebedürftige Sorte 'Hexe' und die weniger düngebedürftige Sorte 'Schäme' der günstigste N-Spiegel in Abhängigkeit vom Wachstumsrhythmus ermittelt und Düngeempfehlungen abgeleitet werden. H. Erfurth. 1335.

2-64/04-0724 Fransen, J. W. Jaarrondcultuur chrysanten. III. Opplanting. **(Ganzjahreskultur bei Chrysanthemen. 3. Mitt. Das Auspflanzen.)** Vakbl. Bloemisterij **18** (1963) Nr. 28. S. 591–592.
Die Stecklinge müssen zum Auspflanzen in gleichmäßiger Entwicklung sein, sie werden auf den gefrästen Boden im Haus in Freesiennetze gepflanzt, wobei im Winter je Viereck eine Pflanze steht (64 Pflanzen/m^2). Die Wegbreite beträgt 50–60 cm. Im Sommer sind die Pflanzabstände weiter und die Pflanzen werden in Höhe von 15–20 cm gestutzt. Im Winter ist Zusatzbelichtung notwendig. Entweder wird ununterbrochen von 23–2 Uhr belichtet oder intermittierend, wobei die Lichtperioden 10–30 Min. betragen. Während der Langtagperiode muß zur Bildung der Knospen verdunkelt werden. Die Kurztagbehandlung beginnt bei 25 cm Pflanzenhöhe und endet beim Farbezeigen der Knospen. Gegossen wird bis die Knospen Farbe zeigen. Die Pflegearbeiten erstrecken sich auf Nachdüngen, Spritzen, Höherziehen der Netze und Eintüten der Knospen sobald sie Farbe zeigen. CO_2-Begasung fördert das Pflanzenwachstum. Regelmäßige vorbeugende Schädlingsbekämpfung ist notwendig. I.-G. Gründler. 1340.

2-64/04-0725 Whetman, J.; Lee Valley Exp. Horticult. Stat. Freesia temperature studies. **(Temperaturuntersuchungen bei Freesien.)** Exp. Husbandry Farms exp. Horticult. Stat., Progr. Rep. **1963** S. 49–51.
Für die Blütenbildung in Freesienknollen liegt die kritische Temperatur bei 15 °C. Bei höheren Temperaturen tritt Verzögerung und bei niedrigeren Be-

schleunigung der Blütenbildung ein. Viel Wärme in frühen Stadien ist günstig zur Ausbildung guter Blumenqualitäten. Freesien sind in der Lage, Blüten anzulegen, wenn sie eine Höhe von 4–6 in. erreicht haben. Die Blüte beginnt 10–12 Wochen nach der Induktion. Bis zum Zeitpunkt der Induktion ist eine warme Kultur von Vorteil. Bei Aussaat am 5. bzw. am 30. Mai hat ein Beschatten der Pflanzen einen günstigen Einfluß auf die Frühzeitigkeit der Blüte (50% mehr Blüten bis 9. Febr.). Der frühere Aussaattermin bewirkt ebenfalls eine bedeutend frühere Blüte als der spätere Termin (66% mehr Blütenrispen bis zum 9. Febr.) Für frühblühende Freesien ist wichtig: frühe Aussaat, Wärme in den frühen Stadien und Kühle während des Sommers.

W. Hiller. 1340.

2-64/04-0726 Steffen, Ludwig. **Lagerung der Knollen beeinflußt den Kulturerfolg bei Freesien.** Gartenwelt **63** (1963) Nr. 11. S. 235–236. — 1 Abb.

1340.

2-64/04-0727 Kragtwijk, C. Bij een zomercultur van freesia's onder glas geven plantschalen grotere zekerheid. **(Bei einer Sommerkultur von Freesien unter Glas geben Pflanzschalen eine größere Sicherheit.)** Vakbl. Bloemisterij **18** (1963) Nr. 27. S. 567.
Pflanzschalen tragen zur Kulturzeitverkürzung bei Sommerkultur von Freesien bei. Die Temperatur zu Beginn des Wachstums ist von entscheidender Bedeutung auf die weitere Entwicklung. Bisher wurden zum Kulturbeginn 17 °C eingehalten. Temperaturen von 12–13 °C für 12–15 Tage bringen jedoch bessere Ergebnisse. Um diese Temperatur zu halten, stellt man die Schalen in Temperaturzellen. Während dieser Kühlzeit sollen 5–6 cm Sproßlänge erreicht werden. Entscheidend ist auch die Vorbehandlung der Knollen. Wenn nach der Temperaturbehandlung eine Periode der Trockenkühlung eingeschaltet wird (13 °C für 12–15 Tage) ist die Entwicklung viel besser als ohne Trockenkühlung.

I.-G. Gründler. 1340.

2-64/04-0728 Junges, W. **Einfluß klimatischer Faktoren und verschiedener Kulturmaßnahmen auf Blütezeit und Blühleistung von Gerbera jamesonii. III. Einfluß der Wasserversorgung.** Arch. Gartenbau **11** (1963) Nr. 6. S. 469–482. — 6 Abb., 1 Tab., 7 Lit. Zus. in Russ., Engl. — nach Zus. 2. Mitt. vgl. LZ. Abt. II 8 (1963) Nr. 9. S. 2464.
In Gefäßversuchen mit mehreren Klonen von *Gerbera jamesoni* wurde während des Winters bzw. während des Sommers in 3 bzw. 4 aufeinanderfolgenden 6wöchigen Phasen die Wasserversorgung variiert. Die Gesamtversuchsdauer betrug in beiden Fällen ein Jahr. Die Wasserversorgung wurde nach hydrothermischen Quotienten (HQ) bemessen, die im Extremfall zwischen 0,125 und 2,50 lagen. Daneben wurden Versuche mit ganzjährig gleichbleibenden hydrothermischen Quotienten durchgeführt. Die Infloreszenzzahlen stiegen, wenn im Sommer stark und im Winter schwächer bewässert wurde, und die Bewässerung damit in Übereinstimmung mit der jahreszeitlichen Niederschlagsverteilung in der Heimat der *Gerbera* stand. Als bes. günstig für die Kultur der *Gerbera* wird Herbstpflanzung und eine jahresperiodische Veränderung der Wasserversorgung zwischen HQ = 2 im Sommer und etwa HQ = 1 im Winter angesehen. In einzelnen Fällen, vor allem bei hydrothermisch gleichbleibender Wasserversorgung, zeigten sich Unterschiede im Verhalten der Klone. Der erste Schwerpunkt des Blühens lag im Mittel etwa 9 Monate nach dem Pflanzen. Bei Pflanzung Ende März ließ sich durch weite Staffelung der aufeinanderfolgenden Bewässerungsdosen der Schwerpunkt des Blühens in den Herbst vorverlegen, ohne daß die Gesamtinfloreszenzzahl dadurch beeinflußt wurde. Auch bei Pflanzung Ende Sept. war eine Vor- und Rückverlegung des Blühschwerpunktes (in den Vorsommer bzw. in den Spätsommer) möglich, führte aber zu stark herabgesetzten Infloreszenzzahlen. Die durch die jahresperiodischen Strahlungsunterschiede hervorgerufenen Unterschiede

der Inflorescenzzahlen ließen sich mindern, aber nicht vollständig aufheben, so daß stets im Sommerhalbjahr mehr Inflorescenzen als im Winterhalbjahr gebildet wurden. Die Höhe des Inflorescenzschaftes korrelierte positiv mit der Wasserversorgung z. Z. der Inflorescenzbildung. Mit Zunahme des hydrothermischen Quotienten um 1 nahm die Höhe des Inflorescenzschaftes um 5,6 cm zu. 1340.

2-64/04-0729 Say, J. S.; Auckland, Dep. of Agric. Gerberas for pleasure and profit. **(Die Kultur der Gerbera.)** New Zealand J. Agric. **106** (1963) Nr. 4. S. 343–345. 347. 349. 351. – 5 Abb.
Am Heimatstandort in Südafrika erhalten die Pflanzen im Winter keinen Regen. Die durchschnittl. Lufttemperatur beträgt 60 °F und im Sommer etwa 90 °F. In Neuseeland sind die Regenfälle im Winter höher als in Südafrika und im Sommer ist es trockener. Die Pflanzen sollen im Freiland sonnig aber windgeschützt stehen. Sie sind empfindlich gegenüber Frost, gehen jedoch bei einigen Kältegraden nicht ein. Schwerer, gut dränierter Boden, der im Sommer nicht so stark austrocknet, ist geeignet. Org. Düngung zur Bodenverbesserung ist notwendig. Der pH-Wert soll 5,0–6,5 betragen. Die Ansprüche an P und K sind höher als an N. Bodendesinfektion durch Dämpfen ist vor der Pflanzung notwendig, ebenso die Unkrautbekämpfung Die beste Pflanzzeit ist Okt. bis Nov. Vor dem Teilen der Pflanzen werden Wurzeln und Laub eingekürzt. Der Ballen wird dann zerrissen, nicht geschnitten und in Zineblösung getaucht. Regelmäßige Bewässerung im Sommer ist notwendig. Die Methode der Samengewinnung und Ernte wird beschrieben. Bei Hauskultur in kälteren Gegenden soll die Temperatur 45 °F betragen. Krankheiten und Schädlinge und deren Bekämpfung sind angeführt. I.-G. Gründler. 1340.

2-64/04-0730 Stoffert, G. **Selbstverspannte oder fertiggekaufte Netzlagen für die Nelkenkultur.** Dtsch. Gartenbauwirtsch. **11** (1963) Nr. 10. S. 208. – 1 Lit. 1340.

2-64/04-0731 Hanan, Joe J. und Langhans, R. W.; Ithaca, N.Y., Cornell Univ. Constant water table irrigation. **(Bewässerung durch konstanten Wasserspiegel.)** New York State Flower Growers, Bull. **1963** Nr. 208. S. 2–3. – 3 Abb.
Vff. kultivierten Löwenmaul in einer Mischung von Torfmoos + Perlite (1:1) bzw. Erde + Torfmoos + Sand (1:1:1) bzw. Rasenerde Sand (1:1). Der Wasserspiegel wurde 3, 7, 12 und 18 in. unter der Oberfläche gehalten. Böden mit einer geringeren Tiefe als 7 in. blieben bei Bewässerung mit konstantem Wasserspiegel dauernd naß. Bei Tiefen von 12 in. wurde die obere Erdschicht bei allen 3 Erdsubstraten ganz trocken. Nicht tief wurzelnde Pflanzen können Schaden erleiden. Vff. schlagen vor, in Böden, die durch einen konstanten Wasserspiegel bewässert werden, genügend Torfmoos unterzumischen, um Stabilität der Bodenaggregate und das Luftvolumen zu vergrößern. Der eigentliche Boden soll nicht mehr als die Hälfte betragen. W. Hiller. 1340.

2-64/04-0732 Hanan, Joe J. und Langhans, R. W.; Ithaca, N. Y., Cornell Univ. Drainage in greenhouse benches. **(Dränage in Gewächshausbeeten.)** New York State Flower Growers, Bull. **1963** Nr. 208. S. 1.4. – 1 Abb., 1 Tab.
Vff. kultivierten Löwenmaul auf Gewächshausbeeten, die als Substrat Torfmoos und Perlite (1:1) und Torfmoos, Sand und Erde (1:1:1) enthielten. Die Dränage unter den Substraten bestand aus Kies ¼ in., Kies ½ in. und Sand. Die Pflanzen zeigten in ihrem Wachstum keine Unterschiede bei den verschiedenen Dränagebedingungen. Die anderen Wachstumsfaktoren zeigen einen viel stärkeren Einfluß. Für die Wasserbewegung aus dem Wurzelraum hat das Einbringen des Dränagematerials nur geringe Bedeutung.
W. Hiller. 1340.

2-64/04-0733 Hansen, R. und Sieber, J.; Weihenstephan, Staatl. Lehr- und Forsch.-Anst. für Gartenbau. **Die Schnittwertprüfung bei Erigeron.** Gartenwelt **63** (1963) Nr. 12. S. 267–270. – 2 Tab.
13 *Erigeron*-Sorten wurden über mehrere Jahre auf ihren Garten- und Schnittwert geprüft und die Ergebnisse in 2 Übersichten zusammengefaßt. Für den Schnittwert einer Sorte waren entscheidend: Anzahl der Tiebe je Pflanze, Stiellänge, Anzahl der Blumen je Stiel, Blütendurchmeser und Haltbarkeit der Schnittblumen. Als sehr gute Schnittsorten wurden 'Lilofee', 'RosaTriumph' und 'Rote Schönheit' herausgestellt. Neben den bisher genannten Merkmalen ist der Blühablauf wichtig. Es wird eine möglichst frühe Blütezeit und kurze Schnittreife verlangt. Der Blühablauf von 5 Sorten ist in einer 2. Übersicht dargestellt. Außerdem müssen auch die vom Käufer bevorzugten intensiven Farben für die Beurteilung des Schnittwertes berücksichtigt werden.
U. Walter. 1340.

2-64/04-0734 Augustin, E.; Quedlinburg, Zentralstelle für Sortenwes. **Wertvolle Sommerblumenneuheiten.** Dtsch. Gartenbau **10** (1963) Nr. 6. S. 160 bis 162. – 3 Abb.
Antirrhinum majus 'Finale': gleichmäßiger, buschig-aufrechter, 30 cm hoher Wuchs, keine Unterschiede zwischen Haupt- und Seitentrieben, Blütenfarbe gelborange, Schlund rosafarbig, für Schnitt und Beetbepflanzung geeignet. – *Begonia semperflorens cultorum*, 1. 'Pilot': breitbuschig-verzweigter Wuchs von 20–22 cm Höhe, Laub glänzend dunkelgrün und farbbeständig, karminrote Blüten mit heller Mitte, gegen Witterungseinflüsse wenig empfindlich, früh- und reichblühend. 2. 'Weiße Erfordia' : buschig-verzweigter Wuchs von 20 cm Höhe, Laub glänzend mittelgrün, Blüten cremeweiß, auch zur Winterkultur geeignet. – *Callistephus chinensis*; 1. 'Bernstein': leuchtend hellgelbe Pomponaster, Blumen 6 cm groß, 7 Schnittstiele/Pflanze, gute Standfestigkeit, Langstieligkeit, Resistenz gegenüber Asternwelke, zum Schnitt und als Gruppenpflanze geeignet. 2. 'Mona': reinweiße Prinzeßaster, hohe Widerstandsfähigkeit gegen Asternwelke, 65 cm hoch, 8 Stiele/Pflanze, 7,5 cm Blumendmr. 3. 'Sylvia': karminrote Prinzeßaster, 9,5 cm Blütendmr., 60 cm hoch, 10 Stiele/Pflanze, früheste Prinzeßaster, erblüht sehr gleichmäßig. 4. 'Bellisblütige Cyriaksburg Weiß': halbhohe Beetaster, wertvolle Ergänzung zu 'Bellisblütige Cyriaksburg Rot'. 5. Sortengruppe 'Madeleine-Astern': bessere Eigenschaften als die einfachen Astern, 60–70 cm hoch, hellgelbe Scheibenblüten umgeben von einem mehrfachen Kranz langfahniger Zungenblüten. Empfehlenswerte Sorten: 'Helene': lachsrosa, 'Nina': leuchtend-reinrosa, 'Granat': dunkelgranatrot, 'Mette': dunkelblau. – *Matthiola incana* var. *annua*: Nordische Riesenlevkojen wachsen unverzweigt, eignen sich zur frühen Kasten- und Hauskultur, gute Stielqualität und Standfestigkeit, Raschwüchsigkeit, hoher Anteil gefüllter Blumen. Sorten: 'Apfelblüte': zartrosa, 'Silberrosa': rosalila, 'Karminrot'. U. Walter. 1342.

2-64/04-0735 Löffler, H. **Drei neue Adiantum-Sorten.** Gartenwelt **63** (1963) Nr. 18. S. 383. – 3 Abb. 1352.

2-64/04-0736 Fritzsche, G.; Weihenstephan, Staatl. Lehr- und Forsch.-Anst. **Wirtschaftliche Lorrainebegonien-Kultur durch Folgesätze.** Dtsch. Gartenbauwirtsch. **11** (1963) Nr. 8. S. 153–154. – 2 Tab.
Die Vermehrung durch Blattstecklinge ist für kleine und mittlere Betriebe nicht wirtschaftlich, da sie neben dem hygienisch einwandfreien Arbeiten hohe Vermehrungstemperaturen und Zusatzbelichtung erfordert. Deshalb ist es für diese Betriebe wirtschaftlicher, im Apr./Mai Jungpflanzen zu kaufen, von denen mehrere Sätze Kopfstecklinge gewonnen werden können. Diese sind nicht so empfindlich und bedürften im Sommer keiner bes. Heizung und Zusatzbelichtung. Auch die Platzfrage bietet im Sommer keine Schwierigkeiten. Die benötigten Kopfstecklinge fallen beim Stutzen an, das alle 4–6 Wochen

bis Angang Sept. erfolgen muß. Von 100 zugekauften Jungpflanzen können 800–1000 Verkaufspflanzen herangezogen werden. Man erhält Pflanzen verschiedenster Größe, die unter normalen Bedingungen alle im Nov./Dez. blühen, als Folge ihres Kurztagcharakters. Eine Vorverlegung des Blühtermins durch Verdunkelung ist möglich, auch niedrige Sommertemperaturen haben diese Wirkung. Die Anzucht von kleinen Pflanzen ist sehr wirtschaftlich, und sie finden meist guten Absatz. In 2 Tab. werden Kulturzeit und Platzbedarf sowie Rohertrag, Arbeitsaufwand und Heizmittelbedarf für je 100 Pflanzen dargestellt. U. Walter. 1355.

2-64/04-0737 Springer, E. **Düngetorf als Pflanzsubstrat in der Blumenzwiebeltreiberei.** Torfnachrichten **14** (1963) Nr. 5/6. S. 9–10. – 4 Abb., 2 Tab.
1963 wurden zum Treiben von Tulpen, Narzissen, Hyazinthen und Krokus verschiedene Substrate geprüft: Düngetorf mit 3 oder 5 kg/m³ kohlensaurem Kalk, Torfkultursubstrat und humoser Sandboden. Die Durchführung der Versuche erfolgte praxisüblich. Blütenstiellänge, Sproßgewicht, Blühbeginn, Wurzelwachstum und Standfestigkeit wurden ausgewertet. Wesentliche Unterschiede zwischen den Versuchsfragen konnten nicht festgestellt werden. In Gartenerde blühten Tulpen, Narzissen und Hyazinthen 1 Tag früher als in Torf. Die Narzissen und Hyazinthen in Torfsubstraten waren auffallend gut bewurzelt und standfest. Auch aus Gründen der Hygiene und Transporterleichterung werden zur Treiberei Düngetorfe mit einem Kalkzusatz von 3 kg/m³ empfohlen. H. Erfurth. 1360.

2-64/04-0738 Holitscher, Ondřej. Oddalováni kveteni gladiolů na září. **(Künstlich auf September verlegte Gladiolenblütezeit.)** Ovocnářství a Zelinářství **11** (1963) Nr. 3. S. 71. – 1 Abb.
Die meisten Gladiolensorten sind mittelfrühblühend. Sie sind zwar schöner als die Frühsorten, blühen jedoch im Sommer, wenn der Absatz am geringsten ist. Dagegen gibt es nur sehr wenig Spätsorten, ihre Farbenskala ist klein und das Ausreifen der Knollen ist nicht gesichert. Aus diesem Grunde wurden Versuche unternommen, um bei mittelfrühen Sorten die Blütezeit auf Sept. zu verlegen (2. Sept. Hälfte). Informative Versuche mit chem. Mitteln brachten keine guten Ergebnisse, dagegen zeigte die versuchsweise Kühlung der Knollen, daß die Lagerung bei 2–4 °C vom 1. Jan. bis 1. Juni die Blütezeit gegenüber den normal eingelagerten, nicht gekühlten Kontrollen, die am 1. Mai ausgepflanzt wurden, je nach der Sorte um 25–30 Tage und die Kühlung vom 1. Jan. bis 15. Juni die Blütezeit um 40–50 Tage verzögerte.
ČSSR/ÚVTI. 1360.

2-64/04-0739 Anonym. **Die Nachprüfung der im Jahre 1962 bewerteten Dahlien-Neuheiten.** Süddtsch. Erwerbsgärtner **17** (1963) Nr. 42. S. 1211 bis 1213. – 2 Abb., 1 Tab. 1360.

2-64/04-0740 **Dísznövénytermesztés.** (Der Anbau von Zierpflanzen.) Budapest: Mezögazdasági kiadó. 1962. (125 S.) 8°. (1962 A 1128, 2)

X. PFLANZENZÜCHTUNG

B. Allgemeine Pflanzenzüchtung

2-64/04-0741 Atanasoff, D.; Sofia, Plant Protect. Inst. Genes and viruses. **(Gene und Viren.)** Z. Pflanzenzücht. **49** (1963) Nr. 3. S. 205–209. – 23 Lit.
In den letzten 30 Jahren sind zahlreiche Letalfaktoren, bes. bei Getreide, beschrieben worden, die z.T. nicht erblich bedingt sind. Sie werden durch Viren verursacht. Diese Viren können Veränderungen an den Chromosomen verursachen und zu Mutationen führen. Da eine Übertragung von Viren durch

Samen, Eier, Pollen und Sperma möglich ist, können diese Viren leicht mit Genen verwechselt werden. – Eine Verwechslung von Viruskrankheiten beim Getreide mit Letalfaktorenwirkungen ist wegen der Natur dieser Krankheiten unvermeidlich. Diese Virosen können in Beständen neben Zuchtmaterial völlig fehlen. Im Zuchtgarten finden sie und ihre Vektoren ideale Bedingungen für frühes Auftreten und Massenvermehrung. Treten im Zuchtmaterial abnorme Erscheinungen auf, ist es ratsam zu prüfen, ob Letalfaktoren oder Viren Ursache sind. K. Bellmann. 1515.

2-64/04-0742 Campbell, Allan M. Episomes. **(Episomen.)** Advances Genetics **11** (1962) S. 101–145. 1515.

2-64/04-0743 Cleland, Ralph E. The cytogenetics of Oenothera. **(Die Zytogenetik von Oenothera.)** Advances Genetics **11** (1962) S. 147–237. 1515.

2-64/04-0744 Kappus, A. **Beobachtungen und Untersuchungen über Plastidendegeneration an einigen Wildoenotheren.** Z. Vererbungslehre **94** (1963) Nr. 2. S. 172–181. 1515.

2-64/04-0745 Lecomte, J.; Problèmes posés par la pollinisation des plantes cultivées. **(Probleme, die sich aus der Bestäubung der Kulturpflanzen ergeben.)** Bull. techn. Inform. Ing. Serv. agric. [Paris] **1963** Nr. 178. S. 173–188. – 11 Abb., 9 Lit.
Vf. gibt einen Überblick über die Bestäubungsverhältnisse verschiedener Pflanzentypen. Bei den Obstbäumen wird die große Bedeutung der Bienen für Apfel und Birne herausgestellt, sowie Einzelheiten über Pflaume, Pfirsich, Kirsche, Aprikose und Mandel mitgeteilt. 1 oder 2 Bienenvölker/ha sind ausreichend. Von den Leguminosen wird die Luzerne behandelt und nach Bewertung des Bienenbesuchs die Zücht. von 2 Wildbienen erörtert: *Nomia malanderi*, die in Erdhöhlen lebt, und *Megachile rotundata*, die sich in Holz Löcher bohrt. Auch die Bedeutung der Hummeln wird diskutiert. Die unterschiedlichen Bedingungen von Rot- und Weißklee für die Bienen werden besprochen. Außerdem wird auf die Verhältnisse bei Raps, Rübsen, weißem Senf, Sonnenblume, Lein, Karotte, Zwiebel, Radies und Kürbisgewächsen eingegangen. G. Bandlow. 1520.

2-64/04-0746 Nair, P. K. K.; Lucknow, Nat. Bot. Gardens. Pollen grains of cultivated plants. III. Great millet and maize. **(Pollenkörner von Kulturpflanzen. 3. Mitt. Andropogon sorghum und Mais.)** Indian J. agric. Sci. **32** (1962) Nr. 3. S. 196–200. – 3 Abb., 1 Tab., 8 Lit.
Mais besitzt ein ca. doppelt so großes Pollenkorn wie Hirse. Die 4 verglichenen Hirsesorten unterscheiden sich z.T. recht deutlich in der Größe des Pollens. Die Unterschiede treten bei Mais nicht so deutlich hervor. Dennoch hält Vf. es für möglich, die Pollenanalyse zur Charakterisierung der Sorten heranzuziehen. H. Müller/Bernburg. 1520.

2-64/04-0747 Law, C. N.; Trumpington, Cambridge, Plant Breeding Inst. An effect of potassium on chiasma frequency and recombination. **(Ein Effekt von Kalium auf die Chiasmahäufigkeit und Rekombination.)** Genetica ['s-Gravenhage] **33** (1963) Nr. 4. S. 313–329. – 1 Abb., 7 Tab., 14 Lit.
Lolium temulentum-Pflanzen wurden unter kontrollierten Bedingungen (ständig 20 °C, 18-Std.-Tag) bei 4 verschiedenen Kombinationen von Mineralstoffgaben in Gefäßen angezogen und z. T. bei gerade beginnender Meiose 48 Std. lang bei 30 °C gehalten. Die 4 Nährstoffkombinationen waren +K+Ca, +K—Ca, −K+Ca, −K−Ca. Bei 30 °C führten hohe K-Konz. zu einem Anstieg der Chiasmahäufigkeit. Bei 20 °C war ein geringerer Effekt beider Minerale zu beobachten, K war jedoch auch hier wieder das wirksamere Element. K besaß auch deutlichen Effekt auf die Stabilität: bei 30 °C führten hohe K-Konz. zu einer geringeren Variabilität zwischen den Pflanzen. Bei 20 °C trat das

Gegenteil ein. Es wird angenommen, daß verschiedene genetische Systeme für die Größe des Mittelwertes über alle untersuchten Pflanzen und das Ausmaß der Variation verantwortlich sind. Bei *Drosophila melanogaster* ist der K-Effekt auf die Chiasmahäufigkeit bestätigt worden (Untersuchung der Rekombinationswirkung beim X-Chromosom). Vf. diskutiert die möglichen Ursachen für das Nichtübereinstimmen seiner Ergebnisse mit denen aus der einschlägigen Literatur, wonach nicht K, sondern Ca vorrangiger Effekt eingeräumt werden muß. K. Bellmann. 1530.

2-64/04-0748 McLeish, J. Quantitative relationships between deoxyribonucleic and ribonucleic acid in isolated plant nuclei. **(Quantitative Beziehungen zwischen Desoxyribonuklein- und Ribonukleinsäure in isolierten Pflanzenkernen.)** Proc. Roy. Soc. [London], Ser. B **158** (1963) Nr. 971. S. 261 bis 278. – 18 Abb., 6 Tab., 48 Lit. 1530.

2-64/04-0749 Bodmer, W. F. und Parsons, P. A.; Cambridge, Univ. Linkage and recombination in evolution. **(Koppelung und Rekombination in der Evolution.)** Advances Genetics **11** (1962) S. 1–100. – 5 Abb., 9 Tab., 322 Lit.

Das Hauptproblem der genetisch-evolutionistischen Theorie ist die Erklärung der stets gleichbleibenden kontinuierlichen genetischen Variabilität trotz Wirkung natürlicher Selektion. Wie Koppelung und Rekombination hiermit in Zusammenhang zu bringen sind, wird dargelegt. Die genetische Organisation von Komplexmerkmalen hängt sehr stark von der Koppelung zwischen miteinander in Wechselwirkung stehenden Faktoren ab. Mit der Verfeinerung der genetischen Analyse von Mikroorganismen, wo die Beziehungen zwischen Genstruktur und Funktion sehr sicher bestimmt werden können, wird es möglich sein, Forschungen über spez. Loci unter Berücksichtigung der betreffenden Modifikationsfaktoren durchzuführen. Dadurch wird es möglich sein, das Verständnis des Grundmechanismus bei der Evolution von individuellen Zystronen und der genetischen Architektur ganzer Koppelungsgruppen zu vertiefen. K. Bellmann. 1540.

2-64/04-0750 Fyfe, J. L. und Gilbert, N.; Trumpington, Cambridge, Plant Breeding Inst. Partial diallel crosses. **(Partielle diallele Kreuzungen.)** Biometrics [Blacksburg, Va.] **19** (1963) Nr. 2. S. 278–286. – 8 Lit.

Vff. legen neue Methoden zur Konstruktion partieller Sätze dialleler Kreuzungen dar. Sie sind eine Ergänzung zu bereits verfügbaren ähnlichen Anordnungen. Die neuen Varianten sind i. allg. besser balanciert, so daß mehr Information je Paarung hinsichtlich der allg. Kombinationseignung der Eltern erlangt werden kann. Es werden „triangular designs“ und „faktorial designs“ mit Beispielen dargestellt und einige praktische Hinweise gegeben.
K. Bellmann. 1550.

2-64/04-0751 Haldane, J. B. S. und Jayakar, S. D. The elimination of double dominants in large random mating populaticns. **(Die Elimination der Doppeldominanten in großen Populationen mit Zufallspaarung.)** J. Genetics **58** (1963) Nr. 2. S. 243–251.

Vff. betrachten 2 Loci (A und B) in großen Populationen mit Zufallspaarung. In der n-ten Generation sind die Genhäufigkeiten p_n AB, q_n Ab, r_n aB bzw. s_n ab mit $p_n+q_n+r_n+s_n = 1$. Es gibt dann 10 Typen von vollständiger Selektion, von denen die Elimination von A- B- betrachtet wird. Vff. erläutern, wie man Populationen als Punkte im (g-1)- bzw. (h-1)- dimensionalen Raum darstellen kann, wenn g die Zahl der diploiden, h die Zahl der haploiden Genotypen ist. Punkte, die aufeinanderfolgende Generationen repräsentieren, bilden eine Trajektorie. Deren Berechnung und die Berechnung des Gleichgew. für den allg. Fall und für den Fall gleicher Genhäufigkeiten werden erörtert.
D. Rasch. 1550.

2-64/04-0752 Batygin, N. F.; Agrophys. Forsch.-Inst. Ispol'zovanie ionizirujuščej radiacii pri polučenii napravlennych izmenenij. **(Die Ausnutzung ionisierender Strahlen bei der Erzeugung gerichteter Veränderungen.)** Vestnik sel'skochozjajstvennoj nauki, Moskva **8** (1963) Nr. 3. S. 62–64.
Ausgehend von der Annahme Lyssenkos, daß sich die Ursachen der Veränderlichkeit zwar aus der Trefferwirkung der Strahlung ergeben, neue Erbmerkmale jedoch nicht als Resultat der Umkombination der Gene entstehen, sondern als Folge der Assimilation von Elementen der Umwelt durch die Organismen, deren Erbanlagen durch die Strahlung gelockert sind, wird zusammenfassend über neue Ergebnisse der Mutationsforsch. und -zücht. in der UdSSR referiert. – Geringe Dosen ionisierender Strahlen bewirken Stimulation bestimmter Wachstums- und Entwicklungsprozesse der Pflanze. Die Bestrahlung muß dann einsetzen, wenn die Pflanze das entspr. Merkmal ausbildet. Bei der Tomate z.B. vor der Knospenbildung. Die Wirkung ist vom Zustand und den Wachstumsbedingungen der Pflanze abhängig. Es ist möglich, die Zahl der Mutationen zu erhöhen sowie das Mutationsspektrum zu verschieben. Die Mutationsrate erhöht sich bes. dann, wenn das bestrahlte Material unter Bedingungen angebaut wird, die der betreffenden Sorte nicht entsprechen (z.B. Aussaat von Wi-Roggen im Mai). Die größten Erfolge sind dann zu erzielen, wenn Strahlen als lockernder Faktor der Vererbung benutzt werden und Bedingungen bestehen, die die Entwicklung bestimmter Eigenschaften oder Merkmale begünstigen. Langstengelige Leinmutanten werden z.B. erzielt, wenn der Keimling bestrahlt wird. Die Schaffung von Umweltverhältnissen, die die erwünschten Merkmale fördern sowie die Beibehaltung dieser Bedingungen in den folgenden Generationen sind ebenso wichtig wie die Mutationsauslösung mit den herkömmlichen Zuchtmethoden zu verbinden. G. Krauße. 1565.

C. Spezielle Pflanzenzüchtung

2-64/04-0753 Feekes, W.; Groningen, G. Geertsema-Groningen N. V. De graanveredeling in Nederland. **(Die Getreidezüchtung in Holland.)** Landbouwkund. Tijdschr. **25** (1963) Nr. 7. S. 352–359. – Zus. in Engl.
In diesem Überblick kommt bes. der Einfluß zum Ausdruck, den das I.v.P. (Inst. für Pflanzenzücht.) seit seiner Gründung i. J. 1923 auf die holländische Getreidezücht. ausübt. Unter der Leitung von Broekema und seines Nachfolgers Dorst sind erfolgreiche Getreidezücht. entstanden, die viele Jahre lang Spitzensorten darstellten und heute in neuen Sorten weiterleben, wie z.B. der Wi-Weizen 'Jakob Cats' oder die Wi-Gerste 'Vindicat'. Letztere wurde abgelöst durch die neue Sorte 'Vinesco', die 1962 bereits 42% der gesamten Wi-Gerstenfläche einnahm. – Sehr großen Wert hat das I.v.P. von Anfang an auf eine enge Verbindung mit allen Züchtern des Landes gelegt und ihnen u. a. Zuchtmaterial zur Verfügung gestellt. In noch größerem Umfang wird dies heute von der Anst. für Landwirtsch. Pflanzenzücht. (S.v.P.), einem Tochterinstitut des I.v.P. getan, das die spez. Aufgabe hat, der praktischen Pflanzenzücht. zu helfen. Die Arbeit der Inst. wird durch die Unterorganisationen „Holländisches Getreidezentrum" (vormals „Technisches Weizenkomitee") und „Nat. Inst. für Braugerste, Malz und Bier" wirkungsvoll unterstützt. Außer diesen Inst. gibt es in Holland 9 große private Getreidezuchtstätten (Mansholt, Hiljkema u.a.). J. Spanier. 1710.

2-64/04-0754 Tsunewaki, Koichiro und Kihara, Hitoshi; Misima, Nat. Inst. of Genetics. Comparative gene analysis of common wheat and its ancestral species. I. Necrosis. **(Vergleichende Genanalysen bei Gemeinem Weizen und seinen Vorfahren. 1. Mitt. Nekrosen.)** Jap. J. Genetics **37** (1962) Nr. 6. S. 474–484. – 2 Abb., 4 Tab., 23 Lit. Orig.: engl.
Die F_2 und B_1 aus *Triticum aestivum* (var. 'Chinese Spring') × *T. macha* var. *subletshchumicum* zeigten, daß die 3 bekannten Nekrosegene Ne_1, Ne_2 und

Ne_3 auf den Chromosomen 5 B (V), 2 A(XIII) und 3 D (XVI) lokalisiert sind und außerdem noch ein weiteres rezessives Gen für die Nekroseausprägung angenommen werden muß. Zur Untersuchung der Nekrosegene des Weizens und seiner Vorfahren sind 20 Weizensorten und 12 synthetische hexaploide Stämme mit *T. aestivum* 'Prelude', *T. aestivum* 'Kharkov' und *T. macha subletshchumicum* als Tester gekreuzt worden. Demnach haben die Genotypen des Emmer, die unserem Weizen die Genome A und B lieferten, Ne_1ne_2 oder ne_1ne_2. Dazu gehören *T. dicoccoides spontaneo-nigrum*, einige Formen von *T. dicoccum*, *T. turgidum*, *T. persicum*, *T. orientale* und viele Sorten von *T. durum*. Der Lieferant des Genoms D muß Ne_3 besessen haben. Dazu gehören alle Stämme von *Aegilops squarosa*, soweit sie geprüft wurden. Beim gewöhnlichen Weizen hatten die Sorten meist entweder $ne_1ne_2Ne_3$ oder $ne_1Ne_2Ne_3$. Nur eine kleine Gruppe hatte $Ne_1ne_2Ne_3$. Für je eine Sorte fand man $Ne_1ne_2ne_3$ und $Ne_1Ne_2ne_3$. Beide gehören zu *T. macha*. J. Spanier. 1712.

2-64/04-0755 Heneen, Waheeb K.; Lund, Sweden, Univ., Inst. of Genetics. Meiosis in the interspecific hybrid Elymus farctus × E. repens (= Agropyron junceum × A. repens). **(Die Meiose bei dem Artbastard Elymus farctus × Elymus repens [= Agropyron junceum × A. repens].)** Hereditas [Lund] **49** (1963) Nr. 1/2. S. 107–118. – 21 Abb., 1 Tab., 17 Lit.

An den 2 durch spontane Kreuzung mit 2n = 35 und 2n = 49 Chromosomen entstandenen Artbastarden *Elymus farctus* × *E. repens* wurden Untersuchungen der Meiose vorgenommen. Beide Bastarde verhalten sich grundsätzlich gleich. In der pentaploiden Form paaren sich die 2 haploiden Genome von *E. farctus* nur schwach und bilden Rod-Bivalente. 2 der 3 Genome von *E. repens* sind rel. homolog und bilden kleine Ring-Bivalente, während die Chromosomen des 3. Genoms ebenso wie die übrigen von *E. farctus* als Univalente auftreten. Bei meist autosyndetischer Paarung kommt gelegentlich Allosyndese vor. In der frühen Anaphase zeigen die meisten Bivalente bis zum gewissen Grade Heteromorphie, Aberrationen und andere Unregelmäßigkeiten im Ablauf der Meiose. H.-D. Koch. 1712.

2-64/04-0756 Heneen, Waheeb K.; Lund, Sweden, Univ., Inst. of Genetics. Cytology of the intergeneric hybrid Elymus arenarius × Secale cereale. **(Zytologie des Gattungsbastardes Elymus arenarius × Secale cereale.)** Hereditas [Lund] **49** (1963) Nr. 1/2. S. 61–77. – 21 Abb., 25 Lit.

Der spontan aufgetretene Gattungsbastard *Elymus arenarius* × *Secale cereale* besitzt n = 35 Chromosomen. Die vom Roggen stammenden 7 Chromosomen konnten nach Untersuchungen der Mitose an den Wurzelspitzen auf Grund ihrer Größe identifiziert werden. Ihre rel. Längen schienen etwas von den entspr. Werten der ebenfalls geprüften I-Linien des Roggens zu differieren. Im Vergleich zu *E. arenarius* wurde in der Hybride ein kleinerer Nukleolus mehr beobachtet, der möglicherweise von dem nukleolaren Chromosom des Roggens herrührt. – Die Meiose in den PMZ konnte meistens durch aufgetretene Aberrationen sowie Chromosomenverklebungen, Kontraktionen und Ausdehnungen sowie Hemmungen der Zellwandbildung nicht mehr untersucht werden. Bei autosyndetischer Paarung erscheinen die Chromosomen von *Elymus* als Bi-, die von *Secale* als Univalente. Der Bastard ist völlig steril.
H.-D. Koch. 1712.

2-64/04-0757 Nakajima, Goichi; Kiryû, Japan, Gumma Univ., Fac. of Technol. Karyo-genetical studies on trigeneric triple hybrids in Triticinae. VIII. External characteristics, the number of somatic chromosomes and meiosis in PMC's of $TvCHRF_1$ plants. **(Kerngenetische Untersuchungen an Dreigattungs-Tripel-Bastarden bei Triticinen. 8. Mitt. Äußere Merkmale, Zahl der somatischen Chromosomen und Meiose der Pollenmutterzellen von $TvCHRF_1$-Pflanzen.)** Jap. J. Genetics **37** (1962) Nr. 3. S. 260–266. – 25 Abb.,

3 Tab., 15 Lit. Orig.: jap., Ausz.: engl. 7. Mitt. vgl. LZ. Abt. II 8 (1963) Nr. 10. S. 2775.

Dreigattungs-Tripel-Bastarde vom Typ TvCHRF$_1$ [(*Triticum vulgare* C × *Haynaldia villosa*) F$_1$ × *Seale cereale*] waren bei der Kreuzung von ♀ *T. vulgare* C × *H. villosa* F$_1$-Pflanzen mit ♂ *S. cereale* leichter zu erhalten als in reziproker Richtung. Die Zahl der somatischen Chromosomen bei 10 TvCHRF$_1$-Pflanzen wurde mit 31 bis 36 gefunden. Eu-Dreigattungs-Tripel-F$_1$-Pflanzen haben 35 Chromosomen (*T. vulgare* n = 21 + *H. villosa* n = 7 + *S. cereale* n = 7). Die Meioseuntersuchungen der Tripel-F$_1$-Hybriden führten zur Bildung von 3 Gruppen: 1. mit n = 35, 2. mit n = 31 und 3. mit n = 32. In den einzelnen Gruppen traten charakteristische Bilder von Bi-, Tri- und Tetravalenten mit verschiedenen Bindungsformen (Ring-, V- bzw. N-förmig) auf. Obgleich einige Bivalente es als möglich erscheinen lassen, daß Chromosomen der R- oder V-Genome vorhanden sind, scheinen die meisten Bivalenten der Tripel-F$_1$-Pflanzen sich durch Autosyndese zwischen den Chromosomen der AB- oder ABD-Genome von *T. vulgare*, welcher als Großvater verwendet wurde, gebildet zu haben. Diese Tatsachen entspr. auch anderen Arbeiten zur Gattungskreuzung. F. Beleites. 1712.

2-64/04-0758 Müntzing, A., Hrishi, N. J. und Tarkowski, C.; Lund, Sweden, Inst. of Genetics. Reversion to haploidy in strains of hexaploid and octoploid triticale. **(Rückfall zur Haploidie bei Stämmen von hexaploidem und octoploidem Triticale.)** Hereditas [Lund] **49** (1963) Nr. 1/2. S. 78–90. – 13 Abb., 2 Tab., 26 Lit.

In einem Stamm eines hexaploiden *Triticale* mit n = 42 – *Triticum durum* (2 n = 28) × *Secale Kuprijanovii* (2 n = 14) – wurde eine haploide Pflanze mit 2 n = 21 gefunden. Diese Pflanze war völlig steril. Bei der Meiose wurden je Zelle bis zu 3 Bivalente gefunden. Im Mittel traten 0,65 Bivalente/Zelle auf. In verschiedenen Stämmen von oktoploidem *Triticale* mit n = 56 (*T. aestivum* ssp. *vulgare* × *S. cereale*) wurden 7 haploide Pflanzen mit n = 28 gefunden. Diese zeigten fast alle eine verminderte Wüchsigkeit. In der Meiose traten im Mittel 0,61 Bivalente/Zelle auf, was mit dem entspr. Wert bei primären Bastarden zwischen hexaploidem Weizen und diploidem Roggen gut übereinstimmt. Dieser Wert ist jedoch kleiner als die Summe aus den Bivalenten in Haploiden von hexaploidem Weizen und Haploiden von diploidem Roggen. Die Haploiden waren größtenteils steril. Entstandene Nachkommen werden auf Befruchtung unreduzierter Eizellen mit *Triticale*- oder Weizenpollen zurückgeführt. J. Schulze. 1712.

2-64/04-0759 Riley, Ralph und Kempanna, C.; Cambridge, Plant Breeding Inst. The homœologous nature of the non-homologous meiotic pairing in Triticum aestivum deficient for chromosome V (5 B). **(Die homologe Natur der nicht-homologen meiotischen Paarung bei Triticum aestivum, das für das Chromosom V [5 B] defizient ist.)** Heredity **18** (1963) Nr. 3. S. 287–306. – 5 Abb., 6 Tab., 7 Lit.

Der Verlust des Chromosoms V von *Triticum aestivum* führt zu einer nicht-homologen meiotischen Paarung. Ziel vorliegender Arbeit ist es, die Beziehungen der sich nicht homolog paarenden Chromosomen zu bestimmen. Diese nicht-homologen Paarungen und Rekombinationen führen zur Bildung von Translokationen, die eingehend untersucht worden sind. Es zeigte sich, daß diese Paarungen zwischen homologen Chromosomen stattfinden, d. h. zwischen äquivalenten Chromosomen der 3 Weizengenome. Nach Vf. ist sicher, daß die Wirkung des Chromosoms V (5 B) für das diploidähnliche meiotische Verhalten und die disome Vererbung von polyploidem Weizen verantwortlich ist. K. Bellmann. 1712.

2-64/04-0760 Smith, J. D.; College Station, A & M Coll. of Texas. The effect of chromosome number on competitive ability of hexaploid wheat gametophytes. **(Der Einfluß der Chromosomenzahl auf die Konkurrenzfähigkeit von hexaploiden Weizengametophyten.)** Canad. J. Genetics Cytol. **5** (1963) Nr. 2. S. 220–226. – 2 Abb., 4 Tab., 11 Lit.

Die Untersuchung der Übertragungshäufigkeit bestimmter Gametenklassen wurde mit der F_1 aus der Substitutionsrasse I von *Triticum aestivum* (Roggenpassierter Weizen) × *T. aestivum* var. 'Kwan-Do' (chinesischer So-Weizen) unter Verwendung von Markierungsgenen durchgeführt. Der Chromosomenbestand setzt sich zusammen aus 20 Bivalenten und 2 Univalenten, dem Weizenchromosom 5 A und dem Chromosom I von *Secale cereale*. Die F_1 wurde mit chinesischem So-Weizen reziprok gekreuzt und die Nachkommenschaften nach den phänotypischen Merkmalsausprägungen der Chromosomen 5 A und I klassifiziert. Unter der Voraussetzung, daß alle Gameten funktionsfähig sind und die weibliche Übertragungshäufigkeit die Häufigkeit der Gametenklassen repräsentiert, kann über das Verhältnis männliche : weibliche Übertragung die rel. Konkurrenzfähigkeit unter den männlichen Gameten geschätzt werden. Hieraus geht hervor, daß die Anwesenheit eines fremden Chromosoms den Verlust eines normalen Chromosoms in beträchtlichem Maße kompensieren kann. Die 21chromosomigen Gametophyten mit Fremdsubstitution (20′ + I′) waren konkurrenzfähiger als die 22chromosomigen Gametophyten mit einem zusätzlichen fremden Chromosom (20′ + 5 A′ + I′), obgleich der letztere Typ den vollständigen Chromosomensatz des Weizens besitzt. J. Schulze. 1712.

2-64/04-0761 Muramatsu, Mikio; Columbia, Univ. of Missouri. Dosage effect of the spelta gene q of hexaploid wheat. **(Dosis-Effekt des Spelta-Gens q bei hexaploidem Weizen.)** Genetics **48** (1963) Nr. 4. S. 469–482. – 4 Abb., 3 Tab., 18 Lit.

Ausgehend von der Frage, ob das auf dem Chromosom 5 A (früher IX) lokalisierte Spelta-Gen q ein Defizienz des *vulgare*-Gens Q darstellt oder nicht, wurden zwischen Substitutions- und aneuploiden Linien (Monosome bis Tetrasome) Kreuzungen durchgeführt und an Hand zytologischer Untersuchungen der Meiose sowie der Morphol. der Ähre die Chromosomenkonstitution definiert. Ähnlich dem bekannten Dosiseffekt von Q bei *Triticum aestivum* ssp. *vulgare* (Ausbildung des Ährentyps) bewirkten 5 Dosen von q den Squarehead-Ährentyp und 6 noch kompaktere Ähren. Bis zu 4 Dosen verhält sich q als Null-Allel (speltoid). Ein Q entspricht etwa 2,5 q. Ob das Allel q den reinen spelta- oder speltoiden Ährentyp bedingt, hängt von dem genetischen Milieu ab. Vf. zieht auf Grund der Untersuchungen den Schluß, daß ssp. *spelta* nicht dadurch aus ssp. *vulgare* entstehen kann, daß in letzteren gelegentlich speltoide Formen auftreten. H.-D. Koch. 1712.

2-64/04-0762 Kihara, Hitoshi und Tsunewaki, Koichiro; Misima, Nat. Inst. of Genetics. Use of an alien cytoplasm as a new method of producing haploids. **(Die Verwendung von fremdem Zytoplasma als eine neue Methode zur Erzeugung von Haploiden.)** Jap. J. Genetics **37** (1963) Nr. 4. S. 310–313. – 2 Tab., 7 Lit. Orig.: engl.

Triticum vulgare var. *erythrospermum* wurde mit *Aegilops caudata* wechselseitig gekreuzt und die durch jährliche Rückkreuzung mit dem Weizenelter gewonnenen Substitutions- (SB) und Restorationslinien (RB) zytologisch auf Haplonten untersucht. In den SB-Linien wurden 0,6–3,1% Haplonten gefunden, in den RB-Linien hingegen keine. Weitere Kernsubstitutionslinien von *Triticale*, gleichfalls das Zytoplasma von *A. caudata* tragend, ergaben 53% Haplonten gegenüber 0% bei der Kontrolle. Aus der unterschiedlichen Haplontenhäufigkeit bei *T. vulgare* und *Triticale* schließen Vff. auf die Rolle des spez. Genotyps bei der Verwendung des gleichen (fremden) Zytoplasmas. H.-D. Koch. 1712.

2-64/04-0763 Pel'cich, I. L. Reakcija mežrodovych vegetativnych gibridov na izmenenie svetovogo režima. **(Die Reaktion von vegetativen Gattungshybriden auf Veränderung der Belichtung.)** Naučn. dokl. školy. Biol. n. **1962** Nr. 3. S. 172–177. – Aus: Referativnyj žurnal Moskva. Rastenievodstvo **1963** Nr. 6.55.26. S. 4.

Die Versuche wurden vom Landwirtsch. Dokutschajew-Inst. in der Kamennaja-Steppe durchgeführt. Untersucht wurde das Verhalten der F_4-Hybriden, die man aus Endospermpfropfungen von Mais, Reis (Kurztagspflanzen), Hartweizen und Gerste (Langtagspflanzen) in So-Hartweizenkörnern (Pfropfreis) erhalten hatte. Ein Teil der Pflanzen wurde bei Kurztag, ein anderer bei Langtag aufgezogen. Es wurde festgestellt, daß die Dauer der Vegetationsperiode und einzelner Entwicklungsphasen des Weizens von der Unterlage abhingen. Die Nachkommen der Pflanzen, die auf Kurztagsunterlagen gepfropft worden waren, zogen bei Langtag ihre Entwicklung in die Länge, während sie bei Kurztag beschleunigt wurde. Eine umgekehrte Gesetzmäßigkeit wurde im Verhalten der Pflanzen beobachtet, die durch Pfropfen auf Langtagsunterlagen erhalten worden waren. Die Aufzucht von Weizenpflanzen bei verschiedener Tageslänge führt in Abhängigkeit von der Unterlage zu einer Veränderung der Bestockung, der Zahl der Ährchen, der Länge der Ähre und des Korngew. übersetzt v. G. Boetticher. 1712.

2-64/04-0764 Watanabe, Yoshio; Morioka, Tohoku Nat. Agric. Exp. Stat. Chromosome-mosaics observed in a variety of wheat, „Shirahada". **(Chromosomenmosaiks, beobachtet an der Weizensorte 'Shirahada'.)** Jap. J. Genetics **37** (1962) Nr. 3. S. 194–206. – 4 Abb., 7 Tab., 13 Lit. Orig.: engl.

Nach Erstauslese von Pflanzen unterschiedlichen Fertilitätsgrades ergab die Bestimmung der Chromosomenzahlen bei den Nachkommen deutliche Beziehungen zwischen der Häufigkeit des Auftretens von Mono- bzw. Nullisomen und Fertilitätsgrad. Im 2. Jahr wurden bei den Nachkommen dieser Pflanzen Untersuchungen der Meiose durchgeführt. Bei allen Pflanzen wurden neben normalen häufig aneuploide PMZ beobachtet. Auch in den euploiden PMZ konnten oft Univalente festgestellt werden, selten Tri- und Tetravalente. Das abnormale Verhalten in der Meiose ist außerdem durch häufiges Zurückbleiben der Chromosomen in der Anaphasebewegung sowie Brückenbildung gekennzeichnet. Mitosestörungen unmittelbar vor der Meiose (gengesteuerte Spindel-Mißbildungen) sind nach Vf. die wahrscheinliche Ursache für das Auftreten dieses Chromosomenmosaiks. H.-D. Koch. 1712.

2-64/04-0765 Laubscher, F. X.; Stellenbosch, South Africa, Univ. Genetic basis of stem rust resistance in wheat. **(Die genetische Grundlage der Schwarzrostresistenz des Weizens.)** Nature [London] **199** (1963) Nr. 4894. S. 719–720. – 10 Lit.

Gegen die z. Z. postulierte Theorie über die Schwarzrostresistenz des Weizens wird Stellung genommen und eine bessere vorgeschlagen, die auf den heutigen Erkenntnissen über den Zellstoffwechsel basiert. Die Resistenzgene werden als Regulatorgene angesehen, welche die Biosynthese von Stoffwechselprodukten einschränken, die für bestimmte Biotypen des Rostpilzes lebenswichtig sind. Die Induktion einer Anfälligkeit durch hohe Temperaturen vor der Infektion wird durch eine Inaktivierung der Regulatorwirkung durch induzierte Stoffwechselprodukte erklärt. Demzufolge hängt die genetische Kontrolle der Rostresistenz von einem funktionalen System ab, in dem regulierende, operierende und induzierende Elemente eine Rolle spielen.
J. Schulze. 1712

2-64/04-0766 Berg, L. A., Gough, F. J. und Williams, Norman D.; Fargo, North Dakota Agric. Exp. Stat. Inheritance of stem rust resistance in two wheat varieties, Marquis and Kota. **(Die Vererbung der Resistenz gegen**

Schwarzrost bei den beiden Weizensorten 'Marquis' und 'Kota'.) Phytopathology **53** (1963) Nr. 8. S. 904–908. – 1 Abb., 5 Tab., 21 Lit.
Die Vererbung der Sämlingsreaktion auf eine Einsporkultur der Rasse 111 von *Puccinia graminis* f. sp. *tritici* ist an der F_1, F_2, F_3 und BC-F_1 aus Kreuzungen der beiden resistenten Sorten 'Marquis' und 'Kota' mit der anfälligen Sorte 'Little Club' untersucht worden. Mindestens 3 dominante Gene bewirken in jeder der beiden Sorten die Resistenz. Ihre vorläufigen Benennungen und Einzelwirkungen auf den Grad der Krankheitsausprägung werden beschrieben. J. Spanier. 1712.

2-64/04-0767 Sunderman, D. W. und Ausemus, E. R. Inheritance of seedling reaction to stem rust in four hexaploid wheats. **(Die Vererbung der Sämlingsreaktion bei vier hexaploiden Weizensorten gegenüber Schwarzrost.)** Univ. Minnesota, agric. Exp. Stat., techn. Bull. **1963** Nr. 240. S. 1–40. – 38 Tab., 15 Lit.
Zur Zücht. von Qualitätsweizen ist es notwendig, die Zahl der Gene, die die Resistenz gegenüber Stengelrost (*Puccinia graminis tritici* Erics. und Henn.) bewirken, sowie ihre Lokalisation und Wechselwirkung zu kennen. Zu diesem Zweck wurden die beiden im Sämlingsstadium hochresistenten Sorten 'Kenya 58' und 'Mayo 54' und die anfälligen Sorten 'Frontana' und 'Marquis' diallel gekreuzt und ihre Nachkommen (F_1–F_3) auf Sämlingsresistenz gegenüber den Rassen 15 B, 11 und 38 untersucht. Sie beruht für die Rasse 15 B auf den 4 Genen A, D, E und G, für die Rasse 11 auf den 5 Genen A, B, D, E und F und für die Rasse 38 auf den 5 Genen A, B, C, D und E. J. Spanier. 1712.

2-64/04-0768 Loegering, W. Q. und Sears, E. R.; Beltsville, Md.; Columbia, Mo., U.S. Dep. of Agric. Distorted inheritance of stem-rust resistance of Timstein wheat caused by a pollen-killing gene. **(Gestörte Vererbung der Schwarzrostresistenz bei der Weizensorte 'Timstein', verursacht durch ein pollentötendes Gen.)** Canad. J. Genetics Cytol. **5** (1963) Nr. 1. S. 65–72. – 1 Abb., 4 Tab., 17 Lit.
Die Spaltung für Schwarzrostresistenz nach Kreuzung von 'Chinese Spring' (anfällig) × 'Timstein' (resistent) entsprach mit 9:7 nicht der erwarteten 3:1-Spaltung. Die weiteren Untersuchungen ergaben, daß ein Gen für Schwarzrostresistenz (Sr 11) vorhanden ist und mit dem Gen ki (9% Austausch) gekoppelt ist. Ki (pollen killer) stammt von 'Chinese Spring' und bedingt die Abortion von Mikrosporen. Dieses Gen führt somit zu einer Veränderung der Spaltung von 3:1 auf ungefähr 9:7. Zur Klärung des Erbganges von Kiki wurden tri- und tetrasome Pflanzen herangezogen. Je nach der Konstitution der Gameten war der Pollen lebensfähig (ki) oder starb ab (Ki). Bei den trisomen Pflanzen vom Typ Kikiki war der Anteil von lebensfähigen Pollen höher als beim Typ KiKiki; bei den tetrasomen Pflanzen wurde ein hoher Anteil von abgestorbenen Pollen festgestellt. Mütterliches Gewebe bleibt nicht ohne Einfluß auf den Ki-Effekt und dieser hängt vom rel. Anteil an Ki oder ki ab. Bestimmte Sorten zeigen in ihren Kreuzungen mit 'Chinese Spring' (KiKi) oder 'Thatcher-6 B' (kiki) keine eigentliche Pollenabtötung. Hierbei scheinen andere Allele des Ki-Locus wirksam zu sein.
F. Beleites. 1712.

2-64/04-0769 Gorlač, A. A. Selekcija ozymoï pšenyci na stijkist' proty buroï irži. **(Die Züchtung des Winterweizens auf Braunrostresistenz.)** Visnyk sil'śkogospodarśkoï nauky, Kyïv **1962** Nr. 10. S. 19–23. – Orig.: ukrain., Ausz.: russ. Aus: Referativnyj žurnal Moskva. Restenievodstvo **1963** Nr. 6. 55. 47. S. 7.
Die Prüfung des Ausgangsmaterials auf Braunrostresistenz wurde auf der Versuchs- und Zuchtstat. Belaja-Zerkow i. J. 1923 begonnen. Es wurde festgestellt, daß die Sorten, die große Frost- und Dürreresistenz besitzen und lagerfest sind, auch am widerstandsfähigsten gegen Braunrost sind, da bei

ihnen unter dem Einfluß der vorhandenen Umweltbedingungen der Stoffwechsel weniger gestört wird. Bei der Resistenzzücht. müssen Kreuzungen innerhalb der Sorte und die Auslese resistenter Familien im Zuchtgarten vorgenommen werden. übersetzt v. G. Boetticher. 1712.

2-64/04-0770 Pissarev, V. E.; Moskau, Inst. für Ackerbau der Nichtschwarzerdegebiete der UdSSR. **Züchtung auf hohen Proteingehalt und andere Qualitätsmerkmale beim Weizen im feuchten Nichtschwarzerdegebiet der Sowjetunion.** Z. Pflanzenzücht. **49** (1963) Nr. 4. S. 387–396.
Die traditionellen Weizenanbaugebiete sind durch trockene und warme Sommer gekennzeichnet. Die Weizensorten dieser Gebiete der SU, Kanadas und der übrigen Hauptanbaugebiete zeichnen sich durch hohe Qualität, insbes. durch qualitativ und quantitativ günstigen Proteingehalt aus. Demgegenüber ist Weizen aus den Nichtschwarzerdegebieten der SU, die sich in einem breiten Gürtel von der Ostsee bis zum Ural hinziehen, durch schlechtere Backeigenschaften Weizen aus o. a. Gebieten weit unterlegen. Dies ist eine Folge der für den Weizenanbau ungünstigen klimatischen Verhältnisse der Nichtschwarzerdegebiete, die durch feuchtere und kühlere Sommer charakterisiert sind. Aufgabe der Zücht. ist es, auch für diese Gebiete Weizensorten zu entwickeln, die dem Weltstandard entsprechen. Das ist gelungen. Man gewann aus amphidiploiden Weizenformen und Weizen-Roggen-Hybriden neue Stämme, die auch unter den für den Weizenanbau klimatisch ungünstigen Bedingungen der Nichtschwarzerdegebiete neben hoher Ertragsleistung auch hervorragende Mehl- und Backeigenschatfen aufweisen. Die Zücht. dieser neuen Stämme, die Eigenschaften der einzelnen Kreuzungspartner und die Mehl- und Backeigenschaften werden dargelegt. G. Barich. 1712.

2-64/04-0771 Hoeser, Karl. **Überlegungen zur Selektionsaussage indirekter Methoden zur Ermittlung der Weizenqualität im Vergleich zum Backversuch.** Bayer. landwirtsch. Jb., Sonderh. **40** (1963) Nr. 1. S. 137–147. — 11 Abb.
Die Ergebnisse des Sedimentationstestes nach Zeleny, der Eiweiß- bzw. Feuchtkleberbestimmung sowie der Feststellung der Testzahl nach Pelshenke für je 4 So- und Wi-Weizensorten werden untereinander und mit den Ergebnissen des Standardbackversuches verglichen. Die Wahrscheinlichkeit einer Fehlentscheidung ist bei Testzahlen < 30 gering, Stämme mit Testzahlen zwischen 35 und 45 sollten nur bei ungenügenden sonstigen Anbaueigenschaften verworfen werden, während Testzahlen > 45 genauere Qualitätsprüfungen erfordern. Die Feststellung der Sedimentationszahl nach Zeleny muß immer durch Eiweiß- bzw. Feuchtkleberbestimmungen ergänzt werden. Sie gestattet sichere Selektionsaussagen bei Werten $\geqq 30$. Auch die Ergebnisse des Backversuches sollten durch weitere Qualitätsbestimmungen zur Erhöhung ihrer Aussagekraft ergänzt werden. Ergebnisse eines Aufmischbackversuches können u. U. die sortenbedingte Qualität besser charakterisieren als der Backversuch mit einer reinen Sorte. A. Meinel. 1712.

2-64/04-0772 Diduś, V. I.; Charkow, Ukrain. Jurjew-Forsch.-Inst. für Pflanzenbau, Zücht. und Genetik. Novye sorta ozimoj pšenicy chaŕkovskoj selekcii. **(Neue Winterweizensorten aus der Züchtung in Charkow.)** Vestnik sel'skochozjajstvennoj nauki, Moskva **8** (1963) Nr. 7. S. 12–16. — 1 Abb., 1 Tab. Zus. in Engl., Franz., Dtsch. 1712.

2-64/04-0773 Cillis, Ugo de. Le finalita che si richiedono al miglioramento genetico del frumento duro e i mezzi per raggiungerle. **(Die Zielsetzung bei der Hartweizenzüchtung und die hierzu erforderlichen Mittel.)** Sementi Elette [Milano] **9** (1963) Nr. 5. S. 364–374. 1712.

2-64/04-0774 Kaširskaja, E. T. Ozimaja rož' ržaksinskaja. **(Der Winterroggen 'Ržaksinskaja'.)** Selekcija i semenovodstvo, Moskva **28** (1963) Nr. 4. S. 70–71. — 2 Tab. 1714.

2-64/04-0775 Helgason, S. B. und Rommel, Mechtild; Winnipeg, Univ. of Manitoba. Seed development in relation to aneuploidy in autotetraploid Hordeum vulgare L. **(Die Beziehungen zwischen Kornausbildung und Aneuploidie bei autotetraploidem Hordeum vulgare L.)** Canad. J. Genetics Cytol. **5** (1963) Nr. 2. S. 189–196. — 7 Tab., 18 Lit.

Die Versuche wurden mit cholchicininduzierten tetraploiden F_1 der Kreuzungen 'Swan' × 'Ricardo', 'Edda' × 'Ricardo', 'Edda' × 'Anoidum' durchgeführt. Die Körner der C_2- und C_3-Generationen wurden in die Klassen **I** (Übergrößen), **II** (normale Größen), **III** (Untergrößen) eingestuft. Die Keimfähigkeit lag in den Klassen **I** und **II** bei 83,5%, in Klasse **III** bei 69%. Im Mittel aller Kreuzungsnachkommenschaften und Generationen waren in Klasse **I** 82,9% Euploide (n = 28) vorhanden, in Klasse **III** jedoch nur 34,7%. Innerhalb der Klassen war der Anteil der Hyperploiden in der Klasse **I** wesentlich höher als in der Klasse **III**, bei den Hypoploiden lag das Verhältnis umgekehrt. Die Nachkommen aus den einzelnen Korngrößenklassen der C_2 zeigten deutliche Verschiebungen in der Verteilung der Korngrößen. Ein Zusammenhang der Korngrößenklassen mit dem Anteil an Euploiden in 2 Generationen läßt auf eine Verbindung von Korngröße und Chromosomenzahl schließen, was durch die Koppelung von Genen, welche diese Eigenschaften beeinflussen, erklärt werden kann.. J. Schulze. 1716.

2-64/04-0776 Jain, S. K. und Suneson, C. A.; New Delhi, Indian Agric. Res. Inst.; Davis, Univ. of California. Male sterility for increased outbreeding in populations of barley. **(Vermehrte Fremdbefruchtung in Gerstenpopulationen durch Pollensterilität.)** Nature [London] **199** (1963) Nr. 4891. S. 407 bis 408. — 1 Tab., 8 Lit.

2 Gerstenpopulationen, in die ein rezessives Gen für Pollensterilität (ms) eingeführt ist, sind im Hinblick auf die Regulierung des Befruchtungsmodus analysiert worden. Der Anteil Pollensteriler wurde in vielen Generationen erfaßt. Die Wahrscheinlichkeit der Fremdbefruchtung war entspr. dem Samenansatz der Pollensterilen ca. 0,40 und in Abwesenheit Pollensteriler 0,02%. Ein intensives Selektionsdifferential zwischen MsMs, Msms und msms scheint vorzuliegen. Die zunehmende Abnahme der Pollensterilen ist geringer als ohne Selektion zu erwarten wäre. Auf den Heterozygotenvorteil der Msms und anderer Loci wird hingewiesen und das Ausmaß der zunehmenden Fremdbefruchtung durch Pollensterilität formelmäßig definiert.
G. Bandlow. 1716.

2-64/04-0777 Ulonska, Ernst. **Züchtung einer zweizeiligen Winterbraugerste.** Bayer. landwirtsch. Jb., Sonderh. **40** (1963) Nr. 1. S. 166–175. — 7 Abb., 5 Tab.

Vf. berichtet über die in Weihenstephan seit **1949** durchgeführten Arbeiten zur Schaffung 2zeiliger Wi-Braugersten. Die Ausgangspopulation entstand aus 88 Kreuzungen 2- und 4zeiliger Wi-Gerstenformen und in geringerem Umfang auch 2zeiliger So-Gerstensorten. Durch weitere Kreuzungen und Selektionsmaßnahmen wurden im 2. Zuchtabschnitt 2zeilige Wi-Gerstenformen geschaffen, die bei unterschiedlichem Ertragsniveau gute Winterhärte und z. T. sehr gute Standfestigkeit aufwiesen. Durch verstärkte Einbeziehung von So-Gersten in das Kreuzungsprogramm des **3.** Zuchtabschnittes sollen Brauqualität, Ertragsaufbau und Resistenzeigenschaften der 2zeiligen Wi-Gerstenstämme verbessert werden. Die Aussichten für die Schaffung 2zeiliger Wi-Braugersten mit hohem Ertrag und guter Brauqualität werden optimistisch beurteilt. A. Meinel. 1716.

2-64/04-0778 Maguire, Marjorie P.; Austin, Univ. of Texas. Common loci in corn and Tripsacum. **(Gemeinsame Loci bei Mais und Tripsacum.)** J. Heredity **53** (1962) Nr. 2. S. 87–88. — 3 Lit.

Es wird das Vorhandensein eines normalen dominanten Allels für ws_3 auf einem Segment eines *Tripsacum*-Chromosoms nachgewiesen. Dieses *Tripsacum*-Segment wurde auf der distalen Hälfte des kurzen Arms von Chromosom 2 des Maises substituiert, der ws_3, ein Markierungsgen, trägt. Das bestätigt frühere Befunde, wonach auf dem substituierten *Tripsacum*-Segment die dominanten Allele für die genetischen Markierungsfaktoren lg_1 und gl_2 nachgewiesen worden sind. lg_1 und gl_2 liegen ebenfalls auf der distalen Hälfte des 2. Maischromosoms. — Die Synapsis zwischen beiden ähnlichen Segmenten scheint normal. Crossing over ist selten. K. Bellmann. 1720.

2-64/04-0779 Anand, Satish und Leng, Earl R.; Urbana, Univ. of Illinois. Differential crosseability of maize strains with Tripsacum. **(Unterschiedliche Kreuzbarkeit von Maislinien mit Tripsacum.)** Current Sci. [Bangalore] **32** (1963) Nr. 5. S. 202–203. — 1 Tab., 5 Lit.
Seit dem Jahre 1931 sind aus der Lit. immer neue Versuche zur Einkreuzung von *Tripsacum* in Mais bekannt geworden. 18–20 Tage nach der Befruchtung erfolgte die Anzucht der Embryonen in Nährlösung. Aus der Übersicht geht hervor, daß sich eur. Herkünfte besser als amer. eignen.
H. Müller/Bernburg. 1720.

2-64/04-0780 Gamble, Edwin E.; Ames, Iowa, Agric. and Home Econ. Exp. Stat. Gene effects in corn (Zea mays L.). III. Relative stability of the gene effects in different environments. **(Genwirkungen bei Mais [Zea mays L.]. 3. Mitt. Relative Statilität von Geneffekten bei verschiedenen Umweltbedingungen.)** Canad. J. Plant Sci. **42** (1962) Nr. 4. S. 628–634. — 3 Tab., 9 Lit. 2. Mitt. vgl. LZ. Abt. II **8** (1963) Nr. 6. S. 1627.
6 Mais-Inzuchtlinien, ihre F_1-, F_2- und Rückkreuzungsnachkommenschaften wurden an 2 Orten und in 2 Jahren geprüft. Mit Hilfe der Populationsmittelwerte wurde die additive, die Dominanzvarianz und einige Typen der epistatischen Varianz für 6 quantitative Merkmale bestimmt (Ertrag, Pflanzenhöhe, Zahl der Kornreihen/Kolben, Kolbenlänge, Kolbendmr., TKM). Die Versuche umfaßten 18 Wiederholungen. Die Stabilität der Geneffekte über die verschiedenen Umweltbedingungen hinweg wurde mit Hilfe des folgenden Verhältnisses geschätzt: $\sigma_k^2/\sigma_k^2 + \sigma_k^2 + \sigma_{jk}^2 + \sigma_{ok}^2 + \sigma_{jok}^2$. Aus den Ergebnissen geht hervor, daß die Größe der Varianzkomponenten für WW Kreuzung $\times$ Umwelt für größere Wechselwirkungen der Geneffekte mit den Umweltbedingungen sprechen. Dabei spielt offenbar die Wechselwirkung mit den Jahren eine größere Rolle als die mit den Orten. Die additiven Geneffekte scheinen bei den verschiedenen Umweltbedingungen am konstantesten zu sein, ihnen folgen die additiv $\times$ dominanten. Die anderen Typen der Genwirkungen sind wenig stabil. Am konstantesten waren die Schätzwerte der Geneffekte unter den einzelnen Umweltbedingungen für das Merkmal Kolbendmr., während Ertrag, Pflanzenhöhe und Samengew. nur eine geringe oder gar keine Stabilität der Schätzwerte zeigten. K. Bellmann. 1720.

2-64/04-0781 McWhirter, K. S. und Brink, R. Alexander; Madison, Univ. of Wisconsin. Continuous variation in level of paramutation at the R locus in maize. **(Kontinuierliche Variation im Grad der Paramutation am R-Locus bei Mais.)** Genetics **47** (1962) Nr. 8. S. 1053–1074. — 4 Abb., 7 Tab., 15 Lit.
Die Expression des R^r-Allels bei Mais wird ständig in Richtung reduzierter Aleuronpigmentierung in Heterozygoten mit einem der Aleuronfleckenfaktoren, strippled (R^{st}) oder marbled (R^{mb}), verändert. Für diese regelmäßig vorkommende Veränderung in der R^r-Wirkung hat Brink (1958) den Terminus Paramutation vorgeschlagen. Vff. beschreiben 38 Mutanten des streng paramutagenen R^{st}-Allels, die zu vollständig gefärbtem Aleuron führen (R^{sc}-Mutanten). Das R^r-Allel in Heterozygoten mit den selbstfärbenden R^{sc}-Mutanten (R^rR^{sc}) führt zu paramutanten Formen, die über eine weite Spanne

kontinuierlich auf den Grad der Pigmentproduktion einwirken. Die paramutagene Wiıknug war bei 36 Mutanten sehr stark und reichte über alle Zwischenstufen bis zu einem nicht mehr wahrnehmbaren Effekt auf die Pigment-produzierende Wirkung von R^r. 16 Mutanten waren nicht paramutagen. Der Grad der Paramutation für eine gegebene R^rR^{sc}-Kombination war in starkem Maße reproduzierbar und auch dann nicht verändert, wenn das R^{rc}-Allel durch sukzessive Rückkreuzungen zu R^rR^r-Formen in heterozygotem Zustand erhalten wurde. Das Aleuronpigment produzierende Potential des Standard-Allels R^r kann auf einen beliebigen Grad reduziert werden, wobei jeder Grad gametisch übertragbar ist. K. Bellmann. 1720.

2-64/04-0782 Gomez, A. A. und Mercado jun., A. C. The occurrence of pollen-fertility restorers of T-sterile cytoplasm in inbred lines of corn in the Philippines. **(Das Vorkommen von Pollen-Fertilitätsrestorern von T-sterilem Zytoplasma bei Maisinzuchtlinien auf den Philippinen.)** Philippine Agriculturist **46** (1962) Nr. 1. S. 1–6. – 1 Tab., 8 Lit.

38 Zahnmais-, 9 Puffmais- und 15 Zuckermaislinien wurden auf das Vorhandensein von Restorern durch Kreuzung mit männlich-sterilen I-Linien (Texastyp) geprüft. Der rel. Anteil von wiederherstellenden und nicht wiederherstellenden Formen war unter den lokalen Zahnmaislinien etwa gleich. Unter den Puffmaislinien gab es ca. 10% sich intermediär verhaltender Linien. Bei den Zahnmaislinien waren es etwa 40%. Unter den Zuckermaislinien wurde nur ein sehr kleiner Anteil an eindeutigen Restorern gefunden.
K. Bellmann. 1720.

2-64/04-0783 Bell, William D., Bogorad, Lawrence und McIlrat, Wayne J. Yellow-stripe phenotype in maize. I. Effect of ys_1 locus on uptake and utilization of iron. **(Gelbgestreifter Phänotyp bei Mais. 1. Mitt. Effekte des ys_1 Locus auf die Aufnahme und Verwendung von Eisen.)** Bot. Gaz. **124** (1962) Nr. 1. S. 1–8. – 1 Abb., 5 Tab., 14 Lit.

Die gelbgestreifte Maismutante ys_1 ähnelt Maispflanzen, die in Eisenmangellösungen gewachsen sind. Homozygot rezessive Pflanzen (ys_1ys_1) reagieren gegenüber verschiedenen Eisengaben anders als die heterozygoten. Die homozygot rezessiven Formen werden völlig normal, wenn sie in einer Lösung von 2 ppm $FeSO_4$ von einem bestimmten Eisenchelat wachsen. Durch Entwurzelungsversuche wurde nachgewiesen, daß die mangelnde Eisenaufnahme in den Wurzelspitzen lokalisiert ist. Doppelt rezessive Pflanzen, die in einer 0,05- oder 0,1%igen Hefeextraktlösung unter Zusatz eines anderen Eisenchelats gewachsen sind, produzieren nach 10 Tagen in diesem Medium grünere Blätter als Pflanzen, die in einer Nährlösung von höherer oder niedrigerer Hefeextraktkonz. wuchsen. P-Mangellösungen führten bei Zusatz von allen möglichen löslichen Eisenformen stets zu normal grünen ys_1ys_1-Maispflanzen. Wurden sie in Nährlösungen zusammen mit normalem Mais, *Lycopersicon* oder *Xanthium* kultiviert, ergrünten sie völlig. Sie nahmen auch Eisen der 2. Chelatquelle aus Nährlösungen auf, in denen normale Maispflanzen gewachsen waren. Aus P-Versuchen in diesem Zusammenhang geht hervor, daß die Barriere der Eisenaufnahme in der Wurzelendodermis liegt.
K. Bellmann. 1720.

2-64/04-0784 Ustinova, E. I. Mužskaja steril'nost' u kukuruzy. **(Die männliche Sterilität des Maises.)** Morfol. kukuruzy, Moskva **1962** S. 266–283. – Aus: Referativnyj žurnal Moskva. Rastenievodstvo **1963** Nr. 6.55.30. S. 5.

Die sterilen und fertilen Formen unterscheiden sich morphol. in der Form des Blütenstandes, der Zahl und Größe der Seitenachsen und in der Größe der Staubgefäße. Bei der Meiose der sterilen Formen wurden keinerlei Abweichungen festgestellt. Die Pollensterilität ist eine Folge der Verminderung aktiver Reservestoffe des Zytoplasmas (Stärke, Aminosäuren u. a.). Es wird eine Übersicht über die einheimischen und ausländischen Arbeiten über die männliche Sterilität bei Mais gegeben. übersetzt v. G. Boetticher. 1720.

2-64/04-0785 Maryněuk, L. P. Vplyv vidboru na zminy kombinacijnoï cinnosti samozapylenych linij. **(Einfluß der Auslese auf die Veränderung der Kombinationsfähigkeit von Inzuchtlinien.)** Nauk. praci. Ternopil'śka derž. sil'škogosp. dosl. st. **1962** Nr. 1. S. 30–36. – Orig.: ukrain. Aus: Referativnyj žurnal Moskva. Rastenievodstvo **1963** Nr. 7.55.30. S. 4–5.
Von 1954 bis 1960 wurde die Kombinationsfähigkeit der Elternlinien des Liniendoppelhybriden 'WIR-42' ('WIR-44' und 'WIR-38') untersucht. Eine Reihe von Familien aus der freien Bestäubung mit 'WIR-44' und 'WIR-38' wurde unter verschiedenen geographischen Bedingungen und Witterungsverhältnissen in verschiedenen Jahren verglichen. Bei rel. ähnlichen morphol. Merkmalen veränderten die I-Linien bei längerem Nachbau ihre Erbeigenschaften unter dem Einfluß der Anbaubedingungen, was sich in einem verschiedenen Heterosiseffekt äußerte, der in Abweichungen vom Ertrage der Kontrolle bis zu ± 6 dt/ha zum Ausdruck kam.
übersetzt v. Th. C. Boetticher. 1720.

2-64/04-0786 Jánossy, Andor; Tápiószele, Ungarn, Landesinst. für Agrobot. **Über die Entstehung der ungarischen Maissorten und die Bedeutung der Landsorten des Karpatenbeckens als züchterisches Ausgangsmaterial.** Kulturpflanze, Beih. Nr. 3. (1962) S. 144–166. – 7 Abb., 3 Tab., 18 Lit.
Neben einigen älteren Landsorten lassen sich auch heute noch einige amer. und italienische Sorten in Ungarn nachweisen. Die Sammlung von ca. 240 Landsorten ermöglichte nicht nur die Erhaltung dieses züchterisch wertvollen Ausgangsmaterials, sie konnte auch die Klassifizierung erleichtern. 32 Sorten und Hybriden werden näher beschrieben. Darüber hinaus wurden aus diesen Herkünften I-Linien gewonnen, deren Kombination beachtliche Erträge lieferten. Die Krankheitsresistenz dieser Formen ist bemerkenswert. Die gegenwärtig verbreiteten ung. Zuchtsorten werden angeführt.
H. Müller/Bernburg. 1720.

2-64/04-0787 Zscheischler, O. J. **Hybridmais-Züchtung und Körnermaisanbau in Bayern. Möglichkeiten und Grenzen für einen wirtschaftlichen Körnermaisanbau.** Bayer. landwirtsch. Jb., Sonderh. **40** (1963) Nr. 1. S. 211 bis 238. – 5 Abb., 9 Tab., 6 Lit.
Die Kornertragsüberlegenheit der in der Bundesrepublik gezüchteten Hybridmaissorten von durchschnittl. 35% gegenüber den alten Sorten, ihre erhöhte Krankheits -und Dürreresistenz im Vergleich zu anderen Getreidearten sowie die betriebswirtsch. Vorteile ihres Anbaues (Möglichkeiten der Vollmechanisierung, guter Vorfruchtwert und Selbstverträglichkeit) führten in den Jahren 1960 bis 1962 zur ständigen Ausweitung ihres Anbaues in Bayern. Die Anbaufläche stieg von 452 ha im Durchschnitt der Jahre 1955–59 auf 2885 ha 1962. Eine allmähliche Ausweitung auf 40000 ha, dem Umfang des Zuckerrübenanbaues entspr., wird für möglich gehalten. Vf. gelangt zu dieser Schlußfolgerung durch die Auswertung des Versuchsmaterials sowie unter Berücksichtigung der in Bayern vorwiegend günstigen natürlichen Anbaubedingungen für Körnermais. Die nach Versuchsorten und -jahren getrennt wiedergegebenen Versuchsbedingungen und -ergebnisse gestatten Schlußfolgerungen über Grenzen und Möglichkeiten des Körnermaisanbaues in bestimmten Gebieten. A. Meinel. 1720.

2-64/04-0788 Picard, J.; Dijon, Centre de Rech. Agronomiques du Centre-Est. La coloration des téguments du grain chez la féverole (Vicia faba L.). Étude de l'hérédité des différentes colorations. **(Die Färbung der Samenschale des Kornes bei der Ackerbohne [Vicia faba L.]. Untersuchung der Vererbung**

verschiedener Färbungen.) Ann. Amélioration Plantes **13** (1963) Nr. 2. S. 97 bis 117. – 27 Tab., 7 Lit.

Violett, marmoriert und schwarz vererben sich monogen dominant gegenüber normal; grün und rot monogen rezessiv. Alle Farbgene wirken selbständig. Bei Kreuzungen zwischen den Farbtypen untereinander sind nur rot-grün gekoppelt, alle übrigen Kombinationen spalten unabhängig heterogen 9:3:3:1. Die monogen rezessiv sich vererbende Weißblütigkeit ist auf ihre genetischen Beziehungen zu den Kornfarben untersucht worden. Sowohl mit rot wie mit violett spaltet sie 9:3:4, d. h. weißblütig rot und weißblütig violett treten nicht auf. Marmoriert weißblütig und schwarz weißblütig sind gekoppelt. Nur grün weißblütig spaltet unabhängig 9:3:3:1. Kreuzungen zwischen den Unterarten *Vicia faba major* und *V. faba minor* führen in der Weißblütigkeit zu Besonderheiten und lassen sich möglicherweise systematisch auswerten.

G. Bandlow. 1736.

2-64/04-0789 Moldenhawer, Konstanty. **Kreuzungsversuche mit Mohnsorten.** Wiss. Z. Karl-Marx-Univ. Leipzig, math.-naturwiss. R. **12** (1963) Nr. 2. S. 415–417. – 3 Abb.

Im Inst. für Pflanzenzücht. und Akklimatisation (Poznań) wird an der Erhöhung des Morphingehaltes der Mohnkapseln gearbeitet. Da Auslesen aus dem von Vf. gezüchteten 'Blaumohn K.M.' keine befriedigenden Ergebnisse brachten, wurden Kreuzungen mit verschiedenen in- und ausländischen Mohnsorten durchgeführt. Die Bestimmung des Morphingehaltes wurde nach Pfeifer durchgeführt. Die erfolgreichsten Kreuzungen waren 'Vahovecky' (ČSSR) × 'Blaumohn K.M.', 'Mahndorfer' × 'Blaumohn K.M.' und 'Blaumohn K.M.' × 'Mahndorfer', die sowohl in der F_1 als auch in der F_2 im Mittel der Kreuzungsnachkommenschaften einen höheren Morphingehalt als die Elternsorten aufwiesen. J. Schulze. 1756.

2-64/04-0790 Fraszewska, T. Tetraploidalna lnianka ozima. **(Tetraploider Leindotter [Camelina sativa Crantz.].)** Prace Inst. Uprawy, Nawożenia Gleboznawstwa, Pamiętnik Puławski **1962** Nr. 8. S. 263–272. – 5 Abb., 2 Tab. Zus. in Russ., Engl.

Untersuchungen tetraploider *Camelina sativa* erwiesen die Eignung dieser Form für die Zücht. Die bei Tetraploiden anderer Arten häufig auftretende charakteristische Degeneration des Pollens wurde nicht festgestellt. Samen von tetraploidem Leindotter hatte sehr gute Keimfähigkeit. Eine Steigerung der Fruchtbarkeit ist durch Kreuzung wahrscheinlich. Tetraploide werden am besten durch Einquellen trockener Samen in Colchicinlösung erzielt. Das Auftragen von Colchicin auf die Keimblätter erwies sich als ungeeignet.

PRL/CBR. 1769.

2-64/04-0791 Howard, H. W.; Trumpington, Cambridge, Plant Breeding Inst. Potato grafting experiments. II. Some further results with the short-day species, Solanum demissum. **(Kartoffelpfropfungsversuche. 2. Mitt. Einige weitere Ergebnisse mit der Kurztagsspecies Solanum demissum.)** J. Genetics **58** (1963) Nr. 2. S. 177–185. – 7 Tab., 13 Lit.

In mehrjährigen Untersuchungen wurde der Einfluß der Pfropfung *Solanum tuberosum* (Reis)/*S. demissum* (Unterlage) auf die Knollenbildung untersucht. Der Knollenertrag war erheblich größer bei den Pfropfungen im Vergleich zum ungepfropften *S. demissum*. Der Knollennachbau der gepfropften Pflanzen war wüchsiger und blühte früher als bei dem ungepfropften Material. Die Pfropfung 2 Jahre hintereinander brachte wiederum einen höheren Knollenertrag als bei den einmaligen Pfropfungen. Bei ausbleibender Pfropfung gehen die „Pfropfungseffekte“ wieder zurück. Es konnte keine heritable Nachwirkung durch die Pfropfung festgestellt werden.

D. Rothacker/Groß-Lüsewitz. 1772.

2-64/04-0792 Graham, K. M. Inheritance of resistance to Phytophthora infestans in two diploid Mexican solanum species. **(Die Vererbung der Resistenz gegenüber Phytophthora infestans bei zwei diploiden mexikanischen Solanum-Arten.)** Euphytica [Wageningen] **12** (1963) Nr. 1. S. 35–40. – 1 Abb., 4 Tab., 12 Lit.
Es konnte festgestellt werden, daß bei den beiden geprüften Species *Solanum bulbocastanum* und *S. verrucosum* eine quantitative Vererbung der *Phytophthora*-Resistenz vorliegt. Bei den Infektionen einer großen Anzahl von F_1, F_2, F_3 und B_1-Pflanzen intraspez. Kreuzungen der beiden Arten mit den Rassen 1, 2, 3, 4, war ein gleitender Übergang von Überempfindlichkeit zu partieller Resistenz festzustellen. Durch Geschwisterkreuzungen und Selbstungen ließ sich der Resistenzanteil z. T. erheblich über den der Eltern steigern. Durch Zücht. innerhalb der beiden Wildspecies sollen genügend Polygene für Resistenz angereichert werden und unerwünschte Modifikatoren der major Gene eleminiert werden, bevor *S. tuberosum*-Einkreuzungen erfolgversprechend durchgeführt werden können.
D. Rothacker/Groß-Lüsewitz. 1772.

2-64/04-0793 Rudorf, W. und Wöhrmann, K.; Köln-Vogelsang, Max-Planck-Inst. für Züchtungsforsch. **Versuche zur Auslösung von Mutationen durch CO^{60}-Bestrahlung auf vorgetriebene Augenkeime bei der Kartoffel.** Z. Pflanzenzücht. **49** (1963) Nr. 4. S. 397–414. – 6 Abb., 4 Tab., 21 Lit. Zus. in Engl.
Zur Auslösung von Mutationen wurde eine Bestrahlung mit ^{60}Co in 3 verschieden starken Dosen (4, 6, 8 kr) an Augenstecklingen (kurze Keime) und Nodienstecklingen (etwa 10 cm lange Keime, unterhalb der Nodien durchschnitten) der Sorte 'Sieglinde' vorgenommen. Augenstecklinge wiesen nach Bestrahlung in nur geringem Maße, Nodienstecklinge dagegen unabhängig von der verabreichten Dosis in starkem Maße Anomalien auf, die sich in gestauchtem Wuchs, Schwellung der Nodien, Blattdeformationen, Bildung von Luftachselknollen u. a. äußern. Diese Wuchs-Anomalien werden als Auswirkungen der Schädigungen im Phytohormonsystem gedeutet. Darüber hinaus konnten in der vM_2 Pflanzen mit veränderten Merkmalen des Blatt- und Stengelapparates gefunden werden. Nach Anwendung des Augenblendungsverfahrens in der vM_3 konnten einige Klone isoliert werden, die keinen oder nur geringen Blattrollvirusbefall zeigten. Die Behandlungsserie „Nodienstecklinge" führte gegenüber den „Augenstecklingen" zu keiner höheren Ausbeute an abgeänderten Pflanzen. Die beobachtete starke somatische Aufspaltung wird auf die Chimärennatur der untersuchten Pflanzen zurückgeführt. A. Hopfe/Groß-Lüsewitz. 1772.

2-64/04-0794 Simmonds, N. W.; Hertford, England, John Innes Inst. Experiments on the germination of potato seeds. I. **(Versuche über das Keimen von Kartoffelsamen. 1. Mitt.)** Europ. Potato J. [Wageningen] **6** (1963) Nr. 1. S. 45–60.
Versuche über den Einfluß des Alters von Beeren auf Keimfähigkeit und Keimruhe der Samen ergaben, daß die Kartoffelbeeren im Alter von 6 Wochen reif sind. Samen von jüngeren Beeren wiesen verminderte Keimfähigkeit und kürzere Keimruhe auf. Mit feuchtem Filterpapier ausgelegte Petrischalen (Licht bei 20 °C) erwiesen sich am günstigsten; Schaumgummi kann ebenfalls verwendet werden; Fließpapier ist ungeeignet. Dunkelheit hemmte die Keimung von Samen, die sich nicht mehr in Keimruhe befanden. Kleine Samen hatten eine geringere Keimfähigkeit als große. Die meisten Kartoffelsamen sind nach dem Auswaschen aus den Beeren noch in Keimruhe. Alle keimfähigen Samen von nicht in Keimruhe befindlichen Samenproben hatten unter dieser Prüfungsbedingung nach 4 Wochen, i.allg. sogar schon nach 2 Wochen, gekeimt. Die Anzahl gekeimter Samen nach 4 Wochen kann daher

als umgekehrtes Maß für die Keimruhe benutzt werden. Die Samen tetraploider Formen hatten eine etwas längere Keimruhe als die diploider. Eine wirksame Brechung der Keimruhe bei Samen von tetraploiden Formen wurde durch Gibberellinsäure (GS) 300 p.p.m. erzielt. Phys. Vorbehandlungen blieben z. T. wirkungslos. Licht begünstigt die Aufhebung der Keimruhe und hat zusammen mit chem. Behandlungen komplexe Wechselwirkungen zur Folge. 8monatige Lagerung von Samen unter kühlen (5 °C) oder trockenen Bedingungen (Siliziumgel) verzögert die Aufhebung der Keimruhe. Das Vorhandensein eines wasserlöslichen Hemmstoffes ist wahrscheinlich.

Ch. Pfeffer/Groß-Lüsewitz. 1772.

2-64/04-0795 Simmonds, N. W.; Hertford, England, John Innes Inst. Experiments on the germination of potato seeds. II. **(Versuche über das Keimen von Kartoffelsamen. 2. Mitt.)** Europ. Potato J. [Wageningen] **6** (1963) Nr. 2. S. 69–76. – 3 Abb., 7 Tab., 23 Lit. Zus. in Franz., Dtsch. 1. Mitt. vgl. vorst. Ref.

An der Luft aufbewahrte Samenproben von Wildarten hatten nach 6–8 Jahren noch gute Keimfähigkeit; nach 11–12 Jahren war sie nur noch sehr gering. Einige alte Samenmuster zeigten „sekundäre Keimruhe“ unbekannter Natur. Das Samengew. von 47 Wildkartoffelformen schwankte zwischen 22–96 mg pro 100 Samen. Es besteht keine echte Beziehung zwischen der Samengröße und der Ploidiestufe oder der Artzugehörigkeit.

Ch. Pfeffer/Groß-Lüsewitz. 1772.

2-64/04-0796 Hülsmann, G. **Vorschläge zur Ausschaltung der Kontaktviren in der Erhaltungszüchtung und für die Erzeugung kontaktvirusfreier Großvermehrungen im Pflanzkartoffelbau.** Kartoffelbau **14** (1963) Nr. 9. S. 218–219. – 4 Abb.

Von den Kontaktviren X und S befallene Pflanzen bilden im Feldbestand nur schwache oder keine Symptome aus. Langjährige Erfahrungen in der Erhaltungszücht. haben bewiesen, daß eine Ausschaltung dieser Viren mit dem alleinigen Anbau von A-, B- und C-Klonen und deren visuelle Beobachtung nicht möglich ist. Bei der anfälligen Sorte 'Grata' hat sich folgendes Verfahren zur Erzeugung von kontaktvirusfreiem Pflanzgut bewährt: Die Auslese beginnt bei Einzelknollen, die als Augenstecklinge serologisch auf X- und S-Virus und im Abreibetest mit A 6 und *Gomphrena globosa* auf die Viren Y, A und X getestet werden. Alle virusfreien Knollen werden Ende Febr. im Gewächshaus als „Vor-A-Klone“ in Blumentöpfen (28 cm) angezogen und 3mal getestet. Die gesunden Vor-A-Klone werden im folgenden Jahr mit je 9 Knollen als „A-Klone“ im Freiland ausgepflanzt und bilden das Ausgangsmaterial für die Erhaltungszücht., deren Aufbau in Bezug auf die Verhinderung von Kontaktübertragungen beschrieben wird. Um auch bei den weiteren Großvermehrungen eine Ausbreitung von Kontaktviren zu verhindern, wird der Striegel nicht eingesetzt und so wenig wie möglich bearbeitet. Es wird empfohlen, die Unkrautbekämpfung mit chem. Mitteln durchzuführen.

Ch. Pfeffer/Groß-Lüsewitz. 1772.

2-64/04-0797 Zingstra, H. Research of new potato varieties in the Netherlands. **(Forschungen über neue Kartoffelsorten in den Niederlanden.)** Euphytica [Wageningen] **12** (1963) Nr. 1. S. 41–48. – 7 Abb., 3 Lit.

Jährlich kultivieren die holländischen Züchter zwischen 500000–600000 Sämlinge. In den letzten Jahren wurden im Mittel jährlich 4 neue Sorten in die Sortenliste aufgenommen. Seit 1950 wird ein umfangreiches Prüfungsprogramm zur Auswahl der besten Sorten absolviert. 90% der Sämlinge werden unter Glas bei mehr als 200 Züchtern herangezogen. Die Zücht.- und Prüfungsabschnitte werden für einen Zeitraum von 11 Jahren dargestellt. Von den erstjährigen Sämlingen werden nur 10–20% geerntet. Im 2. oder 3. Jahr werden je Sämlingsnachkommenschaft an das Plant Protection Service

(P.D.) je 6 Knollen zur Schorfprüfung abgegeben. Dann folgen Feldprüfungen mit 16 Knollen (NAK). Die besten Klone (ca. 1‰) werden dann von der „Commission for the Advancement of Potato Breeding" (C.O.A.) in den weiteren Jahren hinsichtlich ihrer Werteigenschaften untersucht. Diese Prüfungen umfassen: 1. Vorprüfungen, a) Vorprüfung I (5 Jahre) – Reifezeit, Bodenansprüche, *Phytophthora*, Ertrag, Stärkegehalt, Allgemeineindruck, Schorfresistenz – b) Prüfung durch die Zentral-Kartoffelversuchsfarm bei Zeerijp (6. Jahr) – allg. Feldprüfung und erste Vermehrung, Lagerung, Virusbefall – ; c) Vorprüfung II. – wird an 9 Orten aus dem Aufwuchs von Zeerijp durchgeführt, außerdem Resistenzteste – ; d) Prüfung der Y-Virus-Anfälligkeit. 2. Untersuchungen auf den Versuchsfeldern – verschiedene Verwendungszwecke und phytopathol. Verhalten –. 3. Prüfung der Klone auf Landesebene. 4. Versuche im Ausland. 5. Versuche in der Praxis.
D. Rothacker/Groß-Lüsewitz. 1772.

2-64/04-0798 Berežko, S. T. Biologičeskie osobennosti tetraploidnoj odnosemjannoj sacharnoj svekly. **(Die biologischen Besonderheiten der tetraploiden monogermen Zuckerrübe.)** Sb. naučn. rabot. Belocerkovsk. opytno-selekc.st. **1962** Nr. 2. S. 65–74. – Aus: Referativnyj žurnal Moskva. Rastenievodstvo **1963** Nr. 6.55.196. S. 27.
Die tetraploiden Pflanzen, die durch Behandlung der Samen oder Sprosse mit Colchicin erhalten wurden, zeichneten sich durch ein höheres Gew. der Samen und Keimpflanzen sowie ein intensiveres Wachstum der Rüben in der 1. Hälfte der Vegetation aus, in der 2. Hälfte der Vegetation übertrafen die diploiden Pflanzen sie in der Dynamik der Massenzunahme der Rübe. Hinsichtlich der Blattbildung sind die tetraploiden Pflanzen spätreifer als die diploiden. Äußerlich unterscheiden sich die tetraploiden Pflanzen von den diploiden durch eine breitere und rundlichere Blattfläche sowie deutlicher ausgeprägte Blattnerven, kürzere, kräftigere Blattstiele und eine flachere Blattrosette, größere Zellen des Mesophylls und der Spaltöffnungen bei einer geringeren Zahl Zellen je Einheit der Oberfläche. In den Blättern der polyploiden Pflanzen war weniger N, P und K enthalten als in denen der diploiden Pflanzen. Zwischen den tetraploiden Pflanzen gab es auch triploide Pflanzen, die nach dem Gew. der Rübe im Durchschnitt bedeutend ertragreicher waren als die tetraploiden. Die Samenträger der tetraploiden Pflanzen schoßten und blühten später, auch wurden die Früchte später reif. Sie zeichneten sich auch durch geringere Keimenergie und Keimfähigkeit der Samen gegenüber den diploiden Pflanzen aus. Diese Eigenschaften der tetraploiden Pflanzen erschweren das Kreuzen mit den diploiden. Unter den tetraploiden Pflanzen sind auch frühreifere Typen vorhanden, die man für Kreuzungen mit diploiden Pflanzen auslesen sollte. übersetzt v. G. Boetticher. 1774.

2-64/04-0799 Magassy, L. Az izolálás módszerei és jelentöségük a répa (Beta vulgaris L.) nemesitésében és vetömagtermesztésben. **(Isoliermethoden und ihre Bedeutung für Züchtung und Samenbau der Rübe [Beta vulgaris L.].)** Kiserletügyi Közlemények, Növénytermesztés [Mitt. landwirtsch. Versuchsstellen Ungarns, Pflanzenbau] **54/A** (1962) Nr. 2. S. 61–77. – Aus: Ung. Agrar-Rdsch. **1963** Nr. 4.
Die Methoden der natürlichen und künstlichen Isolierung sowie deren Anwendungsmöglichkeiten in der Zücht. und im Samenbau der Rübe wurden untersucht. Verschiedene Papiersorten wurden erprobt. Butterpergamentpapier erwies sich als am geeignetsten. Große Tüten waren am besten. Sie waren jedoch Beschädigungen viel mehr ausgesetzt als kleinere. Vf. entwickelte und erprobte einen Typ von Isoliertüten, der die Befruchtung und den Samenansatz begünstigt und gleichzeitig einen ausreichenden Schutz gegen Fremdbestäubung gewährt. Die Einwirkung der künstlichen Isolierung auf die Qualität der erzeugten Samen wurde ebenfalls untersucht. Die meisten

Rüben waren selbstinkompatibel; die tetraploiden Sorten in höherem Maße als die diploiden. Keimfähigkeit und Aufgang dieses Samens sind geringer als die von offen abgeblühten. 1774.

2-64/04-0800 Benc, Stanislav. Příspěvek k otázce šlechtěni cukrovky na toleranci proti virové žloutence. **(Beitrag zum Problem der Zuckerrübenzüchtung auf Toleranz gegen die Vergilbungskrankheit der Rübe.)** Rostlinná Výroba **9** (1963) Nr. 5. S. 541–552. – 10 Tab., 11 Lit. Zus. in Russ., Franz.
Im J. 1954 wurden nach künstlicher und starker natürlicher Infektion Zuckerrübenpflanzen ohne Anzeichen des Befalls von der Vergilbungskrankheit der Rübe ausgelesen. Diese Pflanzen, ähnlich wie die Kontrollpflanzen mit stärkstem Befall, wurden unter sich bestäubt. 1956 wurden die Intensität des Befalls, der Ertrag und Zuckergehalt der beiden Gruppen festgestellt. Bei der Ermittlung des Befalls wurde jede einzelne Pflanze bonitiert sowie der Befall einzelner Familien und Gruppen errechnet. Zwischen der Befallsintensität der Nachkommenschaft „gesunder" und der mit der Vergilbungskrankheit befallenen Pflanzen gab es signifikante Unterschiede, während in bezug auf Wurzelertrag, Zuckergehalt und Polarisationswert keine gesicherten Unterschiede festgestellt wurden. Die Zücht. auf Toleranz wird als erfolgversprechend angesehen. ČSSR/ÚVTI. 1774.

2-64/04-0801 Rommel, Mechtild. Some cytogenetic properties of autotetraploid varieties of sugar-beet. **(Einige zytogenetische Eigenschaften autotetraploider Zuckerrübensorten.)** Nature [London] **198** (1963) Nr. 4887. S. 1327 bis 1328. – 1 Tab., 3 Lit.
Bei je 200 Pflanzen der Sorten 'Busczynski tetraploid' und 'Ebro tetraploid' wurden Chromosomen gezählt. Junge Blätter wurden zunächst zwecks Kontraktion der Chromosomen mit Oxychinolin oder Eiswasser vorbehandelt, in Alkohol-Eisessig fixiert und mit Orcein gefärbt. Nur 57,5 bzw. 54,5% der Pflanzen besaßen die zu erwartenden 36 Chromosomen. 13 bzw. 22,5% hatten 35, 20 bzw. 19% 37, 6 bzw. 1,5% 38, 3 bzw. 1,5% 34, 0 bzw. 1% 33 und 0,5 bzw. 0% 32 Chromosomen. Die Ursache für das Auftreten Aneuploider sind aneuploide Gameten, die bei der Kreuzung tetraploid × tetraploid eine größere Rolle spielen als bei der Kreuzung tetraploid × diploid; denn unter den im letztgenannten Fall entstehenden Triploiden sind seltener Aneuploide zu finden. Die unzureichende Leistung tetraploider Populationen wird auf das Vorkommen Aneuploider zurückgeführt, die erfahrungsgemäß weniger vital sind. H. E. Fischer/Kleinwanzleben. 1774.

2-64/04-0802 Marinova, Radka. Rezultati ot njakoi krŭstoski meždu različni sortove zacharno cveklo. **(Ergebnisse einiger Kreuzungen verschiedener Zuckerrübensorten.)** Selskostopanska nauka, Sofija **1(7)** (1962) Nr. 12. S. 1307–1314. – 6 Tab., 7 Lit. Zus. in Russ., Engl.
In den Jahren 1953–60 wurden die geeignetsten Kombinationen von bulgarischen und ausländischen Zuckerrübensorten der verschiedensten Nutzungsrichtungen untersucht: zuckerreiche, normale und ertragreiche. Der Heterosiseffekt wurde bei einigen Hybriden in der F_1 und F_2 untersucht. Es wurde festgestellt, daß der Heterosiseffekt am stärksten bei Beteiligung der Sorte 'Original Endshe 3' ist. Die Kreuzung von Sorten mit hohem Zuckergehalt und Sorten mit hoher Ertragsfähigkeit lieferte hinsichtlich des Rüben- als auch hinsichtlich des Zuckerertrages keine positiven Ergebnisse. Die Hybride 'Beta 242/53' × 'Y-651' lieferte einen hohen Rüben- und Zuckerertrag im Vergleich zu den Elternsorten und dem Standard, während bei der reziproken Kreuzung sich kein Heterosiseffekt ausprägte. Es wird darauf hingewiesen, daß der Heterosiseffekt am stärksten bei der Kreuzung von kontrastreichen Sorten (Sorten mit hohem Zuckergehalt und Sorten mit hohem Ertrag) war. Der Rübenertrag wurde um 22–23,4%, der Zuckerertrag um 20–27% im Vergleich zum Standard gesteigert.
NRB/ZSNTI, übersetzt v. Ch. Eshkowa. 1774.

2-64/04-0803 Sutô, T. und Tokuyasu, K. Present status of sugar beet improvement in Japan. **(Gegenwärtiger Stand der Zuckerrübenzüchtung in Japan.)** Bull. Sugar Beet Res. **1** (1962) S. 1–27. — 3 Abb., 4 Tab.
Im J. 1959 wurde die „Japan Sugar Beet Improvement Foundation" gegründet, deren wichtigste Aufgaben die Zücht. neuer Zuckerrübensorten sowie Saatgutvermehrung und -handel sind. Diese Arbeiten wurden 1960 in 2 neuen Inst. in Sapporo (Hokkaido) und Kumaamoto (Kyushu) aufgenommen. Zur Information dient das von der Foundation 1962 erstmalig herausgegebene Bulletin. Vf. geben einleitend einen historischen Überblick über die Entwicklung der Zuckerrübe in Japan seit der 1870 erfolgten Einführung. Seit 1922 wurde von der Hokkaido „Agric. Exp. Stat." ein Zücht.-Programm durchgeführt und 1929 die 1. inländische Sorte ('Hon-Iku 48') zugelassen. Hinweise auf weitere japanische Sorten — wobei die *Cercospora*-Resistenz bes. betont wird — folgen. In Abschnitt II wird eine Übersicht über die wiss. Organisation mit Nennung der leitenden Mitarbeiter und der Inst. gegeben. Entspr. den klimatischen Bedingungen wird Japan in 2 Zonen, Nord- und Südbezirk, mit Sommer- bzw. Winteranbau von Zuckerrüben unterteilt. Abschließend werden das Budget 1961 für die Zuckerrübenforsch. und die Gründe zur Bildung der Inst. und ihre Aufgaben dargelegt sowie statistische Angaben über den Zuckerrübenanbau in Hokkaido gemacht.
W. Eichholz/Kleinwanzleben. 1774.

2-64/04-0804 Sutô, T. und Nakajima, J. Annual report of sugar beet breeding for 1961. **(Jahresbericht über die Zuckerrübenzüchtung 1961.)** Bull. Sugar Beet Res. **1** (1962) Nr. 29–99. — 7 Abb., 49 Tab.
Im 1. Beitrag des neuen Bulletins (vgl. vorstehendes Ref. Sutô und Tokuyasu) wird auf allg. Fragen der japanischen Zuckerrübenforsch. eingegangen. Der 2. Beitrag, ein Jahresbericht, enthält Zus. der Berichte, die anläßlich der „Annual Conference on Sugar Beet Res." 1962 in 2 Sektionen gegeben wurden. Der vorliegende Teil A umfaßt in 7 Abschnitten Ergebnisse von Untersuchungen im „Nordbezirk": I. Zuckerrübenzücht. (Inzuchtstämme, Individualselektion, männliche Sterilität, Sortenkreuzung, Monokarpie, Polyploidie, Kombinationseignung); II. Zuckerrübengenetik (männliche Sterilität, Röntgenbestrahlung, Ertragskorrelationen, Wildrüben, Genetik der *Cercospora*-Resistenz); III. Physiol. und Ökologie (vegetative Vermehrung, Bestimmung des Ploidiegrads, Vergleichsuntersuchungen während der Vegetationszeit, Photosynthese); IV. Pathologie und Entomologie (*Cercospora*-Resistenz, Wurzelfäule-Resistenz); V. Sortenversuche (regionale Versuche mit neuen Sorten, Vergleichsprüfungen mit ausländischen Sorten); VI. Sortenempfehlungen; VII. Saatguterzeugung (Herbstaussaat, Erzeugung von „Original-Saatgut"). W. Eichholz/Kleinwanzleben. 1774.

2-64/04-0805 Groenewelt, J. K.; Wageningen, Inst. voor Rassenonderzoek van Landbouwgewasten. De veredeling van groenvoedergewassen in Nederland. **(Die Futterpflanzenzüchtung in Holland.)** Landbouwkund. Tijdschr. **25** (1963) Nr. 7. S. 360–367. — Zus. in Engl.
Als i. J. 1924 die 1. Sortenliste vom I.v.P. (Inst. für Pflanzenzücht.) herausgegeben wurde, gab es in Holland weder einen Futterpflanzenzüchter noch eine Zuchtsorte. Dafür hatte fast jeder Samenbauer seine eigene Selektion mit eigenem Namen. Um diesen Zustand zu ändern, begann das I.v.P. mit der Zücht. von Futterpflanzen und 1928 wurde auf Initiative von Broekema ein „Nat. Komitee für Futterpflanzen" gebildet. Doch als während des Krieges Lizenzen für die Saatgutvermehrung von Futterpflanzen ausgegeben wurden, stellte sich heraus, daß nur ein Teil der in Holland angebauten Sorten in der Sortenliste aufgeführt war. Es wurde daher ein neues Komitee gebildet, welches heute „Komitee für die Sortenprüfung von Futterpflanzen" heißt und eng mit dem 1942 gegründeten „Inst. zur Untersuchung der Sorten von Feldfrüchten" (I.v.R.O.) zusammenarbeitet. Nach dem Kriege machte die Futter-

pflanzenzücht. große Fortschritte. Heute gibt es in Holland mehrere Einrichtungen, die sich mit der Futterpflanzenzücht. beschäftigen. Sie werden von Absolventen der Univ. in Wageningen geleitet, die seit 1948 durch die Anst. für Landwirtsch. Pflanzenzücht. (S.v.P.) große Unterstützung erhält. Für die Zukunft ist Neuzücht. nötig. Sie erscheint erfolgversprechender als die Verbesserung bestehender Sorten. J. Spanier. 1780.

2-64/04-0806 Steuckardt, Rudolf; Dornburg, Inst. für Pflanzenzücht. der Univ. Jena. **Ergebnisse züchtungsmethodischer Untersuchungen zur Ertragssteigerung bei Luzerne.** Wiss. Z. Friedrich-Schiller-Univ. Jena/Thür., math.-naturwiss. R. **12** (1963) Nr. 1. S. 75–81.

Es wurde untersucht, wie der Zuchtwert eines Klones, seine Kombinationseignung, am besten erkannt werden kann: Zu diesem Zweck wurden aus Klonnachkommenschaften 80 unterschiedliche Typen ausgewählt und in je einem Plus-Polycross (wüchsige Typen mit guter Grünmasseleistung), einem Minus-Polycross (Typen mit geringer Grünmasseleistung) und einem Samenträger-Polycross (Klone mit bestem Samenertrag) zusammengepflanzt und die Nachkommen miteinander verglichen. Über die Ergebnisse dieser Prüfungen wurde bereits berichtet (vgl. LZ. Abt. II 8 [1963] Nr. 1. S. 209.). Sie führten zu der Erkenntnis, daß das für diese methodischen Untersuchungen verwendete Ausgangsmaterial zu klein war und 4 oder 5 Klone mit überdurchschnittl. Leistung nicht ausreichen, um damit moderne Verfahren in der Futterpflanzenzücht. konsequent weiter zu verfolgen. Eine hochleistungsfähige synthetische Einheitssorte läßt sich nur in Gemeinschaftsarbeit erzielen, da ein sehr großes Ausgangsmaterial erforderlich ist, das große Aufwendungen erfordert. Es wird ein Vorschlag unterbreitet, wie die Zücht.-Arbeiten mit Luzerne in einer soz. Arbeitsgemeinschaft zweckmäßig gestaltet werden können. J. Schieblich. 1780.

2-64/04-0807 Mühle, Erich und Frauenstein, Käte; Leipzig, Karl-Marx-Univ., Inst. für Phytopathol. **Untersuchungen zur physiologischen Spezialisierung von Erysiphe graminis DC. III. Der Wirtspflanzenbereich des Lolium-Mehltaus.** Züchter **33** (1963) Nr. 3. S. 124–131. – 2 Tab., 10 Lit. 2. Mitt. vgl. LZ. Abt. II 8 (1963) Nr. 10. S. 2840.

Es wurde angestrebt, den Wirtspflanzenkreis des auf *Lolium*-Arten auftretenden Echten Mehltaues zu ermitteln. Als Infektionsmaterial fand eine Mehltaupopulation aus einem Feldbestand von *L. multiflorum* Lam. Sorte 'Motterwitzer' Verwendung. *Lolium*-Mehltau läßt sich in den Monaten Aug. bis Nov. bes. leicht und reichlich im Gewächshaus vermehren. Deshalb wurden die Versuche in diesen Monaten durchgeführt. Insgesamt sind 254 Grasarten und -gattungen auf ihr Verhalten gegenüber dieser Mehltaupopulation geprüft worden. Davon erwiesen sich 190 als sehr widerstandsfähig (außer Roggen, Weizen und Hafer fast alle wichtigsten Futtergräser). Auf 65 anfälligen Arten wurden nur bei wenigen infizierten Pflanzen schwache Symptome entwickelt. Positiv verlief die Infektion bei allen geprüften *Lolium*-Arten, bei zahlreichen Arten der Gattung *Festuca* sowie *Lamarkia aurea* Moench. und *Phleum asperum* Jacq., die damit zum eigentlichen Wirtspflanzenkreis dieser Mehltaupopulation gehören. J. Schieblich. 1780.

2-64/04-0808 Dewey, Douglas R.; Logan, Ut., Agric. Exp. Stat. Cytology and morphology of a synthetic Agropyron trichophorum × Agropyron desertorum hybrid. **(Zytologie und Morphologie eines künstlichen Hybriden aus Agropyron trichophorum × A. desertorum.)** Amer. J. Bot. **50** (1963) Nr. 1. S. 552–562.

Nach 1200 Kreuzungen von *Agropyron trichophorum* (n = 21) × *A. desertorum* (n = 14) wurde ein in verschiedenen Merkmalen intermediärer Bastard (n = 35) erzielt. Untersuchungen der Chromosomenpaarungen führten zu der

Annahme, daß die Kreuzungspartner z. T. homologe Genome besitzen und zwar A A A A (*A. desertorum*) A_1 A_1 B_1 B_1 B_2 B_2 (*A. trichophorum*) und der Bastard entspr. A A A_1 B_1 B_2. G. Barich. 1780.

2-64/04-0809 Wichert-Kobusowa, I. Badania zjawisk heterozji u konopi. **(Untersuchungen über Heterosiserscheinungen bei Hanf.)** Prace Inst. Uprawy, Nawożenia Gleboznawstwa, Pamiętnik Puławski **1962** Nr. 7. S. 33–64. – 7 Abb., 9 Tab., 33 Lit. Zus. in Russ., Engl.
Die Hanfsorten 'Szwedzka' und 'Schurig' wurden mehrmals ingezüchtet und ihr Verhalten geprüft. Die Kreuzung von I-Linien führte zu einer Verlängerung der Vegetationszeit, gleichzeitigem Blühen von weiblichen und männlichen Pflanzen, größerer technischer Länge der Fasern und Veränderung weiterer Merkmale. Damit wird bewiesen, daß die Heterosiszücht. auch bei Hanf von Bedeutung ist. PRL/CBR. 1795.

2-64/04-0810 Ternovskij, M. F., Zvjagina, E. A. und Evtuch, O. K. Novyj ischodnyj material dlja selekcii tabaka na immunitet k boleznjam. **(Neues Ausgangsmaterial für die Selektion von Tabak auf Krankheitsimmunität.)** Tabak, Moskva **23** (1963) Nr. 3. S. 13–15.
Die Kreuzung wird als wichtigste Methode der Immunitätszücht. gegen Krankheiten und Schädlinge angesehen. *Nicotiana debneyi* (resistent gegen Blauschimmel u. a. Krankheiten), wurde mit 'American 287' gekreuzt und bei bestimmter Behandlung eine fruchtbare Hybride, die sich als Amphidiploid erwies, erhalten. Die Hybride hat für die Immunitätszücht. gegen Blauschimmel Bedeutung. – Die Resistenz gegen *Peronospora tabacina* der Sorte 'Cileno Korrentino' wurde infolge der Kompliziertheit der Vererbung nicht übertragen. – In Australien wurden 9 gegen *P. tabacina* resistente Arten gefunden. In USA und Australien erhielt man fruchtbare Hybriden mit resistenten Arten. – In der UdSSR benutzte man erfolgreich die Methode der entfernten Hybridisation. Durch Kreuzung konnten 5 Sorten gezüchtet werden, die gegen TMV und Mehltau immun sind. 1800.

2-64/04-0811 Wan, Hsiung. Inheritance of resistance to powdery mildew in Nicotiana tabacum, L. **(Vererbung der Resistenz gegenüber dem Echten Mehltau bei Nicotiana tabacum, L.)** Tobacco [New York] **155** (1962) Nr. 23. S. 29–33. – 1 Abb., 2 Tab., 26 Lit.
Die Vererbung der Resistenz gegenüber Echtem Mehltau (*Erysiphe cichoracearum*, D.C.) bei Tabak wurde durch Kreuzung von empfänglichem 'Hicks' und resistentem 'Kuo-fan' untersucht. Die Eltern, F_1, F_2 und Rückkreuzungs-Populationen wurden der natürlichen Infektion auf dem Felde unterworfen und klassifiziert, sobald sie ausgewachsen waren. Testkreuzungen wurden im Keimlingsstadium unter Gewächshausbedingungen bewertet. Die F_1-Pflanzen der reziproken Kreuzungen waren alle anfällig. Die F_2 und die Populationen der 1.–4. Rückkreuzungsgeneration spalteten in 15 anfällig: 1 resistent. Es wird geschlossen, daß die Art von Resistenz, wie sie 'Kuo-fan' aufweist, durch rezessive Doppel-Gene kontrolliert wird, die mit pm_1 und pm_2 bezeichnet werden. 1800.

2-64/04-0812 Gwynn, G. R. Relationships among certain agronomic characters and chemical components in a segregating population of tobacco. **(Die Beziehungen zwischen agronomischen Merkmalen und chemischen Bestandteilen bei einer aufspaltenden Tabakpopulation.)** Tobacco [New York] **156**(1963) Nr. 1. S. 29–32. – 5 Tab., 5 Lit.
Eine Tabakpopulation (*Nicotiana tabacum*), die durch Kreuzen der Varietät 'White Gold' mit der Zigarren-Selektion 1000-2 gewonnen wurde, untersuchte man hinsichtlich der Beziehungen von Eltern und Nachkommen. Ziemlich enge Korrelationen wurden in bezug auf den Nikotingehalt, aber nur geringe Korrelationen im Frischgew., Tr.-Gew. und bei den reduzierenden Zuckern

ermittelt. Die Merkmale zeigten untereinander hohe Korrelation zwischen Ges.-Frischgew. und Ges.-Tr.-Gew., aber niedrige Korrelationen zwischen den einzelnen Ernten und Gesamttrockensubst. Der Nikotingehalt stand in positiver Korrelation zu Nornikotin und der Ges.-N in negativer Korrelation zu den reduzierenden Zuckern. 1800.

2-64/04-0813 Stein, Martin. **Allopolyploide Formen aus Artkreuzungen innerhalb der Gattung Digitalis L. und ihre züchterische Bedeutung.** Wiss. Z. Karl-Marx-Univ. Leipzig, math.-naturwiss. R. **12** (1963) Nr. 2. S. 411–415. – 6 Abb., 3 Tab., 28 Lit.

Nach einer Lit.-Übersicht über die bisher bekannten allopolyploiden *Digitalis*-Bastarde werden die im Inst. für Pflanzenzücht. Quedlinburg hergestellten neuen allopolyploiden *Digitalis*-Formen beschrieben. *Grandifloralutea*, 2 n = 168, (*D. grandiflora* × *D. lutea*) ist morphol. den einfachen Bastarden sehr ähnlich, mehrjährig und sehr wüchsig. Die Inhaltsstoffe werden noch untersucht. *Purpurealutea*, 2 n = 168, (*D. purpurea* × *D. lutea*) und *Luteapurpurea*, 2 n = 168, (*D. lutea* × *D. purpurea*) neigen morphol. mehr zu *D. lutea*. Bei der Rosettenbildung, Breite der Rosettenblätter, Blattrandzähnung, Behaarung, Färbung und Form der Blütenkrone treten reziproke Unterschiede zwischen beiden Bastarden auf. Beide Bastarde sind mehrjährig und weisen eine sehr gute Fertilität auf. *Purpurealutea* hat die gleiche TKM wie *D. lutea*, während *Luteapurpurea* eine wesentlich höhere TKM aufweist. Beide Bastarde haben eine größere Anzahl von Samen/Kapsel als *D. lutea*. Die Blatterträge liegen zwischen den Ausgangsarten, der Glykosidgehalt ist gleich hoch wie in *D. lutea*, die Glykosidzusammensetzung scheint der von *D. lutea* ähnlich zu sein. Es wird die Entstehungsart aller bekannten Artbastarde der Gattung *Digitalis* diskutiert. *Grandifloralutea* ging aus der Vereinigung von 2 unreduzierten Gameten der F_1-Bastarde hervor. *Purpurealutea* und *Luteapurpurea* entstanden aus unreduzierten Gameten der Ausgangsarten.

J. Schulze. 1800.

2-64/04-0814 Czabajska, Waleria. **Die Züchtung der Arzneipflanzen in Polen.** Wiss. Z. Karl-Marx-Univ. Leipzig, math.-naturwiss. R. **12** (1963) Nr. 2. S. 407–411. – 62 Lit.

In den Jahren 1935–1938 wurden unter Leitung von Strażewicz Untersuchungen an Kamille, Rotem Fingerhut und Baldrian durchgeführt sowie von Kaznowski Zücht.-Versuche an *Ricinus* vorgenommen. Nach dem 2. Weltkrieg werden die wiss. Probleme der Züchtung, des Anbaues, der Biochem. und der Pharmakologie vor allem durch das Inst. für Heilpflanzenforsch. in Poznań bearbeitet. Es wird über Zücht.-Probleme und -ergebnisse berichtet bei: Mutterkorn (*Claviceps purpurea*), Mohn (*Papaver somniferum*), Stechapfel (*Datura stramonium* L.), Schöllkraut (*Chelidonium majus* L.), schlitzblättriger Nachtschatten (*Solanum arviculare*), roter und wolliger Fingerhut (*Digitalis purpurea* L. und *D. lanata* Ehrh.), Perofskis Schotendotter (*Erysimum Perofskianum* Fisch.), als einer neuen Pflanze mit herzwirksamen Glykosiden, Medizinalrhabarber (*Rheum palmatum* L.), Pfefferminze, Koriander (*Coriandrum sativum* L.), echte Kamille (*Matricaria chamomilla* L.), Baldrian (*Valeriana officinalis* L.), Rizinus (*Ricinus communis* L.), Schafgarbe (*Achillea* sp.), Paprika (*Capsicum annuum* L.), Kümmel (*Carum carvi*) sowie einigen anderen Arten, die in geringerem Ausmaß bearbeitet werden. Die Untersuchung von Arzneipflanzensamen wurde entwickelt und umfaßt die Bestimmung der Keimfähigkeit, TKM und der Keimungsbiol. J. Schulze. 1800.

2-64/04-0815 Martin, F. W., Cabanillas, E. und Ortiz, Sonia. Natural pollination, hand pollination and crossability of some Mexican species of Dioscorea. **(Natürliche Bestäubung, künstliche Bestäubung und Kreuzungsfähigkeit einiger Mexikanischer Arten von Dioscorea.)** Trop. Agric. **40** (1963) Nr. 2. S. 135–141. – 2 Tab., 2 Lit. 1800.

2-64/04-0816 Empig, L. T., Calub, A. G., Katigbak, M. M. und Deanon jun., J. R. Screening tomato, eggplant, and pepper varieties and strains for bacterial wilt (P. solanacearum E.F.S.) resistance. **(Prüfung von Arten und Stämmen der Tomate, Eierfrucht und Paprika auf Resistenz gegen Bakterienwelke [P. solanacearum E.F.S.].)** Philippine Agriculturist **46** (1962) Nr. 5. S. 303–314. – 5 Tab., 12 Lit.
Die Resistenz gegen *Pseudomonas solanacearum* wurde an Jungpflanzen nach der Methode von Kelman durch Inokulation von Bakterienwelke-Exudat geprüft. Unter 21 geprüften Tomaten-Herkünften konnte keine Resistente ausgelesen werden. Einheimische Eierfruchtstämme erwiesen sich als weniger anfällig als importierte Stämme. Unter 13 Paprika-Herkünften zeichnete sich der Stamm 'Pasites' durch den geringsten Befalll aus. E. Günther. 1810.

2-64/04-0817 Nilsson, Ernst; Malmö, J.E. Ohlsens Enke Co. Two chlorophyll mutants in tomato. **(Zwei Chlorophyll-Mutanten der Tomate.)** Hereditas [Lund] **49** (1963) Nr. 3. S. 345–352. – 4 Tab., 5 Lit.
Es entstand eine *albina*-Mutante, die homozygot letal ist und heterozygot kaum von normalen zu unterscheiden ist sowie eine *virescens*-Mutante mit gelbgrünen Kotyledonen und Primärblättern. Beide Mutationen vererben sich monofaktoriell rezessiv. Die Heterozygoten weichen im Ertrag nicht von den normalen Homozygoten ab. E. Günther. 1810.

2-64/04-0818 Rick, Charles M.; Davis, Univ. of California. Barriers to interbreeding in Lycopersicon peruvianum. **(Grenzen der Kreuzbarkeit von Lycopersicon peruvianum.)** Evolution [Lancaster] **17** (1963) Nr. 2. S. 216–232. – 9 Abb., 1 Tab., 19 Lit.
Das Verbreitungsareal der Art erstreckt sich über die Küste von Peru und das nördliche Chile. Die Herkünfte unterscheiden sich morphol. vor allem durch ihre Blattform. Wegen der stärkeren Isolierung differieren die Gebirgsformen bes. stark. Unter mehreren 100 Pflanzen von 29 Herkünften, die auf Selbstfertilität geprüft wurden, erwies sich keine als selbstfertil. Kreuzungsinkompatibel waren Herkünfte von *Lycopersicon peruvianum* mit var. *humifusum* (LA 16); nur eine benachbarte Rasse von *L. peruvianum* ließ sich kreuzen. Es wird angenommen, daß es sich um eine Übergangsrasse zwischen *L. peruvianum* und var. *humifusum* handelt, da sie auch morphol. intermediäre Eigenschaften aufweist. Die Kreuzungsinkompatibilität zwischen *L. peruvianum* und *humifusum* beruht auf Anomalien der Endospermbildung, die Störungen der Embryoentwicklung nach sich ziehen. In reziproken Kreuzungen verlaufen die Störungen der Samenbildung unterschiedlich. Rückkreuzungen von F_1-Pflanzen der Kreuzungen *L. peruvianum* × Übergangsrasse und var. *humifusum* × Übergangsrasse zeigten, daß eine größere Anzahl von Genen am Zustandekommen der Kreuzungsinkompatibilität beteiligt ist.
E. Günther. 1810.

2-64/04-0819 Khush, Gurdev S. und Rick, Charles M. Meiosis in hybrids between Lycopersicon esculentum and Solanum pennellii. **(Meiose bei Hybriden von Lycopersicon esculentum und Solanum pennellii.)** Genetica ['s-Gravenhage] **33** (1963) Nr. 3. S. 157–183. – 27 Abb., 11 Lit.
Es ließ sich feststellen, daß die Pachytänchromosomen der beiden Arten morphol. ziemlich ähnlich sind. Die *Solanum pennellii*-Chromosomen haben einen längeren chromatischen Bereich mit abgesonderten Chromomeren sowie im achromatischem Bereich sich dunkel anfärbende Chromosomen. Der Bastard zwischen den beiden Species hat eine regelmäßige Meiose. Aus dem Verhalten der Chromosomen wird gefolgert, daß die phytogenetische Verwandtschaft zwischen *S. pennellii* und *L. esculentum* enger ist als zu *S. lycopersiooides*. Es erscheint angebracht, die taxonomische Stellung von *S. pennellii* zu überprüfen und es möglicherweise in das gleiche Genus oder Subgenus wie *L. esculentum* einzuordnen. D. Rothacker. 1810.

2-64/04-0820 Angelus, W. und Włodarczyk, A. Wstępne badania nad ogórkiem poliploidalnym. **(Voruntersuchungen von polyploiden Gurken.)** Biul. Inst. Hodowli Aklimatyzacji Roślin, Prace Zakładu Buraka innych Roślin Korzeniowych **1962** Nr. 1. S. 49–62.
Die Ergebnisse der bisherigen Untersuchungen ergaben, daß tetraploide Gurken viele positive Merkmale besitzen. Das betrifft bes. die Vitalität, die Farbe und Festigkeit des Fleisches. Über den Ertrag können noch keine Angaben gemacht werden. Es scheint, daß tetraploide Gurken ein wichtiges Ausgangsmaterial für die Zücht. von Konservengurken darstellen. Bei tetraploiden Pflanzen sind die Blumenblätter deutlich größer als bei diploiden. Für die Pollengröße trifft dasselbe zu. Die Blattfläche der tetra- und triploiden Pflanzen ist breiter, länger und dicker sowie intensiver als die Blattfläche der diploiden Pflanzen gefärbt. Weitere Unterschiede zwischen Di- und Tetraploiden werden genannt. Triploide Früchte können durch Kreuzung tetra- und diploider Pflanzen erhalten werden. Triploide weisen nur wenige nicht keimende Samen auf.
PRL/CBR. 1810.

2-64/04-0821 Williams, Audrey, M. Breeding winter cauliflower varieties. **(Züchtung von Winterblumenkohlsorten.)** Exp. Husbandy Farms exp. Horticult. Stat., Progr. Rep. **1963** S. 51–53. 1810.

2-64/04-0822 Mazurkiewicz, Z. Zastosowanie linii męskosterylnych w hodowli mieszańców heterozyjnych cebuli. **(Die Verwendung männlich-steriler Linien bei der Zwiebel-Heterosiszüchtung.)** Biul. Inst. Hodowli Aklimatyzacji Roślin, Prace Zakładu Buraka innych Roślin Korzeniowych **1962** Nr. 1. S. 67–72.
Nachdem in USA schon seit längerem Zwiebel-Heterosissorten im Handel sind wurde versucht, die Heterosiszücht. auch bei Zwiebeln in Polen anzuwenden. In den USA wurden hierfür männlich-sterile Linien verwendet und in Polen erwies sich der Einsatz derartiger Linien ebenfalls günstig. Es wird betont, daß nicht das Finden und der Einsatz geeigneter männlich-steriler Linien das schwierigste Problem sind, sondern der Einsatz des geeigneten Kreuzungspartners. PRL/CBR. 1810.

2-64/04-0823 Kravčenko, L. M. Uspadkuvannja oznak, nabutych pid vplyvom mentoriv, u vegetatyvnomu potomstvi gibrydnych sijanciv jabluni. **(Die Vererbung von Merkmalen, die unter dem Einfluß von Mentoren in der vegetativen Nachkommenschaft von Apfelsämlingen erworben wurden.)** Nauk. zap. Kremenećk. derž. ped. in-t **7** (1962) S. 23–27. – Orig.: ukrain. Aus: Referativnyj žurnal Moskva. Rastenievodstvo **1963** Nr. 7.55.19. S. 3.
Die Hybriden von 'Pepinka litowskaja' × 'Champagner Renette' sowie Hybriden aus 'Landsberger Renette', die auf dem Mentor 'Pepinka litowskaja' erzogen wurden, pfropfte man in die Krone von Zwerg-Paradiesapfel. Die Pfropfung der Hybriden auf den Paradiesapfel übte keinen Einfluß auf die Größe der Früchte aus, wohl aber auf den Geschmack. Die Früchte wurden süßer, was durch biochem. Analysen bestätigt wurde. Auch die aus Bestäubung mit anderen Sorten hervorgegangenen Früchte veränderten sich in der Größe nicht. Die Merkmale, die bei den jungen Sämlingen unter dem Einfluß des Mentors entstanden, blieben bei deren vegetativer Vermehrung durch Pfropfung erhalten. übersetzt v. Th. C. Boetticher. 1820.

2-64/04-0824 Decourtye, L.; Angers, Stat. de Rech. d'Arboricult. Fruitière. Action des radiations ionisantes sur une chimère de pommier. **(Wirkung ionisierender Strahlen auf eine Apfelchimäre.)** Ann. Amélioration Plantes **13** (1963) Nr. 2. S. 133–140. – 12 Abb., 16 Lit.
Bei einem Unterlagenklon wurde eine Chlorophyllmutante beobachtet, die eine Periklinalchimäre darstellt und sich in tieferen Lagen ausgeprägt hatte. Sie wurde mit γ-Strahlen (5000 r) behandelt. Dadurch entstanden im folgen-

den Jahre rein grüne Zweige und 5 Farbvarianten, wie z. B. rein weiße Blätter und rote Rinde oder zweifarbig Weiß mit Grün und schmutzig roter Rinde oder gelbgrünlich geänderte Blätter mit dunkelgrüner Einfassung und wiederum roter Rinde. Durch solche Bestrahlung kann man wirtsch. lohnende Ektochimären verdicken und stabilisieren sowie etwaige in tieferen Lagen vorkommende Mutationen manifestieren. G. Bandlow. 1820.

2-64/04-0825 Stanković, Dušan, Jovanović, Mladen und Savić, Stanoje; Belgrad, Landwirtsch. Fak. Prilog razradi metoda primene jonizacionog zračenja u oplemenjivanju voćaka. **(Über die Entwicklung einer Bestrahlungsmethode in der Obstbaumzüchtung.)** Savremena Poljoprivreda [Novi Sad] **11** (1963) Nr. 6. S. 447–454. — 3 Tab., 14 Lit.
Vff. haben Äpfel, Birnen, Pflaumen, Aprikosen, Süßkirschen, Zitronen, Tangerinen, Feigen und *Punica granatum* mit ionisierenden Strahlen behandelt. Die Strahlenempfindlichkeit war bei den verschiedenen Fruchtarten unterschiedlich. Die Letalitätsdosis lag bei Aprikose, Süßkirsche und Pflaume zwischen 4000 und 5000 rep, für Birnen und Äpfel zwischen 9000 und 10000 rep. Vff. empfehlen, für endogene Bestrahlungen 1 mc/ml-^{32}P-Lösungen zu verwenden (2 Std. und mehr). K. Bellmann. 1820.

2-64/04-0826 Hrabětová, E. und Tupý, J. The effect of β-D-fructofuranose in the molecules of sucrose and raffinose in relation to their specific action on growth and respiration of appletree pollen tubes. **(Die Wirkung der β-D-Fruktofuranose im Saccharose- und Raffinosemolekül in Beziehung zu ihrem spezifischen Einfluß auf Wachstum und Atmung von Apfelpollenschläuchen.)** Biol. Plantarum [Praha] **5** (1963) Nr. 3. S. 216–220. — 2 Abb., 2 Tab., 7 Lit. Zus. in Russ., Tschech.
Die Prüfung von 20 Zuckerarten (Olygosaccharide, Monosaccharide von Alkoholn) zeigte, daß Raffinoselösung das beste Medium für das Wachstum der Pollenschläuche von Apfel (Sorte 'Parména zlatá') darstellt. Die Raffinose wird langsamer hydrolysiert als die üblicherweise verwendete Saccharose und aus diesem Grunde wird weder das Wachstum der Schläuche, noch die Atmungsintensität, selbst nach 10–20 Std. Einwirkung gehemmt, während in der Saccharoselösung die Atmungsintensität bereits nach 6 Std. wesentlich zurückgeht. Die wirksame Komponente der Zuckermoleküle ist offenbar die β-D-Fruktofuranose. In der Turanoselösung, die diese Komponente nicht enthält, keimte der Pollen überhaupt nicht. ČSSR/ÚVTI. 1890.

2-64/04-0827 Morettini, A. L'impiego di agenti mutageni per la produzione di mutazioni gemmarie nelle colture arboree. **(Die Anwendung mutagener Agenzien zur Erzeugung von Mutationen bei Obstkulturen.)** Riv. Ortoflorofrutticolt. ital. **47(88)** (1963) Nr. 1. S. 5–11. 1820.

2-64/04-0828 Mittelstädt, H. **Zellphysiologische Untersuchungen zur Frostresistenz an Apfelsorten.** S.-B. dtsch. Akad. Landwirtsch.-Wiss. Berlin **11** (1962) Nr. 6. S. 19–37. — 10 Tab., 37 Lit. Zus. in Russ., Engl. — nach Zus.
1. Trotz vieler wiss. Arbeiten auf dem Gebiet der Frostresistenz fehlt dem Züchter eine brauchbare Selektionsmethode. 2. Gegenstand der Veröffentlichung ist es, eine zellphysiol. begründete Definition der Frostresistenz an Obstgehölzen zu erarbeiten, um daraus eine Frühselektionsmethode zu entwickeln. 3. Es wurden die lebenden Rindenzellen von 2 in ihrer Frostresistenz bekannten Apfelsorten ('Hibernal' und 'Ontario') vor und nach der Exposition in künstlich erzeugte negative Temperaturen plasmometrisch untersucht. 4. Die frostresistente Sorte 'Hibernal' läßt einen schnellen Phasenwechsel von protoplasmatischer Labilität (Reaktion) und Stabilität (Restitution) erkennen. In der labilen Phase sind die Wasserpermeabilität und K-Intrabilität erhöht. Die Vakuolenkontraktion erfolgt rasch. In der 2. Phase werden die Wasserpermeabilität und K-Diffusion bis zu einem gewissen Grade ständig gehemmt

und die Größe der kontrahierten Vakuolen bleibt konstant. 5. Die frostempfindliche Sorte 'Ontario' zeigt diesen Phasenwechsel erst nach langer Einwirkung konstanter, wenig tiefer Kältegrade. Bis die plasmatische Restitution einsetzt, erhöht sich ständig die Stoffdiffusion. Dauernd sinkende Temperaturen zeigen gleiche Auswirkungen. 6. Die erhöhte Permeabilität ist eine prämortale Erscheinung. Ihre Ursache wird in der Zerstörung von Lipoproteiden im Cytoplasma und dessen Grenzflächen gesehen. Für das frostresistente Protoplasma wird die schnelle und reichliche Bildung hydrophiler Eiweißkomponenten gefordert. 1820.

2-64/04-0829 Zwintzscher, M. **Die Süßkirschenzüchtung und ihre Problematik.** Erwerbsobstbau **5** (1963) Nr. 7. S. 131–134.
Der Weg zur Schaffung besserer Süßkirschsorten kann nur über die Zücht. erfolgen. Die Mehrzahl unserer heutigen Süßkirschsorten wird auf römische Importe zurückgeführt. Voraussetzung für die Zücht. sind Kenntnisse über die Herkunft der Sorten und ihre Eigenschaften, die befruchtungsbiol. und zytogenetischen Verhältnisse sowie Klarheit über die Zuchtziele und die Möglichkeiten ihrer Verwirklichung. Als wichtigste Zuchtziele werden herausgestellt: Bestandssicherheit, Ertragssicherheit und hoher Marktwert. An spez. Zuchtzielen werden die Frostresistenz von Holz und Blüte, Selbstfertilität und Platzfestigkeit genannt. Die Steigerung der Fruchtgröße wird als das dringendste aber auch als das am schwierigsten zu verwirklichende Ziel angesehen. Mit Sortenkreuzungen ist dieses Ziel kaum zu erreichen, es bestehen aber gewisse Möglichkeiten über die Artkreuzung, wobei sich neue Geschmacksrichtungen ergeben können. W. Blasse. 1820.

2-64/04-0830 Smirnov, A. G. Opyliteli dlja novych sortov černoj smorodiny. **(Bestäuber für neue Sorten der Schwarzen Johannisbeere.)** Sadovodstvo, Moskva **101** (1963) Nr. 2. S. 20–21. – 1 Abb., 1 Tab.
Es werden Bestäubersorten für folgende Sorten angegeben: 'Mitschurins Gedenken', 'Tomborsker', 'Nowinka', 'Süßfrüchtige'. 'Nowinka' ist völlig selbststeril, die anderen Sorten ergeben bei Fremdbestäubung höhere Erträge von besserer Qualität als bei Selbstung. E. Schuricht. 1820.

2-64/04-0831 Bringhurst, R. S. und Khan, Daud Ahmad; Evanston, Ill., Northwestern Univ. Natural pentaploid Fragaria chiloensis-F. vesca hybrids in Coastal California and their significance in polyploid Fragaria evolution. **(Natürliche pentaploide Fragaria chiloensis-F. vesca-Hybriden im Küstengebiet Kaliforniens und ihre Bedeutung für die Evolution polyploider Fragaria.)** Amer. J. Bot. **50** (1963) Nr. 7. S. 658–661. – 4 Abb., 11 Lit.
Nach bisheriger Auffassung sind die polyploiden *Fragaria*-Species von primitiven diploiden Arten herzuleiten. Auf Grund vorliegender Beobachtungen ist es aber auch möglich, eine Verdoppelung natürlich pentaploider Pflanzen (durch somatische Chromosomenverdoppelung oder Vorkommen unreduzierter Gameten anzunehmen. Vff. fanden 2 natürliche pentaploide Hybridkolonien, deren Eltern *F. chiloensis* ($2n = 56$) und *F. vesca* ($2n = 14$) waren. Die Kolonie bei Pont Sur ist offenbar ca. 40 Jahre alt und männlich steril. Die andere Kolonie bei Montana ist wesentlich jünger und weiblich steril. Die Hybriden setzen sich wegen ihrer sehr guten Ausläuferbildung gegenüber ihren Eltern gut durch. K. Bellmann. 1820.

2-64/04-0832 Valentine, D. H. und Woodell, S. R. J. Studies in British Primulas. X. Seed incompatibility in intraspecific and interspecific crosses at diploid and tetraploid levels. **(Untersuchungen an britischen Primeln. 10. Mitt. Samenunverträglichkeit bei intraspecies und interspecies Kreuzungen auf diploider und tetraploider Ebene.)** New Phytologist **62** (1963) Nr. 2. S. 125 bis 143. – 12 Abb., 7 Tab., 19 Lit.

Verschiedenartige Kreuzungen von 3 *Primula*-Arten ergaben teilweises bis völliges Ausbleiben der Samenentwicklung nach der Befruchtung. Diese Samenunverträglichkeit wird so interpretiert, daß den Genomen der Arten ein unterschiedlicher genetischer Wert zugeschrieben und vorausgesetzt wird, daß der genetische Wert einer autotetraploiden der 2fache ihrer diploiden Form ist. Die Resultate der Kreuzungen werden besprochen. Kreuzungen zwischen autotetraploiden Primeln zeigten gleiche Ergebnisse wie Kreuzungen zwischen diploiden. Reziproke Interspecies-Kreuzungen ergeben immer charakteristische Syndrome von Abnormitäten bei der Samenbildung. Nach dem Grad der Samenlosigkeit kann annähernd der genetische Unterschied der Arten beurteilt werden. Kreuzungen zwischen diploiden und ihren entspr. autotetraploiden Intraspecies-Kreuzungen zeigten deutliche Samenunverträglichkeit. An der Kreuzung einer diploiden mit einer autotetraploiden Art — *P. veris* × *P. elatior* — wurde die Hypothese getestet. Die Ergebnisse stimmten im wesentlichen mit den Annahmen überein, paßten sich aber dem genetischen Schema nicht exakt an. Ch. Döhler. 1830.

2-64/04-0833 Levon, Donald A.; Urbana, Univ. of Illinois. Natural hybridization between Phlox maculata and Phlox glaberrima and its evolutionary significance. **(Natürliche Hybridisation zwischen Phlox maculata und Phlox glaberrina und ihre evolutionistische Bedeutung.)** Amer. J. Bot. **50** (1963) Nr. 7. S. 714–720. — 1 Abb., 4 Tab., 13 Lit.

Hinsichtlich einer Anzahl von Merkmalen konnte Vf. nach Herbar- und Felduntersuchungen große Ähnlichkeit zwischen *Phlox maculata* ssp. *pyramidalis* und *P. glaberrima* ssp. *interior* feststellen. Er schließt aus diesen Untersuchungen, daß *P. maculata* ssp. *pyramidalis* eine Hybride aus *P. maculata* ssp. *maculata* und *P. glaberrima* ssp. *interior* ist. Kreuzungen zwischen beiden Arten gelingen gut. Ihre Chromosomengarnituren sind sehr ähnlich. *P. maculata* ssp. *pyramidalis* ist ein stabilisierter Introgressionstyp. K. Bellmann. 1830.

2-64/04-0834 Weaver, G. M. The effect of cesium 137 gamma radiation on plant growth and flower color of greenhouse chrysanthemum varieties. **(Die Wirkung von Cäsium 137 Gamma-Strahlen auf Wuchs und Blütenfarbe von Chrysanthemum-Sorten unter Glas.)** Canad. J. Genetics Cytol. **5** (1963) Nr. 1. S. 73–82.

Vf. berichtet über Ergebnisse einer chronischen Bestrahlung von rosa, weißen, gelben und bronzenen Farbsorten der *Chrysanthemum*-Sorte 'Indianapolis'. Die Gammastrahlung führte bei Dosiswerten von 1,9–5,7 r pro Stunde zu Wachstumsstimulationen. Strahleninduzierte Veränderungen der Blütenfarbe traten außer bei 'Improved Yellow' häufig in Abhängigkeit von der Dosis auf. Sie sind der Beweis für Chimären in rosa, weißen und bronzenen Blüten. Das natürliche Mutieren von *Chrysanthemum* wird als Folge seltenen Zellaustausches zwischen Tunica-Schichten durch periklinale Teilungen und Austausch zwischen Tunica und Corpus in genetisch heterogenen Sorten interpretiert. Strahleninduzierte Farbmutanten können durch Zellaustausch in beschädigten Zonen oder durch Zerstörung von Tunica-Schichten im apikalen Meristem entstehen. Die 2. Tunicaschicht soll bes. empfindlich für Strahlenwirkungen sein. Veränderte Chimären könnten genügend Wert als verbesserte Sorten oder für die weitere Zücht. haben. Ch. Döhler. 1830.

2-64/04-0835 Horn, W.; Stellenbosch, South Africa, Fruit and Food Techn. Res. Inst. Flower colour inheritance in some Iridaceae. **(Vererbung der Blütenfarbe einiger Iridaceen.)** Naturwissenschaften **50** (1963) Nr. 15. S. 527 bis 528. — 2 Tab.

Vf. berichtet über die Vererbung der Blütenfarben bei *Sparaxis* Ker. und *Watsonia* Mill. Bei *S. tricolor* ist die Häufigkeit anthozyangefärbter und anthozyanfreier Blütenblätter untersucht worden. Anthozyanfärbung ist dominant und abhängig von 1 oder 2 Grundgenen. Das Fehlen von Anthozyan kann als Wechselwirkung der Grundgene mit 3 Komplementärgenen, die die Anthozyanbildung hemmen, erklärt werden. Bildung von Anthozyan in basalen Flecken der Petalen ist auf verschiedene Gene zurückzuführen. Das Auftreten solcher Flecke zeigt das Vorhandensein von Genen, die nur in einer Zone des Blütenblattes wirksam sind. Bei Kreuzungsnachkommen von *Watsonia* wurden ähnliche Ergebnisse gefunden. Bei *Sparaxis* sind 7, bei *Watsonia* 8 Anthozyanidine nachgewiesen worden. Pelargonidin ist das Hauptpigment bei *Sparaxis* und verursacht die Lachs- und Orangefärbung der Petalen. Derivate dieses Anthozyanidins ergeben rote und bläulichrote Blütenblattfarben. *Watsonia* enthält Malvidin als Hauptpigment, das hellviolette und rötliche Petalenfärbung hervorruft. Keines der Anthozyanidine wird in direkter Wirkung der für die Blütenfarbe angenommenen Grundgene produziert. Ch. Döhler. 1830.

2-64/04-0836 Moore, R. J. Caragana × prestonae – Caragana aurantiaca × Caragana frutex hybrid. **(Caragana × prestonae — Caragana aurantiaca × Caragana-Frutexbastard.)** Canad. J. Genetics Cytol. **5** (1963) Nr. 2. S. 119–126. – 4 Abb., 1 Tab., 3 Lit. 1840.

2-64/04-0837 Auslese und Prüfung von Einzelbäumen als Grundlage der Forstpflanzenzüchtung sowie für die Anlage von Samenplantagen im Gebiet des Diluviums der DDR. Anlage von Samenplantagen. Eberswalde, Inst. Forstwiss. Dtsch. Akad. Landwirtsch.-Wiss. Berlin Plan-Nr.: 1701 21 /05i–2–03/0. Abschlußber. (17/10. 1963).
Ausgehend von dem bisherigen Zustand der Saatgutversorgung der Forstwirtsch. wird auf die Vorteile der Saatgutgewinnung aus Forstlichen Samenplantagen hingewiesen. Die für ihre Anlage erforderliche Grundlagenforsch. wurde aufgezeigt und die bisherigen Ergebnisse derselben im einzelnen dargestellt. Weiterhin werden die Ergebnisse der Erprobung der geeignetsten Pfropfverfahren und -zeiten für das diluviale Gebiet der DDR wiedergegeben. Die bisher auf dem Gebiet des Baumschnitts an Waldbäumen erarbeiteten Erkenntnisse werden dargestellt und über ihre Einführung in die Praxis berichtet. Der im Berichtszeitraum erreichte Stand der Anlage von Samenplantagen ist angegeben. Die physiol. und genetische Beurteilung der Auslesebäume wird an Hand der bisher durchgeführten Untersuchungsergebnisse nach dem Keimlingstestverfahren für die Beurteilung des individuellen Wachstumsganges sowie des phototropischen Testes für die Auslese auf Geradschäftigkeit und der Sameneigenschaften Keimfähigkeit und Hohlkernanteil aufgezeigt. 1850.

2-64/04-0838 Das, B. C.; Berhampore, Centr. Exp. Stat. Polysomaty in mulberry. **(Polysomatie bei der Maulbeere.)** Sci. and Cult. [Calcutta] **29** (1963) Nr. 5. S. 250–252. – 5 Abb., 10 Lit.
Erstmalig werden für *Morus multicaulis* und 3 Stämme von *M. alba* polyploide und aneuploide Chromosomenzahlen bekanntgegeben (normal 2 n = 28; gefunden 2 n = 25–56). Eine bes. Lokalisierung dieser Aberrationen konnte nicht nachgewiesen werden (Wurzelspitzenuntersuchungen). Die Eigenschaft, zu abweichenden Chromosomenzahlen zu neigen, scheint erblich zu sein. Bes. häufig kam Polysomatie bei vegetativ vermehrten Nachkommen vor. Da die Maulbeere in Indien vorwiegend durch Schnittlinge vermehrt wird, weist Vf. auf die enorme Bedeutung dieses Umstandes für die Verbesserung dieser Kulturpflanze hin. K. Bellmann. 1850.

2-64/04-0839 Patil, R. P. und Ghosh, Krishna; Allahabad, Centr. Bot. Lab. Chromosome numbers and habitats with special reference to tropical plants. **(Chromosomenzahlen und Umweltverhältnisse mit besonderer Be-**

rücksichtigung tropischer Pflanzen.) Proc. nat. Acad. Sci., India, Sect. B **33** (1963) Nr. 1. S. 52–54. – 20 Lit.
Es werden eine Reihe von tropischen Arten angeführt, deren polyploide Formen über die Arealgrenzen der diploiden Form hinaus Verbreitung gefunden haben und z. T. unter unterschiedlichen Umweltverhältnissen existieren. Es handelt sich dabei um *Nymphaea stellata, Ottelia alismoides, Scilla indica,* sowie die Pioniergräser *Heteropogon contortus, Cynodon dactylon, Sorghum halepense, Themeda triandra, Chrysopogon montanus, Saccharum spontaneum* und *Dichanthium annulatum.* K. Arlt. 1880.

2-64/04-0840 Nagibin, Ja. D. und Mansurov, M. Vlijanie uslovij vyraščivanija na chozjajstvenno-poleznye priznaki ischodnych roditel'skich form i geterozis gibridov pervogo pokolenija. **(Der Einfluß der Wachstumsbedingungen auf die wirtschaftlich wertvollen Merkmale der Ausgangsformen und auf die Heterosishybriden der ersten Generation.)** Sel'skoe chozjajstvo Tadžikistana, Dušanbe **16** (1962) Nr. 4. S. 33–37. – 3 Tab.
Ungünstige Wachstumsbedingungen (geringe Standweite, ungenügende Unkrautbekämpfung, fehlende Bewässerung und Düngung) beim Anbau verschiedener Sorten von *Gossypium hirsutum* und *G. barbadense* in Tadshikistan führten zu einer um 6–20 Tage früheren Reife, zur Ausbildung kleinerer Samenkapseln und einer Minderung des Fasererträges in Quantität und Qualität. Dieser Abfall in den wirtsch. wertvollen Eigenschaften konnte teilweise auch noch bei den Nachkommen der unter ungünstigen Wachstumsbedingungen kultivierten Elternpflanzen beobachtet werden; in einigen Fällen wurde jedoch eine Ertragssteigerung festgestellt. Solche Fälle wurden als Heterosis gedeutet, die mit einer verstärkten natürlichen Fremdbestäubung beim Anbau unter ungünstigen Wachstumsbedingungen erklärt wird.
H. H. Schimanski. 1880.

2-64/04-0841 Justus, Norman und Meyer, James. R. A female-sterile mutation in a doubled haploid of upland cotton. **(Eine weiblich-sterile Mutante bei einer verdoppelten Haploiden von Berg-Baumwolle.)** J. Heredity **54** (1963) Nr. 2. S. 65–66. – 2 Abb. 1880.

2-64/04-0842 Turcotte, E. L. und Feaster, Carl V. Haploids: high-frequency production from single-embryo seeds in a line of Pima cotton. **(Haploide: Produktion in großer Häufigkeit von Einzelsamen in einer Linie von Pimabaumwolle.)** Science [Washington] **140** (1963) Nr. 3574. S. 1407 bis 1408. – 1 Tab., 10 Lit. 1880.

2-64/04-0843 Campos, Filomena F. Performance of the X3, „dwarf" rice plants (O. sativa). **(Die Leistung der X_3-„Zwerg"-Reispflanzen [O. sativa].)** Philippine Agriculturist **46** (1962) Nr. 1. S. 20–24. – 2 Abb., 2 Tab., 12 Lit.
Vf. untersucht die X_3 von Zwergreispflanzen, die mit 2 –50 kr Röntgenstrahlen behandelt wurden. Nur die X_3 der mit 20 kr bestrahlten Pflanzen weicht von den Kontrollen ab. Sie zeichnet sich aus durch geringere Pflanzenhöhe, größere Halmzahl, geringere Rispenlänge, eine viel geringere Anzahl vollausgebildeter Körner und geringeres Strohgew. Die X_3 der mit 20 kr bestrahlten Pflanzen scheinen genetische Zwerge zu sein. Sie gehören zur Gruppe der „grasigen Zwergtypen", die von N. E. Jodon und H. M. Beachell (vgl. J. Heredity **34** [1943], S. 155.) beschrieben worden sind. W. Hiller. 1880.

2-64/04-0844 Simon, J. Determination of optimum ray doses in rice breeding by irradiation. **(Bestimmung der optimalen Strahlendosen bei der Züchtung durch Bestrahlung der Reispflanze.)** Acta agronom. Acad. Sci. hung **12** (1963) Nr. 1/2. S. 127–140. – Aus: Ung. Agrar-Rdsch. **1963** Nr.4.
In den Jahren 1956–1959 wurden Röntgen-Bestrahlungen der Körner der Reissorten 'Ömirt-39', 'Uz Ross-17', 'Precoce Allorio' und 'Maratelli' sowie der Linien von 'Szegedi Szakállas' durchgeführt. Zunächst wurden Dosen von

8000–50000 r verwendet; später die optimalen Dosen von 24-, 26- und 28000 r. Gleichzeitig wurde auch additive Behandlung angewendet, indem das X_1-Material in X_2 und X_3 neuerlich mit Dosen von 24-, 26- und 28000 r bestrahlt wurde. Nützliche Mutationen fanden sich lediglich bei der Sorte 'Maratelli'. Es gelang, Linien zu selektieren, die 1961 bereits 49 Tage früher reiften als die Ausgangssorte 'Maratelli', die unter ungarischen Verhältnissen erst Mitte Okt. reift. Neutronen-Behandlungen erwiesen sich als wesentlich wirkungsvoller. 1880.

2-64/04-0845 Mozsár, K. Kisérleti adatok a sárgadinnye fajták nemasitési értékéhez. **(Versuchsbeiträge zum Zuchtwert der Zuckermelonensorten.)** Kisérletügyi Közlemenyek, Kertészet [Mitt. landwirtsch. Versuchsstellen Ungarns, Gartenbau] **55/C** (1962) Nr. 1. S. 81–102. – Aus: Ung. Agrar-Rdsch. **1963** Nr. 4.
Die wirtsch. wichtigen Eigenschaften verschiedener Zuckermelonensorten wurden zwecks Beurteilung ihrer Brauchbarkeit für die Zücht. untersucht. Die Vegetationsperiode der einzelnen Sorten dauerte 82–152 Tage, ihre vegetative Entwicklungsphase 39–68 und die generative 39–78 Tage. Die Sorten wurden in 4 Gruppen (Netzhaut-, Kantaloup-, Glatthaut- und Übergangssorten) eingeteilt, wobei es sich herausstellte, daß die Netzhautsorten am frühreifsten sind. In jeder Gruppe gab es Melonen guter Qualität. Die Netzhautmelonen wiesen aber schlechte Transportfähigkeit auf, während die Qualität bei den Glatthaut- und Kantaloupmelonen etwas geringer ist. Die Ertragsfähigkeit der Sorten ist i. allg. mittelmäßig oder gering. 1880.

2-64/04-0846 Price, Sam. Cytogenetics of modern sugar canes. **(Zytogenetik der modernen Zuckerrohrformen.)** Econ. Bot. **17** (1963) Nr. 2. S. 97 bis 106. – 1 Abb., 4 Tab., 32 Lit. 1880.

2-64/04-0847 Whitehead, R. A. The processing of coconut pollen. **(Die Präparierung von Kokosnußpollen.)** Euphytica [Wageningen] **12** (1963) Nr. 2. S. 167–177. – 5 Abb., 5 Tab., 32 Lit. 1880.

2-64/04-0848 *Puchalski, V. A.* **Wissenschaftliche Konferenz zu Fragen der Lenkung der Erbanlagen landwirtschaftlicher Pflanzen.** Aus: Selekcija i semenovodstvo, Moskva **1963** Nr. 1. S. 60. (Übers. aus d. Russ.) – TO 821.
2-64/04-0849 *Auerbach, Charlotte.* **The science of genetics.** New York: Harper. 1961. (X, 273 S.) 8°. (1963 A 771)
2-64/04-0850 *Lagervall, P. Mats.* **Quantitative inheritance and dominance.** Diss. Landwirtsch.-Fak. Lund. 1963. (6 S.) 8°. (Diss. 9046)
2-64/04-0851 *Haberg, Arne* and *Akerberg, Erik.* **Mutations and polyploidy in plant breeding.** Stockholm: Bonniers. 1962. (149 S.) 8°. (1963 A 1063)
2-64/04-0852 **Molekuljarnaja genetika. Sbornik statej.** (Molekulargenetik. Artikelsammlung.) Moskva: Izd. inostr. lit. 1963. (105 S.) 8°. (1963 A 662)
2-64/04-0853 *Fejginson, Noj Il'ič.* **Korpuskuljarnaja genetika.** (Korpuskular-Genetik.) Moskva: Sel'chozgiz. 1963. (542 S.) 8°. (1963 A 671)
2-64/04-0854 *Le Roy, Henri Louis.* **Statistische Methoden der Populationsgenetik.** Ein Grundriß für Genetiker, Agronomen und Biomathematiker. Basel; Stuttgart: Birkhäuser. 1960. (397 S.) 8° = Lehrbücher und Monographien aus dem Gebiete der exakten Wissenschaften. Reihe der experimentellen Biologie. Bd. 15. (SR 1014, 15a, b)
2-64/04-0855 *Müller, Andreas.* **Analyse der genotypischen Konstitution von M_1-Pflanzen unter Verwendung zygotischer Letalfaktoren.** Diss. Landw. Fak. Halle/Saale. 1963. (186 S. m. Abb. u. 18 Tab.) 4°. (Diss. 9061)
2-64/04-0856 **Poliploidija u rastenij.** (Polyploidie bei Pflanzen.) Moskva: Izd. Akad. nauk SSSR. 1962. (376 S.) 4° = Trudy Moskovskogo obščestva ispytatelej prirody Bd. 5. (SR 2894, 5)
2-64/04-0857 **Voprosy genetiki zernovych kul'tur.** (Probleme der Genetik der Getreidepflanzen.) Hrsg.: Akad. nauk SSSR, Karel'skij filial. Moskva: Izd. Akad. nauk SSSR. 1963. (129 S.) 4°. (1963 B 175)
2-64/04-0858 **Symposium on genetics and breeding of wheat.** Martonvásár: Agric. research inst. of the Hungarian ac. of sciences. 1962. (196 S. m. Beil.) 8°. (1963 A 778)
2-64/04-0859 *Remeslo, V. N.* **Die Schaffung von Winterweizensorten durch gelenkte Veränderung von Sommerweizen in Winterweizen.** Aus: Selekcija i semenovodstvo, Moskva **1963** Nr. 2. S. 5. (Übers. aus d. Russ., Maschinenschr. vervielfält.) – TO 702.
2-64/04-0860 Unter d. Red. v. *Sokolova, B. P.* Hrsg. Instn.: Ukr. akad. sel'skochozjajstvennych nauk. **Citoplazmatičeskaja mužskaja steril'nost' v selekcii i semenovodstve kukuruzy.** (Die zytoplasmatische Pollensterilität in der Züchtung und Saatgutvermehrung des Maises.) Kiev: Izd. Ukr. akad. sel'skochozjajstvennych nauk. 1962. (142 S.) 8° (1963 A 1192)

2-64/04-0861 *Martin, W. K., Loeffel, F. A.* and *Richards, H. R.* **Results of the Kentucky hybrid popcorn performance trials 1962.** Lexington: Univ. of Kentucky. 1962. (3 S. m. 5 Tab.) 4° = Progress-report, experiment-station agricultural Nr. 121. (SR 2937, 121)

2-64/04-0862 *Bartholomäus, Gerhard.* **Züchtung und Großanbau von monözischen Hanf (Cannabis sativa L.) unter besonderer Berücksichtigung der Bestimmung und Variabilität der Geschlechtsausprägung.** Diss. Landwirtsch. Fak. Bernburg, 1963. (184 S. m. Anh. 80 S.) 4°. (Diss. 9284)

2-64/04-0863 *Neuner, Klaus.* **Beobachtungen an Kartoffelsämlingen insbesondere hinsichtlich der Auslese.** Diss. Hohenheim, Landwirtsch.-Fak. 1962. (104 S.) 8°. (Diss. 9251)

2-64/04-0864 *Puskarev, Ivan Ignat'evič.* **Selekcija kartofelja na ustojčivost' k fitoftore.** (Züchtung der Kartoffeln auf Phytophthora-Resistenz.) Kiev: Gossel'chozizdat. Ukrain. SSR. 1962. (113 S.) 8°. (1963 A 839)

2-64/04-0865 **Bibliography of research in forage crop breeding, conducted in the Southern States and supported in part by regional research projects, 1951-1962.** Comp. by J. R. Harlan. 1962. (12 S.) = Processed series. Experiment station. Oklahoma state university, 435.

2-64/04-0866 *Belev, B.* und *Bočvarova, S.* **Cheterozis pro tjutjuna. (Referirana bibliografska spravka.)** (Heterosis bei Tabak. Referierte bibliographische Dokumentation.) Sofija. 1963. (16 S.) 8°. (1963 A 909)

2-64/04-0867 *Finn, Karl Hermann.* **Ein Beitrag zur Kenntnis der Blütenbiologie des Alexandrinerklees (Trifolium alexandrinum L.).** Diss. Landwirtsch. Hohenheim. Fak. 1963. (82 S.) 8°. (Diss. 9261)

2-64/04-0868 *Mattauch, Emil.* **Untersuchungen über den Einfluß der Befruchtung auf das Ernteprodukt der Kulturform von Humulus lupulus L. unter Berücksichtigung der Verhältnisse in den Hopfenanbaugebieten der Bezirke Dresden und Leipzig.** Diss. Landwirtsch. Fak. Meißen. 1963. (111 S.) 4°. (Diss. 9164)

2-64/04-0869 *Stolle, Gottfried.* **Untersuchungen zur Beurteilung von Sämlingspopulationen als Grundlage für die Frühselektion in der Obstzüchtung.** Diss. Landw. Fak. Halle-Wittenberg. 1963. (VIII, 103 S.) 4°. (Diss. 9063)

2-64/04-0870 *Linnemann, Germaine.* **Technische Assistentin für Forstpflanzenzüchtung.** Hrsg. von der Bundesanst. für Arbeitsvermittlung und Arbeitslosenversicherung Nürnberg. Bielfeld: Bertelsmann. 1963. (10 S.) 8° = Blätter zur Berufskunde. Bd. 2. (SR 2714, 2-Ip)

2-64/04-0871 *Kulov, Boris.* **Topoli. Lesovodstveni svojstva.** (Pappeln. Forstliche Eigenschaften und Züchtung.) Sofija. 1962. (66 S.) 8°. (1963 A 910)

XI. PHYTOPATHOLOGIE UND PFLANZENSCHUTZ

A. Allgemeine Literatur, Berichte, Statistiken u.a.

2-64/04-0872 Umgelter, Harry. **Aus der Versuchsarbeit der Landesanstalt für Pflanzenschutz Stuttgart.** Süddtsch. Erwerbsgärtner **17** (1963) Nr. 41. S. 1180 bis 1181. 1901.

B. Krankheiten und ihre Ursachen

2-64/04-0873 Krasnoščekov, I. M. Vlijanie fiziologičeskoj zrelosti sacharnoj svekly na ee ustojčivost' protiv kagatnoj gnili. **(Der Einfluß der physiologischen Reife der Zuckerrübe auf ihre Widerstandsfähigkeit gegen Mietenfäule.)** Sb. naučn. rabot. Belocerkovsk. opytno-selekc. st. **2** (1962) S. 235–240. — Aus: Referativnyj žurnal Moskva. Rastenievodstvo **1963** Nr. 6.55.202. S. 27.

Junge Zuckerrübenwurzelkörper besitzen eine höhere Widerstandsfähigkeit gegen die Mietenfäule als physiol. reife; frühreife Sorten sind einem Befall durch Mietenfäule mehr ausgesetzt als spätreife. Kleine Wurzelkörper der Frühjahrsaussaat sind weniger widerstandsfähig gegen Mietenfäule als gut entwickelte große. Der Schutz der Rüben vor einem Anwelken und vor Frühfrösten z.Z. der Ernte und des Einmietens steigert ihre Widerstandsfähigkeit gegen Mietenfäule. übersetzt v. G. Boetticher. 1911.

2-64/04-0874 Kurup, C. K. Ramakrishna und Vaidyanathan, C. S. The role of molybdenum in nitrate assimilation by Agrobacterium tumefaciens. **(Die Rolle des Molybdäns bei der Nitratassimilation von Agrobacterium tumefaciens.)** Biochem. J. **88** (1963) Nr. 2. S. 239–242. — 5 Tab., 25 Lit. 1950.

2-64/04-0875 Beaud, G., Manigault, P. und Stoll, Ch.; Paris, Inst. Pasteur; Zürich, École Polytechn. Fédérale, Inst. Bot. Observations sur des tumeurs végétales incomplètes. **(Beobachtungen über „unvollständige" pflanzliche Tumoren.)** Phytopathol. Z. **47** (1963) Nr. 1. S. 25–37. — 4 Abb., 3 Tab., 12 Lit. Zus. in Engl., Dtsch.

Durch UV-Bestrahlung virulenter Stämme von *Agrobacterium tumefaciens* Smith et Townsend (Conn.) konnten Mutanten mit reduzierter Virulenz erzeugt werden, die an den sensiblen Pflanzen (*Datura stramonium* und Topinambur) „unvollständige" Tumoren hervorriefen (Zellteilungstätigkeit nur auf wenige Wochen beschränkt). Nach der Bestrahlung wurden die Kulturen zunächst auf einem üblichen Basalmedium unter Zusatz von Kokosmilch (10%) angereichert und anschließend auf einem Penicillin-haltigen Medium die Mutanten isoliert. Die Mutanten wurden im Hinblick auf folgende Gesichtspunkte charakterisiert: 1. Fehlen der Fähigkeit zur Agglutination von Kaninchenserum, das von Antikörpern der virulenten Ausgangsform gereinigt war; 2. Virulenz gegen *Datura* (ganze Pflanze bzw. Gewebekulturen von Topinamburknollen (Heller-Milieu) sowie histol. und cytol. Vergleiche zwischen unvollständigen Tumoren und solchen, die von sterilen Bakterienextrakten bzw. keimfreien Tumorextrakten induziert wurden; 3. Sensibilität gegen 25 verschiedene Antibiotica; 4. Wachstumstest auf Medium für Organismen mit sehr reduzierten Ernährungsansprüchen (Stoll-Glycerin-Mineralmedium). — Die Untersuchungen ergaben keine Anzeichen dafür, daß in der Tumorinduktionsphase Unterschiede zwischen avirulenten Mutanten und virulenten Ausgangsorganismen bestehen. R. Ritter. 1950.

2-64/04-0876 Page, O. T. und Wood, F. A.; Fredericton, New Brunswick, Canada Dep. of Agric. Release of ribonucleic and amino acids by Phytophthora. **(Abgabe von Ribonuclein- und Aminosäuren durch Phytophthora.)** Phytopathology **53** (1963) Nr. 8. S. 946–949. — 1 Abb., 3 Tab., 14 Lit.
Das Wachstum von *Phytophthora infestans* (Rasse 0) betrug in synthetischen Nährsubstraten mit allen essentiellen Nähr- und Wirkstoffen nur ca. 1/10 des Myceltrockengewichtes, welches in einer org. („balancierten") Nährlösung (0,4% Hefeextrakt, 0,4% Pepton und 2% Saccharose) erreicht wurde. Durch Zugabe von 0,02 M KCl (bzw. 0,02 M $NaNO_3$) erfolgte eine Reduktion des Myceltrockengewichtes von 36% (68%) gegenüber der Kontrolle. Damit verbunden war ein Ansteigen der optischen Dichte bei 260 mμ und der Konz. verschiedener freier Aminosäuren in der Nährlösung. Nach der Übertragung von Mycel in NaCl-Lösung, deren Konz. nur $^1/_3$ der allg. üblichen betrug, erfolgte ebenfalls eine von der Konz. und der Zeitdauer abhängige Abgabe dieser Verbindungen. Neben 17 Aminosäuren konnte bei der RNS nach der Hydrolyse neben den 4 üblichen Basen ebenfalls Hypoxanthin nachgewiesen werden. H. Henniger/Groß-Lüsewitz. 1950.

2-64/04-0877 Seidel, Helga; Jena, Friedrich-Schiller-Univ., Inst. für Allg. Bot. **Untersuchungen über den Nährstoffbedarf und die Toxinbildung des Pilzes Phytophthora infestans (Mont.) de Bary in vollsynthetischen Nährlösungen.** Phytopathol. Z. **41** (1961) Nr. 1. S. 1–26. — 4 Abb., 6 Tab., 80 Lit. Zus. in Engl.
Als Grundnährlösung (F 3) gelangte die von Fries (vgl. Symbolae Bot. Upsaliensis **3** [1938] S. 2.) angegebene Nährlösung zur Anwendung. Vf. stellte fest, daß für ein gutes Wachstum des Pilzes in F 3 NH_4^+ und Tartrat von wesentlicher Bedeutung sind, wobei NH_4^+ wichtiger ist als Tartrat. Von den als C-Quellen geprüften Zuckern erwiesen sich Glucose, Saccharose und Laevulose als günstig. Weniger gut waren Maltose, Mannit und Laktose. Als alleinige C-Quelle waren org. Säuren ungeeignet, jedoch ergab sich ein guter Wachstumserfolg mit den Kombinationen Bernsteinsäure + Glucose und Weinsäure + Glucose. — Unter Verwendung der Kartoffelsorte 'Leona' als Testpflanze konnte eine toxische Wirkung der Kulturfiltrate festgestellt werden. Das Maximum der Toxizität lag bei 5 Wochen Kulturdauer. Das *Phytophthora*-Toxin war von keinem photischen Effekt abhängig. Desgl. wirkte sich eine Aciditätsänderung der Kulturfiltrate nicht auf die Toxizität aus. Versuche, in denen die Filtrate gekocht oder mit Alkohol ausgefällt wurden, deuteten das Vorhandensein mehrerer Toxine an. G. Zahn. 1950.

2-64/04-0878 Spalding, Donald H.; Beltsville, Md., U.S. Dep. of Agric. Production of pectinolytic and cellulolytic enzymes by Rhizopus stolonifer. **(Bildung von pektolytischen und cellulytischen Enzymen durch Rhizopus stolonifer.)** Phytopathology **53** (1963) Nr. 8. S. 929–931. – 2 Abb., 2 Lit.
Die *Rhizopus*-Fäule stellt ein ernstes Problem für die Lagerung bestimmter Früchte wie Erdbeere, Pfirsich und Süßkartoffel dar. Für den Abbau der Früchte spielen pektolytische und cellulytische Enzyme eine große Rolle. Vf. untersuchte die Enzymbildung von *R. stolonifer* auf einem künstlichen Nährmedium (1.0 g NH_4NO_3, 2.5 g $MgSO_4 \cdot 7\ H_2O$, 2.5 g KH_2PO_4, 5.0 g *Citrus*-Pektin, 5.0 g Natriumpolypektat, 1000 ml aqua bidest.) und auf Süßkartoffeln. Auf dem beschriebenen Nährboden begann die Bildung von Polymethylgalakturonase (**I**) und Protopektinase (**II**) fast sofort anzusteigen, während die Cellulase (**III**)-Bildung erst nach 3 Tagen einsetzte. Auf verfaulenden Süßkartoffeln wurde ein hoher Anteil von **I**- und **III**-Aktivität gefunden. Für die **III**-Aktivität war ein pH-Wert von 4.8 günstig. Im Gegensatz zu **I** überstand **III** 10 Min. langes Erhitzen auf 55 °C. Es konnte weiter nachgewiesen werden, daß die Gewebe mazerierende Fähigkeit von *Rhizopus* auf die pektolytischen Enzyme (**I, II**) und nicht auf **III** zurückzuführen ist.
G. Zahn. 1950.

2-64/04-0879 Lilly, Virgil Greene, Barnett, H. L. und Krause, R. F. Effects of the alkali metal chlorides on spore germination, growth, and carotenogenesis of Phycomyces blakesleeanus. **(Wirkungen der Alkali-Metallchloride auf Sporenkeimung, Wachstum und Carotinbildung von Phycomyces blakesleeanus.)** Mycologia [New York] **54** (1962) Nr. 3. S. 235–248. – 2 Tab. 1950.

2-64/04-0880 Lockwood, John L. und Lingappa, B. T.; East Lansing, Michigan State Univ. Fungitoxicity of sterilized soil inoculated with soil microflora. **(Fungitoxizität von sterilisiertem Boden, der mit Bodenmikroflora beimpft wurde.)** Phytopathology **53** (1963) Nr. 8. S. 917–920. – 2 Tab., 12 Lit.
Die mykostatischen und mykolytischen Eigenschaften des Bodens sind biol. Ursprungs, da eine Sterilisation desselben diese Eigenschaften zunichte macht. Es wird über Versuche berichtet, in denen die Fungitoxizität sterilisierten Bodens durch Beimpfen mit Actinomyceten, Pilzen und Bakterien wieder hergestellt wird. Als Testpilz wurde *Glomerella cingulata* verwendet. Alle 67 verwendeten Isolate der genannten Mikroorganismen hemmten die Keimung der Konidien von *Glomerella*, wenn diese direkt auf den Boden aufgetragen wurden. Am stärksten hemmten die Actinomyceten, weniger stark die Pilze und am schwächsten die Bakterien. Ähnliche Ergebnisse wurden erhalten, wenn die Sporen des Testpilzes in Wasseragarscheibchen auf den beimpften Böden getestet wurden, nur daß die Hemmung geringer ausfiel. Lebendes Mycel von *Glomerella* wurde auf Agar von 14 der 20 Actinomyceten- und 2 der 27 Bakterien-Isolate lysiert, jedoch nicht von den 20 Pilz-Isolaten. Die gleichen 14 Actinomyceten zeigten auch im Boden ihre lytische Fähigkeit, was weder für die Bakterien- noch für die Pilz-Isolate beobachtet werden konnte. Abgetötetes Mycel von *Glomerella* wurde von sämtlichen Actinomyceten-Isolaten in Agar und im Boden lysiert, eine schwache Lysis riefen im Boden 10 der 20 Pilz-Isolate hervor. Die Bakterien zeigten keinen derartigen Einfluß. Die erhaltenen Ergebnisse lassen vermuten, daß die fungitoxischen Eigenschaften von natürlichem Boden durch eine Vielzahl von Mikroorganismen hervorgerufen werden.
G. Zahn. 1950.

2-64/04-0881 Smith, George. Some new species of Penicillium, and some observations on the taxonomy of the genus. **(Einige neue Penicillium-Arten und einige Beobachtungen zur Taxonomie der Gattung.)** Trans.Brit. mycol. Soc. **46** (1963) Nr. 3. S. 331–337. – 6 Abb., 1 Tab., 5 Lit. 1950.

2-64/04-0882 Vanderwalle, Roger und Sommereyns, Ghislaine. Étude de la résistance des spores d'Ustilago nuda f. tritici (Jens.) Schaff. (= Ustilago tritici [Pers.] Rostr.) et d'Ustilago nuda (Jens.) Rostr. à l'égard de la température. **(Untersuchung über die Hitzeresistenz der Sporen von Ustilago nuda f. tritici [Jens.] Schaff. [= Ustilago tritici (Pers.) Rostr.] und Ustilago nuda [Jens.] Rostr.)** Bull. Inst. agronom. Stat. Rech. Gembloux **30** (1962) Nr. 3/4. S. 476 bis 496. — 6 Abb., 8 Lit.

Sporen von *Ustilago nuda* f. *tritici* wurden von verschiedenen Weizensorten ('Alfy', 'Chanteclair', 'Van Hoek' sowie 'Vilmorin 27') und von *U. nuda* von der Gerstensorte 'Herta' gewonnen. Zur Verlängerung der Sporenvitalität, die gewöhnlich nur wenige Mon. dauert, wurden die infizierten Getreidekörner unter Vakuum in Gegenwart von Gipsanhydrit gehalten. Mit Hilfe einer bes. geformten Öse wurden Sporensuspensionen in aqua dest. bzw. Paraffinöl hergestellt und verschiedenen Temperaturbedingungen ausgesetzt. Die Keimkraft der Sporen wurde in einem Milieu nach Kavanagh (vgl. LZ. Abt. II **7** [1962] Nr. 6. S. 1698.) unter mikroskopischer Kontrolle in feuchter Kammer ermittelt. — Im Vergleich zu Kontrollen (20 °C) wurde bei *U. nuda* f. *tritici* gefunden, daß eine längere Exponierung als 10 Min. bei 42 °C in Wasser zur Sporenabtötung führt; bei *U. nuda* entspr. in 10 Min. bei 40 °C. In Paraffinöl lag die Abtötungsgrenze von *U. nuda* f. *tritici* bei 90 °C (ca. 15 Min. bei 'Vilmorin 27'). Geringe Unterschiede in der Temperaturempfindlichkeit der isolierten Sporen wurden beobachtet im Hinblick auf die verschiedenen Getreidesorten und deren Aufbewahrung vor den Versuchen (unter Normalbedingungen bzw. Vakuum), sowie dem Erntejahr des Getreides. — Vorbehandlung der Sporen vor der Hitzeexponierung in Paraffinöl ergab: nach 5 Min. Vorbehandlung in Wasser betrug die letale Temperatur in Paraffinöl 42°, nach ca. 1 Min. Vorbehandlung 50° und nach $< 1/4$ Min. 68 °C. — Nach Vorbehandlung mit Glucoselösung wurde die Wärmeempfindlichkeit mit steigender Glucosekonz. (0,1 bis 4,0 mol.) geringer. Vff. bringen dies mit osmotischen Effekten in Zusammenhang. — Zur Erklärung des Einflusses von Wasser auf die Thermoresistenz geben Vff. 3 Mechanismen an: Wasser kann 1. die äußere Sporenhaut modifizieren, 2. eine phys. direkte Wirkung auf die Membran ausüben und 3. die Membran durchdringen und auf das Cytoplasma phys., chem. oder biol. einwirken. R. Ritter. 1950.

2-64/04-0883 Staples, Richard C. und Stahmann, Mark A. Malate dehydrogenases in the rusted bean leaf. **(Malatdehydrogenasen im rostinfizierten Bohnenblatt.)** Science [Washington] **140** (1963) Nr. 3573. S. 1320–1321. — 1 Abb., 8 Lit. 1950.

2-64/04-0884 Jones, O. T. G. The accumulation of amino acids by fungi, with particular reference to the plant parasitic fungus Botrytis fabae. **(Die Aminosäurenspeicherung durch Pilze mit besonderer Berücksichtigung des pflanzenparasitischen Pilzes Botrytis fabae.)** J. exp. Bot. **14** (1963) Nr. 42. S. 399–411. 1950.

2-64/04-0885 Lukens, R. J.; New Haven, Connecticut Agric. Exp. Stat. Photo-inhibition of sporulation in Alternaria solani. **(Photohemmung der Sporulation bei Alternaria solani.)** Amer. J. Bot. **50** (1963) Nr. 7. S. 720–724. — 3 Abb., 1 Tab., 11 Lit.

Einen Tag alte Konidiophoren von Hungerkulturen von *Alternaria solani* benötigen eine Dunkelperiode von 12 Std., um Konidien zu bilden. Im intermittierenden Licht ist die Konidienbildung gehemmt. Das Wirkungspektrum dieses Hemmlichtes zeigt 2 Maxima: einen klaren Gipfel bei 450 mμ und einen breiten Gipfel in einem Bereich von 375–425 mμ. Das Wirkungsspektrum bei 450 mμ entspricht ungefähr dem Absorptionsspektrum von Riboflavin-5-phosphat-Mononucleotid (RPM) und von Carotin b. RPM hob den Lichthemmeffekt auf, Carotin b dagegen nicht. Vf. folgert, daß Flavin anscheinend für die Konidienbildung essentiell und photoinaktivierbar ist. Es ist wahrscheinlich, daß die Flavine Photorezeptoren sind, durch die das Licht die Konidienbildung bei *A. solani* hemmt. K. Bellmann. 1950.

2-64/04-0886 Hawker, Lillian E.; Bristol, Univ. Fine structure of Pythium de baryanum Hesse and its probable significance. **(Feinstruktur von Pythium de baryanum Hesse und ihre wahrscheinliche Bedeutung.)** Nature [London] **197** (1963) Nr. 4867. S. 618–619. – 1 Abb., 9 Lit.
Elektronenmikroskopisch unterschieden sich junge Hyphen von *Pythium de baryanum* wesentlich von solchen anderer Pilze (*Rhizopus* spp., *Neurospora crassa*) und vegetativen Zellen von Hefen. Als entscheidendes Kriterium ist die Struktur des Cytoplasmas anzusehen. So sind die Cisternen und Vesikeln im Zellplasma junger *Pythium*-Hyphen zahlreicher und regelmäßiger verteilt als bei anderen Pilzen. Die Cisternen können in jungen *Pythium*-Hyphen schichtweise angeordnet sein, ähnlich den Golgi-Körpern der Algen. Auch die Mitochondrien wiesen Unterschiede zu den untersuchten anderen Pilzen bzw. Hefen auf. In ihnen ließen sich flache, wellenförmige Gebilde („cristae") nachweisen. Außerdem waren auch die Zellkernmembranen und die Zellwände denen der geprüften Pilze wenig ähnlich. Vf. schließt aus den Untersuchungen, daß sich die Oomyceten wesentlich von Phycomyceten und Eumyceten unterscheiden. Sie zeigen eine engere Verwandtschaft zu Algen und höheren Pflanzen als zu den Pilzen. O. Saß. 1950.

2-64/04-0887 Ammon, H. U.; Zürich-Oerlikon, Eidg. Landwirtsch. Versuchsanst. **Über einige Arten aus den Gattungen Pyrenophora Fries und Cochliobolus Drechsler mit Helminthosporium als Nebenfruchtform.** Phytopathol. Z. **47** (1963) Nr. 3. S. 244–300. – 11 Abb., 12 Tab., 88 Lit. Zus. in Engl.
Der systematische Teil der Arbeit befaßt sich mit der Einordnung verschiedener *Helminthosporium*-Arten. Vf. unterscheidet nach der Ausbildung der Nebenfruchtform 2 Gruppen, und zwar Arten mit zylindrischen, vorwiegend lateral aus allen Zellen keimenden Konidien (**I**) und solche mit spindelförmigen, häufig leicht gebogenen, vorwiegend aus den Endzellen keimenden Konidien (**II**). Eine generelle Umbenennung der Arten von **I** in *Drechslera* und von **II** in *Bipolaris*, wie es in der Literatur vorgeschlagen wurde, hält Vf. aus Gründen der Verständigung nicht für zweckmäßig, sondern er beschränkt sich darauf, alle Arten als Kleinarten unter Beibehaltung ihres Namens von **I** zum Formenkreis *Drechslera* (Hauptfruchtform *Pyrenophora*) und die von **II** zum Formenkreis *Bipolaris* (Hauptfruchtform *Cochliobolus*), zusammenzufassen. Eine neue Art, *P. dactylidis* n. sp., wird beschrieben. Neben 2 Bestimmungsschlüsseln werden eine morphol. Beschreibung, eine Charakteristik der Reinkultur, des Wirtspflanzenkreises sowie bes. Bemerkungen zu jeder *Helminthosporium*-Art gegeben. Der experimentelle Teil der Arbeit befaßt sich mit der Klärung verschiedener Probleme der einzelnen *Helminthosporium*-Arten.
K. Frauenstein. 1950.

2-64/04-0888 Wheeler, Harry und Black, Homer S.; Baton Rouge, Louisiana State Univ. Effects of Helminthosporium victoriae and victorin upon permeability. **(Wirkungen von Helminthosporium victoriae und Victorin auf die Permeabilität.)** Amer. J. Bot. **50** (1963) Nr. 7. S. 686–693. – 8 Abb., 1 Tab., 27 Lit.
Helminthosporium victoriae bildet das potentielle Toxin Victorin. Anfällige Haferpflanzen reagieren hinsichtlich sichtbarer Symptome und biochem. Reaktionen nach künstlicher Infektion mit *H. victoriae* und Behandlung mit Victorin grundsätzlich gleichartig. Vff. befassen sich mit der Art der Permeabilitätsveränderungen und der möglichen Beziehungen dieser Veränderungen zu Abweichungen in der Respiration, die behandelte Gewebe zeigten. Auffällig war ein deutlicher Verlust an Elektrolyten nach Einlegen und Schütteln

infizierter bzw. behandelter Gewebe in aqua dest. Je nach Konz. der Victorinbehandlung schwankte das Ausmaß dieses Effektes, für den ein niedriger Temperaturkoeffizient nachgewiesen wurde (typisch für phys. Prozesse). Es bestand keine Abhängigkeit vom O_2-Druck. Die ersten Elektrolytverluste traten 5 Min. nach der Victorinbehandlung auf, Änderungen in der Atmungsintensität erst nach 30 Min. Gegenwärtig werden chem. Analysen vorgenommen, um Art und Menge der ausgeschiedenen Elektrolyte zu bestimmen.

K. Bellmann. 1950.

2-64/04-0889 Apparao, A. Nutritional factors governing sporulation of Piricularia oryzae in culture. **(Ernährungsfaktoren, die die Sporulation von Piricularia oryzae in Kultur steuern.)** J .Indian bot. Soc. **41** (1962) Nr. 4. S. 604 bis 622. — 12 Tab., 28 Lit. 1950.

2-64/04-0890 Siddiqi, M. Rafiq. Four new species of the genus Tylenchus Bastian, 1865 (Nematoda) from North India. **(Vier neue Arten der Gattung Tylenchus Bastian, 1865 [Nematoda] aus Nordindien.)** Z. Parasitenkunde **23** (1963) Nr. 2. S. 170–180. — 22 Abb., 5 Lit. 1960.

2-64/04-0891 Stelter, H.; Groß-Lüsewitz, Inst. für Pflanzenzücht. der Dtsch. Akad. der Landwirtsch.-Wiss. zu Berlin. **Die Vermehrung der Rasse B des Kartoffelnematoden, Heterodera rostochiensis Woll., an der A-anfälligen Sorte Aquila und der A-resistenten Sorte Spekula.** Nematologica [Leiden] **9** (1963) Nr. 2. S. 237–240. — 1 Abb., 1 Tab., 6 Lit. Zus. in Engl.
In 2jährigen Untersuchungen war die Vermehrungsrate des Kartoffelnematoden vom Typ B unabhängig von der Anfangsverseuchung an der Sorte 'Aquila' höher als an der Sorte 'Spekula', gleichgültig, ob Larven oder Zysten als Bezugsgröße dienten. Auch die Anzahl neugebildeter Zysten je 100 Larven Anfangsverseuchung war bei 'Aquila' größer als bei 'Spekula'. Mit zunehmender Anfangsverseuchung nahmen diese Werte bei 'Spekula' mehr ab als bei 'Aquila'. Die bessere Wirtseignung der Sorte 'Aquila' wird auf ein engeres Weibchen: Männchen-Verhältnis zurückgeführt.

A. Hopfe/Groß-Lüsewitz. 1960.

2-64/04-0892 Ouden, H. den; Wageningen, Inst. of Phytopathol. Res. Hatching and rate of multiplication of Heterodera rostochiensis populations of different ages. **(Die Schlüpf- und Vermehrungsrate von Heterodera-rostochiensis-Populationen unterschiedlichen Alters.)** Nematologica [Leiden] **9** (1963) Nr. 2. S. 231–236. — 2 Abb., 3 Tab., 3 Lit. Zus. in Dtsch.
Der Prozentsatz geschlüpfter Larven von 5 und 6 Jahre alten Feldpopulationen war höher (95 und 90%) als von 10 Mon. alten Populationen (84%). — In einem Vermehrungsversuch mit 1, 2, 6 und 7 Jahre alten Freilandpopulationen war bei Anfangsverseuchungen von 500, 1000, 2000 und 4000 Larven/kg Boden die Vermehrungsrate der 2, 6 und 7 Jahre alten Populationen etwa gleich hoch; die Vermehrungsrate ein Jahr alter Populationen betrug etwa nur die Hälfte der älteren Populationen. — Die Eizahl je Bodeneinheit ist demnach auch bei älteren Populationen ein brauchbarer Wert für den Verseuchungsgrad eines Bodens mit einer infektionsfähigen Nematodenpopulation. H. Stelter/Groß-Lüsewitz. 1960.

2-64/04-0893 Ouden, H. den; Wageningen, Inst. of Phytopathol. Res. A comparison between the use of free and encysted eggs in hatching and pot experiments with Heterodera rostochiensis. **(Ein Vergleich zwischen freien und enzystierten Eiern von Heterodera rostochiensis bei der Verwendung in Schlüpf- und Topfversuchen.)** Nematologica [Leiden] **9** (1963) Nr. 2. S. 225 bis 230. — 4 Abb., 3 Lit. Zus. in Dtsch.
Bei Verwendung 12 Mon. alten Zystenmaterials war der Larvenschlupf aus freien und enzystierten Eiern nach 6wöchiger Versuchsdauer etwa gleich hoch. Nur in den ersten Versuchswochen schlüpften aus den freien Eiern mehr Lar-

ven als aus enzystierten Larven. – In Töpfen mit 1 kg Erde wurde die Vermehrung bei Zugabe freier Eier (500, 2000, 4000, 10000, 20000, 50000 und 100000 je kg) sowie der entspr. Zystenzahl (3, 10, 20, 50, 100, 250 und 500) verglichen. Die Vermehrungshöhe war bei den vergleichbaren Varianten etwa gleich. Lediglich in der niedrigen Verseuchungsstufe (500 Eier bzw. 3 Zysten/kg) war die Vermehrung nach Zugabe freier Eier höher, die Streubreite beider Varianten war jedoch sehr hoch. H. Stelter/Groß-Lüsewitz. 1960.

2-64/04-0894 Heyns, J. New species of the superfamily Dorylaimoidea (Nematoda) from South African soils, with a description of a new genus Kochinema. **(Neue Arten der Superfamilie Dorylaimoidea [Nematoda] aus südafrikanischen Böden mit einer Beschreibung einer neuen Gattung Kochinema.)** South African J. Agric. Sci. **6** (1963) Nr. 2. S. 289–302. 1960.

2-64/04-0895 Mulvey, Roland H. The Mononchidae: a family of predaceous nematodes. V. Genera Sporonchulus, Granonchulus, and Prionchuloides n. gen. (Enoplida: Mononchidae). **(Die Mononchidae: Eine Familie räuberischer Nematoden. 5. Mitt. Die Gattungen Sporonchulus, Granonchulus und Prionchuloides n. gen. [Enoplida: Mononchidae].)** Canad. J. Zool. **41** (1963) Nr. 5. S. 763–774. – 16 Abb., 15 Lit. 4. Mitt. vgl. LZ. Abt. II 8 (1963) Nr. 12. S. 3393. 1960.

2-64/04-0896 Karg, Wolfgang; Kleinmachnow, Biol. Zentralanst. der Dtsch. Akad. der Landwirtsch.-Wiss. zu Berlin. **Drei unbekannte Pergamasus-Arten aus Kulturböden (Acarina, Parasitiformes).** Dtsch. entomol. Z. [N.F.] **10** (1963) Nr. 1/2. S. 72–82. – 13 Abb., 9 Lit.
Vf. beschreibt eine für Mitteleuropa unbekannte und 2 neue Arten der Gattung *Pergamasus*, die an verschiedenen Stellen der DDR bei der Untersuchung landwirtsch. genutzter Böden gefunden wurden. Die in Irland i. J. 1915 gefundene Art *P. diversus* (Halbert) konnte für Mitteleuropa nachgewiesen werden. Außerdem wurde das bisher unbekannte Weibchen beschrieben. Von den 2 novae species werden diagnostisch wichtige Merkmale und Differenzierungsmerkmale zu verwandten Arten angeführt. Es handelt sich um *P. puerilis* n. sp. und *P. digitulus* n. sp. Alle 3 Arten werden durch Zeichnungen anschaulich belegt. K. Geißler. 1960.

2-64/04-0897 Knülle, Willi. **Milben an Trockenpflaumen.** Nachrichtenbl. dtsch. Pflanzenschutzdienstes [Braunschweig] **15** (1963) Nr. 2. S. 28–29. – 3 Abb.
Die an Trockenpflaumen bes. häufig vorkommende Trockenobstmilbe *Carpoglyphus lactis* L. kann auf Grund ihrer schnellen Entwicklung – aus dem Ei kann unter günstigen Bedingungen binnen einer Woche die Milbe heranwachsen – eingelagerte Trockenpflaumen in kurzer Zeit vollständig verseuchen. Eine Bekämpfung des Schädlings ist durch Verminderung der rel. Luftfeuchtigkeit auf 50% oder darunter bei gleichzeitiger Erhöhung der Raumtemperatur auf mindestens 20°, besser 30 °C möglich. Es ist zu beachten, daß zwischen der rel. Luftfeuchtigkeit und dem Wassergehalt der Pflaumen ein Gleichgewicht besteht. Der Wassergehalt der Trockenpflaumen sollte deshalb bei der Einlagerung 18% nicht übersteigen. Es ist vorteilhaft, nur flach und locker aufzuschütten und von Zeit zu Zeit umzuschaufeln.
O. Geiling. 1960.

2-64/04-0898 Gołębiowska, Z. Z badán nad biologią i ekologią Tyrophagus noxius Zachw. **(Aus der Forschung über die Biologie und Ökologie von Tyrophagus noxius Zachw.)** Biul. Inst. Ochrony Roślin **18** (1962) S. 109–124. – 8 Abb., 11 Lit. Zus. in Russ., Engl.
Tyrophagus noxius tritt in Polen selten sehr zahlreich auf. Vf. teilt Ergebnisse von Labor.-Untersuchungen über den Einfluß der Lufttemperatur und der rel. Luftfeuchtigkeit auf die Entwicklung, Lebensdauer, Fruchtbarkeit und

Sterblichkeit der Milben mit. Ihre Entwicklung vollzieht sich bei einer Temperatur von 8,5 ° bis 32 °C in verschiedenen gelagerten Produkten. Bei einem Temperaturoptimum von 27 °C findet die Entwicklung in 15,6 Tagen statt. Erwachsene Milben können bis zu 319 Tage leben. Die durchschnittl. Fruchtbarkeit beträgt 148 Eier (bei 26 °C stellte man sogar 674 Eier fest).
PRL/CBR. 1960.

2-64/04-0899 Henneberry, T. J.; Beltsville, Md., U.S. Dep. of Agric., A.R.S. Effect of host plant condition and fertilization on two-spotted spider mite fecundity. **(Die Wirkung der Beschaffenheit der Wirtspflanze und der Düngung auf die Fruchtbarkeit von Tetranychus telarius [L.].)** J. econ. Entomol. **56** (1963) Nr. 4. S. 503–505. – 1 Abb., 2 Tab., 8 Lit.
Die Fruchtbarkeit von *Tetranychus telarius* (L.) an Limabohnen steigt mit Zunahme von N-Gehalt und N-Absorption, ferner mit Abnahme des Gehalts der Blätter an P und Gesamtkohlenhydraten. Daß die Fortpflanzung an Blättern an der Pflanze größer war als an isolierten Blattstücken, erklärt sich damit, daß Blattstücke einen geringeren N- und höheren P-Gehalt aufweisen.
E. Königsmann. 1960.

2-64/04-0900 Wilbert, Hubert; Bonn, Univ., Inst. für Pflanzenkrankh. **Können Insektenpopulationen durch Selektionsprozesse reguliert werden?** Z. angew. Entomol. **52** (1963) Nr. 2. S. 185–204. – 1 Abb., 83 Lit. Zus. in Engl.
Da sich bei der Beantwortung der Frage nach den Ursachen des Massenwechsels der Insekten in der Literatur immer wieder Hinweise darauf finden, daß neben äußeren Faktoren auch innere, d.h. qualitative Veränderungen in der Population dafür verantwortlich sind, hat Vf. das einschlägige Schrifttum zu diesem Fragenkomplex zusammengetragen und kritisch verarbeitet. Er kommt dabei zu dem Schluß, daß für eine Regulation genetische Veränderungen dann Bedeutung haben, wenn die Existenz einer balancierten Variabilität gegeben ist. Die Selektion muß so stark sein, daß sie innerhalb des nur wenige Generationen umfassenden Massenwechsels deutliche Auswirkungen zeigen kann. Diese Möglichkeiten sind unter natürlichen Verhältnissen wahrscheinlich nicht oft gegeben. Dichteunabhängige Selektionsprozesse können keine regulierende Wirkung haben; sie wirken im günstigsten Fall verzögernd. Inzucht kann u. U. den beim Massenwechsel erreichten Extremwert verändern, hat aber offenbar keine regulierende Wirkung. Genetische Veränderungen haben also dann für die Regulation eine geringe Bedeutung, wenn die Selektion dichteabhängig verläuft. Die durchschnittl. Konstanz der genetischen Konstitution der Population ist dagegen wichtig für die Determination der mittleren Populationsdichte. K. Geißler. 1960.

2-64/04-0901 Philipp, W. **Blasenfüße (Thrips) in der Baumschule.** Gesunde Pflanzen **15** (1963) Nr. 10. S. 191–193. – 1 Abb.
Im Frühjahr 1963 traten in Süddeutschland bei Rüben und in Baumschulen starke *Thrips*-Schäden auf. Während sich bei Zuckerrüben die anfängliche Wachstumsstockung der Herzblätter nach Eintritt naßkalter Witterung wieder verwachsen hatte, kam es in Baumschulen zu Dauerschäden. Eine starke Beschädigung der Endknospe führte zu einem besenartigen Austreiben der Beiknopsen und somit zu einem Schadbild, welches auch nach Zerstörung der Endknospe durch Mehltau, Frost, verschiedene Milbenarten oder auf mechanische Weise entstehen kann. Da systemische Mittel nach bisherigen Erfahrungen ungenügend wirken, sind zur Bekämpfung DDT-Lindan-Kombinationen oder Parathion-Präparate einzusetzen. Die Spritzbrühe ist dabei mit kräftigen Druck von oben in das Herz der Pflanze zu spritzen, weil die hellen flügellosen Larven meist versteckt in den noch gefalteten jüngsten Blättern sitzen. E. Vorsatz. 1960.

2-64/04-0902 Lewis, T.; Harpenden, Rothamsted Exp. Stat. The effect of weather on emergence and take-off of overwintering Limothrips cerealium Haliday (Thysanoptera). **(Der Einfluß der Witterung auf das Erscheinen und den Flugbeginn von überwintertem Limothrips cerealium Haliday [Thysanoptera].)** Ann. appl. Biol. **51** (1963) Nr. 3. S. 489–502. – 10 Abb., 3 Tab., 11 Lit.
Für den Beginn des Fluges von *Limothrips cerealium* liegt die Temperaturschwelle bei 18,4 °C. Die Imagines, die auf der wärmeren Südseite unter der Baumrinde überwintert haben, fliegen früher aus als die auf der kühleren Nordseite überwinterten Tiere. Die meisten Blasenfüße fliegen ab, wenn die Sonne unmittelbar auf die Rinde scheint. Bei Temperaturen über 35 °C wird der Flug eingestellt. Eine Verringerung der Lichtintensität bewirkt eine Beendigung des Fluges 1 bis 2 Std. vor Sonnenuntergang. Im Frühjahr fällt die Temperatur aber schon vor Erreichen dieses Grenzwertes stärker ab. Rel. Luftfeuchtigkeit und Windgeschwindigkeit hatten auf den Flugbeginn geringeren Einfluß. Schwüles Wetter war für den Frühjahrsflug nicht notwendig.
K. Geißler. 1960.

2-64/04-0903 Rossem, G. van, Burger, H. C. und Bund, C. F. van de. Schadelijke insekten in 1962. **(Schadinsekten im Jahre 1962.)** Entomol. Ber. [Amsterdam] **23** (1963) Nr. 9. S. 160–166. – 10 Lit.
Vff. berichten über Besonderheiten des Schadinsektenauftretens i. J. 1962 in Holland. Von den Dipteren traten bes. stark die *Tipula*-Arten *oleracea* L. und *paludosa* Meig. auf. Auffällig war das starke Auftreten der Hymenopteren *Caliroa cerasi* L., *Priophorus padi* L. sowie *Micronematus abbreviatus* Htg. Von den Coleopteren verdienten die *Dendroctonus*-Arten, ferner *Lochmaea suturalis* Thoms. und *Necrobia*- und *Anthicus*-Arten Beachtung. An Schmetterlingen werden bes. *Enarmonia pomonella* L. und *E. formosana* Scop. sowie *Cnephasia longana* Hw. genannt. An *Populus serotina* trat sehr stark die Schildlaus *Quadraspidiotus gigas* Thiem et Gerneck auf. Daneben werden eine Reihe von Blattläusen und Wanzen genannt. Ein Überblick über den Witterungsverlauf ergänzt die Darstellung. R. Fritzsche. 1960.

2-64/04-0904 Kremer, Fr. W. **Die wichtigsten im Südtiroler Obstbaugebiete vorkommenden Miniermottenarten und deren Bekämpfung.** Pflanzenschutz-Nachr. „Bayer" **16** (1963) Nr. 1. S. 1–16. – 5 Abb., 8 Tab., 17 Lit.
Im Südtiroler Obstbaugebiet traten i. J. 1960 überraschend *Lithocolletis corylifoliella* und *L. blancardella* stark auf. Eine Bekämpfung der Überwinterungsformen dieser Arten während der Vegetationsruhe durch die Winterspritzung ist nicht möglich, da dieselben nicht am Baum überwintern. Auch *Lyonetia clerkella*, die nur teilweise am Baum überwintert, ist spritztechnisch schwer erreichbar. Dagegen werden die Überwinterungsformen von *Cemiostoma scitella* spritztechnisch am leichtesten erfaßt. Bekämpfungsversuche während der Vegetationsperiode zeigten, daß eine befriedigende Niederhaltung von *C. scitella* und *L. clerkella* durch Insekticide mit Breitenwirkung ohne zusätzliche Sonderbehandlungen im Rahmen der Bekämpfung anderer Obstschädlinge möglich ist. Da die beiden Miniermottenarten jedoch sehr widerstandsfähig gegen die meisten Pflanzenschutzmittel sind, sollten die Termine der Insekticidbehandlungen aufeinander abgestimmt werden. Das Sichtbarwerden der von der 2. Generation hervorgerufenen Minen fällt in Südtirol für *L. blancardella* meist mit der ersten Obstmadenspritzung, für *L. corylifoliella* mit dem Termin der ersten Bekämpfung der Sommergeneration von *Capua reticulana* zusammen. Von der 3. Generation an kommen dann auf den Obstbäumen alle Entwicklungsstadien der beiden Miniermottenarten gleichzeitig vor. Bei entspr. Auswahl der Bekämpfungsmittel können gegebenenfalls mehrere Obstbaumschädlinge (*C. pomonella*, *C. reticulana*, *Aphis pomi*, *Metatetranychus ulmi*, *Psylla piri*) gleichzeitig bekämpft werden. Gusathion M oder Dipterex sind zu bevorzugen. E. Zech. 1960.

2-64/04-0905 Hering, Martin. **Der Geflammte Rebenwickler Cacoecia costana F. an der Mosel.** Weinberg u. Keller **10** (1963) Nr. 8/9. S. 347–349.
Die Raupen des Geflammten Rebenwicklers traten in Rebanlagen der Mosel ähnlich wie die „Springwürmer" (*Sparganothis pilleriana*) als Knospenschädiger auf. Dieser Wickler ist bereits im vorigen Jahrhundert in Frankreich und i. J. 1911 auch in Deutschland als Rebschädling beschrieben worden. Da der Wickler sonst nur an Flußufern, Teichrändern und ähnlichen Biotopen auf den verschiedensten Pflanzen lebt, ist er nur als seltener Gelegenheitsschädling am Weinstock zu betrachten. F. Gollmick. 1960.

2-64/04-0906 Glass, E. H.; Geneva, New York State Agric. Exp. Stat. Parasitism of the red-banded leaf roller, Argyrotaenia velutinana, by Trichogramma minutum. **(Die Parasitierung von Argyrotaenia velutinana durch Trichogramma minutum.)** Ann. entomol. Soc. America **56** (1963) Nr. 4. S. 564. – 3 Lit.
Die Überwachung von *A. velutinana* in den letzten 13 Jahren ergab eine Eiparasitierung von nie mehr als 10%. Eine Parasitierung der anderen Stadien ergab deren wirtsch. Bedeutungslosigkeit. Im Jahre 1961 wurde in einer Apfelanlage in der Nähe von Ontario, New York, eine zu 50% der Gelege parasitierte Schädlingspopulation gefunden. Im Vorjahr war die Anlage nur mangelhaft gespritzt worden. Da die Populationsstärke von *A. velutinana* sehr gering war, wird dies auf die Parasitierung durch *T. minutum* zurückgeführt. Vf. empfiehlt daher zur weitgehenden Schonung der Parasitenpopulation eine vorsichtige chem. Bekämpfung mit möglichst selektiv wirkenden Präparaten.
K. Geißler. 1960.

2-64/04-0907 Walker, John R. und Brindley, Tom A. Effect of X-ray exposure on the European corn borer. **(Wirkung von X-Strahlen auf den Maiszünsler.)** J. econ. Entomol. **56** (1963) Nr. 4. S. 522–525. – 1 Abb., 7 Tab., 21 Lit.
Werden Puppen beiderlei Geschlechts des Maiszünslers mit X-Strahlen bestrahlt, dann sinkt die Zahl der lebensfähigen Eier der daraus schlüpfenden Falter mit steigender Bestrahlungsdosis. Bei Kreuzung bestrahlter Männchen mit unbestrahlten Weibchen ist nur 1% der Eier lebensfähig. Weibliche Puppen sind empfindlicher gegen Bestrahlung als männliche. Die Zahl der schlüpffähigen Eier der Falter ist ferner abhängig vom Alter der Puppen im Moment der Bestrahlung. Jüngere Puppen reagieren empfindlicher als ältere. Die Versuchsmethode wird beschrieben. R. Fritzsche. 1960.

2-64/04-0908 Atkins, R. E., Pesho, G. R. und Dicke, F. F. Yield and seed size reduction in grain sorghum infested by the European corn borer (Ostrinia nubilalis Hbn.) **(Rückgang des Ertrages und der Samengröße bei Körnerhirse bei Befall durch den Maiszünsler, Ostrinia nubilalis Hbn.)** Iowa State J. Sci. **37** (1963) Nr. 4. S. 447–452. – 1 Abb., 2 Tab., 4 Lit.
Die Untersuchungen wurden 2 Jahre lang mit 4 Körnerhirsesorten durchgeführt. Dabei konnte festgestellt werden, daß die Erträge um 8,0% vermindert wurden, während bei der Samengröße eine Depression von 5,6% festgestellt wurde. Der Schädlingsbefall betrug dabei 0,51 Bohrlöcher/Kolben. Ein signifikanter Unterschied zwischen den einzelnen verwendeten Sorten konnte nicht festgestellt werden, doch erwies sich die Sorte 'DDY Sooner Milo' in den Versuchen des Jahres 1961 als bes. anfällig.
K. Geißler. 1960.

2-64/04-0909 Aitken, Audrey D. A key to the larvae of some species of Phycitinae (Lepidoptera, Pyralidae) associated with stored products, and of some related species. **(Ein Bestimmungsschlüssel der Larven einiger Phycitinae-Arten [Lepidoptera, Pyralidae] in Vorräten und einiger verwandter Arten.)** Bull. entomol. Res. **54** (1963) Nr. 2. S. 175–188. – 24 Abb., 8 Lit.

Es wird ein Bestimmungsschlüssel für die als Vorratsschädlinge auftretenden Larven einiger *Phycitinae*-Arten sowie verwandter Arten gegeben. Daneben werden die einzelnen Arten beschrieben und miteinander verglichen. Die Tab. umfassen die Arten: *Paramyelois transitella* Wlk., *Ectomyelois muriscis* Dyar., *E. ceratoniae* Zell., *E. decolor* Zell., *Plodia interpunctella* Hb., *Anagasta kuehniella* Zell., *Ephestia elutella* Hb., *Cadra cautella* Wlk., *C. figulilella* Gregson, *C. calidella* Gn. und *Mussida nivgrivenella* Rag. R. Fritzsche. 1960.

2-64/04-0910 Noll, J.; Berlin, Dtsch. Akad. der Landwirtsch.-Wiss., Biol. Zentralanst. **Über den Einfluß der Temperatur auf die Lebensdauer der Imagines, auf Beginn, Verlauf und Dauer der Eiablage, sowie auf die Eizahlen (Eiproduktion) bei der Kohleule (Mamestra [Barathra] brassicae L.) und seine Bedeutung für den Massenwechsel des Schädlings.** Nachrichtenbl. dtsch. Pflanzenschutzdienst [Berlin] [N.F.] **17(43)** (1963) Nr. 1. S. 9–24. – 5 Abb., 37 Tab., 36 Lit.

Das in den Jahren 1954 und 1955 im Raum um Berlin und im Oderbruch beobachtete Massenauftreten der Kohleule (*Mamestra brassicae* L.) war Anlaß zu den vorliegenden Untersuchungen als Grundlage für eine evtl. Prognose des Schädlings. Die Versuche an 410 Weibchen und 426 Männchen aus Massen- und Einzelzuchten sowie Gewächshaus- und Freilandzuchten wurden unter verschiedenen Außenbedingungen in einem Temperaturbereich von 13,4° bis 23,1 °C durchgeführt. Unter den Versuchsbedingungen ließen sich für die mittlere Lebensdauer der Weibchen 12,8–5,9 und für die der Männchen 11,3 bis 5,2 Tage feststellen. Die Eiablage begann nach 4,4–0,8 Tagen und dauerte 14,7–2,4 Tage. Lebensdauer, Beginn und Dauer der Eiablage ließen sich mit Hilfe der Blunck'schen Wärmesummenregel erfassen. Ungünstig auf den Verlauf der Eiablage wirkten sich sowohl niedrige als auch zu hohe Temperaturen aus. Als günstigste Temperatur für die Eiablage sind Temperaturen von 19°–21 °C anzusehen. Die Eiproduktion – im Mittel 507 Eier/Tier – ist ferner abhängig vom Raumfaktor und einer bei der Kohleule nachgewiesenen Polyedrose. – Die Ergebnisse lassen sich für die Erstellung einer kurzfristigen Prognose verwenden. Die Bedeutung der Temperatur für die embryonale und postembryonale Entwicklung soll in einer späteren Arbeit aufgezeigt werden. F. Daebeler. 1960.

2-64/04-0911 Lempke, B. J. Trekvlinders in 1962. **(Wanderfalter 1962.)** Entomol. Ber. [Amsterdam] **23** (1963) Nr. 10. S. 177–192.

Im Jahre 1962 konnten in den Niederlanden mit Hilfe verschiedener Fangmethoden 36 Wanderfalterarten festgestellt werden. Bes. stark vertreten waren: *Pieris brassicae* L., *Colias crocea* Fourc. (585 Indiv.), *Vanessa atalanta* L. (7014 Indiv.), *V. cardui* L. (4733 Indiv.), *Laphygma exigua* Hübn. (227 Indiv.). *Autographa gamma* L. (159000 Indiv.), *Nomophila noctuella* Schiff. (996 Indiv.), *Pyrausta martialis* Guenée (118 Indiv.) und *Plutella maculipennis* Curtis (25000 Indiv). Es werden Vergleiche des zeitlichen Auftretens mit dem Witterungsverlauf gezogen. R. Fritzsche. 1960.

2-64/04-0912 Stelter, H. (unter Mitarb. von Buhr, H.); Groß-Lüsewitz, Inst. für Pflanzenzücht. der Dtsch. Akad. der Landwirtsch.-Wiss. zu Berlin. **Untersuchungen über Gallmücken. VIII. Bemerkungen zu einigen Arten der Gattung Tricholaba RÜBS., 1917.** Dtsch. entomol. Z. [N.F.] **10** (1963) Nr. 1/2. S. 104–115. – 7 Abb., 6 Tab., 11 Lit.

Vf. revidiert die Ansicht von Rübsaamen u. a. Autoren, wonach Arten der Gattung *Tricholaba* nur als Einmieter der Blattgallen von *Dasyneura trifolii* bzw. *D. viciae* bekannt waren. Es gelang ihm, in Mecklenburg auf eng begrenzten Standorten von Pflanzen einer Wildform von *Trifolium pratense* L. Mükken aus Blattgallen zu ziehen, die als zur Art *T. trifolii* gehörig bezeichnet werden müssen, die damit zumindest an Rotklee auch eigenständig Gallen er-

zeugen kann. Das wird auch von anderen Autoren (Nijveldt) bestätigt. Die gezogenen Imagines und Jugendstadien werden erläutert. Eine neue Art wird aus Blattgallen von *Vicia cracca* L. als *T. viciarum* n. sp. beschrieben.
K. Geißler. 1960.

2-64/04-0913 Schütte, Friedrich; Kiel-Kitzeberg, Biol. Bundesanst. für Land- und Forstwirtsch., Inst. für Getreide-, Ölfrucht- und Futterpflanzenkrankh. **Über die Bedeutung der Quecke (Agropyron repens [L.] P. B.) in einem Befallsherd der Sattelmücke (Haplodiplosis equestris Wagner).** Nachrichtenbl. dtsch. Pflanzenschutzdienstes [Braunschweig] **15** (1963) Nr. 5. S. 65–68. -- 2 Abb., 2 Tab., 7 Lit.

In Schleswig-Holstein wurde in den letzten Jahren ein räumlich begrenztes Auftreten der Sattelmücke an Getreide festgestellt. Nach Lit. werden So-Weizen, Wi-Weizen und So-Gerste sowie Wiesenlieschgras und Quecke befallen. Untersuchungen des Vf. ergaben, daß auch Wi-Gerste besiedelt wird. Als ausgesprochen bevorzugte Wirtspflanze der Sattelmücke wurde die Quecke ermittelt. An einem Wi-Gerstenhalm wurden im Durchschnitt 76, an einem Queckenhalm 2395 Eier der Sattelmücke gezählt. In Versuchen konnte nachgewiesen werden, daß die aktive Ausbreitung des Schädlings gering ist und eine ausgeprägte Ortstreue vorliegt. Die Bedeutung des Windes für eine Ausbreitung ist noch ungeklärt. Diese Befunde lassen die Bedeutung der Fruchtfolge und den entscheidenden Einfluß der Quecke auf eine Massenvermehrung erkennen. Anbau von So-Weizen, gefolgt von stark verquecktem Kleegrasgemisch, führte im 4. Jahr (1961) bei So-Weizen zu Totalschaden.
H. Görlitz. 1960.

2-64/04-0914 Agee, Herndon R. und Holdaway, F. G.; Florence, S.C., U.S. Dep. of Agric., A.R.S. The morphology and histology of red clover florets injured by the clover seed midge, Dasyneura leguminicola (Diptera: Cecidomyiidae). **(Die Morphologie und Histologie von Rotkleeblüten nach Befall durch Dasyneura leguminicola [Diptera: Cecidomyiidae].)** Ann. entomol. Soc. America **56** (1963) Nr. 4. S. 561–564. – 4 Abb., 4 Lit.

Dasyneura leguminicola (Lindner) ist ein Schädling an Rotklee (*Trifolium pratense* L.), der zur Samengewinnung in Minnesota u.a. Staaten angebaut wird. Die Larven leben in der Blütenkrone, den Samenanlagen, dem Stylum und den Filamenten der Blütenstände. Infolge der Saugtätigkeit der Larven wird eine Gallbildung im Bereich der Blütenkrone induziert. Die äußeren und inneren Zellen der Gallen sind verschieden dick (14–20 μ bzw. 1,5 μ). Eine Behandlung der Blütenstände mit mazerierten Larven im „green head stage" führte nicht zu einer Gallbildung. Die Gallbildung ist demnach mit dem durch die Nahrungsaufnahme der Larven verursachten Reiz verbunden.
K. Geißler. 1960.

2-64/04-0915 Tešcić, Tomislav; Kragujevac, Yugoslavia, Zavod za Ratarstvo. Detection of fruit fly eggs in oat panicles and larval damage to grain. **(Die Auffindung von Fritfliegeneiern in Haferrispen und der Larvenschaden am Korn.)** Plant Pathol. **12** (1963) Nr. 1. S. 40–44. – 1 Abb., 4 Tab., 1 Lit.

Die Untersuchungen wurden auf der Rothamsted Versuchsstation mit der Hafersorte'Blenda' durchgeführt, die am 17.3., 7.4. und 21.4. ausgedrillt wurde die Eiuntersuchungen wurden in Abständen von 2–3 Tagen 10 Rispen von jeder Parzelle entnommen. Vf. ermittelte Beginn und Dauer der Eiablage bei den verschiedenen Aussaatzeiten. 3 Methoden zur schnellen Ermittlung der Eizahl/Rispe wurden erprobt: die Zerteilung der Rispe, das Zerschlagen der Rispe und die Auswaschung in Wasser. Die besten Ergebnisse brachte das Zerschlagen der Rispe. Der Larvenschaden ließ sich dagegen am besten beim. Zerteilen der befallenen Pflanzen bzw. Pflanzenteile beurteilen.
K. Geißler. 1960.

2-64/04-0916 Bovey, P., Tadić, M. und Pantellić, M.; Zurich, École Polytechn. Fédérale, Inst. d'Entomol.; Zemun, Inst. pour la Protection des Plantes; Belgrade, Acad. des Sci. de Serbie Inst. de Biol. La mouche des pousses du framboisier (Pegomyia rubivora Coq.) en Suisse et en Yougoslavie. **(Pegomyia rubivora Coq. in der Schweiz und in Jugoslawien.)** Rev. Pathol. végétale Entomol. agric. France **42** (1963) Nr. 2. S. 71–76. – 3 Abb., 12 Lit. Zus. in Engl.
Vff. berichten über die Verbreitung des Schädlings in der Schweiz und in Jugoslawien. Die Larve entwickelt sich im Frühjahr in den grünen Sprossen verschiedener *Rubus*-Arten. Daher rühren die weißlichen Spitzen der Schößlinge. Die Art ist u.a. aus England, Deutschland, Schweden, Finnland, Bulgarien, den USA und Kanada als Schädling bekannt. In der Schweiz wurde sie bisher nur einmal i.J. 1935 beobachtet, während sie in Jugoslawien seit 1956 bekannt ist. K. Geißler. 1960.

2-64/04-0917 Lounsky, J.; Gembloux, Stat. Entomol. de l'État. Les mineuses de la chicorée Witloof. De l'influence du décolletage des plants à la récolte sur l'attaque des chicons en couche de forçage. **(Die Minierschädlinge von Chicorée Witloof. Über Einfluß des Abschneidens der Pflanzen zur Erntezeit auf den Befall des Lattichs im Lager.)** Parasitica [Gembloux] **19** (1963) Nr. 2. S. 81 bis 85. – 1 Abb., 1 Tab., 3 Lit.
Chicorée wird von *Ophiomyia*- und *Phytomyza*-Arten befallen. Der Befall kann von den Blättern auf die Wurzeln übergreifen. Dies erfolgt in der Regel im Lager. Dabei wurde festgestellt, daß der Wurzelbefall um so höher ist, je mehr Blattmaterial an den Wurzeln verbleibt. Der geringste Befall ist zu verzeichnen, wenn das Laub etwa 10 mm oberhalb des Wurzelhalses abgeschnitten wird. Die Befallsunterschiede bei verschiedenen Entblätterungsmethoden werden verglichen. R. Fritzsche. 1960.

2-64/04-0918 Obarski, J. Smietka kiełkówka – jej znaczenie i zwalczanie. **(Die Wurzelfliege [Phorbia platura Meigen], ihre Bedeutung und Bekämpfung.)** Ochrona Roślin **7** (1963) Nr. 4. S. 8–11. – 2 Abb.
Die Wurzelfliege (*Phorbia platura* Meigen) ist in Polen als Schädling von Bohnen und Gurken bekannt. Sie ist von Skandinavien bis Nordafrika, von Nord- bis Südamerika, über Asien und Australien verbreitet. Diese Fliege überwintert in der Erde im Stadium der Larve. Sobald im Frühjahr die wilden Birnen blühen, schlüpfen die Fliegen aus und legen die Eier in die Erde. In Polen treten 2 Generationen im Laufe eines Jahres auf. Die Larven der Wurzelfliege können Keimpflanzen und Saat folgender Kulturen schädigen: Bohne, Erbse, Gurke, Lupine, Rübe, Blumenkohl, Getreide, Tabak, Spargel, Zwiebel, Sojabohne und Baumwolle. Auf der Suche nach einem billigen Präparat zur Bekämpfung der Wurzelfliege wurde in Reguly im IOR das kombinierte Präparat Agronex-TA erprobt. Es enthält Aldrin und Tetramethylthiuram. Als Trockenbeizmittel bewährten sich 3 g Agronex-TA/kg Bohnensaatgut (Sorte 'Krakowska') bzw. 5 g/kg Gurkensamen (Sorte 'Monastrysk').
PRL/CBR, übersetzt v. O. Kasperl. 1960.

2-64/04-0919 Lebensweise, Massenvermehrung und prophylaktische Bekämpfung der Kiefernbuschhornblattwespe (Diprion pini L.) sowie Regeneration der Kiefer nach Blattwespenfraß. Eberswalde, Inst. Forstwiss. Dtsch. Akad. Landwirtsch.-Wiss. Berlin Plan-Nr.: 170121 h-3-07/6. Teil-Abschlußber. (17/10. 1963).
Das großflächige Auftreten der Kiefernbuschhornblattwespe (*Diprion pini* L.) in den Jahren 1960 und 61 bot Gelegenheit für eingehende Beobachtungen und Untersuchungen über Lebensweise, Massenvermehrung, Prognose und erstmalig auf umfangreichen Bestandsarealen prophylaktisch durchgeführte aviochem. Gegenmaßnahmen. Darüber hinaus wurde in dem am schwersten betroffenen Staatl. Forstwirtschaftsbetrieb Colbitzer Heide der Wiederbe

grünung des Einzelstammes sowie der geschädigten Bestände bes. Aufmerksamkeit gewidmet. Auf Einführung und Anwendung der gewonnenen Ergebnisse in der Forstpraxis wird hingewiesen. 1960.

2-64/04-0920 Zacharuk, R. Y.; Saskatoon, Saskatchewan, Canada Dep. of Agric. Comparative food preferences of soil-, sand-, and wood- inhabiting wireworms (Coleoptera, Elateridae). **(Vergleich der Nahrungsbevorzugung bei boden-, sand- und holzbewohnenden Drahtwürmern [Coleoptera, Elateridae].)** Bull. entomol. Res. **54** (1963) Nr. 2. S. 161–166. – 2 Tab., 7 Lit.
Vf. führte an Larven von 11 Elateridenarten (*Lepturoidini, Pyrophorini, Elaterinae*) aus Erde, Sand und Holz Untersuchungen über Nahrungswahl durch. Die angewendete Methode wird beschrieben. Bei getrenntem Angebot wurde tierische Nahrung stärker befressen als pflanzliche. Dies galt für sämtliche Arten. Wurden beide Nahrungsformen zur Auswahl angeboten, dann fraß nur *Lepturoides linearis* L. ausschl. an tierischer und *Limonius minutus* L. ausschl. an pflanzlicher Nahrung. Zwischen Nahrungswahl, taxonomischer Gruppe, Lebensraum, Größe und Morphologie bestanden keine Zusammenhänge. R. Fritzsche. 1960.

2-64/04-0921 Schruft, Günter; Freiburg/Br., Staatl. Weinbau-Inst. **Der Ungleiche Holzbohrer oder Obstbaumborkenkäfer Anisandrus (Xyleborus) dispar Ferrari an Reben.** Wein-Wiss. **18** (1963) Nr. 8. S. 410–419. Beil. zu: Dtsch. Weinbau – 6 Abb., 1 Tab., 4 Lit. Zus. in Engl., Franz.
Das Auftreten von *Anisandrus dispar* als gelegentlicher Rebenschädling wird zwar oft erwähnt, doch ist keine Beschreibung der Verhältnisse bei Reben vorhanden. Vf. schließt diese Lücke anhand das Auftretens des Schädlings in 2 südbadischen Weingärten. Der Schädling gehört zum Typus der Holzbrüter unter den Borkenkäfern. Er ist gekennzeichnet durch einen Geschlechtsdimorphismus. Bohrgänge werden nur von den Weibchen angelegt. Ihre Ausführung ist artspez. und kann für die Diagnose verwendet werden. Die Eier werden in Häufchen abgelegt, ihre Zahl schwankt. Die Jugendentwicklung verläuft sehr schnell. Die Kopulation erfolgt sofort nach dem Schlüpfen. Die Auswanderung ist erst im kommenden Frühjahr zu beobachten. Der Befall ist leicht durch das aus den Bohrgängen rieselnde Bohrmehl zu erkennen. Die Larven sind mycetophag; sie ernähren sich von dem in den Brutgängen wuchernden Pilzrasen. Die Infektion erfolgt durch Pilzzellen aus dem Magen des Mutterkäfers. Neben Reben werden alle Laubbäume, bes. Eiche und Buche, sowie einige Nadelhölzer und verschiedene Obstbäume befallen. Der vom Vf. untersuchte Befallsherd wies einen großen Holzanteil der Reben (Altholz) auf, der vom Schädling als Schwächeparasit bevorzugt befallen wurde. Dazu kamen Frostschäden in der Anlage, die den Befall wesentlich begünstigen können. Die Durchführung von Labor.-Versuchen mit verschiedenen Wirkstoffen zur Bekämpfung erlaubt noch keine Schlußfolgerung auf die Wirksamkeit. Doch ermutigen die Ergebnisse zur Durchführung weiterer Versuche in dieser Richtung. K. Geißler. 1960.

2-64/02-0922 Gersdorf, E. **Der Buchenspringrüßler (Rhynchaenus fagi L.) als Obstschädling.** Gesunde Pflanzen **15** (1963) Nr. 10. S. 181–184. – 1 Abb., 8 Lit.
Der wohl als weit verbreitet, sonst aber als recht harmlos bezeichnete Buchenspringrüßler trat i. J. 1963 im Bereich des Pflanzenschutzamtes Hannover als gefährlicher Obstschädling auf. In der Reihenfolge Süßkirsche, Apfel, Erd-Him-, Stachel- und Johannisbeere wurden in zahlreichen Anlagen bis 60% aller Früchte vernichtet. Die Käfer fressen nach Zerstörung eines kleinen Schalenfleckes tiefe Löcher in die Früchte, aus denen sie meist nur noch mit den Tibien und Tarsen der Hinterbeine herausragen und auf Berühren der Früchte kaum reagieren. Befressene Früchte faulen sehr schnell und fallen ab. Von Birnen und Pflaumen wurde kein Befall bekannt. Der Befall in Obstanlagen ging von

einem Befall benachbarter Buchen bzw. Buchenwälder aus, die statt des üblichen Grüns einen leichten bräunlichen Schimmer zeigten. Bekämpfungsversuche mit den nur eine kurze Karenzzeit aufweisenden Wirkstoffen Phosdrin, Parathion, Diazinon u.a. hatten nur einen geringen oder keinen Erfolg.
E. Vorsatz. 1960.

2-64/04-0923 Pelov, Venelin und Štereva, Rada. Dnevna i sezonna dinamika na njakoi vredni nasekomi po ljucernata prez vreme na pŭlnija j cŭftež. **(Tägliche und jahreszeitliche Dynamik einiger Schadinsekten der Luzerne während der Vollblüte.)** Selskostopanska nauka, Sofija **1(7)** (1962) Nr. 12. S. 1333–1340. – 4 Abb., 13 Lit. Zus. in Russ., Engl.
In den Jahren 1959–1961 beobachteten Vff. die Dynamik von *Adelphocoris lineolatus* Goeze, *Calocoris norvegiens* Guelb und *Lygus rugulipensis* Pop. (*Heteroptera, Miridae*) im Laufe der Vegetationsperiode an blühenden Luzernebeständen verschiedenen Alters. Fangergebnisse zeigten auf, daß *L. rugulipensis* um 8 Uhr und *A. lineolatus* und *C. norvegiens* um 12 Uhr ihre größte Dichte aufweisen. Abb. vermitteln Einzelheiten der tägl. Dynamik und der Dynamik während der Vegetationsperiode. Über die Populationsdichte der Insekten in den einzelnen Jahren beim 1. und 2. Schnitt wird ebenfalls in graph. Darst. ausgesagt. NRB/ZSNTI, übersetzt v. Ch. Eshkowa. 1960.

2-64/04-0924 Davis, A. C., McEwen, F. L. und Robinson, R. W.; Geneva, New York State Agric. Exp. Stat. Preliminary studies on the effect of Lygus bugs on the set and yield of tomatoes. **(Vorläufige Untersuchungen über den Einfluß von Lygus-Wanzen auf den Ansatz und den Ertrag bei Tomaten.)** J. econ. Entomol. **56** (1963) Nr. 4. S. 532–533. – 3 Tab.
Es werden eingehend die Schäden von *Lygus*-Wanzen (*Lygus lineolaris* Palisot de Beauvois) auf die Entwicklung von Tomatenpflanzen und ihren Ertrag untersucht. Durch den Wanzenbefall wird die Zahl der Blüten und der Früchte erhöht, jedoch sind das Gewicht und die Größe der Früchte und damit der Gesamtertrag wesentlich niedriger als bei unbefallenen Pflanzen. Durch Bekämpfung mit Dylox konnten diese Schäden wirksam verhindert werden. Außerdem ist die Zahl der reifen Früchte gegen Ende der Ernteperiode auf behandelten Parzellen höher als auf unbehandelten. Dadurch werden mehr Früchte marktfähig. Es werden die Versuchsmethode beschrieben und Empfehlungen für die Praxis gegeben. R. Fritzsche. 1960.

2-64/04-0925 Strong, Frank E.; Davis, Exp. Stat. Studies on lipids in some homopterous insects. **(Untersuchungen über den Fettgehalt einiger homopterer Insekten.)** Hilgardia [Berkeley, Calif.] **34** (1963) Nr. 2. S. 43–61. – 4 Abb., 10 Tab., 28 Lit.
Bisher wurden Untersuchungen über den Fettgehalt von Lepidopteren, Coleopteren und Dipteren durchgeführt. Vf. verwendete für seine Versuche erstmalig Aphiden. Er beschreibt zunächst ausführlich die Versuchsmethode. Insgesamt wurde das Fettsäurespektrum bei 21 Blattlausarten und 6 Zikadenarten bestimmt. Bei *Macrosiphum barri* wurden die Lipoidextrakte mittels Säulenchromatographie getrennt. Fast sämtliche Fettsäuren lagen als Triglyceride vor. Die freien Fettsäuren machten weniger als 3% des Gesamtlipoidgehaltes aus. Die Aphiden hatten einen hohen Anteil an C_{14}-Serien, während bei den Zikaden C_{18}-Körper überwogen. Der Fettsäuregehalt bei den Aphiden ist artspezifisch. Er wird nicht von der Wirtspflanze her beeinflußt. Ein gewisser Zusammenhang scheint mit dem Entwicklungsstadium zu bestehen. Bei 2 Aphidenarten wurden Fettsäuren auch im Honigtau nachgewiesen. K. Geißler. 1960.

2-64/04-0926 Atanasoff, D.; Sofia, Plant Protection Inst. Interferon and plant viruses. **(Interferon und Pflanzenviren.)** Phytopathol. Z. **47** (1963) Nr. 3. S. 207–214. – 37 Lit.

Nach einleitender Erläuterung des aus der Veterinärmedizin stammenden Begriffs „Interferon" diskutiert Vf. anhand der Literatur die Möglichkeit der Entstehung von Interferon in viruskranken Pflanzen. Das Verhalten von Pflanzen gegenüber Viren, das mit den Begriffen „erworbene Immunität", „maskierte Symptome" und Interferenz gekennzeichnet wird, soll u. a. die Folge einer durch Interferonbildung hervorgerufenen Resistenzerhöhung sein. Es wird die Möglichkeit angedeutet, Viruskrankheiten der Pflanzen auf Grund dieser Interferonbildung zu bekämpfen. E. Proll. 1970.

2-64/04-0927 Schumann, K. und Brčák, J.; Leipzig, Karl-Marx-Univ., Inst. für Phytopathol.; Prag, Tschechoslow. Akad. der Wiss., Inst. für Exp. Bot. **Über eine Viruskrankheit an Lolium multiflorum Lam. und Lolium perenne L.** Phytopathol. Z. 47 (1963) Nr. 1. S. 90–94. – 4 Abb., 8 Lit.
Die Virose ist in der DDR an beiden Grasarten weit verbreitet und verursacht anfangs auf den Blattspreiten und -scheiden ein deutliches Strichelmosaik, später von der Blattspitze ausgehende Nekrosen. Die im Wuchs etwas gehemmten Pflanzen zeigen eine hellere Ausfärbung. Aus erkrankten Pflanzen wurde ein Virus isoliert, dessen flexible, leicht gebogene Partikeln eine Normallänge von 740+3,3 mμ und eine Breite von 11 bis 12 mμ aufweisen. Die Identität mit dem Virus der Strichelkrankheit des Knaulgrases wird vermutet. K. Wiesner. 1970.

2-64/04-0928 Ohmann-Kreutzberg, G.; Aschersleben, Inst. für Phytopathol. der Biol. Zentralanst. der Dtsch. Akad. der Landwirtsch.-Wiss. zu Berlin. **Ein Beitrag zur Analyse der Gramineenvirosen. 2. Witt. Das Weidelgrasmosaikvirus.** Phytopathol. Z. 47 (1963) Nr. 1. S. 1–18. – 7 Abb., 5 Tab., 7 Lit. 1. Mitt. vgl. LZ. Abt. II 8 (1963) Nr. 10. S. 2824.
Das Weidelgrasmosaikvirus (WGMV) wird seit dem Jahre 1958 in der DDR an *Lolium*-Arten und *Hordeum murinum* beobachtet und verursacht auf *L. multiflorum* nach einer deutlichen Hell- und Dunkelgrünstreifung der Blätter eine Verbräunung der Blattspitzen. Das Virus ließ sich durch Abreibung von Preßsaft und Guttationswasser übertragen. Die Übertragung durch Saatgut der Gerste, Boden und 6 getestete Blattlausarten war nicht möglich. Von den 105 geprüften Monokotylen waren 95, von den 11 Dikotylen 2 Arten anfällig. Phys. Daten: Thermale Inaktivierung bei 85 °C, Verdünnungsendpunkt oberhalb 2×10^{-4}; Beständigkeit im Preßsaft 35 Tage, im getrockneten Blatt etwa 120 Tage und im gefrorenen Blatt bei -10 °C über 95 Tage. Prämunitätsversuche und elektronenmikroskopische Untersuchungen ergaben trotz einiger symptomatischer Übereinstimmungen keine verwandtschaftlichen Beziehungen zum Streifenmosaikvirus der Gerste. K. Wiesner. 1970.

2-64/04-0929 Ohmann-Kreutzberg, G.; Aschersleben, Inst. für Phytopathol. der Biol. Zentralanst. der Dtsch. Akad. der Landwirtsch.-Wiss. zu Berlin. **Ein Beitrag zur Analyse der Gramineenvirosen. 3. Mitt. Das Strichelvirus des Knaulgrases.** Phytopathol. Z. 47 (1963) Nr. 2. S. 112–122. – 3 Abb., 5 Tab., 13 Lit. 2. Mitt. vgl. vorst. Ref.
Die erstmalig i. J. 1952 in England beschriebene Strichelvirose des Knaulgrases (KSV) ist auch in der DDR allg. verbreitet. An Symptomen wurden im Freiland und im Gewächshaus nur strichförmige Hellgrünverfärbungen der Blätter beobachtet. Durch Zugabe von Phosphatpuffer, pH 5,9, zum Preßsaft konnte die mechanische Übertragbarkeit wesentlich verbessert werden. *Paspalum membranaceum* und *Setaria macrostachia* erwiesen sich als gute Testpflanzen. Die Übertragung durch *Myzus persicae* war nur bei einer Virusaufnahmesaugzeit von höchstens 10 Sek. erfolgreich. Von 44 geprüften Grasmineenarten waren 38 anfällig, davon 22 latent. Die 8 geprüften dikotylen Arten waren nicht anfällig. Phys. Daten: Thermale Inaktivierung bei 55 °C, Verdünnungsendpunkt zwischen 2,5 und 3×10^{-3}; Beständigkeit in vitro (im Preßsaft und getrockneten Blatt) 16 Tage. K. Wiesner. 1970.

2-64/04-0930 Staples, Robert und Brakke, Myron; Lincoln, Univ. of Nebraska. Relation of Agropyron repens mosaic and wheat streak mosaic viruses. **(Die Beziehung zwischen Agropyron-repens-Mosaik und dem Weizenstrichelmosaikvirus.)** Phytopathology **53** (1963) Nr. 8. S. 969–972. – 1 Abb., 1 Tab., 16 Lit.

Übereinstimmung zwischen beiden Viren bestand in der Partikellänge, der Sedimentationsrate und der Höhe der Viruskonz. in der Pflanze. Unterschiede zwischen beiden Viren bestanden darin, daß einmal das Weizenstrichelmosaik (**I**) auf *Agropyron repens* nur Lokalläsionen induzierte und zum anderen *Aceria tulipae* das *Agropyron-repens*-Mosaik (**II**) nicht zu übertragen vermochte. Auf Grund dieser Befunde wird **II** als ein milder Stamm von **I** angesehen. Da *Triticum monococcum* und verschiedene Arten von *Aegilops* für **II** anfällig waren, ließ sich auch auf diesem Wege die Herkunft des Genoms B im Kulturweizen nicht nachweisen. K. Wiesner. 1970.

2-64/04-0931 Smith, Harvey C.; Lincoln, Dep. of Sci. and Ind. Res. Aphid species in relation to the transmission of barley yellow dwarf virus in Canada. **(Blattlausarten in Beziehung zur Übertragung des Gelbverzwergungsvirus der Gerste in Kanada.)** New Zealand J. agric. Res. **6** (1963) Nr. 1/2. S. 1–12. – 6 Tab., 12 Lit.

Von den i. J. 1961 in Kanada isolierten Herkünften des Gelbverzwergungsvirus der Gerste ließen sich 2 durch *Rhopalosiphum padi*, *R. fitchii*, *R. maidis* und *Schizaphis graminum* nicht, dagegen gut durch *Macrosiphum avenae* und *Metopolophium dirhodum* übertragen. Im Durchschnitt von 15 Virusherkünften betrug der prozentuale Infektionserfolg bei der Hafersorte 'Clintland 60': *R. padi* 80, *M. avenae* 50, *R. fitchii* 36, *S. graminum* 13, *M. dirhodum* 8 und *R. maidis* 1. *Myzus persicae* und *Sipha agropyrella* konnten erstmalig als Vektoren der Virose nachgewiesen werden. Zunahme der Virusaufnahmesaugzeit (von 2 auf 4 Tage) und der Vektorzahl/Pflanze (von 1 auf 5) erhöhten den Infektionserfolg. Die beobachteten Symptomunterschiede nach verschiedenen Vektorarten und unterschiedlichen Vektorzahlen/Pflanze werden auf Unterschiede in der bei der Infektion in die Pflanze eingebrachten Virusmenge zurückgeführt. K. Wiesner. 1970.

2-64/04-0932 Endo, R. M. und Brown, C. M.; Urbana, Ill., U.S. Dep. of Agric., A.R.S. Effects of barley yellow dwarf virus on yield of oats as influenced by variety, virus strain, and developmental stage of plants at inoculation. **(Wirkungen des Gelbverzwergungsvirus der Gerste auf den Ertrag des Hafers in Abhängigkeit von Sorte, Virusstamm und Entwicklungsstadium der Pflanzen zur Zeit der Inokulation.)** Phytopathology **53** (1963) Nr. 8. S. 965–968. – 1 Tab., 13 Lit.

Die Versuche wurden im Freiland nach der Splitplot-Methode angelegt und mittels *Rhopalosiphum fitchii* infiziert. Die Kombination von einem schwach bzw. einem mäßig virulenten Stamm mit 3 Hafersorten unterschiedlicher Anfälligkeit ergab im Kornertrag signifikante Sortenabhängigkeit des Einflusses beider Virusstämme. Verzögerung des Infektionszeitpunkts vom 3-Blattstadium bis zum frühen Schoßstadium führte bei 4 Hafersorten unterschiedlicher Anfälligkeit zur Abnahme der Ertragsverluste. Zwischen Infektionszeit und Sortenanfälligkeit bestanden hierbei ebenfalls signifikante Unterschiede in der Wechselwirkung. K. Wiesner. 1970.

2-64/04-0933 Hooker, W. J. und Kim, W. S.; Seoul, Korea, Sung Kyum Kwan Univ. Inhibitors of potato virus X in potato leaves with different types of virus resistance. **(Hemmstoffe des Kartoffel-X-Virus in Blättern von Kartoffeln unterschiedlicher Virusresistenztypen.)** Phytopathology **52** (1962) Nr. 7. S. 688–693. – 5 Abb., 23 Lit.

Im Preßsaft aus Blättern von Kartoffeln, die gegenüber dem X-Virus anfällig, überempfindlich und immun sind, wurden Hemmstoffe nachgewiesen, die die

Infektion von *Gomphrena globosa* mit X-Virus herabmindern. Sowohl bei Mischung des X-Virus mit Wasser als auch mit rohem Preßsaft wurden meist bis zum 2. Tag, seltener bis zum 4. Tag nach der Mischung eine Zunahme und danach eine kontinuierliche Abnahme der Infektiosität des X-Virus auf *G. globosa* festgestellt. Vff. diskutieren die Möglichkeit des Vorhandenseins von 2 unterschiedlichen Hemmstoffen, von denen der eine nach 2–4 Tagen abgebaut und der andere in dieser Zeit durch mikrobiol. Prozesse aufgebaut werden. Die infektionshemmende Wirkung von Preßsaft des gegenüber X-Virus immunen Klones S 41596 ist niedriger als bei anfälligen und überempfindlichen Sorten. Dieses Ergebnis konnte in anderen Versuchen nicht reproduziert werden. Die Verringerung der Infektiosität des X-Virus tritt bereits 1 Min. nach dem Mischen des Virus mit dem Blattsaft ein. Die infektionshemmende Wirkung des Kartoffelsaftes konnte bei direkter Mischung des Saftes mit X-Virus und bei Behandlung der zur Infektion herangezogenen Stellen am Blatt vor der Infektion beobachtet werden. Eine Behandlung der Blattunterseiten von *G. globosa* vor der Infektion und eine Behandlung der Infektionsstellen nach der Infektion hatten keine infektionshemmende Wirkung. Die Hemmstoffkonz. ist im Überstand bei 7000 g zentrifugierter Säfte höher als im Sediment. Ein rel. niedriger Hemmstoffgehalt wurde erzielt, wenn die Preßsäfte nacheinander bei niedrigem Schwerefeld zentrifugiert, 10 Min. auf 55 °C erwärmt und wieder bei geringem Schwerefeld zentrifugiert wurden. In den vorliegenden Versuchen konnten keine Hinweise gewonnen werden, daß sich die Hemmstoffe in Kartoffeln der verschiedenen Resistenztypen in Quantität und Qualität unterscheiden.

U. Hamann/Groß-Lüsewitz 1970.

2-64/04-0934 Willis, C. B., Larson, R. H. und Fulton, R. W.; Charlottetown, Prince Edward Island, Canada Dep. of Agric.; Madison, Univ. of Wisconsin. The increase in concentration of two strains of potato virus X in floating leaf discs. **(Das Anwachsen der Viruskonzentration von 2 Stämmen des Kartoffel-X-Virus in schwimmenden Blattscheiben.)** Canad. J. Bot. **41** (1963) Nr. 4. S. 557–568. – 3 Abb., 1 Tab., 19 Lit.

Das Anwachsen der Konz. von 2 serologisch verwandten Kartoffel-X-Virusstämmen (Ringspot- und Yellow-Stamm) wurde in *Nicotiana tabacum* L. var. 'Samsun', var. 'Havanna 38' und in *N. rustica* L. bei 16°, 20°, 24° und 28 °C und bei unterschiedlicher Belichtungsdauer geprüft. Daneben wurde jahreszeitliche Beeinflussung der Viruskonz. ermittelt. Als Kultursubstrat für das Virus wurden Blattscheiben aus infizierten Tabakpflanzen von 10 mm Dmr., die in Hoaglandscher Nährlösung schwammen, benutzt. An Blattscheiben vorgenommene Messungen der Viruskonz. sind mit den Messungen an intakten Blättern vergleichbar. Die Feststellung der Viruskonz. erfolgte serologisch und durch Auszählung der Lokalläsionen an *Gomphrena globosa*. Zwischen beiden Methoden bestehen enge Korrelationen. Die serol. Methode wird für die Konz. -Messungen als wertvoller angesehen, weil sie infektiöses und nichtinfektiöses Material anzeigt. — Das stärkste Anwachsen der Viruskonz. erfolgte bei 16° und 20 °C. Die Konz. des Ringspot-Stammes war bei allen Experimenten höher als die des Yellow-Stammes. Durch die Temperatur ist die Konz. des Ringspot-Stammes weniger zu beeinflussen als die des Yellow-Stammes. Die Temperaturoptima sind für beide Stämme verschieden. Durch die Belichtungsdauer wurde die Viruskonz. unwesentlich beeinflußt. Die höchste Viruskonz. wurde in *N. rustica* L. erzielt. Vorläufige Studien zeigten serologische Differenzen zwischen dem Yellow- und dem Mottle-Stamm.

U. Hamann/Groß-Lüsewitz. 1970.

2-64/04-0935 Hull, R.; Higham, Suffolk, Broom's Barn Exp. Stat. The influence of disease on yield of sugar beet. **(Der Einfluß einer Erkrankung auf den Ertrag von Zuckerrübe.)** Ann. appl. Biol. **51** (1963) Nr. 3. S. 516–518. – 1 Abb., 5 Lit.

Nach einem Hinweis auf die Schwierigkeit der Verlustermittlung beim Wurzelbrand und Falschen Mehltau berichtet Vf. kurz über Methode und Ergebnis der Verlustermittlung bei der Virösen Rübenvergilbung. Alljährlich werden aus den monatl. Ermittlungen der Befallshäufigkeit in den „Kontrollfeldern" und dem 4,5% Zuckerverlust je Krankheitswoche die zu erwartenden Verluste kalkuliert. Sie betrugen für die Periode 1946/62 jährlich 6,5%. Nach 2 anderen Methoden durchgeführte Ermittlungen der Verluste führten zu guter Übereinstimmung mit der bisherigen Methode. K. Wiesner/Kleinwanzleben. 1970.

2-64/04-0936 Ribbands, C. R.; Cambridge, School of Agric. The spread of apterae of Myzus persicae (Sulz.) and of yellows viruses within a sugar-beet crop. **(Die Ausbreitung ungeflügelter Myzus persicae [Sulz.] und der Vergilbungsviren in einer Zuckerrübenpflanze.)** Bull. entomol. Res. **54** (1963) Nr. 2. S. 267–283. – 4 Abb., 5 Tab., 13 Lit.

In einem Zuckerrübenfeld wurden 8 räumlich voneinander getrennte Pflanzen von Ende Mai bis Ende Juni mehrmals mit ungeflügelten *Myzus persicae* (maximal 15) besetzt. Je 2 Pflanzen erhielten Blattläuse von gesunden, von mit schwerer Vergilbung (**I**), von mit milder Vergilbung (**II**) und von mit beiden Viren infizierten Anzuchtpflanzen. Mehrmalige Blattlausauszählungen im Umkreis der Einzelpflanzen ergaben, daß sich die Blattläuse gleich weit längs wie quer zu den Rübenreihen ausgebreitet hatten. Zur Zeit des Blattlaushöchstbefalls (9./10. Juli) wurden an 1529 Pflanzen insgesamt 127 ungeflügelte *M. persicae* gefunden. Beide Viren hatten sich bis Ende Sept. auf einen Umkreis von etwa 22 ft. ausgebreitet, wobei von **II** mehr als 2mal so viel Pflanzen befallen waren als von **I**. Bei Einzelinfektion waren von beiden Viren ebenfalls mehr als 2mal so viel Pflanzen befallen als bei Mischinfektion. Der Befall nahm bei beiden Viren im Juni/Juli um das 8- bis 10fache, im Aug. um das 3fache und im Sept. um das 1,5- bis 1,9fache zu. Vf. kommt zu der Schlußfolgerung, daß für die Ausbreitung der Vergilbungsviren innerhalb eines Feldes nur die ungeflügelten Formen von *M. persicae* eine Rolle spielen. K. Wiesner/Kleinwanzleben. 1970.

2-64/04-0937 Berger, Paul. **Beobachtungen und Untersuchungen über das Auftreten von Virosen in Tabakbeständen im Randgebiet des Oderbruches.** Ber. Inst. Tabakforsch. Dresden **10** (1963) Nr. 1. S. 27–50. – 2 Abb., 3 Tab., 45 Lit. Zus. in Russ., Engl. – nach Zus.

In einem spez. Anbaugebiet, in dem seit Jahren die Tabakkrankheiten immer stärker zunehmen, wurden Beobachtungen und Untersuchungen zur Ermittlung der Ursachen vorgenommen. Dabei zeigte sich, daß vorwiegend bodenübertragbare Viren (Mauche und Tabakmosaik) die größten Ertragsschäden verursachen. Das TMV ist sehr leicht bodenübertragbar und weniger an Witterung und Bodenzusammensetzung gebunden als das Tabakmauche-Virus. Die abiotischen Faktoren üben zwar einen Einfluß auf den Krankheitszustand eines Feldes aus, doch sind die überwiegenden Ursachen der erkrankten Pflanzen in der Anzucht zu finden. Ungenügende Einhaltung prophylaktischer Maßnahmen wird herausgestellt. In der Schlußfolgerung sind Wege zur indirekten Bekämpfung aufgezeigt, wobei gleichzeitig die Problematik der Resistenzzüchtung erwähnt wird. 1970.

2-64/04-0938 Budagjan, E. G., Ložnikova, V. N., Gol'din, M. I. und Čajlachjan, M. Ch.; Inst. für Mikrobiol. der Akad. der Wiss. der Armen. SSR; Inst. für Physiol. der Akad. der Wiss. der UdSSR. O vlijanii gibberellinopodobnych veščestv na virus mozaiki tabaka. **(Über den Einfluß gibberellinähnlicher Stoffe auf das Tabakmosaikvirus.)** Doklady Akademii nauk Armjanskoj SSR, Erevan **36** (1963) Nr. 2. S. 111–116. – 6 Tab., 5 Lit. Orig.: russ., Ausz.: armen.

Blattextrakte von *Nicotiana tabacum* (Sorte 'Mamont') und *N. sylvestris*, die Stoffe mit gibberellinähnlicher Wirkung enthielten, zeigten im Blatthälften-

Lokalläsionstest an *N. glutinosa* weder eine inaktivierende noch eine stimulierende Wirkung auf das Tabakmosaikvirus (TMV). Die Konz. der Stoffe mit gibberellinähnlicher Wirkung in TMV-infizierten *N.-sylvestris*-Pflanzen unterschied sich nicht von der Konz. dieser Stoffe in gesunden Kontrollpflanzen. H. H. Schimanski. 1970.

2-64/04-0939 Anonym. Dynamika rozprzestrzeniania się mozaiki tytoniowej na plantacjach pomidorowych. **(Die Dynamik der Ausbreitung der Tabakmosaikkrankheit bei Tomaten.)** Acta agrobot. [Warszawa] **12** (1962) S. 275 bis 280. – 1 Tab., 10 Lit.

Im Jahre 1960 wurde auf 3 Feldern in der Nähe von Łódź die Ausbreitung des Tabakmosaikvirus verfolgt. Zu Beginn der Vegetationsperiode (Ende Juni) erreichte der Befallsgrad 10, 14 und 29%; gegen Ende der Vegetationsperiode erhöhte sich die Menge kranker Pflanzen auf 46, 52 und 92%. Ein gewisser Prozentsatz kranker Tomatenpflanzen ist auf bereits im Samen vorhandenes Virus zurückzuführen. Aus Lit. geht hervor, daß der Verbreitung des Tabakmosaikvirus durch Spritzen der Pflanzen mit Milch oder Molke Einhalt geboten werden kann.

PRL/CBR, übersetzt v. O. Kasperl. 1970.

2-64/04-0940 Wu, Jia-Hsi, Hudson, William und Wildman, S. G. Quantitative analysis of interference produced by related strains of TMV compared with noninfectious TMV components. **(Quantitative Analyse der durch verwandte Stämme des TMV hervorgerufenen Interferenz verglichen mit nichtinfektiösen TMV-Komponenten.)** Phytopathology **52** (1962) Nr. 12. S. 1264 bis 1266. – 3 Abb., 12 Lit. 1970.

2-64/04-0941 Resconich, E. C.; Berkeley, Univ. of California. Movement of tobacco necrosis virus in systemically infected soybeans. **(Wanderung des Tabaknekrosevirus in systemisch infizierten Sojabohnen.)** Phytopathology **53** (1963) Nr. 8. S. 913–916. – 3 Abb., 1 Tab., 14 Lit.

10 Tage alte Sämlinge der Sojabohnensorte 'Chippewa' wurden von verschiedenen, nicht näher charakterisierten Stämmen der Tabaknekrosevirusgruppe (TNV) 100%ig systemisch infiziert, wenn sie vor der mechanischen Beimpfung für 30 Sek. in 50 °C warmes Wasser getaucht wurden. Bei nichtgetauchten Kontrollen betrug der Anteil systemischer Erkrankungen nur 20%. In einem späteren Entwicklungsstadium erleiden die Pflanzen weniger häufig hitzeinduzierte systemische TNV-Infektionen. Nekrosen traten nur an Blättern und Stengeln sowie gelegentlich an Hülsen auf. In Infektionsversuchen erwies sich jedoch, daß die symptomlosen Wurzeln, Hülsen und Samen noch nicht abgereifter Pflanzen hohe Viruskonz. enthalten. Das Virus war innerhalb des Samens nur in der Testa und in den Überresten des Nucellus, nicht dagegen im Embryo nachweisbar. In reifen Samen geht der Virusgehalt schnell zurück, ein halbes Jahr nach der Ernte erscheint er virusfrei. Wenn nur eines der Primärblätter mit TNV beimpft wird, entsteht eine systemische Erkrankung lediglich an einer Seite der Pflanze. Das Virus wandert früher aus den beimpften Blättern von Pflanzen, die nach dem Eintauchen in warmes Wasser bei 23 °C gehalten wurden als aus entspr. behandelten, jedoch bei 16 °C aufgestellten. Eine Abtötung des Parenchyms und des Phloëms des Hypokotyls oder des Blattstieles beimpfter Blätter verhinderte die Wanderung des Virus in das Epikotyl. Offenbar wandern die untersuchten TNV-Stämme durch das Phloëm systemisch infizierter Sojabohnenpflanzen.

K. Schmelzer. 1970.

2-64/04-0942 Rappaport, Irving und Wu, Jia-Hsi; Los Angeles, Univ. of California. Activation of latent virus infection by heat. **(Aktivierung der**

latenten Virusinfektion durch Wärme.) Virology **20** (1963) Nr. 3. S. 472–476. – 5 Abb., 9 Lit.

Phaseolus vulgaris L. var. 'Pinto' ist normalerweise gegen den milden Stamm des Tabakmosaikvirus U2 resistent. Wurden vorinfizierte Primärblätter jedoch einer subletalen Wärmebehandlung unterworfen, kam eine bis zur Lokalläsionsausbildung ablaufende Virusinfektion zustande. Die Ermittlung der Zeit- und Temperaturbedingungen für eine optimale Infektionsaktivierung ergab, daß die Anzahl der aktivierten Lokalläsionen bei wachsendem Zeitabstand zwischen Inokulation und Wärmebehandlung erst langsam und dann immer schneller anstieg, um bei einem Zeitabstand von 6 Std. einen Maximalwert zu erreichen und bis zu einem Zeitabstand von 24 Std. auf gleicher Höhe zu bleiben. Jenseits von 24 Std. nahm die Zahl der aktivierten infizierten Zentren wieder ab, obwohl auch noch einige Läsionen auf Blättern erschienen, die 72 Std. nach der Inokulation einer Wärmebehandlung unterzogen worden waren. Der optimale Temperaturbereich für die Aktivierung lag zwischen 45° und 60 °C. Die Initialvorgänge der latenten Virusinfektion wurden durch Bestrahlung der infizierten Zentren mit UV-Licht untersucht. Dabei ergab sich, daß die infektiöse Einheit zunächst in die Zelle eindringt und dann eine kleine Zahl von Initialstadien bei der Vermehrung durchläuft. In diesem Stadium endet die Infektion, bleibt jedoch noch mindestens 72 Std. latent und läßt sich während dieser Zeit durch eine subletale Wärmebehandlung aktivieren, so daß der Infektionsprozeß bis zur Vollendung ablaufen kann. H. H. Schimanski. 1970.

2-64/04-0943 Nienhaus, F. und Yarwood, C. E.; Berkeley, Univ. of California. Translocated wound stimuli affecting plant virus infections. **(Translozierte Wundstimulantien, die Pflanzenvirus-Infektionen beeinflussen.)** Virology **20** (1963) Nr. 3. S. 477–483. – 6 Tab., 9 Lit.

Wurde ein Primärblatt von *Phaseolus vulgaris* var. 'Pinto' 20 Sek. in Wasser von 70 °C getaucht, stieg die Anzahl der durch den Batatenstamm des Tabakmosaikvirus auf dem gegenüberliegenden abgeriebenen Primärblatt hervorgerufenen Lokalläsionen bis auf das Hundertfache des Wertes von nichterwärmten inokulierten Kontrollpflanzen. Diese Zunahme der Lokalläsionswerte wird offenbar durch ein transloziertes Wärmestimulans (THS) verursacht. Die Wirkung des THS war am größten, wenn die Erwärmung innerhalb einer Std. nach der Infektion erfolgte. Die Wirksamkeit des THS wurde durch hohe Luftfeuchtigkeit abgeschwächt. Wurden inokulierte und wärmebehandelte Pflanzen nach der Inokulation 10 Std. lang bei hoher Luftfeuchtigkeit gehalten, ließ sich keine THS-Wirkung mehr nachweisen. Das meiste THS wurde in bei 26 °C gehaltenen Pflanzen gebildet. Wenn die Pflanzen nach Inokulation und Wärmebehandlung 48 Std. bei Dunkelheit gehalten wurden, entsprach die Zahl der entstandenen Lokalläsionen etwa derjenigen der Kontrollpflanzen ohne Dunkelbehandlung. Eine 48stündige Dunkelbehandlung vor Inokulation und Wärmebehandlung führte jedoch zu einer beträchtlichen Verminderung der gebildeten THS-Menge. Wenn das erwärmte Blatt innerhalb von 2 Min. nach der Wärmebehandlung von der Pflanze abgetrennt wurde, ließ sich noch keine Translokation des Stimulans nachweisen; bei einem Zeitabstand von 5 Min. bis zu 1440 Min. zwischen Behandlung und Abtrennung nahm jedoch die Zahl der gebildeten Lokalläsionen fortlaufend zu. Wurden der Blattstiel des an der Pflanze sitzenden erwärmten Blattes durchschnitten und die Schnittstelle mit einem wassergefüllten Glasröhrchen überbrückt, konnte eine Translokation des Stimulans durch die 1 mm lange Wassersäule nachgewiesen werden. Die Translokationsgeschwindigkeit des Stimulans im Blattstiel betrug etwa 4 mm/Min. Wurde als Infektionskriterium nicht die Anzahl der gebildeten nekrotischen Lokalläsionen, sondern die Zahl der durch den Jodjodkalitest nachweisbaren Stärkeläsionen verwendet, zeigte sich eine wesentlich geringere Wirksamkeit des THS. Daraus folgt, daß das THS offenbar weniger auf das Zustandekommen der Infektion, sondern eher auf die nekrotische Reaktion des Wirtes einwirkt. Eine ähnliche Infektionssteigerung wie durch Wärmebehandlung ließ sich auch durch Frosteinwirkung auf das nichtinokulierte Primärblatt oder durch Behandlung des nichtinokulierten Primärblattes mit verschiedenen Chemikalien erreichen. H. H. Schimanski. 1970.

2-64/04-0944 Schmidt, H. E.; Aschersleben, Inst. für Phytopathol. der Dtsch. Akad. der Landwirtsch.-Wiss. zu Berlin. **Die Isolierung eines mechanisch übertragbaren Virus von ringfleckenkrankem Hopfen (Humulus lupulus L.). Vorl. Mitt.** Phytopathol. Z. **47** (1963) Nr. 2. S. 192–195. – 2 Abb., 5 Lit. – Zus. in Engl.

Von ringfleckenkrankem Hopfen (*Humulus lupulus* L.) ließ sich wiederholt ein Virus mechanisch auf *Cucumis sativus* L., *Petunia hybrida* hort. ex Vilm., *Chenopodium quinoa* Willd. und *Nicotiana tabacum* L. übertragen. In Abhängigkeit von der Testpflanze entstanden chlorotische, teils zonierte Läsionen, zonierte nekrotische Ringe und Bänder, Eichenblattmuster u. a. Genannte Pflanzen reagierten in gleicher Weise auf 4 weitere Virusisolate. Als Infektionsmaterial dienten Fechser- bzw. Terminalknospen kranker Hopfenpflanzen. Da keine Rückübertragung auf Hopfen gelang, kann noch nicht entschieden werden, ob das isolierte Virus am Hopfen Ringfleckensymptome verursacht. H. E. Schmidt. 1970.

2-64/04-0945 Ruppel, E. G. und Hagedorn, D. J.; Madison, Univ. of Wisconsin. Comparisons of pea enation mosaic virus isolates. **(Vergleiche von Isolaten des Erbsenenationenmosaikvirus.)** Phytopathology **53** (1963) Nr. 7. S. 813–818. – 3 Abb., 5 Tab., 17 Lit.

5 Isolate des Erbsenenationenmosaikvirus (EEMV) wurden in ihren phys. Eigenschaften in vitro, in ihren Reaktionen an 10 im Anbau befindlichen Erbsensorten und 5 resistenten Erbsenlinien aus Geneva und in ihrer Wirtssymptomatologie verglichen. Alle Isolate zeigten eine größere Beständigkeit in vitro und eine niedrigere Verdünnungstoleranz als bisher allg. angenommen wurde. Die Beständigkeit in vitro betrug für das Washingtoner Isolat 6–8 Tage, für die Isolate aus Kalifornien und New York 8–10 Tage und für die beiden Isolate aus Oregon 10–12 Tage. Der Verdünnungsendpunkt lag bei allen Isolaten zwischen 1:800 und 1:1000. Thermale Inaktivierung erfolgte beim Isolat aus Kalifornien zwischen 64° und 66 °C und bei den restlichen 4 Isolaten zwischen 66° und 68 °C. Alle Isolate infizierten einen hohen Prozentsatz der geprüften im Anbau befindlichen Erbsensorten. Die Isolate aus Oregon riefen die schwersten Symptome hervor. Die monogen dominante Resistenz der 5 Erbsenlinien aus Geneva wurde von keinem Isolat durchbrochen, obwohl auch diese Erbsenlinien infiziert werden konnten. Die Virussymptome waren jedoch sehr schwach und nicht typisch für diejenigen, die normalerweise vom EEMV induziert werden. Bei 12 geprüften EEMV-Wirten unterschieden sich die Symptome der einzelnen Isolate nur an *Vicia faba* L. und *Pisum sativum* L. (Sorte 'Perfected Wales') in gewisser Weise. Die Versuchsergebnisse lassen zwar Unterschiede zwischen den einzelnen EEMV-Isolaten erkennen, rechtfertigen aber nicht ihre Anerkennung als EEMV-Stämme, da die Unterschiede zu gering sind.
H. H. Schimanski. 1970.

2-64/04-0946 Gubański, M. Oddychanie i wpływ inhibitorów na ten proces w liściach fasoli zdrowej i mozaikowatej. **(Die Atmung gesunder und mosaikkranker Bohnenblätter und der Einfluß von Hemmstoffen auf den Atmungsprozeß.)** Acta agrobot. [Warszawa] **12** (1962) S. 281–285. – 2 Tab., 8 Lit.

Untersucht wurde die Atmung gesunder und mosaikkranker Bohnenblätter (*Phaseolus vulgaris* var. 'Pinto'). Die O_2-Aufnahme, umgerechnet auf Blattfläche oder Frischmasse, ist in den kranken Blättern intensiver. Die O_2-Menge, umgerechnet auf Trockenmasse, ist in den kranken und gesunden Blättern gleich. In den mosaikkranken Blättern ist die Empfindlichkeit des Atmungszyklus auf Hemmstoffe (NaF, KCN, NaN_3, $CH_2(CO_2)H_2$ und Nitrophenol) geringer als in den Kontrollblättern.

PRL/CBR, übersetzt v. O. Kasperl. 1970.

2-64/04-0947 Marénaud, C.; Pont-de-la-Maye, Centre de Rech. Agronomiques du Sud-Ouest. Un nouvel indicateur de viroses du type ring spot: le Prunus kansuensis. **(Ein neuer Indikator für Virosen vom Typ der Ringfleckigkeit: Prunus kansuensis.)** Ann. Amélioration Plantes **13** (1963) Nr. 2. S. 141–148. – 3 Abb., 2 Tab., 5 Lit.

Vf. prüfte die Empfindlichkeit von *Prunus kansuensis* gegen die Ringfleckenkrankheit, die Rindennekrose und die Vergilbung der Sauerkirsche und verglich die Reaktionen von *P. kansuensis* und *P. serrulata* var. 'Shirofuggen' auf verschiedene Virosen. Die Sämlinge von *P. kansuensis* S. 1940 reagieren vor allem durch eine lokalisierte nekrotische Zone eindeutig auf die Ringfleckenkrankheit. Die Ringfleckenkrankheit der Süßkirsche und eine als „Maladie du Damas" bezeichnete Virose rufen bei *P. kansuensis* auf den Blättern diffus verteilte Ringe und Verdrehungen des Blattrandes hervor. Die Rindennekrose der Pflaume verursacht keine sichtbare Reaktion. – „Maladie du Damas" besteht aus mindestens 2 Gruppen von Viren. Bei der einen Gruppe handelt es sich um eine Ringfleckenkrankheit, während die andere mit keiner der bisher bekannten Krankheiten identisch ist.

O. Henke 1970.

2-64/04-0948 Gilmer, R. M. und Brase, K. D.; Geneva, New York State Agric. Exp. Stat. Nonuniform distribution of prune dwarf virus in sweet and sour cherry trees. **(Ungleichmäßige Verteilung des Virus der Weidenblättrigkeit der Pflaume in Süß- und Sauerkirschen.)** Phytopathology **53** (1963) Nr. 7. S. 819–821. – 2 Tab., 4 Lit.

Es war bekannt, daß die Symptome der Weidenblättrigkeit nicht an allen Zweigen kranker Bäume auftreten. Vff. fanden, daß bei bestimmten Testreihen einzelne Indikatoren Symptome zeigten, andere dagegen nicht. Die Untersuchungen ergaben nach 73 Übertragungen von je 1 Knospe in jeden Indikator, daß 50 Knospen (68%) zu Symptomen führten und 23 Knospen keine Reaktionen verursachten. Von diesen symptomlos gebliebenen Indikatoren konnten auch später keine Viren übertragen werden. Auf Grund der unterschiedlichen Symptomstärke und der Schnelligkeit ihrer Ausbreitung wurden 25 Virusisolate in 3 Gruppen unterteilt: 1. Schwere Symptome und schnelle Ausbreitung, 2. Mittlere Symptome und langsame Ausbreitung und 3. Schwache Symptome und sehr langsame Ausbreitung. Je stärker die Symptome waren, um so gleichmäßiger war die Ausbreitung der Viren im Wirt.

H. Kegler. 1970.

2-64/04-0949 Brückbauer, H., Birk, H. und Schenk, W.; Neustadt/Weinstraße, Lehr- und Forsch.-Anst. für Wein- und Gartenbau; Geisenheim, Hess. Lehr- und Forsch.-Anst. für Wein-, Obst- und Gartenbau, Inst. für Rebenzücht. und Rebenveredl. **Eine besondere Form der Reisigkrankheit an Amerikaner-Reben.** Wein-Wiss. **18** (1963) Nr. 8. S. 383–391. Beil. zu: Dtsch. Weinbau – 4 Abb., 7 Lit. Zus. in Engl., Franz.

In Deutschland trat erstmalig an Amerikaner-Reben eine bes. Form der Reisigkrankheit auf. Befallene Pflanzen hatten einen stark verminderten Wuchs. Die Triebe erreichten maximal eine Länge von nur 10 cm. Pflanzen der Kreuzung 'Riparia' × 'Rupestris' (101–14) hatten stark aufgehellte Blattadern. Im allg. waren die Blätter deformiert und auffallend tief gezähnt.

Stark erkrankte Rebstöcke bildeten noch vereinzelt normal wachsende Triebe. Ein Umpflanzen derartigen Materials an optimale Standorte führte zu keiner Erholung. Die Virose wird vermutlich durch einen sehr virulenten Stamm der Reisigkrankheit der Weinrebe verursacht. Verschiedene krautige Testpflanzen reagierten auf das Virus mit Lokalläsionen und systemischen Symptomen.
H. E. Schmidt. 1970.

2-64/04-0950 Brückbauer, H. und Rüdel, M.; Neustadt/Weinstraße, Forsch.-Anst. für Wein- und Gartenbau, Inst. für Reblausbekämpf. und Wiederaufbau. **Untersuchungen über den Wirtspflanzenkreis der Rebenviren.** Wein-Wiss. **18** (1963) Nr. 8. S. 369–382. Beil. zu: Dtsch. Weinbau – 13 Abb., 14 Lit. Zus. in Engl., Franz.
Verschiedene Pflanzenarten wurden mit Blattpreßsäften der Rebsorten 'Chardonnay' und 'FS 4 201-39', die durch das Virus der Reisigkrankheit und wahrscheinlich mit infektiöser Panaschüre verseucht waren, sowie mit reisigkrankem Material einer Amerikaner-Neuzüchtung abgerieben. Einige *Nicotiana*-Arten, *Chenopodium quinoa* und *C. amaranticolor* reagierten mit für Ringfleckenviren charakteristischen Symptomen. Die an den Testpflanzen beobachteten Krankheitserscheinungen ähnelten den durch das *Arabis*-Mosaik und das yellow-vein-Virus der Weinrebe verursachten Symptomen.
H. E. Schmidt. 1970.

2-64/04-0951 Uschdraweit, August; Berlin-Dahlem, Biol. Bundesanst. für Land- und Forstwirtsch., Inst. für Gärtner. Virusforsch. **Wildvorkommen von viruskrankem Liguster in Deutschland.** Nachrichtenbl. dtsch. Pflanzenschutzdienstes [Braunschweig] **15** (1963) Nr. 1. S. 4–5. – 1 Abb., 10 Lit.
Bei Urft (Eifel) und im Unstruttal (Thüringen) wurden zahlreiche viruskranke *Ligustrum-vulgare*-Pflanzen aufgefunden. An den Blättern war eine typisch gelbe Mosaikscheckung zu erkennen. Versuche zur mechanischen Übertragung des Virus auf krautige Pflanzen blieben erfolglos. Dagegen gelang die Pfropfübertragung auf *L. vulgare nanum* Rehd. (*L. lodense* hort.), wobei dem Ausgangsmaterial sehr ähnliche Symptome entstanden. Sie konnten als viröse Buntblättrigkeit des Ligusters gedeutet werden. Da das Virus sehr häufig an wildwachsendem Liguster beobachtet wurde, ist anzunehmen, daß die natürliche Ausbreitung durch einen Vektor erfolgt.
H. E. Schmidt. 1970.

2-64/04-0952 Brandes, J.; Braunschweig, Biol. Bundesanst. für Land- und Forstwirtsch., Inst. für Landwirtsch. Virusforsch. **Elektronenmikroskopische Untersuchung eines Pappelvirus.** Phytopathol. Z. **47** (1963) Nr. 1. S. 84–89. – 3 Abb., 13 Lit.
Vf. führte vergleichende elektronenoptische Untersuchungen an einem deutschen und einem holländischen Isolat des Pappelmosaikvirus (PMW) durch. Beide Isolate ließen sich auf *Petunia hybrida* (Himmelsröschen) übertragen. Mit Hilfe der Tauchmethode wurden elektronenoptische Präparate hergestellt. Als Virusquellen dienten Pappel und Petunie. Beide Isolate waren morphol. nicht zu unterscheiden. Es ergaben sich keine signifikanten Längenunterschiede. Aus den Längenverteilungskurven der beiden Isolate errechneten sich die Normallängen zu 668 mμ für das holländische und 671 mμ für das deutsche Isolat. Obwohl serologische Identifizierungen noch ausstehen, vermutet Vf., daß das PMV in die taxonomische Gruppe der Pflanzenviren mit Normallängen zwischen 620 und 700 mμ einzuordnen ist.
E. Proll. 1970.

2-64/04-0953 Crowley, N. C. und Francki, R. I. B.; Adelaide, Univ., Waite Agric. Inst. Purification and some properties of Centrosema mosaic virus. **(Reinigung und einige Eigenschaften des Centrosemamosaikvirus.)** Austral. J. biol. Sci. **16** (1963) Nr. 2. S. 468–472. – 4 Abb., 6 Lit.

Das Centrosemamosaikvirus (CaMV) wurde in *Crotolaria anagyroides* H.B.K. vermehrt und 2 Wochen nach dem Erscheinen der Symptome nach der von Steere (1956) für das Tabakringfleckenvirus entwickelten Methode gereinigt. Die Normallänge der flexiblen fadenförmigen Partikeln betrug 580 $\pm$ 20 mμ bei einem Dmr. von 12 $\pm$ 2 mμ. Die Prüfung der Präparate in der analytischen Ultrazentrifuge ergab einen Gradienten, dessen Sedimentationskoeffizient (unkorrigiert) zu 150 S errechnet wurde. Das Präparat aus CaMV-kranken Pflanzen besaß ein typisches Nucleoprotein-Absorptionsspektrum mit einem Maximum bei 259 mμ und einem Minimum bei 242 mμ. Die Konz. des CaMV in *C. anagyroides* ist sehr gering. Vff. stellen das CaMV anderen an *C. anagyroides* Mosaiksymptome verursachenden Viren gegenüber.

E. Proll. 1970.

2-64/04-0954 Chessin, M., Solberg, R. A. und Fischer, P. C.; Missoula, Montana State Univ. External symptoms and Giemsa-stainable cell inclusions associated with virus infection in cacti. **(Äußere Symptome und Giemsafärbbare Zelleinschlüsse, die mit der Virusinfektion von Kakteen in Zusammenhang stehen.)** Phytopathology **53** (1963) Nr. 8. S. 988–989. — 4 Abb., 8 Lit.

Obwohl verschiedentlich von Übertragungen der Kaktus-Viren auf andere Wirtspflanzen (z. B. *Chenopodium amaranticolor, C. album, Beta vulgaris* und *Agrostemma githago*) berichtet worden ist, war die Frage, ob äußerlich erkennbare Symptome bei Kaktus auftreten, noch offen. Es wird nunmehr nachgewiesen, daß nach langer Inkubationszeit an *Opuntia brasiliensis* und *O. bahiensis* Mosaikfleckung, Vergilbung und Nekrosen zu beobachten sind. Zum Nachweis der spindelförmigen Einschlüsse in den Zellen der Cactaceen wurde eine modifizierte Giemsa-Färbung angewendet. Bisher sind aber auf der westlichen Halbkugel Virusinfektionen an wildwachsenden Kakteen nicht festgestellt.

Herta Schmidt. 1970.

2-64/04-0955 Stubbs, L. L. und Grogan, R. G.; Burnley, Australia, Victorian Dep. of Agric.; Davis, Univ. of California. Necrotic yellows: a newly recognized virus disease of lettuce. **(Nekrotische Vergilbung: Eine neu entdeckte Viruskrankheit des Salates.)** Austral. J. agric. Res. **14** (1963) Nr. 4. S. 439–459. — 14 Abb., 6 Tab., 17 Lit.

In Australien wurde eine neue Viruskrankheit des Salates nachgewiesen, die die Bezeichnung „nekrotische Salatvergilbung" erhalten hat. Infizierte Salatpflanzen waren stark chlorotisch, zeigten einen flachen Wuchs und eine unterschiedlich ausgeprägte Welketracht und Nekrose. Die Mortalitätsrate war rel. hoch. Pflanzen, die die akute Infektionsphase überstanden hatten, bildeten kleine, schwach gekräuselte, sonst aber normale Herzblätter aus. Bei Infektionen mit dem Bronzefleckenvirus der Tomate, das eine der eben beschriebenen sehr ähnliche Salatvirose hervorruft, fehlte die Erholungsphase. Das Virus der nekrotischen Salatvergilbung war von infizierten Salatpflanzen oder Gänsedisteln (*Sonchus oleraceus* L.) zu verschiedenen Indikatorspecies saftübertragbar, aber nicht zu Salat oder Gänsedisteln. Vereinzelt konnte Salat mit Inokulum aus *Nicotiana glutinosa* L. infiziert werden. Weder bei Salat noch bei Gänsedisteln ließ sich eine Samenübertragbarkeit des Virus nachweisen. Der thermale Inaktivierungspunkt des Virus in *N.-glutinosa*-Saft fiel zwischen 52° und 54 °C, die Beständigkeit in vitro betrug 1–8 Std. und der Verdünnungsendpunkt lag bei 10^{-2}. Die Symptome an mehreren experimentell ermittelten Wirten (*Datura stramonium* L., *Lycopersicon esculentum* L. var. 'Grosse Lisse', *Gomphrena globosa* L., *N. glutinosa* L., *Petunia hybrida* hort., *Spinacia oleracea* L. var. 'Nobel') werden beschrieben. Die 3 letztgenannten Species erwiesen sich als die besten Differentialwirte. Verschiedene an Salat vorkommende Insekten (*Thrips tabaci* Lind., *Frankliniella schultzei* [Tryb.], *Orosius argentatus* Evans, *Myzus persicae* [Sulz.] und *Macrosiphum euphorbiae* [Thos.]) waren nicht imstande, das Virus von infizierten Salatpflanzen oder Gänsedisteln zu übertragen. Dagegen gelang die Übertragung mit der Blattlaus *Hyperomyzus lactucae* (L.) von Gänsedisteln zu Salat. Das Virus zählt zum zirkulativen (persistenten) Typ. Es ist unwahrscheinlich, daß die nekrotische Salatvergilbung in Australien einheimisch ist, da die Gänsedistel, der einzige bekannte in der Natur vorkommende Virus- und Vektorwirt, eine eingewanderte Species ist. H. H. Schimanski. 1970.

2-64/04-0956 Hollings, M., Gandy, Doreen G. und Last, F. T. **Die Viruskrankheit eines Pilzes: der Champignon-Virus.** Endeavour 22 (1963) Nr. 87. S. 112–117. – 13 Abb., 11 Lit.

Es war das Ziel umfangreicher Untersuchungen, zu überprüfen, ob bestimmte, bislang wenig erforschte Champignonkrankheiten durch Viren hervorgerufen werden. Die Untersuchungen erstreckten sich in erster Linie auf den sog. „La France-Komplex". Zu diesem Komplex werden u. a. die La France-Krankheit, der Wasserstreif, die Braunfäule und evtl. die Mumienkrankheit gerechnet. Verschiedene virologische Teste zeigten, daß die verschiedenen Krankheiten von einer bestimmten Virusgruppe ausgelöst werden. Die unterschiedlichen Krankheitsmerkmale werden durch die jeweiligen Wachstumsbedingungen hervorgerufen. Zu dieser Virusgruppe wurden im Elektronenmikroskop 3 Virusarten analysiert. Eine genaue Bestimmung muß noch erfolgen. Ferner vermuten Vff., daß eine Übertragung dieser Virusarten durch Brut unwahrscheinlich ist. K. Krüger. 1970.

2-64/04-0957 *Beament, J. W. L., Treherne, J. E.* and *Wigglesworth, V. B., Eds.* **Advances in insect physiology.** Vol. 1. London; New York: Academic Press. 1963. (XIII, 513 S. m. 36 Abb. u. 20 Tab.) 8°. 105 s. Der vorliegende erste Teil der „Fortschritte in der Insektenphysiologie" bringt die auf diesem Wissensgebiet gesammelten Fakten und Erkenntnisse der letzten 20 Jahre, denn in diesem Zeitraum rückten gerade die Insekten in den Mittelpunkt physiol. Forschung. Hier konnten viele Fragen dieses Wissenszweiges am Modell geklärt werden oder einer Klärung genähert werden. Im ersten Abschnitt behandelt E. H. Colhoun die physiol. Bedeutung des Acetylcholins und Beobachtungen über andere pharmakol. aktive Substanzen. R. H. Dadd berichtet anschließend über die Bedeutung von Fütterung und Ernährung bei Grashüpfern. Es folgen Arbeiten von B. A. Kilby (Biochemie des Fettkörpers der Insekten), Toshio Narahashi (Die Eigenheiten der Nerven der Insekten), K. M. Rudall (Die Chitin/Protein-Komplexe der Insektenkutikula), J. Shaw und R. H. Strobbart (Die osmotische und ionische Regulation im Insekt) sowie D. S. Smith und J. E. Treherne (Funktionelle Aspekte in der Organisation des Nervensystems der Insekten). Das Buch stellt eine Fundgrube für jeden auf physiol. Gebiet Arbeitenden dar und ist jedem Interessierten zu empfehlen. K. Geißler.

2-64/04-0958 *Borchsenius, Nikolaj Sergeevič.* Hrsg.: Akad. nauk SSSR, Zool. inst. **Praktičeskij opredelitel' kokcid (Coccoidea) kul'turnych rastenij i lesnych porod SSSR.** (Praktisches Bestimmungsbuch für Schildläuse der Kulturpflanzen und Holzarten der UdSSR.) Moskva: Izd. Akad. nauk SSSR. 1963. (311 S.) 8° = Opredeliteli po faune SSSR Nr. 81. (1963 A 1154)

2-64/04-0959 *Goodey, T.* **Soil and freshwater nematodes.** 2nd ed. London: Methuen & Co.; New York: Wiley. 1963. (XIII, 544 S. m × .Abb.) 8°. (1963 B 117)

2-64/04-0960 *Il'inskaja, Marija Ivanovna.* Hrsg.: Akademija nauk SSSR, Glavnyj botan. sad. **Vrediteli oranžerejnych rastenij.** (Schädlinge der Gewächshauspflanzen.) Moskva: Izd. Akad. nauk SSSR. 1963. (131 S.) 8°. (1963 A 1000)

2-64/04-0961 *Narzikulov, Muchamedkul Narzikulovič.* **Tli (Homoptera, Aphididae) Tadžikistana i sopredel'nych respublik Srednej Azii.** (Die Blattläuse [Homoptera, Aphididae] Tadshikistans und der anschließenden Republiken Mittelasiens.) Dušanbe. 1962. (271 S.) 4° = Trudy. Akademija nauk Tadžikskoj SSR. Inst. zoologii i parazitologii im. akad. E. N. Pavlovskogo Bd. 25. (SR 1425, 25)

2-64/04-0962 *Schell, Stewart C.* **Parasitology laboratory manual.** New York; London: Wiley. 1962. (96 S.) 4°. (1963 B 192)

2-64/04-0963 *Wilson, K. J.* **Life history and control of maize rootworm Buphonella murina Gerst.** Salisbury: Gov. Pr. 1963. (11 S.) 8° = Federal ministry of agriculture. Bulletin 2169. (SR 3076, 2169)

2-64/04-0964 **Kompleksni izsledvanija na prirodnite ogništa na zaraza v rajona na Strandža-planina.** (Komplexe Untersuchungen der natürlichen Ansteckungsquellen im Gebiet des Strandsha-Gebirges.) Hrsg.: Bŭlgarska akad. na naukite, Otdelenie za biologičeski i medicinsk nauki. Sofija: Izd. na Bŭlgarskata akad. na naukite. 1961. (153 S.) 8°. (1963 A 891)

2-64/04-0965 **Prace z zakresu mikologii i entomologii.** (Arbeiten auf dem Gebiete der Mykologie und Entomologie.) Poznań: Wyd. z zasilku Polskiej akad. nauk. 1963. (88 S.) 8° = Poznańskie towarzystwo przyjaciól nauk. Prace komisji nauk rolniczych i komisji nauk leśnych Bd. 15 Nr. 2. (SR 1401, 15, 2)

2-64/04-0966 **Institut für Phytopathologie Aschersleben. Arbeitstagung: Viren und Virosen vom 20. bis 23. Sept. 1961 in Berlin.** Aschersleben. 1963. 4°. (1963 B 118)

C. Krankheiten und Wirtspflanzen

2-64/04-0967 Rowell, J. B., Loegering, W. Q. und Powers jun., H.R.; St. Paul, Univ. of Minnesota, Inst. of Agric. Genetic model for physiologic studies of mechanisms governing development of infection type in wheat stem rust. **(Genetisches Modell für physiologische Untersuchungen der Mechanismen, die die Entwicklung des Infektionstypes beim Weizenschwarzrost steuern.)** Phytopathology **53** (1963) Nr. 8. S. 932–937. – 2 Abb., 2 Tab., 25 Lit.

Um die nach der Gen-für-Gen-Theorie von Flor 4 möglichen Wirt-Parasit-Kombinationen resistent/avirulent, resistent/virulent, anfällig/avirulent und anfällig/virulent zu erreichen, sind einmal das Vorhandensein von Wirtslinien von *Triticum aestivum*, die sich nur im Genpaar für die Wirtsreaktion unterscheiden, und zum anderen Kulturen von *Puccinia graminis* f. sp. *tritici*, die nur Unterschiede im Genpaar für die Virulenz zeigen, die Voraussetzung. Vff. bemühen sich, letztere herzustellen. Sie induzierten in der heterozygoten F_1-Kultur 111 × 36, die das dominante Gen für Avirulenz besitzt, durch Röntgenstrahlen Mutationen. Durch Selektion auf einer Weizenlinie mit dem entspr. Gen für Resistenz gelang die Schaffung der gewünschten Pilzlinie, die sich gegenüber der F_1-Kultur 111 × 36 nur im Gen für Virulenz unterscheidet. K. Wiesner. 2020.

2-64/04-0968 Hassebrauk, Kurt; Braunschweig, Biol. Bundesanst. für Land- und Forstwirtsch., Inst. für Bot. **Ein Beitrag zur Kenntnis der physiologischen Spezialisierung des Weizenbraunrostes (Puccinia recondita Rob. ex Desm. — P. triticina Erikss.) in Westeuropa und dem Mittelmeergebiet.** Angew. Bot. **37** (1963) Nr. 4. S. 162–170. – 2 Tab., 31 Lit.

Vf. berichtet über die in den Jahren 1959–1961 stichprobenartig durchgeführte Rassenanalyse von *Puccinia triticina* in Westeuropa und dem Mittelmeergebiet. Die Differenzierung erfolgte auf den Testsorten von Johnston und Mains. Es dominierten in beiden Gebieten die physiol. Rassen 17, 20 und 52. Die stark pathogene Rasse 77 wurde mehrmals isoliert. Die Feststellungen werden mit früheren Beobachtungen des Vf. und den Ergebnissen anderer Autoren verglichen. K. Wiesner. 2020.

2-64/04-0969 Christensen, Clyde M.; St. Paul, Univ. of Minnesota, Agric. Exp. Stat. Influence of small differences in moisture content upon the invasion of hard red winter wheat by Aspergillus restrictus and A. repens. **(Der Einfluß kleiner Unterschiede im Feuchtigkeitsgehalt auf den Befall von Rotem Hartwinterweizen durch Aspergillus restrictus und A. repens.)** Cereal Chem. **40** (1963) Nr. 4. S. 385–390. – 2 Tab., 9 Lit.

Kleine gesunde Saatgutmengen wurden auf verschiedene Feuchtigkeitsgehalte zwischen 14,2 und 15,5% gebracht und in mit Polyäthylen verschlossenen Glasfläschchen im Exsikator bei 20–25 °C gelagert. In verschiedenen Abständen wurden Proben homogenisiert und mittels der Plattengußmethode die Zahl der Pilzkeime bestimmt. Zunahme des Feuchtigkeitsgehalts um 0,2–0,3% führte innerhalb der Lagerzeit von 153 Tagen zu einer kontinuierlichen Zunahme der festgestellten Kolonien von *Aspergillus restrictus* und *A. repens*. Gleichzeitig nahm der Anteil der verfärbten Embryonen zu. K. Wiesner. 2020.

2-64/04-0970 Hampton, R. O. und Buchholtz, W. F.; Ames, Iowa, Agric. and Home Econ. Exp. Stat.; Prosser, Wash., Iowa State Univ. Host specialization in Pythium graminicolum. **(Wirtsspezialisierung bei Pythium graminicolum.)** Iowa State J. Sci. **37** (1962) Nr. 1. S. 43–66. – 2 Abb., 9 Tab., 23 Lit.

Um eine Spezialisierung von *Pythium graminicolum* nachzuweisen, wurde dieser Pilz aus den Wurzeln 6 verschiedener Pflanzenarten isoliert. Zur

Herkunftsgruppe I gehören eine *Pythium*-Herkunft von Mais, der über 10 Jahre hintereinander auf demselben Feld angebaut worden war; eine Herkunft von Hafer, der zuvor künstlich mit einer Mais-Herkunft infiziert worden war, da natürliche Infektionen nicht vorkamen; weiterhin eine Herkunft von *Setaria*, das als Unkraut in diesem Gebiet sehr stark verbreitet ist. Zu Gruppe II gehören je eine Herkunft von Weizen und Gerste und eine Herkunft von Roggen, der aber zuvor in verseuchten Gerstenboden eingesät worden war, da Roggen im Versuchsbetrieb nicht angebaut wird. Die Wirtspflanzen von Gruppe II wurden entweder gar nicht oder innerhalb der Fruchtfolge angebaut. Vff. infizierten mit diesen 6 Pilzherkünften je 3 Sorten, bzw. bei *Setaria* 3 verschiedene Arten der Herkunftspflanzen (also insgesamt 18 Prüfnummern). Die Infektion erfolgte in der Art, daß 15-cm-Töpfe mit Erde gefüllt und ein Hohlraum, etwa entspr. der Größe eines 8-cm-Topfes, mit verpilztem Agar ausgekleidet wurden. Aus 8-cm-Töpfen wurden gut bewurzelte Sämlinge mit Wurzelballen in die 15-cm-Töpfe übertragen. Als Kriterien verwendete man zur Bonitierung die Ausbildung von Krankheitssymptomen an den oberirdischen Pflanzenteilen, das Gewicht der oberirdischen Pflanzenteile, der Wurzeln und das Gesamtgewicht. Das Gewicht der Wurzeln führte zu Fehlschlüssen und wurde deshalb in die Berechnung nicht mit einbezogen. Die Infektionen verliefen in allen Fällen positiv. Aus den 18 verschiedenen Pflanzenvarietäten wurde der Erreger reisoliert und jeweils auf die anderen 17 Varietäten übertragen. Es zeigte sich, daß eine gewisse Spezialisierung des Pilzes vorhanden war. Die Herkünfte jeder Gruppe befielen die Pflanzenarten und -sorten ihrer Gruppe stärker als die der anderen Gruppe. Dabei zeigten die 3 *Pythium*-Herkünfte der Gruppe I eine größere Virulenz als die der Gruppe II. Bes. stark wurde von ihnen Mais befallen. Die *Pythium*-Herkünfte der Gruppe II zeigten sich gegenüber Gerste und Roggen etwas stärker pathogen als gegenüber Weizen. Unterschiede hinsichtlich der Anfälligkeit innerhalb der einzelnen Pflanzenarten zwischen den 3 verschiedenen Varietäten waren nicht festzustellen. K. Frauenstein. 2020.

2-64/04-0971 Scheffer, R. P. und Pringle, R. B.; East Lansing, Michigan State Univ., Dep. of Bot. and Plant Pathol.; New York, Rockefeller Inst. Respiratory effects of the selective toxin of Helminthosporium victoriae. **(Wirkungen des selektiven Toxins von Helminthosporium victoriae auf die Atmung.)** Phytopathology **53** (1963) Nr. 4. S. 465–468. – 3 Abb., 1 Tab., 14 Lit.

Es wurden Versuche mit dem gereinigten Toxin (**I**) von *Helminthosporium victoriae* durchgeführt, um Einblick in dessen Wirkungsmechanismus zu bekommen. Als Versuchsobjekte dienten Hafersämlinge. Folgende Ergebnisse wurden erhalten: **I** verursacht am ganzen Sämling und intakten Wurzeln einen Anstieg der Atmung (mehr als 80% der Kontrolle). Es ruft damit den gleichen Effekt hervor wie die Infektion der Pflanze durch den Pilz. Auf die Aktivität der Bernsteinsäureoxydase hat **I** keinen Einfluß. Der Gasaustausch in **I**-behandeltem Gewebe wurde durch wenig O_2 stärker gehemmt als in den Kontrollen. Vff. vermuten, daß der durch **I** hervorgerufene Respirationsanstieg nicht über den Krebs-Zyklus läuft, sondern über ein Cu-haltiges Enzymsystem. G. Zahn. 2020.

2-64/04-0972 Hooker, A. L.; Urbana, Univ. of Illinois, Dep. of Plant Pathol. Inheritance of chlorotic-lesion resistance to Helminthosporium turcicum in seedling corn. **(Vererbung der Resistenz gegen chlorotische Läsionen von Helminthosporium turcicum bei der Maiskeimpflanze.)** Phytopathology **53** (1963) Nr. 6. S. 660–662. – 1 Tab., 15 Lit.

In den Nordstaaten der USA verursacht *Helminthosporium turcicum* Pass. (*Trichometasphaeria turcica* Luttrell) an Mais erhebliche Schäden. Da chem. Bekämpfungsmaßnahmen gegen die Blattfleckenkrankheit ("Northern corn leaf blight disease") bisher ohne Erfolg blieben, kommt der Züchtung resistenter Sorten erhöhte Bedeutung zu. Vf. fand im Zahnmaiszuchtstamm 'GE 440' und in der Spelzmaissorte 'Dadyfinger' ein dominantes Einfachresistenzgen. Dieses vererbbare Gen verleiht Maiskeimpflanzen eine gewisse Resistenz gegen die Ausbildung von Blattflecken nach der *Helminthosporium*-Infektion. Es handelt sich nicht nur um eine Jugendresistenz, sondern auch um eine Feldresistenz. Biotypen gegen diese Art der Resistenz sind bisher noch nicht bekannt. O. Saß. 2020.

2-64/04-0973 Mathur, P. B. Reversal of gamma-ray-induced susceptibility to decay of potato tubers and tomato fruit by methyl ester of indolyl-3-acetic acid. **(Die Aufhebung Gammastrahlen induzierter Fäulnisempfindlichkeit von Kartoffelknollen und Tomatenfrucht durch den Methylester der Indolylessigsäure.)** Nature [London] **199** (1963) Nr. 4897. S. 1007–1008. – 2 Abb., 6 Tab., 2 Lit.

Mit Co-γ-Strahlen (2,5 krad./min.) bestrahlte Kartoffeln wurden anschließend zu 50% mit dem Methylester der IES (1000 ppm, 25 Min.) behandelt, 50% dienten als Kontrolle. Nach 6wöchiger Ruhezeit (23°–35°, rel. Feuchtigkeit 50–85%) wiesen die mit dem IES-Derivat behandelten Knollen eindeutig einen geringeren Fäulnisgrad auf, auch waren die Gewichtsverluste geringer. Wurden Tomaten in derselben Weise behandelt, so faulten nach 20tägiger Lagerungszeit die bestrahlten und anschließend mit Wuchsstoff behandelten Früchte wieder in weit geringerem Maße als die nur bestrahlten und die Kontrollen. Vf. vermutet, daß die γ-Bestrahlung die endogene IES inaktiviert. H.-L. Pätzold. 2030.

2-64/04-0974 Abeygunawardena, D. V. W. und Balasooriya, I.; Rahangala, Ceylon, Agric. Res. Stat. Disease hazards in potato cultivation. I. Late blight caused by Phytophthora infestans (Mont) de Bary. **(Krankheitsgefahren im Kartoffelbau. 1. Mitt. Kraut- und Knollenfäule verursacht durch Phytophthora infestans [Mont] de Bary.)** Trop. Agriculturist [Peradeniya, Ceylon] **117** (1961) Nr. 4. S. 211–220. – 2 Abb., 2 Tab., 8 Lit.

Die Krankheit ist auf Ceylon endemisch. Infolge des klimatisch ständig möglichen Kartoffelbaues ist der Ausbruch einer Epidemie zu jeder Zeit denkbar. Bes. in den Hügellagen ist das Klima für die Entwicklung der Krankheit außerordentlich günstig. An Rassen wurden nachgewiesen: 0, 1, 2, 4, 1.2 und 3.4. Aus einer Liste von 35 geprüften Sorten gehen die Sorten bzw. Stämme 'Dekama', 'GB 5269-22', 'GB 5210-5-9' und 'GB 5244-8' (holl. Herkunft) als bes. resistent hervor. Die Sorten 'Rival', 'Virgil' und der indische Stamm 'ON 45' zeigten eine hohe Feldresistenz. Trotz ihrer hohen Anfälligkeit besaßen die Sorten 'Delus', 'Up to Date' und 'King Edward' ein rel. hohes Ertragspotential. Weiterhin wurden anhand von Klimagrammen die günstigsten Möglichkeiten der Anbaubedingungen in den verschiedenen Zeiten und Gebieten sowie die notwendigen Bekämpfungsmaßnahmen erläutert. H. Henniger/Groß-Lüsewitz. 2030.

2-64/04-0975 Abeygunawardena, D. V. W. und Siriwardena, A. A. P.; Rahangala, Ceylon, Agric. Res. Stat. Disease hazards in potato cultivation. II. Brown rot or bacterial wilt caused by Pseudomonas solanacearum. **(Krankheitsgefahren im Kartoffelbau. 2. Mitt. Schleimkrankheit oder Bakterienwelke, verursacht durch Pseudomonas solanacearum.)** Trop. Agriculturist [Peradeniya, Ceylon] **117** (1961) Nr. 4. S. 221–225. – 3 Abb., 3 Lit. 1. Mitt. vgl. vorst. Ref.

Die Bakterienwelke ist für Ceylon die gefährlichste Kartoffelkrankheit und der begrenzende Faktor für eine Ausdehnung des Kartoffelbaues in Höhenlagen unter 5000 Fuß. Eine Übersicht über die Symptomatologie, die Biologie des Erregers und Bekämpfungsverfahren wird gegeben. 43 geprüfte Sorten erwiesen sich als hochanfällig, lediglich die amer. Sorten bzw. Stämme

'Prisca', '2117-117', '2407-12', '2410-78' und '56C-3' zeigten eine gewisse Resistenz, die bei 'Prisca'ca. 72% gegenüber 95% der Sorte 'Dekama' betrug.
H. Henniger/Groß-Lüsewitz. 2030.

2-64/04-0976 Lawrence, C. H. und Barker, W. G.; Fredericton, New Brunswick, Canada Dep. of Agric., Res. Stat. Pathogenicity of Streptomyces scabies on potato tubers cultured in vitro. **(Pathogenität von Streptomyces scabies an Kartoffelkulturen in vitro.)** Nature [London] **199** (1963) Nr. 4892. S. 509–510. – 3 Lit.
In Fortsetzung früherer Untersuchungen überprüften Vff., inwieweit variierte Umwelteinflüsse (Gemische von Vermiculit und H_2O) oder unterschiedliche Behandlung der Knollen (Eintauchen in steriles H_2O, verschiedene Methanol-konz.) auf den Befallsgrad mit Schorf (*Streptomyces scabies*) wirken. Prüfung wachsender knollentragender Pflanzen in feuchtem Vermiculit in Petrischalen scheint zur Feststellung des Resistenzgrades geeignet. Die Ursachen für den Rückgang der Infektionsstärke nach Waschen der Knollen sind unbekannt. Technische Einzelheiten über die Versuchsdurchführung werden angeführt.
A. Hopfe/Groß-Lüsewitz. 2030.

2-64/04-0977 Malec, K. Zmiany wirulencji grzyba Synchytrium endobioticum (Schilb.) Perc. w zależności od stopnia wrażliwości odmian ziemniaków i od terminów zakażania. **(Schwankungen der Virulenz von Synchytrium endobioticum [Schilb.] Perc. je nach Anfälligkeitsgrad der Kartoffelsorten und Infektionszeitpunkt.)** Hodowla Roślin Aklimatyzacja Nasiennictwo **7** (1963) Nr. 1. S. 25–54. – 11 Abb., 6 Tab., 47 Lit.
Eine Reihe Biotypen wurde entdeckt. Der größte Teil der feldresistenten Sorten wird im Labor. befallen. Die Ansammlung von Sporen im Boden kann auf die Entstehung neuer Biotypen Einfluß üben, die die Widerstandsfähigkeit krebsresistenter Sorten brechen können. Angesichts des veränderlichen Virulenzgrades entspr. des Infektionszeitpunktes müssen Untersuchungen im Labor. zur Ermittlung der Resistenz am Ende des Winters oder im zeitigen Frühjahr durchgeführt werden. Für die Züchtung krebsresistenter Sorten sind die bereits bestehenden krebsresistenten Sorten zu verwenden. Es gibt natürlich individuelle Differenzierungen sogar im Bereich derselben Sorte, die sich vermutlich der Infektion anpassen. Als Ausgangsmaterial können auch Wildkartoffeln und südamer. Kartoffelsorten Verwendung finden, deren Krebsresistenz bekannt ist. PRL/CBR, übersetzt v. O. Kasperl. 2030.

2-64/04-0978 Hirst, J. M. und Stedman, O. J. The epidemiology of Phytophthora infestans. I. Climate, ecoclimate and the phenology of disease outbreak. **(Die Epidemiologie von Phytophthora infestans. 1. Mitt. Klima, Ökoklima und Phänologie des Krankheitsausbruches.)** Ann. appl. Biol. **48** (1960) Nr. 3. S. 471–488. 2030.

2-64/04-0979 Hirst, J. M. und Stedman, O. J. The epidemiology of Phytophthora infestans. II. The source of inoculum. **(Die Epidemiologie von Phytophthora infestans. 2. Mitt. Die Inokulum-Quelle.)** Ann. appl. Biol. **48** (1960) Nr. 3. S. 489–517. – 1. Mitt. vgl. vorst. Titel. 2030.

2-64/04-0980 Jinks, J. L. und Grindle, M.; Birmingham, Univ. Changes induced by training in Phytophthora infestans. **(Durch Anpassung [training] bewirkte Veränderungen bei Phytophthora infestans.)** Heredity **18** (1963) Nr. 3. S. 245–264. – 3 Abb., 8 Tab., 2 Lit.
Frisch aus dem Freiland isolierte Rassen von *Phytophthora infestans* unterschieden sich trotz gleicher Rassenzugehörigkeit bez. der Überwindung der Feldresistenz. Normalerweise wurden Blätter und Knollen derjenigen Sorten, von denen die Stämme isoliert worden waren (Ursprungssorte), stärker befallen als von anderen Sorten. Zur Klärung, ob es sich dabei um eine Selektion oder eine Anpassung handelt, wurden mit in den Jahren 1958 und 1960 iso-

lierten Stämmen der Rasse 4 kurz- und langfristige Anpassungsversuche auf künstlichen Nährböden, auf der Ursprungssorte und anderen Sorten, bes. 'Arran Consul' durchgeführt. 3 Jahre auf Kichererbsen-Agar kultivierte Stämme aus dem Jahre 1958 überlebten diese Versuche nicht oder verschlechterten sich sehr stark in der Fähigkeit, noch auf Knollen und Blättern wachsen zu können. Bei den 1960 isolierten Stämmen beschränkte sich die durch die Kultur auf der Ursprungssorte erzielbare Verbesserung nur auf das Wachstum auf dieser Sorte. Trotz längerer Kultur auf anderen Sorten war danach das Wachstum auf der Originalsorte gewöhnlich besser. Die durch die Anpassung bewirkte Verbesserung bestand nur in der Wiederherstellung dieser Eigenschaft, die durch die Kultur sich verschlechtert hatte. Normalerweise ergab die Kultur auf Blättern eine Verbesserung des Wachstums auf Knollen und umgekehrt. Es wird angenommen, daß die wiederherstellbaren Veränderungen der 1960er Stämme auf cytoplasmatischen Veränderungen, die der stärker degenerierten 1958er Stämme auf nuclearen Veränderungen beruhten.
H. Henniger/Groß-Lüsewitz. 2030.

2-64/04-0981 D'jakov, Ju. T. Adaptacija vozbuditelja fitoftoroza kartofelja k acetatu medi. **(Die Adaption des Phytophthora-Erregers der Kartoffel in bezug auf Kupferacetat.)** Izvestija Timirjazevskoj sel'skochozjajstvennoj akademii, Moskva **1963** Nr. 2. S. 39–46. – 3 Abb., 3 Tab., 10 Lit. Zus. in Engl.
Die Anzucht von *Phytophthora infestans* auf mit Kupferacetat besprühten Kartoffelscheiben führte zu einer gewissen Adaption, die allerdings erst nach dem 42. Überimpfen festgestellt werden konnte. Dieser Prozeß geht bei niedrigen Konz. schneller vor sich als bei höheren. Die Adaption verliert sich schon in der 2. unbehandelten Generation. Die an Cu-Acetat „gewöhnten" Populationen reagierten ähnlich auf andere Cu-Verbindungen. Ihre Reaktion auf chem. anders zusammengesetzte Fungicide wurde durch die Adaption nicht beeinflußt. A. Hopfe/Groß-Lüsewitz. 2030.

2-64/04-0982 Weille, G. A. de; De Bilt, Netherlands, Koninklijk Nederlands Meteorol. Inst. Laboratory results regarding potato blight and their significance in the epidemiology of blight. **(Ergebnisse von Labor.-Versuchen über die Krautfäule der Kartoffel und ihre Bedeutung für deren Epidemiologie.)** Europ. Potato. J. [Wageningen] **6** (1963) Nr. 2. S. 121–130. – 2 Abb., 12 Lit. Zus. in Franz., Dtsch.
Auf Grund von an anderer Stelle ausführlich beschriebenen Untersuchungen der Biologie und Physiologie der Sporangienentwicklung, Reifung und Keimung werden Vorschläge zur Verbesserung der Ermittlung kritischer Daten (Infektionsperioden) im Krautfäulewarndienst unterbreitet, da die bisherigen Methoden ausschließl. auf der statistischen Auswertung meteorologischer Daten beruhten und biol. Fakten der Entwicklungsbedingungen des Erregers unberücksichtigt ließen. Die Bildung von Sporangien erfolgte nur nachts. Zur erfolgreichen Keimung ist eine bestimmte Reifezeit nötig. Die Keimfähigkeit erreicht ihr Maximum von Nachmittag bis Abend oder noch später (gänzlich oder annähernd feuchtigkeitsgesättigte Luft ist Voraussetzung). Noch an den Sporangienträgern befindliche Sporangien sind gegenüber einem Sättigungsdefizit empfindlicher als freie Sporangien, die wiederum durch UV-Sonnenstrahlung stärker geschädigt werden. Daher können mit Hilfe des zu erwartenden Regens bzw. Sonnenscheins am Morgen die wahrscheinliche Infektion mit großer Sicherheit vorausgesagt und die Bekämpfung mit einem Maximalerfolg bis 12 Uhr durchgeführt werden.
H. Henniger/Groß-Lüsewitz. 2030.

2-64/04-0983 Lapwood, D. H. und McKee, R. K.; Harpenden, Herts., Rothamsted Exp. Stat.; Bayfordbury, Hertford, Herts., John Innes Inst. Reaction of tubers of r-gene potato clones to inoculation with specialized races of Phytophthora infestans. **(Verhalten der Knollen von R-Gen-Kartoffelklonen auf Inokulation mit spezialisierten Rassen von Phytophthora infestans.)** Europ. Potato J. [Wageningen] **4** (1961) Nr. 1. S. 3–13. – 2 Abb., 6 Tab., 2 Lit. Zus. in Franz., Dtsch.

Für die Versuche wurden 46 Kartoffelklone verwendet, die mit den von *Solanum demissum* stammenden R-Genen versehen waren. Die Knolleninfektion dieser Klone erfolgte mit 6 *Phytophthora-infestans*-Rassen, die entweder in den Blättern eine Überempfindlichkeitsreaktion hervorriefen oder die Blätter infizierten und sich darin verbreiten konnten. Vff. ermittelten: Das R_1-Gen verhinderte i. allg. Knolleninfektion (Inokulation der Knollenhälften) durch die Rassen des Pilzes, die für die Blätter hypersensitiv waren. Klone mit anderen R-Genen hemmten die Infektion wenig (R_2, R_3) oder gar nicht (R_4). Die Knollen sämtlicher Klone waren anfällig gegenüber den Pilzrassen, die sich in den Blättern verbreiteten. Versuche über die Ausbreitung des Pilzes im Knollengewebe brachten ähnliche Ergebnisse wie die Inokulation der Knollenhälften. Der Unterschied in der Anfälligkeit zwischen Mark und Rinde war gering. Die Sorte 'Orion' zeichnete sich durch bes. Resistenz aus. Beobachtungen im Freiland bestätigten diese Feststellung.

G. Zahn. 2030.

2-64/04-0984 Krasnoščekov, I. M. Ustojčivost' kornej sacharnoj svekly protiv kagatnoj gnili v svjazi s ich sposobnost'ju k kutinizacii ran. **(Die Widerstandsfähigkeit der Zuckerrüben [Wurzeln] gegen Mietenfäule im Zusammenhang mit ihrer Fähigkeit zur Kutinisierung von Wunden.)** Sb. naučn. rabot. Belocerkovsk. opytno-selekc. st. **1962** Nr. 2. S. 241–248. – Aus: Referativnyj žurnal Moskva. Rastenievodstvo **1963** Nr. 6.55.201. S. 27.

An verschiedenen Teilstücken von Zuckerrüben wurden unter den Bedingungen eines Infektionsfonds die Faktoren, die die Widerstandsfähigkeit gegen Mietenfäule bedingen, sowie der Prozeß der Kutinisierung von Wunden bei der Lagerung untersucht. Die Schicht erreichte nach 10 Tagen, in Abhängigkeit von der Sorte, eine Stärke von 1–2 bis 5–6 Zellschichten. Die Stärke der kutinisierten Schichten bestimmte aber nicht immer den Grad der Widerstandsfähigkeit gegen den Fäulniserreger. Die Widerstandsfähigkeit der unter Fabrikbedingungen eingemieteten Rüben hing von der biochem. Widerstandsfähigkeit der Sorte und der Fähigkeit zur Kutinisierung der Wunden sowie von einer Reihe anderer Faktoren ab. übersetzt v. G. Boetticher. 2030.

2-64/04-0985 Weltzien, Heinrich Carl; Beirut, Amer. Univ., Fac. of Agric. Sci. Erysiphe betae (Vanha) comb. nov., the powdery mildew of beets. **(Erysiphe betae [Vanha] comb. nov., der Echte Mehltau der Rüben.)** Phytopathol. Z. **47** (1963) Nr. 2. S. 123–128. – 3 Abb., 1 Tab., 22 Lit.

Im Sommer 1962 trat der Echte Mehltau der Rüben sehr stark in dem trockenen Hochtal zwischen Libanon- und Antilibanon-Gebirge auf. Neben der Oidien-Form wurden reichlich Fruchtkörper gebildet. Anhand dieses Cleistothecien-Materials sowie der morphol. Charakteristika der Nebenfruchtform wurde der Pilz als *Erysiphe betae* (Vanha) comb. nov. beschrieben: Konidien einzeln reifend, 30–50 × 15–20 $m\mu$; Cleistothecien sphaeroid, 80–120 $m\mu$; Anhängsel mycelartig, meist braun und verzweigt; 4–8 Asci/Cleistothecium; 1–4, meist 2–3 Ascosporen/Ascus; Ascosporen elliptisch, 18–30 × 12–19 $m\mu$.

K. Wiesner/Kleinwanzleben. 2030.

2-64/04-0986 Schein, Richard D.; University Park, Pa., State Univ., Dep. of Bot. and Plant Pathol. Storage viability of bean rust uredospores. **(Die Lebensfähigkeit gelagerter Bohnenrost-Uredosporen.)** Phytopathology **52** (1962) Nr. 7. S. 653–657. – 4 Abb., 13 Lit.

Die Lebensdauer von Pilzsporen variiert nicht nur mit der Art und dem Typ, sondern auch mit den Umweltbedingungen. Großes Interesse besteht für die

Lebensfähigkeit von Rosturedosporen, da diese eine Rolle für die Überwinterung der Rostpilze spielen wie auch für die Neuinfektion im Frühjahr. Vf. führte Versuche mit den Uredosporen von *Uromyces phaseoli* var. *typica* auf Lebensfähigkeit in der Kälte durch und kam zu folgenden Ergebnissen: Sporen, die bei Zimmertemperatur (23 °C) und −13 °C aufbewahrt wurden, verloren ihre Lebensfähigkeit nach 1–5 Mon. Dagegen überlebten von den bei −60 °C fast 22 Mon. gelagerten Sporen 40%. Wenn die Sporen 4 Tage vor der Testung einer feuchten Atmosphäre ausgesetzt wurden, erreichten die Keimprozente sogar 70%. Die Infektiosität der Sporen, die 22 Mon. bei −60 °C aufbewahrt worden waren, wurde durch die Lagerung nicht beeinträchtigt. G. Zahn. 2040.

2-64/04-0987 Endo, R. M.; Riverside, Univ. of California, Dep. of Plant Pathol. Influence of temperature on rate of growth of five fungus pathogens of turfgrass and on rate of disease spread. **(Der Einfluß der Temperatur auf die Wachstumsgeschwindigkeit von fünf Krankheitserregern der Wiesengräser und auf die Ausbreitungsgeschwindigkeit der Krankheit.)** Phytopathology **53**(1963) Nr. 7. S. 857–861. – 5 Tab., 16 Lit.

Von den in den USA auf Wiesen auftretenden pilzlichen Krankheitserregern wurden folgende 5 bes. häufig vorkommende Arten näher untersucht: 2 Herkünfte von *Rhizoctonia solani* Kühn und 1 Herkunft von *Corticium fuciforme* (Berk.) Wakef. von *Poa pratensis* L. sowie je 1 Herkunft von *Sclerotinia homeocarpa* F. T. Bennett, *Pythium aphanidermatum* (Edson) Fitzpatrick und *Fusarium nivale* (Fr.) Snyd. et Hans. von *Agrostis palustris* L. var. Seaside. Zwischen 4 Tage alte, gesunde, in Quarzsand angezogene Keimlinge von *Agrostis palustris* L. wurden 6 mm große, mit den genannten Pilzen bewachsene Agarstücke ausgelegt, und die Schalen im Bereich von 4,5°–32 °C bei zeitweise künstlicher Beleuchtung (6–18 Uhr) aufgestellt. Gleichzeitig erfolgte die Kontrolle des Wachstums dieser Pilze auf Kartoffeldextroseagar. Die optimale Wachstumstemperatur liegt zwischen 21° und 32 °C und stimmt mit dem Temperaturoptimum der Krankheitsentwicklung überein. Auch ober- und unterhalb des Optimums zeigen Pilzwachstum und Krankheitsverlauf (außer bei *Sclerotinia homeocarpa*) gleiche Tendenzen. Eine gute Übereinstimmung war außer bei *Fusarium* auch zwischen den im Versuch erzielten Ergebnissen und Feldbeobachtungen festzustellen. Vf. unterteilt die geprüften Erreger in zwei Gruppen: Gruppe I umfaßt die schnellwüchsigen, schwere Schäden verursachenden Arten *Pythium aphanidermatum* und Herkunft 2 von *Rhizoctonia solani*. Sie verursachen in 3–7 Tagen ein 100%iges Absterben der Pflanzen. Zu Gruppe II gehören alle anderen geprüften Pilze. Der größte Schaden wird hier erst nach etwa 2–5 Wochen erreicht und führt außer bei *Rhizoctonia* selten zu einem Absterben aller Pflanzen.
K. Frauenstein. 2050.

2-64/04-0988 Zgórkiewicz, Alicja. Gatunki grzybów z rodzaju Fusarium wyizolowane ze zgorzelowych siewek łubinu. **(Aus kranken Lupinensämlingen isolierte Fusarium-Arten.)** Biul. Inst. Ochrony Roślin **17** (1962) S. 67–90. – 8 Abb., 2 Lit. Zus. in Russ., Engl.

Aus erkrankten Lupinensämlingen ließen sich folgende *Fusarium*-Arten isolieren: *F. equiseti* (Cda.) Sacc., *F. sambucinum* Fuch., *F. javanicum* Koord. var. *radicicola* Wr., *F. flociferium* Corda, *F. sporotrichioides* Sherb. und *F. anguicides* Sherb. Vf. beschreibt die durch die jeweilige *Fusarium*-Art hervorgerufenen Symptome. PRL/CBR. 2050.

2-64/04-0989 Czyżewska, S. und Zarzycka, H. Gatunki Fusarium wyizolowane z lnu (Linum usitatissimum L.). **(Aus Flachs [Linum usitatissimum L.] isolierte Fusarium-Arten.)** Acta agrobot. [Warszawa] **12** (1962) S. 185–206. – 10 Abb., 12 Tab., 15 Lit.

In Reguly wurden in den Jahren 1959–1961 an Flachs folgende *Fusarium*-Arten identifiziert: *F. equiseti* (Cda.) Sacc., *F. scirpi* Lamb. et Fautr., *F. avenaceum* (Fr.) Sacc. und *F. oxysporum* Schl. Über das Auftreten von *F. anguicides*, *F. equiseti*, *F. scirpi*, *F. scirpi* var. *filiferum*, *F. sambucinum* f.2, *F. Martii* subst. *aduncisporum* und *F. oxysporum* f. 1. lagen bisher keine Anhaltspunkte vor. In Polen wurde auf Flachs nur *F. lini* festgestellt, während Vff. die übrigen Arten zum ersten Mal beschreiben.

PRL/CBR, übersetzt v. O. Kasperl. 2060.

2-64/04-0990 Šuttić, D. und Dowson, W. J.; Beograd, Fac. of Agric.; Cambridge, Bot. School. Bacterial leaf spot of Sesamum in Yugoslavia. **(Bakterielle Blattfleckenkrankheit an Sesam in Jugoslawien.)** Phytopathol. Z. **45** (1962) Nr. 1. S. 57–65. – 10 Abb., 8 Lit. Zus. in Dtsch.

Außer in Bulgarien und Griechenland wurde nunmehr auch in Jugoslawien das Vorkommen von *Pseudomonas sesami* Malkoff an *Sesamum indicum* L. festgestellt. Das Bakterium verursacht an oberirdischen Pflanzenteilen kleine, anfangs wasserdurchsogene, später schwarz verfärbte, zusammenlaufende, durch die Adern begrenzte Flecke. Mit fortschreitender Erkrankung kräuseln sich die Blätter und sterben schließlich ab. Hohe Luftfeuchtigkeit begünstigt ein epidemisches Auftreten der Krankheit, das zu Totalausfällen führen kann. Kühlere Temperaturen (etwa 18 °C) begünstigen die Infektion. Im Vergleich zur jugoslawischen Herkunft erwies sich eine in die Prüfung einbezogene griechische Herkunft als aggressiver. Außer Sesam, der in allen Altersstufen anfällig ist, konnten u. a. noch *Vicia faba* L., *Trifolium pratense* L., *Medicago sativa* L., *Capsicum annuum* L., *Cucumis sativus* L. und *C. melo* L. erfolgreich infiziert werden. Bei zahlreichen weiteren Pflanzen, zu denen z. B. *Pisum sativum* L., mehrere *Nicotiana*-Arten sowie *Cucurbita maxima* Duch. und *C. pepo* L. gehören, verliefen die Infektionen negativ. Abschließend zeigen Vff. die Eigenschaften des Erregers auf. K. Frauenstein. 2060.

2-64/04-0991 Shephard, M. C. und Wood, R. K. S.; London, Imperial Coll., Bot. Dep. The effect of environment, and nutrition of pathogen and host, in the damping-off of seedlings by Rhizoctonia solani. **(Die Wirkung der Umwelt und der Ernährung von Erreger und Wirt auf die durch Rhizoctonia solani hervorgerufene Umfallkrankheit von Sämlingen.)** Ann. appl. Biol. **51** (1963) Nr. 3. S. 389–402. – 1 Abb., 9 Tab., 24 Lit.

Die Gründe dafür, daß eng verwandte Pilze sich in ihrer Pathogenität gegenüber verschiedenen Pflanzen unterschiedlich verhalten, sind bis auf wenige Ausnahmen unbekannt. Vff. versuchten daher mit 2 Stämmen von *Rhizoctonia solani* zu ermitteln, ob die Pathogenität des Pilzes verändert werden kann, wenn Wirt und Erreger unter abnormalen Umwelt- und Ernährungsbedingungen gehalten werden. Für die Versuche wurden 2 Isolate von *R. solani* verwendet, die sich in ihrer Pathogenität gegenüber Salat- und Blumenkohlsämlingen unterschieden, wobei jedes Isolat hochpathogen für den einen und fast nichtpathogen für den anderen Wirt war. Die Mineralstoffernährung (Nährlösungen verschiedener Zusammensetzung) des Wirtes, die Temperatur sowie Beleuchtung hatten so gut wie keinen Einfluß auf die Pathogenität des Pilzes. Eine hohe Luftfeuchtigkeit vergrößerte die Pathogenität des Salatisolates für Blumenkohl. Mit zunehmendem Alter entwickelte sich bei normaler Ernährung eine gewisse Resistenz gegen den Pilz. Das war bei mangelhaft ernährten Pflanzen nicht der Fall. Die Resistenz der älteren Pflanzen hing mit strukturellen Veränderungen im Wirtsgewebe zusammen. Die Ernährung des Pilzes und die Menge des Inokulums waren für die Infektion, nicht aber für die Pathogenität an resistenten Wirtspflanzen entscheidend. Vff. stellten abschließend fest, daß die Pathogenität im wesentlichen von inneren Eigenschaften des Wirtes und Erregers abhängt und daß den Umweltfaktoren nur eine sekundäre Bedeutung zukommen dürfte. G. Zahn. 2070.

2-64/04-0992 Jakubczyk, H. Z badań nad pasożytnictwem Colletotrichum atramentarium występującego na pomidorach. I. Badania nad niektórymi właściwościami biologicznymi C. atramentarium. **(Unterschungen über Colletotrichum atramentarium an Tomaten. 1. Mitt. Untersuchungen über einige biologische Eigenschaften von C. atramentarium.)** Acta agrobot. [Warszawa] **12** (1962) S. 207–230. – 6 Abb, 18 Lit.
In Versuchen an Freilandtomaten in der Nähe von Warschau und Lublin sowie an Gewächshaustomaten in der Nähe von Warschau und Lodz konnte Vf. den breiten Bereich (pH, Temperatur, Ernährung) bestätigen, in dem *C. atramentarium* sich zu entwickeln vermag. Unter optimalen Temperaturbedingungen wächst der Pilz am Tag 5–10 mm. Die Sporenbildung verläuft dann ebenfalls schnell und intensiv. Vorrat an Kohlenhydraten und N-Verbindungen begünstigt das Pilzwachstum. Erschöpft sich der Vorrat, dann bilden sich Sklerotien. Diese keimen rasch bei hoher Luftfeuchtigkeit. Temperaturen über 30 °C beeinträchtigen ihre Lebensfähigkeit.
PRL/CBR, übersetzt v. O. Kasperl. 2070.

2-64/04-0993 Jakubczyk, H. Z badán nad pasożytnictwem Colletotrichum atramentarium występującego na pomidorach. II. Badania nad patogenicznością C. atramentarium w stosunku do pomidorów w doświadczeniach infekcyjnych. **(Untersuchungen über Colletotrichum atramentarium an Tomaten. 2. Mitt. Untersuchungen über die Pathogenität von C. atramentarium an Tomaten in Infektionsversuchen.)** Acta agrobot. [Warszawa] **12** (1962) S. 231–259. – 6 Abb., 4 Tab., 11 Lit. 1. Mitt. vgl. vorst. Ref.
Ausgangspunkt des Befalles sind befallene Pflanzenreste in oder auf dem Erdboden. Vf. beschreibt das Krankheitsbild. Temperatur und Feuchtigkeit haben großen Einfluß auf die Infektion. Die Entwicklung des Erregers in den Pflanzen erstreckt sich über 2–3 Mon.
PRL/CBR, übersetzt v. O. Kasperl. 2070.

2-64/04-0994 Oganesjan, A. A. Poražaemost' bakteriozom različnych sortov ogurcov v Armenii. **(Die Anfälligkeit verschiedener Gurkensorten gegenüber Bakteriose in Armenien.)** Izv. M-vo proiz-va i zagotovok s.-ch. produktov ArmSSR **1962** Nr. 8. S. 61–65. – Orig.: armen., Ausz.: russ. Aus: Referativnyj žurnal Moskva. Rastenievodstvo **1963** Nr. 7.55.152. S. 19–20.
Ergebnisse von Prüfungen über die Anfälligkeit von 24 Gurkensorten gegen Bakteriose werden angeführt. Die Versuche wurden in den Jahren 1960 und 1961 auf 2 staatlichen Sortenversuchsfeldern und auf dem Versuchsfeld des Forsch.-Inst. für Ackerbau durchgeführt.
übersetzt v. Th. C. Boetticher. 2070.

2-64/04-0995 Hancock, J. G. und Lorbeer, J. W.; Ithaca, N. Y., Cornell Univ., Dep. of Plant Pathol. Pathogenesis of Botrytis cinerea, B. squamosa, and B. allii on onion leaves. **(Pathogenität von Botrytis cinerea, B. squamosa und B. allii an Zwiebelblättern.)** Phytopathology **53** (1963) Nr. 6. S. 669–673. – 5 Abb., 2 Tab., 12 Lit.
Im Staat New York sind die vorherrschenden *Botrytis* spp. an Zwiebelblättern (*Allium cepa*) *B. squamosa* und *B. cinerea*. *B. allii* wurde bei Freilandisolierungen in verschiedenen Gebieten von New York nur einmal isoliert, obgleich genügend Infektionsmaterial an vorjährigen Pflanzenresten vorhanden war. Hinsichtlich der Pathogenität der beiden erstgenannten Erreger bestehen ebenfalls Unterschiede. *B. squamosa* ruft größere, tief in das Blatt hineinreichende Läsionen hervor und bringt dadurch die Blätter innerhalb von 5–12 Tagen zum Absterben. *B. cinerea* ruft nur kleine oberflächlich gelagerte Blattflecke hervor, die nicht zum Absterben der Blätter führen. Auch ist *B. cinerea* nicht in der Lage, gesundes Blattgewebe zu infizieren. Es wird vorgeschlagen, die durch *B. squamosa* hervorgerufene Krankheit als „leaf blight" und die durch *B. cinerea* als „leaf fleck" zu bezeichnen. Die größte wirtsch. Bedeutung hat in New York *B. squamosa*. O. Saß. 2070.

2-64/04-0996 Sheridan, J. E.; London, Imperial Coll. of Sci. and Technol., Dep. of Bot. Infection of celery seedlings by viable spores of Septoria spp. **(Die Infektion von Selleriekeimpflanzen mit lebenden Sporen von Septoria spp.)** Nature [London] **199** (1963) Nr. 4892. S. 508–509. – 2 Tab., 5 Lit.
In Wasserkultur im Labor. angezogene Selleriekeimpflanzen erbrachten den Nachweis, daß die *Septoria*-Blattfleckenkrankheit bereits durch oberflächlich den Samen anhaftende Sporen hervorgerufen werden kann. Die Neuansteckung durch natürlich verseuchtes Saatgut dürfte somit z.T. auch über die Sporen erfolgen. K. Wiesner. 2070.

2-64/04-0997 Tukey, R. B. und Mink, G. I. Morphology and anatomy of stem-pitting in Virginia Crab. **(Morphologie und Anatomie der Stammrillung bei 'Virginia Crab'.)** Proc. Amer. Soc. horticult. Sci. **78** (1961) S. 8–15. 2080.

2-64/04-0998 Koronowski, P. **Rauhschaligkeit und Rissigkeit an Äpfeln.** Rhein. Mschr. Gemüse-, Obst- u. Gartenbau **51** (1963) Nr. 9. S. 289. 2080.

2-64/04-0999 Borecka, H. Cryptosporiopsis malicorticis (Zeller et Childs) Wollenw., syn. Gloeosporium perennans Zeller et Childs, jako czynnik chorobotwórczy na jabłkach w okresie przechowywania. **(Cryptosporiopsis malicorticis [Zeller et Childs] Wollenw., Syn. Gloeosporium perennans Zeller et Childs als Krankheitserreger bei Äpfeln während der Lagerung.)** Acta agrobot. [Warszawa] **12** (1962) S. 13–65. – 5 Abb., 15 Tab., 23 Lit.
In den Jahren 1955–59 untersuchte Vf. in Skierniewice die Ursachen der Lagerfäule bei Äpfeln. In die Prüfung wurden 60 Apfelsorten mit unterschiedlichen Reifeterminen einbezogen. Als hauptsächlichster Erreger wurde *Cryptosporiopsis malicorticis* ermittelt. Die einzelnen Sorten erwiesen sich unterschiedlich empfindlich. Nur bei einigen Sorten bestand zwischen der Anfälligkeit der Sorten und dem Bau der Cuticula eine Korrelation. Empfindliche Sorten zeigten einen lockeren Aufbau des Fruchtfleisches und zahlreiche Zwischenzellprodukte. 4 Wochen aufbewahrte Sporen von *C. malicorticis* wurden durch 100%iges CO_2 nicht abgetötet. Konz. von 5–25% wirkten sogar wachstumsstimulierend. PRL/CBR, übersetzt v. O. Kasperl. 2080.

2-64/04-1000 Borecka, H. Penicillium expansum (Link.) Thom. jako czynnik chorobotwórczy na jabłkach w okresie przechowywania. **(Penicillium expansum [Link.] Thom. als krankheitserregender Faktor bei Äpfeln während der Lagerung.)** Acta agrobot. [Warszawa] **12** (1962) S. 67–78. – 1 Abb., 4 Tab., 7 Lit.
In den Jahren 1955 bis 1959 wurden im Inst. in Skierniewice Untersuchungen durchgeführt über die Empfindlichkeit von 14 Apfelsorten gegen Befall durch *Penicillium expansum* (Link.) Thom. Es wurde festgestellt, daß der Befallsgrad der einzelnen Sorten von der Beimpfungsart abhing. Er war umso größer, je länger sich das Impftröpfchen auf der Oberfläche des Obstes hielt. Zu den empfindlichsten Sorten gehören: 'Macoun,' 'Cox', 'Pomerancze', 'Landsberger' und 'Cortland''; zu den am wenigsten empfindlichen gehörte 'Grochowka'. Zu einer Infektion des unbeschädigten Obstes kam es nur bei unmittelbarem Kontakt zwischen gesunden und kranken Äpfeln.
PRL/CBR, übersetzt v. O. Kasperl. 2080.

2-64/04-1001 Horn, N. L. und Carver, R. G.; Baton Rouge, Louisiana State Univ.; Lake Charles, McNeese State Coll. A new crown rot of strawberry plants caused by Colletotrichum fragariae. **(Eine neue Halsfäule an Erdbeerpflanzen, verursacht durch Colletotrichum fragariae.)** Phytopathology **53** (1963) Nr. 7. S. 768–770. – 1 Abb., 2 Tab., 10 Lit.
Der Pilz *Colletotrichum fragariae* Brooks, der Ausläufer, Blatt- und Blütenstiele von Erdbeerpflanzen zu befallen vermag, wurde neuerdings in Louisiana

auch als Erreger einer Fußfäule an Erdbeeren beobachtet. Die erkrankten Pflanzen welken ganz plötzlich, wobei die befallenen Teile eine spröde Beschaffenheit und eine rötlich-braune Verfärbung aufweisen. Feucht-warme Bedingungen sowie Temperaturen über 28 °C förderten die Krankheit. Von 4 künstlich infizierten Sorten ('Klonmore', 'Konvoy', 'Marion Bell' und 'Headliner') zeigte nur die letztere Resistenzeigenschaften. Durch Bodenbehandlung vor dem Pflanzen mit Methylbromid ließ sich die Krankheit bekämpfen.
F. Daebeler. 2080.

2-64/04-1002 Kremer, Fr. W. **Über Ursachen von Fruchtberostungen bei der Sorte Golden Delicious.** Pflanzenschutz-Nachr. „Bayer" **16** (1963) Nr. 1. S. 17–22. – 11 Lit.

Die Früchte der in letzter Zeit in viele Obstbaugebiete eingeführten Apfelsorte 'Golden Delicious' neigen stellenweise stark zu Berostungen. So tritt im Südtiroler Anbaugebiet die Fruchtberostung in den Tallagen wesentlich stärker auf als in der Hügelzone. Auf Grund 3jähriger Untersuchungen wird zu den von Roemer angegebenen, Berostung verursachenden Faktoren Stellung genommen (mech. Verletzungen; Frost; Niederschläge und Luftfeuchtigkeit; Boden, Ernährung und Wasserversorgung; Spritzmittel, Spritzwasser; Virosen; Knospenmutationen). Sie werden im wesentlichen bestätigt. Lediglich ein Einfluß von Boden, Ernährung und Wasserversorgung sowie Mehltaubefall auf die Berostung ließ sich mit Sicherheit nicht nachweisen. Von den Pflanzenschutzmitteln hatte in 3jährigen Versuchen das Präparat Tuzet eine die Berostung vermindernde Wirkung. Auf die Bedeutung der Pflanzenschutzmittel soll in einer gesonderten Arbeit eingegangen werden. F. Daebeler. 2080.

2-64/04-1003 Mygind, H. Meldug med saerlig omtale af æblemeldug. **(Echter Mehltau unter besonderer Berücksichtigung der Form des Apfelmehltaues.)** Tidsskr. Planteavl **67** (1963) Nr. 2. S. 255–320. – 9 Abb., 164 Lit.

Vf. vermittelt eine Übersicht der in Dänemark am häufigsten vorkommenden Formen des Echten Mehltaues auf den wichtigsten Kulturpflanzen. Der Apfelmehltau wird anschließend eingehend behandelt. Bes. Berücksichtigung finden dabei: Biologie, Primär- und Sekundärinfektion, Parasit-Wirt-Verhältnis, Anfälligkeit und Resistenz, Ursache der Ausbreitung, ferner Fragen der Bekämpfung durch direkte und indirekte Methoden. E. Kahn. 2080.

2-64/04-1004 Rasulev, U. U. O sumčatoj stadii oidiuma vinograda. **(Über das Perithecienstadium des Echten Mehltaues der Weinrebe.)** Zaščitå rastenij ot vreditelej i boleznej, Moskva **8** (1963) Nr. 8. S. 29–30. – 3 Abb., 1 Tab.

Die Überwinterungsmöglichkeit des Mehltaues wurde in Taschkent während der Jahre 1958 und 1959 in folgenden Varianten geprüft: Perithecien in Papier eingewickelt (**a**), ohne Papier (**b**), Pflanzenteile mit anhaftenden Perithecien in Papier (**c**) und ohne Papier (**d**), und zwar an folgenden Orten: auf der inneren Fensterbank (**I**), außen vor dem Fenster (**II**), am Weinspalier (**III**), unter Stroh (**IV**) und im Weingarten 10 cm in der Erde (**V**). Nur in **V** verfaulte das ganze Material. Die Verimpfung der überwinterten Ascosporen führte zu Befall außer bei **I**, **IIa** + **IIc** und **IVc**. Die Überwinterung abgefallener Perithecien konnte auch in der Praxis beobachtet werden. Für die Bekämpfung ist dies von Bedeutung. A. Hopfe/Groß-Lüsewitz. 2090.

2-64/04-1005 Stellmach, Günther. **Der Stand unserer Kenntnisse über Erkrankungen der Traubenstiele an Reben.** Weinberg u. Keller **10** (1963) Nr. 10. S. 451–455.

Es wird eine kurze Literaturübersicht über den augenblicklichen Stand der Untersuchungen über die „Stielfäule" und die „Stiellähme" der Weinrebe gegeben. Die Ursachen und Bekämpfungsmöglichkeiten werden besprochen.
F. Gollmick. 2090.

2-64/04-1006 Sauthoff, W.; Berlin-Dahlem, Biol. Bundesanst. für Land- und Forstwirtsch., Lab. für Zierpflanzenkrankh. **Phytophthora cinnamomi als Krankheitserreger an Azaleen.** Gartenwelt **63** (1963) Nr. 13. S. 275–276. – 5 Abb., 6 Lit.
In den USA und Australien war *Phytophthora cinnamomi* bereits als Krankheitserreger an Azaleen festgestellt. Nunmehr ist die Krankheit erstmalig auch in Europa beobachtet worden. Die Symptome sind unspezifisch: Fäulnis der Wurzeln und des Stengelgrundes, Laubverfärbung, Welken, Kümmern und Absterben der Pflanzen. Die Pathogenität von verschiedenen Herkünften der *P. cinnamomi* wurde in 2 Infektionsversuchen nachgewiesen. Der Verlauf der Krankheit scheint langsamer zu sein als beim *Erica*-Sterben, das durch den gleichen Erreger verursacht wird. Die Bekämpfung ist nur durch hygienische Maßnahmen unter Ausschaltung aller Infektionsquellen möglich.
Herta Schmidt. 2100.

2-64/04-1007 Srivastava, H. P. und Bilgrami, K. S. Records of two new fungi on the leaflets of Cycas rumphii Miq. **(Aufzeichnungen über 2 neue Pilze an den Blättern von Cycas rumphii Miq.)** Naturwissenschaften **50** (1963) Nr. 17. S. 577–578. – 3 Abb., 1 Lit. 2100.

2-64/04-1008 Meredith, D. S. Some components of the air-spora in Jamaican banana plantations. **(Einige Bestandteile der Luftsporen in Bananenplantagen Jamaikas.)** Ann. appl. Biol. **50** (1962) Nr. 3. S. 577–594. 2200.

2-64/04-1009 Stotzky, G. und Martin, R. Torrence. Soil mineralogy in relation to the spread of Fusarium wilt of banana in Central America. **(Bodenmineralstoffgehalt in Beziehung zur Ausbreitung der Fusarium-Welke der Banane in Zentralamerika.)** Plant and Soil [The Hague] **18** (1963) Nr. 3. S. 317–337. – 7 Abb., 5 Tab. 2200.

2-64/04-1010 Orcival, Jean; Orsay, Fac. des Sci., Inst. de Bot. Sur l'altération des chloroplastes du Séneçon vulgaire parasité par une Urédinale. **(Zur Veränderung der Chloroplasten von Senecio vulgaris parasitiert durch einen Rostpilz.)** C. R. hebd. Séances Acad. Sci. **257** (1963) Nr. 3. S. 751–753. – 7 Abb., 6 Lit.
Parenchymales Rindengewebe von *Senecio vulgaris* L., das von *Puccinia terrieriana* Mayor befallen war, wurde elektronenmikroskopisch (Mn-Fixierung, Aralditeinbettung) untersucht. – Die Abb. zeigen, daß das intercellulare Mycel der untersuchten Zone Haustorien aussendet, die in den Zellen eine cytoplasmatische Lysis hervorrufen. Die Chloroplasten sind davon bes. betroffen; sie verändern sich hauptsächlich in der folgenden Weise: Desorganisation der 2schichtigen Plastidenmembran durch Bläschenbildung oder durch ihr teilweises Verschwinden; Kondensation dichter Granula, die von Vf. als Entmischung der Pigmente, bes. auf der Stufe der Carotinoide, gedeutet werden. Als Ursache nimmt Vf. die Bildung noch unbekannter Substanzen an, zumal an isolierten Plastiden oder auch in situ ähnliche Veränderungen der Infrastruktur durch Einwirkung von Digitonin oder Atrazin auftraten. Ähnliche strukturelle Veränderungen waren auch als Ausfallserscheinungen bei Kulturen auf Mineralmedium beobachtet worden, bes. bei solchen mit Zn-Mangel. R. Ritter. 2300.

2-64/04-1011 *Messiaen, C. M.* et *Lafon, R.* **Les maladies des plantes maraîchères.** Vol. 1. Paris: Institut national de la Recherche agronomique. 1963. (153 S. m. 57 Abb.) 23,5 × 16 cm. 21 nfr. Die Behandlung der Krankheiten der Gemüsepflanzen erfolgt in zwei Bänden. Der vorliegende 1. Band beschäftigt sich mit den Pilz- und Bakterienkrankheiten sowie den Virosen der Tomate, Aubergine, Petersilie, der Cucurbitaceen, der Bohne, Erbse, des Pfeffers, des Selleries. Bei jeder Krankheit werden der Erreger, das Schadbild sowie die Möglichkeiten der Bekämpfung besprochen. Die Ausführungen werden durch gute Zeichnungen und Photos ergänzt.
R. Fritzsche.

D. Maßnahmen des Pflanzenschutzes

2-64/04-1012 Liautaud, G. Un essai de traitement antiparasitaire à l'aide d'une installation anti-gel pour aspersion. **(Ein Versuch zur Schädlingsbekämpfung mit Hilfe einer Frostschutz-Beregnungsanlage.)** Phytoma [Paris] **14** (1962) Nr. 9/10. S. 22–23. – 3 Abb.

Für die chem. Bekämpfung in einer Obstanlage von 4 ha wurde das Röhrensystem einer Beregnungsanlage verwendet. Zur ersten kombinierten Behandlung Anfang Juli wurden 15 kg Captan und 21 kg Bleiarsenat im 500-l-Tank der Maschine aufgelöst und mit 6000 l/4 ha verspritzt. Die Behandlung dauerte 12 Min. Ein Rest der Spritzbrühe verblieb in den Endabschnitten der Rohre. Die 2. Behandlung erfolgte nach 3 Wochen mit 12 kg Gusathion und 15 kg Handelscaptan. Eine 3. und 4. Behandlung fanden im Aug. statt. Die Behandlungen können nachts und mit Ein-Mann-Bedienung erfolgen.
H. Wiegand. 2400.

2-64/04-1013 Heinisch, E.; Kleinmachnow, Biol. Zentralanst. der Dtsch. Akad. der Landwirtsch.-Wiss. zu Berlin. **Hygienische Beurteilung von Maßnahmen des Pflanzenschutzes, die zu Kontamination der Lebensmittel mit Pflanzenschutzmitteln führen können.** Nahrung **6** (1962) Nr. 1. S. 1–16. Sep. – 21 Lit.

Der praktische Pflanzenschutz wird auf die Verwendung von chem. Pflanzenschutzmitteln nicht verzichten können, obwohl ernste Bedenken von medizinischer Seite hinsichtlich der toxischen Rückstände geäußert sind. In vorliegender Arbeit werden alle Faktoren berücksichtigt, die bei der hygienischen Beurteilung von toxischen Pflanzenschutzmittelrückständen zu beachten sind: toxische und rückstandsbildende Eigenschaften des Wirkstoffes bzw. des Handelspräparates, die Applikationsform, die Eigenschaften des Substrates (Boden, Pflanze, Nahrungsmittel), klimatische Einflüsse und die Bedeutung des betreffenden Lebensmittels innerhalb der Ernährung. Eine laufende Kontrolle der Nahrungs- und Futtermittel durch hygienische Untersuchungsstellen bedarf noch umfangreicher Forschungsarbeiten, für die Vorschläge gemacht werden.
P. Neubert. 2400.

2-64/04-1014 Anonym. Big spray projects to use new pesticides. **(Große Pläne für das Versprühen neuer Schädlingsbekämpfungsmittel.)** Chem. Engng. News **41** (1963) Nr. 25. S. 29.

In den Südoststaaten der USA geht man zur Bekämpfung der Feuerameise vom Heptachlor auf das neuere Mirez über, das als Lockstoff enwickelt und für Mensch, Vieh und Wild weniger toxisch ist. Im Staat Washington, wo der Tannenwickler das Nutzholz bedroht, ist man vom DDT auf das weniger toxische, wenn auch teurere Sevin übergegangen, da das DDT von den dort an der Pazifikküste in großen Mengen gewonnenen Austern ungewöhnlich stark akkumuliert wird. Es ist aber noch nicht erwiesen, ob Sevin den Tannenwickler mit der erforderlichen Wirkung zu bekämpfen vermag wie in Labor.-Versuchen. Darum werden neben Sevin auch noch ein Bakterienpräparat aus Sporen von *Bacillus thuringiensis* sowie Phosphamidon geprüft. Man will auch, obwohl dies die Kosten noch weiter erhöht, statt der bisherigen Flugzeuge Hubschrauber einsetzen und Maßnahmen treffen, daß die Schädlingsbekämpfungsmittel möglichst nicht in die See gelangen.
Bürger. 2400.

2-64/04-1015 Pantůček, J. und Novotný, J. Zkušenosti s ochranou chmele v Úštěcké oblasti. **(Erfahrungen über Pflanzenschutz im Hopfenbau im Gebiet von Úštěk.)** Chmelařství **36** (1963) Nr. 5. S. 69–70. – 1 Abb.

Die Vorbereitungsarbeiten für die Bekämpfung von Krankheiten und Schädlingen des Hopfens wurden i. J. 1962 in der Umgebung von Litoměřice rechtzeitig durchgeführt. Über 300 Arbeitskräfte erhielten Ausbildung über die

Handhabung der giftigen Präparate, die Spritzgeräte wurden rechtzeitig repariert und chem. Spritzmittel waren in ausreichender Menge vorhanden. Das Gießen gegen saugende Insektenarten wurde während der 1. Junihälfte vorgenommen. Gegen Ende Mai wurde ein Auftreten von *Hydroecia micacea* und in einigen Hopfenanlagen auch von *Otiorrhynchus ligustici* verzeichnet. *Psylliodes attenuata* kam nur in einigen Gemeinden vor. Anfang Juni zeigte sich in typischen Lagen die Rote Spinne und vermehrte sich derart, daß sie in einigen Fällen, wo sie nicht rechtzeitig vernichtet wurde, auch die Dolden befiel. Die Hopfenblattlaus *Phorodon humuli* flog den Hopfen bereits Ende Mai an, schädigte jedoch am stärksten in den von der Roten Spinne befallenen Hopfenanlagen. Das *Peronospora*-Auftreten war schwach. Die Hopfenbaubetriebe verwenden durchweg Holder-Schlepper für den Hopfenschutz und das Präparat Terra-Sytam. ČSSR/ÚVTI. 2400.

2-64/04-1016 Bazzigher, G.; Birmensdorf, Eidg. Anst. für das Forstl. Versuchswes. **Ein vereinfachtes Gefriertrocknungsverfahren zur Konservierung von Pilzkulturen.** Phytopathol. Z. **45** (1962) Nr. 1. S. 53–56. – 1 Abb., 4 Lit. Zus. in Engl.
Die Beobachtung, daß sehr viele Pilze auch in ausgetrockneten Agarkulturen noch lange ihre Lebensfähigkeit behalten, bewog Vf., die Agarkultur zu lyophilisieren. Reagenzröhrchen werden mit 0,1–0,05 ml Malzagar gefüllt, autoklaviert, beimpft und bei Optimaltemperatur des Pilzes inkubiert. Die Gefriertrocknung erfolgt dann nach dem üblichen Verfahren: Einfrieren, Vortrocknen, Ausziehen, Einengen der späteren Abschmelzstelle als Vorbereitung für das Zuschmelzen, Nachtrocknen am „Rechen", Zuschmelzen am Vakuum. Die Ampullen werden bei ca. 2 °C aufbewahrt. Das Verfahren wurde mit Erfolg angewendet bei Pilzen der Gattungen *Herpotrichia, Armillaria, Coniophora, Fomes, Lentinus, Lenzites, Polyporus, Schizophyllum* und *Stereum*. Da einige der geprüften Arten weder Chlamydosporen, Konidien, Oidien noch die Hauptfruchtform bilden, wäre erwiesen, daß auch das Mycel ohne Sporen die Gefriertrocknung überleben kann. H. Lehmann. 2420.

2-64/04-1017 Gregory, P. H. und Lacey, Maureen E.; Harpenden, Herts., Rothamsted Exp. Stat. Liberation of spores from mouldy hay. **(Freisetzung von Sporen aus verpilztem Heu.)** Trans. Brit. mycol. Soc. **46** (1963) Nr. 1. S. 73–80. – 5 Abb., 9 Lit.
Heuproben wurden in einem Windkanal verschiedenen Windgeschwindigkeiten ausgesetzt und die Menge der freigesetzten Pilzsporen registriert. Bei einer konstanten Windgeschwindigkeit von 1,2 m/Sek. wurden von einer stark verpilzten Heuprobe 1000mal mehr Sporen freigesetzt als von normalem Heu. Mit steigender Windgeschwindigkeit nahm die ausgeblasene Sporenmenge zu. Vom Gesamtsporengehalt einer Heuprobe wurden durch Windgeschwindigkeiten von 0,6 m/Sek. 2,5, von 1,2 m/Sek. 4,2, von 2,3 m/Sek. 3,9 und von 4,9 m/Sek. 15,5% entfernt. Eine Heuprobe, die bei 1,2 m/Sek. in 31 Min. $50 \cdot 10^6$ Sporen abgab, lieferte bei 4,9 m/Sek. für weitere 31 Min. nochmals $55 \cdot 10^6$ Sporen. Für Routineuntersuchungen von Heuproben wird eine Windgeschwindigkeit von 4,2 m/Sek. für 3 Min. vorgeschlagen.
G. Zahn. 2420.

2-64/04-1018 Belokurskaja, V. I.; Wilnjus, Litau.SSR, Quarantäne-Lab. Novoe v obsledovanii na kartofel'nuju nematodu. **(Neues zur Untersuchung des Kartoffelnematoden.)** Zaščita rastenij ot vreditelej i boleznej, Moskva 8 (1963) Nr. 6. S. 41–42. – 2 Abb.
Es wurden 9 Methoden zur Untersuchung des Bodens auf Zystenbesatz überprüft. Davon erwiesen sich 3 als günstig: 1) Gefäßmethode nach Fenwick, 2) Suspension Herstellen – Abschöpfen – Sieben – Filtern, 3) Vereinigung der Arbeitsgänge Sieben und Filtern durch Verwendung eines seidenen Mehlsiebes (Methode des Vf.). Mit diesen Methoden wurden i. J. 1961 in der Litau-

ischen SSR 13000 Flächen untersucht. Davon konnten 1,3% = 17,23 ha als verseucht ermittelt werden. Im Jahre 1962 stiegen die Untersuchungen auf 48774 ha an mit 3,06% = 108 ha Verseuchung.
H. Grieß/Groß-Lüsewitz. 2420.

2-64/04-1019 Howe, R. W.; Slough, Bucks., A.R.C., Pest Infestation Lab. The random sampling of cultures of grain weevils. **(Das Ziehen von Untersuchungsproben aus Kulturen getreidesamenbewohnender Käfer.)** Bull. entomol. Res. **54** (1963) Nr. 1. S. 135–146. – 2 Abb., 6 Tab., 8 Lit.
Im Getreide schädliche Rüsselkäfer und Samenkäfer (*Bruchidae*) sind im Larvenstadium gegen Räuchermittel weit resistenter als im Imaginalstadium. Da es sich hierbei um wirtsch. bedeutungsvolle Arten handelt, ist es wünschenswert, Informationen über die Empfindlichkeit aller Stadien gegen diese Mittel sowie über die Bedeutung abiotischer Faktoren für die Letalität zu erhalten. Infolge der verborgenen Lebensweise vieler Stadien ist das recht schwierig. Es werden vom Vf. 4 verschiedene Methoden beschrieben, mittels derer eine Trennung der Stadien von ihren Kulturmedien nach Versuchsabschluß möglich ist. Die Aussagekraft jeder Methode wird dargelegt. Die Methoden arbeiten nach dem Prinzip des Zufalls, wobei die Trennung nach dem Schädigungsgrad der Versuchstiere und deren Entwicklungsstadium erfolgt.
K. Geißler. 2420.

2-64/04-1020 Jermoljev, E., Chod, J. und Smrž, J. Biochemická diagnostika viru žloutenky řepy cukrové ve šlechtitelské praxi. **(Biochemische Diagnostik des Virus der Vergilbungskrankheit der Zuckerrübe in der Veredlungspraxis.)** Listy Cukrovarnické **79** (1963) Nr. 2. S. 28–31. – 7 Abb., 1 Tab., 4 Lit. Zus. in Russ., Engl., Dtsch.
Um die Qualität des Biuret- und Dymethyltests zu überprüfen, wurde das Zuchtmaterial aus dem Jahre 1961 einer Analyse unterworfen. Es wurden insgesamt 142 gesunde und 170 vergilbungskranke Pflanzen geprüft. Von Pflanzen, bei denen sich im Freiland keine Vergilbungskrankheit feststellen ließ, zeigten 78% keine Reaktion. I. J. 1962 wurden künstliche Infektionen mit dem Vergilbungsvirus durchgeführt. Erfolgte diese am 15. 5., so wurde der Stoffwechsel sämtlicher infizierter Pflanzen gestört. Dies zeigte sich im verringerten Wurzelgewicht. Die am 15. 6. erfolgte Infektion war weniger wirksam, und die Infektion vom 15.7. störte den Stoffwechsel nur zu etwa 50% der Pflanzen.
ČSSR/ÚVTI. 2420.

2-64/04-1021 Heinisch, E.; Kleinmachnow, Biol. Zentralanst. der Dtsch. Akad. der Landwirtsch.-Wiss. zu Berlin. **Analytische Probleme bei der Kontrolle von Lebensmitteln auf Pflanzenschutzmittelrückstände.** Nahrung **6** (1962) Nr. 1. S. 17–35. Sep. – 2 Abb., 47 Lit.
Die Kontrolle von Lebensmitteln auf vorhandene toxische Rückstände von Pflanzenschutzmitteln ist noch keineswegs in allen Einzelheiten gelöst. Dies betrifft insbes. die Extraktions- und Reinigungsverfahren, da mehr oder weniger große Wirkstoffverluste auftreten, die von der anschl. chem. Bestimmung nicht erfaßt werden. Vf. diskutiert im einzelnen die bestehenden Möglichkeiten der Extraktion, der Reinigung der Extrakte, der Identifizierung und Bestimmung der Wirkstoffe (einschl. Bioteste).
P. Neubert. 2420.

2-64/04-1022 Stobwasser, H.; Stuttgart-Hohenheim, Landwirtsch. Hochschule, Inst. für Pflanzenschutz. **Chemische Bestimmung der Rückstände von Parathion, Malathion und Diazinon auf Blumenkohl, Kohlrabi, Bohnen und Gurken.** Z. Pflanzenkrankh. (Pflanzenpathol.) Pflanzenschutz **70** (1963) Nr. 5. S. 279–284. – 4 Tab., 6 Lit.

Mehrjährige Untersuchungen (1960–1962) sollten Aufschluß über Rückstände von Parathion (**I**), Malathion (**II**) und Diazinon (**III**) auf Blumenkohl, Kohlrabi Bohnen und Gurken (im Frühbeet) geben. Die Emulsionsmittel wurden in normaler und 3facher Konz. (**I**: 0,035/0,105%, **II**: 0,1/0,3%, **III**: 0,1/0,3%; 1000 l/ha) gespritzt. 1 Woche nach der Behandlung betrugen die Rückstände von **I** auf Blumenkohl etwa $^1/_5$ der USA-Toleranz von 1 ppm bei 3facher Konz. Auf Kohlrabi, Bohnen und Gurken wurden kurz nach der Behandlung (3-4 Tage) unter 0,1 ppm von **I**, **II** und **III** festgestellt (USA-Toleranzen **II**: 8 ppm, **III**: 0,75 ppm). Witterungsabhängigkeiten der Rückstände wurden nicht beobachtet. Die chem. Bestimmung der Rückstände erfolgte nach Fischer/Zeumer (**I**), nach Norris, Veil und Averell (**II**) sowie nach Suter, Delley und Meyer (**III**). Das für **III** verwendete Verfahren eignet sich nach einigen Abänderungen auch für **I**. P. Neubert. 2420.

2-64/04-1023 Anonym. Biological insecticide.] **(Biologisches Insekticid.)** Chem. Engng. News **41** (1963) Nr. 24. S. 57.
In den USA wurde das Insekticid Thuricide 90 T entwickelt und auf den Markt gebracht. Sein Wirkstoff sind lebende Sporen des *Bacillus thuringiensis*. Der Bazillus tötet eine große Anzahl blattfressender Raupen, wirkt aber sonst nicht toxisch. Das flüssige Insekticid ist in Feld und Wald in Mengen von nur 1,5 bis 9,8 l/ha wirksam. Es kann mit den üblichen Geräten versprüht werden. Bürger. 2470.

2-64/04-1024 Chant, D. A.; Vineland Station, Ontario, Canada Dep. of Agric. Some mortality factors and the dynamics of orchard mites. **(Einige Mortalitätsfaktoren und die Dynamik von Obstmilben.)** Mem. entomol. Soc. **1963** Nr. 32. S. 33–40. — 5 Abb., 5 Lit.
Unsere Kenntnis der Dynamik der Obstmilben, d.h. der Bedeutung der abiotischen und biotischen Faktoren (Raubmilben), ist unzureichend. Vf. greift 3 Probleme heraus. Die Wintermortalität der Raubmilbe *Amblyseius oudemansi* (Chant) beträgt 90%, wodurch ihr Einfluß auf die Spinnmilbenpopulationen im Frühjahr sehr gemindert ist. Die Entfernung der Raubmilben von ungespritzten Apfelblättern hatte nur geringe oder keine Wirkung auf die Population der phytophagen Milben. In Labor.-Versuchen konnte gezeigt werden, daß 2 Raubmilben-Arten mit verschiedener räuberischer Aktivität von unterschiedlicher Bedeutung für *Tetranychus telarius* sind.
E. Königsmann. 2470.

2-64/04-1025 Bognár, S. Adatok az almamoly magyarországi természetes ellenségeiről és szerepükről. **(Angaben über die natürlichen Feinde des Apfelwicklers in Ungarn und über ihre Bedeutung.)** Kertészeti szőlészeti Főiskola Évkönyve [Ann. Acad. Horti-Viticult.] **1962** Nr. 2. S. 31–43. — Aus: Ung. Agrar-Rdsch. **1963** Nr. 3.
Bei 8jährigen Beobachtungen in verschiedenen Apfelanlagen Ungarns wurden folgende Räuber der Apfelwicklerraupen festgestellt: *Labidura riparia* Pall., *Forficula auricularia* L., *Lasius* sp., *Tetramorium caespitum* L., *Polistes gallica* L., *Vespa germanica* Fabr. und die Larve von *Chrysopa vulgaris* Schn. Unter den Feinden der Apfelwicklerraupen haben die Vögel die größte Bedeutung, bes. Spechte und Spechtmeisen. Als Larven- und Puppenparasiten wurden folgende Hymenopteren beobachtet: *Cryptus* sp., *Pimpla terebrans* Ratz., *Pimpla turionellae* L., *Ephialtes caudatus* Ratz., *Pristomerus vulnerator* Panz., *Ascogaster* sp., *Perilampus stristis* Mayr., *Eurytoma rosae* Nees., *Dibrachys cavus* Walk., außerdem eine Raupenfliegenart: *Elodia* (= *Arrhinomyia*) *tragica* Mg. 2470.

2-64/04-1026 Kennel-Heckel, Waldtraut; München, Inst. für Angew. Zool. **Experimentell-ökologische Untersuchungen an Trichogramma embryophagum Hartig (Chalc./Hym.) sowie am Ei des Kiefernspanners Bupalus pini-**

arius L. (Geom. Lep.). Z. angew. Entomol. **52** (1963) Nr. 2. S. 142–184. – 27 Abb., 11 Tab., 46 Lit.

Mit umfangreichen ökol. Untersuchungen der Eientwicklung von *Bupalus piniarius* L. und des Verhaltens von *Trichogramma embryophagum* Hartig als Parasit in Kiefernspanner- und Kieferneulen-Eiern wird ein umfassendes Bild des Wirt-Parasit-Komplexes gegeben und auf die Möglichkeit der Anwendung von Schlupfwespen zur biol. Bekämpfung der genannten Forstschädlinge hingewiesen. Im einzelnen wurden der Einfluß konstanter und wechselnder Temperatur und Luftfeuchtigkeit auf das Spanner-Ei und die Schlupfwespe, die Beeinflussung der Diapause und Überwinterung von *T. embryophagum* und der Einfluß von Licht und Eigelegeform auf die Nachkommenproduktion des Parasiten untersucht. G. Kerner. 2470.

2-64/04-1027 Smith, Floyd F., Henneberry, T. J. und Boswell, A. L. The pesticide tolerance of Typhlodromus fallacis (Garman) and Phytoseiulus persimilis. A. H. with some observations on the predator efficiency of P. persimilis. **(Die Pflanzenschutzmittel-Toleranz von Typhlodromus fallacis (Garman) und Phytoseiulus persimilis A. H. mit einigen Beobachtungen über den Räubereffekt von P. persimilis.)** J. econ. Entomol. **56** (1963) Nr. 3. S. 274 bis 278. – 2 Abb., 4 Tab.

Die Verwendungsmöglichkeit räuberischer Typhlodromiden zur Bekämpfung von Spinnmilbenpopulationen ist hinreichend bekannt. Es interessierte jedoch, unter welchen Bedingungen diese Raubmilben bei einer integrierten biol.-chem. Bekämpfung verwendet werden können. Unter diesem Aspekt wurde die Toxizität von 31 Pflanzenschutzmitteln gegenüber *Typhlodromus fallacis* und *Phytoseiulus persimilis* geprüft. Die Raubmilben erwiesen sich als tolerant gegenüber 12 Chemikalien: den Insekticiden Aldrin, Dieldrin, Endrin, den Acariciden Aramite, Chlorbenzilat, Kelthane. Tetradifon, Ovex und den Fungiciden Captan, Maneb, Folpet und Zineb. Diese Ergebnisse ermutigen zu weiteren Untersuchungen zur Ausarbeitung eines integrierten Bekämpfungsprogramms. Larvenstadien von *P. persimilis* vernichteten im tägl. Mittel 6,3 Eier von *Tetranychus telarius* oder 7,1 Eier von *T. cinnabarinus*. Die Imagines von *P. persimilis* benötigten dagegen eine tägl. Futterration von 18–20 Eiern und etwa 1,5 adulten ♀ der Wirtsmilben.
H. Thomas. 2470.

2-64/04-1028 McAllister, J.S.V. The use of sulphur to control common scab potatoes. **(Die Anwendung von Schwefel zur Bekämpfung schorfkranker Kartoffeln.)** Res. exp. Rec. Ministry Agric. Northern Ireland **11** (1961) Nr. 2. S. 111–114. – 4 Tab., 2 Lit.

Durch geeignete Anwendung von S zur Kartoffelbestellung auf dem Acker ist es möglich, die Bodenacidität zu verringern und damit den Anteil schorfbefallener Knollen erheblich herabzusetzen. Es wurden in den geschilderten Versuchen die Behandlungsvarianten ohne S sowie 5 cwt. S/acre, 10 cwt. S/acre und Pflanzknollen vor dem Pflanzen mit S bestäubt, jeweils nach Brache und nach Gründüngung auf einem mittleren Lehmboden mit durchschnittl. pH 6,3 durchgeführt. Der Rückgang schorfbefallener Knollen variierte von 47% bei 5 cwt.-Gabe zur Brache bis 78%, bei 10 cwt.-Gabe nach Gründüngung. Im Mittel sämtlicher S-Behandlungsvarianten wurden nach Brache 65% und nach Gründüngung 54% der Knollen (unbehandelt = 100 gesetzt) von Schorf befallen. D. Rothacker/Groß-Lüsewitz. 2500.

2-64/04-1029 Marec, K. Problem zwalczania raka ziemniaczanego. **(Die Bekämpfung des Kartoffelkrebses.)** Nowe Rolnictwo **12** (1963) Nr. 2. S. 26 bis 27.

In ganz Polen findet der Pilz *Synchytrium endobioticum* entsprechend bio ökologische Bedingungen für seine Entwicklung und kann krebsempfindliche Kartoffelsorten befallen. Das Auftreten des Kartoffelkrebses ist in allen Woiewodschaften des Landes festgestellt worden. Die größte Zahl dieser Schmarotzerherde wurde in den Woiewodschaften Kielce, Warszawa und Rzeszów registriert. Die Herde des Kartoffelkrebses sind vor allem in den Hausgärten und den kleinbäuerlichen Betrieben anzutreffen. Bekannt ist, daß der Anbau von krebsfesten Kartoffelsorten der sicherste, einfachste und billigste Weg für die Bekämpfung des Kartoffelkrebses ist. Der hauptsächliche Grund, der es erschwert, anstelle krebsempfindlicher Kartoffelsorten krebsfeste zu wählen, sind vermutlich bes. Eigenarten der alten Sorten (Geschmack, Farbe des Fleisches), die die Bauern nicht aufgeben möchten. Das Ziel des Anbaus ist jedoch nicht nur die Erzielung schmackhafter Kartoffeln, sondern vor allem die Erzielung hoher Knollen- und Stärkeerträge vom ha. Eine negative Seite des Kartoffelkrebses, die bisher noch nicht in Betracht gezogen wurde, aber für die Zukunft von großer Bedeutung sein wird, ist die Möglichkeit der Entstehung neuer Biotypen des Pilzes mit größerer Virulenz. PRL/CBR, übersetzt v. H. Huth. 2500.

2-64/04-1030 Sazonik, Ch. V. und Kolomijko, I. F.; Tschernowzy, Ukrain. SSR, Unions-Stat. zur Bekämpf. des Kartoffelkäfers. Polisul'fid ammonija protiv raka kartofelja. **(Ammoniumpolysulfid gegen Kartoffelkrebs.)** Zaščita rastenij ot vreditelej i boleznej, Moskva 8 (1963) Nr. 6. S. 31.
In Versuchen wurde die Wirkung des neuen flüssigen N-Düngemittels Ammoniumpolysulfid (enthält 120 g Ammoniak und 100 g S in 1 l Wasser) auf den Kartoffelkrebs geprüft, und zwar in 25–50% wäßriger Lösung bei Aufwandmengen von 500, 1000 und 2000 l/ha. Verwendet wurde die krebsanfällige Sorte „Wohltmann". Pflanztermine bis zu 60 Tagen nach der Bodenbehandlung erhöhten den Krebsbefall, solche von 180 Tagen führten zu Krebsfreiheit. Die Behandlung soll bei einer Bodentemperatur von mindestens 16 °C erfolgen. H. Grieß/Groß-Lüsewitz. 2500.

2-64/04-1031 Hubert, K.; Halle, Pflanzenschutzamt beim Bezirkslandwirtschaftsrat. **Kein Kartoffelfeld ohne Krautfäulespritzung.** Wiss.-techn. Fortschr. Landwirtsch. **4** (1963) Nr. 7. S. 306–307.
Auf Grund der hohen Verluste i. J. 1962 durch die Braunfäule an Pflanz- und Speisekartoffeln in den nördlichen und östlichen Bezirken der DDR wird nachdrücklich auf die Notwendigkeit intensiver Bekämpfungsmaßnahmen hingewiesen. Vf. gibt Hinweise zur praktischen Durchführung.
H. Henniger/Groß-Lüsewitz. 2500.

2-64/04-1032 Murbach, R. und Corbaz, R.; Lausanne, Stat. Fédérales d'Essais Agric. Influence de trois types de fongicides utilisés en Suisse contre le mildiou de la pomme de terre (Phytophthora infestans [Mont.] de Bary) sur la densité de population du doryphore (Leptinotarsa decemlineata Say). **(3 in der Schweiz angewendete Fungicide zur Krautfäulebekämpfung [Phytophthora infestans Mont. de Bary] in ihrem Einfluß auf die Populationsdichte des Kartoffelkäfers [Leptinotarsa decemlineata Say].)** Phytopathol. Z. **47** (1963) Nr. 2. S. 182–188. — 1 Abb., 1 Tab., 5 Lit. Zus. in Engl., Dtsch.
3 in der Krautfäulebekämpfung bekannte Fungicide wurden bez. ihrer Wirkung auf die Populationsdichte des Kartoffelkäfers untersucht. Für Kupferoxychlorid konnte die fraßabstoßende Wirkung kupferhaltiger Fungicide bestätigt werden. Behandlung mit Brestan (Triphenylzinnacetat) führt zu einem starken Rückgang der Eiablage und der Larvenpopulation. Maneb (Mangan-Äthylenbisdithiocarbamat) zeigte keinen Einfluß auf die Populationsdichte des Kartoffelkäfers. A. Hopfe/Groß-Lüsewitz. 2500.

2-64/04-1033 Tiščenko, A. Fitoftora i makrosporioz kartofelja. **(Phytophthora und Macrosporium an Kartoffeln.)** Kartofel' i ovošči, Moskva 8 (1963) Nr. 6. S. 18–19. — 2 Tab.

In 3jährigen Versuchen wurden in der Westukraine folgende Fungicide bei zweimaliger Spritzung mit 500–700 l/ha Lösung geprüft: Kupferkalkbrühe 1% (I); Kupferchloroxyd-Stäubemittel (II); Kupfersulfatlösung 0,2% (III) und 0,1% (IV); Fuklasin 0,5% (V) und TMDT 0,2% (VI). Alle Mittel außer IV senkten den *Phytophthora*-Befall des Krautes um $^1/_3$ bis ½ und erhöhten den Ertrag um 20–47%. Ein ähnliches Bild zeigte sich bei *Macrosporium*, wobei allerdings die Mehrerträge nur bei 10% lagen und VI sich nicht bewährte.
H. Grieß/Groß-Lüsewitz. 2500.

2-64/04-1034 Slawinski, A. Skuteczność różnych sposobów zwalczania mączniaka rzekomego tytoniu chemicznymi środkami ochrony roślin. Cześć I. **(Die Wirksamkeit der verschiedenen Bekämpfungsverfahren gegen Blauschimmel des Tabaks mit chemischen Pflanzenschutzmitteln. 1. Mitt.)** Wiadomości tytoniowe 7 (1963) Nr. 1. S. 11–14. — 8 Abb.
Es werden die Ergebnisse der Bekämpfung des Blauschimmels bei Tabak durch Spritzen der Pflanzen mit chem. Mitteln in Form von wäßrigen Emulsionen behandelt. Es wurden nachstehende Mittel erprobt: 1) Maneb: Liro-Maneb 80 (Frankreich), Polyron N (DB) und 2) Zineb: Lireb (Italien), Lirotan (Holland), Cynkotox (Polen) sowie S- und Ca-haltige Mittel. Auch das Netzmittel Wolfen (DDR) wurde geprüft. Das Bepflanzen der Parzellen erfolgte am 24.5., eine jede mit 2 Sorten 'Mocny-Skroniowski' und 'Flandria' mit je 35 Stück. Die prophylaktischen Maßnahmen begannen am 17. 7. Das Spritzen wurde alle 8–9 Tage bis zum 25.10. wiederholt. Am erfolgreichsten wurde der Blauschimmel mit Liro, Maneb 80 in 0,2%iger Konz. unter Zusatz von „Netzmittel Wolfen" in 0,3%iger Konz., Sireb (Zineb) in 0,3%iger Konz. und Polyram 80 in 0,2%iger Konz. bekämpft. S-haltige Mittel und der sog. flüssige Kalk hatten eine nur geringe Wirkung. Ein Zusatz NaCl zu Sireb erwies sich als vorteilhaft. Das Ausbrechen der Geiztriebe sowie die Beseitigung des Sandblattes und des Untergutes vor ihrer technischen Reife erwiesen sich als notwendig, um gesunden Tabak zu erhalten. Das Spritzen muß systematisch alle 8 Tage und nach jedem stärkerem Regen erfolgen. Die zum Spritzen verwendete Flüssigkeitsmenge betrug je nach der Größe der Pflanzen 700 bis 1500 l/ha. PRL/CBR, übersetzt v. R. Hüffer. 2500.

2-64/04-1035 Zaleski, Karol. Głownia cebuli (Urocystis cepulae Frost.) i sposoby jej zwalczania w świetle literatury. **(Der Zwiebelbrand [Urocystis cepulae Frost] und seine Bekämpfung im Lichte der Literatur.)** Ochrona Roślin 7 (1963) Nr. 1. S. 12–14. — 9 Lit.
Zum Anbau sind Jungpflanzen im Alter von 3 Wochen zu verwenden, die Frühbeeterde ist mit Formalin zu desinfizieren. Eine frühe Aussaat der Samen verringert die Infektionsrate, denn das Keimen der Sporen erfolgt erst über 8 °C. Die chem. Bekämpfung des Brandes sollte vor der Aussaat mit Schwefelblüte, Kalifornischer Flüssigkeit oder Formalin durchgeführt werden. Beizen mit Formalin ist umständlich und kann die Triebkraft der Samen beeinträchtigen. In den USA werden verschiedene Beizverfahren angewendet. Dabei kommt der Trockenbeize mit 75%igem Thiuram, 75%igem Tersan oder 75%igem Captan nach vorheriger Anwendung einer 5%igen Methocel-Lösung als Haftmittel bes. Bedeutung zu. So gebeiztes Saatgut kann trocken selbst einige Wochen lagern. Bei anderen Verfahren werden die Präparate (Thiuram 75%, Captan 75%) in der Sämaschine ohne Haftmittel mit den Samen vermischt (1 kg/3 kg Saatgut). PRL/CBR, übersetzt v. R. Hüffer. 2500.

2-64/04-1036 Schmidt, E. und Wenninger, H.; Dresden, Dtsch. Saatgutbetrieb; Pflanzenschutzamt. **Ein neues physikalisches Verfahren zur Bekämpfung des Gersten- und Weizenflugbrandes in der DDR.** Int. Z. Landwirtsch. [Sofia/Berlin] **1963** Nr. 3. S. 54–56. — 2 Abb., 11 Lit.
Bei diesem Verfahren (Schmidt/Ende, DDR-WP Nr. 23421) wird unter Vakuum bis zu 200 mm Hg-Säule gearbeitet. Nach einem Erwärmungsvorgang

wird nach etwa 10 Min. die Benetzung mit 0–10% Wasser vorgenommen. Die anschl. Arbeitstemperatur beträgt vorzugsweise 60 °C. Der Vorgang vom Einsatz des Saatgutes bis zur Beendigung der Aufheizung dauert 60 Min. Hieran schließt sich ein 60 Min. erstreckender Beizvorgang bei konstanter Temperatur an, worauf die Rücktrocknung und Kühlung des Saatgutes auf annähernde Ausgangswerte innerhalb 60–90 Min., je nach Höhe der Benetzungsprozente erfolgten. Dem Benetzungswasser wird ein chem. Beizmittel zugesetzt. Die Steuerung der Wärmezufuhr regelt ein Kontaktthermometer. Das Gerät kann stationär mit einer Leistung von 1 kg/Std. bis 10 dt/Std. und fahrbar mit einer Leistung von 1 kg/Std. bis 0,3 dt/Std. gebaut werden. Der Beizeffekt beträgt 95–100 %. Es wird vorgeschlagen, die Heißwasserbeizung bei Gerste und Weizen in der DDR ab 1. Absaaten aufwärts einzuführen. M. Amme. 2500.

2-64/04-1037 Schmidt, E. und Wenninger, H. **Über neue Verfahren zur Bekämpfung der Flugbrandarten von Gerste und Weizen in der Deutschen Demokratischen Republik.** Nachrichtenbl. dtsch. Pflanzenschutzdienst [Berlin] [N.F.] **17(43)** (1963) Nr. 3. S. 48–55. – 9 Abb., 45 Lit.
In den letzten Jahren ist eine starke Zunahme des Flugbrandes der Gerste (*Ustilago nuda*) und des Weizens (*U. tritici*) in der DDR zu beobachten. Nach einem historischen Überblick über bisher übliche Verfahren zur Warmwasserbeizung von Gerste und Weizen werden in der DDR neu entwickelte Geräte beschrieben. Eine kontinuierliche Heiß-Benetzungsbeize mit anschl. Trocknung im gleichen Gerät stellt das abgeänderte Verfahren von Lehmann (Friedrichswerth) dar, nach dem 5 Großbeizgeräte in der DDR seit Jahren mit Erfolg beizen. Die Geräte nach den Verfahren Schmidt-Zschinzsch und Schmidt-Ende befinden sich noch im Versuchsstadium. Da sich mit den Großbeizgeräten sowie mit den Versuchsapparaturen ein Beizeffekt bis zu 90% erzielen ließ, empfehlen Vff. die obligatorische Heißwasserbeizung bei Gerste und Weizen in der DDR ab 1. Absaaten aufwärts einzuführen.
Hubert. 2500.

2-64/04-1038 Jaworski, Ernest G. und Hoffman, Paul F. Chemotherapeutic control of wheat leaf rust with phenylhydrazones. **(Chemotherapeutische Bekämpfung des Weizenbraunrostes mit Phenylhydrazonen.)** Phytopathology **53** (1963) Nr. 6. S. 639–642. – 1 Abb., 4 Tab., 7 Lit.
In Labor.-Versuchen überprüften Vff. 77 verschiedene Phenylhydrazone auf ihre Eigenschaften im Hinblick auf die Bekämpfung des Weizenbraunrostes (*Puccinia recondita* Rob. ex. Desm.). Am wirksamsten und am wenigsten phytotoxisch waren die Verbindungen Acrolein- und Benzaldehydphenylhydrazon sowie Ribose- und Xylosephenylosazon. O. Saß. 2500.

2-64/04-1039 Blank, H. G. **Weitere Spritzversuche und Ergebnisse zur Ermittlung der wichtigsten Spritztermine gegen Fäulnisverluste in der Kernobstlagerung.** Mitt. Obstbauversuchsringes Alten Landes **18** (1963) Nr. 8. S. 260 bis 266. – 3 Abb., 2 Tab.
Auf vergleichbaren Parzellen hält Vf. die Schädlingsbekämpfung, die der Lagerspritzung vorausgeht, für bedeutsamer für die sehr unterschiedlichen Fäulnisverluste im Lager als die unterschiedlichen Pflegemaßnahmen, das Kleinklima, den Boden u. a. Ein einheitliches Schema für eine Spritzfolge zur Bekämpfung der Lagerfäulen kann nicht gegeben werden, da der Erfolg der Spritzung von der Wetterlage, bes. den anfallenden Niederschlägen, der Anzahl der Spritzungen und deren Abständen voneinander sowie der Wahl der Spritzmittel abhängt. D. Stump. 2500.

2-64/04-1040 Helton, A. W.; Idaho, Univ. of Idaho, Agric. Exp. Stat. Chemotherapeutic suppression and exaggeration of Cytospora canker disease in peach trees. **(Hemmung und Förderung der Cytospora-Krebserkrankung**

an Pfirsichbäumen durch Chemotherapeutica.) Phytopathology **53** (1963) Nr. 5. S. 562–568. – 4 Abb., 9 Lit.
Am geeignetsten für chemotherapeutische Versuche erschienen Cycloheximide (Actidion; B-2-(3.5-Dimethyl-2-oxocyclohexyl)-2-hydroxyäthyl-glutarimid) (**I**) und 8-Hydroxychinolincitrat (Citroxin; Oxychinolincitrate)(**II**). – 2jährige Pfirsichsämlinge, die an 2 Stellen mit einer *Cytospora*-Isolierung beimpft waren, wurden mit den genannten Verbindungen (**I** 5 und 50 ppm; **II** 50 und 500 ppm) zu verschiedenen Malen in bestimmten Abständen unter Gewächshausbedingungen behandelt (9, 18 und 27 Tage nach der Beimpfung und in gleichen Abständen 9-, 6- bzw. 3mal). Bei je einem Teil der Präparate wurde als Netzmittel Triton X-155 (Alkylphenoxypolyäthoxy-äthanol) zugesetzt. Die recht schwierig zu interpretierenden Ergebnisse führten u. a. zu dem Schluß, daß eine Hemmung der Krankheit bei Spritzungen mit 5 und 50 ppm **I** in 27- bzw. 18täg. Abständen sowie mit 50 ppm **II** in 27täg. Abständen zu beobachten war. Ein gleiches Ergebnis ließ sich mit 50 ppm **II** Triton in 9- und 18täg. Abständen erreichen. Entscheidend für die therapeutische Wirkung der Präparate dürfte ihre Konz. und nicht die Zugabe von Triton sein. Das Netzmittel hatte teils hemmende, teils fördernde Wirkung. Eine fördernde Wirkung der Präparate wurde meist bei einer allzu häufigen Anwendung beobachtet.
F. Daebeler. 2500.

2-64/04-1041 Burchill, R. T. und Edney, K. L.; Maidstone, Kent, East. Malling Res. Stat.; Larkfield, Ditton Lab. The control of Gloeosporium album rot of stored apples by orchard sprays which reduce sporulation of wood infections. **(Die Bekämpfung von Gloeosporium-album-Fäule an gelagerten Äpfeln durch Obstbaumspritzungen, die die Sporulation auf dem infizierten Holz reduzieren.)** Ann. appl. Biol. **51** (1963) Nr. 3. S. 379–387.. – 4 Abb., 4 Tab., 7 Lit.
Untersuchungen mit Hilfe speziell entwickelter Sporenfallen ergaben klare Beziehungen zwischen der Sporenkonz. von *Gloeosporium album* und der durch diesen Pilz verursachten Fruchtfäule. Dementsprechend ließ sich durch Spritzungen mit Präparaten, die die Sporulation des Pilzes unterdrücken, eine Bekämpfung der Krankheit erreichen. Zur Anwendung während der Vegetationsruhe (teils Herbst, teils Frühjahr) kam Phenyl-Hg-Chlorid (0,05; 0,075; 0,10%). Durch eine Behandlung im Apr. (0,1%) konnte die Sporenzahl in der für die Infektion kritischen Zeit (Juli-Sept.) von 75000 in der Kontrolle auf 18000 reduziert werden. Entsprechend sank der prozentuale Anteil kranker Früchte von 21,9% auf 5,6%. Spritzungen im Herbst waren nicht ganz so wirksam. Bei Nachlassen der Wirkung des Präparates wurden in der Regel auf den behandelten Bäumen mehr Sporen frei als in der Kontrolle. Eine geringere Wirkungsdauer zeigte das für Sommerspritzungen geeignete Dichlorphen (0,25%). Durch 3 Behandlungen ließen sich auch hier die Fruchtfäulen vermindern. – DNOC-Präparate waren wirkungslos. F. Daebeler. 2500.

2-64/04-1042 Chevallier, M. und Tessier, A. Essai de lutte contre le Rhizoctone noir de la pomme de terre. **(Bekämpfungsversuch gegen Rhizoctonia der Kartoffel.)** Phytoma [Paris] **14** (1962) Nr. 5. S. 32–33. – 2 Abb., 3 Tab.
Im Jahre 1961 wurde im Sarthe-Gebiet in einem Bekämpfungsversuch gegen *Rhizoctonia* an Kartoffeln das org. Hg-Präparat Solusanigran (Chlor-methoxyäthyl-Hg) eingesetzt. Das Präparat enthält 3,5% Hg. Auf 100 l Wasser kamen 28 g Hg. Mit dieser Beizlösung wurde das bereits stark gekeimte und bereits befallene Pflanzgut der Sorte 'Bintje' wenige Tage vor der Pflanzung (6.4.) behandelt. Die Kartoffeln wurden für eine Min. in die Beizlösung getaucht. Die behandelten Parzellen zeigten im Vergleich zur unbehandelten Kontrolle eine Auflaufverzögerung von 14 Tagen, die sich aber in den Mon. Juni/Juli ausglich. Der Prozentsatz an gesunden Knollen war bei den behandelten Parzellen

deutlich höher, während die Gewichtsunterschiede bei der Ernte zwischen „behandelt" und „unbehandelt" nicht so stark hervortraten.
A. Ramson. 2500.

2-64/04-1043 Anonym. **Erfolgreiche Bodenentseuchung in Forstbaumschulen.** Nachrichtenbl. dtsch. Pflanzenschutzdienstes [Braunschweig] **14** (1962) Nr. 7. S. 110.
Es traten Wachstumsstörungen an Forstgehölzen durch freilebende Nematoden auf. Der Einsatz von chem. Bodenentseuchungsmitteln auf Saatbeeten erbrachte Aufwuchsergebnisse von 200–250% gegenüber unbehandelt. Die Wuchshöhe nahm um 60–70% zu. Gleichzeitig wurden die Unkrautsamen abgetötet. Allerdings konnten mit Hilfe des Kressetestes mit Boden aus 50–70 cm Tiefe erhebliche Rückstände des Präparates festgestellt werden, während dies bei oberen Bodenschichten nicht der Fall war. Diese Ableitung erfolgte mit dem Sickerwasser. Daher sind Flächen bei Neubestellung zu überprüfen, gegebenenfalls muß eine längere Karenzzeit eingelegt werden. Präparate bzw. Aufwandmengen werden nicht genannt. M. Amme. 2500.

2-64/04-1044 Boulanger, L. W.; Orono, Maine Agric. Exp. Stat. The effect of some fungicides on European red mite populations in Maine. **(Die Wirkung einiger Fungicide auf die Populationen der Obstbaumspinnmilbe in Maine.)** J. econ. Entomol. **56** (1963) Nr. 3. S. 298–300. – 1 Tab., 7 Lit.
Die Wirkung einer Reihe von Fungiciden (Dodine, Captan, Niacide, Glyodin und Thiram) auf die Obstbaumspinnmilbe (*Panonychus ulmi* [Koch]) wurde in den Jahren 1958–1962 untersucht. Glyodin zeigte eine deutliche Minderung der Milbenpopulationen, die nicht auf die Tätigkeit von Raubmilben oder Raubinsekten zurückgeführt werden kann. Mehrere Wiederholungen der Behandlung sind anzuraten. E. Königsmann. 2500.

2-64/04-1045 Kříž, Josef und Taimr, Lubomír. Využití úsporných postřiků v boji proti mšici a svilušce chmelové. **(Anwendung von Sprühungen zur Hopfenblattlaus- und Spinnmilbenbekämpfung.)** Rostlinná Výroba **9(36)** (1963) Nr. 1. S. 89.–106. – 5 Abb., 9 Tab., 19 Lit. Zus. in Russ., Dtsch.
Zur Untersuchung der Wirkung des Sprühverfahrens wurden in den Jahren 1957 bis 60 die beiden Gerätetypen Platz (System Borchers) und Solorex miteinander verglichen sowie gegenüber der herkömmlichen Spritzung geprüft. Zur Anwendung kamen die systemischen Mittel Systox, Ekatin, Intrathion, außerdem Phenkapton. Die Aufwandmengen wurden ebenfalls variiert. Bei gleicher biol. Wirksamkeit konnte die Spritzbrühe gegenüber der normalen Spritzung um das 3–5fache vermindert werden, wenn man die angewendete Wirkstoffmenge verdoppelt. Der Vergleich der beiden Gerätetypen ergab beim Platz-Gerät 50 l/ha und beim Solorex-Gerät 200–400 l/ha. Trotzdem wird das Solorex-Gerät bevorzugt, weil es eine um ca. das 3fache höhere Leistung bei voller Mechanisierung und 50%iger Arbeitsersparnis ermöglicht. Ein weiterer Vorteil ist die gleichzeitig mögliche Behandlung mit Fungiciden. Dabei sind die Gaben auf 400–800 l/ha zu erhöhen. Für die Behandlungsmenge ist außerdem das Entwicklungsstadium der Pflanzen von Bedeutung.
ČSSR/ÚVTI. 2500.

2-64/04-1046 Leigh, Thomas F.; Davis, Univ. of California. Control of certain insects and mites on cotton with three systemic organophosphorous compounds. **(Die Bekämpfung bestimmter Insekten und Milben an Baumwolle mit drei systemischen phosphororganischen Verbindungen.)** J. econ. Entomol. **56** (1963) Nr. 3. S. 326–333. – 3 Abb., 3 Tab., 9 Lit.
Die 3 Insekticide Phorate, Di-Syston und Dimethoate wurden gegen *Thrips tabaci* (Lindeman), *Aphis gossypii* Glower, *Liriomyza pictella* (Thoms.), *Tetranychus atlanticus* McGregor, *T. telarius* (L.) und *T. pacificus* McGregor getestet. Phorate-Saatgutpuderung und das Ausbringen von granuliertem Phorate

und Di-Syston mit der Saat hatten gegen die genannten Schädlinge gute Ergebnisse. Das Ausbringen von granuliertem Phorate, Di-Syston und Dimethoate neben den Reihen der Jungpflanzen (sidedress-Verfahren) zeigte hingegen unterschiedliche Ergebnisse: Während die 3 Spinnmilbenarten durch Phorate- und Dimethoate-sidedress in einer Reihe von Fällen (möglicherweise in Abhängigkeit vom Boden) bekämpft werden konnten, blieb Di-Syston gänzlich ohne Erfolg. E. Königsmann. 2500.

2-64/04-1047 Shorey, H. H.; Riverside, Univ. of California, Citrus Res. Center; Agric. Exp. Stat. Soil applications of systemic insecticides for control of the green peach aphid on peppers. **(Bodenanwendungen von systemischen Insekticiden zur Bekämpfung der Grünen Pfirsichblattlaus an Pfeffer.)** J. econ. Entomol. **56** (1963) Nr. 3. S. 340–342. – 2 Tab., 6 Lit.
Die chem. Bekämpfung von *Trichoplusia ni* (Hübner) und anderer Raupen sowie von *Liriomyza* spp. und *Anthonomus eugenii* Cano hat oft Zunahme der Populationsdichte von *Myzus persicae* (Sulz.) an Pfeffer zur Folge, da viele Räuber und Parasiten abgetötet werden. Deshalb ergab sich die Notwendigkeit für Versuche mit selektiv wirkenden Insekticiden. 9 systemische Insekticide wurden als Granulat, Stäubemittel oder in Wasser in Furchen zwischen bereits befallene Pfefferpflanzen eingebracht. Der Bekämpfungserfolg war zumeist gering. Dimethoate (Wasserlöslichkeit 2%) ergab innerhalb von 1 Woche 50% Verringerung des Blattlausbesatzes. Di-Syston (Wasserlöslichkeit 0,0066%) war zunächst ohne Wirkung, brachte jedoch zwischen 2 und 3 Mon. nach der Anwendung eine Reduzierung der *M.-persicae*-Besiedlung um 95% gegenüber der unbehandelten Kontrolle zustande. F. P. Müller. 2500.

2-64/04-1048 Hochmut, Richard. Ochrana dubových porostů proti obaleči hlohovému (Archips crataegana Hb.). **(Der Schutz von Eichenbeständen gegen den Wickler Archips crataegana Hb.)** Lesnický Časopis [Praha] **9** (1963) Nr. 3. S. 197–214. – 3 Abb., 3 Tab., 36 Lit. Zus. in Russ., Dtsch., Franz.
Archips crataegana Hb. hat sich während der letzten Jahre neben dem Eichenwickler *Tortrix viridana* zum wichtigsten Kalamitätsschädling der Eichenwälder in den Böhmischen Ländern entwickelt. Aus diesem Grund wurden seine Bionomie und Populationsdynamik untersucht. Diese Untersuchungen dienten als Unterlage für die Ausarbeitung von Bekämpfungsmaßnahmen. Angeführt werden das Zählen der Eihäufchen, Ausarbeitung der Prognose (wenn bei der Kontrolle 2 Raupen auf eine Knospe entfallen, kann mit einem starken bis Kahlfraß gerechnet werden). Die chem. Bekämpfung ähnelt der beim Eichenwickler. Die biol. Bekämpfung ist vorläufig noch nicht ausgearbeitet; in Betracht käme die künstliche bakterielle Infektion mit *Pseudomonas chlororaphis* bzw. Bekämpfung durch den Parasiten *Trichogramma embryophagum cacoeciae*. ČSSR/ÚVTI. 2500.

2-64/04-1049 Paulian, Fl. und Mihuţă, Eleonora. Importanţa măsurilor preventive pentru protecţia culturilor de grîu împortriva larvelor gindacului ghebos (Zabrus tenebrioides Goeze). **(Die Bedeutung der Vorbeugemaßnahmen zum Schutz von Weizenkulturen gegen die Larven von Zabrus tenebrioides.)** Probleme agric. [Bucureşti] **14** (1962) Nr. 10. S. 51–57. – 2 Abb., 2 Tab. Zus. in Russ., Franz.
Wintergetreide nach Wintergetreide schafft günstige Möglichkeiten für die Massenentwicklung des Getreidelaufkäfers (*Zabrus tenebrioides*). Die Kenntnis der Biologie dieses Schädlings gestattet die Festsetzung des Bekämpfungstermins sowohl im Herbst als auch im Frühjahr. Als Bekämpfungsmaßnahme wird die Behandlung mit 20%igem Aldrinstaub in Gaben von 15–20 kg/ha, 1,5- und 3%igem Hexatox in Gaben von 30 kg/ha empfohlen. Gute Ergebnisse wurden auch durch Spritzungen mit Detox 25 in 600 l/ha bei 0,75- bis 1%-igen Konz. erzielt. Außerdem wird Samenbehandlung mit 15%igem Lindatox, mit 20%igem Aldrin (1kg/100 kg Saatgut) und 500–600 g Beizmittel/100 kg

Samen zur gleichzeitigen Brandbehandlung empfohlen. Bodenbehandlungen mit 20%igem Aldrinstaub (20 kg/ha) oder mit 3%igem Hexatox (35 kg/ha) sind ebenfalls wirksam. C. I. Milică. 2500.

2-64/04-1050 Favard, P. Dégats anormaux des jules en Provence. **(Anormale Schäden durch Tausendfüßler in der Provence.)** Phytoma [Paris] **14** (1963) Nr. 9/10. S. 43. – 1 Abb.
Julus londinensis Leach fraß Anfang Juni 1961 das Innere von Melonen aus. Mit Insekticiden behandelte Kleie war wirkungslos. Mit Parathion und HCH behandelter Boden tötete im Labor. alle Tiere in 4 Tagen ab. Die Widerstandsfähigkeit gegen Insekticide zeigten Stäubeversuche auf Petrischalen mit feuchtem Filterpapier: 12 *J. londinensis* verschiedenen Alters wurden durch 50% HCH in 4,5 Tagen, durch 1% Parathion in 4 Tagen, durch Pyrethrum und 4% Dieldrin in 7 Tagen vernichtet. Bei 7,5% Heptachlor, 5% Aldrin und 10% Chlordan waren nach 9 Tagen noch Überlebende anzutreffen. Die Altersunterschiede waren ohne Bedeutung. H. Wiegand. 2500.

2-64/04-1051 Favard, P. La vanesse de l'artichaut. **(Der Distelfalter.)** Phytoma [Paris] **14** (1962) Nr. 5. S. 21–22. – 2 Abb.
Der Distelfalter belegt die Artischocken im Apr. oder Mai und im Sept. Er wird in der Provence mit DDT oder Parathion bekämpft, nachdem einmal abgeerntet worden ist. Die Wiederholungsbehandlung erfolgt nach dem nächsten Pflücken in 14 Tagen. Mit Parathion werden gleichzeitig *Anuraphis cardui* L., *Depressaria subpropinquella* S und *Agromyza andalusiaca* Str. vernichtet. H. Wiegand. 2500.

2-64/04-1052 Löcher, F. J. **Fortschritte in der Bekämpfung der Rübenmotte (Phthorimaea ocellatella Boyd).** Z. Pflanzenkrankh. (Pflanzenpathol.) Pflanzenschutz **70** (1963) Nr. 5. S. 284–287. – 2 Abb., 2 Tab., 3 Lit.
Die Bekämpfung der bes. in Südwestdeutschland auftretenden Rübenmotte wird durch Gespinnstbildungen erschwert. Bei frühzeitigem Behandlungstermin konnten jedoch mit 5facher Überdosierung von Lindan-Emulsionen oder Kombi-Präparaten Erfolge erzielt werden. Im Jahre 1962 wurden verschiedene neuentwickelte Präparate geprüft. Während sich Lindan-Präparate als wenig geeignet erwiesen, wurde mit einer 0,125%igen Phosdrinlösung (Normalkonz. 0,05%) eine 94,2%ige Vernichtung der Raupen erreicht. Granulierte Präparate mit systemischer Wirkung, bes. das zur Nematodenbekämpfung geeignete '5121', brachten ähnliche Erfolge, erreichten jedoch erst nach 8 Tagen ihre volle Wirksamkeit. Die Granulate sollen, indem sie die Blattstiele entlangrollen, zum unmittelbaren Schadenszentrum, dem 'Rübenherz', gelangen. Eindeutiges läßt sich zur Granulatanwendung noch nicht sagen. O. Geiling. 2500.

2-64/04-1053 Zakopal, Jaroslav, Šedivý, Josef, Kodys, František und Dias, Rostislav; Ruzyně, Ústřední Výzkumný Ústav Rostlinné Výroby, Odd. Ochrany Rostlin. Nový způsob plošného ošetření proti hraboši polnímu (Microtus arvalis Pall.) ve víceletých pícninách. **(Neue Methode der Flächenbehandlung gegen die Feldmaus [Microtus arvalis Pall.] in mehrjährigen Futterpflanzen.)** Rostlinná Výroba **8(35)** (1962) Nr. 10. S. 1327–1334. – 3 Abb., 1 Tab., 12 Lit. Zus. in Russ., Dtsch.
Im Jahre 1961 wurden 30 ha ganzflächig mit Endrin gespritzt, und zwar teils mit dem Spritzgerät P 900, teils mit dem Sprühgerät Solgen R (450 g Endrin mit 20% Wirkstoff in 8 l Wasser/ha). Vff. verglichen die Wirkung von Nitrosan und Aredin mit der von Endrin. Nur die beiden letztgenannten Mittel wiesen gute Wirkung auf. Das neue Gerät Solgen R zur Entwicklung von Kaltaerosolen hat sich für diesen Zweck bewährt: 3 Tage nach der Bodenbehandlung fand man keine lebenden Feldmäuse mehr, dagegen 913 tote Mäuse/ha. Die Residualwirkung des Endrins betrug bei

beiden Applikationen 3-4 Wochen. Das Sparspritzen kann nur dort angewendet werden, wo keine Gefahr der Abdrift besteht. Wildvergiftungen sind nach der Aerosolbehandlung nicht beobachtet worden. P. Bartoš. 2500.

2-64/04-1054 **Untersuchungen über das Totspritzen des Kartoffelkrautes mit chemischen Mitteln.** Kleinmachnow, Biol. Zentralanst. Dtsch. Akad. Landwirtsch.-Wiss. Berlin Plan-Nr.: 170110h2-13/0. 50 S. Wiss. Ber. (17/10. 1963).
Im Rahmen des Forschungsauftrages waren geeignete Präparate für die chem. Kartoffelkrautabtötung aus den in der DDR verfügbaren Wirkstoffen zu ermitteln, die günstige Aufwandmenge festzulegen und Erfahrungen über die Anwendungstechnik sowie die Eignung verschiedener Sorten für dieses Verfahren zu sammeln. Am günstigsten erwiesen sich die DNOC-haltigen Präparate Selinon-Konzentrat und Hedolit-Konzentrat. Während für die Ernteerleichterung in Konsumbeständen 10 kg/ha in 600 l Wasser ausreichen, sind im Pflanzkartoffelbau höhere Aufwandmengen erforderlich. Je nach Sorte sind hier 12 bis 20 kg/ha in 1200 l Wasser nach vorherigem Einsatz eines Krautschlägers notwendig, wobei grundsätzlich Frühsorten leichter abzutöten sind. 2505.

2-64/04-1055 Schulz, H. E. **Erste Erfahrungen mit imprägnierten Verbißschutzhülsen in der Forstwirtschaft.** Nachrichtenbl. dtsch. Pflanzenschutzdienst [Berlin] [N. F.] **16(42)** (1962) Nr. 11. S. 235–237. – 3 Abb., 2 Tab.
Zum Schutz der Endtriebe wurden Verbißschutzhülsen aus imprägniertem Papier in zylindrischer Ausführung für Laubholzarten bzw. in konischer Form für Nadelholzarten entwickelt und in einem 3mon. Versuch an 9 Baumarten geprüft. Das Ergebnis war bei einigen Baumarten recht gut. Unter Berücksichtigung der Anschaffungs- und Lohnkosten ist diese Methode wirtsch. als Zaunschutz. Die Wirtschaftlichkeit der Anwendung anerkannter chem. Präparate wird aber nicht erreicht. Es wird angeregt, nach anderen Anwendungsmöglichkeiten dieses Materials zu suchen. R. Wabnitz. 2505.

2-64/04-1056 Koula, V. Pesticidní aerosoly. Současný stav a perspektivy jejich využití v ČSSR. **(Schädlingsbekämpfungs-Aerosole. Gegenwärtiger Stand und Perspektiven ihrer Ausnutzung in der Tschechoslowakei.)** Agrochemie [Bratislava] **3** (1963) Nr. 4. S. 66–68. – 3 Abb., 10 Lit.
Im Jahre 1949 wurde in der ČSSR mit dem Studium von Aerosolen als Pflanzenschutzmittel begonnen. Nach und nach entwickelte man Aerosolgeräte (SAG, VAG, RAG, ZAG, PAG, Solgen R 60 und 300), die kalte Aerosole erzeugen, und zwar mit Hilfe von verflüssigten Gasen, von hoher Luftgeschwindigkeit, hohem Druck, evtl. durch gegenseitige Kombinationen. Warme Aerosole erzeugen sie durch exotherme chem. Reaktionen, durch Wärmewirkung, durch Druck der Auspuffgase oder der Luft. Eine bes. Aufmerksamkeit wird den Aerosolgeneratoren PAG-I, PAG-II und PAG-III gewidmet, deren Anwendung näher beschrieben wird. Parallel mit den Aerosolen wurden auch passende Lösungsmittel für die Herstellung der Aerosollösungen sowie die Toxizität der Aerosole studiert. Die Phosphorinsekticide wurden in Aerosolform überhaupt zum ersten Mal verwendet. Eingehend wurde auch die Anwendung von Herbiciden in Form von Aerosolen und Sparspritzmitteln geprüft. In der neuesten Zeit werden fungicide Aerosole zur Bekämpfung der *Cercospora* der Zuckerrübe und der Krautfäule der Kartoffel geprüft. ČSSR/ÚVTI. 2505.

2-64/04-1057 Unterstenhöfer, G.; Leverkusen, Farbenfabriken Bayer AG. **Mesurol — ein polyvalentes Insektizid und Akarizid.** Pflanzenschutz-Nachr. „Bayer“ **15** (1962) Nr. 4. S. 181–194. – 7 Tab., 2 Lit.
Es wird ein neuer insekticider und acaricider Wirkstoff Mesurol (3.5-Dimethyl-4-methyl-mercaptophenyl-N-methylcarbamat) beschrieben. Er besitzt mitt-

lere Toxizität und ein breites Wirkungsspektrum gegen saugende und beißende Insekten und Spinnmilben. Der Schwerpunkt liegt auf der Kontaktwirkung. Die systemische Wirkung ist äußerst gering, die Pflanzenverträglichkeit sehr gut. Der Wirkstoff zeichnet sich durch lange Dauerwirkung aus. Auf Grund der Labor.- und Gewächshausversuche eignet sich Mesurol bes. zur Bekämpfung resistenter Spinnmilben im Hopfenbau, als vielseitig verwendbares Insekticid im Obstbau und im Feldbau zur Bekämpfung von Kartoffelkäfer und Rübenfliege. R. Fritzsche. 2505.

2-64/04-1058 **Prüfung von Fungiziden und Herbiziden unter den besonderen Bedingungen beim Einsatz von Pflanzenschutzflugzeugen.** Kleinmachnow, Biol. Zentralanst. Dtsch. Akad. Landwirtsch.-Wiss. Berlin Plan-Nr.: 1701 10h2-25/7. 23 S. Abschlußber. (5/9. 1963).
Die für Bodengeräte anerkannten fungiciden Suspensionspräparate erwiesen sich für den Einsatz vom Flugzeug aus als ungeeignet, da es zu Schwierigkeiten beim Ansetzen der hochkonz. Spritzbrühen und zu Düsenverstopfungen kam. Die von der Ausbringungstechnik her günstigeren wäßrigen Lösungen von Nabam und Diabam erwiesen sich als chem. instabil, wobei die Zerfallsprodukte starke phytotoxische Schäden verursachten. Die Arbeiten wurden i. J. 1962 eingestellt, da von der Pflanzenschutzmittelindustrie keine geeigneten Präparate zur Verfügung gestellt werden konnten. Die für den Flugzeugeinsatz zunächst vorgesehenen dünnflüssigen Spritzmittel erwiesen sich wegen der großen Abdriftgefahr als ungeeignet. Ein mit wesentlichen Mängeln behaftetes Streumittel konnte durch die Einführung dickflüssiger Präparate ersetzt werden. Mit einer dickflüssigen Invertemulsion auf der Basis von 2.4-D-Ester wurden Labor.- und Freilandversuche durchgeführt, die sich auf die herbicide Wirkung und die Eignung für den Flugzeugeinsatz erstreckten. Durch Großversuche unter Praxisbedingungen konnten für den Einsatz des Mittels Anweisungen erarbeitet werden. 2505.

2-64/04-1059 Arman, P. und Wain, R. L.; London, Univ., Wye Coll. Studies upon the copper fungicides. XII. Absorption of complexes by leaves. **(Untersuchungen über Kupferfungicide. 12. Mitt. Absorption von Komplexen durch Blätter.)** Ann. appl. Biol. **51** (1963) Nr. 3. S. 439–443. – 1 Abb., 1 Tab., 13 Lit. 11. Mitt. vgl. LZ. Abt. II **7** (1962) Nr. 6. S. 1748.
Cu-Fungicide werden allg. in Form unlöslicher Verbindungen appliziert, die einen schützenden Belag auf den Blättern hinterlassen. Es wird vermutet, daß Blattausscheidungen das Cu aus diesen fungiciden Ablagerungen in Form von Komplexen herauslösen und somit eine Absorption ermöglichen. Um diese Auffassung näher zu prüfen, wurden Untersuchungen über die Cu-Aufnahme von Blättern durchgeführt, die mit Cu-Sulfat allein oder in Kombination mit komplexbildenden Subst. behandelt worden waren. Für die Versuche wurden Apfelblätter (Sorte 'Worcester Pearmain') verwendet, die nach Verschluß des Stiels mit Wachs für 4 Std. in die entspr. Testlösungen getaucht wurden. Es wurden folgende Ergebnisse erhalten: Die Cu-Komplexe wurden bis auf wenige Ausnahmen mit typischen Absorptionsmaxima von den Blättern aufgenommen, wenn auch in geringerem Maße als anorg. Cu. Sowohl die Absorption von Cu^{++} als auch die der Komplexe hängt vermutlich von einigen zusätzlichen Faktoren ab (Wechselwirkung mit anderen Lösungsbestandteilen). Obwohl noch kein direkter Beweis für das Vorhandensein komplexbildender Subst. in Blattausscheidungen vorhanden ist, zeigen die erhaltenen Ergebnisse grundsätzlich die Möglichkeit einer Cu-Aufnahme aus Spritzbelägen nach der o. a. Auffassung an. G. Zahn. 2510.

2-64/04-1060 Somers, E.; Bristol, Univ., Long Ashton Res. Stat. The uptake of copper by fungal cells. **(Die Aufnahme von Kupfer durch Pilzzellen.)** Ann. appl. Biol. **51** (1963) Nr. 3. S. 425–437. – 4 Abb., 8 Tab., 34 Lit.

Zur Ermittlung der Kupferaufnahme durch Pilzsporen dienten Versuche mit ^{64}Cu, das in gepufferten Lösungen (pH 5,6) als Sulfat zu Sporensuspensionen von *Alternaria tenuis, Neurospora crassa* und *Penicillium italicum* gegeben wurde. Nach kräftigem Schütteln und Aufbewahrung im Brutschrank (30 Min., 25 °C) wurde ein aliquoter Teil der Suspension entnommen, die Sporen abzentrifugiert, die γ-Strahlung des ^{64}Cu gemessen und mit dem chem. ermittelten Gesamtkupfergehalt der Lösung verglichen. Die Kupferaufnahme ist danach zunächst ein Ionenaustauschvorgang, gefolgt von einer Durchdringung der Zellwand. In noch nicht bekannter Weise wird Cu passiv von Zellbestandteilen akkumuliert, wobei abgestorbene Zellen größere Mengen aufnehmen als lebende Zellen. Zugesetzte Atmungsgifte (Natriumarsenit, Jodessigsäure u. a.) hemmen die Kupferaufnahme, während anaerobe Bedingungen eine gesteigerte Aufnahme verursachen. Die beobachtete unterschiedliche Kupferaufnahme der verwendeten Sporenspecies wird für die mehr oder weniger fungistatische bzw. fungicide Wirkung verantwortlich gemacht.
P. Neubert. 2510.

2-64/04-1061 Lyr, H.; Eberswalde, Inst. für Forstbot. der Humboldt-Univ. Berlin. **Enzymatische Detoxifikation chlorierter Phenole.** Phytopathol. Z. 47 (1963) Nr. 1. S. 73–83. – 9 Abb., 3 Tab., 21 Lit.
Die enzymatische Detoxifikation einiger chlorierter Phenole (Penta- und Trichlorphenol sind wichtige Holzschutzmittel) durch Lactase, Peroxydase und Tyrosinase wird untersucht. Hierfür werden 12 Pilzarten (Oberflächenkulturen) Lösungen von Pentachlorphenol-Na ($4 \cdot 10^{-4}$ Mol) zugesetzt und die Myceltrockengewichte bestimmt. In weiteren Versuchen stellt Vf. die Veränderungen des UV-Spektrums in Lösungen von 2.4-Dichlor-, 2.4.5-Trichlor-, 2.3.4.6-Tetrachlor- und Pentachlorphenol fest, denen Lactase, Peroxydase und Tyrosinase zugesetzt wurden. Danach ist es möglich, daß holzzerstörende Pilze, die Lactase in das Kulturmedium ausscheiden, die toxische Wirkung von Pentachlorphenol überwinden (oxydative Veränderungen der phenolischen Hydroxylgruppe). Die Stabilität der Chlorphenole gegen eine Oxydation und enzymatische Detoxifikation steigt mit zunehmender Chlorierung. Es wird für möglich gehalten, daß auch in vivo Oxydasen an der Detoxifikation phenolischer Entkopplungsgifte beteiligt sind. P. Neubert. 2510.

2-64/04-1062 Lloyd, G. A., Otaci, C. und Last, F. T. Triphenyltin acetate residues on potato leaves in blight spraying trials. **(Zinntriphenylacetat-Rückstände an Kartoffelblättern nach Phytophthora-Spritzversuchen.)** J. Sci. Food Agric. **13** (1963) Nr. 7. S. 353–358. – 1 Abb., 3 Tab., 16 Lit.
Durch 2malige Spritzungen (21. Juli und 8. Aug.) der Kartoffelpflanzen (Sorte 'Ulster Supreme') mit 20%igem Zinntriphenylacetat (3 lb./acre) gegen *Phytophthora infestans* konnte der Knollenertrag i. J. 1960 von 13,5 (unbehandelt) auf 16,3 t/acre erhöht werden. 3,8 t/acre mehr gesunde Knollen als bei der Kontrolle wurden geerntet. Für die Rückstandsbestimmung in Blättern und Knollen kam die von Hardon und Mitarb. für die Rückstandsbestimmung von Zinntriphenylacetat in Sellerie entwickelte Methode zur Anwendung. Die Spitzenblätter enthielten 31 ppm, die unteren Blätter 36 ppm Zinntriphenylacetat, wenn die Bestimmung gleich nach der Ernte erfolgte. 2 Wochen später betrugen die entspr. Werte 10 und 12 ppm. Die Knollen enthielten nur 0,3 ppm. O. Saß. 2510.

2-64/04-1063 Braune, W.; Jena, Univ., Inst. für Allg. Bot. **Über die Möglichkeit einer Beeinflussung der keimhemmenden Wirkung fungicider Chinone gegenüber Pilzsporen durch Schwermetallsalze und Kaliumpermanganat.** Phytopathol. Z. **47** (1963) Nr. 3. S. 215–238. – 10 Abb., 2 Tab., 16 Lit.
Die keimhemmende Wirkung von Kombinationen von Cu-, Cd-, Pb-, Zn- und Mn(II)-Salzlösungen mit p-Benzochinon, Tetrachlor-p-benzochinon und 2.3-Dichlor-1.4-naphthochinon auf Konidien von *Fusarium decemcellulare*

wurde im Schalentest geprüft. Es ergaben sich keine synergistischen Effekte, sondern lediglich eine Addition der Giftwirkungen. Auf den zeitlichen Eintritt der Keimhemmung hatten die Kombinationen keinen Einfluß. Geringe Zusätze von Äthanol oder Aceton konnten die Wirkung der Kombinationen erheblich verstärken. Ein starker Antagonismus zur toxischen Wirkung der Benzochinone trat bei Zusätzen von Kaliumpermanganat auf. In einer späteren Arbeit wird darüber berichtet. P. Neubert. 2510.

2-64/04-1064 Laville, E. Contribution à l'étude de la pénétration et de la localisation des huiles dans la feuille de bananier. **(Beitrag zum Studium des Eindringens und der Lokalisation der Öle im Bananenblatt.)** Fruits d'outre Mer **18** (1963) Nr. 7. S. 339–344. – 13 Abb., 24 Lit.

Um die Sigatoka-Krankheit (*Cercospora musae*) zu bekämpfen, werden die Bananen mit Ölspritzungen behandelt. Es interessiert deshalb die Frage, inwieweit diese Mittel in das Gewebe der Blätter eindringen. Vf. unterscheidet im Schnitt des Bananenblatts die Epidermis, eine 2. Schicht, dann die Palisadenzellen, die Schicht der Lacunen und Gefäße sowie die untere Epidermis. Auf der Blattoberseite finden sich je mm^2 ca. 50 Spaltöffnungen gegenüber 270 auf der Unterseite. Die mikroskopische Untersuchung von Blattschnitten aus gespritzten Beständen brachte folgende Ergebnisse: Jede Spritzung erzeugt zuerst einen mehr oder weniger starken Ölfilm, nach ca. 15 Std. bilden sich aber Tropfen, so daß die Verteilung ungleichmäßig ist. Das Öl (Mineralöle) dringt durch die Stomata ein, auf der Unterseite schneller als auf der Oberseite, und sammelt sich zuerst in den angrenzenden Zellen. Nach 60 Std. gelangt es zwischen die Palisadenzellen und in die Lacunen sowie schließlich in die Basalzellen der Spaltöffnungen der Gegenseite (sofern nur eine Seite behandelt). Zerstörte Zellen und umfangreichere Nekrosen wurden nur selten, z. B. bei größerer Tropfenbildung, gefunden. In Ergänzung zu dieser Untersuchung wird Erdnußöl als org. Mittel verwendet. Das Eindringen ins Blatt erfolgt dabei rascher als im ersten Fall. Das Öl sammelt sich z. T. unter den Stomata, dringt gleichzeitig aber, im Gegensatz zum Mineralöl, direkt in die Palisadenzellen und auch in die Gefäße ein, deren Innenwand mit einem geschlossenen Film überzogen wird.
V. Ehrenpfordt. 2510.

2-64/04-1065 Cooke, V. A.; Littlehampton, Sussex, Glasshouse Crops Res. Inst. The translaminar effect of Kelthane on three strains of glasshouse red spider mite Tetranychus urticae Koch (T. stelarius L.) on cucumbers. **(Die translaminare Wirkung von Kelthane auf drei Stämme der Gewächshausspinnmilbe Tetranychus urticae Koch (T. telarius L.) an Gurken.** Ann. appl. Biol. **51** (1963) Nr. 3. S. 485–488. – 1 Tab., 5 Lit.

Bei Eintauchen kleiner Gurkenpflanzen in die Kelthane-Lösung zeigten sich in der Empfindlichkeit der untersuchten Milbenstämme keine Unterschiede. Wurden jedoch nur die Blattoberseiten mit Kelthane behandelt und die Milben an der Blattunterseite gehalten, zeigten die 3 Stämme hinsichtlich ihrer Resistenz gegen das in die Blattspreiten eingedrungene Kelthane deutliche Unterschiede. Die möglichen Ursachen dieses Verhaltens werden diskutiert.
E. Königmann. 2512.

2-64/04-1066 Bremer, H. G.; Darmstadt, E. Merck AG. **Insektizide Reaktionsaerosole.** Z. Pflanzenkrankh. (Pflanzenpathol.) Pflanzenschutz **70** (1963) Nr. 3. S. 147–157. – 2 Abb., 8 Lit.

Pulvrige oder geformte Präparate, die insekticide Wirkstoffe und 3.7-Dinitroso-1.3.5.7.-tetraazabicyclo-(3.3.1)nonan als Treibmittel enthalten, entwickeln nach örtlicher Reaktionsauslösung insekticide Aerosole (DP 1 058895, Auslandspatente). Bei der aerosolbildenden Reaktion, für deren Ablauf keine

Apparaturen gebraucht werden, entstehen keine schädlichen Neben- und Zerstörungsprodukte. Mit den Reaktionsaerosolpräparaten ist eine großräumige Insektenbekämpfung auch noch dort möglich, wo bisher der Aufwand und die schädlichen Nebenwirkungen von Bekämpfungsaktionen gescheut wurden. Die Präparate können verschiedene insekticide und acaricide Wirkstoffe enthalten. Bes. günstiger Einsatz: in geschlossenen Räumen, Lagern und Ställen. R. Fritzsche. 2515.

2-64/04-1067 Eder, F. **Über die Phytotoxizität von Insektiziden.** Phytopathol. Z. **47** (1963) Nr. 2. S. 129–174. – 26 Abb., 12 Tab., 70 Lit.

Es wurde untersucht, ob für die Phytotoxizität der Insekticide spez. Fermenthemmungen verantwortlich seien, wie das im tierischen Organismus nachgewiesen ist. Dazu wurden 10 Phosphorsäureester, 2 Carbaminsäureester und 4 chlorierte Kohlenwasserstoffe in wechselnden Konz. in ihrer Wirkung auf den Gaswechsel von *Saccharomyces cerevisiae*, das Mycelwachstum und die Lactoflavinbildung einiger *Aspergillus*-Arten geprüft. An höheren Pflanzen (*Pisum sativum*, *Zea mays* und *Cucumis sativus*) wurden Quellung, Keimung und Wachstum von Samen und das Sproß- und Wurzelwachstum nach Applikation der Mittel beurteilt. Vf. schließt aus seinen Befunden, daß sich keine spez. Wirkung der untersuchten Insekticide auf bestimmte Fermente oder Fermentsysteme ableiten läßt. Es konnten auch keine Parallelen gefunden werden zwischen Konstitution, der Toxizität der Mittel gegenüber Warmblütern und Insekten sowie gegenüber Pflanzen und den untersuchten Prozessen. Netzmittelzusätze vermochten die Ergebnisse wesentlich zu beeinflussen, auch die Art der Applikation führte zu unterschiedlichen phytotoxischen Wirkungen. J. Hartisch. 2515.

2-64/04-1068 Walker, J. K. und Hanna, R. L.; College Station, Texas Agric. Exp. Stat. Development of populations of the boll weevil in fields treated with various insecticides during 1959, 1960 and 1961. **(Die Populationsentwicklung von Anthonomus grandis auf Feldern, die in den Jahren 1959, 1960 und 1961 mit verschiedenen Insekticiden behandelt wurden.)** J. econ. Entomol. **56** (1963) Nr. 3. S. 350–356. – 1 Abb., 2 Tab., 11 Lit.

Für die Bekämpfung wurden folgende Wirkstoffe verwendet: Toxaphen, Toxaphen-DDT, Methylparathion, Toxaphen-Methylparathion, Sevin, Methyltrithion, wobei jeweils verschiedene Konz. angewendet wurden. Nach der Behandlung wurden auf den einzelnen Flächen Kontrollfänge zur Ermittlung der Populationsstärke durchgeführt; außerdem wurden der Fruchtansatz und das Schadensmaß festgestellt. Die org. Phosphorverbindungen erwiesen sich dabei als am wirkungsvollsten. Dabei wurde zwar die Zahl der überwinternden Tiere reduziert, der Kapselbefall im Folgejahr konnte damit aber nicht mehr beeinflußt werden. Gegenüber unbehandelten Flächen war während der Jahre 1960 und 1961 auf behandelten Feldern die Populationsstärke der ersten Generation im Vergleich zur Zahl der überwinterten Tiere um die Hälfte niedriger. K. Geißler. 2515.

2-64/04-1069 Stern, Vernon M.; Riverside, Calif., Univ., Dep. of Entomol. The effect of various insecticides on Trichogramma semifumatum and certain predators in Southern California. **(Die Wirkung von verschiedenen Insekticiden auf Trichogramma semifumatum und bestimmte Räuber in Südkalifornien.)** J. econ. Entomol. **56** (1963) Nr. 3. S. 348–350. – 3 Tab., 4 Lit.

In jeweils 3 Feldversuchen wurden folgende Insekticide geprüft: Sevin, Dylox, Phosdrin, Methoxychlor, Parathion und Demeton. Die genannten Mittel wurden in normaler Konz. verwendet. Sevin zeigte sowohl gegenüber den adulten Trichogrammen als auch den embryonalen Parasitenstadien stärkste toxische Wirkung. Demeton, Dylox und Phosdrin blieben dagegen in ihrer Wirkung auf die Trichogrammen weit hinter Sevin zurück. Phosdrin und

Sevin waren im Gegensatz zu Dylox und Demeton toxisch gegenüber *Geocoris* spp., während Dylox und Phosdrin die Nymphen und Adulten von *Nabis ferus* (L.) und *Orius tristicolor* (White) stark dezimierten. H. Thomas. 2515.

2-64/04-1070 Putman, W. L.; Vineland Station, Ontario, Canada Dep. of Agric. Lack of effect of DDT on fecundity and dispersion of the European red mite, Panonychus ulmi (Koch) (Acarina: Tetranychidae), in peach orchards. **(Das Fehlen einer DDT-Wirkung auf die Fruchtbarkeit und die Ausbreitung der Obstbaumspinnmilbe Panonychus ulmi [Koch] [Acarina: Tetranychidae] in Pfirsichplantagen.)** Canad. J. Zool. **41** (1963) Nr. 4. S. 603–610. – 1 Abb., 3 Tab., 7 Lit.

Wegen der in der Lit. angeführten unterschiedlichen Angaben über die Wirkung von DDT auf die Obstbaumspinnmilbe will Vf. einen Beitrag zur Klärung dieser Fragen leisten. DDT erhöht die Fruchtbarkeit der Weibchen der Obstbaumspinnmilbe nicht, gleich ob diese dem Mittel vor oder nach dem Eintreten der Geschlechtsreife ausgesetzt sind. Während DDT im Labor. auf Milben an Blättern einen Repellent-Effekt ausübt, wird ihre Ausbreitung auf den Zweigen im Freiland nicht beeinflußt. Vf. hält daher die durch DDT-Einsatz erhöhte Mortalität der Räuber für den Faktor, der vor allem für die Vermehrung der Spinnmilben verantwortlich ist. E. Königsmann. 2515.

2-64/04-1071 Beran, Ferdinand. **Zur Kenntnis der Bienentoxizität von 1-Naphthyl-N-methyl-carbamat (Sevin).** Pflanzenschutzberichte [Wien] **29** (1963) Nr. 11/12. S. 169–177. – 4 Tab., 10 Lit.

Die mäßige Warmblütertoxizität sowie hohe insekticide Wirkung und große Persistenz haben das unter dem Namen Sevin bekannte 1-Naphthyl-N-methylcarbamat schnell Eingang in die Pflanzenschutzpraxis finden lassen. Hinweise auf durch Sevin verursachte Schäden machten bienentoxikologische Untersuchungen erforderlich, zumal nur wenige und sich widersprechende Angaben hierüber vorlagen. Die Versuche zeigten, daß Sevin eine höhere Magen- und Kontaktgiftwirkung besitzt als DDT. Bei peroraler Aufnahme betrug die mittlere tödliche Dosis von DDT rund das 69fache, im Kontakt das 2,8- bis 3,7fache der Sevinwerte. Gegenüber Parathion lagen die LD 50-Werte von Sevin durchweg höher. Der für die Beurteilung sehr wichtige Gefahrensummenindex betrug für Sevin mit 101,5 das 3fache des für Parathion und das rund 70fache des für DDT errechneten Wertes. Die unter Glas und im Freiland durchgeführten Versuche erwiesen die hohe Bienengefährlichkeit von Sevin. Es wird darauf hingewiesen, die Pflanzenschutzmittel hinsichtlich ihrer Gefährlichkeit für Bienen in 3 bzw. 4 Gruppen zu differenzieren.
R. Reich. 2515.

2-64/04-1072 Steudel, Werner; Elsdorf/Rhld., Biol. Bundesanst., Inst. für Hackfruchtkrankh. und Nematodenforsch. **Vergleichende Untersuchungen zur Wirkung von Disyston-Granulat auf Zuckerrübenschädlinge bei Zugabe zur Saat oder nach dem Auflauf zur Hacke.** Nachrichtenbl. dtsch. Pflanzenschutzdienstes [Braunschweig] **14** (1962) Nr. 7. S. 104–107. – 1 Abb., 5 Tab., 7 Lit.

Zur Bekämpfung der Rübenfliege sowie der Blattlausarten *Myzus persicae* und *Doralis fabae* wurde in den Jahren 1959 und 1961 das Präparat Disyston-Granulat mit 20 kg/ha, entweder mit der Saat (**I**) oder Ende Apr.–Anfang Mai seitlich auf die aufgelaufenen Reihen (**II**) ausgebracht, geprüft. Dazu wurde i. J. 1961 der Einfluß des Präparates auf das Auftreten der Vergilbungskrankheit untersucht. Wie die Versuche in den beiden im Witterungsverlauf unterschiedlichen Jahren zeigten, wird die Wirkung von **II** durch Witterung und Bodenverhältnisse beeinflußt. Während im Trockenjahr 1959 die Ausbringung **I** die Rübenfliege und teilweise auch die Gradation der Blattlausarten besser erfaßte, war in dem feuchteren Jahr 1961 **II** wirksamer gegen Blattläuse. Rübenfliegen traten i. J. 1961 nicht auf. Das Auftreten der Vergilbungskrankheit wurde bei **II** stärker reduziert. F. Daebeler. 2515.

2-64/04-1073 Anonym. DDT volatilizes rapidly from water. **(DDT verflüchtigt sich aus Wasser rasch.)** Chem. Engng. News **41** (1963) Nr. 20. S. 52. – 2 Abb.
In Wasser suspendiertes DDT hat sich bei normaler Temperatur als sehr viel stärker flüchtig erwiesen, als man bisher annahm. Aus einer Suspension von 10 bis 100 p. p. b. DDT in Wasser hatte sich nach 14std. Stehen bei Zimmertemperatur mehr als die Hälfte des DDT verflüchtigt. Zwischen der Geschwindigkeit des gleichzeitigen Verdunstens von DDT und Wasser und der Anfangskonz. besteht eine direkte, gesetzmäßige Relation. DDT in Wasser verhält sich nicht wie eine echte Lösung, da es dem Raoult'schen Gesetz nicht folgt. DDT-Suspensionen in Wasser sind heterogener Art, und DDT hat eine bes. Affinität zur Oberfläche; von hier kann es sehr viel rascher flüchtig werden als aus anderen Teilen der Flüssigkeit. Diese Affinität zur Oberfläche steht in Einklang mit der extremen Hydrophobie des DDT. Bei Temperaturerhöhung nimmt die Geschwindigkeit des Verdunstens wider Erwarten nicht zu, sondern ab; dies erklärt sich daraus, daß das DDT bei höheren Temperaturen eine höhere Löslichkeit hat und seine Akkumulation an der Wasseroberfläche daher eine geringere wird. Das Verdunsten des DDT zusammen mit dem Wasser hat große praktische Bedeutung, sowohl für die Bemessung der anzuwendenden Mengen als auch für das Verschwinden des DDT aus dem Boden und von der Haut behandelten Viehs. Bürger. 2515.

2-64/04-1074 Horák, E. Technologie hubení škodlivých roztočů v obilních zásobách. **(Technologie der Bekämpfung von Milbenschädlingen in Getreidevorräten.)** Mlýnsko-pekárenský Průmysl **9** (1963) Nr. 3. S. 105 bis 110. – 7 Abb., 1 Tab., 6 Lit.
Die biol. Bekämpfungsmethode der Milben in Getreidevorräten, bes. *Tyroglyphus farinae* L. und *Glycyphagus destructor* Schr. mit Hilfe der Raubmilbe *Cheyletus eruditus* Schr. ist überprüft worden und wird derzeit in die Praxis eingeführt. Bei großer Übervermehrung oder wenn noch andere Schädlinge anwesend sind, werden zuerst die Lagerräume chem. behandelt und 14 Tage nach der Lüftung der Räume wird die Raubmilbe eingesetzt. Bei schwächerem Befall genügt die biol. Bekämpfung, die auch vorbeugend empfohlen wird, und zwar bes. dann, wenn die Partie länger als 6 Mon. lagern soll, ihre Feuchtigkeit höher als 13,5% und die Temperatur über 5 °C liegen. Für den Einsatz der Raubmilben ist die Zeit zwischen Apr. bis Juni am besten geeignet. Bei der direkten biol. Bekämpfung entfällt 1 Raubmilbe auf 100–1000 Milbenschädlinge, bei der vorbeugenden biol. Bekämpfung entfallen 30 Raubmilben auf 25 m^2 der Oberfläche des lagernden Getreides. Da sich die Raubmilbe zum Unterschied von den Milben zwischen den Getreidekörnern und nicht im Inneren derselben aufhält, läßt sie sich aus dem Getreide mechanisch leicht entfernen. ČSSR/ÚVTI. 2515.

2-64/04-1075 Pawelska, K. Drutowce i ich zwalczanie. **(Schnellkäfer bzw. Drahtwürmer und ihre Bekämpfung.)** Gaz. cukrownicza **71** (1963) Nr. 2. S. 59–61. – 13 Lit.
Zur Bekämpfung von Bodenschädlingen, bes. der Drahtwürmer und Engerlinge, wird HCH als Staub oder als Lösung in org. Lösungsmitteln verwendet. Zur Desinfektion des Bodens wird es an der Oberfläche häufig zusammen mit Düngemitteln verstreut und mindestens 10 cm tief eingebracht. HCH bleibt etwa 4 Jahre wirksam. Ein Fehler des HCH ist die Geschmacksbeeinflussung der Hackfrüchte und des Gemüses. Um dies zu vermeiden, wird das Saatgut mit Präparaten behandelt, die einen hohen Prozentsatz an aktiver Subst. bzw. γ-Isomere enthalten. Dies ermöglicht die Anwendung kleiner HCH-Mengen auf großen Flächen. Hierdurch werden viele Drahtwürmer vernichtet, negative Wirkung auf die nützlichen Organismen des Bodens wurden nicht beobachtet. Gegenwärtig wird das Saatgut mit kom-

binierten Präparaten gebeizt, die Fungicide und HCH enthalten und stimulierend wirken. Große Gaben vernichten oder hemmen die Entwicklung der Mikroorganismen. Präparate, die nur γ-Isomere enthalten, sind weniger schädlich als Präparate mit technischem HCH. Pflanzenschutzmittel wie E 605, E 858, Parathion und Ekatox, die org. Phosphorverbindungen enthalten, haben auch auf Menschen und Tiere eine starke toxische Wirkung. Sie werden bei der Bekämpfung von Drahtwürmern nicht angewendet.
PRL/CBR, übersetzt v. R. Hüffer. 2515.

2-64/04-1076 Weismann, L'udovít, Král'ovič, Ján, Gahér, Stanislav und Kemka, Rudolf. Morenie repného semena systémovými insekticidami. **(Die Beizung des Zuckerrübensaatgutes mit systemischen Insekticiden.)** Rostlinná Výroba **8(35)** (1962) Nr. 10. S. 1305–1326. – 7 Abb., 5 Tab., 15 Lit. Zus. in Russ., Dtsch.
Man verfolgte die Schutzwirkung der Rübensamenbeizung gegen *Aphis fabae* Scop. und *Chaetocnema tibialis* Ill. mit nachstehenden Stoffen: 0.0-Dimethyl-S-(β-äthylmercaptoäthyl) dithiophosphat (**I**), 0.0-Diäthyl-S(äthylmercaptoäthyl)dithiophosphat (**II**), 0.0-Diäthyl-S(2-äthylmercaptoäthyl)dithiophosphat (**III**). Alle 3, auf trockenem Wege applizierten Stoffe senkten die Keimfähigkeit der Rübe um 6–8%, die auf nassem Wege applizierten Mittel **II** und **III** um 16–17%. Unter Gewächshausbedingungen blieb das auf trockenem Wege applizierte **I** gegen die Rübenblattlaus 4–5 Wochen, bei Naßbehandlung 3–4 Wochen nach der Aussaat wirksam. **II** und **III** wirkten bei Trockenbehandlung 5–6, bei Naßbehandlung 4–5 Wochen. Unter Feldbedingungen wird die Wirkungsdauer von **II** und **III** auf 5, von **I** auf 4 Wochen nach der Aussaat geschätzt. Für einen sicheren Schutz der Rüben vor Blattlausbefall ist eine Wirkungsdauer von 8 Wochen nach dem Auflaufen der Rüben notwendig. P. Bartoš. 2515.

2-64/04-1077 Kvíčala, Bohumír A. Možnost snížení viróz u sazeček cukrovky systemickými insekticidy. **(Möglichkeiten der Bekämpfung von Virosen bei Stecklingsrüben mit Hilfe von systemischen Insekticiden.)** Rostlinná Výroba **9(36)** (1963) Nr. 1. S. 39–50. – 3 Tab., 23 Lit. Zus. in Russ., Dtsch.
Im Jahre 1959 wurden Rübenstecklinge mit Ekatin (0,5 kg/400 l Wasser), im darauffolgenden Jahre mit Intrathion in gleicher Aufwandmenge gespritzt. In diesen beiden Jahren wurden 2 Spritzungen vorgenommen, und zwar im Juni und Juli. Während der Vegetationsperiode wurden die Blattläuse gezählt und der Prozentsatz der durch die Vergilbungskrankheit der Rübe und das Rübenmosaik befallenen Pflanzen festgestellt; im darauffolgenden Jahre wurde der Gesundheitszustand der Samenträger beobachtet, die sich aus den behandelten Stecklingen entwickelt hatten. Blattläuse und Virosen gingen wesentlich zurück. Das Auftreten der Virosen in den Samenträgern war zwar in einigen Fällen höher als die Norm. Diese waren zu verhindern durch eine 3. Spritzung (7–14 Tage vor dem Roden). ČSSR/ÚVTI. 2515.

2-64/04-1078 Pajkin, D. M. und Gamper, N. M.; Leningrad, Unions-Forsch.-Inst. für Pflanzenschutz. Dejstvie chlorofosa na vrednych nasekomych i kleščej. **(Die Wirkung von „Chlorophos" auf schädliche Insekten und Milben.)** Vestnik sel'skochozjajstvennoj nauki, Moskva 8 (1963) Nr. 7. S. 44–48. – 1 Abb., 30 Lit. Zus. in Engl., Franz., Dtsch.
Das Präparat zeichnet sich durch seine geringe Giftigkeit gegenüber Menschen und Haustieren aus. Bei 0,7–0,8 kg/ha ist es auch gegen die meisten Nutzinsekten (einschl. Honigbiene) wenig schädlich. Chlorophos ist mit Wasser beliebig mischbar. Seine Giftigkeit gegen schädliche Schmetterlinge, Käfer, Hautflügler, Zweiflügler, Blattläuse, Blasenfüße und Spinnmilben wird bes. hervorgehoben. Die Sterblichkeit der Schädlinge ist, wie auch bei anderen phosphororg. Präparaten, stark temperaturabhängig. H. Hoffmann. 2515.

2-64/04-1079 Burditt, Arthur K., Hinman, Frank G. und Balock, John W.; Honolulu, Hawaii, U. S. Dep. of Agric., A. R. S. Screening of fumigants for toxicity to eggs and larvae of the Oriental fruit fly and Mediterranean fruit fly. **(Die Schutzwirkung von Räuchermitteln hinsichtlich der Toxizität auf Eier und Larven der Orientalischen Fruchtfliege und der Mittelmeerfruchtfliege.)** J. econ Entomol. **56** (1963) Nr. 3. S. 261–265. – 7 Tab., Nr. 1. 4 Lit.

Insgesamt wurden 108 Wirkstoffe und Gemische auf ihre Wirksamkeit als Räuchermittel gegen die Orientalische Fruchtfliege (*Dacus dorsalis*) getestet. 62 dieser Stoffe wurden außerdem auf ihre Wirkung gegen Eier und Larven der Mittelmeerfruchtfliege (*Ceratitis capitata*) geprüft. Die Stoffe sowie die erhaltenen Werte für den Wirkungsgrad sind in Tab. angeführt. War ein Stoff gegen die eine Art wirksam, erwies er sich auch gegenüber der anderen Art als wirksam. Als bes. aggressiv erwiesen sich dabei die geprüften Halogenester mit einer LD_{95} von mehr als 20 mg/l gegen Eier und Larven beider Arten. K. Geißler. 2515.

2-64/04-1080 Smrž, Jan. Intration ve srovnání s anglickým Aphitoxem. **(Ein Vergleichsversuch der Wirkung von tschechoslowakischem Präparat Intrathion und englischem Mittel Apithox.)** Agrochemie [Bratislava] **3** (1963) Nr. 1. S. 9. – 1 Abb., 1 Tab.

Es ergibt sich aus einem Vergleichsversuch, daß die Initialwirkung von Intrathion auf die Bohnenblattlaus 2–3mal größer ist als bei Aphitox. Bei der Residualwirkung bestehen keine so großen Unterschiede. Aber der Prozentsatz der Wirksamkeit in den angewendeten Intervallen ist bei Intrathion größer als bei Aphitox. Der höhere Wirkungsprozentsatz des Intrathions konnte durch den schwächeren Anflug geflügelter Bohnenblattläuse von den nichtbehandelten Parzellen nicht beeinflußt sein, weil das durchschnittl. Auftreten der Läuse am 10. Tag nach der Intrationspritzung 1,38mal höher war als bei Aphitox. Dagegen wies das Aphitox einen 1,31mal höheren Prozentsatz neuer Bohnenblattlauskolonien auf. Das Intrathion ist demnach in bezug auf seine Residualwirkung dem Aphitox überlegen. ČSSR/ÚVTI. 2515.

2-64/04-1081 Behringer, Paul. **Wirtschaftliche Nematodenbekämpfung im Pflanzkartoffelbau.** Bayer. landwirtsch. Jb., Sonderh. **40** (1963) Nr. 1. S. 311–320. – 8 Abb.

In Gebieten mit leichten Böden ist der Kartoffelbau für die Rentabilität der Betriebe von erheblicher Bedeutung. Infolge der in der Regel engen Fruchtfolgestellung der Kartoffel sind diese Betriebe vom Kartoffelnematoden, *Heterodera rostochiensis* Woll., bes. gefährdet. Alle Maßnahmen, die einer Einschleppung oder weiteren Verbreitung vorbeugen (Säuberung der Ackergeräte, Beseitigung des Durchwuchses, Wechsel der Mietenplätze, weite Fruchtfolge usw.), sind zu beachten. Neben den vorbeugenden Maßnahmen gewinnt die direkte Bekämpfung (chem. und biol.) zunehmend an Bedeutung. Aus betriebswirtsch. Erwägungen erscheint es zweckmäßig, die Herdbehandlung mit Nematiciden vorzunehmen und in der folgenden Saison das ganze Feld mit resistenten Kartoffeln zu bepflanzen. Die Nematodenpopulation dürfte dann in den meisten Fällen soweit reduziert sein, daß in der Folgezeit ein in vernünftiger Fruchtfolge durchgeführter Kartoffelbau möglich ist. H. Stelter/Groß-Lüsewitz. 2520.

2-64/04-1082 Steele, Arnold E. und Price, Charles; Salinas, Calif., U. S. Dep. of Agric., A. R. S. Evaluation of diffusates and juice of Asparagus roots for their nematocidal effects on Heterodera schachtii. **(Bewertung von Asparagus-Wurzel-Diffusaten und -Saft auf deren nematicide Wirkungen gegenüber Heterodera schachtii.)** J. Amer. Soc. Sugar Beet Technologists **12** (1963) Nr. 4. S. 299 bis 300. – 2 Lit.

Wurzeldiffusate von *Asparagus officinalis* hemmten den Larvenschlupf von *Heterodera schachtii* nur gegenüber *Beta-vulgaris*-Wurzeldiffusaten signifikant, jedoch nicht gegenüber solchen von *Lactuca sativa* und Leitungswasser. In Töpfen von 6 in. Dmr., die je g Boden mit 25 Zysten beschickt waren, wurden die mit 200 cm^3 *Asparagus*-Diffusat bzw. Leitungswasser begossenen Rüben nach 50 Tagen auf adulte Weibchenlarven untersucht. Der Larvenschlupf wurde durch das Diffusat nicht stimuliert. Dasselbe traf zu, wenn in den Töpfen vor dem Einpflanzen der Rüben 4 Mon. *Asparagus*- oder *Lactuca*-Pflanzen gestanden hatten. W. Feucht/Kleinwanzleben. 2520.

2-64/04-1083 Steele, Arnold E.; Salinas, Calif., U. S. Dep. of Agric., A. R. S. Effects of nabam solutions on emergence of larvae from cysts of Heterodera schachtii in aqueous solutions and in soil. **(Die Wirkung von Nabam in wäßrigen Lösungen und im Boden auf den Larvenschlupf aus Zysten von Heterodera schachtii.)** J. Amer. Soc. Sugar Beet Technologists **12** (1963) Nr. 4. S. 296–298. – 2 Tab., 2 Lit.

Nabam (Dinatriumäthylen-bis-dithiocarbamat), 1000 ppm, hat in früheren Versuchen des Vf. im Vergleich mit Leitungswasser den Larvenschlupf von *Heterodera schachtii* gesteigert, aber nur 60% vom Rübenwurzeldiffusat erreicht. In neuen Versuchen prüfte er die Handelsmarken Dithane A-40, einen benetzbaren Puder mit 93% Nabam, und Dithane D-14, ein emulgierbares Konz. mit 22% Nabam. Je 40 Zysten wurden 7 Wochen (bzw. eine Woche) mit 1000 bzw. 4000 ppm D-14, 1000 ppm A-40 und Leitungswasser bzw. Rübenwurzeldiffusat behandelt. Weiterhin wurden je 50 Zysten für 2 Wochen in „Teebeuteln" im Boden bei 65 °F geprüft, der mit Lösungen von 1000 bzw. 2000 ppm mit und ohne Zusatz von $ZnSO_4$ übergossen wurde. Diese Zysten sind hiernach 3 Wochen in Rübenwurzeldiffusat gebracht worden, um ihnen die zurückgebliebenen Larven zu entlocken. Bei allen Versuchsvarianten trat eine mehr oder weniger schlupfhemmende Wirkung durch Nabam auf. W. Feucht/Kleinwanzleben. 2520.

2-64/04-1084 Šály, Anton und Michálek, Karel. Možnosti použitia nematocídov na dezinfekciu pôdy v boji proti hádátku cibul'ovému. **(Möglichkeiten der Anwendung von Nematiciden zur Bodendesinfektion gegen Ditylenchus allii [Beijerinck] 1883.)** Agrochemie [Bratislava] **3** (1963) Nr. 1. S. 10–11. – 2 Tab., 10 Lit.

Geprüft wurden die Präparate Nematin, Nemagon Shell 97%, DD Shell, Tridipam und Trimaton. Die besten Ergebnisse in der Bekämpfung erzielte man mit dem DD-Shell-Präparat (Gabe von 50 ml/m^2). Die Bodendesinfektion muß mit einer entspr. Fruchtfolge kombiniert sein. Eine geeignete Methode für die Entseuchung des Pflanzenmaterials ist die Begasung mit Nematiciden. ČSSR/ÚVTI. 2520.

2-64/04-1085 Hovadík, Alois. Čs. antibiotický preparát Fytostrept proti bakterióze fazolů (Pseudomonas phaseolicola [Burkholder] Dowson). **(Das tschechoslowakische Antibioticum Fytostrept gegen die Bohnenbakteriose [Pseudomonas phaseolicola (Burkholder) Dowson].)** Vědecké Práce výzkumného Ústavu zelinářského Olomouci **2** (1963) S. 137–148. – 3 Abb., 8 Tab., 30 Lit. Zus. in Russ., Dtsch.

Nach vorangegangener Ermittlung der Empfindlichkeit phytopathogener Bakterien gegen das Antibioticum wurde Bohnensaatgut mit Phytostrept 0,4-, 0,1- und 0,025%-ig 1½, 6 und 24 Std. lang gebeizt. Die Bakterienzahl nahm nach der Beizung ab, und zwar umso mehr, je stärker der Befall war. Die Beizung verringerte auch den Einfluß endogener Mikroorganismen. Phytostrept (0,1–0,2%ig) stimuliert außerdem die Samenkeimung und steigert die Erträge. Unter Feldbedingungen liefen nach der Beizung mit 0,1%iger

Lösung 74,3% der Samen auf, während bei der Kontrolle dieser Prozentsatz nur 39,3% betrug. Die beschriebene Beizmethode ist wirtsch.

ČSSR/ÚVTI. 2535.

2-64/04-1086 Vasudeva, R. S., Singh, Pritam, Sen Gupta, P. K. Mahmood, M. und Bajaj, B. S.; New Delhi, Indian Agric. Res. Inst. Further studies on the biological activity of bulbiformin. **(Weitere Untersuchungen über die biologische Aktivität von Bulbiformin.)** Ann. appl. Biol. **51** (1963) Nr. 3. S. 415–423. – 4 Abb., 2 Tab., 8 Lit.
Das Antibioticum Bulbiformin (I) wird von *Bacillus subtilis* sowohl in Kulturlösung als auch in autoklaviertem Boden gebildet, der mit geeigneten Nährstoffen versehen ist. Von Vff. wurden weitere Versuche darüber durchgeführt, ob die Bildung und Haltbarkeit des Antibioticums im Boden durch Zusätze bestimmter org. Stoffe gesteigert werden können. Zu diesem Zweck wurde Boden, dem 1% Wurzelmaterial von Leguminosen, Melasse oder Ölkuchen zugesetzt worden war, sterilisiert und mit *B. subtilis* beimpft. Der Nachweis der Antibioticumbildung wurde im Biotest mit *Alternaria tenuis* als Testorganismus durchgeführt. Die Untersuchungen brachten folgende Ergebnisse: Boden ohne Zusatz zeigte nur geringe I-Bildung, dagegen wirkten sich Zugaben von natürlichen org. Stoffen, die reich an Zuckern, N und Wachstumsfaktoren sind, positiv auf die I-Produktion aus. Bes. günstige Ergebnisse lieferte die Kombination Erdnußkuchen + Melasse bez. Quantität und Haltbarkeit von I im Boden. Versuche über die Adsorption von I durch verschiedene Bodentypen (sandiger Lehm, Lehm) zeigten, daß I auch in adsorbiertem Zustand aktiv bleibt. In Nährlösungsversuchen mit der Angolischen Erbse (*Cajanus cajan*) konnte nachgewiesen werden, daß I aufgenommen und transportiert wird sowie nicht phytotoxisch wirkt. Pflanzen von *C. cajan*, die in Boden gezogen wurden, der mit Erdnußkuchen, Melasse und Süßkleewurzeln versehen und mit *B. subtilis* und dem Welkeerreger *Fusarium udum* beimpft worden war, zeigten eine Reduktion des Welkebefalls um ca. 88,5%. Vff. hoffen, auch bei unsterilem Boden zu ähnlichen Ergebnissen zu kommen, wenn Bedingungen geschaffen werden, die die Bildung von I begünstigen.

G. Zahn. 2535.

2-64/04-1087 Harries, F. H. und Mattson, Vaughn J.; Wenatchee, Washington Agric. Exp. Stat. Effects of some antibiotics on three aphid species. **(Wirkungen einiger Antibiotica auf drei Blattlausarten.)** J. econ. Entomol. **56** (1963) Nr. 3. S. 412–414. – 3 Tab., 10 Lit.
Physalis-floridana-, Apfel- und *Vicia-faba*-Pflanzen wurden mit je einem Antibioticum besprüht. Danach wurden Blattstücke ausgestanzt, in den Boden von Mikro-Käfigen eingefügt und mit je 10 adulten *Myzus persicae* (Sulz.), *Aphis pomi* De Geer bzw. *Acyrthosiphon pisum* (Harris) besetzt. Nach Aufbewahrung bei hoher Luftfeuchtigkeit erfolgte die Kontrolle der Vermehrungsrate und der Mortalität nach 3 und 7 Tagen. In die Versuche mit *M. persicae* wurden 15 Antibiotica, deren chem. Bezeichnungen oder Herkunft angegeben sind, einbezogen. Dabei hatten Cytovirin, Cycloheximid, Streptovitacin A, Antimycin A und Hygromycin B erhebliche insekticide Wirkung. Ähnliche Ergebnisse hatten die Versuche mit den beiden anderen Blattlausarten. Die Arbeit enthält eine Übersicht über die Ergebnisse früherer Autoren mit Antibiotica gegen Insekten und Tetranychiden. F. P. Müller. 2535.

2-64/04-1088 Rafailă, C. **Eine neue Anlage für den Prognose- und Warndienst.** Int. Z. Landwirtsch. [Sofia/Berlin] **1963** Nr. 3. S. 110–112. – 2 Abb.
Für die Festlegung des günstigen Momentes für die Schädlings- bzw. Krankheitsbekämpfung werden biol., phänol. und ökol. Werte für den Warndienst verwendet. Von großer Bedeutung sind dabei die mikroklimatischen Bedingungen. Mit Hilfe eines neuentwickelten Gerätes – dem Mildiograph – werden die Temperatur, die rel. Luftfeuchtigkeit und die Dauer der Tau-

oder Regenfeuchte der Blätter registriert. Gebaut werden der Typ IA, (batteriegetrieben), und IB, der aus dem Wechselstromnetz gespeiste Typ. Die Prüfungen der Jahre 1961–62 erzielten gute Ergebnisse.

M. Amme. 2550.

2-64/04-1089 Eddins, A. H.; Hastings, Potato Investigations Lab. Forecasting late blight of potato at Hastings, Florida. **(Vorhersage der Krautfäule der Kartoffel in Hastings, Florida.)** Proc. Florida State horticult. Soc. **75** (1962, hrsg. 1963) S. 206–208. – 3 Tab., 6 Lit.

Im Gebiet von Hastings werden nahezu 25000 acres Kartoffeln angebaut. Das Pflanzen erstreckt sich auf den Zeitraum vom 15. Dez.–7. Febr., die Ernte erfolgt vom 15. Apr.–1. Juni. Bisher beruhten die Warndienstregeln auf den Beziehungen zwischen Temperatur, Niederschlägen und rel. Luftfeuchtigkeit zum Krankheitsauftreten. Vf. überprüfte das Krautfäule-Auftreten in Abhängigkeit von der Temperatur und den Niederschlägen in einem Zeitraum von 31 Jahren. Der Warndienst erstreckt sich auf den Zeitraum vom 2. Jan. (frühester Zeitpunkt des Auftretens) bis 31. Mai. Eine vorbeugende Krautfäule-Spritzung ist notwendig, wenn in diesem Zeitraum das Mittel der Temperatur von 7 aufeinanderfolgenden Tagen bei 77 °F, aber nicht unter 50 °F liegt und die Niederschlagssumme von 10 Tagen 1,02 in. übersteigt. Eine auf diesen Kriterien beruhende Warnung besitzt eine Sicherheit von 94%. O. Saß. 2550.

2-64/04-1090 Šimko, K. Prognóza výskytu mšice makové na rok 1963. **(Prognose des Auftretens der Schwarzen Rüben- und Bohnenblattlaus für 1963.)** Za vysokou Úrodu **11** (1963) Nr. 3. S. 113.

Die Prognose wurde auf Grund von Angaben, die sich auf den Vegetationsabschluß bezogen, und nach der Zahl der auf Winterwirtspflanzen festgestellten Eier ausgearbeitet. Eine Karte zeigt die Gebiete des mittleren und starken Auftretens und führt die Bekämpfungsmaßnahmen an. ČSSR/ÚVTI. 2550.

2-64/04-1091 Muška, A. Prognósa rojení chroustů v letošním roce. **(Die Prognose des Maikäferschwärmens im laufenden Jahre.)** Za vysokou Úrodu **11** (1963) Nr. 3. S. 114. – 1 Abb.

Auf einer Karte werden die wichtigsten Maikäferfanggebiete eingezeichnet. In Böhmen bleiben sie auf kleine Gebiete bei Žatec, Most, Litoměřice und Mladá Boleslav beschränkt. In Mähren nehmen sie ein größeres Gebiet des Südmährischen Bezirkes und kleine Gebiete bei Vyškov und Kroměříž ein.

ČSSR/ÚVTI. 2550.

2-64/04-1092 **Literatur über Chemie und Anwendung von Alkyl-Hg-Beizen.** Hrsg.Instn.: WTZ Pflanzenschutz- und Schädlingsbekämpfungsmittel, Magdeburg. (Lit.-Nr.: 110/63. Titelanzahl: 33. Ber.-Zeit: 1956-1963.)

2-64/04-1093 **Literatur über den Arbeitschutz beim Umgang mit Schädlingsbekämpfungsmitteln.** Hrsg. Instn.: WTZ Pflanzenschutz- und Schädlingsbekämpfungsmittel, Magdeburg. (Lit.-Nr.: 97/63. Titelanzahl: 63. Ber.-Zeit: 1956-1963.)

2-64/04-1094 **Literatur über Analytik, Rückstandsfragen und physiologische Wirkung von Captan.** Hrsg. Instn.: WTZ Pflanzenschutz- und Schädlingsbekämpfungsmittel, Magdeburg. (Lit.-Nr.: 91/63. Titelanzahl: 49. Ber.-Zeit: 1956-1963.)

2-64/04-1095 **Rebschutzmittel-Verzeichnis. Verzeichnis amtlich geprüfter und anerkannter Rebschutzmittel mit Erläuterungen zu den Bekämpfungsmaßnahmen.** Ausz. aus d. Pflanzenschutzmittel-Verzeichnis. 18. Aufl. Braunschweig: Biolog. Bundesanst. für Land- u. Forstwirtschaft. 1963. (11 S.) 4° = Biologische Bundesanstalt für Land- und Forstwirtschaft in Braunschweig. Merkblatt. Nr. 4. (SR 134, 4)

2-64/04-1096 *Brütt, Erhard* und *Hennig, Rolf.* **Wildschadenschätzung in der Landwirtschaft.** München; Basel; Wien: BLV Verl. Ges. 1963. (86 S. mit 21 Abb.) 8°. (1963 A 1054)

2-64/04-1097 *Červenka, J.* **Prognóza, signalizace a boj proti plísni bramborové.** (Phytophthora-Prognose, -Warnung und -Bekämpfung.) Praha: Ústav vědeckotechn. informací. 1963 (16 S.) 8° = Metodiky pro zavádění výsledku výzkumu do praxe Nr. 25. (SR 2716, 1963, 25)

2-64/04-1098 *Gäbler, Helmut* **Forstschutz.** Berlin: Akad. Verl. 1963. (171 S. m. 36 Abb.) 8° = Wissenschaftliche Taschenbücher. 9. (1963 A 881)

2-64/04-1099 *Kleczar, Jan.* **Terminarz ochrony plantacji nasiennch.** (Terminkalender für den Pflanzenschutz im Samenbau landwirtschaftlicher Nutzpflanzen.) Warszawa: Państw. wyd. rolnicze i leśne. 1963. (355 S.) 8°. (1963 A 931)

2-64/04-1100 *Lazarov, A. V.* und *Grigorov, S. P.* **Karantina na rastenijata.** (Pflanzenquarantäne.) Sofija. 1961. (258 S.) 8°. (1963 A 897)
2-64/04-1101 *Msezin, Aleksandr Fedorovič* und *Pil'ko, Michail Matveevič.* **Kratkij spravočnik po jadochimikatam i apparature.** (Kurzer Leitfaden über Pflanzenschutzmittel und Geräte.) Minsk: Gos. izd. sel'skochoz. lit. BSSR. 1962. (113 S.) 8°. (1963 A 941)
2-64/04-1102 *Mueller, E. W.* und *Mutschke, H.* Hrsg.: Landwirtschaftsrat b. Ministerrat d. DDR. **Pflanzenschutz im Obstbau.** Spritzfolgen und chemische Unkrautbekämpfung. Leipzig-Markkleeberg. 1963. (47 S.) 8°. (DA 1604)
2-64/04-1103 *Townsend, Lee H.* and *Tilson, Howard G.* **Annual report of the Kentucky plant pest control law and its administration for the year ended June 30, 1962.** Lexington: Univ. of Kentucky. 1962. (36 S.) 8° = Regulatory Bulletin, Agricultural experiment station 174. (SR 2952, 174)

XII. UNKRAUTBEKÄMPFUNG

B. Unkrautbekämpfungsmittel

2-64/04-1104 Vorsatz, Erich; Jena, Univ., Inst. für Phytopathol. **Herbizide — chemisch und praktisch gesehen.** Wiss. Z. Friedrich-Schiller-Univ. Jena/Thür., math.-naturwiss. R. **12** (1963) Nr. 1. S. 83–85. – 5 Lit.
Die Anwendung von Herbiciden soll den Kulturpflanzen Wasser-, Nährstoff- und Lichtkonkurrenten fernhalten. Dazu ist die Kenntnis der verschiedenen Unkräuter sowie des Wirkungsspektrums der Herbicide notwendig. Grundsätzlich soll versucht werden, eine Herbicidrotation zu erreichen, damit die Bildung von „Sekundärfloren" aus nicht oder nur schwer bekämpfbaren Unkräutern vermieden oder zumindest verzögert wird. Gleichzeitig kann mit der Verwendung verschiedener Herbicide eine zu große Arbeitsbelastung vermieden werden (z. B. Verwendung von DNOC vor und von Wuchsstoffmitteln nach der Bestockung des Getreides). Die mit den mechan. Maßnahmen sinnvoll gekoppelte chem. Unkrautbekämpfung erfordert ein entspr. Wissen der Pflanzenschutzbeauftragten. Die Vor- und Nachteile der einzelnen Herbicide (2.4-D, MCPA, MCPB, TCB, DNBP, DNOC, CIPC, Simazin, Atrazin, Propazin, TCP, TCA, CMU) werden besprochen und Vorschläge für die Gestaltung einer Herbicidrotation gemacht. P. Neubert. 2710.

2-64/04-1105 Zemánek, Jiří. Metoda agarových půd na zkousení účinnosti herbicidů. **(Die Agarbodenmethode zur Prüfung der Wirksamkeit von Herbiciden.)** Rostlinná Výroba **9** (1963) Nr. 6. S. 621–632. – 3 Abb., 5 Tab., 5 Lit. Zus. in Russ., Engl.
Es wird eine Methode zum Studium der biol. Wirksamkeit der Herbicide beschrieben, deren Vorteil darin besteht, daß man den Einfluß der Herbicide auf die Testpflanzen 3–4 Wochen in einem Standardmedium verfolgen kann. Der Agarnährboden enthält pro l destilliertes Wasser 4 g Agar, 1 g $Ca(NO_3)_2$, 0,25 g KH_2PO_4, 0,25 g $MgSO_4$, 0,12 g KCl und 1 Tropfen 5%ige $FeCl_3$-Lösung. Nach Sterilisierung und Abkühlung auf 40–45 °C wird 1 Teil einer Lösung, Emulsion oder Suspension des zu untersuchenden Herbicids 99 Teilen Agarboden zugesetzt. Auf die erstarrten Nährböden werden die Samen der zu prüfenden Pflanzen gesät. Beim Studium von Dalapon, Na-Trichloracetat und CIPC hat sich als Testpflanze Gerste, bei 2.4-D und bei den Triazin-Herbiciden Weißer Senf bewährt. Nach dem Auspflanzen werden die Schalen 24 Std. mit Glas zugedeckt und dann in Treibhäuser oder in Klimakammern übertragen. Die Wirkung der Herbicide wird nach 2–4 Wochen durch Bestimmung des Gewichtes und durch Messung der Testpflanzen bewertet. Die Werte der LD 50 für die geprüften Herbicide werden angeführt.
ČSSR/ÚVTI. 2710.

2-64/04-1106 McCalla, T. M., Army, T. J. und Wiese, A. F.; Lincoln, Nebr.; Fort Collins, Colo., U. S. Dep. of Agric., A. R. S. Comparison of the effects of chemical and sweep tillage methods of summer fallow on some properties of Pullman silty clay loam. **(Vergleich der Auswirkungen chemischer und ackerbaulicher Bracheverfahren auf einige Eigenschaften des**

schluffigen Pullman-Tonlehms.) Agronomy J. **54** (1962) Nr. 5. S. 404–407. – 5 Tab., 22 Lit.
Nachdem McCalla für den trockeneren Teil der Großen Prärie nachweisen konnte, daß die im Rahmen der Brachehaltung zur Unkrautbekämpfung bevorzugte mehrfache Pflugarbeit einen nachteiligen Einfluß auf die chem. und phys. Bodeneigenschaften sowie auf die Tätigkeit der Mikroorganismen, speziell an der Verzögerung des Nitrifikationsprozesses erkennbar, ausübt, entwickelten Vff. ein rein chem. Bracheverfahren, indem sie auf die Pflugarbeit verzichteten und dafür mit den Herbiciden Dalapon, 2.4-D und Amitrol experimentierten. Die damit erzielten Ergebnisse lassen im Boden auf keine meßbare Änderung von pH, org. Subst., Aggregatbildung oder Mikrobenbesatz schließen. Gleichzeitig verringerte sich der Anteil der Nematoden. In den oberen 2 Profilzentimetern erhöhte sich der Nitratgehalt. Ergänzende Laboruntersuchungen bestätigten, daß die Herbicide, sofern diese nicht in extrem hoher Dosierung verabreicht worden waren, keine nachhaltige Herabsetzung der Nitrifikation bewirkten. W. Prager. 2710.

2-64/04-1107 Ashton, Floyd M.; Davis, Univ. of California, Dep. of Bot. Fate of amitrole in soil. **(Der Verbleib von Amitrol im Boden.)** Weeds **11** (1963) Nr. 3. S. 167–170. – 4 Tab., 8 Lit.
Amitrol-5^{14}C wird in unsterilem Boden sehr schnell abgebaut. In sterilem Boden wird das Amitrol dagegen nur wenig modifiziert. Ein unbestimmtes chem. Produkt des Amitrols wurde sowohl in sterilem als auch in unsterilem Boden gebildet. Das prinzipielle Stoffwechselprodukt des Amitrols war CO_2. Dieses war imstande, 13 Additionsverbindungen zu bilden. Eine oder mehrere Stoffwechselverbindungen, die vom Amitrol gebildet wurden, werden im Boden fest gebunden und sind sehr widerstandsfähig gegen Auswaschung. H. Kurth. 2710.

2-64/04-1108 Sheets, T. J.; Beltsville, Md., A. R. S. Photochemical alteration and inactivation of amiben. **(Photochemische Änderung und Inaktivierung von Amiben.)** Weeds **11** (1963) Nr. 3. S. 186–190. – 2 Abb., 5 Tab., 4 Lit.
Spektrophotometrische und chem. Analysen ergaben, daß bei der 3-Amino-2.5-dichlorbenzoesäure (Amiben) in wäßrigen Lösungen eine Umsetzung durch das Sonnenlicht oder durch fluoreszierende Sonnenlampen erfolgt. Die herbicide Aktivität von 10^{-3} mol. wäßrigen Lösungen des Amibens (formuliert als Triäthanolaminosalz) wurde durch die Lichteinwirkungen stärker gemindert als die von reinem Amiben. Die Diazotierung von Amiben wurde mit einer speziellen Methode quantitativ bestimmt. H. Kurth. 2710.

2-64/04-1109 Maštakov, S. M. und Volynec, A. P. Izučenie čuvstvitel'nosti sortov l'na-dolgunca k natrievym soljam 2,4-D i 2M-4Ch v načal'nuju fazu rosta. **(Untersuchung der Empfindlichkeit von Faserleinsorten gegen die Natriumsalze 2.4-D und 2M-4Ch in der Anfangsphase des Wachstums.)** V sb.: Fiziol. i biochimija rast., Minsk **1962** S. 40–45. – Aus: Referativnyj žurnal Moskva. Rastenievodstvo **1963** Nr. 7.55.215. S. 27.
Am Beispiel von 14 Sorten wird die Empfindlichkeit verschiedener Faserleinsorten gegen die Herbicidwirkung von 2.4-D und 2M-4Ch gezeigt. Es wurden auch Sortenverschiedenheiten in der Reaktion der Jungpflanzen auf die erwähnten Präparate festgestellt. übersetzt v. Th. C. Boetticher. 2710.

2-64/04-1110 Dawson, J. H.; Prosser, Wash., Irrigation Exp. Stat. Effects of EPTC on barnyardgrass seeds. **(Die Wirkungen von EPTC auf Hühnerhirsesamen.)** Weeds **11** (1963) Nr. 3. S. 184–186. – 3 Abb., 6 Lit.
Die Körner der Hühnerhirse (*Echinochloa crus galli* [L.] Beauv.) keimen nicht bei niedrigen Temperaturen, ungenügender Feuchtigkeit oder in Zeiten der Samenreife. Unter optimalen Bedingungen wurden Samen der Hühner-

hirse auf Boden zur Keimung gebracht, der mit verschiedenen Konz. von EPTC (Äthyl-N, N-di-n-propylthiocarbamat) behandelt worden war. Die Versuche ergaben, daß die Hühnerhirse durch selektiv wirkende Konzentrationen der EPTC auf dem behandelten Boden in der Keimrate nur geringfügig beeinträchtigt wurde. Die Keimbereitschaft der Samen, die von Pflanzen stammten, die auf EPTC behandeltem Boden gewachsen waren, war ebenfalls nicht nachhaltig beeinflußt worden. H. Kurth. 2710.

2-64/04-1111 Hill, E. R., Lachman, W. H. und Maynard, D. N.; Amherst, Mass., Agric. Exp. Stat. Translocation of amitrole in yellow nutsedge and its effect on seed germination. **(Die Verteilung von Amitrol in Mandelcypergras und seine Wirkung auf die Samenkeimung.)** Weeds **11** (1963) Nr. 3. S. 165–166. – 1 Abb., 1 Tab., 5 Lit.

Durch Autoradiographien wurde mit ^{14}C-markiertem Amitrol an behandeltem Cypergras (*Cyperus esculentus* L.) festgestellt, daß Amitrol verhältnismäßig schnell vom Punkt der Applikation zu den Samen transportiert wird. Die Samenkeimung wurde durch die Behandlungen mit Amitrol signifikant vermindert. H. Kurth. 2710.

2-64/04-1112 Jordan, L. S., Day, B. E. und Hendrixson, R. T. Additives to dalapon sprays. **(Zusätze zu Dalapon-Spritzungen.)** Weeds **11** (1963) Nr. 3. S. 198–201. – 6 Tab., 14 Lit.

Durch den Zusatz einer Kombination von Methylzellulose, Natriumacetat und einem Alkyl-Aryl-Natriumsulfonat (Na-Petroleumsulfonat) zu den Spritzlösungen konnte die toxische Wirkung der 2.2-Dichlorpropionsäure (Dalapon) gegen Hafer und Bermudagras (*Cynodon dactylon*) erhöht werden. Die Zusätze betrugen 2,25% Methylzellulose, 1,75% Na-Acetat und 0,8% eines Alkyl-Aryl-Natriumsulfonates. Zwei oder nur einer dieser Zusätze erwiesen sich nicht als wirkungssteigernd. Methylzellulose soll die Spritzlösung stabilisieren und eine bessere Haftung an den Grashalmen ermöglichen, Alkylarylsulfonat soll die Penetration fördern und Natriumacetat die toxischen Wirkungen beeinflussen. H. Kurth. 2710.

2-64/04-1113 Key, Joe L.; Davis, Univ. of California, Dep. of Bot. Studies on 2.4-D-induced changes in ribonucleic acid metabolism in excised corn mesocotyl tissue. **(Untersuchungen über 2.4-D-induzierten Austausch im Ribonucleinsäurestoffwechsel in herausgeschnittenen Maismesokotylgeweben.)** Weeds **11** (1963) Nr. 3. S. 177–181. – 7 Tab., 19 Lit.

Während einer 12std. Inkubation niedriger Konz. von 2.4-Dichlorphenoxyessigsäure (2.4-D) erhöhte sich der schädliche Einfluß auf den Ribonucleinsäure-Stoffwechsel (RNS). Hohe Konz. an 2.4-D hemmten dagegen den RNS-Wechsel völlig, und zwar bereits 2 Std. nach der Behandlung. Die Versuchszeiten, in denen Adenosin-8-^{14}C der RNS zugegeben wurde, zeigten klar, daß das Auxin in diesem System vermutlich die Netto-Synthese der RNS beeinträchtigt und außerdem in einigen Prozessen den Stoffwechsel der RNS mindert. H. Kurth. 2710.

C. Unkraut und Unkrautbekämpfung

2-64/04-1114 Weinberger, Peter; Gießen, Justus-Liebig-Univ., Bot. Inst. **Über gegenseitige Beeinflussungen zwischen Gerste, Raps und verschiedenen Unkrautarten.** Flora [Jena] **153** (1963) Nr. 2. S. 242–281. – 8 Abb., 15 Tab., 34 Lit.

Raps und Gerste wurden in Gefäßversuchen mit *Agropyron repens*, *Mentha arvensis* oder *Papaver rhoeas* kombiniert, wobei K und N in verschiedenen Abstufungen gegeben wurden. Die gründliche statistische Auswertung befaßt sich mit den Hauptwirkungen der K- und N-Gaben, der Wechselwirkung zwischen K- und N-Einflüssen, den Korrelationen zwischen N-Gaben und

Blattflächenentwicklung, den in früheren Abschnitten der Entwicklung erkennbaren Wechselwirkungen und vergleicht die Stoffproduktion in Misch- und Reinkulturen bei verschiedenen N-Gaben. Weitere Versuche ergaben, daß Sickerwasser aus Mohnkulturen Raps hemmt, was für Gerste nicht zutrifft. Das wird bestätigt durch die Kultur von Raps und Gerste auf Boden, der vorher von den genannten Unkräutern bewachsen war. Vf. hält es für wahrscheinlich, daß die Hemmstoffe aus dem mikrobiellen Abbau toter Pflanzenteile stammen, also keine Wurzelausscheidungen sind. Gerste keimt in Mohnbeständen gut, Raps wird jedoch gehemmt. Im Feldversuch dominierte Gerste auch in dichten Unkrautbeständen. K. Arlt. 2720.

2-64/04-1115 Galgóczi, J. Az áttelelö fehérvirágu somkóró gyomossági viszonyai a Jászságban. **(Die Verunkrautung durch überwinternden Weißen Steinklee im Jász-Gebiet.)** Növénytermelés [Pflanzenbau] **12** (1963) Nr. 1. S. 17–32. – Aus: Ung. Agrar-Rdsch. **1963** Nr. 4.
Die Verunkrautung überwinternden Weißen Steinklees infolge verschiedener Saatverfahren und -zeiten wurde untersucht. Die Bestände wurden teils mit, teils ohne Deckfrucht angesät. Die im Spätherbst ohne Deckpflanzen gesäten Bestände erlitten infolge der ungünstigen Witterung beim Auflaufen schwere Ausfälle, und die Unkräuter vermehrten sich sehr stark. Die Verunkrautung erreichte 42,1–47,3%. Die Höhe der Unkräuter übertraf die Höhe der Steinkleepflanzen um 151–327%. In den geschlossenen Beständen der Blanksaaten in Frühjahrssaaten betrug die Verunkrautung nur 5,7 bis 7,43%. Die Höhe der Unkräuter betrug nur 66–74% der Höhe des Steinklees. Die mit Deckpflanzen gesäten Bestände waren am wenigsten verunkrautet, und zwar im Vorsommer des ersten Jahres nur zu 4,28% und z. Z. der Knospung zu 0,68%. Die untersuchten Unkräuter waren im Vorsommer als Keimpflanzen anwesend und gingen während des Winters in der Mehrzahl ein. Der Deckungsgrad der Unkräuter hängt von der Geschlossenheit des Steinklee-Bestandes ab. – Die häufigsten Unkräuter waren *Chenopodium album* und *Amaranthus retroflexus*. 2735.

2-64/04-1116 Hauser, Ellis W.; Tifton, Georgia Exp. Stat. Effects of amitrole on purple nutsedge at different growth stages. **(Der Einfluß von Amitrol auf Purpur-Cypergras zu verschiedenen Wachstumsstadien.)** Weeds **11** (1963) Nr. 3. S. 181–183. – 3 Tab., 4 Lit.
Amitrol (3-Amino-1.2.4-triazol) wurde gegen Purpur-Cypergras-Klone (*Cyperus rotundus* L.) auf einem Feld im Piedmont Plateau angewendet. Die Anwendungen erfolgten eine Woche nach dem Austreten der Initialblätter und von diesem Zeitpunkt ab in zweiwöchentlichen Intervallen über 20 Wochen hinweg. – Das Purpur-Cypergras ist gegenüber Amitrol 4 Wochen nach der Ausbildung der Initialblätter am empfindlichsten. Die nächsten empfindlichen Stadien waren 1 oder 2 Wochen nach dem Auflaufen. 6 Wochen nach dem Auflaufen ist das Gras gegenüber Amitrol ziemlich widerstandsfähig. Alle Behandlungen nach 10 Wochen waren rel. unwirksam. Chem. Analysen der Knollen und Bulben ergaben einen höheren Aschegehalt in den frühen Stadien als 6 Wochen nach dem Auflaufen der Pflanze.
H. Kurth. 2735.

2-64/04-1117 Sosnin, N. A. Rol' gerbicidov v intensifikacii celinnogo zemledelija. **(Die Rolle der Herbicide bei der Intensivierung der Neulandbewirtschaftung.)** Izvestija Timirjazevskoj sel'skochozjajstvennoj akademii, Moskva **1963** Nr. 3. S. 24–34. – 5 Tab., 14 Lit. Zus. in Engl. 2740.

2-64/04-1118 Milaire, H. und Charrot, J. Sur une possibilité de remise en culture d'un terrain envahi par l'armoise. **(Über eine Möglichkeit der Wiederinkulturnahme eines mit Beifuß verunkrauteten Geländes.)** Phytoma [Paris] **14** (1962) Nr. 141. S. 34–35. – 3 Abb. Aus: Pflanzenschutz und Schädlingsbekämpfungsmittel.

Zur Bekämpfung von Beifuß (*Artemisia vulgaris*) wurden versuchsweise Herbicide der Wirkstoffgruppe 2.4-D, 2.4.5-T, Natriumchlorat, Monuron und Aminotriazol eingesetzt. Am besten bewährte sich das Natriumchlorat. Bei dichtem Unkrautbestand werden jedoch selbst bei 1600 l/ha die Bodenpartien nicht genügend getroffen. Hier wurde das Mittel durch ein Jauchefaß in Mengen von 500 l auf 300 m² in 1%iger Konz. (= 16 g/m²) ausgebracht. Die Anwendung erfolgte 1959 nach dem Abmähen des Beifußes im November. Der 1960 angebaute Mais und Kürbis zeigten keine Schäden, die Ernteerträge waren hoch, der Beifuß wurde fast vollständig vernichtet.
A. Ramson. 2740.

2-64/04-1119 Fertig, S. N.; Ithaca, Dep. of Agronomy. Yellow rocket, a difficult weed problem. **(Echtes Barbarakraut, ein schwieriges Unkrautproblem.)** Farm Res. **29** (1963) Nr. 1. S. 4–5. – 2 Abb., 2 Tab.
Barbarea vulgaris, das sowohl winterannuell, zweijährig als auch perennierend sich entwickeln kann, ist in Winterweizen, -gerste und -leguminosen sowie vor allem auf Leguminosen-Gras-Grünland stark verbreitet. Bodenbearbeitungs-, Schnittzeiten- und chem. Bekämpfungsversuche (2.4-D und MCPA) blieben auf dem Grünland erfolglos. Bewährt hat sich jedoch das Einsilieren des 1. Schnittes. Bei am 2. Juli einsiliertem Grünfutter besaßen die Unkrautsamen nach 5 Wochen keine Keimfähigkeit mehr, während die Samen des am 15. Juni geschnittenen Futters schon nach kürzerer Zeit abgetötet waren.
H. Lehmann. 2740.

2-64/04-1120 Domańska, H. Odchwaszczanie buraków, grochu i lnu. **(Die Unkrautbekämpfung bei Rüben, Erbsen und Flachs.)** Agrochemia [Warszawa] **1963** Nr. 4. S. 16–17. – 1 Abb.
Bei Rüben werden zweikeimblättrige Unkräuter mit Krezamon, 6 kg auf 100 l Wasser je ha, bekämpft. Das Spritzen erfolgt 6–8 Tage nach der Ansaat vor dem Auflaufen der Pflanzen. Gräser, wie Hühnerhirse und *Setaria* werden mit Antiperz (Na-Trichloracetat), 10–12 l auf 600 l Wasser, 1–3 Tage nach der Ansaat der Rüben, das Unkraut bei Erbsen und Felderbsen mit 2,5 l Chwastox oder 0,9 kg Dikotex, 1,5 l MCPA-500, 2 l Krezon 25 oder 4 kg Krezamon auf 600 l Wasser vernichtet. Die Präparate müssen angewendet werden, wenn die Pflanzen 5 Paar Blätter haben und 10–15 cm hoch sind. Die Blätter und Stengel sind mit einer Wachsschicht bedeckt, welche vor dem Eindringen der Herbicide in die Gewebe schützt. Krezamon darf bei angewelkten Pflanzen nicht verwendet werden, um das Verbrennen der Gipfeltriebe zu verhüten. Das im laufenden Jahre eingeführte Aretit kann beim Anbau von Erbsen, Felderbsen, Ackerbohnen und Lupinen angewendet werden. Sein Vorzug ist die geringe toxische Wirkung, Epidermis und Gewebe werden nicht geschädigt. Die Gaben betragen 1,5 kg 40%iges Präparat bei 20 °C und 2 kg desgleichen bei 10 °C Lufttemperatur. Unkraut in Lein wird mit Chwastox oder Dikotex bekämpft. Die Gaben betragen 2,5 bis 3 l Chwastox oder 0,9 kg Dikotex auf 600 l Wasser bei 6–12 cm Pflanzenhöhe und bei warmer, 20 °C nicht übersteigender Witterung, damit der Lein nicht welk ist. Es kann auch eine Mischung von 1,5–2 kg Chwastox und 1,5–2 kg Krezamon auf 600 l Wasser je ha gegeben werden. Gute Wirkungen zeitigen auch MCPA-500 mit 1–1,5 l/ha auf 500 l Wasser und Krezon 25 mit 1,5–2 l/ha. Entspr. Gaben und Spritztermine gewährleisten den Erfolg und die Sicherheit, daß die Kulturen nicht beschädigt werden.
PRL/CBR, übersetzt v. R. Hüffer. 2740.

2-64/04-1121 Anonym. Chemiczne zwalczanie chawstów w zbożach jarych. **(Chemische Unkrautbekämpfung bei Sommergetreide.)** Agrochemia [Warszawa] **1963** Nr. 4. S. 14–15. – 1 Abb.
1963 erschienen zwei neue unkrautvernichtende Präparate auf dem Markt, Pielik und Chwastox. Pielik wird mit 1,2–1,7 kg/ha angewendet. Zu Brau-

gerste darf es nicht gegeben werden. Die Chwastox-Gaben betragen 3,5–5 kg bei Weizen, 2,5–4 kg bei Hafer in 400 l warmem, weichem Wasser aufgelöst. Bei niedrigen Temperaturen und starker Verunkrautung müssen die höheren Gaben angewendet werden und umgekehrt. Bei einer Temperatur unter +10 °C oder über 25 °C und vollem Sonnenschein sowie vor und nach Regenfällen darf nicht gespritzt werden, um Verbrenungsschäden zu vermeiden. Als Termin wird das volle Auflaufen der Pflanzen bis zum Beginn des Schossens empfohlen. Zu frühes oder zu spätes Spritzen kann Mißbildungen an den Pflanzen zur Folge haben. Auf eingesäte Leguminosen mit 2–3 Blättern haben die Präparate keine schädliche Wirkung. Vor dem Auflaufen der Leguminosen angewendet, hemmt es deren Entwicklung. Die Mittel greifen auch Gummi und Metalle an, nach Gebrauch müssen die Apparate gespült werden. PRL/CBR, übersetzt v. R. Hüffer. 2740.

2-64/04-1122 McClean, S. P. Long-term effects of weedkiller sprays for cereals. **(Langanhaltende Wirkung von Spritzungen zur Unkrautabtötung in Getreide.)** Exp. Husbandry Farms exp. Horticult. Stat., Progr. Rep. **1963** S. 30–31. 2740.

2-64/04-1123 Mordašev, A. I.; Moskau, Landwirtsch. Timirjasew-Akad. Primenenie gerbicidov v posevach soi. **(Verwendung von Herbiciden bei der Aussaat von Sojabohnen.)** Zemledelie, Moskva **25** (1963) Nr. 1. S. 54–56. – 3 Tab., 2 Lit. 2740.

2-64/04-1124 Siwicki, S. Upowszechnianie zwalczania chwastów na plantacjach buraków cukrowych. **(Die Unkrautbekämpfung bei Zuckerrüben.)** Nowe Rolnictwo **12** (1963) Nr. 2. S. 23–26.
Die Lösung des Problems der Unkrautbekämpfung auf Zuckerrübenpflanzungen erfordert a) die Durchführung von Forschungsarbeiten und Feldversuchen, b) die Nachprüfung der Versuchsergebnisse unter den Bedingungen von Produktionsbetrieben, c) die Schulung der Bauern durch Publikationen, Demonstrationen usw., d) die Versorung der Landwirte mit Präparaten, Maschinen usw. Es steht fest, daß Intensität des Auftretens und Zusammensetzung der Unkrautarten in der Zeit von der Saat bis zum Verziehen der Zuckerrüben sehr unterschiedlich sind. Die Intensität der Unkrautwucherung ist in beträchtlichem Maße von dem Anbau und von der mechan. Vernichtung des Unkrauts vor der Aussaat der Zuckerrüben abhängig. Unter den geprüften Herbiciden erwiesen sich als die besten Murbetol und Alipur. Als ziemlich wirksam erwies sich Krezamon, ein inländisches Produkt. Die Wirksamkeit der Herbicide wurde erhöht, wenn man zusätzlich mit Natronsalpeter spritzt und das Feld nach Bildung des ersten Blätterpaares der Rüben eggt. Eine prinzipielle Voraussetzung für die Anwendung von Herbiciden ist die Rentabilität. Hierzu trägt u. a. die reihenweise Anwendung der Herbicide bei. PRL/CBR, übersetzt v. H. Huth. 2740.

2-64/04-1125 Siwicki, S. Wyniki i wnioski z doświadczeń przeprowadzonych w 1961 r. nad zwalczaniem chwastów na plantacjach buraków cukrowych. **(Ergebnisse der 1961 angestellten Versuche zur Unkrautbekämpfung auf Zuckerrübenfeldern und die hieraus zu ziehenden Schlußfolgerungen.)** Gaz. cukrownicza **71** (1963) Nr. 2. S. 56–59. – 3 Abb., 2 Tab., 2 Lit.
Durch N-Düngung 5–7 Tage vor der Ansaat in Höhe von 200 kg/ha sowie durch Spritzen mit 30–35%iger Natronsalpeterlösung nach dem Auflaufen der Rüben in Verbindung mit Eggen konnte der Unkrautbesatz um 50% vermindert werden. Dichlorharnstoff und Na-Trichloracetat (Antyperz) vernichten bei Anwendung von 15 kg/ha in 800 l Wasser 3–6 Tage nach Ansaat der Rüben einkeimblättrige und manche zweikeimblättrige Unkräuter. Krezamon mit 5 kg Gaben in 800 l Wasser/ha 3 Tage nach Ansaat vernichtet zweikeimblättrige Unkräuter, wirkt sich jedoch nachteilig auf das Auflaufen

der Rüben aus. Seine schädliche Wirkung verringert sich beim Spritzen in Streifen sowie beim Spritzen am Tage der Aussaat. Dabei ist jedoch seine unkrautvernichtende Wirkung geringer. Das Herbicid Murbetol vernichtet alle Unkräuter. Seine Anwendung vor dem Vereinzeln der Rüben in nicht zu hohen Gaben und in Streifen gespritzt, hat keine Verringerung der Erträge zur Folge. Die Murbetolgabe hängt von der Zusammensetzung des Bodens ab. Ähnliche Eigenschaften besitzt Alipur, 4 l in 800 l Wasser/ha. Die besten Ergebnisse zeitigen Murbetol und Krezamon. Diese Herbicide müssen zwischen Aussaat und Vereinzeln, in Streifen gespritzt, angewendet werden. Die dabei erzielbaren Einsparungen können 40% übersteigen.
PRL/CBR, übersetzt v. R. Hüffer. 2740.

2-64/04-1126 Antognini, J. Experimental and commercial results with tillam for weed control in sugar beets. **(Versuchs- und Praxisergebnissse mit Tillam zur Unkrautbekämpfung in Zuckerrüben.)** J. Amer. Soc. Sugar Beet Technologists **12** (1962) Nr. 2. S. 94–99. – 3 Tab.
Tillam (Äthylpropylbutylthiolcarbamat) wurde 2 Jahre in ausgedehnten Feldversuchen und 1 Jahr in der Praxis zur Unkrautbekämpfung in Rüben geprüft. Es ist Eptam (Äthyldipropylthiolcarbamat) in der herbiciden Wirkung ähnlich, wirkt aber milder auf Rüben. Als Vorauflaufmittel verwendet, vernichtet es die hauptsächlichsten einjährigen monokotylen und dikotylen Unkräuter sowie einige in Rüben vorkommende ausdauernde Unkräuter. 4 lb./acre reichen für alle Böden bis zu 20% Humusgehalt. Böden mit höherem Humusanteil sind mit 6–8 lb./acre zu behandeln. Unter feuchten Bedingungen wirkt selbst die doppelte Menge noch nicht phytotoxisch auf Rüben. Mit Hilfe eines entspr. ausgerüsteten Traktors können gleichzeitig das Mittel auf den Boden gesprüht und die Rüben ausgedrillt werden. O. Saß. 2740.

2-64/04-1127 Szilvássy, L. A hazai rizsvetések vegyszeres gyomirtásának eddigi eredményei. **(Ergebnisse der chemischen Unkrautbekämpfung in Reis-Beständen in Ungarn.)** Magyar tudományos Akad., agrártudományok Osztályának Közleményei [Ung. Akad. Wiss., Mitt. Abt. Agrarwiss.] **21** (1962) Nr. 3/4. S. 269–281. – Aus: Ung. Agrar-Rdsch. **1963** Nr. 4.
Die Reismonokultur in Ungarn führte zur starken Verunkrautung der Reisfelder. An den bewässerten Reisanbauflächen hat sich eine spezielle Unkrautflora entwickelt. Von den erprobten MCPA- und 2.4-D-Unkrautbekämpfungsmitteln haben sich letztere besser bewährt. Die Behandlung muß am Ende der Bestockung bis zu Beginn des Schossens durchgeführt werden. Dieser Zeitpunkt liegt zwischen dem 40. und 70. Tag nach der Aussaat. Der günstigste Behandlungstermin hängt auch von der Empfindlichkeit der einzelnen Reissorten ab. Die Keimlinge von *Bolboschoenus maritimus* und die Wurzelstöcke von *Typha*-Arten sind am besten mit 2,2–2,5 kg Dikonirt (Na-2.4-D) je Katastraljoch (1 kj = 0,575 ha) auszurotten. Die Wurzelstöcke von *Bolboschoenus maritimus* sind jedoch weniger empfindlich und können nur mit 3,5–4 kg Dikonirt je kj vernichtet werden, falls zum Präparat ein Benetzungsmittel beigemengt wird. Gegen die Wurzelstöcke von *Bolboschoenus* hatten Dikamin-D, Dikamin-T (2.4-Amine) und Herbicid-M (MCPA) bessere Wirkung als Dikonirt. Durch die erfolgreiche Unkrautbekämpfung kann der Ertrag um 2 dt/kj erhöht werden. Da etwa die Hälfte der Reisanbaufläche in Ungarn aus großen Feldern besteht, können zur Unkrautbekämpfung auch Flugzeuge angewendet werden. 2740.

2-64/04-1128 Rhodes, P. L. Weed control in drilled rice. **(Unkrautbekämpfung in gedrilltem Reis.)** Agric. J., Fiji **31** (1961) S. 3–8. – 3 Abb., 2 Tab.
Auf gedrillten Reisfeldern der Fidschi-Inseln wurden von 1957–60 Versuche über mechanische und chem. Unkrautbekämpfung durchgeführt. Zur chem. Unkrautbekämpfung dienten 1,5 kg/ha Säureäquivalent des Alkylaminsalzes

der 2.4-D. Die Anwendung erfolgte 6–8 Wochen nach dem Drillen. Außer der chem. Unkrautbekämpfung wurden in auf 30 cm breiten Reihen gedrilltem Reis die Unkräuter mit der Hand entfernt und in auf 40,7 cm breiten Reihen gedrilltem Reis die Unkräuter mit einer pferdegezogenen Hackmaschine. Die mechanischen Unkrautbekämpfungsmaßnahmen wirkten sich auf den Reisertrag günstiger aus als die chem. Bekämpfungsmaßnahmen. Vom arbeitswirtschaftlichen Standpunkt aus wird ein bes. Vorteil bei der Unkrautbekämpfung in breit gedrilltem Reis (40,7 cm) mit einer pferdegezogenen Hackmaschine gesehen. H. Kurth. 2740.

2-64/04-1129 *Ubrizsy, G.* **Vegyszeres gyomirtás.** (Unkrautbekämpfung.) Budapest: Mezögazdasági kiadó. 1962. (429 S.) – Aus: Ung. Agrar-Rdsch. **1963** Nr. **4.** Im 1. Teil des Buches werden die wissenschaftlichen und technischen Grundlagen der chem. Unkrautbekämpfung, im 2. Teil die bei den verschiedenen Kulturpflanzen anwendbaren chem. Unkrautbekämpfungsmethoden auf Grund der ausländischen Literatur und der einheimischen Erfahrungen erörtert. Der heutige Stand der Chemie, Biologie und Praxis der chem. Unkrautbekämpfung in aller Welt wird dargestellt. In diesem Rahmen befaßt sich das Buch mit der Schädlichkeit der Unkräuter, mit den Formen ihrer schädlichen Wirkung, mit der Rolle und wirtschaftlichen Bedeutung der chem. Unkrautbekämpfung und mit ihrer Entwicklung und Geschichte sowie mit ihrem Wirkungsmechanismus. Bes. beachtenswert sind die Kapitel über die Wechselwirkung zwischen Herbiciden und Bodenorganismen, über den Einfluß der Umweltfaktoren auf die Herbicidwirkung, über die Methoden und Fehler der Anwendung der Herbicide sowie über die Fragen der Wirtschaftlichkeit der Herbicidbehandlung. Außer den in Kulturpflanzenbeständen anwendbaren Unkrautvertilgungsmethoden werden auch die Bekämpfung der Bäume und Büsche, die Ausrottung der Pflanzen an nicht bebauten Flächen (an Kanälen, Eisenbahnlinien usw.) behandelt.

2-64/04-1130 *Berezovskij, M.* **Die agronomischen Forderungen an Maschinen zur Einbringung von Herbiciden in den Boden.** Aus: Zemledelie, Moskva **1962** Nr. 10. (Übers. aus d. Russ., Maschinenschr. vervielfält.) – TO 627.

2-64/04-1131 *Kop, L. G.* **Bestrijding van kraailook (Allium vineale L.) in grasland. Proeven in 1957 t/m 1959.** Wageningen: Proefstation voor de akker- en weidebouw. 1963. (15 S. m 1 Kt.) 4° = Mededeling, Proefstation voor de akker- en weidebouw Nr. 81. (SR 2649, 81)

2-64/04-1132 *Mueller, E. W.* Hrsg.: Landwirtschaftsrat b. Ministerrat d. DDR, Abt. Propaganda. **Chemische Unkrautbekämpfung im Gemüse- und Zierpflanzenbau.** Leipzig-Markkleeberg. 1963. (138 S.) 8°. (DA 1603)

2-64/04-1133 **Literatur über Analytik, Ruckstandsfragen und physiologische Wirkung von CIPC.** Hrsg. Instn.: WTZ Pflanzenschutz- und Schädlingsbekämpfungsmittel, Magdeburg. (Lit.-Nr.: 92/63. Titelanzahl: 38. Ber.-Zeit: 1956-1963.)

2-64/04-1134 **Literatur über Dipyridylium-Verbindungen und Herbizide vom Typ Diquat und Reglone.** Hrsg. Instn.: WTZ Pflanzenschutz- und Schädlingsbekämpfungsmittel, Magdeburg. (Lit.-Nr.: 94/63. Titelanzahl: 8. Ber.-Zeit: 1956-1963.)

2-64/04-1135 **Literatur über Chemie und Anwendung von 2.4.5-T-Ester.** Hrsg. Instn.: WTZ Pflanzenschutz- und Schädlingsbekämpfungsmittel, Magdeburg. (Lit.-Nr.: 109/63. Titelanzahl: 13. Ber.-Zeit: 1956-1963.)

Redaktionsschluß: 10. 2. 1964

Herausgeber: Deutsche Demokratische Republik · Deutsche Akademie der Landwirtschaftswissenschaften zu Berlin, Institut für Landwirtschaftliche Information und Dokumentation, Berlin W 8, Krausenstraße 38/39; Chefredakteur: Dr. Ursula Wittbrodt, stellvertretender Chefredakteur: Dr. Werner Kleeberg, Berlin W 8, Krausenstraße 38/39; Fernsprecher: 225161. Verantwortliche Redaktion der Abteilung II – Pflanzliche Produktion: Phytopathologie und Pflanzenschutz: Prof. Dr. Alfred Hey, Berlin, und Prof. Dr. Maximilian Klinkowski, Aschersleben; Pflanzenbau: Prof. Dr. Gustav Könnecke, Halle; Gartenbau: Prof. Dr. Johannes Reinhold, Berlin; Pflanzenzüchtung: Prof. Dr. Rudolf Schick, Groß-Lüsewitz, Kreis Rostock; Bodenkunde, Pflanzenernährung und Düngung: Prof. Dr. Karl Schmalfuß, Halle. Hauptredakteur: Dr. Werner Kleeberg, Berlin W 8, Krausenstraße 38/39; Fernsprecher: 225161. Verlag: Akademie-Verlag GmbH, Berlin W 8, Leipziger Straße 3–4; Fernsprecher: 220441, Telex-Nr. 011773, Postscheckkonto Berlin 35021. Bestellnummer dieses Heftes: 1030 II – IX/4. Das Landwirtschaftliche Zentralblatt, Abt. Pflanzliche Produktion, erscheint monatlich. Einzelheft DM 20,– einseitig bedruckte Ausgabe DM 24,–. Jahresbezugspreis DM 240,–; einseitig bedruckte Ausgabe DM 288,– einschl. Register, zuzüglich Porto- und Versandkosten. Gesamtherstellung: VEB Druckerei „Thomas Müntzer" Bad Langensalza. Veröffentlicht unter der Lizenznummer 1291 des Presseamtes beim Vorsitzenden des Ministerrates der Deutschen Demokratischen Republik.

32 403

FSC
www.fsc.org
MIX
Papier | Fördert gute Waldnutzung
FSC® C083411

Kolibri 360 GmbH
Ferdinand-Jühlke-Straße 7
99095 Erfurt, Deutschland
produktsicherheit@kolibri360.de